H. R. Etzold

So wird´s gemacht

Dr. Hans-Rüdiger Etzold

Diplom-Ingenieur für Fahrzeugtechnik

So wird's gemacht

pflegen – warten – reparieren

Band 85:

NISSAN MICRA

1,0 l/ 37 kW (50 PS) 9/86 – 12/88
1,0 l/ 40 kW (54 PS) 3/83 – 12/88
1,0 l/ 40 kW (55 PS) ab 1/93
1,2 l/ 40 kW (54 PS) ab 1/89
1,2 l/ 44 kW (60 PS) 1/89 – 12/90
1,3 l/ 55 kW (75 PS) ab 1/93

Delius Klasing Verlag

Redaktion: Martin Ruch, Günter Skrobanek (Text),
Christine Etzold (Bild)

Die Deutsche Bibliothek – CIP-Einheitsaufnahme

So wird's gemacht: pflegen – warten – reparieren /
Hans-Rüdiger Etzold. – Bielefeld: Delius Klasing.
NE: Etzold, Hans-Rüdiger
Bd. 85. Nissan Micra. – 2. Aufl. – 1996
ISBN 3-7688-0801-7

2. Auflage / Br
ISBN 3-7688-0801-7

Umschlaggestaltung: Ekkehard Schonart
Druck: Reclam Graphischer Betrieb, Ditzingen
Printed in Germany 1996

Lieber Leser,

in letzter Zeit werde ich von Autofahrern öfters angesprochen und gefragt, ob man bei den modernen Fahrzeugen überhaupt noch etwas selbst reparieren kann. Das vorliegende Buch ist meine Antwort. Seite für Seite sind Arbeiten beschrieben, die von einem fachlich interessierten Autofahrer selbst durchgeführt werden können.

Selbstverständlich hat es in den vergangenen Jahren im Automobilbau erhebliche Fortschritte gegeben, so daß erfreulicherweise viele Einstell- und Kontrollarbeiten nicht mehr erforderlich sind. Weggefallen sind beispielsweise das Einstellen der Zündung und, je nach Motor, das Einstellen des Leerlaufs und des Ventilspiels. Und durch den vermehrten Einbau von langzeitstabilen Bauteilen, zu denen beispielsweise die elektronische Zündanlage oder die elektronischgesteuerte Einspritzanlage zählen, entfällt der Austausch von Verschleißteilen. Andere Arbeiten wiederum, wie das Überprüfen elektronischer Bauteile, sind nur noch mit teuren Prüfgeräten möglich, die speziell auf den betreffenden Fahrzeugtyp abgestimmt sind und deren Anschaffung sich in der Regel für den Hobbymonteur nicht lohnt.

Obwohl also das Fahrzeug technisch immer aufwendiger und komplizierter wird, greifen dennoch von Jahr zu Jahr immer mehr Heimwerker zum »So wird's gemacht«-Handbuch. Die Erklärung dafür ist einfach: Weil die Technik des Automobils komplizierter geworden ist, kommt man bei Arbeiten am Fahrzeug ohne eine spezielle Anleitung nicht mehr aus. Das gilt auch für den Fachmann. Außerdem gibt es nach wie vor am Auto eine Reihe von Verschleißteilen, die in regelmäßigen Abständen kontrolliert und gegebenenfalls ausgewechselt werden müssen. Dazu zählen vor allem Bremsbeläge, Stoßdämpfer sowie Teile der Abgasanlage.

Grundsätzlich muß sich der Heimwerker natürlich darüber im klaren sein, daß man mit Hilfe eines Handbuches nicht automatisch zum Kfz-Handwerker wird. Man sollte also nur Arbeiten durchführen, die man sich selbst zutraut. Das gilt insbesondere natürlich bei Arbeiten, die die Verkehrssicherheit des Fahrzeugs beeinträchtigen können. Gerade in diesem Punkt sorgt das »So wird's gemacht«-Handbuch für praktizierte Verkehrssicherheit. Durch die exakte Beschreibung der erforderlichen Arbeitsschritte und den nötigen Warnhinweisen wird der Heimwerker bei der Arbeit entsprechend sensibilisiert und fachlich richtig informiert. Auch wird darauf hingewiesen, im Zweifelsfall die Arbeit lieber einem Fachmann zu überlassen.

In der Öffentlichkeit wird hin und wieder von interessierten Kreisen der Vorwurf erhoben, Heimwerker würden durch ihre Eigenarbeiten am Fahrzeug die Verkehrssicherheit negativ beeinflussen. Aus den Kontakten, die ich zu Hobbymonteuren habe, kann ich nur vom Gegenteil berichten. Derjenige Fahrzeugbesitzer, der sein Fahrzeug selbst pflegt und wartet, hat ein großes Interesse an einem verkehrssicheren, gepflegten Auto.

Vor jedem Arbeitsgang empfiehlt sich ein Blick in das vorliegende Buch. Dadurch wird schnell der Umfang und auch der Schwierigkeitsgrad der Reparatur deutlich. Außerdem erfährt man, welche Ersatz- oder Verschleißteile eingekauft werden müssen und ob unter Umständen die Arbeit nur mit Hilfe von Spezialwerkzeug durchgeführt werden kann.

Für die meisten Schraubverbindungen ist das Anzugsmoment angegeben. Bei Schraubverbindungen, die in jedem Fall mit einem Drehmomentschlüssel angezogen werden müssen (Zylinderkopf, Achsverbindungen usw.), ist der Wert **fett** gedruckt. Nach Möglichkeit sollte man jede Schraubverbindung mit einem Drehmomentschlüssel anziehen. Übrigens: Für viele Schraubverbindungen sind die neuen Innen- und Außen-Torxschlüssel erforderlich.

Auch der fachkundige Hobbymonteur, der sein Fahrzeug selbst wartet und repariert, sollte bedenken, daß der Fachmann viel Erfahrung hat und durch die Weiterschulung und den ständigen Erfahrungsaustausch über den neuesten Technik-Stand verfügt. Mithin kann es für die Überwachung und Erhaltung der Betriebs- und Verkehrssicherheit des eigenen Fahrzeugs sinnvoll sein, in regelmäßigen Abständen eine NISSAN-Werkstatt aufzusuchen.

Natürlich kann das vorliegende Buch nicht auf jede aktuelle, technische Frage eingehen. Dennoch hoffe ich, daß die getroffene Auswahl an Reparatur-, Wartungs- und Pflegehinweisen in den meisten Fällen die eventuell auftretenden Probleme zufriedenstellend löst.

Hans-Rüdiger Etzold

Inhaltsverzeichnis

Motor . . . 11
Fahrzeugidentifizierung . . . 12
Die wichtigsten Motordaten . . . 13
Motor aus- und einbauen . . . 14
Die Motorlagerung . . . 18
Steuerkettentrieb . . . 19
Zylinderkopf/Nockenwellen aus- und einbauen/ Zylinderkopfdichtung erneuern . . . 20
Der Zahnriementrieb . . . 27
Zahnriemen aus- und einbauen . . . 27
Der Zylinderkopf . . . 30
Zylinderkopf aus- und einbauen/ Zylinderkopfdichtung erneuern . . . 31
Kipphebel/Kipphebelwelle aus- und einbauen . . . 32
Nockenwelle aus- und einbauen . . . 33
Ventil aus- und einbauen . . . 34
Ventilschaftabdichtung ersetzen . . . 34
Ventilführungen prüfen . . . 35
Ventilsitz einschleifen . . . 36
Zylinderkopf/Ventile nacharbeiten . . . 36
Ventilspiel prüfen/einstellen . . . 37
Kompression prüfen . . . 39
Keilriemen aus- und einbauen/spannen . . . 40
Störungsdiagnose Motor . . . 42

Motor-Schmierung . . . 43
Der Ölkreislauf . . . 44
Öldruck überprüfen . . . 45
Öldruckschalter prüfen . . . 45
Ölwanne aus- und einbauen . . . 46
Die Ölpumpe . . . 48
Störungsdiagnose Ölkreislauf . . . 49

Motor-Kühlung . . . 50
Der Kühlmittelkreislauf . . . 50
Der Kühler . . . 51
Kühlmittel wechseln . . . 52
Kühler-Frostschutzmittel . . . 53
Kühlmittelregler (Thermostat) aus- und einbauen/prüfen . . . 53
Kühlmittelpumpe aus- und einbauen . . . 55
Kühler aus- und einbauen . . . 56
Kühlsystem auf Dichtheit prüfen . . . 56
Lüftermotor prüfen/aus- und einbauen . . . 57
Thermoschalter/Kühlerlüfter-Relais prüfen . . . 58
Störungsdiagnose Motorkühlung . . . 59

Zündung/Zündkerzen . . . 60
Sicherheitsmaßnahmen zur Zündanlage . . . 61
Zündspule prüfen . . . 61
Zündkabel prüfen . . . 62
Unterbrecherkontakt ersetzen . . . 62
Schließwinkel prüfen/einstellen . . . 63
Zündzeitpunkt prüfen/einstellen . . . 64
Zündverteiler aus- und einbauen . . . 66
Der Zündverteiler . . . 67
Zündkerzentechnik . . . 68
Zündkerzenwerte für den NISSAN MICRA . . . 68
Zündzeitpunkttabelle . . . 69
Störungsdiagnose Zündanlage . . . 69

Kraftstoffanlage . . . 70
Kraftstoffdruck prüfen . . . 70
Kraftstoffdruck abbauen . . . 70
Sauberkeitsregeln bei Arbeiten an der Kraftstoffversorgung . . . 70
Kraftstoffbehälter/Tankgeber . . . 71
Kraftstoffpumpe/Tankgeber aus- und einbauen/prüfen . 72
Mechanische Kraftstoffpumpe aus- und einbauen/prüfen . . . 74
Gaszug einstellen/aus- und einbauen . . . 75
Der Luftfilter . . . 76
Luftfilter aus- und einbauen . . . 76

Vergaser . . . 77
Vergasereinstellung . . . 77
Störungen in der Kraftstoffzufuhr . . . 77
Vergaseroberteil . . . 78
Leerlaufdrehzahl und CO-Gehalt prüfen/einstellen . . . 79
Vergaser aus- und einbauen . . . 80
Schwimmerstand prüfen/einstellen . . . 81
Kaltstartautomatik prüfen/aus- und einbauen . . . 82
Kraftstoffabschaltventil prüfen . . . 82
Technische Daten Vergaser . . . 83
Störungsdiagnose Vergaser . . . 84

Benzin-Einspritzanlage . . . 85
Sicherheitshinweise Einspritzanlage . . . 87
Der Fehlerspeicher . . . 87
Sensoren der Einspritzanlage prüfen . . . 87
Technische Daten Benzin-Einspritzanlage . . . 89
Störungsdiagnose Benzin-Einspritzanlage . . . 90

Abgasanlage . . . 91
Der Umgang mit Katalysator-Fahrzeugen . . . 91
Funktion des Katalysators . . . 91
Abgasanlage aus- und einbauen . . . 94
Lambdasonde aus- und einbauen . . . 95

Kupplung . . . 96
Kupplung aus- und einbauen/prüfen . . . 97
Kupplungs-Ausrücklager aus- und einbauen/prüfen . . . 98
Kupplungspedal/Seilzug einstellen . . . 99
Technische Daten Kupplung . . . 100
Störungsdiagnose Kupplung . . . 100

Getriebe/Schaltung/Automatikgetriebe . . . 101
Schaltgetriebe aus- und einbauen . . . 102
Schaltgestänge . . . 105
Automatikgetriebe . . . 107
Abschleppen von Fahrzeugen mit Automatikgetriebe . 107
Drosselklappenzug prüfen/einstellen aus- und einbauen . . . 107

Vorderachse . . . 109
Federbein aus- und einbauen . . . 110
Federbein zerlegen/Stoßdämpfer/ Schraubenfeder aus- und einbauen . . . 111
Stoßdämpfer prüfen/verschrotten . . . 112
Querstabilisator aus- und einbauen . . . 113

Querlenker aus- und einbauen/prüfen 114
Gelenkwelle aus- und einbauen 115
Gelenkwelle prüfen/zerlegen/Manschetten erneuern . 117
Das Vorderradlager 121

Hinterachse 122
Stoßdämpfer/Federbein hinten aus- und einbauen/zerlegen 124
Hinterachse aus- und einbauen 125
Radlager prüfen 126
Radlager aus- und einbauen 126
Radlagerspiel einstellen 127
Radnabe aus- und einbauen 129

Lenkung 130
Lenkrad aus- und einbauen 131
Spurstangenkopf aus- und einbauen 131
Gummimanschette für Lenkung aus- und einbauen . . 132
Flügelpumpe für Servolenkung 133

Fahrzeugvermessung 134
Prüfwerte NISSAN MICRA 135

Bremsanlage 137
Technische Daten Bremsanlage 138
Der Vorderradbremssattel 138
Scheibenbremsbeläge vorn aus- und einbauen 139
Scheibenbremsbeläge hinten aus- und einbauen . . . 141
Bremssattel/Bremsträger aus- und einbauen 142
Bremsscheibendicke/Seitenschlag prüfen 143
Bremsscheibe aus- und einbauen 144
Trommelbremse hinten 144
Trommelbremse hinten 145
Bremsbacken/Bremstrommel hinten aus- und einbauen 145
Radbremszylinder aus- und einbauen 148
Radbremszylinder instandsetzen 148
Die Bremsflüssigkeit 149
Bremsanlage entlüften 149
Bremsleitung/Bremsschlauch ersetzen 150
Bremskraftregler prüfen/einstellen 151
Bremskraftverstärker prüfen 152
Bremslichtschalter aus- und einbauen 152
Handbremshebel/Handbremsseilzug 153
Handbremse einstellen 153
Die ABS-Anlage 155
Störungsdiagnose Bremse 156

Räder und Reifen 159
Räder- und Reifenmaße/Reifenfülldruck 159
Scheibenrad-Bezeichnungen 160
Reifenbezeichnungen 160
Austauschen der Räder 160
Gleitschutzketten (Schneeketten) 161
Regeln zur Reifenpflege 161
Auswuchten der Räder 161
Fehlerhafte Reifenabnutzung 162
Störungsdiagnose Reifen 163

Karosserie 164
Kühlergrill/Stoßfänger vorn aus- und einbauen 165
Stoßfänger hinten aus- und einbauen 166
Seitenschutzleiste aus- und einbauen 167
Kotflügel vorn aus- und einbauen 167
Motorhaube aus- und einbauen/einstellen 168
Heckklappe/Heckklappenschloß aus- und einbauen/einstellen 169
Türverkleidung aus- und einbauen 170
Die Vordertür 171
Türfensterscheibe/Fensterheber vorn aus- und einbauen 172
Türschloß aus- und einbauen 173
Tür aus- und einbauen/einstellen 174
Außenspiegel aus- und einbauen 174
Spiegelglas aus- und einbauen 175
Wasserkastenabdeckung aus- und einbauen 175
Armaturenbrett-Gesamtansicht 176
Armaturenbrett-Gesamtansicht 177
Vordersitz aus- und einbauen 178
Rücksitz aus- und einbauen 178
Innenverkleidungen aus- und einbauen 179

Lackierung 180
Steinschlagschäden ausbessern 180
Karosserie ausbeulen/Rostlöcher ausbessern 181
Lackierung vorbereiten 181
Lackieren 182

Heizung 184
Heizungszüge aus- und einbauen/einstellen 185
Gebläsemotor/Vorwiderstände prüfen 187
Heizungsschalter prüfen 188
Störungsdiagnose Heizung 188

Elektrische Anlage 189
Meßgeräte 189
Meßtechnik 190
Elektrisches Zubehör nachträglich einbauen 191
Fehlersuche in der elektrischen Anlage 192
Schalter auf Durchgang prüfen 193
Relais prüfen 193
Scheibenwischermotor prüfen 194
Blinkanlage prüfen 194
Bremslicht prüfen 194
Heizbare Heckscheibe prüfen 195
Kabelstecker trennen/verbinden 195
Sicherungsbelegung 196
Sicherungen auswechseln 197
Batterie prüfen 198
Batterie aus- und einbauen 198
Batterie entlädt sich selbständig 199
Batterie laden 200
Batterie lagern 200
Störungsdiagnose Batterie 201
Der Generator 202
Sicherheitshinweise beim Umgang mit dem Drehstromgenerator 202
Generatorspannung prüfen 203
Generator aus- und einbauen 203

Generator zerlegen/Kohlebürsten ersetzen 204
Störungsdiagnose Generator 206
Der Anlasser 206
Anlasser aus- und einbauen 207
Magnetschalter für Anlasser prüfen/ersetzen 207
Störungsdiagnose Anlasser 209

Beleuchtungsanlage 210
Lampentabelle 210
Scheinwerfer-Glühlampe auswechseln 210
Glühlampen für Außen- und
Innenleuchten auswechseln 211
Scheinwerfer aus- und einbauen 214
Scheinwerfer einstellen 214
Heckleuchten aus- und einbauen 215

Armaturen 216
Schalttafeleinsatz aus- und
einbauen/Glühlampen ersetzen 216
Schalttafeleinsatz zerlegen/Instrumente ersetzen . . . 217
Schalter für Blinker/Beleuchtung/Wischer
aus- und einbauen 218
Radio aus- und einbauen 219
Stabantenne aus- und einbauen/
Antennenstab auswechseln 220
Armaturentafel-Schalter aus- und einbauen 221

Scheibenwischeranlage 222
Scheibenwischergummi ersetzen 222
Scheibenwaschdüsen aus- und einbauen/einstellen . . 223
Wischerarme vorn aus- und einbauen 223
Scheibenwischerantrieb vorn 223
Wischermotor und -Gestänge vorn
aus- und einbauen 224
Störungsdiagnose Scheibenwischergummi 224

Wagenpflege 225
Fahrzeug waschen 225
Lackierung pflegen 225
Unterbodenschutz/Hohlraumkonservierung 226
Polsterbezüge pflegen 226

Motorstarthilfe 227

Fahrzeug abschleppen 228

Fahrzeug aufbocken 229

Werkzeug 230

Wartungsplan MICRA 231
Motoröl-Service 231
Wartung 231

Wartungsarbeiten 233
Motor und Abgasanlage 233
Motorölwechsel 233
Sichtprüfung auf Ölverlust 235
Motorölstand prüfen 235
Kühlmittelstand prüfen 235
Kühlmittel ersetzen 236
Kühlsystem-Sichtprüfung auf Dichtheit 236
Frostschutz prüfen 236
Zündkerzen ersetzen/elektrische Anschlüsse prüfen . 236
Unterbrecherkontakte prüfen/wechseln 237
Luftfiltereinsatz wechseln 237
Kraftstoffilter ersetzen 237
Keilriemen prüfen/ersetzen
Zahnriemen spannen/ersetzen 238
Kurbelgehäuseentlüftung (P.C.V.-Ventil) prüfen 238
Abdampfleitungen prüfen 239
Sichtprüfung der Abgasanlage 239
Nachziehen von Zylinderkopf-
und Krümmerschrauben 239
Getriebe/Achsantrieb 240
Schaltgetriebe: Öl wechseln 240
Sichtprüfung auf Dichtheit 240
Schaltgetriebe: Ölstand prüfen 240
Automatikgetriebe: Ölstand prüfen 241
Automatik-Getriebe: Öl wechseln 241
Bremsbelagdicke prüfen 242
Gummimanschetten der Gelenkwellen prüfen 242
Bremsen/Reifen/Räder 242
Bremsflüssigkeitsstand prüfen 242
Bremsleitungen prüfen 243
Handbremse (Feststellbremse) prüfen 244
Bremsflüssigkeit wechseln 244
Bremskraftverstärker: Unterdruckschläuche
und Rückschlagventil prüfen 244
Reifenfülldruck prüfen 244
Reifenventil prüfen 245
Reifenprofil prüfen 245
Lenkung/Vorderachse 245
Ölstand für Servolenkung prüfen 245
Staubkappen für Spurstangen-/Achsgelenke prüfen . . 246
Elektrische Anlage 246
Batterie prüfen 246
Karosserie/Innenausstattung 246
Schlösser schmieren 246
Sichtkontrolle Unterboden/Karosserie 246
Sichtprüfung aller Sicherheitsgurte 247

Schaltpläne 248
Der Umgang mit dem Schaltplan 248
Abkürzungen in den Schaltplänen 249
Anzahl der Schaltpläne 249
Haupt-Kabelstränge 250
Relais- und Sicherungsanordnung Motorraum 250
Sicherungs- und Steuergeräteanordnung Innenraum . 251

Einzelschaltpläne . . . . ab 252

Motor

Hinweis: In diesem Band werden 2 MICRA-Generationen behandelt. Die MICRA-Generation I kam im März '83 in Deutschland auf den Markt. Im Januar '93 wurde die MICRA-Generation II eingeführt. Parallel zur MICRA-Generation II werden auch weiterhin von der MICRA-Generation I die Modelle TOPIC und HIT angeboten.

Der NISSAN MICRA wird von einem flüssigkeitsgekühlten Vierzylinder-Reihenmotor angetrieben, der vorn quer zur Fahrtrichtung eingebaut ist.

In den aus einer Aluminiumlegierung gefertigten Motorblock sind Zylinderlaufbuchsen aus Grauguß eingelassen um eine hohe Laufleistung des Motors sicherzustellen. Im unteren Teil des Motorblockes befindet sich die Kurbelwelle, die von den Kurbelwellenlagern abgestützt wird. Über Gleitlager sind die Pleuel, die die Verbindung zu den Kolben herstellen, mit der Kurbelwelle verbunden. Den unteren Abschluß des Motorblockes und des Kurbelgehäuses bildet die Ölwanne, in der sich das zur Schmierung und Kühlung des Motors erforderliche Motorenöl sammelt.

Der ebenfalls aus einer Aluminiumlegierung gefertigte Zylinderkopf ist nach dem Querstromprinzip konstruiert. Das bedeutet, frisches Kraftstoff-Luftgemisch strömt zur einen Seite des Zylinderkopfes ein und wird auf der gegenüberliegenden Seite ausgestoßen. Durch die Querstromanordnung ist ein schneller Gaswechsel und dadurch eine gute Leistungsausbeute sichergestellt.

MICRA-Generation I: Die obenliegende Nockenwelle im Zylinderkopf wird durch einen Zahnriemen angetrieben. Die schräg hängenden Ventile (2 pro Brennraum, 1 Einlaß- und 1 Auslaßventil) werden über Kipphebel betätigt, die auf einer zentralen Kipphebelwelle angeordnet sind.

MICRA-Generation II: Die 2 Nockenwellen im Zylinderkopf werden durch 2 Steuerketten angetriebenen und stoßen die 4 Ventile pro Brennraum (2 Einlaß- und 2 Auslaßventile) über Tassenstößel auf. Der Ventiltrieb ist wartungsfrei.

Für die Motorschmierung sorgt eine Ölpumpe, die bei der **MICRA-Generation II** an der Stirnseite des Kurbelgehäuses angeflanscht ist. Sie wird direkt von der Kurbelwelle angetrieben. Bei der **MICRA-Generation I** befindet sich die Ölpumpe in der Ölwanne, und zwar in der Nähe des Schwungrades. Angetrieben wird die Ölpumpe über eine Verzahnung durch die Nockenwelle. Das angesaugte Öl gelangt über Bohrungen und Kanäle zu den Lagern der Kurbel- und der Nockenwelle(n) sowie an die Zylinderlaufbahnen.

Die Kühlmittelpumpe befindet sich an der Stirnseite des Motorblocks und wird entweder durch den Zahnriemen (**MICRA-Generation I**) oder durch einen Keilriemen (**MICRA-Generation II**) angetrieben. Der Generator wird ebenfalls durch einen Keilriemen angetrieben. Ein zusätzlicher Keilriemen sorgt für den Antrieb der Lenkhilfepumpe.

Für die Aufbereitung eines zündfähigen Kraftstoff-Luftgemisches stehen, je nach Modell und Motor, ein herkömmlicher oder ein elektronisch geregelter Vergaser sowie eine sequentielle Einspritzanlage zur Verfügung, die in der Regel wartungsfrei arbeitet.

MICRA-Generation I: Der Zündfunke wird beim 1,0-l-Motor durch eine unterbrechergesteuerte Zündanlage, beim 1,2-l-Motor durch eine Transistorzündanlage erzeugt. Der Zündverteiler ist am Zylinderkopf angeflanscht und wird über eine Verzahnung von der Nockenwelle angetrieben.

MICRA-Generation II: Der Zündfunke wird durch eine wartungsfreie, elektronische Zündanlage erzeugt. Der Zündverteiler ist am Zylinderkopf angeflanscht und wird direkt von der Nockenwelle angetrieben.

Warnhinweis: Der Kühler-Lüfter kann auch bei abgeschaltetem Motor und eingeschalteter Zündanlage (Zündschlüssel in Stellung »ON« oder »ACC«) selbsttätig anlaufen. Hervorgerufen durch Stauwärme im Motorraum kann dies auch mehrmals hintereinander geschehen. Bei Arbeiten im Motorraum und warmem Motor muß deshalb immer mit einem plötzlichen Einschalten des Lüfters gerechnet werden. Darum sollte nach Möglichkeit bei Arbeiten im Motorraum die Zündung immer ausgeschaltet sein.

Fahrzeugidentifizierung

Fahrgestellnummer

Anhand der Fahrgestellnummer kann jedes Fahrzeugmodell identifiziert werden. In der Fahrgestellnummer sind Modellreihe, Karosserievariante, Antrieb und Motor verschlüsselt aufgeführt.

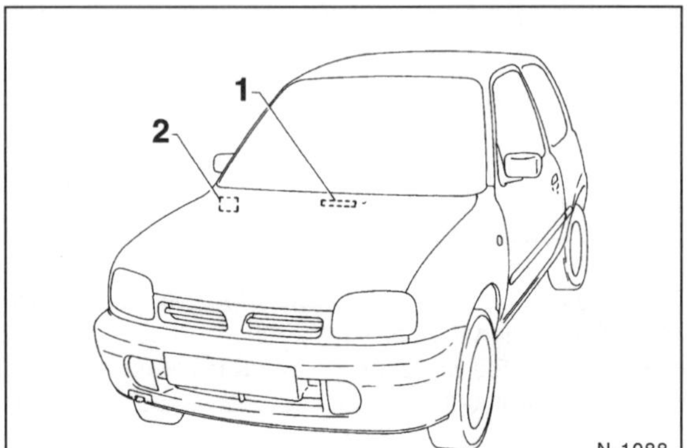

N-1088

Die Fahrgestellnummer –1– ist an der hinteren Spritzwand im Motorraum eingeschlagen und befindet sich ebenfalls auf dem Typschild –2– im Motorraum.

SJN	E	A	A	K11	U	0	XXX XXX
①	②	③	④	⑤	⑥	⑦	⑧

① **Herstellerkennung:** SJN = NISSAN-Pkw. Ältere Modelle sind mit JN1 gekennzeichnet.

② **Karosseriecode ab '91:**
E = Limousine 3-türig
0 = Limousine 3-türig
F = Limousine 5-türig

③ **Motorcode ab '91:**
A = Motor CG10DE
B = Motor CG13DE
00 = Motor MA10

④ **Antriebscode ab '93:**
A = Frontantrieb

⑤ **Modellreihencode**
K10 = MICRA-Generation I
K11 = MICRA-Generation II

⑥ **Bestimmungsgebiet:**
U = Europa

⑦ **Nicht belegt:**
Keine Bedeutung

⑧ **Fahrzeug-Seriennummer**

Motornummer

N-1089

Die Motornummer –1– ist am Motorblock vorn links (Schwungradseite) eingeschlagen. Die Abbildung zeigt den 1,0-/1,3-l-Motor ab '93, Motortyp –2– CG10DE oder CG13DE. Der Pfeil –3– zeigt in Fahrtrichtung gesehen nach vorn.

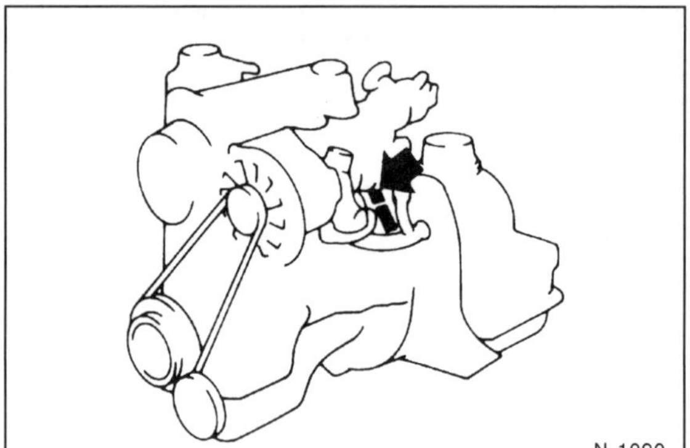

N-1090

Die Motornummer –Pfeil– ist am Motorblock vorn links (Schwungradseite) eingeschlagen. Die Abbildung zeigt den 1,0-l-Motor ab '83, Motortyp MA10.

Die wichtigsten Motordaten

NISSAN MICRA

Motorbezeichnung	1.0	1.0	1.0	1.2	1.2	1.3
Motortyp	OHC	OHC	DOHC	OHC	OHC	DOHC
Motorcode	MA10S	MA10S	CG10DE	MA12S	MA12S	CG13DE
Fertigung von – bis	9/86 – 12/88	3/83 – 12/88	1/93 –	1/89 –	1/89 – 12/90	1/93 –
Hubraum cm^3	981	981	998	1235	1235	1275
Leistung kW bei 1/min PS bei 1/min	37/6000 50/6000	40/6000 54/6000	40/6000 55/6000	40/5200 54/5200	44/5600 60/5600	55/6000 75/6000
Drehmoment Nm bei 1/min	72/3600	76/3600	79/4000	93/3200	94/3200	103/4000
Bohrung ∅ mm	68,0	68,0	71,0	71,0	71,0	71,0
Hub mm	68,0	68,0	63,0	78,0	78,0	80,5
Verdichtung	9,5	10,3	9,5	9,0	9,0	9,5
Kraftstoff/ROZ bleifrei	Normal/91	Super/98	Super/95	Normal/91	Normal/91	Super/95
Vergaser/Einspritzanlage	Vergaser	Vergaser	MPI	Vergaser	Vergaser	MPI
Zündfolge	1-3-4-2	1-3-4-2	1-3-4-2	1-3-4-2	1-3-4-2	1-3-4-2
Zündanlage	UKZ	UKZ	EKZ	TSZ	TSZ	EKZ
Katalysator	–	–	X	X	–	X
Füllmengen Motoröl (mit Filter) Liter Kühlflüssigkeit Liter	 3,2 4,0	 3,2 4,0	 3,1 4,0	 2,8 4,7	 2,8 4,7	 3,1 4,0

OHC = **O**ver **H**ead **C**amshaft = Obenliegende Nockenwelle. – DOHC = **D**ouble **O**ver **H**ead **C**amshaft = Zwei obenliegende Nockenwellen. – UKZ = **U**nterbrecher**k**ontaktgesteuerte **Z**ündung. – EKZ = **E**lektronische **K**ennfeld**z**ündung. – TSZ = **T**ransistor**z**ündung

MICRA-Generation I

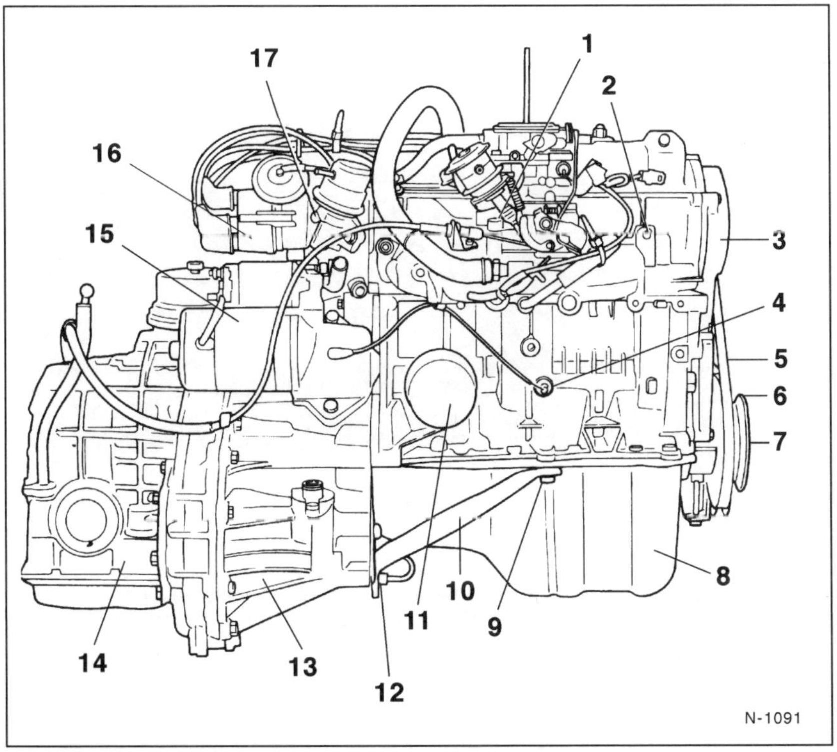

1 – **Vergaser, 10 Nm**
2 – **Ansaugkrümmer, 20 Nm**
3 – **Zahnriemenabdeckung**
4 – **Öldruckschalter**
5 – **Keilriemen**
6 – **Kurbelwellen-Riemenscheibe**
7 – **Mutter, 80 Nm**
8 – **Ölwanne**
9 – **Schraube, 40 Nm**
10 – **Strebe**
11 – **Ölfilter**
12 – **Schraube, 20 Nm**
13 – **Wandlergehäuse, 20 Nm**
14 – **Automatikgetriebegehäuse**
15 – **Anlasser**
16 – **Zündverteiler**
17 – **Kraftstoffpumpe, 10 Nm**

Motor aus- und einbauen

MICRA-Generation II

Der Motor wird zusammen mit dem Getriebe nach unten ausgebaut. Deshalb vor dem Ausbau ebenfalls das Kapitel »Getriebe aus- und einbauen« durchlesen. Abgas- und Ansaugkrümmer bleiben am Motor angebaut. Zum Ausbau des Motors werden ein Werkstattkran und ein Rangierwagenheber benötigt.

Vor der Montage im Motorraum sollten die Kotflügel mit Decken geschützt werden.

Je nach Baujahr und Ausstattung können die elektrischen Leitungen, beziehungsweise Unterdruck- und Kühlmittelschläuche, unterschiedlich im Motorraum verlegt sein. Da im einzelnen nicht auf jede Modellvariante eingegangen werden kann, empfiehlt es sich, die jeweilige Leitung vor dem Abziehen mit Klebeband zu kennzeichnen.

Ausbau

Achtung: Motor erst ausbauen, nachdem die Abgasanlage vollständig abgekühlt ist.

- Motorhaube ausbauen, siehe Seite 168.
- Kraftstoffdruck abbauen, siehe Seite 70.
- Batterie ausbauen, Warnhinweise beachten, siehe Seite 198.
- Luftfilter ausbauen, siehe Seite 76.
- Batterieträger ausbauen, vorher Steckverbinder trennen.
- Kupplungszug am Getriebe aushängen, siehe Seite 99.
- Massekabel an der Motor-Einbaukonsole abschrauben.

- Alle elektrischen Leitungen zum Motor abklemmen, beziehungsweise abschrauben. Zum leichteren Einbau Leitungen vorher mit Klebeband kennzeichnen.
  - Stecker vom Drosselklappenpotentiometer –1–.
  - Stecker vom Luftmassenmesser –2–.
  - Stecker vom F.I.C.D./A.C.C-Magnetventil –3–.
  - 4 Stecker von den Einspritzventilen –4–.
  - 2 Stecker am Zündverteiler.
  - Stecker von den Kühlmittel-Temperaturgebern am Zylinderkopf unterhalb des Zündverteilers.
- Steckverbindung für Öldruckschalter der Servolenkung abziehen. Der Schalter ist an einem Halter am rechten Federbeindom angeschraubt

- Steckverbindung –1– für Lambdasonde –2– trennen.
- 3 Steckverbindungen am Relaiskasten trennen.
- Gaszug am Drosselklappenteil ausbauen, siehe Seite 75.
- **Automatikgetriebe:** Kickdown-Seilzug am Drosselklappenteil ausbauen, siehe Seite 107.
- Unterdruckschlauch für Bremskraftverstärker am Winkelstück des Ansaugkrümmers abziehen.
- Fahrzeug waagerecht aufbocken.
- Motor-Unterbodenschutz sowie Spritzbleche abschrauben beziehungsweise Spreizclips lösen. Es gibt 2 Arten von Spreizclips. Wenn der mittlere Stift des Clip einen Kreuzschlitz besitzt, Stift mit Schraubendreher herausdrehen und anschließend Clip herausziehen. Stifte ohne Kreuzschlitz mit einem Durchschlag 2 bis 4 mm eindrücken, dann Clip herausziehen.
- Unteren Kühlmittelschlauch ausbauen und Kühlmittel ablassen, siehe Seite 50.
- Masseband am Getriebe abschrauben.
- Massekabel am Innenkotflügel abschrauben.

- **Schaltgetriebe:** Schaltstange –2– und Stützstange –1– vom Getriebe abschrauben und mit Draht am Fahrzeugunterboden aufhängen..
- **Automatikgetriebe:** Mit einem Fett- oder Filzstift die Einbaulage des Schaltzuges markieren. Schaltseilzug mit Hebel am Getriebe aushängen. Befestigungsschrauben des Seilzugs am Getriebe abschrauben.

- Stabilisator ausbauen, siehe Seite 113.
- Schrauben für unteren Querlenker lösen.
- Beide Antriebswellen am Getriebe abflanschen, siehe Seite 115.
- Abgasanlage vorn unter dem ersten Katalysator sowie an der Hinterachse trennen und herausnehmen. Vorher Masseband am zweiten Katalysator abnehmen.
- Getriebeöl ablassen, siehe Seite 240.
- Stecker vom Gangstellungs-Schalter und Rückfahrlichtschalter abziehen.
- Motorkabelstrang vom Kabelstrangträger an der Motoraufhängung abbauen.
- Massekabel von der Karosserie abschrauben.
- Kühlmittel-Vorratsbehälter ausbauen von der linken Seitenwand abschrauben.
- Oberen Kühlerschlauch abziehen, vorher Schellen ganz öffnen und zurückschieben. Bei Automatikgetriebe zusätzlich die beiden unteren Kühlerschläuche abziehen. Zum leichteren Einbau Schläuche vorher mit Klebeband kennzeichnen.

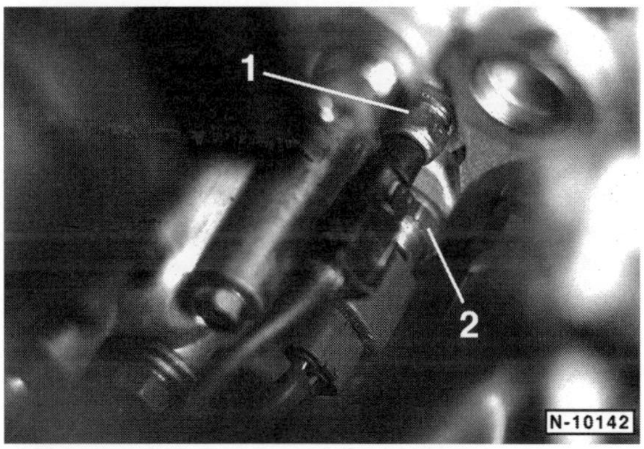

- Beide Motortemperatursensoren herausschrauben. Die Sensoren sind am Zylinderkopf, unterhalb des Zündverteilers eingeschraubt. 1 – Geber für Temperaturanzeige im Schalttafeleinsatz, 2 – Temperatursensor für Einspritzanlage und Kühlerlüftersteuerung.

Fahrzeuge mit Servolenkung

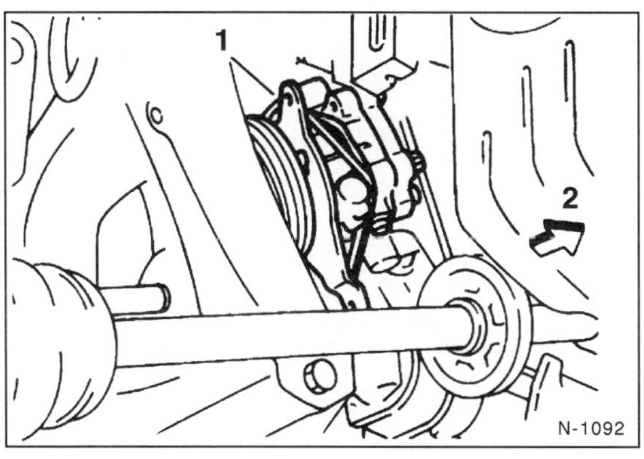

- Kühlmittelpumpen-Keilriemen ausbauen, siehe Seite 40.
- Flügelpumpe –1– mit Halter abschrauben und mit angeschlossenen Schläuchen und Draht so aufhängen, daß die Pumpe den weiteren Ausbau nicht stört und die Leitungen nicht auf Zug belastet werden. 2 – Pfeil zeigt in Fahrtrichtung nach vorn.

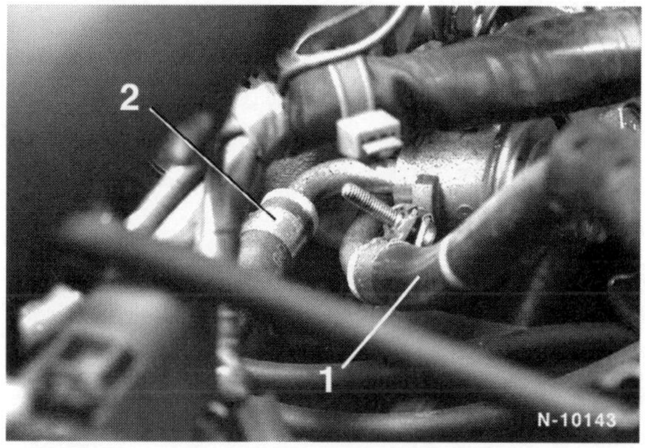

- Kraftstoff-Zulaufleitung –1– und Rücklaufleitung –2– abziehen. Vorher Lappen unterlegen, Schlauchschellen lösen und zurückschieben. Leitungen umgehend mit einem geeigneten Stopfen verschließen, zum Beispiel saubere Schrauben mit entsprechendem Gewindedurchmesser in die Schläuche stecken. Zum leichteren Einbau Kraftstoffleitungen vorher mit Tesaband kennzeichnen.
- Tachowelle am Getriebe abschrauben und herausziehen.
- Schläuche für Aktivkohlebehälter mit Tesaband markieren und abziehen. Der Aktivkohlebehälter befindet sich im Motorraum an der Spritzwand.

Fahrzeuge mit Klimaanlage

Achtung: Der Kältemittelkreislauf der Klimaanlage darf nicht geöffnet werden. Das Kältemittel enthält Stoffe, die bei Hautkontakt zu Erfrierungen führen können. Der Motor kann allerdings auch ausgebaut werden, ohne daß der Kältemittelkreislauf geöffnet wird.

- Generator ausbauen, siehe Seite 203.

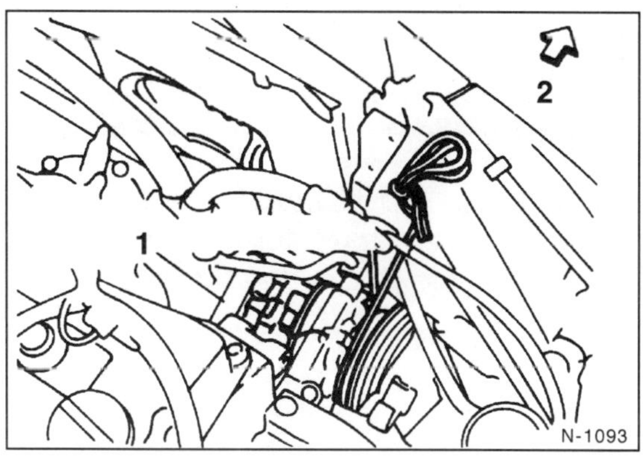

- Klimakompressor –1– mit Halter abschrauben und mit angeschlossenen Schläuchen und Draht so aufhängen, daß der Kompressor den weiteren Ausbau nicht stört und die Leitungen nicht auf Zug belastet werden. 2 – Pfeil zeigt in Fahrtrichtung nach vorn.

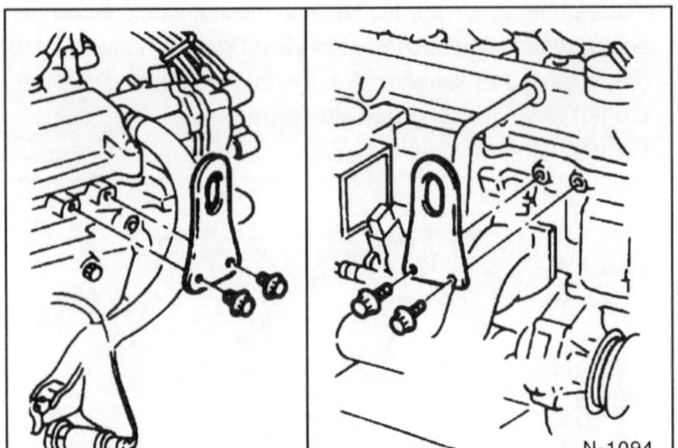
N-1094

- Falls nicht eingebaut, Motor-Halteösen, wie in der Abbildung gezeigt, anschrauben. Die Motorhalter sind in der Fachwerkstatt als Ersatzteil erhältlich.
- Mittleren Träger von der Karosserie mit 4 Schrauben abschrauben und herausnehmen.
- Eine geeignete Kette in die Aufhängeösen des Motors einhängen und Motor mit Werkstattkran so weit anheben, bis die beiden oberen Motorlager entlastet sind.
- Sämtliche Motorlager abschrauben beziehungsweise ausbauen, siehe Seite 18.
- Prüfen, ob sämtliche Schläuche, Leitungen und Verbindungen, die vom Motor zum Aufbau führen, abgezogen sind.

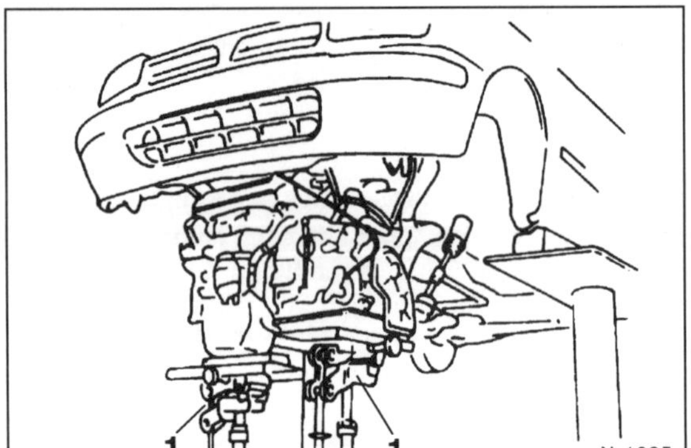

N-1095

- Motor vorsichtig nach unten auf einem Motor- und Getriebeheber –1– ablassen. Es kann auch ein Werkstattwagenheber mit Holzzwischenlage verwendet werden.

Achtung: Der Motor muß beim Ablassen sorgfältig geführt werden, um Beschädigungen am Aufbau zu vermeiden.

- Getriebe von Motor abbauen, siehe Seite 101.

Einbau

- Motorlager, Kühlmittel-, Öl- und Kraftstoffschläuche auf Porosität oder Risse prüfen, falls erforderlich erneuern.
- Kupplungsausrücklager auf leichten Lauf und Ausrückhebel auf Leichtgängigkeit prüfen, gegebenenfalls erneuern.
- Kupplungs-Mitnehmerscheibe auf ausreichende Belagdicke sowie Belagzustand prüfen, gegebenenfalls auswechseln.
- Verzahnung der Antriebswelle reinigen und mit MoS_2-Schmierfett schmieren.
- Getriebe an Motor anflanschen, siehe Seite 101.

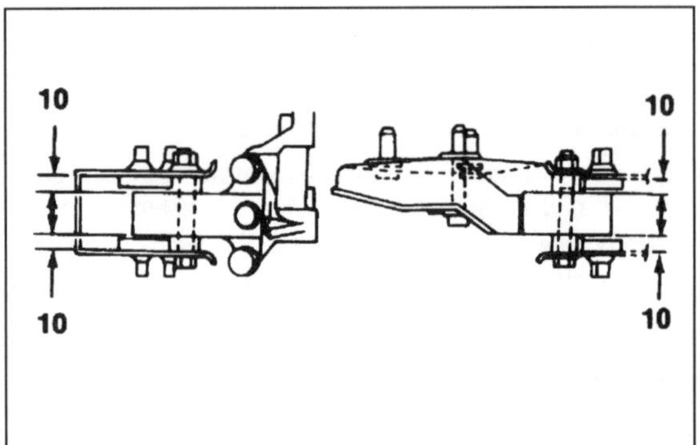

N-1096

- Falls ausgebaut, obere Motorhalter anschrauben. Darauf achten, daß die Schwingungsdämpfer richtig auf den Konsolen sitzen, siehe Abbildung. Der Abstand beträgt jeweils 10 mm.
- Motor und Getriebe mit Werkstattkran vorsichtig von unten in den Motorraum einführen. Motor zu den Motorlagern ausrichten, Schrauben beiziehen.
- Motor durch Schüttelbewegungen spannungsfrei einrichten.

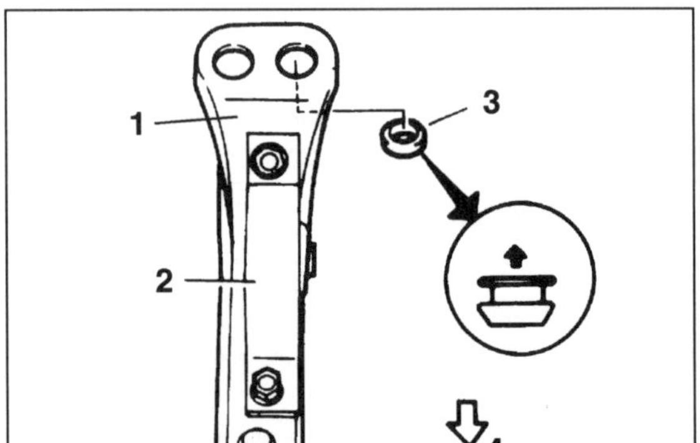

N-1097

- Mittleren Träger –1– anschrauben, dabei auf richtige Lage der Gummiringe –3– achten, siehe Abbildung. 2 – Hinterer Schwingungsdämpfer, 4 – Pfeil zeigt in Fahrtrichtung nach vorn.

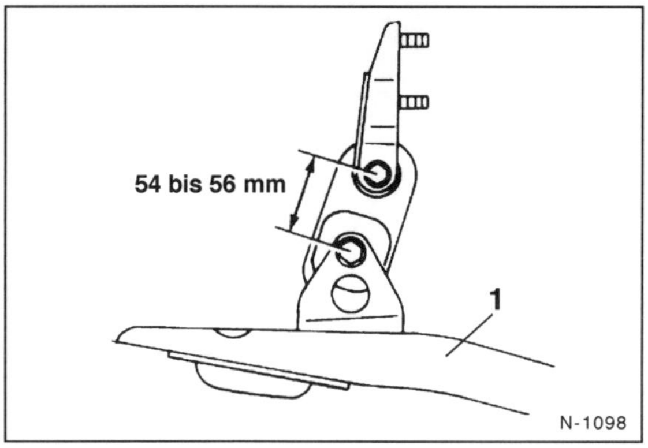

- **Schaltgetriebe:** Höhe des unteren, vorderen Schwingungsdämpfers am mittleren Träger –1– auf 55 ± 1 mm einstellen.
- Sämtliche Schrauben und Muttern der Motorlagerung festziehen, siehe Abbildung N-1099 auf Seite 18.

Fahrzeuge mit Klimaanlage

- Klimakompressor mit Halter anschrauben.
- Generator einbauen, siehe Seite 203.
- Keilriemen einbauen, siehe Seite 40.

- Falls eingebaut, Motor-Halteösen abschrauben.
- Tachowelle am Getriebe einsetzen und anschrauben.
- Schläuche für Aktivkohlebehälter entsprechend der angebrachten Markierungen aufschieben.

Fahrzeuge mit Servolenkung

- Flügelpumpe mit Halter anschrauben.
- Keilriemen einbauen, siehe Seite 40.

- Beide Motortemperatursensoren anschrauben.
- Massekabel an die Karosserie anschrauben.
- Motorkabelstrang am Kabelstrangträger der Motoraufhängung anbauen.
- Abgasanlage anschrauben, siehe Seite 91.
- Beide Antriebswellen einbauen, siehe Seite 115.
- Querlenker anschrauben, siehe Seite 114.
- Stabilisator einbauen, siehe Seite 113.
- **Schaltgetriebe:** Schaltstange und Stützstange am Getriebe befestigen.
- **Automatikgetriebe:** Schaltseilzug mit Hebel am Getriebe einhängen. Befestigungsschrauben des Seilzugs am Getriebe anschrauben.
- Stecker für Getriebeschalter aufschieben.
- Getriebeöl auffüllen, siehe Seite 240.
- Massekabel am Innenkotflügel anschrauben.
- Masseband am Getriebe anschrauben.
- Unteren Kühlmittelschlauch aufschieben und mit Schellen sichern. Bei Automatikgetriebe zusätzlich die beiden unteren Kühlerschläuche aufschieben.
- Motor-Unterbodenschutz sowie Spritzbleche einbauen. Spreizclips einsetzen und sichern. Dazu Kunststoffstift einschrauben oder einschlagen.
- Fahrzeug ablassen.
- Oberen Kühlerschlauch aufschieben und mit Schellen sichern.
- Kühlmittel-Vorratsbehälter einsetzen und anschrauben.
- Kraftstoffleitungen entsprechend den angebrachten Markierungen aufschieben und mit Schellen sichern. Dabei den Zulaufschlauch ausreichend weit über die Verdickung des Kraftstoffrohres aufschieben. Die Schlauchschelle 3 mm vom Schlauchende entfernt anbringen. Darauf achten, daß die Schlauchschellen nicht mit den umliegenden Bauteilen in Berührung kommen.
- Kupplungszug am Getriebe einhängen und einstellen, siehe Seite 99.
- Gaszug am Drosselklappenteil einhängen und einstellen, siehe Seite 75.
- **Automatikgetriebe:** Kickdown-Seilzug am Drosselklappenteil einbauen, siehe Seite 107.
- Unterdruckschlauch für Bremskraftverstärker am Winkelstück des Ansaugkrümmers aufschieben und mit Schelle sichern. Festen Sitz des Schlauchanschlusses prüfen.
- Alle elektrischen Leitungen zum Motor anklemmen, beziehungsweise anschrauben, siehe unter Ausbau.
- Massekabel an der Motor-Einbaukonsole anschrauben.
- Luftfilter einbauen, siehe Seite 76.
- Batterieträger einbauen.
- Batterie einbauen, siehe Seite 198.
- Motorhaube einbauen, siehe Seite 168.
- Kühlmittel auffüllen, siehe Seite 52.

Die Motorlagerung

MICRA-Generation II

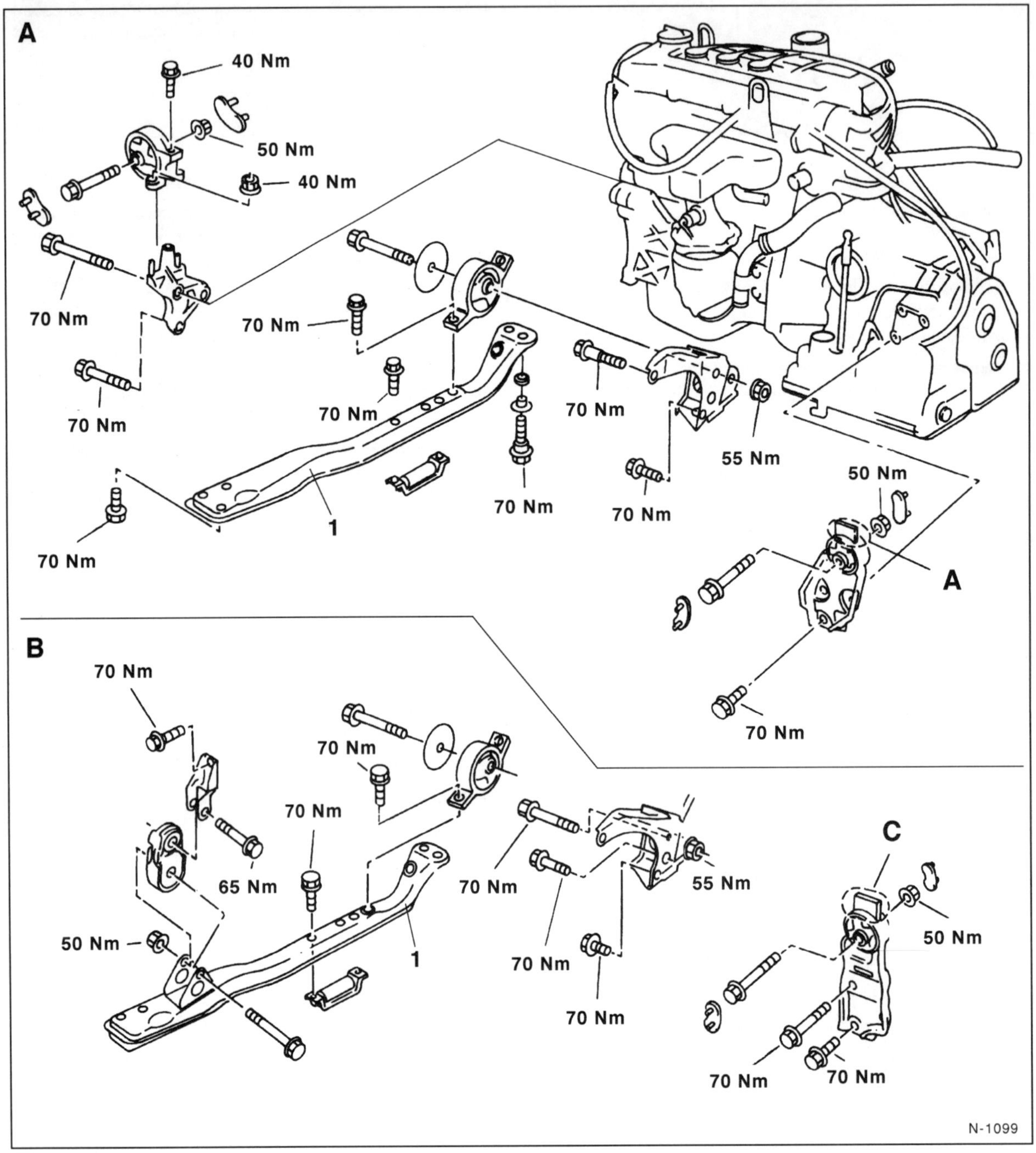

A – Automatikgetriebe
B – Schaltgetriebe
C – 1,0-l-Motor
1 – Mittlerer Träger

Steuerkettentrieb

MICRA-Generation II

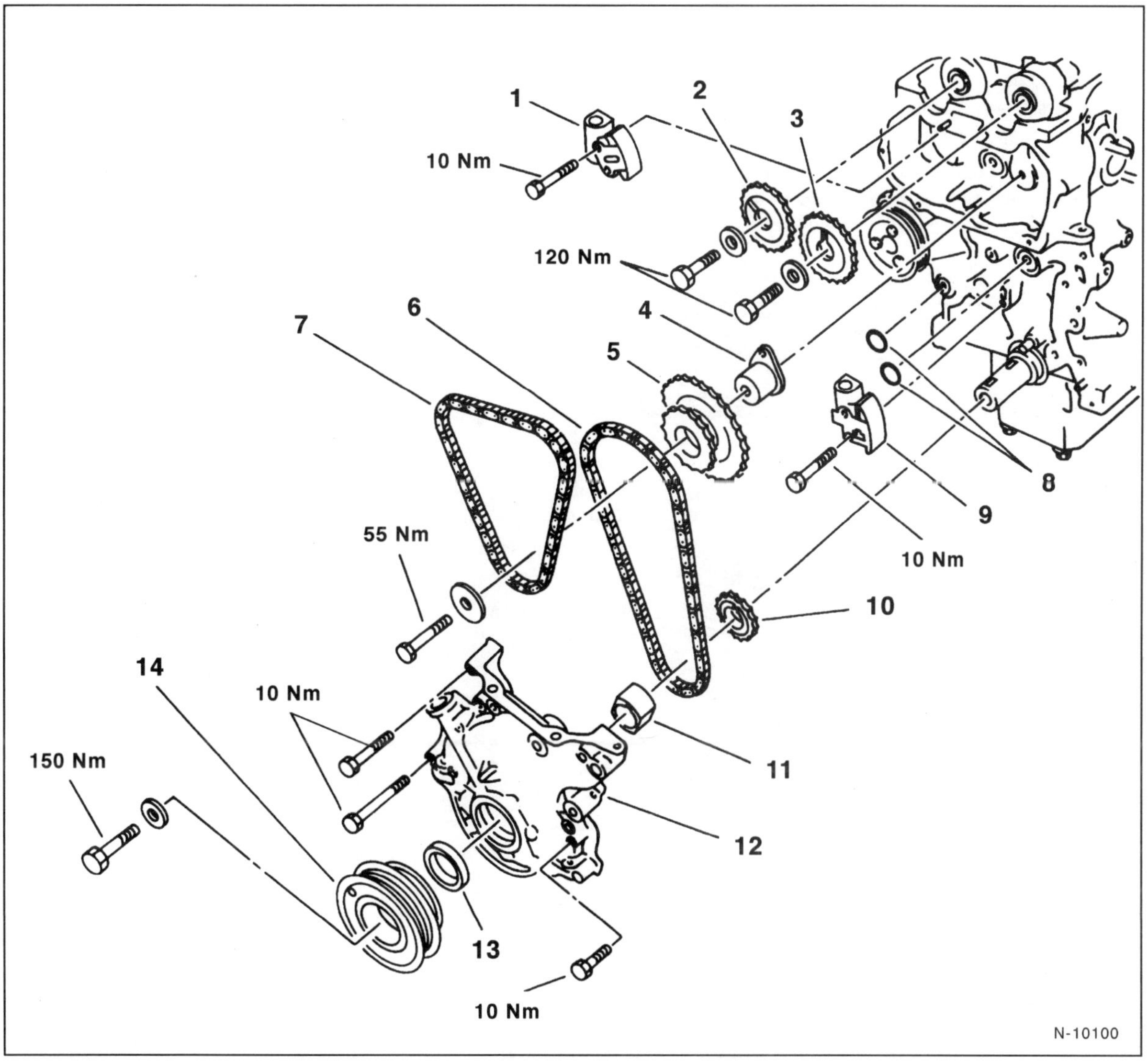

1 – Kettenspanner
2 – Nockenwellenrad (Einlaß)
3 – Nockenwellenrad (Auslaß)
4 – Zwischenradwelle
5 – Zwischenrad
6 – Untere Steuerkette
7 – Obere Steuerkette
8 – O-Ringe (immer ersetzen)
9 – Unterer Kettenspanner
10 – Kurbelwellenrad
11 – Distanzstück für Ölpumpenantrieb
12 – Steuergehäusedeckel
13 – Wellendichtring (immer ersetzen)
14 – Kurbelwellen-Riemenscheibe

Zylinderkopf / Nockenwellen aus- und einbauen/ Zylinderkopfdichtung erneuern

MICRA-Generation II

Zum Ausbau des Zylinderkopfes muß der Motor mindestens auf Raumtemperatur abgekühlt sein. Abgas- und Ansaugkrümmer bleiben angeschlossen.

Eine defekte Zylinderkopfdichtung ist an einem oder mehreren der folgenden Merkmale erkennbar:

- Leistungsverlust.
- Kühlflüssigkeitsverlust. Weiße Abgaswolken bei warmem Motor.
- Ölverlust.
- Kühlflüssigkeit im Motoröl, Ölstand nimmt nicht ab, sondern zu. Graue Farbe des Motoröls, Schaumbläschen am Peilstab, Öl dünnflüssig.
- Motoröl in der Kühlflüssigkeit.
- Kühlflüssigkeit sprudelt stark.
- Keine Kompression auf 2 benachbarten Zylindern.

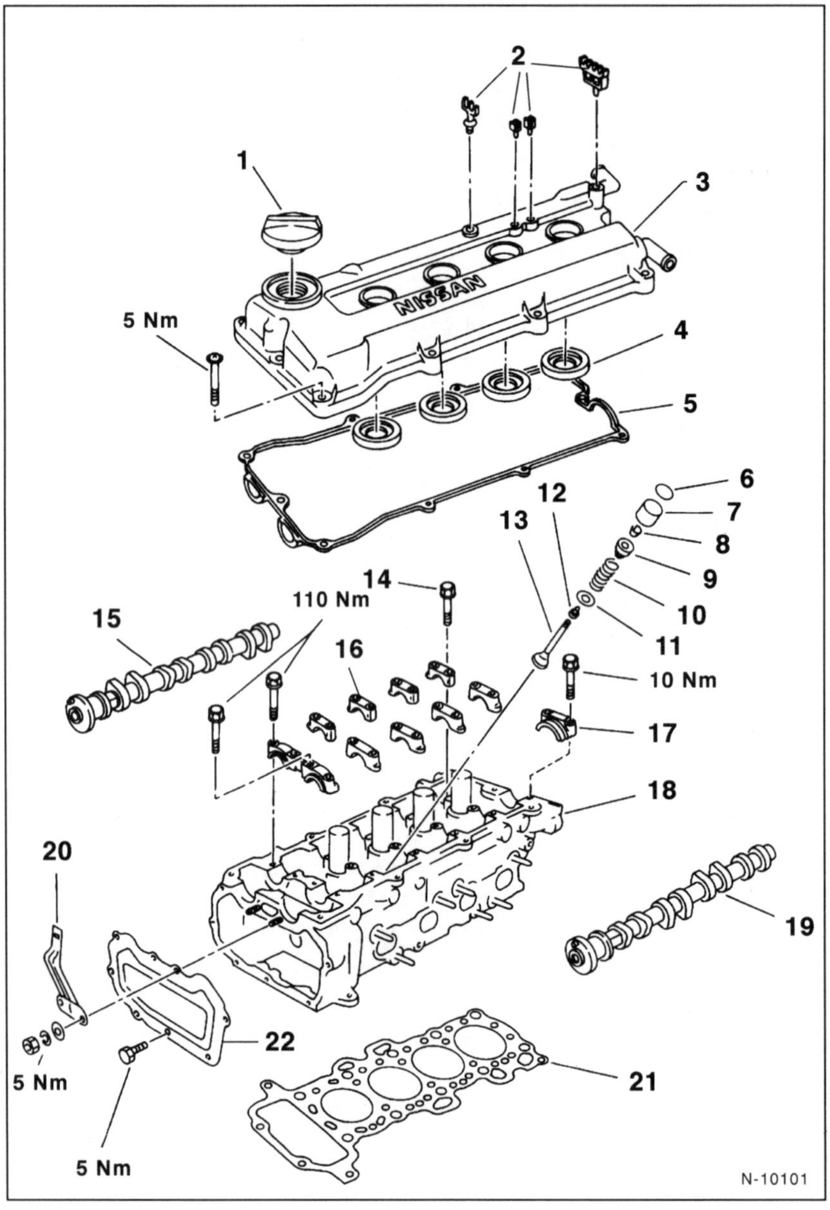

1 – **Verschlußdeckel Öleinfüllstutzen**
2 – **Kabelhalter**
3 – **Zylinderkopfdeckel**
4 – **Dichtring**
Immer ersetzen.
5 – **Dichtung für Zylinderkopfdeckel**
Beim Einbau flüssiges Dichtmittel, z. B. Curil, an den halbkreisförmigen Rundungen auftragen.
6 – **Einstellscheibe**
7 – **Ventilstößel**
8 – **Kegelstücke**
9 – **Ventilfederteller**
10 – **Ventilfeder**
11 – **Ventilfedersitz**
12 – **Ventilschaftabdichtung**
13 – **Ventil**
14 – **Zylinderkopfschraube**
15 – **Einlaßnockenwelle**
16 – **Nockenwellenlagerdeckel**
17 – **Zündverteiler-Anbaukonsole**
Beim Einbau flüssiges Dichtmittel auftragen.
18 – **Zylinderkopf**
19 – **Auslaßnockenwelle**
20 – **Halterung**
21 – **Zylinderkopfdichtung**
Immer ersetzen.
22 – **Stirndeckeldichtung**

Ausbau

Achtung: Nach Abnehmen der Steuerkette dürfen Kurbelwelle und Nockenwelle nicht einzeln für sich gedreht werden, da die Ventile sonst auf die Kolbenböden aufschlagen.

- Batterie-Massekabel (–) von der Batterie abklemmen. **Achtung:** Dadurch werden die elektronischen Speicher gelöscht, wie zum Beispiel der Motorfehlerspeicher oder der Radiocode. Vor dem Abklemmen der Batterie sollten auch die Hinweise im Kapitel »Batterie aus- und einbauen« durchgelesen werden.
- Kühlmittel ablassen, siehe Seite 52.
- Keilriemen für Generator, Servopumpe und, falls vorhanden, Klimakompressor ausbauen, siehe Seite 40.
- Luftfilter ausbauen, siehe Seite 76.

- Ansaugluftleitung –1– abschrauben und zur Seite klappen.
- Alle Unterdruckschläuche zum Zylinderkopf abziehen. Zum leichteren Einbau Schläuche vorher mit Klebeband kennzeichnen.
  - ♦ Unterdruckleitung für Bremskraftverstärker vom Winkelstück am Ansaugkrümmer abziehen.
  - ♦ Unterdruckleitungen vom T.V.V.-Ventil am Zylinderkopf unterhalb des Zündverteilers abziehen.
- Alle Kühlmittelschläuche zum Zylinderkopf abziehen, vorher Schellen ganz öffnen und zurückschieben. Zum leichteren Einbau Schläuche vorher mit Klebeband kennzeichnen.
  - ♦ Oberen Kühlerschlauch vom Thermostatgehäuse und vom Kühler.
  - ♦ Sämtliche Kühlmittelschläuche vom Thermostatgehäuse und vom Ansaugkrümmer abziehen.

- Alle elektrischen Leitungen zum Zylinderkopf abklemmen, beziehungsweise abschrauben. Zum leichteren Einbau Leitungen vorher mit Klebeband kennzeichnen.
  - ♦ Stecker vom Drosselklappenpotentiometer –1–.
  - ♦ Stecker vom Luftmassenmesser –2–.
  - ♦ Stecker vom F.I.C.D./A.C.C-Magnetventil –3–.
  - ♦ 4 Stecker von den Einspritzventilen –4–.
  - ♦ 2 Stecker am Zündverteiler.
  - ♦ Stecker von den Kühlmittel-Temperaturgebern am Zylinderkopf unterhalb des Zündverteilers.
- Gaszug am Drosselklappenteil ausbauen, siehe Seite 75.
- 3 Kurbelgehäuseentlüftungsschläuche vom Zylinderkopfdeckel abziehen.
- Kraftstoffdruck abbauen, siehe Seite 70.
- Kraftstoffleitungen abziehen, siehe Seite 14.
- Generator mit Halter ausbauen, siehe Seite 203.
- Vordere Motoreinbaukonsole ausbauen, siehe Seite 18.
- Radmuttern für rechtes Vorderrad bei auf dem Boden stehendem Fahrzeug lösen. Scheibenrad (Felge) zur Radnabe mit Farbe kennzeichnen. Dadurch kann das ausgewuchtete Rad wieder an gleicher Stelle montiert werden. Fahrzeug vorn aufbocken. Rechtes Vorderrad ausbauen.
- Rechtes vorderes Spritzblech im Radkasten ausbauen.
- Vordere Unterboden-Abdeckungen ausbauen, siehe Seite 14.
- Vorderes Abgasrohr ausbauen, siehe Seite 91.

- Zylinderkopfdeckel abschrauben. Dazu Schrauben in numerischer Reihenfolge von 1 bis 10 lösen.
- Sämtliche Zündkerzenstecker abziehen. Dabei nur an den Steckern, nicht an den Kabeln ziehen. Zündverteilerdeckel abbauen und zur Seite legen, siehe Seite 67.
- Sämtliche Zündkerzen herausschrauben.

- Kolben für Zylinder 1 auf Zünd-OT stellen. Dazu Getriebe in Leerlaufstellung bringen, Handbremse anziehen. Kurbelwelle an der Zentralschraube der Kurbelwellen-Riemenscheibe –1– in Motordrehrichtung – im Uhrzeigersinn – verdrehen.

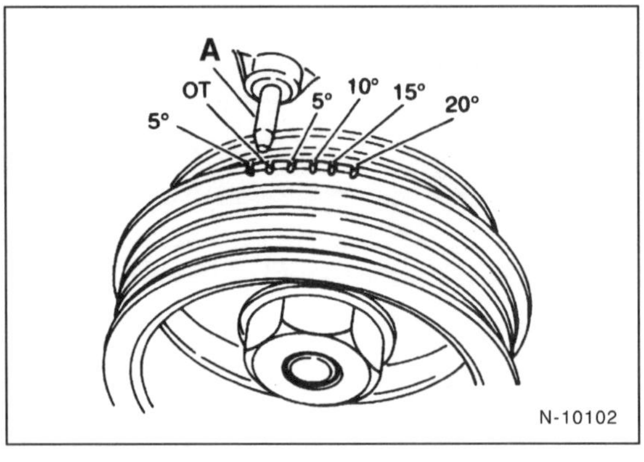

- Der Zylinder 1 steht auf Zünd-OT, wenn die gelbe OT-Markierung gegenüber dem Zeiger –A– steht. Zylinder 1 ist der erste Zylinder auf der Steuerkettenseite.

- Gleichzeitig muß die Spitze des Zündverteilerläufers –1– schräg nach unten zeigen, sonst Kurbelwelle um 1 Umdrehung weiterdrehen.
- Zündverteiler ausbauen, siehe Seite 66.
- Steuergehäusedeckel abschrauben.

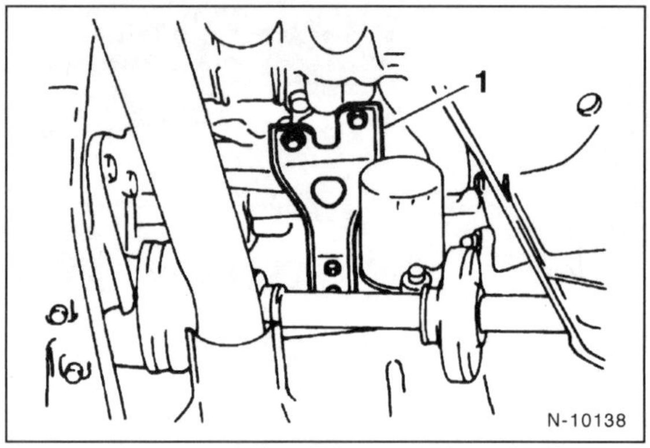

- Ansaugkrümmer-Stütze abschrauben.

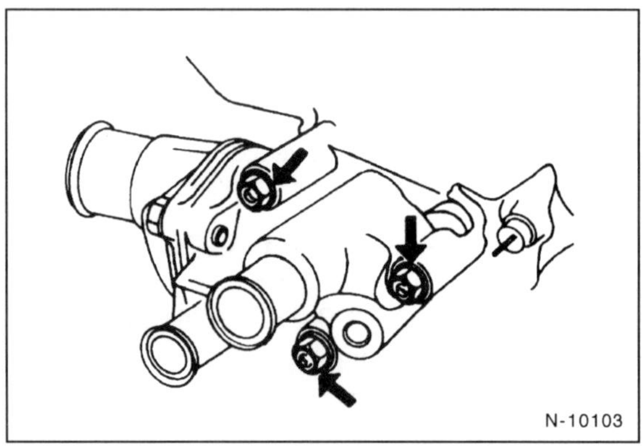

- Thermostatgehäuse ausbauen.

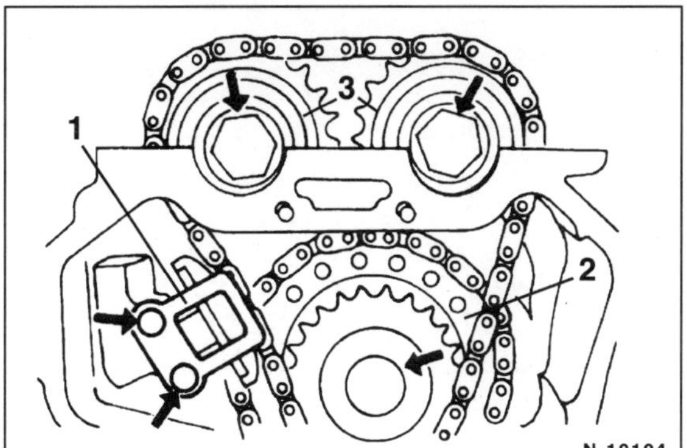

N-10104

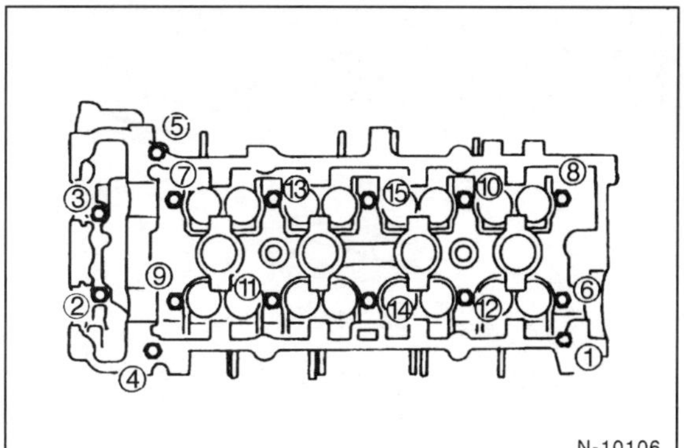
N-10106

- Kettenspanner –1– abschrauben und herausnehmen.
- Schrauben der Nockenwellenräder –3– herausdrehen, dabei Nockenwellen mit Maulschlüssel am Vierkant gegenhalten. Nockenwellenräder mit oberer Steuerkette abnehmen.

Achtung: Kurbelwelle oder Zwischenwelle dürfen jetzt nicht mehr verdreht werden.

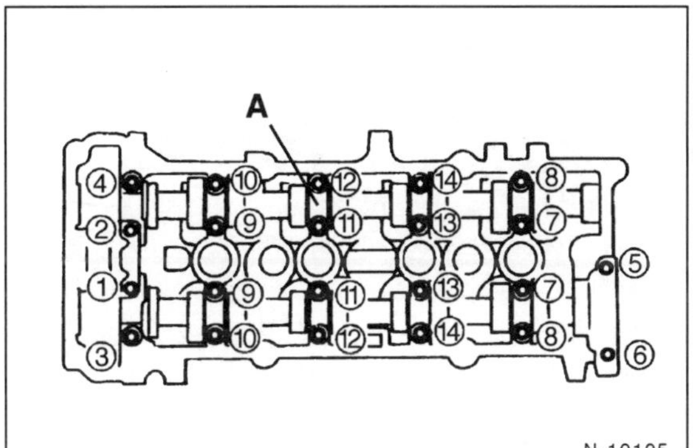

N-10105

- Nockenwellenlagerdeckel –A– abschrauben und Nockenwellen herausnehmen. Dabei die Schrauben der Lagerdeckel in numerischer Reihenfolge von 1 bis 14 lösen.
  1. Durchgang: Alle Schrauben in numerischer Reihenfolge ½ Umdrehung lösen.
  2. Durchgang: Alle Schrauben in numerischer Reihenfolge eine weitere Umdrehung lösen.
  3. Durchgang: Alle Schrauben in numerischer Reihenfolge herausdrehen.

Achtung: Einzelteile so ablegen, daß sie beim Einbau wieder an derselben Stelle eingebaut werden können.

- Zylinderkopfschrauben in numerischer Reihenfolge in 3 Durchgängen lösen.
  1. Durchgang: Alle Schrauben in numerischer Reihenfolge ½ Umdrehung lösen.
  2. Durchgang: Alle Schrauben in numerischer Reihenfolge eine weitere Umdrehung lösen.
  3. Durchgang: Alle Schrauben in numerischer Reihenfolge herausdrehen.

Achtung: Der Zylinderkopf kann sich verziehen oder reißen, wenn die Reihenfolge beim Lösen der Zylinderkopfschrauben nicht eingehalten wird.

- Prüfen, ob sämtliche Schläuche und Leitungen, die vom Zylinderkopf zum Motor und Aufbau führen, abgezogen sind.
- Anschließend Zylinderkopf mit Helfer vom Motorblock abheben.

Achtung: Zylinderkopf nach dem Ausbau nicht auf der Dichtfläche absetzen, dabei könnten voll geöffnete Ventile beschädigt werden. Deshalb Zylinderkopf auf 2 Holzleisten ablegen.

Einbau

- Vor dem Einbau Motorblock und Zylinderkopf vorsichtig mit einem geeignetem Schaber von Dichtungsresten freimachen. Dabei darf die Dichtfläche auf keinen Fall zerkratzt werden. **Darauf achten, daß keine Dichtungsreste in die Bohrungen fallen**. Bohrungen mit Lappen verschließen.
- Prüfen, ob die Bohrungen für die Zylinderkopfschrauben frei von Öl sind, gegebenfalls Öl mit Preßluft herausblasen. Steht keine Preßluft zur Verfügung, einen kleinen Schraubendreher mit einem saugfähigen Lappen nehmen und damit die Bohrungen reinigen. **Achtung:** Das Öl muß auf jeden Fall entfernt werden.
- Zylinderkopf mit Stahllineal und Fühlerblattlehre auf Verzug prüfen.

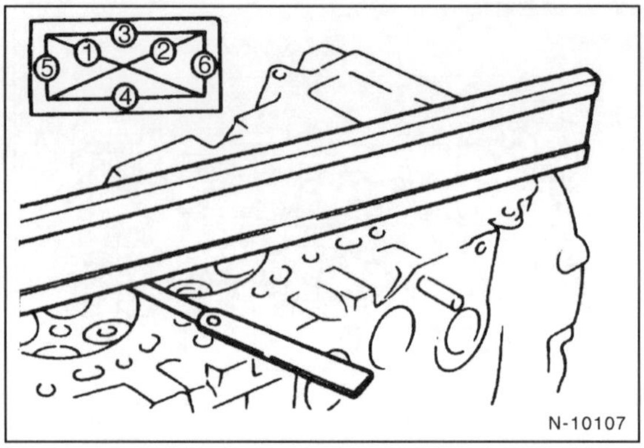

- Verzug auf den vorgezeichneten Achsen prüfen. Die Unebenheiten dürfen auf der Zylinderkopfseite maximal 0,1 mm betragen. Wird dieser Grenzwert überschritten, so muß der Zylinderkopf überarbeitet werden (Werkstattarbeit).
- Zylinderkopf auf Rißbildung untersuchen. Wenn Rißbildung vorliegt, so ist der Zylinderkopf zu erneuern.
- Kühlmittel-, Öl- und Kraftstoffschläuche auf Porosität oder Risse prüfen, falls erforderlich erneuern.
- Ventile und Ventilsitze auf Verschleiß und Beschädigung sichtprüfen.

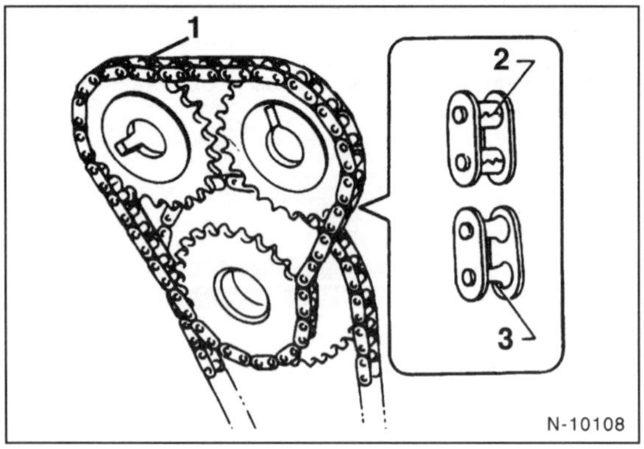

- Obere Steuerkette –1– auf Rißbildung –2– und übermäßigen Verschleiß –3– der Kettenglieder und Rollen prüfen, gegebenenfalls Steuerkette ersetzen
- Zylinderkopfdichtung so auflegen, daß die Bohrungen im Motorblock und der Zylinderkopfdichtung übereinstimmen.
- Zylinderkopf auflegen und Zylinderkopfschrauben mit Unterlegscheiben einsetzen. Darauf achten, daß die angefaste (abgeschrägte) Seite der Unterlegscheibe zum Schraubenkopf zeigt. Die glatte Seite der Scheibe zeigt zum Zylinderkopf. **Achtung:** Vor Einsetzen der Zylinderkopfschrauben, Auflage des Schraubenkopfes, Unterlegscheibe und Gewinde dünn mit sauberem Motoröl bestreichen.

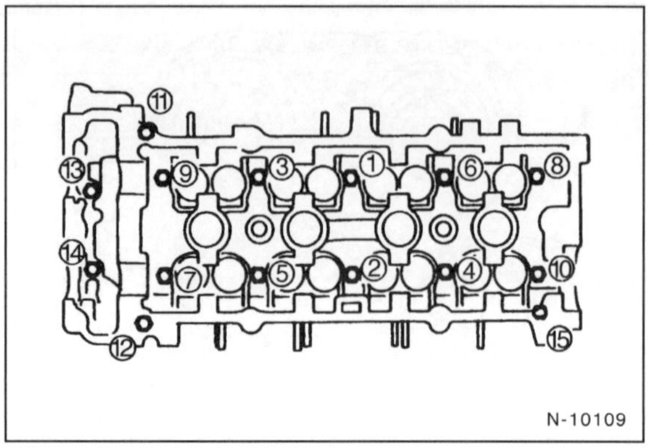

- Die Zylinderkopfschrauben werden von Hand soweit eingeschraubt, bis sie mit dem Bund anliegen. Anschließend werden die Schrauben 1 bis 10 in 5 Stufen und danach die Schrauben 11 bis 15 mit dem vorgeschriebenen Drehmoment angezogen. In jeder Stufe müssen die Schrauben jeweils in numerischer Reihenfolge (von 1 bis 10 bzw. 11 bis 15) angezogen werden.

Anzugsverfahren:

1. Stufe: Schrauben 1 bis 10 mit **40 Nm** festziehen.

2. Stufe: Schrauben 1 bis 10 mit **77 Nm** festziehen.

3. Stufe: Schrauben von 10 nach 1 vollständig lösen.

4. Stufe: Schrauben 1 bis 10 mit **35 Nm** festziehen.

5. Stufe: Schrauben 1 bis 10 mit einem starren Schlüssel um **60°** weiterdrehen. Hierzu wird eine Winkelscheibe, z. B. HAZET 6690, benötigt.

6. Stufe: Schrauben 11 bis 15 mit **80 Nm** festziehen.

Achtung: Das Anziehen der Zylinderkopfschrauben ist mit größter Sorgfalt durchzuführen. Vor dem Anziehen der Schrauben sollte der Drehmomentschlüssel auf seine Genauigkeit überprüft werden. Anzugsreihenfolge genau einhalten.

- Falls ausgebaut, Tassenstößel an derselben Stelle wieder einbauen.
- Gleitflächen der Nockenwellen und Nockenwellenlager vor dem Einsetzen mit sauberem Motoröl bestreichen.

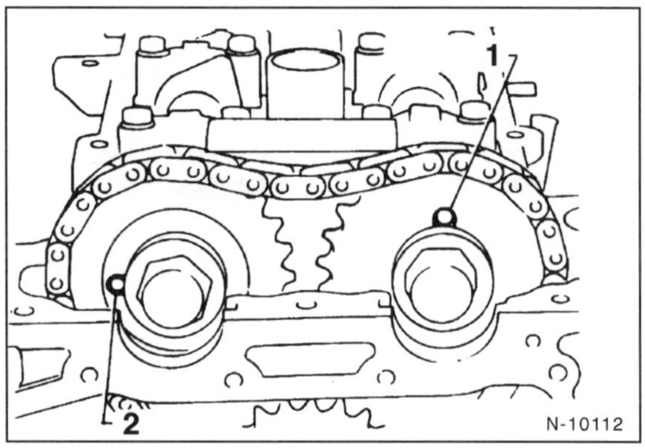

- Nockenwellen einsetzen und wie in der Abbildung dargestellt ausrichten. Der Paßstift –1– der Auslaß-Nockenwelle muß senkrecht nach oben zeigen, der Paßstift –2– der Einlaß-Nockenwelle muß an der Zylinderkopf-Oberkante liegen.

Achtung: Aus- und Einlaß-Nockenwelle nicht verwechseln. Die Auslaß-Nockenwelle hat an der Schwungradseite eine exzentrische Nut für den Zündverteiler.

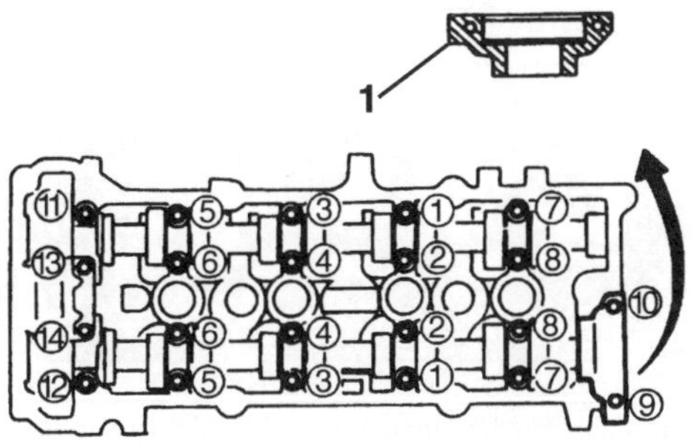

N-10110

- Nockenwellenlagerdeckel einbauen. Beim Einsetzen darauf achten, daß die Lagerdeckel entsprechend ihrer Kennzeichnung ausgerichtet und eingesetzt werden. **Achtung:** Vor Einsetzen der Lagerdeckelschrauben, Auflage des Schraubenkopfes und Gewinde dünn mit sauberem Motoröl bestreichen.
- Flüssiges Dichtmittel, z. B. Curil, auf die schraffierte Anlagefläche der Zündverteiler-Konsole –1– auftragen und Konsole von Hand anschrauben.
- Lagerdeckel und Konsole in numerischer Reihenfolge zunächst mit **2 Nm**, in der 2. Stufe mit **6 Nm** und in der 3. Stufe mit **10 Nm** festziehen.

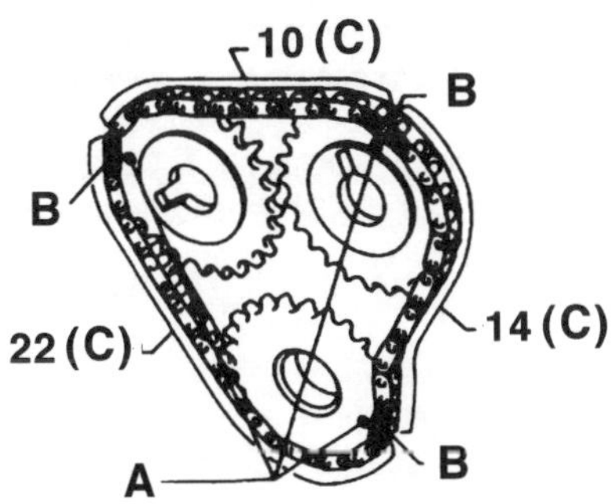

N-10111

- Nockenwellenräder zusammen mit der oberen Steuerkette montieren. Darauf achten, daß die Kennzeichnungen –A– der Nockenwellenräder zur Stirnseite des Zylinderkopfes zeigen. Die 3 silbernen Kennzeichnungen –B– der Kette müssen mit den Kennzeichnungen –A– der Nockenwellenräder übereinstimmen. Zur Erleichterung beim Einsetzen der Kette sind in der Abbildung unter –C– die Anzahl der Kettenglieder zwischen den Markierungen angegeben.
- Lage der Nockenwellenräder nochmals prüfen, siehe Abbildung N-10112.
- Nockenwellenräder mit **120 Nm** anschrauben. **Achtung:** Vor Einsetzen der Befestigungsschrauben, Auflage des Schraubenkopfes, Unterlegscheibe und Gewinde dünn mit sauberem Motoröl bestreichen.

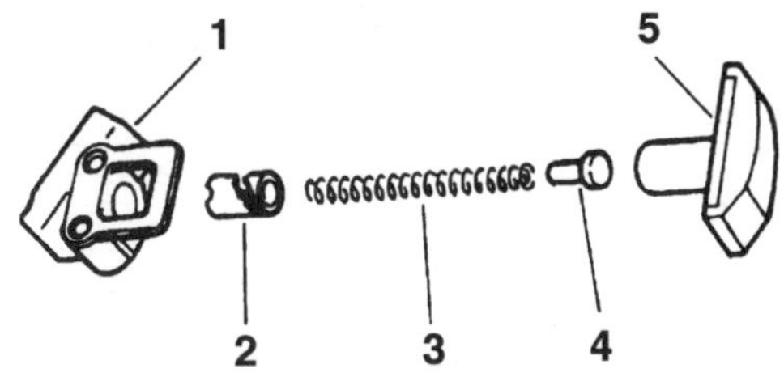

N-10113

- Einzelteile des Kettenspanners auf Beschädigung überprüfen. 1 – Gehäuse, 2 – Ratsche, 3 – Druckfeder, 4 – Kolben, 5 – Druckstück.

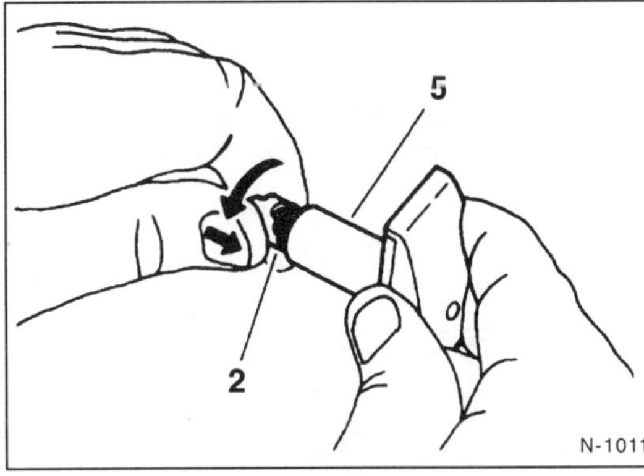

N-10114

- Kettenspanner zusammenbauen. Dazu die Ratsche –2– im Uhrzeigersinn drehen und gleichzeitig in Richtung Druckstück –5– auf der Spirale nach oben schieben, bis sie stehenbleibt. Der Kettenspanner ist damit voreingestellt. Der Spanner stellt sich beim Anlassen des Motors durch das vorhandene Kettenspiel automatisch auf die richtige Vorspannung nach.
- Kettenspanner mit **10 Nm** festschrauben.

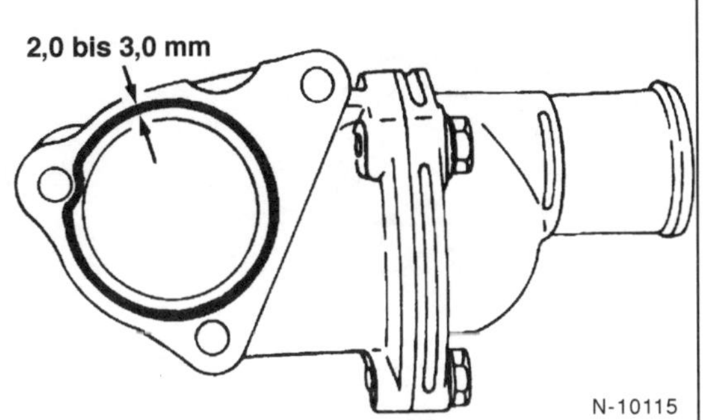

N-10115

- Thermostatgehäuse mit flüssigem Dichtmittel, z. B. Curil, (Raupe von 2 – 3 mm ∅) ansetzen und anschrauben.
- Stütze für Ansaugkrümmer mit 20 Nm anschrauben.

- Zündverteiler einbauen. Dabei muß sich die Nockenwelle in der abgebildeten Lage befinden.
- Steuergehäusedeckel mit flüssigem Dichtmittel, z. B. Curil, (Raupe von 2 – 3 mm ∅) ansetzen und anschrauben.
- Falls Teile der Ventilsteuerung ersetzt wurden, Ventilspiel einstellen, siehe Seite 37.
- Anlagefläche des Zylinderkopfdeckels mit Verdünnung reinigen. Die Anlagefläche muß absolut fettfrei sein.

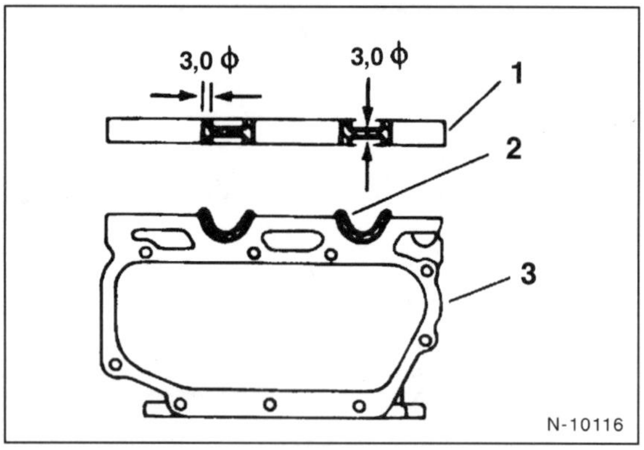

- Zylinderkopf –3– oben, wie in der Abbildung gezeigt, mit flüssigem Dichtmittel –2–, z. B. Curil, (Raupe mit 3 mm ∅) bestreichen und Deckeldichtung auflegen. 1 – Ansicht von oben. Die Maße in der Abbildung sind in mm angegeben.

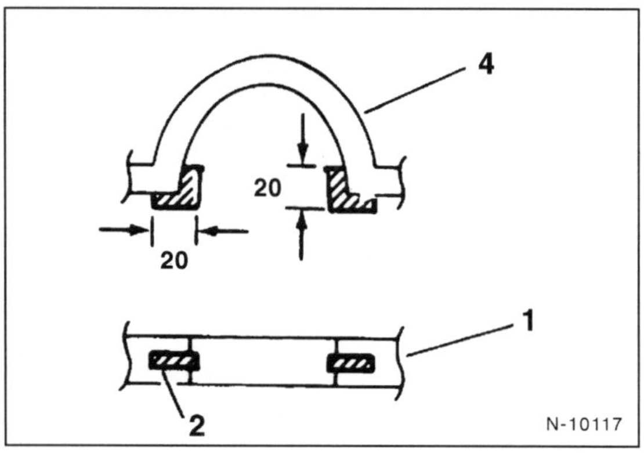

- Gummi –4– in der Öffnung der Zündverteiler-Anbaukonsole , wie in der Abbildung gezeigt, mit flüssigem Dichtmittel –2–, z. B. Curil, bestreichen. 1 – Ansicht von oben. Die Maße in der Abbildung sind in mm angegeben.

- Zylinderkopfdeckel ansetzen und Schrauben in der angegebenen Reihenfolge von 1 bis 10 mit **5 Nm** festziehen.

Achtung: Nach dem Einbau des Zylinderkopfdeckels ist bis zum Starten des Motors eine Wartezeit von 30 Minuten einzuhalten, damit das Dichtmittel aushärten kann.

- Zündkerzen einbauen, siehe Seite 236.
- Vordere Motor-Einbaukonsole anschrauben.
- Generator mit Halter einbauen, siehe Seite 203.
- Vorderes Abgasrohr anschrauben, siehe Seite 91.
- Motor-Unterbodenschutz sowie rechtes vorderes Spritzblech einbauen. Spreizclips einsetzen und sichern. Dazu Kunststoffstift einschrauben oder einschlagen.
- Rechtes Vorderrad anschrauben, dabei auf Markierung zur Radnabe achten. Fahrzeug ablassen und Radmuttern mit **100 Nm** über Kreuz festziehen.
- Kraftstoffleitungen entsprechend den angebrachten Markierungen aufschieben und mit Schellen sichern. Dabei den Zulaufschlauch ausreichend weit über die Verdickung des Kraftstoffrohres aufschieben. Die Schlauchschelle 3 mm vom Schlauchende entfernt anbringen. Darauf achten, daß die Schlauchschellen nicht mit den umliegenden Bauteilen in Berührung kommen.
- 3 Kurbelgehäuseentlüftungsschläuche am Zylinderkopfdeckel aufschieben.
- Gaszug am Drosselklappenteil einhängen und einstellen, siehe Seite 75.
- Kühlmittelschläuche aufstecken und mit Schellen sichern.
- Unterdruckschläuche aufschieben und auf festen Sitz prüfen.
- Alle elektrischen Leitungen zum Zylinderkopf beziehungsweise Drosselklappenteil anklemmen oder anschrauben, siehe unter Ausbau.
- Luftfilter einbauen, siehe Seite 76.
- Keilriemen einbauen, siehe Seite 40.
- Batterie-Massekabel anklemmen.
- Kühlmittel auffüllen, siehe Seite 52.
- Motor warmlaufen lassen und Zündzeitpunkt beziehungsweise Leerlauf prüfen.

Der Zahnriementrieb

MICRA-Generation I

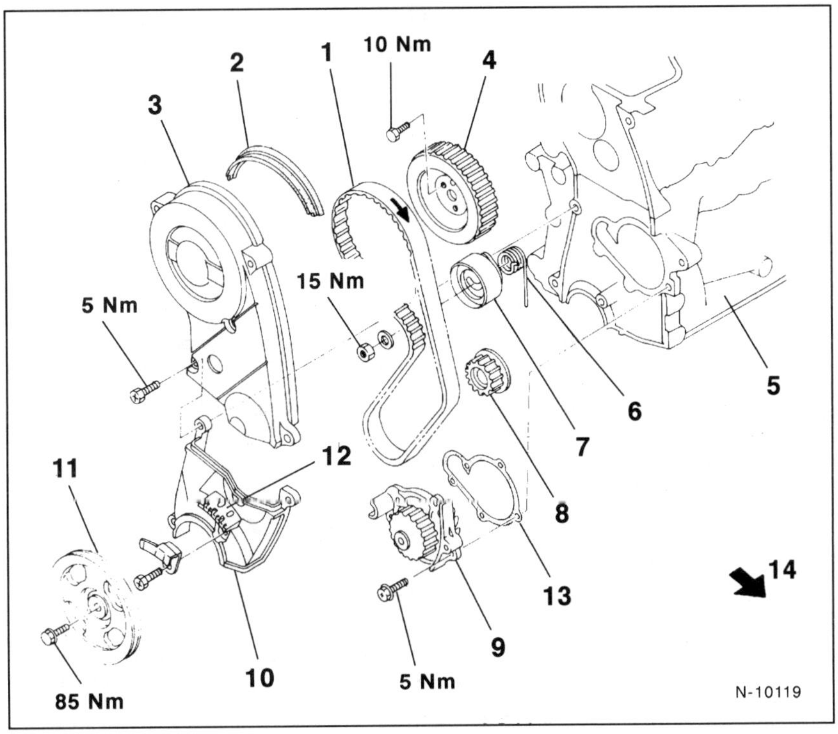

1 – **Zahnriemen**
Darf nicht geknickt oder verdreht werden. Der »Pfeil« auf dem Zahnriemen muß in Motordrehrichtung zeigen.

2 – **Dichtung**

3 – **Obere Zahnriemenabdeckung**

4 – **Nockenwellenrad**

5 – **Motorblock**

6 – **Rückstellfeder**

7 – **Riemenspanner**

8 – **Kurbelwellenrad**

9 – **Kühlmittelpumpe**

10 – **Untere Zahnriemenabdeckung**

11 – **Kurbelwellen-Riemenscheibe**

12 – **Zündzeitpunktblech**
»0« =OT-Kennzeichnung.

13 – **Papierdichtung**

14 – **Pfeil zeigt in Fahrtrichtung nach vorn**

Zahnriemen aus- und einbauen

MICRA-Generation I

Ausbau

- Batterie-Massekabel (–) von der Batterie abklemmen. **Achtung:** Dadurch werden die elektronischen Speicher gelöscht, wie zum Beispiel der der Radiocode. Vor dem Abklemmen der Batterie sollten auch die Hinweise im Kapitel »Batterie aus- und einbauen« durchgelesen werden.
- Radmuttern für rechtes Vorderrad bei auf dem Boden stehendem Fahrzeug lösen. Scheibenrad (Felge) zur Radnabe mit Farbe kennzeichnen. Dadurch kann das ausgewuchtete Rad wieder an gleicher Stelle montiert werden.
- Fahrzeug aufbocken.
- Rechtes Vorderrad ausbauen.
- Seitliche Motorabdeckungen im rechten Radhaus ausbauen.
- Sämtliche Zündkerzenstecker abziehen. Dabei nur an den Steckern, nicht an den Kabeln ziehen. Zündverteilerdeckel abbauen und zur Seite legen, siehe Seite 66.
- Sämtliche Zündkerzen herausschrauben.
- Keilriemen für Generator ausbauen, siehe Seite 40.
- Falls vorhanden, Keilriemen für Servolenkungspumpe und Klimakompressor ausbauen, siehe Seite 40.
- 1. Zylinder auf Zünd-OT stellen. Dazu Getriebe in Leerlaufstellung bringen und Handbremse anziehen. Kurbelwelle an der Zentralschraube in Motordrehrichtung – im Uhrzeigersinn – verdrehen, bis die Markierung an der Kurbelwellen-Riemenscheibe gegenüber der OT-Markierung »0« am Zündzeitpunkt-Blech steht.
- Eine 2. Möglichkeit zum Verdrehen der Motorkurbelwelle: das abmontierte rechte Vorderrad aufstecken, von Hand anschrauben, den 5. Gang einlegen und das Rad von Hand verdrehen.
- Am Zündverteilergehäuse mit Filzstift eine Markierung neben dem Zündkabelanschluß für Zylinder 1 anbringen. Zylinder 1 ist der erste Zylinder auf der Zahnriemenseite.
- Verteilerdeckel ausbauen und zur Seite legen.
- Die Spitze des Zündverteilerläufers muß gegenüber der am Verteilergehäuse angebrachten Markierung stehen, sonst Kurbelwelle um 1 Umdrehung weiterdrehen.

Achtung: Nachdem der Motor auf Zünd-OT eingestellt ist, Getriebe in Leerlaufstellung bringen und nochmals kontrollieren, ob die Markierungen an der Kurbelwellen-Riemenscheibe und der Bezugsmarke übereinstimmen, gegebenenfalls korrigieren. Wenn die Markierungen übereinstimmen, Motoreinstellung auf keinem Fall mehr verändern.

- Motor blockieren und Befestigungsschraube der Kurbelwellen-Riemenscheibe abschrauben. Zum Blockieren des Motors 5.Gang einlegen und von Helfer Bremse treten lassen.

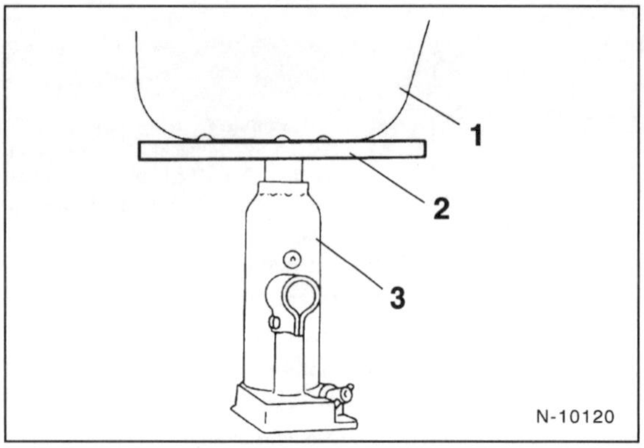

- Wagenheber –3– mit Holzzwischenlage –2– unter der Ölwanne –1– ansetzen und Motor leicht vorspannen, bis die Motorlager entlastet sind. Den Wagenheber nicht an der Ölablaßschraube der Ölwanne ansetzen.

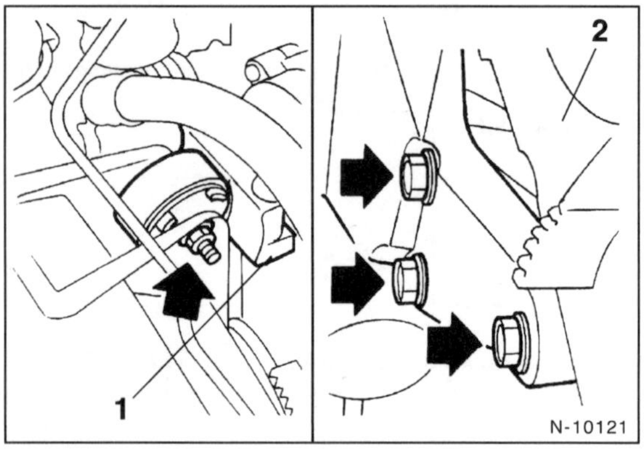

- Rechte Motor-Einbauhalterung –1– ausbauen.
- Zahnriemenabdeckungen –2– abschrauben.
- Soll der alte Zahnriemen wieder verwendet werden, so ist dieser sicherheitshalber zu kennzeichnen. Es muß auf dem Zahnriemen mit einem Fett- oder Filzstift ein Pfeil in Motordrehrichtung angebracht werden. Der Motor dreht sich im Uhrzeigersinn.

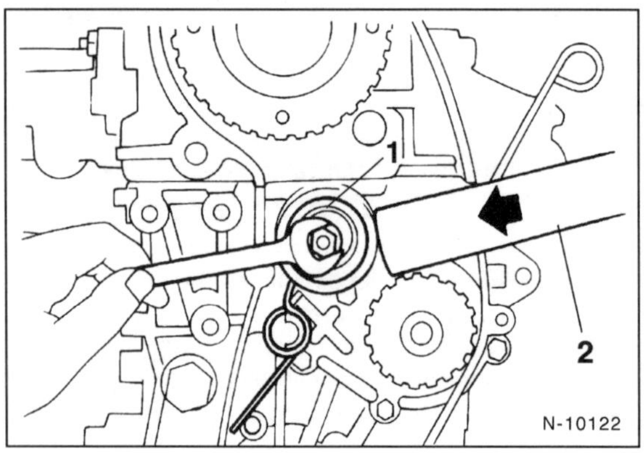

- Spannrollenmutter lösen und Spannrolle –1– mit einem Schraubendreher oder Montierhebel –2– nach links drücken, bis der Zahnriemen entspannt ist. In dieser Stellung Spannrollenmutter wieder anziehen.

Achtung: Zum Schutz der Spannrolle den Schraubendreher mit einem Tuch abdecken.

- Zahnriemen abnehmen.

Achtung: OT-Stellung von Nocken- und Kurbelwelle bei ausgebautem Zahnriemen **nicht** mehr verändern. Falls die Nockenwelle bei ausgebautem Zahnriemen verdreht werden muß, darauf achten, daß die Kurbelwelle nicht auf OT steht (Beschädigungsgefahr für Ventile und Kolbenböden). Dazu Stellung des Kurbelwellenrades markieren (mit Farbe eine Markierung auf dem Kurbelwellenrad und am Motorblock anbringen). Anschließend Kurbelwellenrad um ¼ Umdrehung (90°) vor- oder zurückdrehen.

Zustand des Zahnriemens prüfen

- Falls folgende Mängel festgestellt werden, Zahnriemen grundsätzlich ersetzen:

■ Kühlflüssigkeit oder Motoröl auf dem Zahnriemen. Ursache dafür sind in der Regel undichte Wellendichtringe von Steuergehäuse oder Nockenwelle oder eine undichte Kühlmittelpumpe.

■ Verhärteter Gummi auf der Riemenaußenseite. Der Riemen ist dann glänzend, unelastisch und so hart, daß bei fest angedrücktem Fingernagel kein Abdruck hinterlassen wird.

■ Risse im Gummi auf der Außenseite. Möglicherweise verursacht durch festgehenden Riemenspanner oder Überhitzung des Motors.

■ Risse oder abgelöstes Gewebe auf der Innenseite.

■ Risse am Zahnfuß. Möglicherweise verursacht durch schwergängige Nockenwelle oder Zündverteiler.

■ Risse an der schmalen Riemenseite.

■ Schmale Riemenseite stark abgenutzt.

■ Stark abgenutzte Zähne. Gewebe der belasteten Zahnseite abgenutzt, ausgefranst, Gummi abgeblättert, Farbe auf weiß geändert. Zahnbreite reduziert.

■ Ausgebrochene Zähne.

Einbau

- Riemenspanner auf Rostansatz, Rißbildungen und leichten Lauf prüfen.
- Kühlmittelpumpe auf leichten Lauf prüfen.

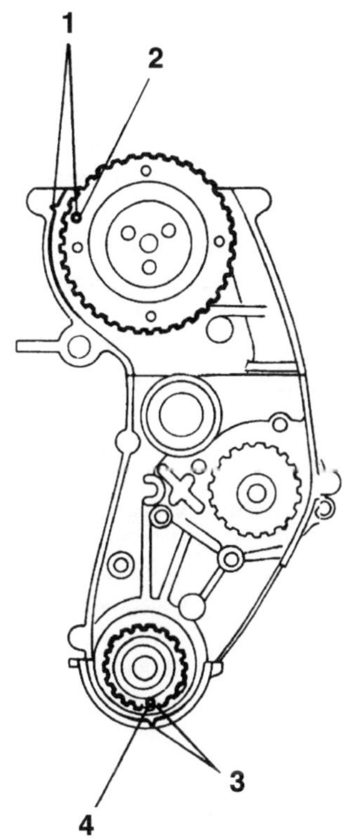

N-10123

- Sicherstellen, daß sich die Nockenwelle in OT-Stellung für Zylinder 1 befindet. Dazu muß die Markierung –2– auf dem Nockenwellenrad mit der Markierung an der hinteren oberen Zahnriemenabdeckung übereinstimmen –1–.
- Gleichzeitig muß die Markierung –3– am Kurbelwellenrad mit der Markierung an der hinteren unteren Zahnriemenabdeckung übereinstimmen –4–. Der Motor befindet sich dann in OT-Stellung für Zylinder 1.
- Zahnriemen auflegen. Dabei die beim Ausbau angebrachte Laufrichtungsmarkierung beachten. Ein gebrauchter Zahnriemen darf nur in der bisherigen Laufrichtung wieder eingebaut werden. Zahnriemen zuerst am Kurbelwellen-Zahnrad auflegen, dann am Kühlmittelpumpen-Zahnrad und schließlich über das Nockenwellenrad. Darauf achten, daß der Riemen zwischen Kühlmittelpumpen-Zahnrad und Nockenwellenrad gespannt gehalten wird. Danach den Riemen um den Riemenspanner legen.
- Klemmutter für Riemenspanner lösen, damit der Riemenspanner gegen den Zahnriemen drückt.

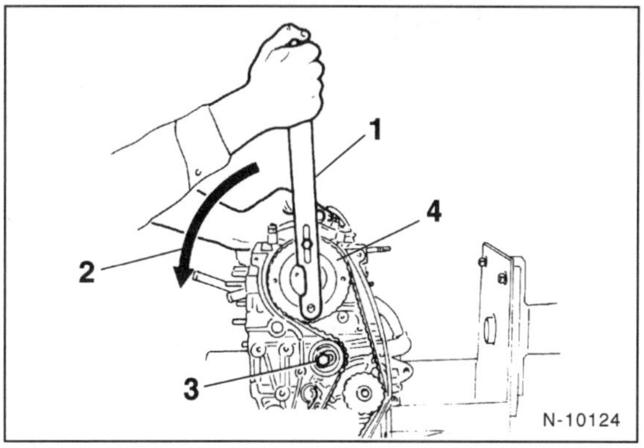

N-10124

- Nockenwellenrad –4– mit Nockenwellenradschlüssel –1– um 2 Umdrehungen gegen den Uhrzeigersinn drehen –2–. Dadurch bringt der Riemenspanner den Zahnriemen auf die richtige Vorspannung.
- Klemmutter –3– an der Spannrolle mit **15 Nm** festziehen, dabei Spannrolle mit Schraubendreher gegenhalten, sonst kann sich die Zahnriemenspannung verringern.
- OT-Stellung von Nocken- und Kurbelwelle nochmals prüfen. **Sämtliche OT-Markierungen müssen bei gespanntem Zahnriemen gleichzeitig übereinstimmen,** gegebenenfalls Zahnriemen wieder abnehmen und Einstellung wiederholen.
- Spannung des Zahnriemens prüfen: Mit dem Daumen zwischen Nockenwellenrad und Kühlmittelpumpenrad gegen den Zahnriemen drücken (0,5 bis 0,6 kg), dabei soll sich der Zahnriemen ca. 2 mm durchbiegen.
- Untere und obere Zahnriemenabdeckung mit 5 Nm anschrauben. Dabei richtige Lage der Dichtungen beachten, siehe unter »Zylinderkopf einbauen«.
- Rechte Motor-Einbauhalterung mit **45 Nm** anschrauben. Wagenheber unter der Ölwanne herausnehmen.
- Kurbelwellen-Riemenscheibe mit Zentralschraube und **85 Nm** festschrauben. Zum Arretieren der Kurbelwelle 1. Gang einlegen und Fußbremse treten.
- Keilriemen einbauen, siehe Seite 40.
- Abdeckungen im rechten Radhaus wieder anschrauben.
- Vorderrad anschrauben, dabei auf Markierung zur Radnabe achten. Fahrzeug ablassen und Radmuttern mit **100 Nm** über Kreuz festziehen.
- Batterie-Massekabel (–) anklemmen.
- Falls vorhanden, Zeituhr einstellen sowie Diebstahlsicherheitscode für das Radio eingeben.
- Zündzeitpunkt prüfen, gegebenenfalls einstellen, siehe Seite 64.

Der Zylinderkopf

MICRA-Generation I

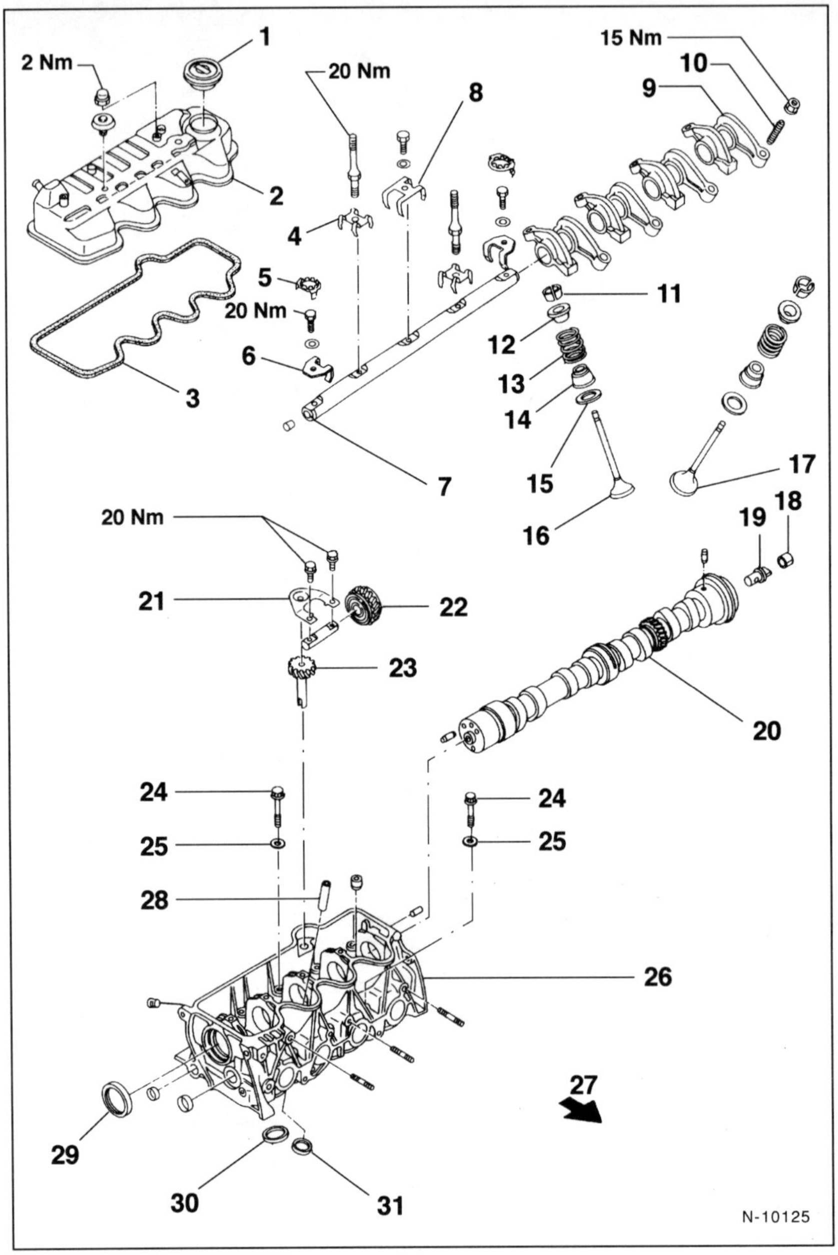

1 – **Öleinfüll-Verschlußdeckel**

2 – **Zylinderkopfdeckel**

3 – **Zylinderkopfdeckeldichtung**
Immer ersetzen.

4 – **Kipphebel-Federblech**

5 – **Sicherungsblech**
Immer ersetzen.

6 – **Kipphebelwellen-Halteblech**

7 – **Kipphebelwelle**
Darauf achten, daß die vordere Kipphebelwellen-Markierung zum Zahnriemen zeigt.

8 – **Mittleres Kipphebelwellen-Halteblech**

9 – **Kipphebel**

10 – **Ventilspiel-Einstellschraube**

11 – **Kegelstück**

12 – **Ventilfederteller**

13 – **Ventilfeder**

14 – **Ventilschaftabdichtung**
Immer ersetzen.

15 – **Sitzring für Ventilfeder**

16 – **Einlaßventil**

17 – **Auslaßventil**

18 – **Nockenwellen-Haltestück**

19 – **Kegelverschluß**

20 – **Nockenwelle**

21 – **Halteblech**
Auf Einbaurichtung achten.

22 – **Ölpumpen-Zwischenrad**

23 – **Ölpumpen-Antriebsrad**

24 – **Zylinderkopfschrauben**
Alle Schrauben in 3 Durchgängen lösen und in 3 Durchgängen festziehen.

25 – **Unterlegscheibe**

26 – **Zylinderkopf**

27 – **Pfeil zeigt in Fahrtrichtung nach vorn**

28 – **Ventilführung**

29 – **Nockenwellen-Dichtring**
Immer ersetzen.

30 – **Ventilsitzring (Einlaß)**

31 – **Ventilsitzring (Auslaß)**

Zylinderkopf aus- und einbauen/ Zylinderkopfdichtung erneuern

MICRA-Generation I

Achtung: Allgemeingültige Arbeiten sind bei der Beschreibung für den Motor ab '93 nachzulesen, siehe Seite 31.

Ausbau

- Batterie-Massekabel (–) von der Batterie abklemmen. **Achtung:** Dadurch werden die elektronischen Speicher gelöscht, wie zum Beispiel der Radiocode. Vor dem Abklemmen der Batterie sollten auch die Hinweise im Kapitel »Batterie aus- und einbauen« durchgelesen werden.
- Kühlmittel ablassen und auffangen, siehe Seite 52.
- Luftfilter ausbauen, siehe Seite 76.
- Vorderes Abgasrohr abschrauben.
- Zylinderkopfdeckel ausbauen.
- Kolben für Zylinder 1 auf Zünd-OT stellen, siehe Seite 27.

Achtung: Kurbelwellen- und Nockenwellenstellung dürfen danach nicht mehr verändert werden.

- Zahnriemen vom Nockenwellenrad abbauen, siehe Seite 27.
- Zündverteiler ausbauen, siehe Seite 66.

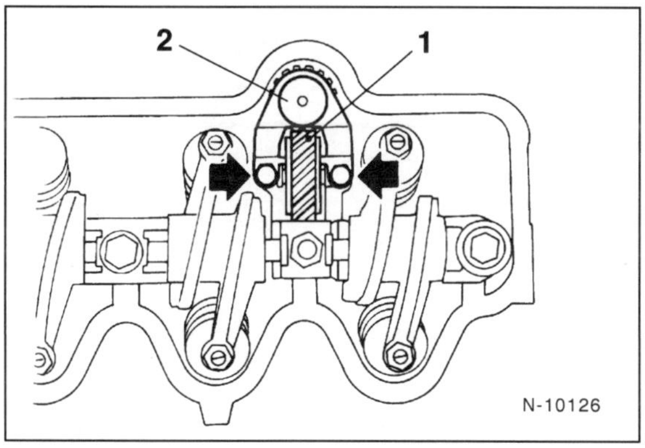

N-10126

- Ölpumpen-Zwischenrad –1– abschrauben –Pfeile–. Einbaulage des Halteblechs mit einem Filzstift markieren.

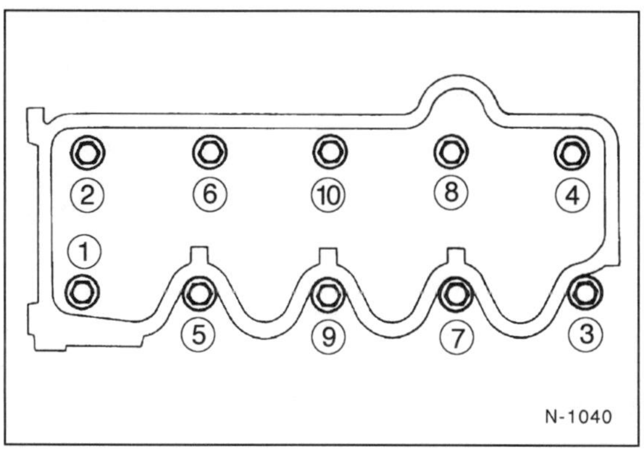

N-1040

- Zylinderkopfschrauben **in numerischer Reihenfolge** (von 1 bis 10) in 3 Durchgängen lösen.

1. Durchgang: Alle Schrauben ½ Umdrehung lösen.
2. Durchgang: Alle Schrauben 1 weitere Umdrehung lösen.
3. Durchgang: Alle Schrauben herausdrehen.

Achtung: Der Zylinderkopf kann sich verziehen oder reißen, wenn die Reihenfolge beim Lösen der Zylinderkopfschrauben nicht eingehalten wird.

- Prüfen, ob sämtliche Schläuche und Leitungen, die vom Zylinderkopf zum Motor und Aufbau führen, abgezogen sind.
- Anschließend Zylinderkopf mit Helfer vom Motorblock abheben.

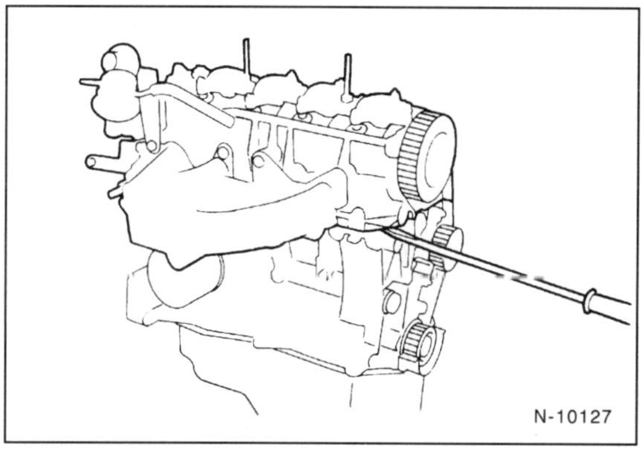
N-10127

- Falls sich der Zylinderkopf nicht leicht abnehmen läßt, großen Schraubendreher zwischen vorstehende Teile von Zylinderkopf und Motorblock einschieben und Zylinderkopf abhebeln.

Achtung: Zylinderkopf nach dem Ausbau nicht auf der Dichtfläche absetzen, dabei könnten voll geöffnete Ventile beschädigt werden. Deshalb Zylinderkopf auf 2 Holzleisten ablegen.

Einbau

- Zylinderkopf reinigen und auf Verzug prüfen.
- Kühlmittel-, Öl- und Kraftstoffschläuche auf Porosität oder Risse prüfen, falls erforderlich erneuern.
- Ventile und Ventilsitze auf Verschleiß und Beschädigung sichtprüfen.
- Zylinderkopfdichtung so auflegen, daß die Bohrungen im Motorblock und der Zylinderkopfdichtung übereinstimmen.
- Zylinderkopf aufsetzen

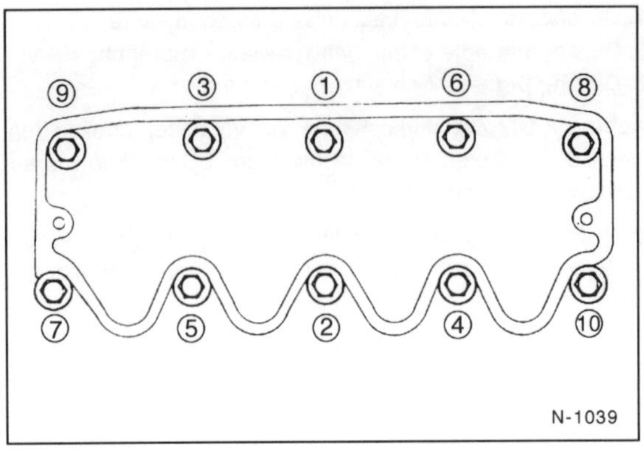

- Zylinderkopfschrauben und Unterlegscheiben an Gewinde und Auflagefläche dünn mit sauberem Motoröl bestreichen und von Hand soweit einschrauben, bis sie mit dem Bund anliegen.
- Antriebsrad der Ölpumpe mit der Hand drehen und auf leichten Lauf prüfen.
- Anschließend Zylinderkopfschrauben in 3 Stufen anziehen. In jeder Stufe müssen die Schrauben jeweils in numerischer Reihenfolge von 1 bis 10 angezogen werden.

Anzugsverfahren:

1. Stufe: Schrauben 1 bis 10 mit **60 Nm** festziehen.

2. Stufe: Schrauben von 10 nach 1 vollständig lösen.

3. Stufe: Schrauben 1 bis 10 mit **60 Nm** festziehen.

Achtung: Das Anziehen der Zylinderkopfschrauben ist mit größter Sorgfalt durchzuführen. Vor dem Anziehen der Schrauben sollte der Drehmomentschlüssel auf seine Genauigkeit überprüft werden. Außerdem ist die Anzugsreihenfolge genau einzuhalten.

- Zahnriemen einbauen, siehe Seite 27.
- Ölpumpen-Zwischenrad mit dem Halteblech anschrauben. Dabei auf die Einbaurichtung des Halteblechs achten. Die Vertiefung der Schmierölbohrung -2- zeigt nach unten, siehe Abbildung N-10126.
- Falls ausgebaut, Kipphebelwelle und Kipphebel einbauen, siehe Seite 32.
- Ventilspiel einstellen.
- Vorderes Abgasrohr anschrauben, siehe Seite 91.
- Zündverteiler einbauen, siehe Seite 66.
- Zylinderkopfdeckel mit neuer Dichtung aufsetzen und ganz leicht mit 2 Nm festziehen.

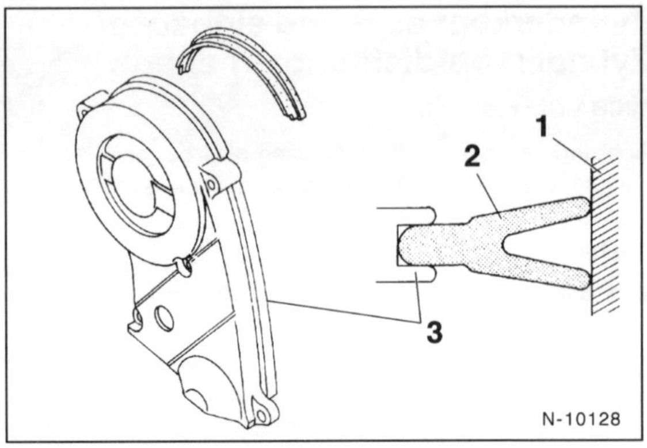

- Obere Zahnriemen-Abdeckung -3- mit 5 Nm anschrauben. Darauf achten, daß die Dichtung -2- entsprechend der Abbildung am Zylinderkopf -1- anliegt.
- Luftfilter einbauen, siehe Seite 76.
- Batterie-Massekabel anklemmen.
- Kühlmittel auffüllen, siehe Seite 52.

Kipphebel/Kipphebelwelle aus- und einbauen

MICRA-Generation I

Ausbau

- Zylinderkopf ausbauen.
- Einstellschrauben für Ventilspiel vollständig zurückdrehen, vorher Kontermutter lösen.

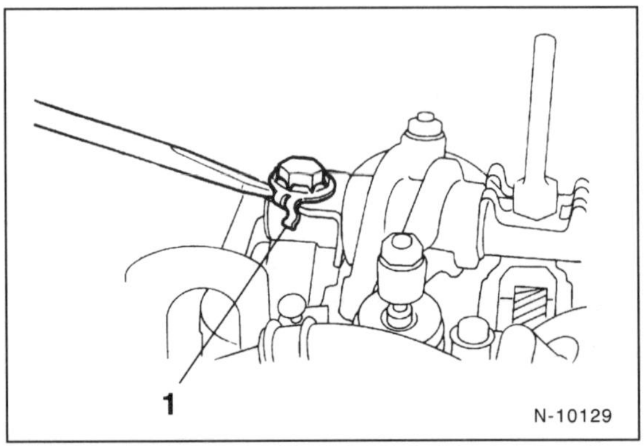

- Schraubensicherung -1- aufbiegen, Kipphebelwelle abschrauben und mit Kipphebeln abnehmen. **Achtung:** Zunächst alle Schrauben ½ Umdrehung, dann alle Schrauben 1 Umdrehung lösen und dann herausdrehen.
- Bauteile der Kipphebelwelle so ablegen, daß sie beim Einbau an derselben Stelle wieder eingebaut werden können.

Einbau

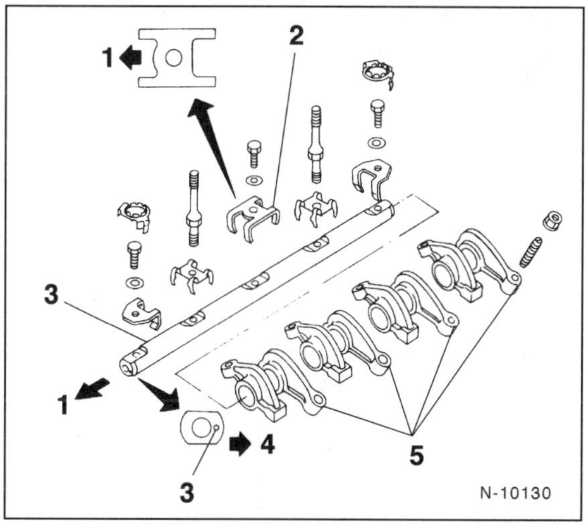

- Falls zerlegt, Kipphebelwelle –3– komplettieren. Dabei darauf achten, daß die Ausbuchtung am mittleren Halteblech –2– zur Zahnriemenseite –1– zeigt. **Achtung:** Vorher Motoröl auf die Kipphebelwelle und die Innenseite der Kipphebel auftragen.
- Kipphebelwelle –3– komplett mit Kipphebeln –5– so einsetzen, daß die Körnermarkierung –3– an der zur Zahnriemenseite –1– zeigenden Stirnfläche in Fahrtrichtung nach vorn –4– zeigt.
- Befestigungsschrauben für Kipphebelwelle leicht von Hand eindrehen.
- Prüfen, ob die Ventilspiel-Einstellschrauben vollständig gelöst sind.
- Schrauben für Kipphebelwelle von innen nach außen zunächst mit **10 Nm** und in der 2. Stufe mit **20 Nm** festziehen.
- **Neue** Schrauben-Sicherungsdeckel an den Köpfen der beiden äußeren Schrauben anbringen.
- Zylinderkopf einbauen.

Nockenwelle aus- und einbauen

MICRA-Generation I

Ausbau

- Zylinderkopf ausbauen.
- Einstellschrauben für Ventilspiel vollständig zurückdrehen, vorher Kontermutter lösen.
- Kipphebelwelle mit Kipphebeln ausbauen.
- Nockenwellenrad abschrauben. Dazu die 3 Befestigungsschrauben herausdrehen und Unterlegplatte abnehmen.

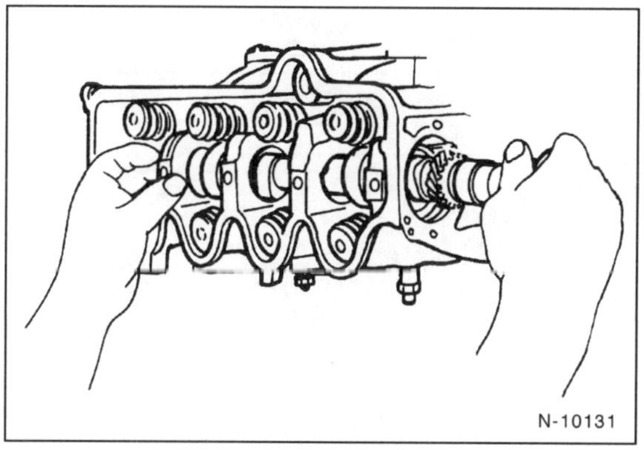

- Nockenwelle vorsichtig nach hinten (Schwungradseite) aus dem Zylinderkopf herausziehen.

Einbau

- **Neuen** Nockenwellendichtring in den Zylinderkopf einsetzen. Nockenwellendichtring vor dem Einsetzen leicht mit sauberem Motoröl bestreichen.
- Nockenwelle so in den Zylinderkopf einsetzen, daß der Paßstift senkrecht nach oben zeigt.
- Nockenwellenrad so ansetzen, daß die OT-Kennzeichnung mit der Bezugsmarke auf dem Zylinderkopf übereinstimmt. Unterlegplatte ansetzen und die 3 Befestigungsschrauben mit **10 Nm** festschrauben.
- Zylinderkopf einbauen.
- Kipphebelwelle mit Kipphebeln einbauen.

Ventil aus- und einbauen

Alle Motoren

Ausbau

- Zylinderkopf ausbauen, siehe Seite 20, 31.
- Nockenwelle(n) ausbauen, siehe Seite 20, 33.

Achtung: Werden Teile der Ventilsteuerung wieder verwendet, müssen diese an gleicher Stelle eingebaut werden. Damit keine Verwechslungen vorkommen, empfiehlt es sich, ein entsprechendes Ablagebrett anzufertigen.

- **MICRA-Generation II:** Tassenstößel herausnehmen und entsprechend der Einbaulage auf das Ablagebrett legen.

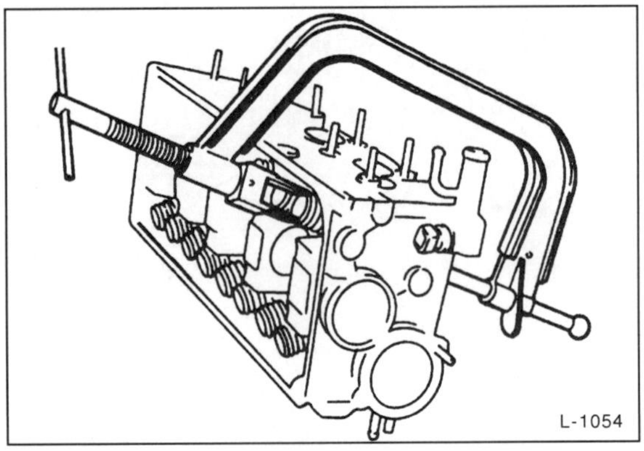

- Ventilfedern ausbauen. Zum Ausbau der Ventilkegelstücke – und damit auch der Ventile einschließlich der Ventilfedern – benutzt man eine handelsübliche Ventilfederzange.
- Ventilfedern zusammendrücken und Ventilkegelstücke herausnehmen. Ventilfederzange entspannen und abnehmen. Ventil herausziehen. Oberen Ventilfederteller, Ventilfedern und Ventilfederteller unten abnehmen.
- Ventilschaftabdichtung ausbauen, siehe Kapitel »Ventilschaftabdichtungen ersetzen«.

Einbau

Werden die alten Ventile und der alte Zylinderkopf wieder eingebaut, so ist vor dem Zusammenbau die Ventilführung zu prüfen. Werden neue Ventile in einen alten Kopf eingebaut, so müssen die Ventilsitze im Zylinderkopf nachgearbeitet und die Ventile eingeschliffen werden.

- Ventile mit einem Schaber und Drahtbürste von jeglichen Verbrennungsrückständen befreien.
- **MICRA-Generation I:** Kipphebel, Kipphebelwelle auf Riefen und übermäßige Abnutzung kontrollieren.
- Ventilschaft leicht einölen und jedes Ventil an gleicher Stelle wie vor dem Ausbau einsetzen. Ein- und Auslaßventile dürfen nicht vertauscht werden. Neue Ventile zuvor auf ihren Sitzen leicht mit Schleifpaste einschleifen, siehe Seite 36.
- Alle Teile sorgfältig reinigen, und bewegliche Teile mit Motoröl schmieren.
- Ventilschaftabdichtungen grundsätzlich **erneuern**, siehe Kapitel »Ventilschaftabdichtungen ersetzen«.
- Ventile in die Ventilführung des Zylinderkopfes einsetzen. Darauf achten, daß Ein- und Auslaßventile in der richtigen Reihenfolge eingebaut werden.

Achtung: Neue Ventilfederteller sind an der Unterkante der Bohrung für die Kegelstücke vereinzelt sehr scharfkantig. Dadurch können die Ventilschäfte beschädigt werden (Riefen etc.). Beschädigte Ventile ersetzen, Ventilfederteller vor dem Einbau gegebenenfalls entgraten.

- Unteren Ventilteller einsetzen.
- Ventilfedern und Ventilteller oben einsetzen. Die enge Steigung der Ventilfeder muß zum Zylinderkopf zeigen.
- Ventilfedern mit Ventilfederzange zusammendrücken und Ventilkegelstücke so einsetzen, daß sie in der Nut des Ventils einrasten. Ventilfederzange entspannen und nächstes Ventil einbauen.
- Mit einem Kunststoffhammer leicht auf den Ventilschaft klopfen, um den richtigen Sitz der Ventilkegelstücke zu gewährleisten.
- **MICRA-Generation II:** Alle Tassenstößel mit Motoröl einölen und in die entsprechende Bohrung einsetzen.
- Nockenwelle(n) einbauen, siehe Seite 20, 33.
- Zylinderkopfdichtung erneuern, Zylinderkopf einbauen, siehe Seite 20, 31.
- Falls erforderlich, Ventilspiel einstellen, siehe Seite 37.

Ventilschaftabdichtung ersetzen

Alle Motoren

Ein zu hoher Ölverbrauch kann auf verschlissene Ventilschaftabdichtungen zurückzuführen sein. Die Ventilschaftabdichtungen können auch **bei eingebautem Zylinderkopf** ausgebaut werden, allerdings werden dann NISSAN-Spezialwerkzeuge benötigt. Wenn die Spezialwerkzeuge nicht zur Verfügung steht, muß der Zylinderkopf ausgebaut werden.

Ausbau

- Zylinderkopf ausbauen, siehe Seite 20, 31.
- Ventile ausbauen, siehe Seite 34.

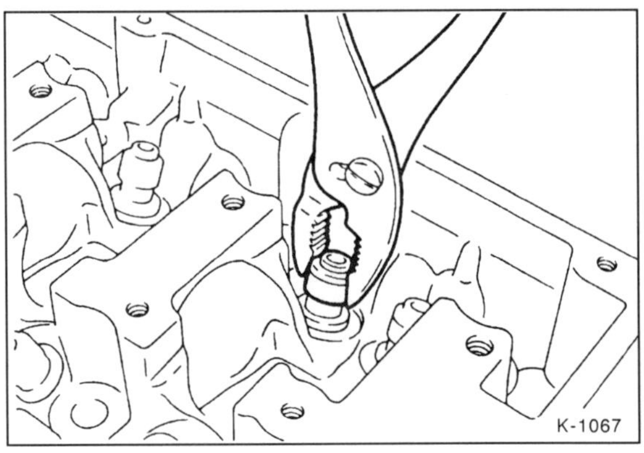

- Ventilschaftabdichtung herausziehen. Zum Ausbau wird eine Flachzange benötigt.

Achtung: Bei Motoren mit Tassenstößeln benutzen die Werkstätten ein Spezialwerkzeug (HAZET 791-5 oder Schlagausziehr HAZET 791-2). Alte Ventilschaftabdichtungen sitzen in der Regel sehr fest. Für den Ausbau sollte deshalb möglichst ein Schlagausziehr benutzt werden. **Achtung:** Ventilschaftabdichtungen nicht mit dem Schraubendreher abdrücken, da dieser den Sitz der Ventilschaftabdichtungen beschädigen könnte.

Einbau

Vor Einbau der Ventile Ventilführungen prüfen und eventuell Ventilsitze nacharbeiten bzw. einschleifen, siehe Seite 36.

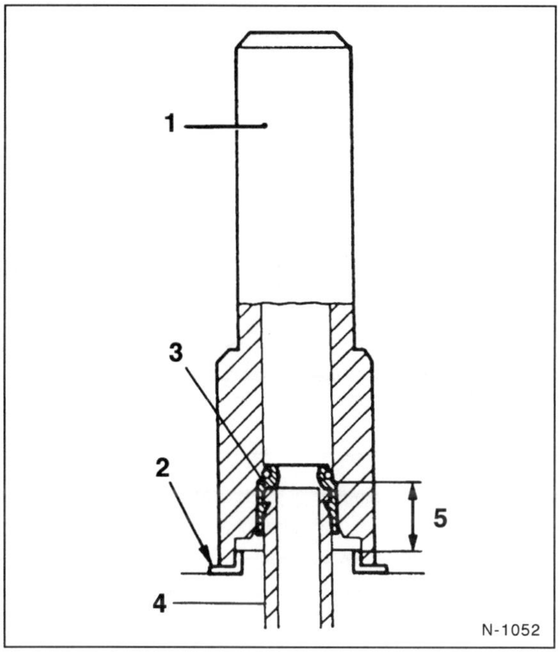

- Unteren Ventilfederteller –2– einsetzen.
- **Neue** Ventilschaftabdichtung –3– leicht einölen und von Hand auf die Ventilführung –4– schieben.
- Ventilschaftabdichtung mit einem geeigneten Treibdorn –1– bis zum Anschlag aufdrücken. Dabei darauf achten, daß der Abstand –5– eingehalten wird.
  Sollwert **MICRA-Generation II:** 10,5 mm
  MICRA-Generation I: 14,8 bis 15,2 mm.

Achtung: Steht das Spezialwerkzeug nicht zur Verfügung, Ventilschaftabdichtung mit einem Hammer und einem geeigneten Rohr aufdrücken. Das Rohr muß den gleichem Durchmesser wie die Ventilschaftabdichtung haben und darf keine scharfen Kanten aufweisen.

- Ventilfeder und oberen Ventilfederteller einsetzen und spannen. Die enge Steigung der Ventilfeder muß zum Zylinderkopf zeigen.
- Ventilkegelstücke einsetzen, Ventilfedern entspannen.
- Auf die gleiche Weise sämtliche Ventilschaftabdichtungen erneuern.
- Ventile einbauen, siehe Seite 34.
- Zylinderkopf einbauen, siehe Seite 20, 31.

Ventilführungen prüfen

Alle Motoren

Bei Instandsetzungsarbeiten an einem Zylinderkopf mit undichten Ventilen genügt es nicht, die Ventile und Ventilsitze zu bearbeiten beziehungsweise zu erneuern. Es ist außerdem dringend erforderlich, die Ventilführungen auf Verschleiß zu prüfen. Besonders wichtig ist die Prüfung an Motoren mit längerer Laufzeit. Verschlissene Ventilführungen gewährleisten keinen zentrischen Ventilsitz und führen zu hohem Ölverbrauch. Ist der Verschleiß zu groß, sind die Ventilführungen zu erneuern (Werkstattarbeit).

- Ventil ausbauen.
- Ventilführung mit einer Zylinderbürste reinigen.

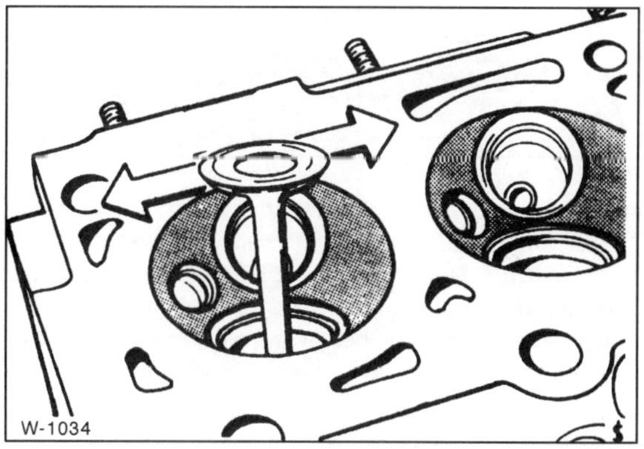

- Ventil von der Brennraumseite her in die Ventilführung einführen und Spiel durch seitliches Hin- und Herbewegen des Ventils prüfen. Die Durchbiegung des Ventils muß parallel zum jeweiligen Kipphebel gemessen werden, da in dieser Richtung normalerweise der größte Verschleiß auftritt.
- Zum Prüfen Stahllineal anlegen. Es darf praktisch kein Spiel vorhanden sein. Grenzwert: 0,2 mm.
- Falls eine Mikrometerlehre und eine Innenmeßlehre vorhanden sind, kann das tatsächliche Spiel zwischen Ventilschaft und Ventilführung gemessen werden.

Ventilführung	Sollwert	Verschleißgrenze
Einlaß	0,02 – 0,05 mm	0,11 mm
Auslaß	0,04 – 0,07 mm	0,13 mm

- Gegebenenfalls Ventilführungen erneuern lassen (Werkstattarbeit). **Achtung:** Auf keinen Fall eine Ventilführung gleicher Größe wieder einbauen.

Ventilsitz einschleifen

Alle Motoren

Selbst einwandfrei bearbeitete Ventilsitzringe und neue Ventile sollten aufeinander eingeschliffen werden, damit sie optimal abdichten.

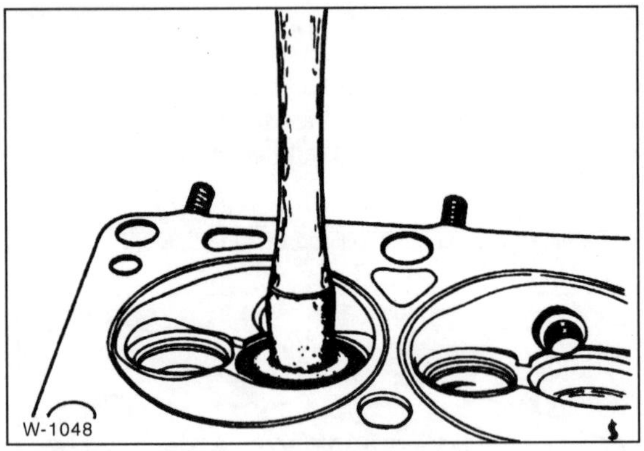
W-1048

- Die Ventile dürfen nur mit feinkörniger Schleifpaste eingeschliffen werden. Für die notwendigen Drehbewegungen wird ein Gummisauger auf den Ventilteller gesetzt. Rillenbildung auf den Sitzflächen beim Einschleifen läßt sich durch häufiges Anheben und gleichmäßiges Weiterdrehen des Ventils während des Schleifvorgangs vermeiden.

Achtung: Die Schleifpaste ist nach dem Einschleifen sorgfältig zu entfernen.

- Geprüft werden kann der Schleifvorgang am Tragbild sowie mit Kraftstoff. Ventil lose einsetzen, Kraftstoff in Brennraum einfüllen, Kraftstoff darf nicht aus der Ventilführung auslaufen. Sonst Schleifvorgang wiederholen.

Zylinderkopf/Ventile nacharbeiten

Alle Motoren

Ventilsitze mit Verschleiß- oder Verbrennungsspuren können nachgearbeitet werden, solange die Korrekturwinkel und Sitzbreiten eingehalten werden. Andernfalls muß der Zylinderkopf ersetzt werden. Ventilsitze immer nur so weit nacharbeiten, daß ein einwandfreies Tragbild erreicht wird. Ventilsitzringe können mit den üblichen Werkstattmitteln erneuert werden. Für das Nacharbeiten werden Ventilsitzfräser benötigt. Da der Umgang mit diesen Werkzeugen Erfahrung erfordert, sollte man die Arbeiten von einer Werkstatt durchführen lassen.

Tragebild des Ventiltellers prüfen

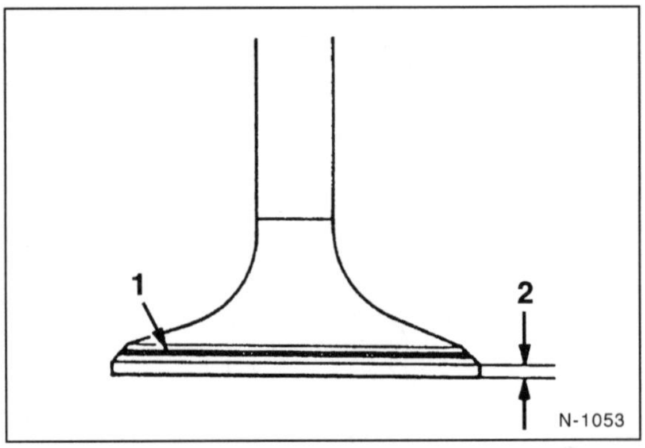

N-1053

- Die Ventilsitz-Kontaktfläche –1– sollte sich in der Mitte der Ventiltellerbreite befinden und am gesamten Umfang gleichmäßig verlaufen.
- Falls die Ventiltellerhöhe –2– die Verschleißgrenze 0,5 mm erreicht bzw. unterschreitet, Ventil erneuern.

Ventilspiel prüfen/einstellen

Alle Motoren

Um unterschiedliche Wärmeausdehnungen im Ventiltrieb zu kompensieren, muß ein gewisses Ventilspiel vorhanden sein.

Bei zu geringem Spiel verändern sich die Steuerzeiten, die Verdichtung ist schlecht, die Motorleistung nimmt ab, der Motorlauf ist unregelmäßig. In extremen Fällen können sich die Ventile verziehen oder die Ventile beziehungsweise Ventilsitze verbrennen.

Bei zu großem Spiel stellen sich starke mechanische Geräusche ein, die Steuerzeiten verändern sich, der Motor gibt wegen mangelhafter Zylinderfüllung weniger Leistung ab, der Motorlauf ist unregelmäßig.

Das Einstellen der Ventile hat nur dann den gewünschten Erfolg, wenn die Ventile einwandfrei abdichten, diese kein unzulässiges Spiel in den Ventilführungen haben und am Schaftende nicht eingeschlagen sind.

Das Ventilspiel ist jeweils nach Reparaturen, oder wenn Geräusche am Ventiltrieb auftreten, zu prüfen beziehungsweise einzustellen. Im Rahmen der Wartung braucht das Ventilspiel nicht geprüft zu werden.

Das Ventilspiel soll bei betriebswarmem Motor geprüft beziehungsweise eingestellt werden, kann aber auch bei kaltem Motor eingestellt werden. In diesem Fall Ventilspiel anschließend bei betriebswarmem Motor überprüfen.

Prüfvoraussetzung

- Motor starten und warmlaufen lassen, bis die Kühlmitteltemperatur 80° – 90° C beträgt. Der Zeiger der Kühlmittel-Temperaturanzeige am Armaturenbrett steht dann in der Mitte der Skala.
- Motor abstellen.
- Alle Zündkerzen herausschrauben.
- Zylinderkopfdeckel abschrauben, siehe Seite 20.
- Getriebe in Leerlaufstellung bringen, Handbremse anziehen.
- Kolben für Zylinder 1 auf Zünd-OT stellen, siehe Seite 27, 31.
- Gleichzeitig steht auch der Kolben in Zylinder 4 im Oberen Totpunkt (OT). Die Zylinder werden von rechts nach links gezählt. Zylinder 1 befindet sich auf der Keilriemenseite des Motors.

Prüfen MICRA-Generation II

- Die Tassenstößel für Zylinder 1 müssen lose sein, die von Zylinder 4 müssen fest sein. Andernfalls Kurbelwelle um eine Umdrehung weiterdrehen.

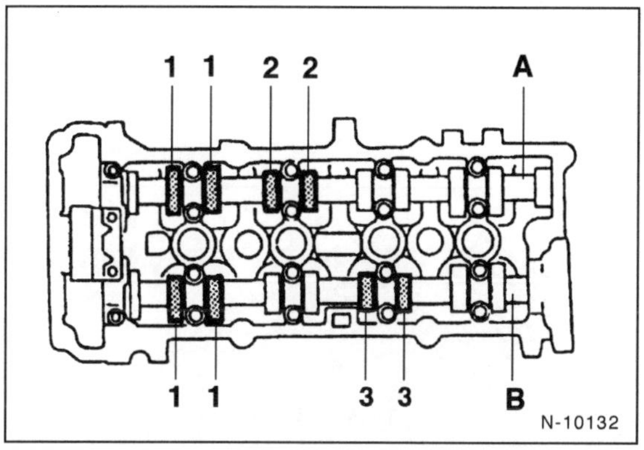

- In dieser Stellung Ventilspiel der Einlaßventile von Zylinder 1 und 2 sowie der Auslaßventile von Zylinder 1 und 3 prüfen. A = Einlaßnockenwelle, B = Auslaßnockenwelle.

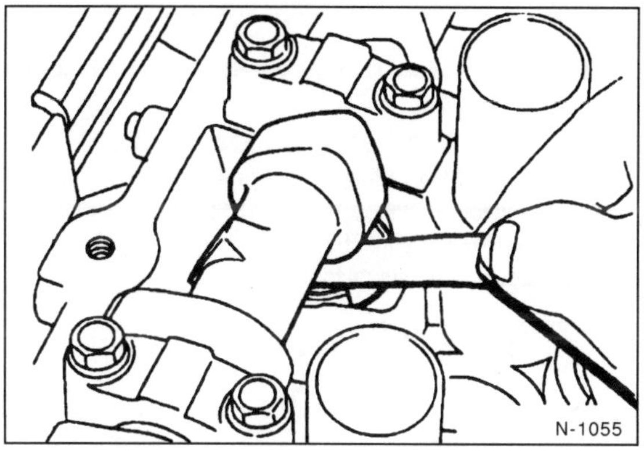

- Mit einer Fühlerblattlehre Spiel zwischen Nockenwelle und Tassenstößel messen.

  Sollwerte Einlaß: **0,32 – 0,40 mm**
  Auslaß **0,36 – 0,44 mm**

- Die Fühlerblattlehre muß sich saugend durchschieben lassen, andernfalls Ventilspiel einstellen.
- Liegt das Ventilspiel nicht innerhalb der angegebenen Toleranz, tatsächliches Ventilspiel ermitteln und notieren.
- Motor um eine Umdrehung (360°) weiterdrehen, bis die Markierung auf der Riemenscheibe mit der Markierung auf dem Steuerriemendeckel übereinstimmt.
- Ventilspiel an den Ventilen messen, die in Abbildung N-10132 nicht markiert sind. Das sind die Einlaßventile für die Zylinder 3 und 4 sowie die Auslaßventile für die Zylinder 2 und 4.

Einstellen

Das Ventilspiel wird durch Auswechseln der Einstellscheiben eingestellt. Dazu müssen die Tassenstößel mit einem Niederhalter heruntergedrückt werden. **Achtung:** Da der Niederhalter genau zwischen die Abstände der Tassenstößel passen muß, ist hierfür das NISSAN-Spezialwerkzeug KV-10115110 erforderlich.

- Falls der Sollwert nicht erreicht wird, Motor so verdrehen, daß die Nocke an dem einzustellenden Ventil nach oben zeigt.

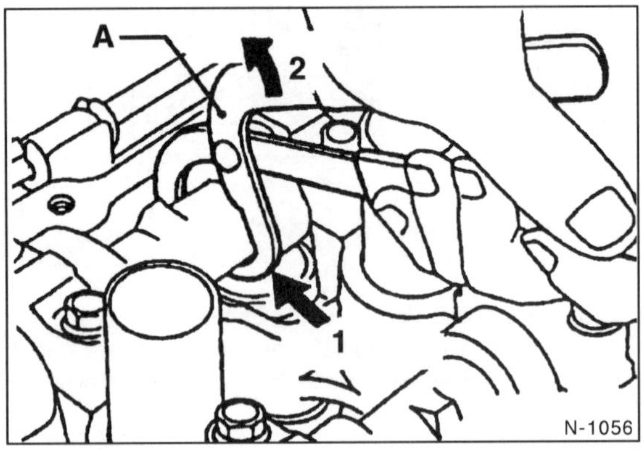

- Aussparung –1– des Tassenstößels zur Mitte des Zylinderkopfes drehen.
- Einstellwerkzeug –A–, wie in der Abbildung gezeigt, ansetzen und in Pfeilrichtung –2– drehen. Dadurch werden die Tassenstößel nach unten gedrückt. **Achtung:** Darauf achten, daß die Gleitfläche des Nockens mit dem Spezialwerkzeug nicht beschädigt wird.

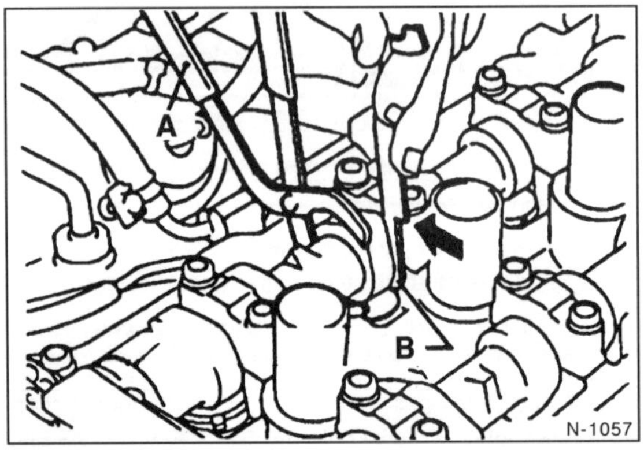

- Spezialwerkzeug –B– (KV-10115120) zwischen Nockenwelle und Tassenstößel einsetzen und dadurch den Tassenstößel in nach unten gedrückter Stellung festhalten. **Achtung:** Werkzeug –B– so nah wie möglich am Nockenwellenlagerdeckel ansetzen. Darauf achten, daß die Gleitfläche des Nockens mit dem Spezialwerkzeug nicht beschädigt wird.
- Werkzeug –A– herausnehmen.
- Einstellscheibe mit einem kleinen Schraubendreher und einem Magnetstab herausnehmen.
- Einstellscheibendicke ermitteln und neue Einstellscheibe einlegen. Darauf achten, daß die Seite mit der eingeschlagenen Dickenangabe nach unten zeigt.

Ermittlung der Einstellscheibendicke

- Mit einer Bügelmeßschraube die Stärke der bisher eingebauten Einstellscheibe messen, Ergebnis notieren.

Zur Berechnung der Einstellscheibendicke folgende Formel anwenden:

$$N = T + (A - S)$$

N = Dicke der neu einzusetzenden Scheibe

T = Dicke der ausgebauten Scheibe

A = Gemessenes Ventilspiel

S = Ventilspiel = Mittelwert des Sollwertbereichs
Einlaß: 0,37 mm; Auslaß = 0,40 mm.

- Die Stärke ist auf der Einstellscheibe eingraviert.
- Es gibt die Einstellplättchen in 0,02 mm-Abstufungen zwischen den Stärken 2,0 und 2,98 mm.
- Neue Einstellscheibe so auswählen, daß deren Dicke dem berechneten Wert möglichst nah kommt.

- Spezialwerkzeug –A– einsetzen und Werkzeug –B– herausnehmen. Anschließend Werkzeug –A– abnehmen.
- Ventilspiel nochmals kontrollieren.
- Auf dieselbe Weise Spiel für sämtliche Ventile prüfen beziehungsweise einstellen.

Achtung: Zweckmäßigerweise die Nocken der bereits eingestellten Ventile mit Kreide markieren.

- Zylinderkopfdeckel ansetzen und mit 10 Nm festschrauben, siehe Seite 31.
- Zündkerzen einbauen, siehe Seite 236.

Prüfen MICRA-Generation I

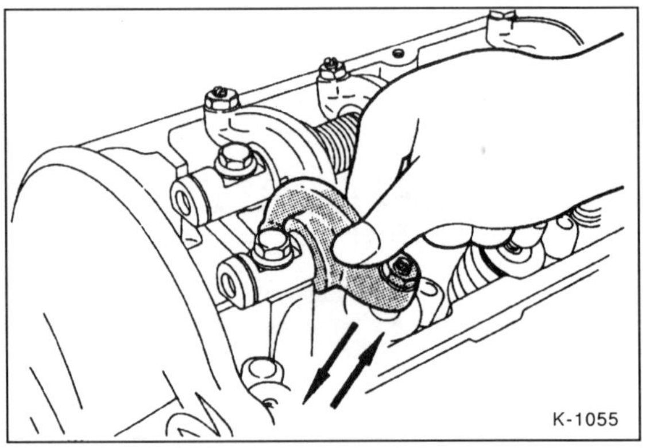

- Prüfen, ob der Kolben für Zylinder 1 in Zünd-OT steht. Dazu Kipphebel für Zylinder 1 von Hand auf und ab bewegen. Beide Kipphebel für Einlaß- und Auslaßventil müssen gleichzeitig Spiel aufweisen. Sonst Kurbelwelle mit Kreide an der Riemenscheibe markieren und um eine Umdrehung weiterdrehen.

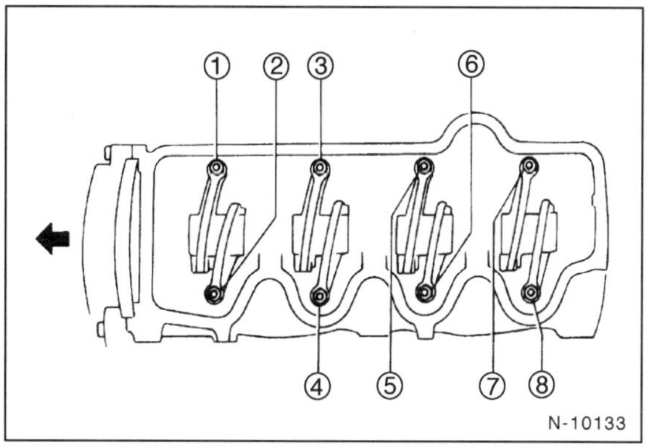

- Wenn der Kolben in Zylinder 1 im Zünd-OT steht, dann kann das Ventilspiel der Ventile 1, 2, 3 und 6 geprüft beziehungsweise eingestellt werden.

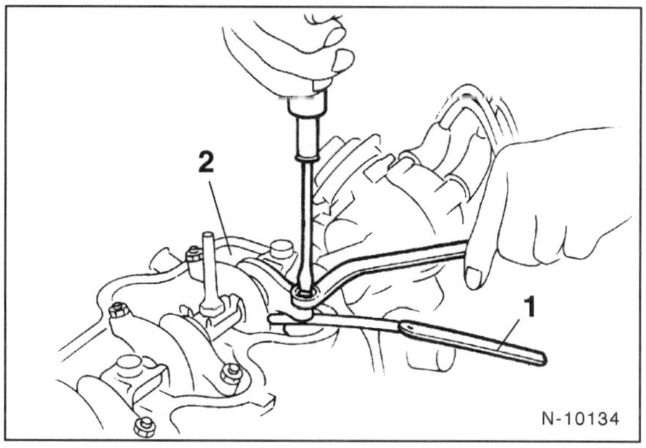

- Ventilspiel mit Fühlerblattlehre –1– zwischen Kipphebel –2– und Ventilschaftende messen.
- Das Ventilspiel ist richtig eingestellt, wenn sich die Fühlerblattlehre stramm durchziehen läßt. Andernfalls Ventilspiel einstellen.

  Sollwerte Einlaß: **0,25 mm**
  Auslaß **0,30 mm**

- Kurbelwelle um eine Umdrehung (360°) weiterdrehen, damit der Kolben in Zylinder 4 im Zünd-OT steht. Es müssen sich dann beide Kipphebel für Zylinder 4 bewegen lassen.
- Ventilspiel für die Ventile 4, 5, 7 und 8 prüfen beziehungsweise einstellen. siehe Abbildung N-10133.

Einstellen

- Kontermutter ca. ½ Umdrehung lösen, dabei Einstellschraube mit Schraubendreher gehenhalten.
- Ventilspiel durch Verdrehen der Einstellschraube einstellen, dabei gleichzeitig die Fühlerblattlehre hin- und herbewegen.
- Anschließend Einstellschraube mit Kontermutter sichern. Dabei Kontermutter mit ca. 15 Nm festziehen.
- Ventilspiel nochmal kontrollieren, gegebenenfalls Einstellung wiederholen.

Achtung: Zweckmäßigerweise die Kipphebel der bereits eingestellten Ventile mit Kreide markieren.

- Nach dem Einstellen der Ventile Befestigungsschrauben der Kipphebelachse auf festen Sitz prüfen.

Achtung: Falls das Ventilspiel bei kaltem Motor eingestellt wurde, Spiel anschließend bei warmem Motor nachprüfen.

- Zylinderkopfdeckel einbauen.
- Zündkerzen einbauen, siehe Seite 236.

Ventilspiel in mm

Motor	Ventil	Einstellwerte in mm	
		warm	kalt (+20°)
MICRA-Generation II	Einlaß Auslaß	0,32 – 0,40 0,36 – 0,44	0,25 – 0,33 0,32 – 0,40
MICRA-Generation I	Einlaß Auslaß	0,25 0,30	0,22 0,22

Kompression prüfen

Alle Motoren

Die Kompressionsprüfung erlaubt Rückschlüsse über den Zustand des Motors. Und zwar läßt sich bei der Prüfung feststellen, ob die Ventile oder die Kolben (Kolbenringe) in Ordnung beziehungsweise verschlissen sind. Außerdem zeigen die Prüfwerte an, ob der Motor austauschreif ist beziehungsweise komplett überholt werden muß. Für die Prüfung wird ein Kompressionsdruckprüfer benötigt, der für Benzinmotoren recht preiswert in Fachgeschäften angeboten wird.

Der Druckunterschied zwischen den einzelnen Zylindern darf maximal 1,0 bar betragen. Falls ein oder mehrere Zylinder gegenüber den anderen einen Druckunterschied von mehr als 1,0 bar haben, ist dies ein Hinweis auf defekte Ventile, verschlissene Kolbenringe beziehungsweise Zylinderlaufbahnen. Ist die Verschleißgrenze erreicht, muß der Motor überholt beziehungsweise ausgetauscht werden.

Kompressionsdruck bei Anlasserdrehzahl:
Neu: 13,5 bar
Verschleißgrenze: 11,5 bar

- Zur Prüfung der Kompression muß die Motoröltemperatur mindestens +30° C betragen. Der Ölfilter ist dann gut handwarm, gegebenenfalls Motor warmfahren. Die Motortemperatur darf nicht zu hoch sein, da sonst beim Herausschrauben der Zündkerzen das Gewinde im Zylinderkopf beschädigt werden kann.
- Zündung ausschalten.
- **MICRA-Generation II:** Kraftstoffdruck abbauen, Sicherung für Kraftstoffpumpe bleibt abgezogen, siehe Seite 70.
- **MICRA-Generation I:** Steckverbindung für Kraftstoffabschaltventil trennen.
- Sämtliche Zündkerzenstecker abziehen.
- **MICRA-Generation I:** Mittleres Zündkabel an der Zündspule abziehen.

- **MICRA-Generation II:** Zündverteilerkappe ausbauen
- Anschließend Zündkerzen-Nischen im Zylinderkopf mit Preßluft ausblasen, und alle Zündkerzen mit geeignetem Kerzenschlüssel herausschrauben.
- Motor mit Anlasser ein paarmal durchdrehen, damit Rückstände und Ruß herausgeschleudert werden. **Achtung:** Dabei **nicht** über den Motor beugen. Getriebe in Leerlaufstellung und Handbremse angezogen.

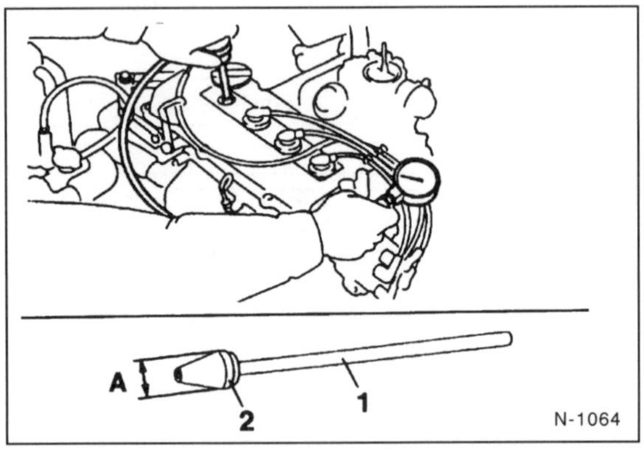

- Kompressionsdruckprüfer entsprechend der Bedienungsanleitung in die Zündkerzenöffnung drücken. **Achtung:** Bei der **MICRA-Generation II** aus Platzgründen nur einen Kompressionsdruckprüfer –1– verwenden, dessen Ende (Gummiteil) –2– einen Durchmesser von weniger als A = 20 mm aufweist.
- Von Helfer Gaspedal ganz durchtreten lassen und während der ganzen Prüfung mit dem Fuß festhalten.
- Motor ca. 8 Umdrehungen drehen lassen, bis kein Druckanstieg mehr auf dem Meßgerät erfolgt.
- Nacheinander sämtliche Zylinder prüfen und mit Sollwert vergleichen.
- Zündkerzen einschrauben und Zündkabel aufstecken, siehe Seite 236.
- **MICRA-Generation I:** Mittleres Zündkabel an der Zündspule aufstecken.und Steckverbindung für Kraftstoffabschaltventil verbinden.
- **MICRA-Generation II:** Zündverteilerkappe einbauen und Sicherung für Kraftstoffpumpe einsetzen.
- Falls der Kompressionsdruck in einem oder mehreren Zylindern zu niedrig ist, etwas Motoröl durch die Zündkerzenbohrung in den entsprechenden Zylinder einfüllen und Kompressionsprüfung wiederholen.
- Verbessert sich der Kompressionsdruck nach dem Einfüllen von Öl, deutet das auf verschlissene oder beschädigte Kolbenringe hin.
- Bleibt der Kompressionsdruck niedrig, dann klemmt möglicherweise ein Ventil oder der Ventilsitz ist beschädigt.
- Bleibt der Kompressionsdruck bei 2 nebeneinanderliegenden Zylindern niedrig, dann dürfte die Zylinderkopfdichtung zwischen diesen beiden Zylindern beschädigt sein.

Keilriemen aus- und einbauen/ spannen

Wird der bisherige Keilriemen wieder eingebaut, so ist dieser immer auf Verschleiß und Beschädigung zu überprüfen. Sind die Flanken ausgefranst, Risse oder Bruchstellen vorhanden, so ist der Keilriemen in jedem Fall zu ersetzen. Beim Auflegen des Keilriemens ist darauf zu achten, daß der Keilriemen auf allen Riemenscheiben richtig aufliegt.

Keilriemenspannung prüfen

- Keilriemenspannung immer bei **kaltem** Motor prüfen.
- Keilriemen von oben zwischen den Riemenscheiben mit dem Daumen durchdrücken, siehe »schwarze Dreieoke« in den Abbildungen.
- Durchdrückung mit einem Meterstab messen und mit dem Prüfwert vergleichen. Dabei Keilriemen mit einer Kraft von ca. 100 N (10 kg) durchdrücken. Das entspricht in etwa einem kräftigen Daumendruck. Gegebenenfalls Keilriemen mit Federwaage nach unten ziehen.
- Wird der Prüfwert überschritten, Keilriemen nachspannen.

Keilriemen ersetzen MICRA-Generation II

- Spritzschutzbleche ausbauen.

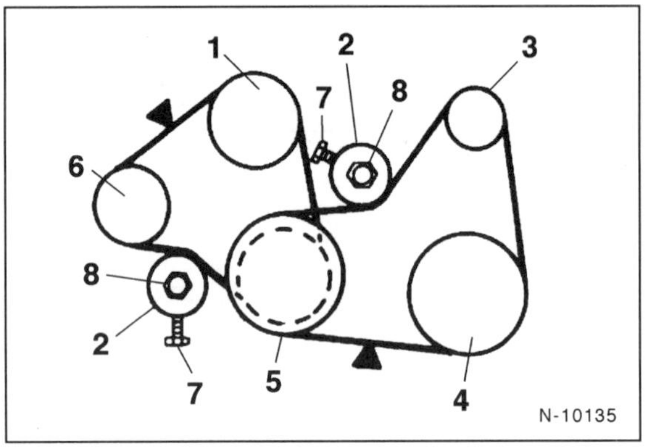

Die Abbildung zeigt die Ausführung mit Servolenkung und Klimaanlage:

1 – Kühlmittelpumpe	5 – Kurbelwelle
2 – Spannrolle	6 – Servolenkungspumpe
3 – Generator	7 – Einstellschraube
4 – Klimakompressor	8 – Sicherungsmutter

- Sicherungsmutter lösen.
- Einstellschraube soweit verdrehen, bis der Keilriemen abgenommen werden kann.
- Keilriemen abnehmen.

- Neuen Keilriemen auflegen und mit Einstellschraube auf den in der Tabelle angegebenen Einstellwert für einen neuen Keilriemen spannen.
- Sicherungsmutter festschrauben.
- Spritzschutzbleche einbauen.

Achtung: Bei der Ausführung ohne Servolenkung und Klimaanlage wird die Spannung des Generator-Keilriemens durch Verdrehen des Generators eingestellt.

- Dazu 3 Befestigungsschrauben des Generators lösen.
- Generator durch Verdrehen der Einstellschraube seitlich verstellen, bis der Keilriemen abgenommen werden kann.
- Neuen Keilriemen auflegen und mit Einstellschraube auf den in der Tabelle angegebenen Einstellwert für einen neuen Keilriemen spannen.
- Generator mit **50 Nm** festschrauben

Keilriemenzustand ➡	Gelaufen		Neu
Keilriemen für ⬇	Prüfwert	Einstellwert	Einstellwert
Generator ohne Zusatzaggr.	10,5 mm	7 – 8 mm	6 – 7 mm
Generator mit Zusatzaggr.	9 mm	6 – 7 mm	5,5 – 6 mm
Kühlmittelpumpe ohne Servopumpe	6 mm	4 mm	3,5 – 4 mm
Kühlmittelpumpe mit Servopumpe	5 mm	3 – 3,5 mm	3 mm

Keilriemen ersetzen MICRA-Generation I

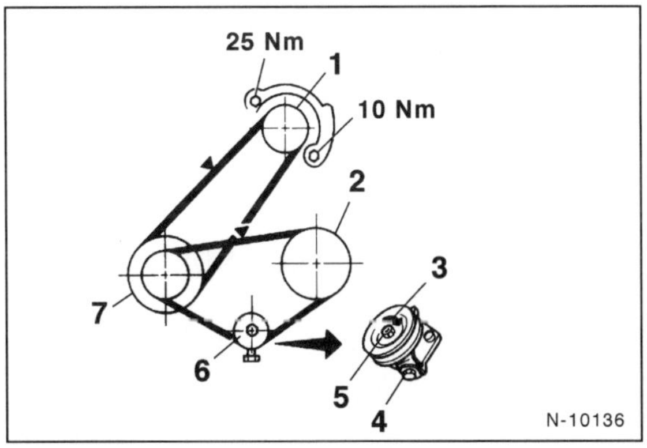

Die Abbildung zeigt die Ausführung mit Klimaanlage:

1 – Generator
2 – Klimakompressor
3 – Löse-Richtung
4 – Einstellschraube
5 – Sicherungsmutter
6 – Spannrolle
7 – Kurbelwelle

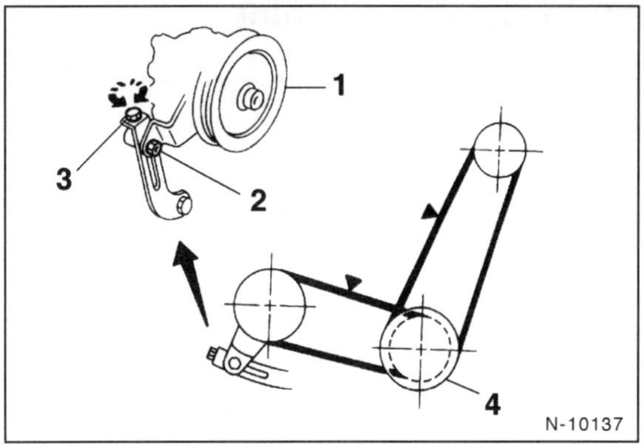

Die Abbildung zeigt die Ausführung mit Servolenkung:

1 – Servopumpe
2 – Sicherungsmutter, 10 Nm
3 – Einstellschraube
4 – Kurbelwelle

Einstellwerte für Standardausführung / mit Klimaanlage / mit Servolenkung

Keilriemenzustand ➡	Gelaufen		Neu
Keilriemen für ⬇	Prüfwert	Einstellwert	Einstellwert
Generator ohne Zusatzaggr.	24 mm	18 – 22 mm	15 – 19 mm
Generator mit Kompressor	24 mm	18 – 22 mm	15 – 19 mm
Kompressor für Klimaanlage	15 mm	8 – 11 mm	7 – 9 mm
Generator mit Servopumpe	19 mm	14 – 16 mm	13 – 14 mm
Servopumpe	10 mm	7 – 8 mm	6 – 7 mm

Einstellwerte für die Ausführung mit Klimaanlage und mit Servolenkung

Keilriemenzustand ➡	Gelaufen		Neu
Keilriemen für ⬇	Prüfwert	Einstellwert	Einstellwert
Generator	14,5 mm	10 – 12 mm	9,5 – 10,5 mm
Klimakompressor	10 mm	6,5 – 7,5 mm	5,5 – 6,5 mm
Servopumpe	10 mm	6,5 – 8,5 mm	6 – 7,5 mm

Störungsdiagnose Motor

Wenn der Motor nicht anspringt, Fehler systematisch einkreisen. Damit der Motor überhaupt anspringen kann, müssen beim Benzinmotor immer zwei Grundvoraussetzungen erfüllt sein. Das Kraftstoff-Luftgemisch muß bis in die Zylinder gelangen und der Zündfunke muß an den Zündkerzen vorhanden sein. Als erstes ist deshalb immer zu prüfen, ob überhaupt Kraftstoff gefördert wird. Wie man dabei vorgeht, steht in den Kapiteln »Vergaser« und »Einspritzanlage«. **Achtung:** Bei Fahrzeugen mit **Katalysator** darf der Anlasser nicht unnötig lange betätigt werden, da sonst der Katalysator beschädigt wird.

Störung: Der Motor springt schlecht oder gar nicht an

Ursache		Abhilfe
Bedienungsfehler beim Starten:	**Vergasermotor:** ■	**Bei kaltem Motor:** Gaspedal einmal ganz niederdrücken und dann loslassen. Kupplung ganz durchtreten und Motor starten.
	■	Befindet sich die Temperatur unter dem Gefrierpunkt oder wurde das Fahrzeug mehrere Tage nicht mehr gefahren, ist das Gaspedal zwei- bis dreimal ganz durchzutreten.
	■	**Bei warmem Motor:** Beim Starten das Gaspedal etwa zur Hälfte durchdrücken. Motor starten, sobald Motor läuft Gaspedal loslassen. Mit dem Gaspedal nicht pumpen.
	■	**Bei heißem Motor:** Gaspedal ganz durchtreten und in dieser Stellung halten –nicht pumpen– und Motor starten. Nach dem Anspringen des Motors Gaspedal loslassen.
	Einspritzmotor: ■	Gaspedal beim Starten nicht betätigen. Bei heißem Motor Gaspedal ganz durchtreten und in dieser Stellung halten. Nach dem Anspringen des Motors Gaspedal loslassen.
Zündanlage defekt oder verschmutzt	■	Zündanlage entsprechend Störungsdiagnose überprüfen
Kraftstoffanlage defekt, verschmutzt	■	Kraftstoffanlage entsprechend Störungsdiagnose überprüfen
Anlasser dreht zu langsam	■	Batterie laden. Anlasser überprüfen
Ventilspiel falsch	■	Ventilspiel korrigieren
Motorsteuerung verstellt	■	Steuerzeiten überprüfen, Zahnriemenspannung kontrollieren
Kompressionsdruck zu niedrig	■	Ventilspiel einstellen, Motor überholen
Zylinderkopfdichtung defekt	■	Dichtung ersetzen

Motor-Schmierung

Hinweis: In diesem Band werden 2 MICRA-Generationen behandelt. Die MICRA-Generation I kam im März '83 in Deutschland auf den Markt. Im Januar '93 wurde die MICRA-Generation II eingeführt. Parallel zur MICRA-Generation II werden auch weiterhin von der MICRA-Generation I die Modelle TOPIC und HIT angeboten.

Verschmutzung des Motoröls

Je nach den Betriebsbedingungen unterliegen die Motorenöle recht wechselnden Beanspruchungen. Es ist deshalb sehr schwierig, die verschiedenen Betriebsbedingungen in ihrer Auswirkung auf das Schmiermittel genau festzulegen. Motoren, die lange Zeit mit hoher Drehzahl oder mit Vollast laufen, erreichen hohe Öltemperaturen. Unter Einwirkung hoher Temperaturen und des Luftsauerstoffes beginnt das Öl zu oxydieren. Die Oxydationsprodukte verdicken das Öl und können sich als lackartige Überzüge an den oberen Kolbenpartien, in den Kolbenringnuten und an den Ventilschäften ablagern. Dies kann zu einer Verkokung der Ventilteller führen.

Ölverdünnung beim Benzinmotor

Erhalten die Zylinder ein zu stark mit Kraftstoff angereichertes Gemisch, werden von einem Motor nur selten oder nie Höchstleistungen verlangt oder wird mit unterkühltem Motor gefahren (Stadtverkehr), so ist eine unvollkommene Verbrennung die Folge. Ruß, Ölkohle und andere Produkte, der unverbrannte Kraftstoff selbst und die Kondensation von Feuchtigkeit führen zur Bildung von Schlamm, Säure und Asphalt. Der unverbrannte Kraftstoff schlägt sich an den kalten Zylinderwänden nieder und läuft in das Kurbelgehäuse, wobei der Ölfilm an Zylinder und Kolben abgewaschen wird. Die Folge ist eine verminderte Schmierung der Kolbenlaufbahn und eine Ölverdünnung, welche die Schmiereigenschaften des Öles je nach Kraftstoffgehalt beeinträchtigen.

Bei zu hoher Ölverdünnung ist eventuell ein vorzeitiger Ölwechsel vorzunehmen. Da bei scharfer Fahrt (heißer Motor) die Benzinanteile im Öl verflüchtigen, ist vor allem im Winter (viele Kaltstarts – hoher Benzinanteil im Öl) öfters der Ölstand zu kontrollieren.

Viskosität des Motoröls

Viskosität nennt man die Zähflüssigkeit des Öls. In Abhängigkeit von der Temperatur neigt jedes Öl dazu, seine Zähflüssigkeit zu verändern. Mit zunehmender Wärme wird es dünnflüssig. Dadurch wird die Haftfähigkeit und Druckfestigkeit des Schmierfilms beeinträchtigt. Bei Kälte wird es dick und zähflüssig, wobei das Fließvermögen träge und der innere Reibungswiderstand vergrößert wird.

Bei kaltem Motor soll es noch dünnflüssig genug sein, um die Arbeit des Anlassers nicht übermäßig zu erschweren und um vom Startbeginn an zu allen Schmierstellen möglichst schnell fließen zu können. Dies erfordert die Verwendung eines Motoröles von einer Zähflüssigkeit, die sich bei wechselnden Temperaturen möglichst wenig verändert.

Die Zähflüssigkeit oder Viskosität ist gleichbedeutend mit der inneren Reibung eines Öles und wird nach dem SAE-System (Society of Automotive Engineers) gekennzeichnet, wie zum Beispiel SAE 30, SAE 10 usw. Hohe SAE-Zahlen weisen auf dicke, niedrige auf dünne Öle hin. Die Viskosität gibt aber keinen Aufschluß über die Schmiereigenschaften eines Öles.

Anwendungsbereich/Viskositätsklassen

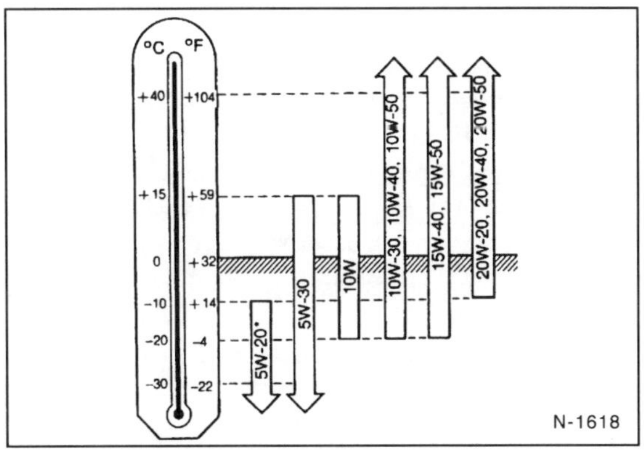

Motoröl 5W-20 ist nur für sehr kalte Klimazonen geeignet. Nicht verwenden bei längeren Hochgeschwindigkeitsfahrten. Für gemäßigte Klimazonen ist ein Motoröl 10W-30 und für heiße Klimazonen 20W-40 oder 20W-50 zu empfehlen.

Da die Einsatzbereiche benachbarter SAE-Klassen sich überschneiden, können kurzfristige Temperaturschwankungen unberücksichtigt bleiben. Es ist zulässig, Öle verschiedener Viskositätsklassen miteinander zu mischen, wenn einmal Öl nachgefüllt werden muß und die Außentemperaturen nicht mehr der Viskositätsklasse des im Motor befindlichen Öles entsprechen.

Zusatzschmiermittel – gleich welcher Art – sollen weder dem Kraftstoff noch den Schmierölen beigemischt werden.

Das Mehrbereichsöl

Für die MICRA-Motoren sollen Mehrbereichsöle verwendet werden. Mehrbereichsöle haben den Vorteil, daß sie sich den Temperaturverhältnissen (Sommer/Winter) anpassen. Mehrbereichsöle bauen auf einem dünnflüssigen Einbereichsöl (z. B. 15 W) auf. Durch sogenannte Verdickerer wird das Öl im heißen Zustand stabilisiert, so daß für jeden Betriebszustand die richtige Schmierfähigkeit gegeben ist. Das »W« in der SAE-Bezeichnung weist das Öl als wintertauglich aus.

Das Leichtlauföl

Bei Leichtlaufölen handelt es sich um Mehrbereichsöle, denen unter anderem Reibwertverminderer zugesetzt wurden, so daß eine Kraftstoffeinsparung von bis zu 2 Prozent möglich sein soll. Leichtlauföle haben eine niedrige Viskosität (z. B. 10 W-30). Sie erfordern unkonventionelle Grundöle (Synthetiköle). Beim Kauf eines Leichtlauföles sollte man darauf achten, daß es von NISSAN freigegeben wurde.

Spezifikation des Motoröls

Grundsätzlich sind nur HD-Öle für die modernen Motoren zugelassen. HD-Öle sind legierte Öle, deren Schmiereigenschaften durch Zusatz verschiedener chemischer Wirkstoffe erheblich verbessert sind. Diese Zusätze bewirken einen besseren Korrosionsschutz, ein günstigeres Verhalten gegen Oxydationserscheinungen, insbesondere eine geringere Neigung zur Schlammbildung im Kurbelgehäuse, ein besseres Viskositätsverhalten, reinigende und lösende Eigenschaften. Die reinigenden und lösenden Zusätze verringern nicht nur die Rückstandsbildung im Motor, sondern besitzen zugleich die Fähigkeit, Rückstände zu lösen und sie und alle anderen Verunreinigungen im Motoröl fein verteilt und ständig in der Schwebe zu halten, so daß beim Ölwechsel die Verunreinigungen mit abfließen.

Die Qualität eines HD-Motoröls wird durch das API-System gekennzeichnet (API: American Petroleum Institut). Europäische Hersteller richten sich ebenfalls nach diesem System.

Die Kennzeichnung erfolgt durch jeweils zwei Buchstaben. Der erste Buchstabe gibt den Anwendungsbereich an: **S** = Service, für **Ottomotoren** geeignet; **C** = Commercial, für **Dieselmotoren** geeignet. Der zweite Buchstabe gibt die Qualität in alphabetischer Reihenfolge an.

Von höchster Qualität sind Öle der API-Spezifikation **SG** für Ottomotoren und **CE** für Dieselmotoren. **Achtung:** Motorenöle, die vom Öl-Hersteller ausdrücklich als Öle für Diesel-Motoren bezeichnet werden, sind für Otto-Motoren nicht geeignet.

Für den MICRA sind Motoröle der API-Spezifikationen **SF** und **SG** geeignet.

Ölverbrauch

Bei einem Verbrennungsmotor versteht man unter dem Ölverbrauch diejenige Ölmenge, die als Folge des Verbrennungsvorganges verbraucht wird. Auf keinen Fall ist Ölverbrauch mit Ölverlust gleichzusetzen, wie er durch Undichtigkeiten an Ölwanne, Zylinderkopfdeckel usw. auftritt.

Normaler Ölverbrauch entsteht durch Verbrennung jeweils kleiner Mengen im Zylinder; durch Abführen von Verbrennungsrückständen und Abrieb-Partikeln. Das Öl verschleißt durch die hohen Temperaturen und die hohen Drücke, denen es im Motor fortwährend ausgesetzt ist.

Ferner haben auch äußere Betriebsverhältnisse, Fahrweise und Fertigungstoleranzen einen Einfluß auf den Ölverbrauch. Der Ölverbrauch darf höchstens 1,5 l/1000 km betragen.

Unbedingt muß Öl nachgefüllt werden, wenn die »Nachfüll«-Markierung erreicht ist. **Achtung:** Nicht zu viel Öl auf einmal nachfüllen. Wurde bei einem Katalysatorfahrzeug zuviel Öl eingefüllt, muß das überschüssige Öl abgelassen werden, da sonst unverbranntes Öl in die Abgasanlage gelangt und dort denn Katalysator zerstören würde.

Der Ölkreislauf

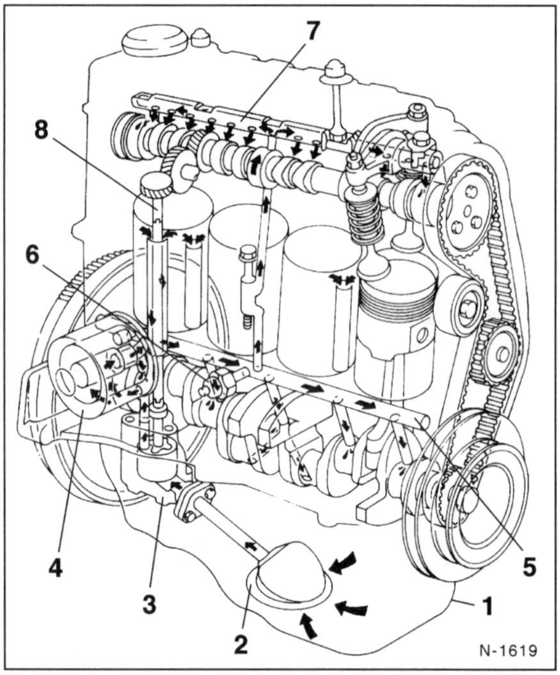

Die Abbildung zeigt den **MICRA-Generation I.**

1 – Ölwanne	5 – Hauptölkanal
2 – Ölsieb	6 – Öldruckschalter
3 – Ölpumpe	7 – Kipphebelwelle
4 – Ölfilter	8 – Ölpumpen-Antriebswelle

Alle MICRA-Motoren sind mit einer sogenannten Druckumlaufschmierung ausgestattet. Die Ölpumpe saugt über ein Ölsieb das Motorenöl aus der Ölwanne an und drückt es durch den Hauptstromölfilter. An der Druckseite der Ölpumpe befindet sich ein Überdruckventil (Druckregelventil). Bei zu hohem Öldruck öffnet das Ventil, und ein Teil des Öls kann in die Ölwanne zurückfließen.

Durch die Mittelachse der Filterpatrone gelangt das gefilterte Öl direkt in den Hauptölkanal. Dort sitzt auch der Öldruckschalter beziehungsweise Öldruckgeber, der über die Öldruck-Kontrollampe oder Öldruckanzeige im Schalttafeleinsatz dem Fahrer einen zu niedrigen Öldruck anzeigt. Bei einem verstopftem Ölfilter leitet ein Kurzschlußventil das Öl direkt und ungefiltert in den Hauptölkanal. Vom Hauptölkanal zweigen Kanäle ab zur Schmierung der Kurbelwellenlager. Durch schräge Bohrungen in der Kurbelwelle wird das Öl an die Pleuellager geleitet.

Gleichzeitig gelangt das Motorenöl über eine Steigleitung in den Zylinderkopf und versorgt dort Nockenwellenlager, Kipphebel, Ventilstößel und Ventilschaft-Enden. Beim **MICRA-Generation II** werden zusätzlich die Steuerkette geschmiert und der Kettenspanner mit Motoröl versorgt.

Öldruck überprüfen

- Ölstand kontrollieren.
- Fahrzeug warmfahren, die Öltemperatur soll mindestens +80° C betragen. Diese Temperatur wird unter normalen Umständen nach einer Fahrstrecke von ca. 10 km erreicht.

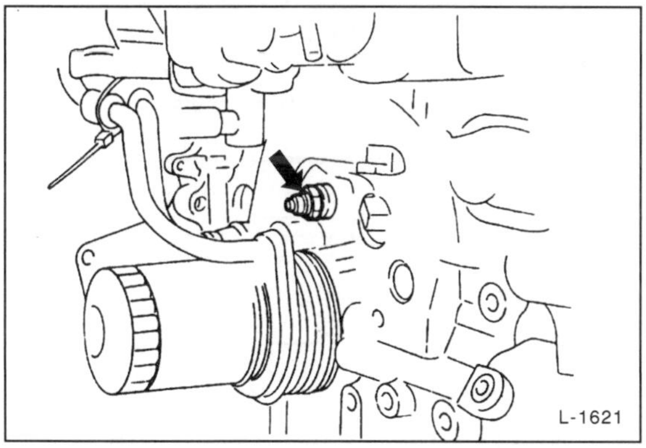

- Kabel vom Öldruckschalter abziehen und diesen herausschrauben. Auslaufendes Motorenöl auffangen. Der Öldruckschalter ist in der Nähe des Ölfilters in den Motorblock oder in den Ölfilterflansch eingeschraubt.
- Anstelle des Öldruckschalters geeignetes Manometer mit einem passenden Flansch einschrauben.
- Motor starten, mit Prüfdrehzahl laufen lassen und Öldruck ablesen.
- Manometer abschrauben.
- 2 bis 3 Gewindegänge des Öldruckschalters mit Dichtmittel, z. B. Loctite 242, bestreichen. Öldruckschalter einsetzen und mit 15 Nm festziehen.

Öldrucktabelle

Motor	Prüfdrehzahl 1/min				
	650-750	1200	2000	4000	6000
1,0-l ab '93	0,8 – 1,2	–	3 – 4,2	–	5 – 5,8
1,3-l ab '93	0,8 – 1,2	–	3 – 3,8	–	4,5 – 5,3
1,0-l '83 – '88	–	2,0	3,0	4,0	–

- Falls der Öldruck vom Sollwert abweicht, siehe »Störungsdiagnose Ölkreislauf«.

Hinweis: Die angegebenen Sollwerte für den Öldruck beziehen sich auf ein Motoröl der Sorte SAE 20W-20 und eine Öltemperatur von +80° C. Durch eine andere Prüftemperatur oder einen anderen Viskositätsgrad des Motoröls können die Prüfergebnisse etwas vom Sollwert abweichen. Bei sehr großen Abweichungen müssen die Öldurchgänge und die Ölpumpe auf Undichtigkeiten geprüft werden.

Öldruckschalter prüfen

Der Öldruckschalter ist zu prüfen, wenn die Öldruckkontrollampe in der Armaturentafel nicht oder ständig aufleuchtet. Leuchtet die Kontrollampe ständig, so ist zuerst der Öldruck zu prüfen. Ist dieser in Ordnung, so ist die nachfolgende Prüfung durchzuführen.

- Motor abstellen und den Stecker vom Öldruckschalter abziehen.
- Motor anlassen und Kontakt des Steckers gegen Masse halten.

Leuchtet die Kontrollampe auf, so ist der Öldruckschalter zu ersetzen. Leuchtet sie nicht auf, so ist entweder die Kontrollampe defekt oder es liegt eine Unterbrechung in der Leitung vor, Leitungsführung anhand des Stromlaufplanes kontrollieren.

- Elektrisches Kabel am Öldruckschalter aufstecken.

Ölwanne aus- und einbauen

Zum Abdichten der Ölwanne ist ein handelsübliches, flüssiges Dichtmittel, z. B. von CURIL oder NISSAN-11121Z, erforderlich.

Achtung: Nicht zuviel Dichtmittel auftragen und im Bereich von Schraubendurchgängen besonders sorgfältig vorgehen. Die Teile müssen innerhalb 5 Minuten nach dem Auftragen der Dichtmasse zusammengebaut werden. Nach dem Überschreiten dieser Zeit muß das Dichtmittel entfernt und erneut aufgetragen werden.

Ausbau

- Batterie-Massekabel (–) von der Batterie abklemmen. **Achtung:** Dadurch werden die elektronischen Speicher gelöscht, wie zum Beispiel der Motorfehlerspeicher oder der Radiocode. Vor dem Abklemmen der Batterie sollten auch die Hinweise im Kapitel »Batterie aus- und einbauen« durchgelesen werden.
- Fahrzeug aufbocken, siehe Seite 229.
- Motor-Unterbodenschutz ausbauen, siehe Seite 14.
- Motoröl ablassen, siehe Seite 233.

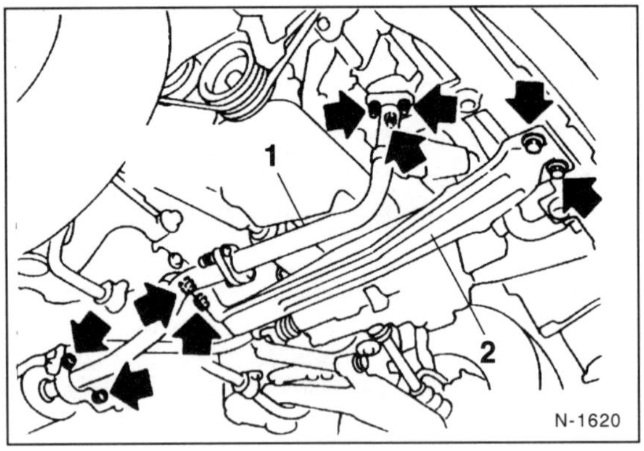

N-1620

- Vorderes Abgasrohr –1– abschrauben.
- Mittleren Träger –2– abschrauben.
- Befestigungsschrauben der Ölwanne herausdrehen.

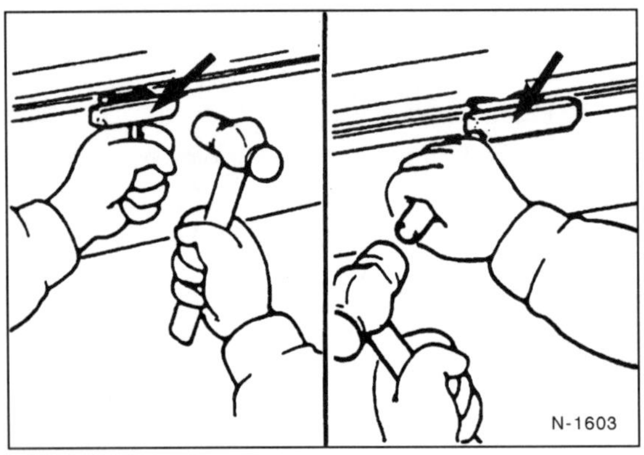
N-1603

- Das Dichtmittel zwischen Motorblock und Ölwanne zerschneiden. Die Werkstatt benutzt hierzu das Spezialwerkzeug KV-10111100, das tief zwischen Motorblock und Ölwanne eingetrieben wird.
- Steht das Werkzeug nicht zur Verfügung, kann auch ein altes Messer benutzt werden. Messer vorsichtig mit Hammerschlägen zwischen Motorblock und Ölwanne eintreiben.

Achtung: Auf keinen Fall Ölwanne mit Schraubendreher oder Meißel abhebeln, ohne daß vorher die Dichtung zerschnitten wurde. Beim Ausbau der Ölwanne darauf achten, daß der Dichtflansch der Ölwanne nicht beschädigt wird.

- Ölwanne abnehmen.
- Es empfiehlt sich, bei ausgebauter Ölwanne immer auch das Ölansaugsieb abzuschrauben und mit Kaltreiniger zu säubern. Ölsieb auf Beschädigungen, z. B. Risse, prüfen, gegebenenfalls ersetzen.

Einbau

- Dichtflächen an Ölwanne und Motorblock vorsichtig mit Dreikantschaber und Rasierklinge von altem Dichtungsmaterial reinigen.
- Motorblock, Kurbeltrieb und Ölpumpe sorgfältig abreiben. Die Abdichtung der Ölwanne kann sonst durch herabfließendes Öl beeinträchtigt werden.
- Ölansaugsieb mit neuer Dichtung anschrauben.
- Dichtflächen an Ölwanne und Motorblock mit Fettlöser abreiben und trocknen. Als Reinigungsmittel kann beispielsweise Spiritus oder Aceton verwendet werden. **Achtung:** Es darf kein Reinigungsmittel verwendet werden, welches die lackierten Flächen angreift.

MICRA-Generation II

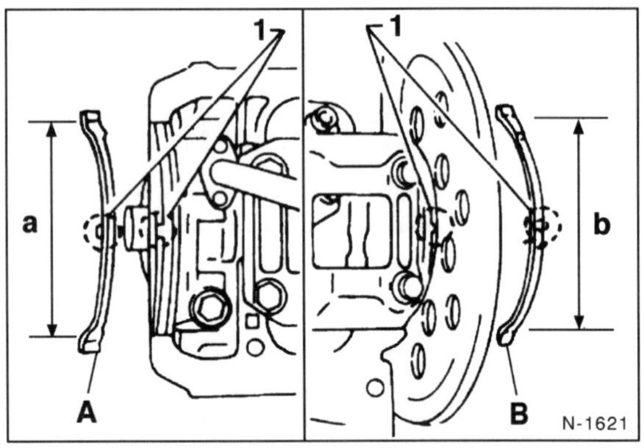

N-1621

- Neue Dichtungen so ansetzen, daß die Kennzeichnungen –1– übereinstimmen. Dabei auf richtige Länge der vorderen Dichtung –A– von a = 134 mm und der hinteren Dichtung –B– von b = 123 mm achten.

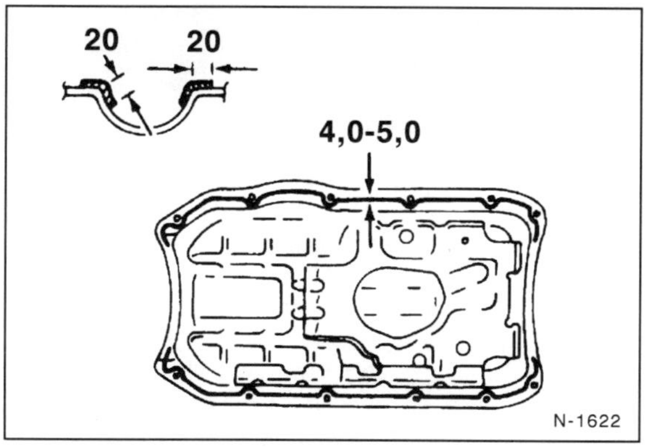

- Dichtungsmittel – wie in der Abbildung gezeigt – mit einem Wulstdurchmesser von 4 – 5 mm die Paßfläche der der Ölwanne auftragen. Dabei Dichtmittelraupe ca. 20 mm weit in die halbrunden Ausbuchtungen hinein auftragen.

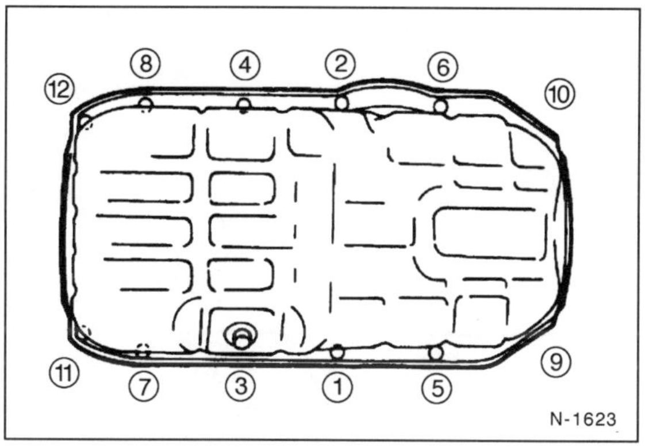

- Ölwanne am Motorblock ansetzen. Schrauben zunächst handfest anziehen, anschließend über Kreuz (von 1 bis 12) mit ca. 10 Nm festziehen.

Achtung: Bis zum Einfüllen von Motoröl mindestens 30 Minuten warten, damit die Dichtmasse ausgehärtet ist.

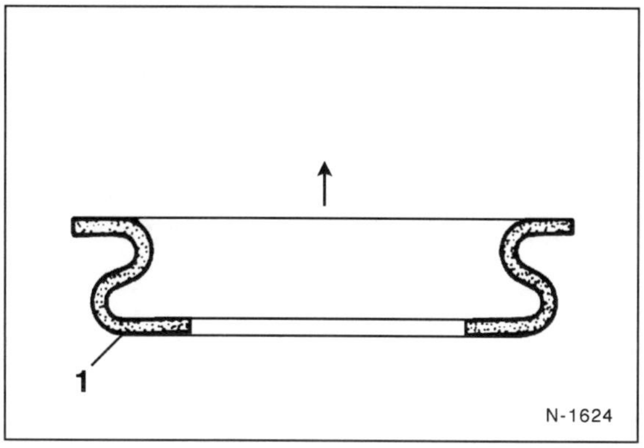

- Ölablaßschraube mit **neuer** Scheibe –1– anschrauben. Dabei Einbaulage beachten: Der Pfeil zeigt zur Ölwanne.

MICRA-Generation I

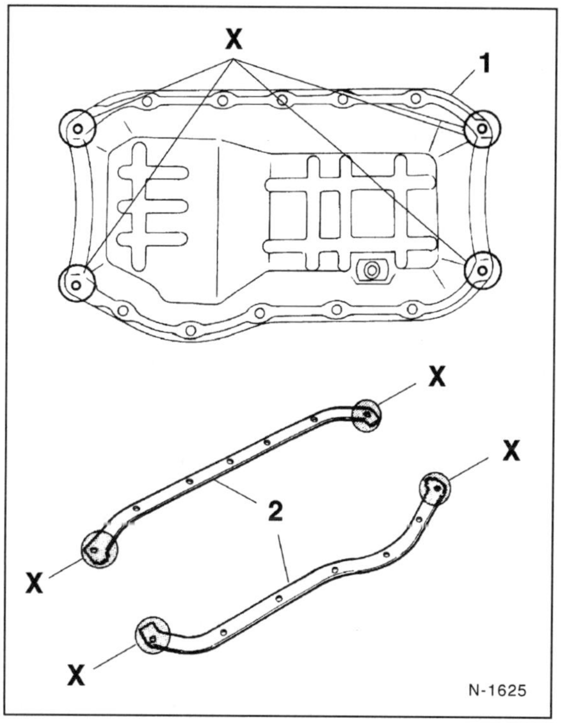

- Flüssiges Dichtmittel an den Stellen –X– auf die Ölwanne –1– und beidseitig auf die Flachdichtungen –2– auftragen.
- Ölwanne am Motorblock ansetzen. Schrauben zunächst handfest anziehen, anschließend über Kreuz mit ca. 10 Nm festziehen.

Achtung: Bis zum Einfüllen von Motoröl mindestens 30 Minuten warten, damit die Dichtmasse ausgehärtet ist.

- Vorderes Abgasrohr einbauen, siehe Seite 91.
- Mittleren Träger anbauen.
- Motor-Unterbodenschutz einbauen, siehe Seite 14.
- Fahrzeug ablassen.
- Motoröl einfüllen.
- Batterie-Massekabel (–) anklemmen.
- Falls vorhanden, Zeituhr einstellen sowie Diebstahlsicherheitscode für das Radio eingeben.
- Probefahrt durchführen, Ölstand kontrollieren und Ölwanne auf Dichtigkeit prüfen, eventuell alle Schrauben vorsichtig nachziehen.

Die Ölpumpe

MICRA-Generation II

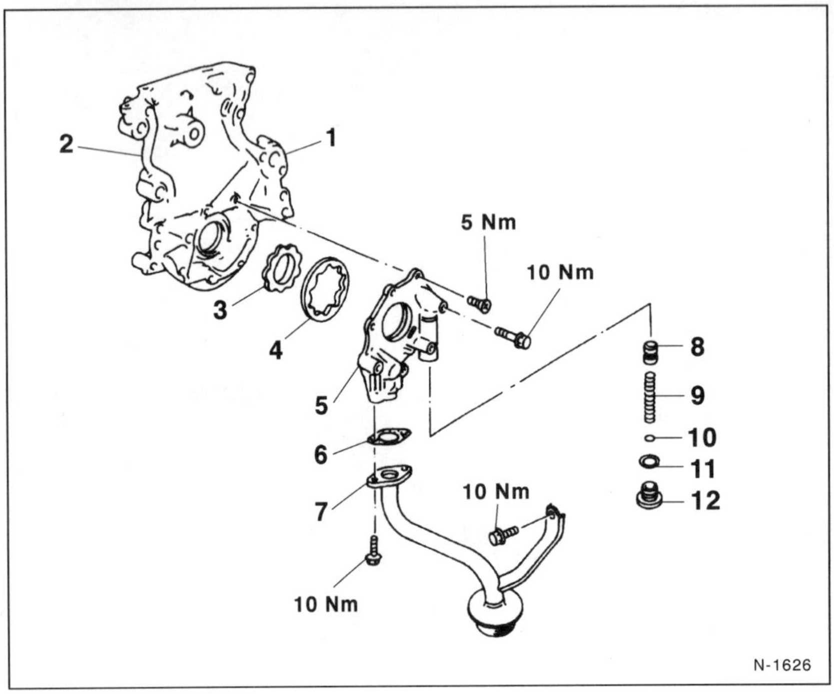

1 – **Stirndeckel**
2 – **Paßfläche**
Mit flüssigem Dichtmittel, z. B. CURIL bestreichen.
3 – **Innenrad**
Mit Motoröl bestreichen.
4 – **Außenrad**
Mit Motoröl bestreichen.
5 – **Ölpumpendeckel**
6 – **Flachdichtung**
Immer ersetzen.
7 – **Ölsieb**
8 – **Öldruckregelventil**
Mit Motoröl bestreichen.
9 – **Druckfeder**
10 – **Scheibe**
11 – **Unterlegscheibe**
Immer ersetzen.
12 – **Verschlußschraube, 55 Nm**

MICRA-Generation I

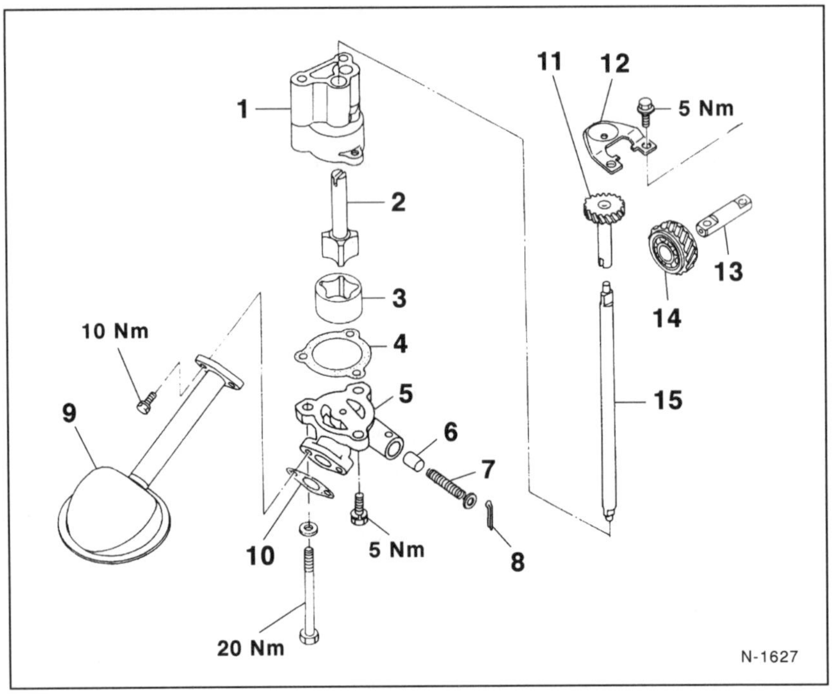

1 – **Ölpumpengehäuse**
2 – **Innenrotor mit Welle**
3 – **Außenrotor**
4 – **Flachdichtung**
5 – **Ölpumpendeckel**
6 – **Öldruckregelventil**
7 – **Feder**
8 – **Splint**
9 – **Ölsieb**
10 – **Flachdichtung**
11 – **Ölpumpen-Antriebsrad**
12 – **Halteblech**
Einbaurichtung beachten. Die Vertiefung in der Mitte zeigt nach unten.
13 – **Ölpumpen-Zwischenwelle**
14 – **Ölpumpen-Zwischenrad**
15 – **Ölpumpen-Antriebswelle**

Störungsdiagnose Ölkreislauf

Störung	Ursache	Abhilfe
Kontrollicht leuchtet nicht nach Einschalten der Zündung	Öldruckschalter defekt	■ Zündung einschalten, Leitung vom Öldruckschalter abziehen und gegen Masse halten. Wenn die Lampe aufleuchtet, Schalter ersetzen
	Strom zum Schalter unterbrochen, Kontakte korrodiert	■ Elektrische Leitung und Anschlüsse prüfen
	Kontrollampe defekt	■ Kontrollampe ersetzen
Kontrollicht verlischt nicht nach Anspringen des Motors	Öl sehr warm	■ Unbedenklich, wenn Kontrollicht beim Gasgeben verlischt
Kontrollicht verlischt nicht beim Gasgeben bzw. leuchtet während der Fahrt	Öldruck zu gering	■ Ölstand prüfen, ggf. auffüllen; Öldruck nach Vorschrift prüfen
	Elektrische Leitung zum Öldruckschalter hat Kurzschluß gegenüber Masse	■ Kabel am Schalter abziehen und isoliert ablegen (nicht gegen Masse legen), Zündung einschalten. Wenn die Kontrollampe aufleuchtet, Leitung überprüfen
	Öldruckschalter defekt	■ Schalter auswechseln
Zu niedriger Öldruck im gesamten Drehzahlbereich	Zu wenig Öl im Motor	■ Motoröl nachfüllen
	Ansaugsieb in der Saugglocke verschmutzt	■ Ölwanne ausbauen, Ansaugsieb reinigen
	Ölpumpe verschlissen	■ Ölpumpe ausbauen und prüfen, gegebenenfalls ersetzen
	Lagerschaden	■ Motor demontieren
Zu niedriger Öldruck im unteren Drehzahlbereich	Öldruckregelventil klemmt in offenem Zustand durch Verschmutzung	■ Ventil ausbauen und prüfen
Zu hoher Öldruck bei Drehzahlen über 3000/min	Öldruckregelventil öffnet nicht wegen Verschmutzung	■ Ventil ausbauen und prüfen

Motor-Kühlung

Der Kühlmittelkreislauf

Das Kühlsystem besteht im wesentlichen aus dem Kühler, der Kühlmittelpumpe, dem Thermostat und einem elektrisch angetriebenen Lüfter.

Der Kühlmittelkreislauf wird thermostatisch geregelt. Solange der Motor kalt ist, zirkuliert das Kühlmittel nur im Motorblock und im Wärmetauscher der Heizung. Mit zunehmender Erwärmung der Kühlflüssigkeit öffnet sich der Thermostat und leitet das Kühlmittel durch den Kühler. Das Kühlmittel wird von der Kühlmittelpumpe bewegt, die durch einen Keil- oder Zahnriemen angetrieben wird. Die Kühlflüssigkeit durchströmt den Kühler von oben nach unten und wird dabei durch den an den Kühlrippen vorbeistreichenden Fahrtwind abgekühlt.

Ein elektrisch angetriebener Lüfter sorgt für zusätzliche Kühlung. Sobald die Kühlmitteltemperatur auf +90° bis +97° C steigt, wird der Lüfter durch einen Thermoschalter (MICRA-Generation I) oder durch das Motor-Steuergerät (MICRA-Generation II) zugeschaltet. Sinkt die Kühlmitteltemperatur, schaltet der Lüfter selbsttätig wieder aus.

Der Ausgleichbehälter dient als Vorratsbehälter für die Kühlflüssigkeit und fängt die sich bei der Erwärmung ausdehnende Kühlflüssigkeit auf und gibt sie nach dem Abkühlen des Motors wieder in den Kühlkreislauf zurück. Dadurch ist dieser stets gefüllt und sorgt für eine gute Kühlung. Nachgefüllt wird das Kühlmittel über den Ausgleichbehälter.

Warnhinweis: Der Kühler-Lüfter kann auch bei abgestelltem Motor und eingeschalteter Zündung (Zündschlüssel in Stellung »ON« oder »ACC«) selbsttätig anlaufen. Hervorgerufen durch die Stauwärme im Motorraum kann dies auch mehrmals hintereinander geschehen. Bei Arbeiten im Motorraum und warmem Motor muß deshalb immer mit einem plötzlichen Einschalten des Lüfters gerechnet werden. Darum nach Möglichkeit bei Arbeiten im Motorraum die Zündung immer ausschalten.

Inhalt des Kühlsystems

1,0-l-Motor '83 – '88 .... 4,0 l
1,2-l-Motor ab '89 .... 4,7 l
1,0-/1,3-l-Motor ab '93................. 4,0 l

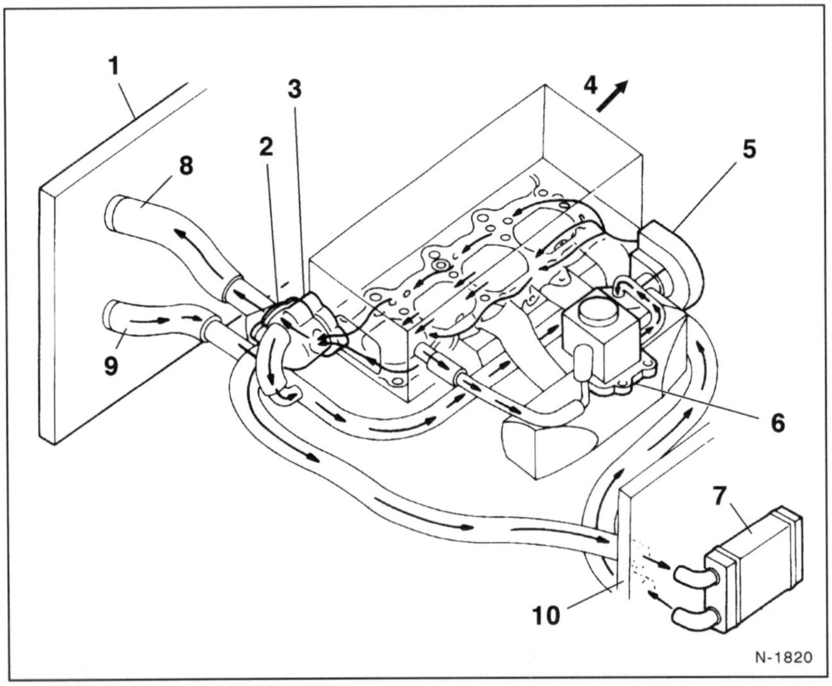

MICRA-Generation II

1 – **Kühler**
2 – **Thermostat (Kühlmittelregler)**
3 – **Thermostatgehäuse**
4 – **Pfeil zeigt zur rechten Fahrzeugseite (in Fahrtrichtung gesehen)**
5 – **Kühlmittelpumpe**
6 – **Ansaugkrümmer**
7 – **Wärmetauscher der Heizung**
8 – **Oberer Kühlerschlauch**
9 – **Unterer Kühlerschlauch**
10 – **Spritzwand**

Hinweis: In diesem Band werden 2 MICRA-Generationen behandelt. Die MICRA-Generation I kam im März '83 in Deutschland auf den Markt. Im Januar '93 wurde die MICRA-Generation II eingeführt. Parallel zur MICRA-Generation II werden auch weiterhin von der MICRA-Generation I die Modelle TOPIC und HIT angeboten.

Der Kühler

MICRA-Generation II

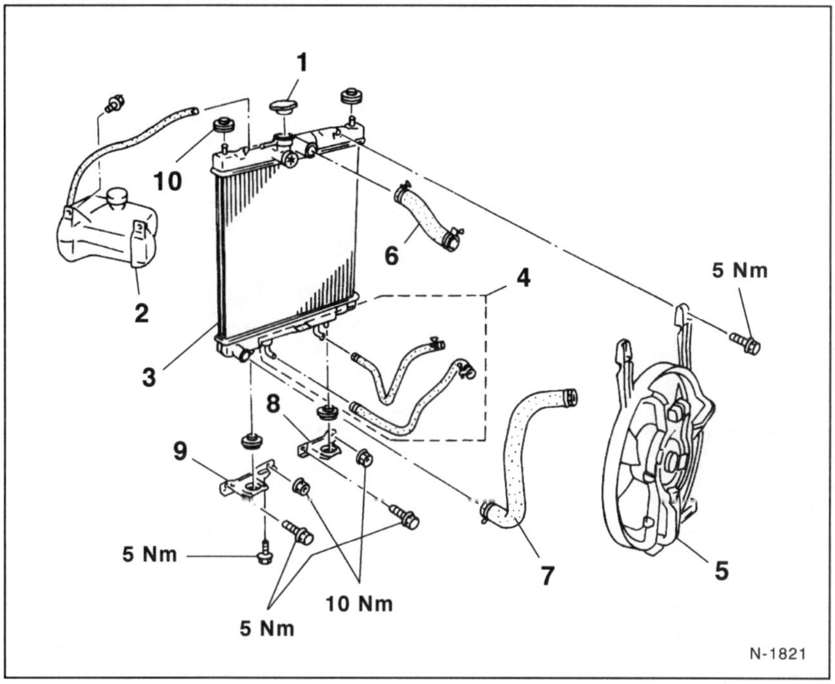

1 – Kühlerverschlußdeckel
2 – Ausgleichbehälter
3 – Kühler
4 – Ausführung mit Automatikgetriebe
5 – Lüfter
6 – Oberer Kühlerschlauch
7 – Unterer Kühlerschlauch
8 – Halter links
9 – Halter rechts
10 – Gummilager oben

MICRA-Generation I

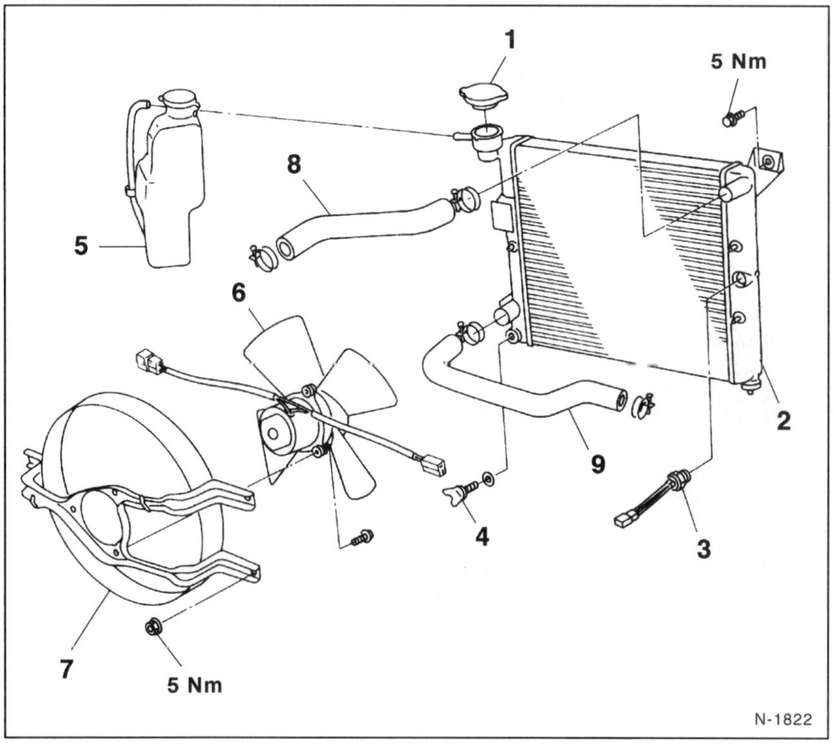

1 – Kühlerverschlußdeckel
2 – Kühler
3 – Temperaturschalter, 5 Nm
4 – Ablaßschraube
5 – Ausgleichbehälter
6 – Lüfter
7 – Lüfterzarge
8 – Oberer Kühlerschlauch
9 – Unterer Kühlerschlauch

Kühlmittel wechseln

Im Rahmen der Wartung muß das Kühlmittel regelmäßig gewechselt werden, siehe Seite 52.

Achtung: Wird die Kühlflüssigkeit im Rahmen einer Reparatur abgelassen, sollte sie zur Wiederverwendung aufgefangen werden, da die Kühlflüssigkeit ein Frost- und Korrosionsschutzmittel enthält. Werden allerdings die Kühlmittelpumpe, der Kühler oder der Zylinderkopf ersetzt, ist die Kühlflüssigkeit grundsätzlich zu erneuern. Nur von NISSAN freigegebenes Kühlmittel verwenden.

Ablassen

- Heizungshebel im Fahrgastraum bis zum Anschlag auf »warm« stellen.

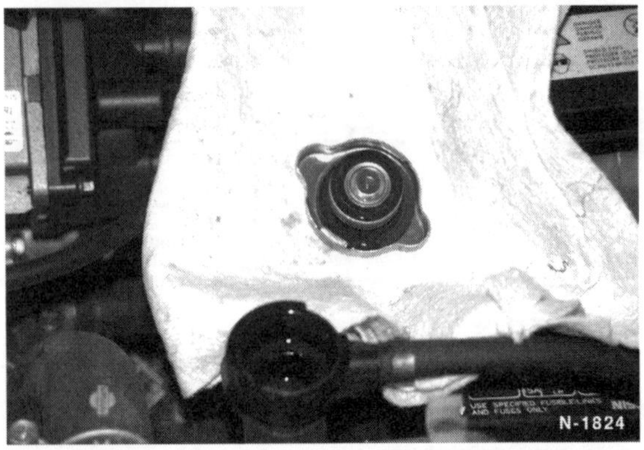

- Verschlußdeckel vom Kühler abschrauben. **Achtung:** Zur Sicherheit dicken Lappen um den Stutzen legen. Deckel nur abnehmen, wenn Kühler mindestens auf Handwärme abgekühlt ist, sonst besteht Verbrühungsgefahr durch heiße Kühlflüssigkeit.

MICRA-Generation II

- Sauberes Auffanggefäß im Bereich des unteren Kühlerschlauchs unter den Kühler stellen.
- Schlauchschelle –1– öffnen und ganz zurückschieben.
- Unteren Kühlerschlauch –2– abziehen und Kühlmittel ablassen.
- Ausgleichbehälter ausbauen, Kühlflüssigkeit aus dem Behälter ablassen und Ausgleichbehälter mit sauberem Wasser spülen. Dabei darauf achten, daß keine Kühlflüssigkeit auf die Keilriemen gelangt, Riemen mit Lappen abdecken. Anschließend Ausgleichbehälter einbauen.

MICRA-Generation I

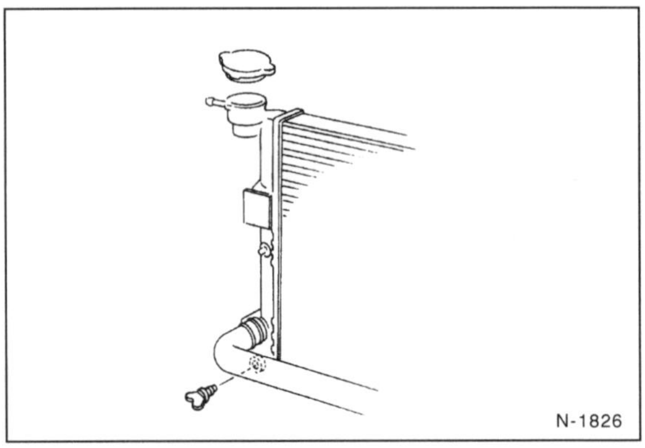

- Sauberes Auffanggefäß unter den Kühler stellen.
- Ablaßschraube unten am Kühler aufdrehen und Kühlflüssigkeit ablassen.

- Ablaßschraube am Kühler einschrauben und festziehen, beziehungsweise unteren Kühlerschlauch aufschieben und mit Schelle sichern.

Auffüllen

Achtung: Falls die Kühlflüssigkeit im Rahmen der Wartung gewechselt wird, Kühlsystem zunächst mit reinem Wasser auffüllen. Motor warmlaufen lassen, bis der obere Kühlmittelschlauch warm wird. Danach Motor 2- oder 3mal hochdrehen lassen. Anschließend Motor abkühlen lassen und Wasser ablassen. Vorgang so oft wiederholen bis klares Wasser aus dem Kühler austritt. Danach Kühlsystem mit der richtigen Kühlmittelmischung auffüllen.

- **MICRA-Generation II:** Kühlmittel über den Kühlerstutzen bis auf Höhe des Anschlusses vom Ausgleichbehälter auffüllen.

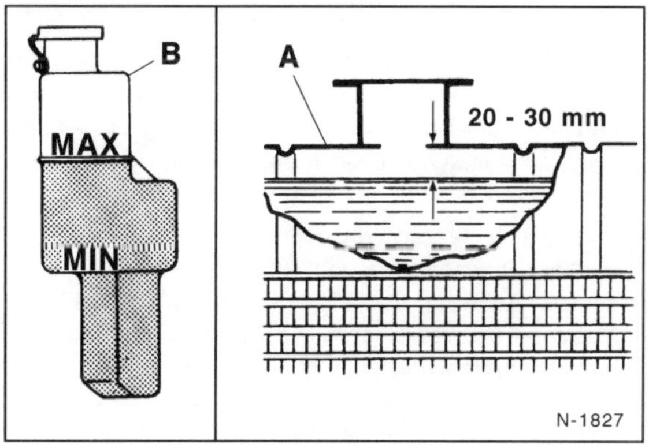

- **MICRA-Generation I:** Kühlmittel über den Kühlerstutzen auffüllen, siehe Abbildung. A = Ausgleichbehälter, B = Kühler.

Achtung: Kühlflüssigkeit langsam eingießen, damit die Luft aus der Kühlanlage entweichen kann.

- Kühlmittel im Ausgleichbehälter bis zur »MAX«-Markierung auffüllen.
- Motor bei abgenommenem Verschlußdeckel warmlaufen lassen, bis der obere Kühlmittelschlauch warm wird. Danach Motor 2- oder 3mal hochdrehen lassen. Während des Warmlaufens Kühlmittelstand beobachten, gegebenenfalls zwischendurch nachfüllen. Anschließend Kühlerdeckel fest verschließen. **Achtung:** Der Schalter der Klimaanlage muß, falls vorhanden, ausgeschaltet sein.
- Nach dem Abkühlen des Motors Flüssigkeitsstand in Kühler und Ausgleichbehälter prüfen. Falls erforderlich, Kühlmittel nachfüllen, bis der Kühler ganz voll ist und der Kühlmittelstand im Ausgleichbehälter an der »MAX«-Markierung liegt.
- Kühlsystem, insbesondere Schlauchanschlüsse sowie Ablaßschraube und Kühlmittelpumpe, auf Dichtheit prüfen.
- Motor starten und Drehzahl auf 3000/min erhöhen. Dabei dürfen an der Unterseite der Instrumententafel keine Strömungsgeräusche im Bereich des Wärmetauschers hörbar sein. Andernfalls Entlüftungsvorgang für das Kühlsystem wiederholen. Das heißt, Motor bei geöffnetem Kühlerdeckel warmlaufen lassen. Während des Warmlaufens durch einzelne Gasstöße Drehzahl mehrmals kurzfristig erhöhen.

Kühler-Frostschutzmittel

Die Kühlanlage wird ab Werk mit einer Mischung aus Wasser und Kühlerfrost- und Korrosions-Schutzmittel befüllt. Das Kühlkonzentrat verhindert Frost- und Korrosionsschäden am Kühlsystem und hebt außerdem die Siedetemperatur der Kühlflüssigkeit an. Deshalb muß das Kühlsystem unbedingt ganzjährig mit Kühlerfrost- und Korrosionsschutzmittel gefüllt sein.

Achtung: Nur Original NISSAN-Kühlkonzentrat oder ein Markenfrostschutzmittel auf Ethylen-Glykol-Basis mit Rostschutzeigenschaften verwenden. Das Kühlkonzentrat muß für Aluminium-Bauteile geeignet sein. Es darf kein Frostschutzmittel auf Alkoholbasis verwendet werden.

Da der Korrosionsschutz-Anteil in der Kühlflüssigkeit nach einiger Zeit an Wirkung verliert, muß diese im Rahmen der Wartung getauscht werden, siehe Kapitel »Wartung«. Die Kühlflüssigkeit sollte auch gewechselt werden, wenn Aluminiumteile des Kühlsystems, wie zum Beispiel der Zylinderkopf, erneuert wurden.

Um das richtige Mischungsverhältnis zwischen Kühlmittel und Wasser zu erhalten, sind die Herstellerangaben zu beachten. Der Frostschutz sollte in unseren Breiten bis mindestens –30° C reichen.

Ein Mischungsverhältnis von 50% NISSAN-Frostschutzmittel und 50% Wasser reicht für einen Frostschutz bis zu einer Außentemperatur von –35° C.

Es empfiehlt sich, das Kühlmittel mit entmineralisiertem oder destilliertem Wasser zu mischen.

Achtung: Wenn der Anteil des Kühlkonzentrats über 60% liegt, werden sowohl die Frostschutz- als auch die Motorkühlungseigenschaften reduziert.

Kühlmittelregler (Thermostat) aus- und einbauen/prüfen

Der Kühlmittelregler (Thermostat) öffnet mit zunehmender Erwärmung des Motors den Kühlmittelkreislauf durch den Kühler. Bleibt der Kühlmittelregler durch einen Defekt geschlossen, wird der Motor zu heiß. Erkennbar ist das am Ansteigen der Temperaturanzeige in der Armaturentafel, während gleichzeitig der Kühler kalt bleibt. Ein defekter Thermostat kann aber auch nach dem Abkühlen der Kühlflüssigkeit weiterhin geöffnet bleiben. Dies erkennt man daran, daß der Motor nicht mehr oder nur sehr langsam seine Betriebstemperatur erreicht, beziehungsweise daß im Winter nicht die volle Heizleistung erreicht wird.

Achtung: Wenn der Motor nach kurzer Fahrstrecke heiß wird, kann das auch daran liegen, daß sich der Kühler aufgrund von Kalkablagerungen zugesetzt hat, der Lüfter ausgefallen ist oder der Keilriemen gerissen ist

Der Kühlmittelregler befindet sich im Thermostatgehäuse, siehe auch Abbildung N-1820 auf Seite 50.

Ausbau

- Kühlmittel ablassen und auffangen, siehe Seite 52.

Hinweis: Das Kühlmittel braucht nicht komplett abgelassen zu werden. Es reicht, wenn der Flüssigkeitsspiegel unterhalb des Thermostatgehäuses abgesenkt wird.

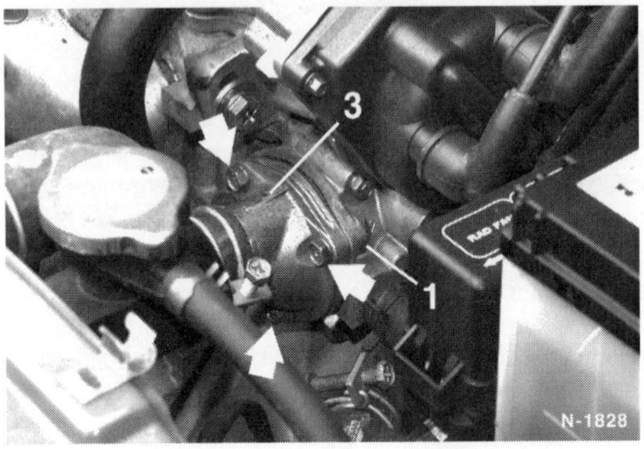

- Deckel -3- vom Thermostatgehäuse -1- abschrauben, mit angeschlossenem Schlauch abheben und zur Seite legen.
- Kühlmittelregler aus dem Gehäuse herausnehmen.
- **MICRA-Generation I:** Flachdichtung abnehmen.
- Dichtflächen mit einem geeigneten Schaber von Dichtmittelresten reinigen.

Prüfen

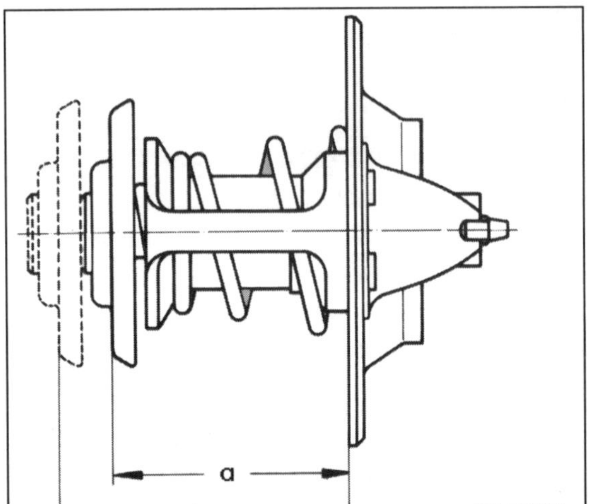

- Höhe des Thermostats messen, Maß »a« notieren.

- Kühlmittelregler im Wasserbad langsam erwärmen. Dabei darf der Thermostat nicht die Wände des Behälters berühren. Der Thermostat muß vollständig eingetaucht sein. Temperatur mit einem geeigneten Thermometer kontrollieren.
- Sobald das Wasser die Öffnungstemperatur erreicht, muß der Thermostat mit dem Öffnen der Regelklappe beginnen. **Achtung:** Der Öffnungsbeginn kann je nach Regler unterschiedlich sein. In der Regel ist die Temperatur auf dem Regler eingeprägt.

Motor	Öffnungsbeginn	Öffnungsende
MICRA-Generation II	+ 82° C	+ 95° C
MICRA-Generation I	+ 88° C	+ 100° C

- Wasser weiter erwärmen, bis die Temperatur für das Öffnungsende erreicht ist. Thermostat herausnehmen, die Höhe messen (Maß »b«) und mit dem ersten Meßwert (Maß »a«)vergleichen. Der Öffnungshub muß 8 mm betragen, sonst Kühlmittelregler ersetzen.
- Anschließend prüfen, ob sich der Regler beim Abkühlen wieder ganz schließt, andernfalls Regler ersetzen. Bei einer Kühlmitteltemperatur, die 5° C unterhalb der Öffnungstemperatur liegt, muß sich der Regler wieder schließen.

Einbau

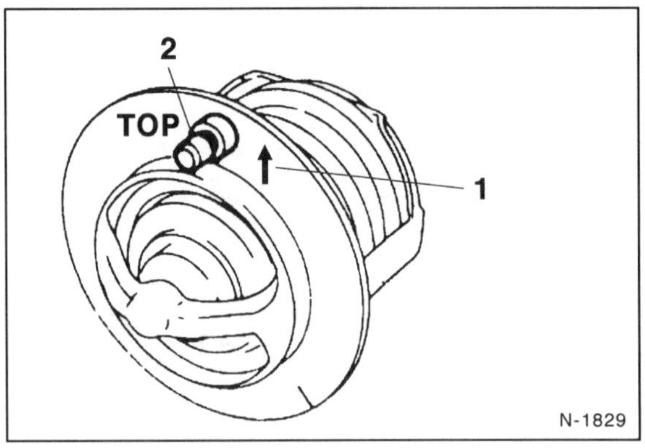

- Regler in das Gehäuse einsetzen. Dabei auf richtige Lage achten. Der Pfeil -1- auf dem Regler beziehungsweise das Kippventil -2- müssen nach oben zeigen.

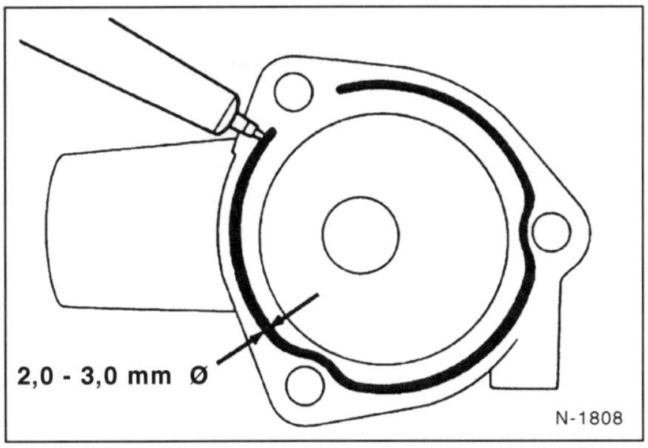

- **MICRA-Generation II:** Auf die Dichtfläche des Thermostatdeckels, wie in der Abbildung gezeigt, flüssiges Dichtmittel auftragen, z. B. Curil oder NISSAN-21014Z.
- **MICRA-Generation I: Neue** Flachdichtung auflegen.
- Deckel am Gehäuse ansetzen und mit ca. 10 Nm festschrauben.
- Kühlmittel auffüllen, siehe Seite 52.
- Motor warmfahren und Anschlußstutzen auf Dichtheit kontrollieren.

Kühlmittelpumpe aus- und einbauen

Die Kühlmittelpumpe ist an der Keilriemenseite des Motorblocks angeflanscht. Sie kann nicht instand gesetzt werden. Bei einem Defekt ist die gesamte Pumpe auszutauschen. Wenn die Wellendichtung defekt ist, läuft insbesondere bei laufendem, betriebswarmem Motor die Kühlflüssigkeit am Motorblock herunter. Die Kühlflüssigkeit tritt dann an der Entlüftungsbohrung der Kühlmittelpumpen-Antriebswelle aus.

Ausbau

- Batterie-Massekabel (–) von der Batterie abklemmen. **Achtung:** Dadurch werden die elektronischen Speicher gelöscht, wie zum Beispiel der Motorfehlerspeicher oder Radiocode. Vor dem Abklemmen der Batterie sollten auch die Hinweise im Kapitel »Batterie aus- und einbauen« durchgelesen werden.
- Kühlmittel ablassen und auffangen, siehe Seite 52.

MICRA-Generation II

- Keilriemen ausbauen, siehe Seite 40.
- Kühlmittelschlauch hinten von der Kühlmittelpumpe abziehen, dabei O-Ring nicht verlieren.

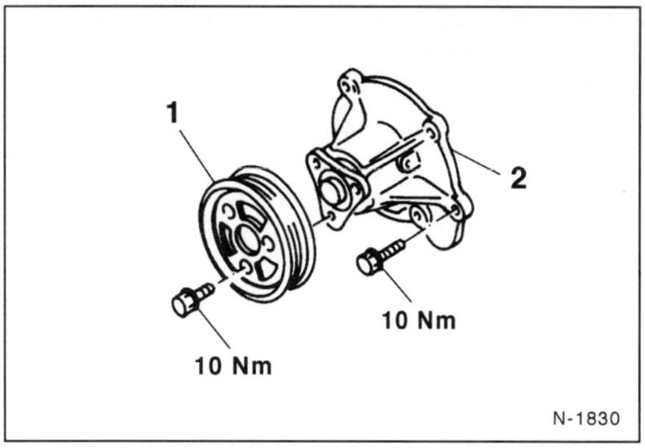

- Kühlmittelpumpen-Riemenscheibe –1– abschrauben. Zum Gegenhalten der Riemenscheibe, Schraubendreher zwischen 2 nebeneinanderliegende Schraubenköpfe einsetzen und die dritte Schraube lockern. Auf diese Weise alle drei Schrauben lösen.

MICRA-Generation I

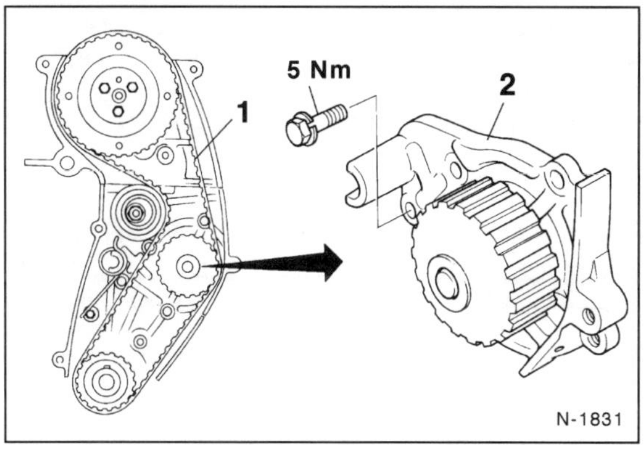

- Zahnriemen –1– ausbauen.

- Befestigungsschrauben für Kühlmittelpumpe –2– am Motorblock herausdrehen und Kühlmittelpumpe abnehmen.

Prüfen

- Jedes Teil der Kühlmittelpumpe auf Risse, Rost, Beschädigungen oder Verschleiß prüfen.
- Pumpe von Hand durchdrehen und auf ungewöhnliche Geräusche oder Schwergängigkeit achten. Gegebenenfalls Pumpe ersetzen.

Einbau

- Dichtungsreste von den Dichtflächen am Kühlmittelpumpengehäuse, am Motorblock und am Thermostatgehäuse vorsichtig mit einem Schaber entfernen. Dichtmittelreste ebenfalls aus der Nut der Dichtfläche entfernen.
- **MICRA-Generation II:** Auf die Paßfläche des Kühlmittelpumpengehäuses eine Raupe flüssiges Dichtmittel, z. B. Curil oder NISSAN-21014Z, mit einem Durchmesser von 2 bis 3 mm auftragen.
- **MICRA-Generation I: Neue** Papierdichtung auflegen.

- Kühlmittelpumpe ansetzen, Befestigungsschrauben mit flüssigem Dichtmittel, z. B. Curil oder NISSAN-21014Z, bestreichen und mit ca. 10 Nm anziehen.
- Kontrollieren, ob die Kühlmittelpumpe frei läuft und nirgends hakt.
- Kühlmittelpumpen-Riemenscheibe mit ca. 10 Nm anschrauben.
- Zahnriemen einbauen, siehe Seite 27.
- Keilriemen einbauen, siehe Seite 40.
- Kühlmittel auffüllen, siehe Seite 52.
- Batterie-Massekabel (–) anklemmen.
- Falls vorhanden, Zeituhr einstellen sowie Diebstahlsicherheitscode für das Radio eingeben.
- Nach Probefahrt Dichtigkeit der Kühlanlage prüfen.

Kühler aus- und einbauen

Nach längerer Laufzeit des Fahrzeuges können sich die dünnen Kanäle im Kühler durch Rückstände im Kühlmittel und Kalkablagerungen zusetzen. Dadurch läßt die Kühlleistung stark nach, und der Motor wird zu warm. In diesem Fall hilft nur ein Austauschen des Kühlers. Die Bezeichnungen im Text beziehen sich auf Abbildung N-1821, siehe Seite 51.

Ausbau

- Batterie-Massekabel (–) von der Batterie abklemmen. **Achtung:** Dadurch werden die elektronischen Speicher gelöscht, wie zum Beispiel der Motorfehlerspeicher oder der Radiocode. Vor dem Abklemmen der Batterie sollten auch die Hinweise im Kapitel »Batterie aus- und einbauen« durchgelesen werden.
- Kühlmittel ablassen, siehe Seite 52.
- Schlauch zum Ausgleichbehälter –2– vom Kühler abziehen, vorher Klemmschelle lösen.
- Oberen –6– und unteren –7– Kühlmittelschlauch am Kühler abziehen, vorher Schellen lösen und zurückschieben.
- Falls vorhanden, Ölkühlerschläuche –4– abziehen und Anschlußstutzen umgehend verschließen, um das Eindringen von Schmutz und Fremdkörpern zu vermeiden.
- Stecker für Kühlerlüfter –5– abziehen.
- **MICRA-Generation I:** Stecker für Thermoschalter abziehen. Kühler oben abschrauben, etwas nach hinten schwenken und unten aus den Gummihaltern herausziehen.
- **MICRA-Generation II:** Halter –8/9– abschrauben, Kühler etwas absenken und oben aus den Gummihaltern –10– herausziehen.
- Bei Platzproblemen vorher den Kühlerlüfter abschrauben.

Achtung: Falls der Kühler länger als 48 Stunden ausgebaut bleibt, Kühler mit klarem Wasser durchspülen, mit Preßluft ausblasen und Öffnungen verstopfen. Der Kühler kann auch mit Kühlflüssigkeit gefüllt und mit verschlossenen Öffnungen abgelegt werden. Sonst bildet sich Korrosion, was eine spätere Undichtigkeit zur Folge hat.

Einbau

- Falls erforderlich, Lüfter bzw. Thermoschalter auf neuen Kühler umbauen.
- Sämtliche Kühlmittelschläuche auf Einschnitte, Risse und sonstige Beschädigungen überprüfen und, falls erforderlich, auswechseln. Gummilager der Kühlerhalterung auf einwandfreien Zustand prüfen.
- Kühler von oben so einsetzen, daß die Befestigungszapfen des Kühlers in die Gummilager unten eingreifen.
- Kühler oben anschrauben.
- Oberen und unteren Kühlmittelschlauch aufschieben und mit Schraubschellen sichern.
- Kühlmittelschlauch für Ausgleichbehälter aufschieben und mit Schelle sichern.
- Falls ausgebaut, Ölkühlerschläuche aufschieben und mit Schellen sichern.
- Anschlußkabel für Lüfter bzw. Thermoschalter aufstecken.
- Kühlmittel auffüllen, siehe Seite 52.
- Batterie-Massekabel (–) anklemmen.
- Falls vorhanden, Zeituhr einstellen sowie Diebstahlsicherheitscode für das Radio eingeben.
- Motor warmlaufen lassen und Schlauchanschlüsse sowie Kühler auf Dichtheit prüfen.
- Kühlmittelstand kontrollieren, gegebenenfalls Kühlmittel nachfüllen.

Kühlsystem auf Dichtheit prüfen

Undichtigkeiten im Kühlsystem sowie die Funktion des Überdruckventils im Verschlußdeckel des Kühlers können mit einem speziellen Druckprüfer für das Kühlsystem überprüft werden. Ein solcher Druckprüfer ist im Fachhandel erhältlich.

- Prüfen, ob sämtliche Kühlmittel-Dichtstellen trocken sind, gegebenenfalls abwischen.

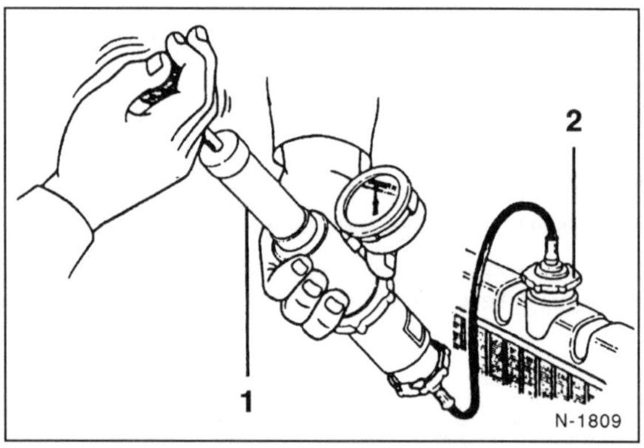

- Anstelle des Verschlußdeckels für den Kühler das Anschlußstück –2– des Druckprüfers –1– anschrauben. **Achtung:** Zur Sicherheit Lappen um Stutzen legen. Deckel nur abnehmen, wenn Kühler mindestens auf Handwärme abgekühlt ist, sonst besteht Verbrühungsgefahr durch heiße Kühlflüssigkeit.

- Kühlsystem durch Pumpen unter Druck setzen. Der Druck muß 1,0 bar betragen. **Achtung:** Durch einen höheren Druck kann der Kühler beschädigt werden.
- Der aufgebaute Druck muß ca. 2 Minuten konstant gehalten werden. Fällt der Druck ab, undichte Stelle im Kühlsystem ermitteln. Durch den erhöhten Druck läuft an der Leckstelle Kühlflüssigkeit aus.
- Druck entweichen lassen und Anschlußstück langsam abschrauben.

Überdruckventil prüfen

Das Überdruckventil sitzt im Deckel des Kühlers. Es hat die Aufgabe, ab einem bestimmten Überdruck das Kühlsystem zu öffnen und das überschüssige Kühlmittel in den Ausgleichbehälter fließen zu lassen.

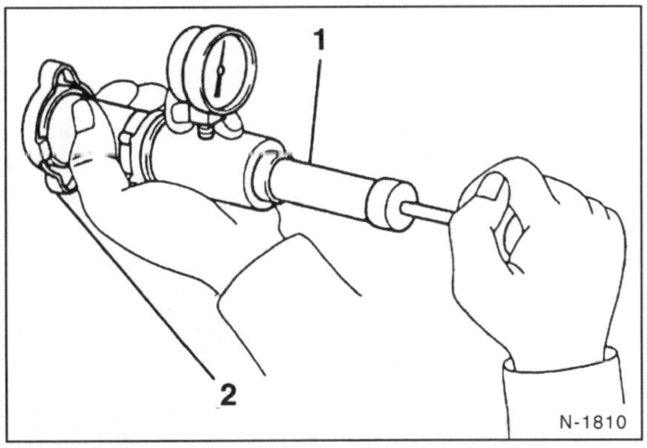

- Kühlerverschlußdeckel –2– auf das Prüfgerät –1– aufschrauben.
- Überdruck aufbauen. Das Überdruckventil muß bei einem Überdruck von 0,75 bis 1,0 bar öffnen. Andernfalls Deckel ersetzen.

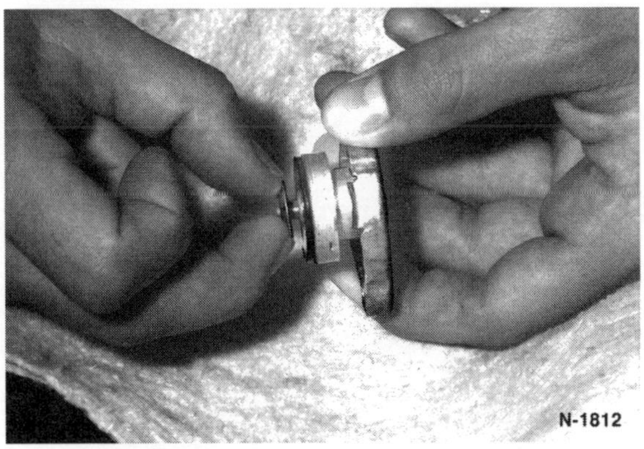

- Unterdruckventil mit den Fingern herausziehen, so daß es sich öffnet. Prüfen, ob sich das Ventil beim Loslassen vollständig schließt.
- Verschlußdeckel am Kühler aufschrauben, Gummidichtring bei Beschädigung erneuern.

Lüftermotor prüfen/aus- und einbauen

Prüfen

- Lüfterkabel am Stecker trennen.
- Steckverbinder für Motorkabel vom Halter abziehen.
- Batteriespannung über Hilfsleitungen an die beiden Kontakte anlegen. Und zwar Batterie-Plus (+) an das schwarz-weiße Kabel sowie Masse (–) an das schwarze Kabel der Lüftermotorleitung.
- Der Lüftermotor muß jetzt anlaufen, andernfalls ersetzen.

Ausbau

- Batterie-Massekabel (–) von der Batterie abklemmen. **Achtung:** Dadurch werden die elektronischen Speicher gelöscht, wie zum Beispiel der Motorfehlerspeicher oder der Radiocode. Vor dem Abklemmen der Batterie sollten auch die Hinweise im Kapitel »Batterie aus- und einbauen« durchgelesen werden.
- Lüfterkabel am Stecker trennen.

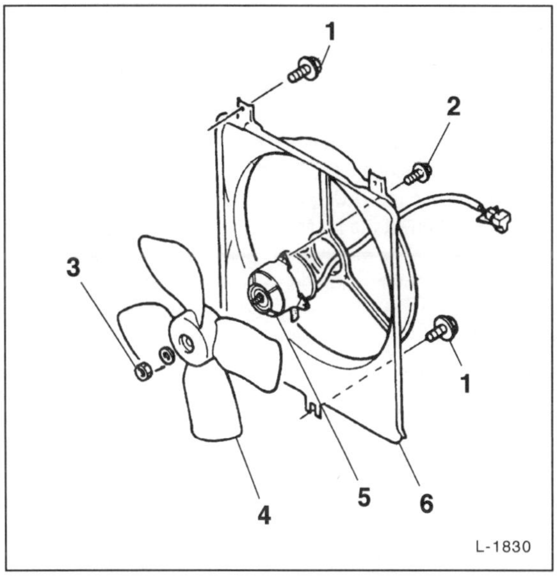

- Lüfterhalter –6– vom Kühler abschrauben.
- Lüftermotor –5– mit Halter nach hinten schwenken und nach oben herausnehmen.
- Lüfterrad –4– festhalten und Zentralschraube –3– des Lüfterrads am Motor abschrauben.
- **MICRA-Generation I:** Halteschrauben –2– abschrauben und Motor vom Halter abnehmen. Bei der **MICRA-Generation II** ist der Motor an den Halter angenietet.

Einbau

- **MICRA-Generation I:** Motor an den Halter anschrauben.
- Lüfterrad –4– an Motor mit 10 Nm anschrauben.
- Motor mit Halter am Kühler mit 5 Nm festschrauben.
- Lüfterkabel zusammenstecken.

- Batterie-Massekabel (–) anklemmen.
- Falls vorhanden, Zeituhr einstellen sowie Diebstahlsicherheitscode für das Radio eingeben.
- Funktion prüfen. Dazu Motor warmlaufen lassen, bis der Lüfter einschaltet.

Thermoschalter/Kühlerlüfter-Relais prüfen

Der Thermoschalter schaltet den elektrischen Kühlerlüfter zu, wenn die Kühlflüssigkeit eine bestimmte Temperatur erreicht hat. Der Schalter ist zu prüfen, wenn bei heißem Kühler der Elektrolüfter nicht einschaltet. Bei der **MICRA-Generation II** werden Ein- und Ausschaltzeitpunkt des Elektrolüfters über das Kühlerlüfter-Relais vom Motor-Steuergerät geregelt. Dies geschieht in Abhängigkeit von Kühlflüssigkeitstemperatur (Motortemperatursensor), Fahrzeuggeschwindigkeit und Schalterstellung der Klimaanlage.

Prüfvoraussetzungen: Elektrische Leitungen zu Thermoschalter und Lüftermotor anhand des Stromlaufplanes überprüfen. Thermostat und Überdruckventil im Kühlerverschlußdeckel sind in Ordnung. Bei einem Defekt an diesen Teilen kann der Thermoschalter den Lüfter nicht zuschalten, weil er dann nicht durch die Kühlflüssigkeit erwärmt wird.

Achtung: Der Kühler-Lüfter kann auch bei abgeschaltetem Motor und eingeschalteter Zündanlage (Zündschlüssel in Stellung »ON« oder »ACC«) selbsttätig anlaufen. Hervorgerufen durch Stauwärme im Motorraum kann dies auch mehrmals hintereinander geschehen. Bei Arbeiten im Motorraum und warmem Motor muß deshalb immer mit einem plötzlichen Einschalten des Lüfters gerechnet werden. Darum sollte nach Möglichkeit bei Arbeiten im Motorraum die Zündung immer ausgeschaltet sein.

MICRA-Generation I

- Kühlflüssigkeit ablassen, siehe Seite 52.
- Stecker für Thermoschalter abziehen. Der Thermoschalter ist am rechten Wasserkasten des Kühlers, etwa auf halber Höhe, eingeschraubt.
- Thermoschalter herausschrauben.

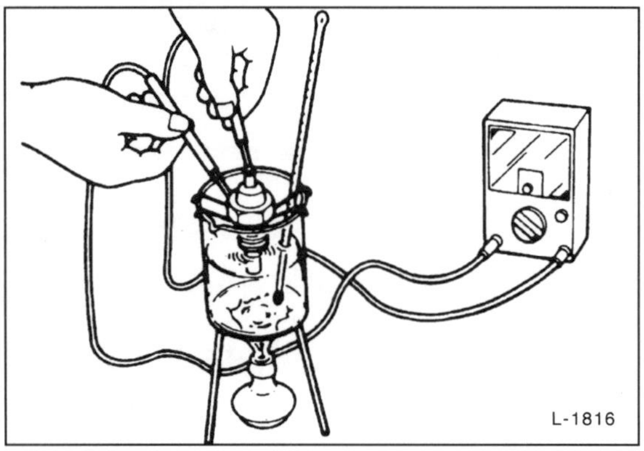

L-1816

- Thermoschalter in ein Wasserbad hängen. Das Wasserbad langsam erwärmen.
- Mit einem Ohmmeter Stromdurchgang des Thermoschalters prüfen. In ausgeschaltetem Zustand darf kein Durchgang vorhanden sein (Widerstand = ∞ Ω). In eingeschaltetem Zustand ist Durchgang vorhanden (Widerstand = 0 Ω). Der Thermoschalter klickt hörbar, wenn er schaltet.
- Der Thermoschalter muß bei einer Temperatur von ca. +90° C einschalten.
- Wasserbad abkühlen lassen und kontrollieren, ob der Thermoschalter wieder ausschaltet.
- Erreicht der Thermoschalter die Sollwerte bei den Messungen nicht, so ist er zu ersetzen.
- Thermoschalter mit 5 Nm einschrauben.
- Kühlmittel auffüllen.
- Motor warmfahren und solange im Leerlauf drehen lassen, bis der Kühlerlüfter einschaltet. Kühlmittelstand nochmals kontrollieren.

Kühlerlüfter-Relais prüfen (Nur **MICRA-Generation II)**

Der Kühlerlüfter wird bei einer Temperatur von ca. +97° C eingeschaltet, andernfalls Lüftermotor, Relais, Steuergerät und Zuleitungen prüfen.

N-2231

- Relais abziehen, dazu blaue Kunststoffraste mit Finger zurückdrücken.
- Ohmmeter an die Klemmen 30 und 87 anschließen. Der widerstand muß ∞ Ω (unendlich) betragen.
- Über Hilfskabel Batteriespannung an die Klemmen 85 und 86 anlegen. Das Relais muß schließen und der Widerstand jetzt 0 Ω betragen. Andernfalls Relais ersetzen.

Störungsdiagnose Motorkühlung

Störung: Die Kühlmitteltemperatur ist zu hoch, Anzeige steht im roten Bereich.

Ursache	Abhilfe
Zu wenig Kühlflüssigkeit im Kreislauf	■ Ausgleichbehälter muß bis zur Markierung voll sein. Gegebenenfalls Kühlmittel nachfüllen. Kühlsystem auf Dichtheit prüfen.
Kühlmittelregler (Thermostat) öffnet nicht, Kühlflüssigkeit zirkuliert nur im kleinen Kreislauf	■ Prüfen, ob der obere Kühlmittelschlauch warm wird. Wenn nicht, Regler ausbauen und prüfen, ggf. Regler ersetzen. Unterwegs: Thermostat ausbauen. Ohne Thermostat erreicht der Motor seine normale Betriebstemperatur später oder gar nicht, deshalb defekten Thermostat alsbald ersetzen.
Keilrippenriemenspannung für Kühlmittelpumpe zu gering	■ Spannung prüfen und einstellen.
Kühlerlamellen verschmutzt	■ Kühler von der Motorseite her mit Preßluft durchblasen.
Kühler innen durch Kalkablagerungen oder Rost zugesetzt, unterer Kühlerschlauch wird nicht warm	■ Kühler erneuern.
Elektrolüfter läuft nicht	■ Stecker an Thermoschalter und Lüftermotor auf festen Sitz und guten Kontakt prüfen. ■ Thermoschalter prüfen. Unterwegs: Stecker vom Thermoschalter abziehen und die beiden Kontakte mit einem Hilfskabel verbinden. Der Lüfter läuft dann immer mit, solange die Zündung eingeschaltet ist. In der Regel ist die Zusatzkühlung durch den Lüfter nur im Stadt- und Kurzstreckenverkehr erforderlich. ■ Prüfen, ob Spannung am Stecker für Lüftermotor anliegt (Zündung eingeschaltet, Stecker für Thermoschalter überbrückt). Wenn ja, Lüftermotor ersetzen.
Kühler-Verschlußdeckel defekt	■ Druckprüfung durchführen lassen (Werkstattarbeit).
Kühlmitteltemperaturanzeige defekt	■ Anzeigegerät/Geber überprüfen lassen.

Zündung/Zündkerzen

Hinweis: In diesem Band werden 2 MICRA-Generationen behandelt. Die MICRA-Generation I kam im März '83 in Deutschland auf den Markt. Im Januar '93 wurde die MICRA-Generation II eingeführt. Parallel zur MICRA-Generation II werden auch weiterhin von der MICRA-Generation I die Modelle TOPIC und HIT angeboten.

Die Zündanlage erzeugt den Zündfunken, der das angesaugte Kraftstoffluftgemisch im Brennraum des Zylinders entzündet. Um einen kräftigen Zündfunken erzeugen zu können, wird in der Zündspule die Batteriespannung von 12 Volt auf 30 000 Volt hoch transformiert.

Je nach Baujahr und Motor kommen unterschiedliche Zündanlagen zum Einsatz:

Motor	Zündanlage
1,0-l von '83 – '88	Unterbrecherkontaktgesteuerte Zündung (UKZ)
1,2-l ab '88	Transistorzündung (TSZ)
1,0-/1,3-l ab '93	Elektronische Kennfeldzündung (EKZ)

Die **Unterbrecherkontaktgesteuerte Zündung** (UKZ) besteht aus:

- den Zündkerzen
- den Zündkabeln
- der Zündspule
- dem Zündverteiler mit Verteilerläufer, Unterbrecherkontakt, Fliehkraft- und Unterdruckverstellung

Bei der kontaktgesteuerten Zündanlage hat der Zündverteiler die Aufgabe, mit Hilfe des Unterbrecherkontaktes die Zündspannung in der Zündspule zu induzieren. Dabei wird der Primärstrom für die Zündspule durch den Unterbrecher geschaltet.

Die in der Zündspule erzeugte Zündspannung wird über den Zündverteilerläufer und das Zündkabel zu der jeweiligen Zündkerze geleitet. An den Zündkerzen-Elektroden springt der Zündfunke über, der das Kraftstoffluftgemisch im Zylinder entzündet.

Bei steigender Motordrehzahl muß sich der Zündzeitpunkt automatisch in Richtung – Frühzündung – verstellen. Diese Zündverstellung erfolgt durch Fliehgewichte, die sich im Zündverteiler befinden. Zudem wird die Zündverstellung durch den Saugrohrunterdruck beeinflußt (Unterdruckschlauch vom Saugrohr zur Unterdruckdose am Zündverteiler).

Die **Transistorzündung** (TSZ) besteht aus:

- den Zündkerzen
- den Zündkabeln
- der Zündspule
- dem Zündverteiler mit Verteilerläufer, Impulsgeber, Schaltgerät, Fliehkraft- und Unterdruckverstellung

Bei der Transistor-Zündanlage wird der Zündfunke durch das Zündungschaltgerät ausgelöst. Anstelle des Unterbrecherkontaktes bestimmt der kontaktlos arbeitende Impulsgeber den richtigen Zündzeitpunkt. Die Zündverstellung erfolgt ebenfalls durch Fliehgewichte und Unterdruck.

Die elektronische **Kennfeldzündung** (EKZ) besteht aus:

- den Zündkerzen
- den Zündkabeln
- der Zündspule
- dem Leistungstransistor
- dem Kurbelwinkelsensor
- dem Zündverteiler
- dem Steuergerät (integriert in das Einspritzsteuergerät)

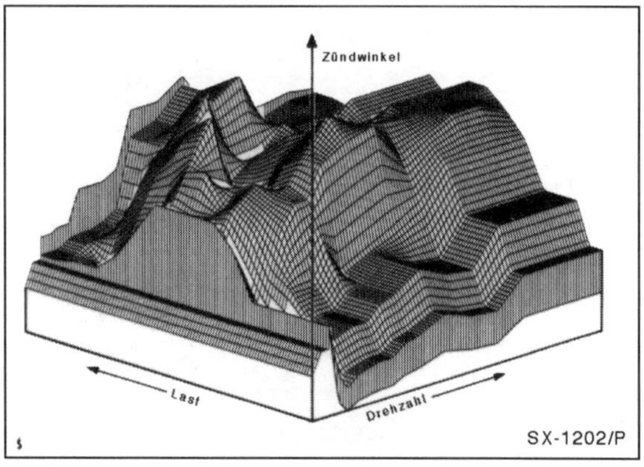

Bei der elektronischen Kennfeldzündung wird der Zündzeitpunkt vom elektronischen Steuergerät berechnet. Mit Hilfe des gespeicherten Zündkennfeldes –Abbildung– legt das Steuergerät den günstigsten Zündzeitpunkt in Abhängigkeit von Motordrehzahl und Lastzustand des Motors fest. Außerdem sorgt der Rechner für die Auslösung der Zündung. Durch einen Leistungstransistor werden die vom Steuergerät abgegebenen Zündimpulse verstärkt und an die Zündspule weitergegeben.

Die in der Zündspule erzeugte Zündspannung wird über den Zündverteilerläufer und die Zündkabel in der richtigen Reihenfolge zu den Zündkerzen geleitet. An den Zündkerzen-Elektroden springt der Zündfunke über, der das Kraftstoffluftgemisch im Zylinder entzündet.

Durch den Kurbelwinkelsensor im Zündverteiler erhält das Steuergerät die benötigten Informationen über die Motordrehzahl und die jeweilige Stellung der Kurbelwelle, den sogenannten Kurbelwinkel.

Achtung: Bei Arbeiten an der Zündanlage sind verschiedene Sicherheitsmaßnahmen zu beachten.

Sicherheitsmaßnahmen zur Zündanlage

Bei der elektronischen Zündanlage kann die Zündspannung bis zu 30 kV (Kilovolt) betragen. Unter ungünstigen Umständen, zum Beispiel bei Feuchtigkeit im Motorraum, können Spannungsspitzen die Isolation durchschlagen. Werden in einem solchen Moment die spannungsführenden Teile berührt, kann dies zu einem Elektroschock führen.

Um Verletzungen von Personen und/oder die Zerstörung der elektronischen Zündanlage zu vermeiden, ist bei Arbeiten an Fahrzeugen mit elektronischer Zündanlage folgendes zu beachten:

- Zündkabel nicht bei laufendem Motor bzw. bei Anlaßdrehzahl mit der Hand berühren bzw. abziehen.
- Leitungen der Zündanlage nur bei ausgeschalteter Zündung abklemmen. Bei eingeschalteter Zündung kann durch Erschütterung des Verteilers ein Hochspannungsstoß ausgelöst werden.
- Das An- und Abklemmen von Meßgeräteleitungen (Drehzahlmesser/Zündungstester) nur bei ausgeschalteter Zündung vornehmen.
- Am Masseanschluß der Zündspule dürfen kein Entstörkondensator und keine Prüflampe angeschlossen werden.
- Meßgeräte und Zündblitzlampen nicht bei laufendem Motor an Plusanschluß der Zündspule anklemmen.
- Die Zündspule darf nicht durch eine andere Ausführung ersetzt werden.
- Das Fahrzeug darf nicht auf mehr als +80° C erwärmt werden (z. B. Lackieren, Dampfstrahlen). Motor erst starten, wenn das Fahrzeug etwas abgekühlt ist.
- Die Motorwäsche ist nur bei abgeschalteter Zündung durchzuführen.
- Bei Elektro- und Punktschweißarbeiten ist die Batterie komplett abzuklemmen.
- Personen mit einem Herzschrittmacher sollen keine Arbeiten an der elektronischen Zündanlage durchführen.

Zündspule prüfen

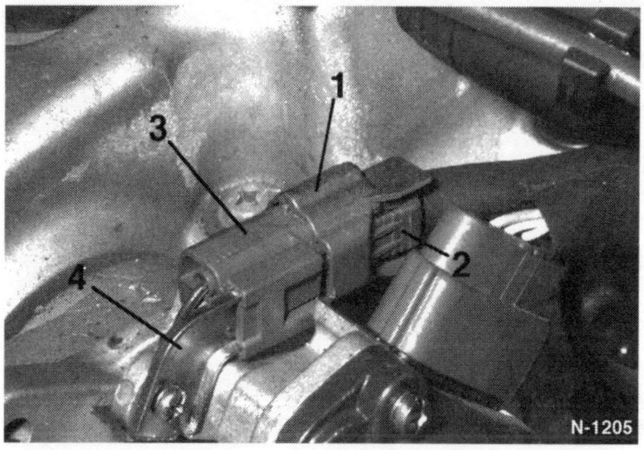

- **MICRA-Generation II:** Die Zündspule sitzt im Verteiler.
- Stecker –1– abziehen, dazu Lasche –2– eindrücken. Buchse –3– vom Halter –4– abziehen, gegebenenfalls Schraube für Halter mit Innentorxschlüssel T15 lösen. Kunststoffraste der Buchse etwas anheben und Buchse vom Halter abziehen.

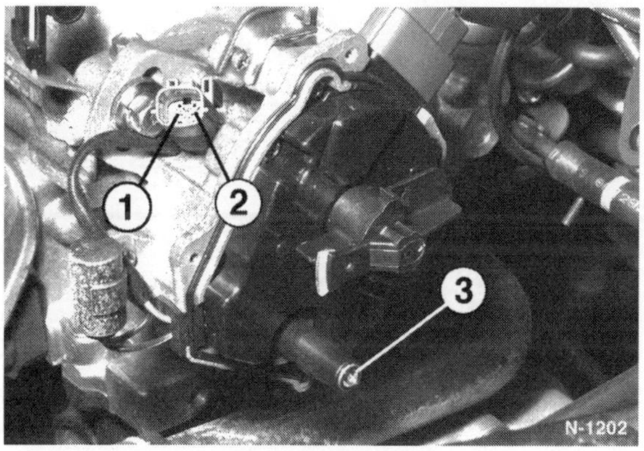

- Der Primärwiderstand wird zwischen Klemme –1– und Klemme –2– der Zündspule gemessen.
- Der Sekundärwiderstand wird zwischen Klemme –2– und der Hochspannungsklemme –3– gemessen.

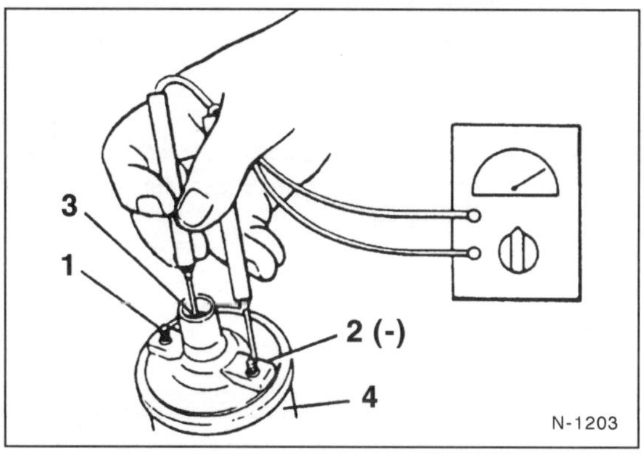

- **1,0-l-Motor '83 – '88:** Der Primärwiderstand der Zündspule –4– wird zwischen der Plus-Klemme –1– (+) und der Minusklemme –2– (–) der Zündspule gemessen.

- Der Sekundärwiderstand wird zwischen der Plus-Klemme –1– (+) und der Hochspannungsklemme –3– gemessen.

Motor	Zündspulenwiderstand	
	primär	sekundär
1,0-l von '83 – '88 Zündspule LB-63G-1 Zündspule C6R-206	 1,3 – 1,5 Ω 1,4 – 1,7 Ω	 8,7 – 11,7 kΩ 6,8 – 10,2 kΩ
1,0-/1,3-l ab '93	≈ 0,8 Ω	≈ 1,0 kΩ

Zündkabel prüfen

Bei zu hohem Widerstand in den Zündkabeln kann es zu Startschwierigkeiten und Zündaussetzern kommen.

- Zündung ausschalten.
- Zündkabel ausbauen, dazu Zündkerzenstecker am Verteiler und an den Zündkerzen abziehen. **Achtung:** Dabei am Stecker und nicht am Kabel ziehen. Für den leichteren Einbau Zündkabel mit Tesaband markieren.

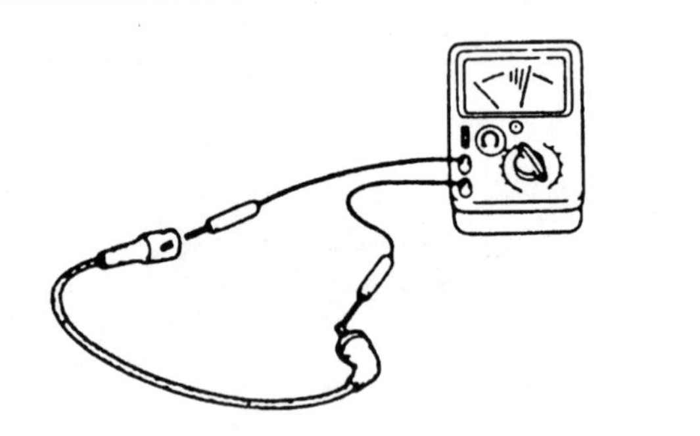

L-1201

- Widerstand zwischen dem Steckerkontakt der Verteilerkappe und dem Kontakt des Zündkerzensteckers prüfen.
- Länge des Zündkabels messen. Sollwert: 4,48 – 6,72 kΩ pro Meter Zündkabel.
- Bei zu hohem Widerstand Kabelanschlüsse reinigen und Prüfung wiederholen, gegebenenfalls Kabel erneuern.
- Zündleitungen im Bereich der Kerzenstecker in engem Radius biegen und auf Risse kontrollieren, gegebenenfalls alle Zündkabel ersetzen.
- Zündkerzenstecker und Zündkabel entsprechend der angebrachten Markierungen gemäß der Zündreihenfolge 1 – 3 – 4 – 2 aufstecken.

Unterbrecherkontakt ersetzen

MICRA-Generation I (1,0-l-Motor)

Im Laufe der Zeit bilden sich an den Unterbrecherkontaktflächen Abbrandstellen, die sich als kleine Höcker und Krater bemerkbar machen. Außerdem nutzt sich das Kunststoffgleitstück ab. Dadurch verringert sich der Kontaktabstand. Die Folge ist ein zu schwacher Zündfunken. Der Kontaktabstand ist im Rahmen der Wartung zu prüfen und gegebenenfalls zu korrigieren. Bei entsprechendem Verschleiß der Unterbrecherkontakte ist der Unterbrecher zu ersetzen.

Ausbau

- Zündung ausschalten.
- Verteilerkappe abnehmen und zur Seite legen. Dazu 2 Sicherungsklammern seitlich am Verteiler mit Schraubendreher von der Kappe abhebeln.
- Verteilerläufer mit der Hand von der Verteilerwelle abziehen.

Achtung: Die Befestigungsteile dürfen nicht in den Zündverteiler fallen, andernfalls muß der Zündverteiler ausgebaut und das Teil herausgeholt werden.

- Kurbelwelle durchdrehen, bis ein Nocken der Zündverteilerwelle die Unterbrecherkontakte so weit wie möglich geöffnet hat. Kurbelwelle drehen, siehe Seite 27.

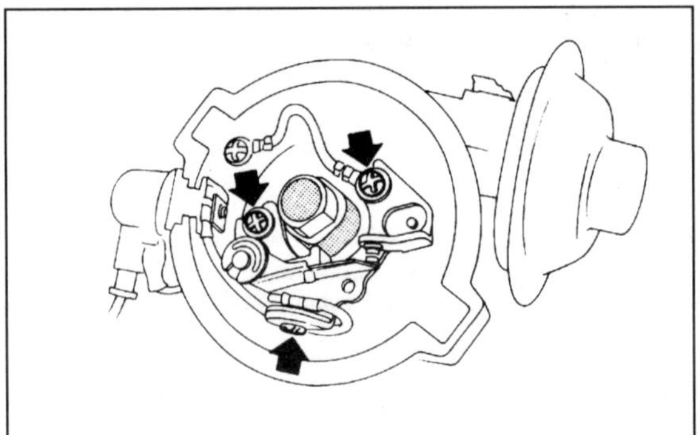

N-1217

- Befestigungsschrauben herausschrauben.
- Niederspannungskabel abziehen und Unterbrecherkontakt herausnehmen.

Einbau

- Unterbrecherkontakt einsetzen und Befestigungsschrauben eindrehen.
- Kabel aufstecken.
- Nockengleitbahn und Kunststoffgleitstück hauchdünn mit Zündverteilerfett schmieren. Das Fett liegt in der Regel dem Kontaktsatz bei, ansonsten BOSCH-Zündverteilerfett verwenden.

Achtung: Versehentlich auf die Kontaktflächen gebrachtes Öl oder Fett sorgsam entfernen, sonst springt der Motor nicht an. Zum Entfernen kann saugfähiges Papier, zum Beispiel Löschpapier, verwendet werden.

- Kontaktabstand (Schließwinkel) einstellen und Befestigungsschrauben anziehen.
- Verteilerläufer aufstecken. Durch leichtes Hin- und Herdrehen des Läufers prüfen, ob er in die Verteilerwelle eingerastet ist.
- Verteilerkappe aufsetzen, dabei muß die Nase in die Nut am Rand des Verteilers eingreifen. Sicherungsklammern aufdrücken.

Schließwinkel prüfen/einstellen

MICRA-Generation I (1,0-l-Motor)

Für eine exakte Einstellung des Unterbrecherkontaktes benutzen die Werkstätten ein Schließwinkel-Meßgerät. Dieses Gerät bietet auch den Vorteil, daß bei leicht abgebrannten Kontaktflächen der Schließwinkel dennoch genau eingestellt werden kann. Bei Verwendung eines Schließwinkel-Meßgerätes, Gerät nach Bedienungsanweisung des Herstellers anschließen. Behelfsmäßig kann der Kontaktabstand jedoch auch mit einer Fühlerblattlehre eingestellt werden.

Prüfen mit Schließwinkel-Meßgerät

- Schließwinkel-Meßgerät nach Herstellerangabe anschließen.
- Motor auf Betriebstemperatur bringen. Der Zeiger der Kühlmitteltemperaturanzeige steht dann etwa in der Mitte der Skala.

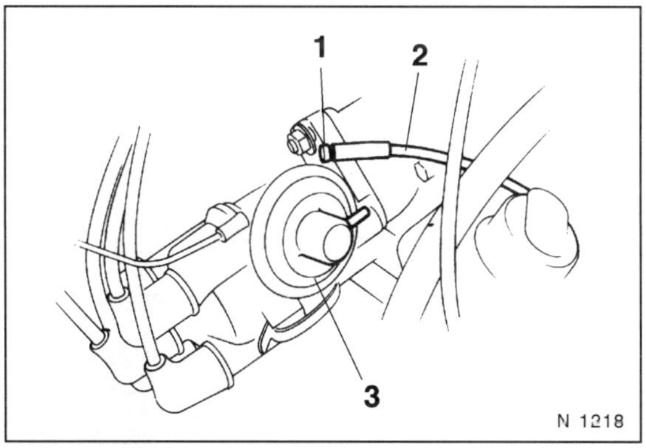

- Unterdruckschlauch –2– von der Unterdruckdose –3– abziehen und mit geeignetem Stopfen –1– verschließen. Als Stopfen kann beispielsweise eine saubere Schraube mit entsprechendem Durchmesser verwendet werden.
- Schließwinkel bei Leerlaufdrehzahl ablesen.
- Der Schließwinkel muß 49° – 55° betragen. Falls dieser Wert nicht erreicht wird, Schließwinkel einstellen.

Einstellen mit Schließwinkel-Meßgerät

- 2 Sicherungsklammern seitlich am Verteiler mit Schraubendreher von der Kappe abhebeln und Verteilerkappe abnehmen.
- Verteilerkappe so zur Seite legen, daß eventuell entstehende Zündfunken über eine gute Masse abgeleitet werden und nicht auf den Körper überspringen können.

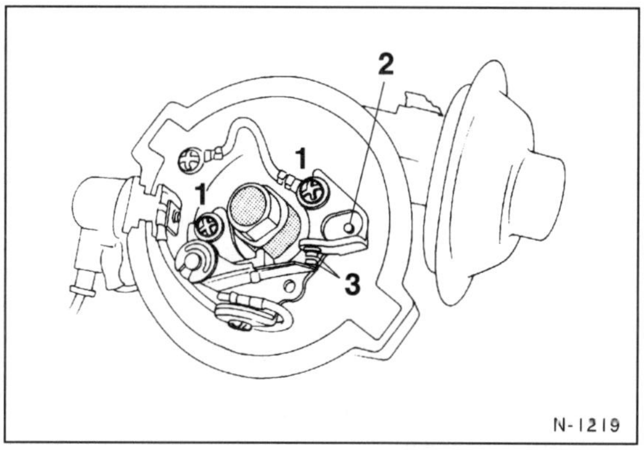

- Befestigungsschrauben –1– soweit lösen, daß die Kontaktplatte gerade noch verschoben werden kann.
- Getriebe in Leerlaufstellung bringen, Handbremse anziehen. Motor von Helfer mit Anlasser durchdrehen lassen und Schließwinkel durch Verschieben der Grundplatte des Unterbrecherkontaktes einstellen. Zum Verschieben der Grundplatte Schraubendreher an Stift –2– ansetzen.
- Wenn der Schließwinkel zu klein ist, dann muß der Abstand zwischen den beiden Kontakten –3– verringert werden. Ist er zu groß, so muß der Abstand vergrößert werden.
- Nach dem Erreichen des Sollwertes Befestigungsschraube anziehen und Schließwinkel nochmals kontrollieren.
- Motor im Leerlauf laufen lassen und den Schließwinkel nochmals kontrollieren. Wird der Sollwert nicht erreicht, Einstellung wiederholen.

Einstellen mit Fühlerblattlehre

Steht kein Schließwinkel-Meßgerät zur Verfügung, kann der Schließwinkel auch mit einer Fühlerblattlehre behelfsmäßig eingestellt werden. Anschließend sollte der Schließwinkel mit einem Schließwinkelmeßgerät überprüft, beziehungsweise eingestellt werden.

- Verteilerkappe abnehmen, Verteilerläufer abziehen.

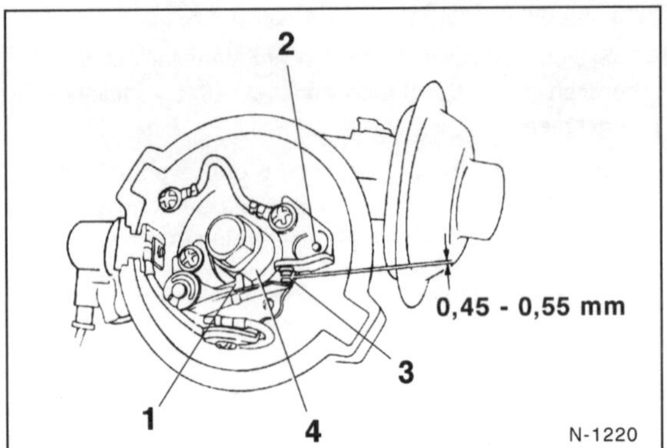

N-1220

- 4. Gang einlegen und Fahrzeug auf einer ebenen Fläche verschieben, oder Motor an der Kurbelwellen-Riemenscheibe durchdrehen, bis das Kunststoffgleitstück –1– des Unterbrecherkontaktes am höchsten Punkt des Zündverteilernockens –4– anliegt. Die Lehre muß sich bei richtig eingestelltem Abstand stramm zwischen die Kontaktflächen –3– schieben lassen. Der Abstand muß bei 0,45 – 0,55 mm liegen, andernfalls einstellen. Dabei immer den kleineren Wert anstreben.

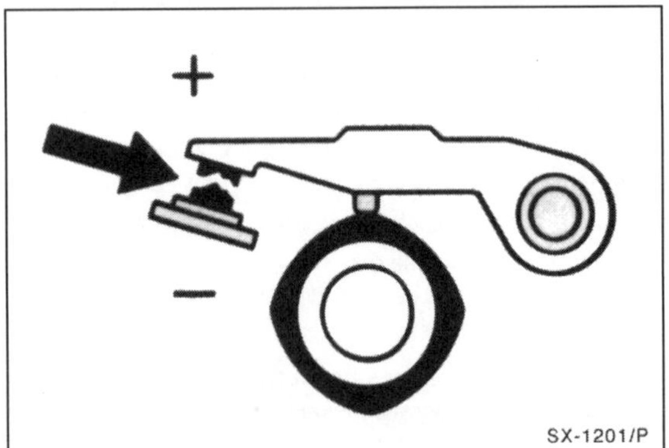

SX-1201/P

Achtung: Bei Kontakten mit Abbrand den Kontaktabstand nur am Rand messen – in der Mitte würde das Meßergebnis durch die Höckerbildung auf der Kontaktfläche verfälscht.

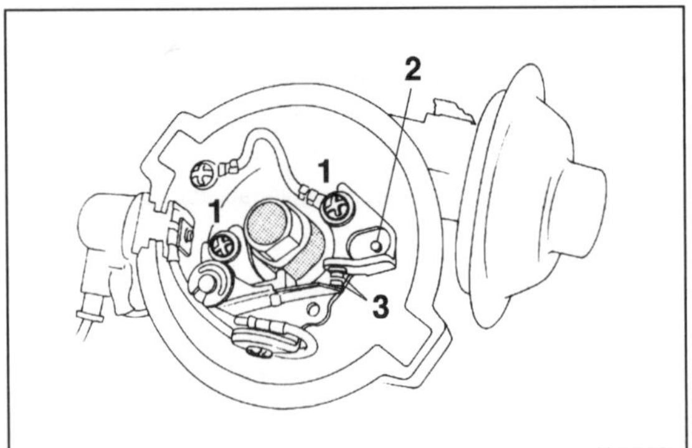

N-1219

- Falls der Abstand zu groß oder zu klein ist: Die Schrauben –1– leicht lösen (nicht herausschrauben). Grundplatte des Unterbrecherkontakts mit Schraubendreher am Stift –2– etwas verschieben, bis die Fühlerblattlehre stramm zwischen die Kontaktflächen –3– paßt.

- Nach dem Erreichen des korrekten Abstandes Befestigungsschrauben anziehen.

Achtung: Da die Einstellung mit der Fühlerblattlehre weniger genau ist, anschließend Schließwinkel mit Meßgerät überprüfen lassen.

- Verteilerläufer auf die Zündverteilerwelle aufstecken, dabei muß die Nase des Verteilerläufers in die Aussparung der Welle eingreifen.
- Zündverteilerkappe aufsetzen und die beiden Haltelaschen einrasten.
- Zündzeitpunkt einstellen.

Zündzeitpunkt prüfen/einstellen

Bei der elektronischen Kennfeldzündung verstellt sich der Zündzeitpunkt aufgrund von mechanischem Verschleiß normalerweise nicht. Geprüft und eingestellt muß der Zündzeitpunkt bei diesen Motoren nur, wenn der Zündverteiler ausgebaut wurde.

Zum Prüfen und Einstellen des Zündzeitpunktes werden ein Drehzahlmesser und eine Zündblitzlampe benötigt.

Achtung: Während der Prüfung bzw. Einstellung darf der Kühlerlüfter **nicht** laufen. Gegebenenfalls warten, bis der Lüfter wieder abschaltet.

- Motor auf Betriebstemperatur bringen. Der Zeiger der Kühlmitteltemperaturanzeige steht dann in der Mitte der Skala.
- Alle elektrischen Verbraucher (Radio, heizbare Heckscheibe usw.) und Klimaanlage ausschalten.
- Motor abstellen.

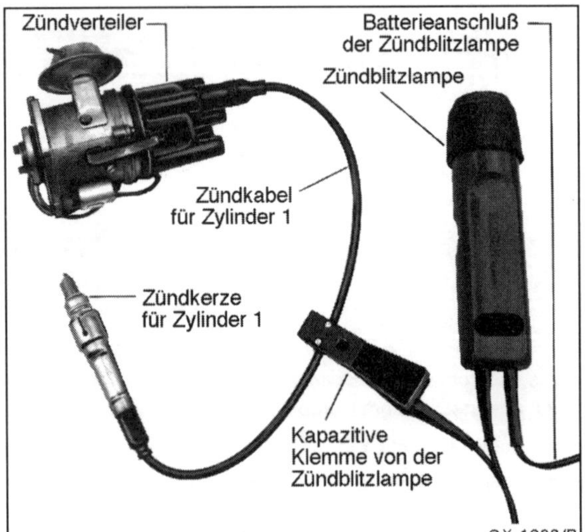

SX-1203/P

- Drehzahlmesser und Zündblitzlampe nach Bedienungsanleitung des Herstellers anschließen.

MICRA-Generation II:

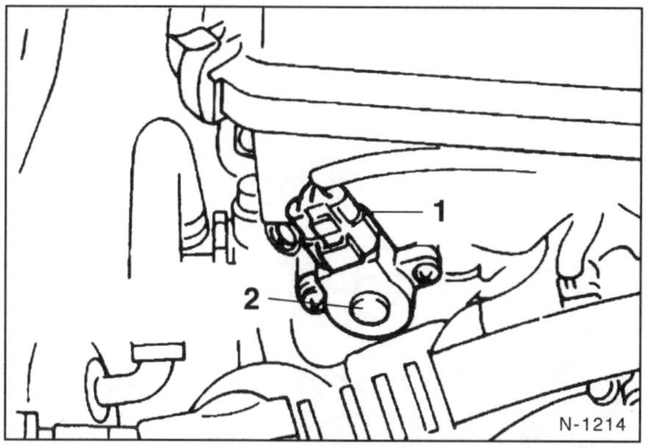

- Stecker vom Drosselklappenpotentiometer –2– abziehen.
- Motor starten und im Leerlauf laufen lassen.
- Motor zwei- oder dreimal ohne Last auf 2.000 bis 3.000/min bringen und anschließend im Leerlauf drehen lassen.
- Leerlaufdrehzahl prüfen, gegebenenfalls auf Sollwert einstellen, siehe Seite 77, 85.

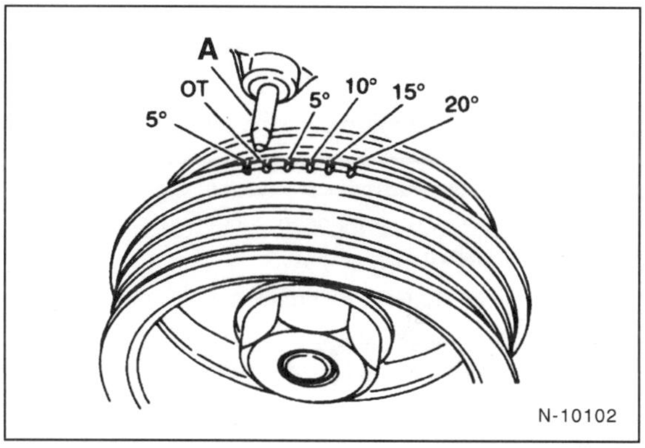

- Mit Zündblitzlampe Markierung(en) auf der Kurbelwellen-Riemenscheibe und am Steuergehäusedeckel anblitzen.
- Der Zündzeitpunkt ist richtig eingestellt, wenn die entsprechende Zündzeitpunktmarkierung auf der Riemenscheibe gegenüber dem Zeiger –A– am Steuergehäusedeckel scheinbar stillsteht; Blickwinkel senkrecht von oben.
- Zündzeitpunktwerte, siehe Seite 69.
- Stimmt der Zündzeitpunkt nicht überein, Klemmschraube(n) am Zündverteiler lösen und Zündzeitpunkt durch Verdrehen des Zündverteilers auf den richtigen Wert korrigieren.
- Klemmschraube(n) am Zündverteiler mit ca. 10 Nm festziehen und Zündzeitpunkt erneut prüfen

Achtung: Vor jeder Prüfung des Zündzeitpunktes, Motor zwei- oder dreimal ohne Last auf 2.000 bis 3.000/min bringen und anschließend im Leerlauf drehen lassen.

- Zündung ausschalten und Prüfgeräte abklemmen.
- Stecker am Drosselklappenpotentiometer aufstecken.

MICRA-Generation I:

- Motor ca. 2 Minuten mit Leerlaufdrehzahl laufen lassen.

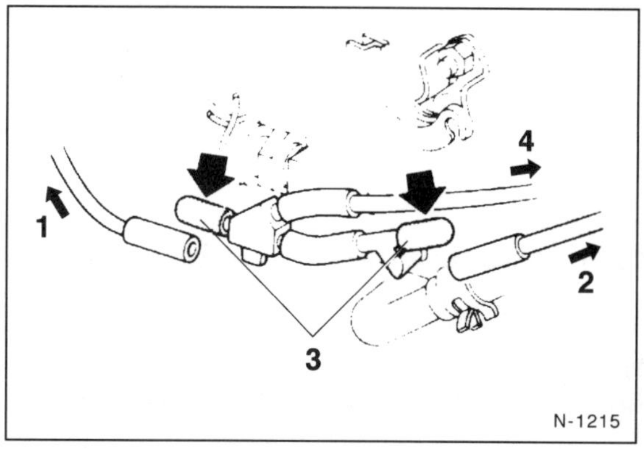

- Unterdruckschläuche zum Zündverteiler –1– und zum Leerlauf-Ausgleichventil –2– auf der Verbinderseite am Ansaugkrümmer abziehen. Verschlußdeckel –3– auf die freien Enden stecken. 4 – Zum Vergaser.
- Motor zwei- oder dreimal ohne Last auf 2.000 bis 3.000/min bringen und anschließend im Leerlauf drehen lassen.
- Leerlaufdrehzahl prüfen. Die Drehzahl muß unter 900/min liegen, andernfalls Drehzahl einstellen, siehe Seite 79.

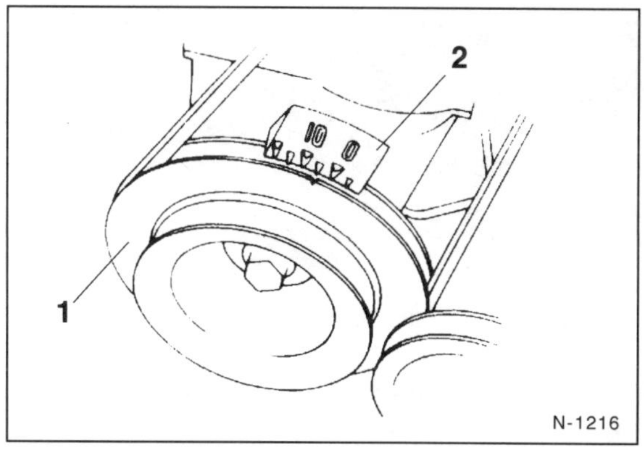

- Mit Zündblitzlampe Markierung (Kerbe) auf der Kurbelwellen-Riemenscheibe –1– und an der Zahnriemenabdeckung –2– anblitzen.
- Der Zündzeitpunkt ist richtig eingestellt, wenn die Kerbe auf der Riemenscheibe gegenüber der entsprechenden Zündzeitpunktmarkierung an der Zahnriemenabdeckung scheinbar stillsteht (Prüfwert I).
- Zündzeitpunktwerte, siehe Tabelle am Ende dieses Kapitels.
- Stimmt der Zündzeitpunkt nicht überein, Klemmschraube(n) am Zündverteiler lösen und Zündzeitpunkt durch Verdrehen des Zündverteilers auf den richtigen Wert korrigieren.
- Klemmschraube(n) am Zündverteiler mit ca. 10 Nm festziehen.

- Unterdruckschläuche aufstecken.
- Motor zwei- oder dreimal ohne Last auf 2.000 bis 3.000/min bringen und anschließend im Leerlauf drehen lassen.
- Leerlaufdrehzahl auf Sollwert einstellen, siehe Seite 79.
- Zündzeitpunkt nochmals prüfen und mit Prüfwert II vergleichen.
- Zündung ausschalten und Prüfgeräte abklemmen.

Zündverteiler aus- und einbauen

MICRA-Generation II

Der Zündverteiler wird direkt von der Nockenwelle angetrieben. Er ist am Zylinderkopf auf der Schwungradseite angeflanscht.

Ausbau

- Batterie-Massekabel (–) von der Batterie abklemmen. **Achtung:** Dadurch werden die elektronischen Speicher gelöscht, wie zum Beispiel der Motorfehlerspeicher oder der Radiocode. Vor dem Abklemmen der Batterie sollten auch die Hinweise im Kapitel »Batterie aus- und einbauen« durchgelesen werden.

- Befestigungsschrauben –2– abschrauben und Verteilerdeckel –1– komplett mit den Zündkabeln –3– zur Seite legen.
- Steckverbindungen –4/5– abziehen.
- Falls vorhanden, Unterdruckleitung am Zündverteiler abziehen.
- Soll der bisherige Verteiler wieder eingebaut werden, Lage des Verteilers markieren. Dazu mit einem Filzstift einen Strich über Verteilergehäuse und Befestigungsflansch ziehen.
- Befestigungsschrauben –6– abschrauben und Verteiler aus dem Zylinderkopf herausziehen.

Einbau

- Dichtring am Zündverteilerfuß auf Beschädigung prüfen, gegebenenfalls ersetzen.
- Dichtring mit Motoröl bestreichen.

- Verteiler einsetzen, dabei darauf achten, daß der Mitnehmer am Verteiler in die Nut der Nockenwelle greift. Dazu Verteiler mit leichtem Druck in die Verteilerbohrung drücken und gleichzeitig die Verteilerwelle mit den Zündverteilerläufer verdrehen, bis diese einrastet und der Verteilerläufer sich nicht mehr verdrehen läßt. **Achtung:** Der Mitnehmer des Verteilers paßt nur in einer Stellung in die Nut der Nockenwelle. Die Nockenwelle muß sich in der abgebildeten Stellung befinden.
- Falls erforderlich, Verteilergehäuse drehen, bis die beim Ausbau angebrachten Markierungen zwischen Gehäuse und Flansch übereinstimmen. Neuen Zündverteiler so ausrichten, daß die Gewindebohrungen in der Mitte der Langlöcher stehen.
- Verteiler mit ca. 10 Nm anschrauben.
- Verteilerkappe innen reinigen, auf Risse und Brandspuren untersuchen, gegebenenfalls erneuern.
- Verteilerkappe aufsetzen und mit 2 Schrauben anschrauben.
- Stecker aufstecken.
- Falls abgezogen, Unterdruckleitung an der Unterdruckdose des Verteilers aufstecken.
- Batterie-Massekabel (–) anklemmen.
- Falls vorhanden, Zeituhr einstellen sowie Diebstahlsicherheitscode für das Radio eingeben.
- Zündzeitpunkt prüfen, gegebenenfalls einstellen.

Der Zündverteiler

MICRA-Generation I

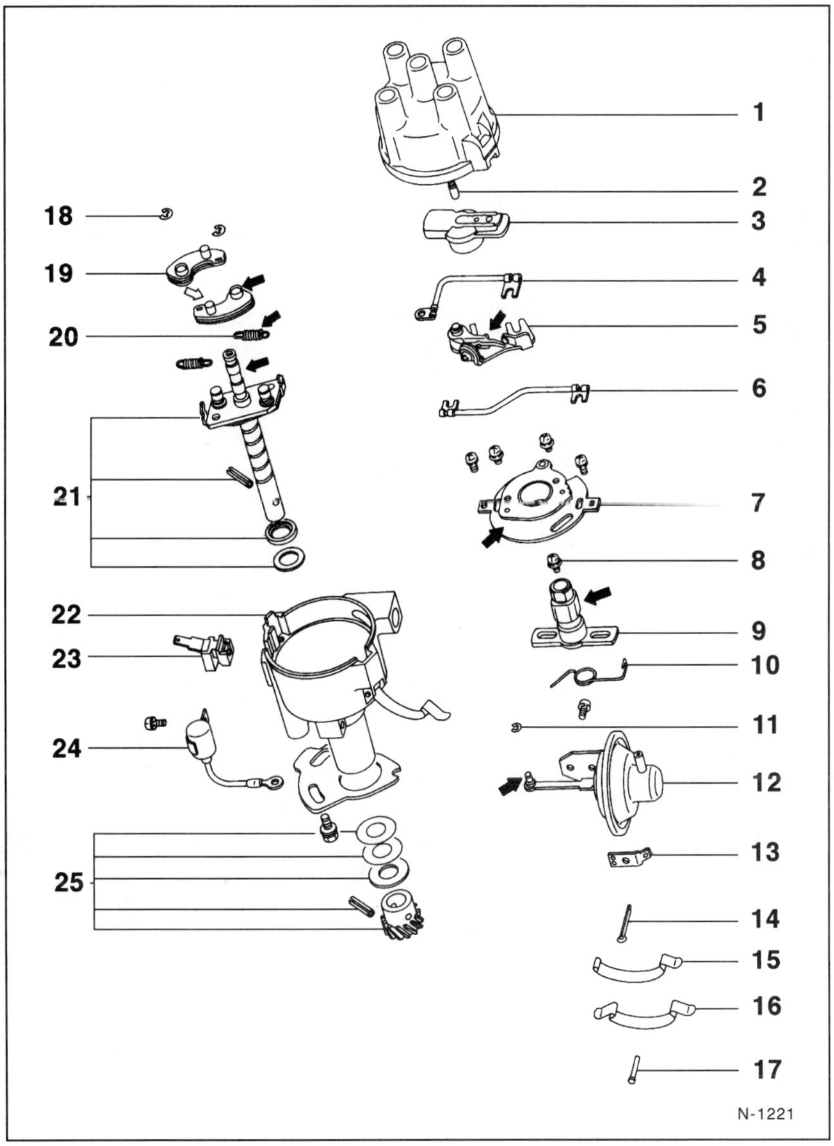

1 – Verteilerdeckel
2 – Graphitstift
3 – Verteilerläufer
4 – Massekabel
5 – Unterbrecherkontaktsatz
6 – Niederspannungsleitung
7 – Unterbrecherplatte, komplett
8 – Verteilernocken-Stellschraube
9 – Verteilernocken, komplett
10 – Feder
11 – Sicherungsring
12 – Unterdruckdose
13 – Klemme
14 – Splint
15 – Halteklammer
16 – Halteklammer
17 – Stift
18 – Sicherungsring
19 – Fliehgewicht
20 – Zugfeder
21 – Verteilerwelle, komplett
22 – Verteilergehäuse
23 – Klemme
24 – Kondensator
25 – Ritzel-Satz
➡ – Schmierstellen für Heißlagerfett

Zündkerzentechnik

Die Zündkerze besteht aus der Mittel-Elektrode, dem Isolator mit Gehäuse und der Masse-Elektrode. Die Masse-Elektrode ist gasdicht im Isolator befestigt, der Isolator ist fest mit dem Gehäuse verbunden. Zwischen Mittel- und Masse-Elektrode springt der Zündfunke über, der das Kraftstoffluftgemisch entzünden soll. Von der Zündkerze hängen Startbereitschaft, Leerlaufverhalten, Beschleunigung und Höchstgeschwindigkeit ab. Man sollte deshalb nicht ohne Grund von dem vom Werk vorgeschriebenen Zündkerzentyp abweichen, der unter anderem von der Wärmewert-Kennzahl bestimmt wird.

Die Wärmewert-Kennzahl gibt den Grad der Wärmebelastbarkeit einer Zündkerze an. Je niedriger die Wärmewert-Kennzahl einer Kerze ist, desto höher ist die Wärmebelastbarkeit. Die Kerze kann also die Wärme besser ableiten, wodurch schädliche Glühzündungen (Motorklopfen) verhindert werden. Eine Kerze mit hoher Wärmebelastbarkeit hat allerdings den Nachteil, daß ihre Selbstreinigungstemperatur ebenfalls höher liegt. Sie neigt daher schneller zum Verrußen, insbesondere dann, wenn der Motor häufig seine Betriebstemperatur während der Fahrt nicht erreicht (Stadtverkehr, Kurzstreckenverkehr im Winter). In der Regel werden »kalte« Zündkerzen (Wärmewert-Kennzahl ab 06) bei »heißen« Motoren eingesetzt, also bei Triebwerken denen hohe Motorleistung abgefordert wird.

Durch den Kupferkern (Cu) in der Mittelelektrode und noch mehr durch die Silber-Mittelelektrode wird die Wärmeleitfähigkeit und damit die Wärmebelastbarkeit erhöht.

Serienmäßig werden die MICRA-Modelle mit Zündkerzen von NGK ausgestattet. Die Normierung ist von Hersteller zu Hersteller unterschiedlich. Bei Ersatz können jedoch auch Zündkerzen von BOSCH und BERU verwendet werden.

Anzugsdrehmoment für die Zündkerzen: **25 Nm**

Die Wärmewert-Kennzahl ist im Zündkerzencode enthalten. Der Code schlüsselt sich wie folgt auf:

Bosch-Zündkerze

Beispiel:

W R 7 D C

① ② ③ ④ ⑤

① W = Gewinde M 14 x 1,25 mit Flachdichtsitz, SW 21; F = Gewinde M 14 x 1,25 mit Flachdichtsitz, SW 16; M = Gewinde M 18 x 1,5 mit Flachdichtsitz, SW 25; H = Gewinde M 14 x 1,25 mit Kegeldichtsitz, SW 16; D = Gewinde M 18 x 1,5 mit Kegeldichtsitz, SW 21; SW = Schlüsselweite.

② R = Mit Widerstand, zur Entstörung. Die Funktion der Zündanlage wird dadurch nicht beeinflußt.

③ Wärmewert-Kennzahl. Die Wärmewertskala wird von 06 (»kalt«) bis 13 (»warm«) angegeben. Dabei entspricht die Kennzahl 7 dem alten Wärmewert 175 (frühere Bezeichnung), 6 – 200,5 – 225 usw.

④ A = Gewindelänge 12,7 mm, normale Funkenlage; B = Gewindelänge 12,7 mm, vorgezogene Funkenlage; C = Gewindelänge 19 mm, normale Funkenlage; D = Gewindelänge 19 mm, vorgezogene Funkenlage.

⑤ = Elektrodenwerkstoff der Mittelelektrode: Ohne Angabe = Cr-Ni-Legierung, C = Ni-Cu-Verbund-Mittelelektrode, S = Silber-Mittelelektrode, P = Platin-Mittelelektrode, O = Standard-Zündkerze mit verstärkter Mittelelektrode.

Achtung: Die technische Entwicklung geht ständig weiter. Es kann daher sein, daß inzwischen für einzelne Motoren andere Zündkerzenwerte gelten. Daher empfiehlt es sich, vor einem Neukauf zu prüfen, welche Kerzen eingebaut sind, beziehungsweise welche Kerzen nach der Bedienungsanleitung vorgeschrieben sind. Im Zweifel die aktuellen Zündkerzenwerte bei der Fachwerkstatt erfragen.

Zündkerzenwerte für den NISSAN MICRA

MICRA	Motor	NGK	EA*	BOSCH	EA*	BERU	EA*	CHAMPION	EA*
Generation I	1,0-/1,2-l ohne Kat.	BPR 5 ES-11	0,8 – 0,9	WR 8 DC	0,9	14R-8 DU	0,8	RN9 YCC	0,8
	1,0-/1,2-l mit Kat.	BPR 5 ES-11	1,0 – 1,1	WR 8 DCX	1,1	14R-8 DUX	1,1	RN9 YCC	1,0
Generation II	1,0-/1,3-l	BKR 5 E-11	1,0 – 1,1	FR 7 DCX	1,1	14FR-7 DUX	1,1	RC9 YCC4	1,0 – 1,1

*) EA = Elektrodenabstand in mm

Zündzeitpunkttabelle

MICRA	Motor	Getriebe	Unterdruckschlauch	Abgasreinigung	Zündzeitpunkt	Prüfdrehzahl	Leerlaufdrehz.
Generation I	1,0-l	5-Gang	ab	–	2° nach OT	unter 900/min	800/min
	1,0-l	alle	ab	Stufe C	2° nach OT	unter 900/min	800/min
	1,0-l	4-Gang+A/T	ab	–	5° vor OT	unter 900/min	800/min
	1,0-l	4-/5-Gang	an	alle	12° vor OT	–	800 ± 50/min
	1,0-l	Automatik	an	alle	12° vor OT	–	900 ± 50/min
	1,2-l	alle	ab	alle	0°	unter 900/min	800/min
Generation II	1,0-/1,3-l	5-Gang	–	geregelt. Kat.	15° ± 2° vOT	600 ± 50/min	650 ± 50/min
	1,0-/1,3-l	Automatik	–	geregelt. Kat.	15° ± 2° vOT	700 ± 50/min	750 ± 50/min

Störungsdiagnose Zündanlage

Störung: Der Motor springt schlecht oder gar nicht an.

Ursache	Abhilfe
Kein Zündfunke vorhanden Verteilerkappe feucht, verschmutzt	■ Verteilerkappe reinigen und trocknen, innen mit Zündspray einsprühen
Risse in der Verteilerkappe, Brandkanäle	■ Verteilerkappe erneuern
Schleifkohle in der Zündverteilerkappe abgenutzt	■ Schleifkohle erneuern
Verteilerläufer defekt	■ Verteilerläufer erneuern
Widerstand des Verteilerläufers zu hoch	■ Verteilerläufer erneuern
Widerstand in Zündkerzenleitung/Zündkerzenstecker zu hoch	■ Zündleitung/Zündkerzenstecker erneuern
Zündkerzenstecker in falscher Reihenfolge aufgesteckt	■ Zündkerzenstecker in Zündfolge 1-3-4-2 aufstecken
Zündkerzen wegen zu vieler Startversuche naß	■ Zündkerzen ausbauen und trocknen
Zündkerzen außen feucht und verschmutzt	■ Zündkerzen reinigen, trocknen, Silikonschutzkappe auf Zündkerze und Stecker schieben
Leistung der Zündspule zu gering	■ Elektrische Leitungen an der Zündspule auf festen Sitz und guten Kontakt prüfen
Zündspule gerissen, Brandkanäle	■ Zündspule erneuern
Spannungsverlust durch Berührung elektrischer Anschlüsse bzw. Leitungen mit Schläuchen des Motors	■ Elektrische Leitungen richtig führen
Unterbrecherkontakt abgebrannt	■ Unterbrecherkontakt erneuern
Zündzeitpunkt grob verstellt	■ Zündzeitpunkt korrigieren

Kraftstoffanlage

> **Hinweis:** In diesem Band werden 2 MICRA-Generationen behandelt. Die MICRA-Generation I kam im März '83 in Deutschland auf den Markt. Im Januar '93 wurde die MICRA-Generation II eingeführt. Parallel zur MICRA-Generation II werden auch weiterhin von der MICRA-Generation I die Modelle TOPIC und HIT angeboten.

Zur Kraftstoffanlage gehören der Kraftstoffbehälter, der Tankgeber, die Kraftstoffleitungen, der Kraftstoffilter, die Kraftstoffpumpe und der Vergaser beziehungsweise die Kraftstoffeinspritzanlage mit dem dazugehörigen Luftfilter.

Kraftstoffdruck abbauen

MICRA-Generation II

Die Kraftstoffanlage des Einspritzmotors steht auch bei abgestelltem Motor noch unter hohem Druck. Bevor Kraftstoffleitungen abgezogen werden, muß daher aus Sicherheitsgründen der Kraftstoffdruck im System abgebaut werden.

- Sicherung für Kraftstoffpumpe abziehen, siehe Seite 196.
- Motor starten und laufen lassen, bis er von selbst abstirbt.
- Anschließend Motor mit Anlasser 2 bis 3mal durchdrehen. Dadurch wird der Restdruck völlig abgebaut.
- Zündung ausschalten und Sicherung für Kraftstoffpumpe einsetzen.

Sauberkeitsregeln bei Arbeiten an der Kraftstoffversorgung

Bei Arbeiten an der Kraftstoffversorgung sind die folgenden Regeln zur Sauberkeit sorgfältig zu beachten:

- Verbindungsstellen und deren Umgebung vor dem Lösen gründlich reinigen.
- Ausgebaute Teile auf einer sauberen Unterlage ablegen und abdecken. Folien oder Papier verwenden. Keine fasernden Lappen benutzen!
- Geöffnete Bauteile sorgfältig mit einem sauberen Lappen abdecken bzw. verschließen, wenn die Reparatur nicht umgehend ausgeführt wird.
- Nur saubere Teile einbauen.
- Ersatzteile erst unmittelbar vor dem Einbau aus der Verpackung nehmen.
- Keine Teile verwenden, die unverpackt (z. B. in Werkzeugkästen usw.) aufgehoben wurden.
- Bei geöffneter Kraftstoffanlage möglichst nicht mit Druckluft arbeiten. Das Fahrzeug sollte möglichst nicht bewegt werden.

Kraftstoffdruck prüfen

MICRA-Generation I

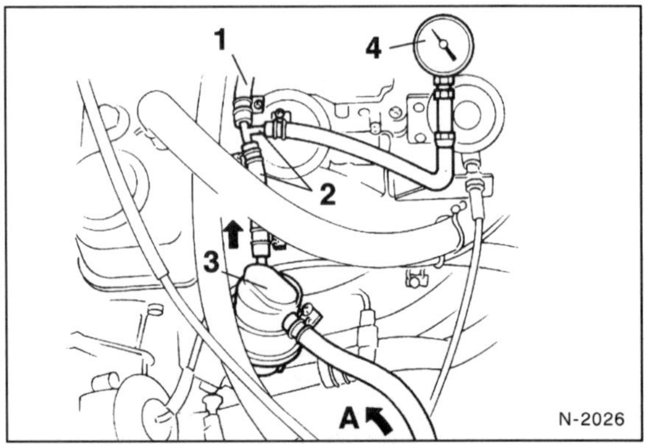

- Kraftstoffschlauch –1– an der Kraftstoffpumpe –3– abziehen.
- Manometer –4– zwischen Pumpe und Vergaser mit T-Stück und Hilfsleitung –2– anschließen. A – Leitung kommt vom Kraftstoffilter.
- Motor starten und Kraftstoffdruck bei unterschiedlichen Drehzahlen prüfen.
  Sollwert: **0,20 – 0,27 bar**
- Falls der Sollwert nicht erreicht wird, Kraftstoffilter ersetzen und Prüfung wiederholen, beziehungsweise Kraftstoffpumpe in ausgebautem Zustand prüfen.

MICRA-Generation II

- Kraftstoffdruck abbauen.
- Druckprüfer zwischer Kraftstoffilter und Druckregler anschließen.
- Motor starten, Kraftstoffanlage auf Undichtigkeiten prüfen.
- Kraftstoffdruck im Leerlauf ablesen, Sollwert: 2,5 bar.
- Unterdruckschlauch am Druckregler abziehen und Kraftstoffdruck ablesen. Sollwert: 3,0 bar.
- Motor abstellen.
- Unterdruckschlauch zum Ansaugkrümmer dicht verschließen.
- Vakuumpumpe über eine zusätzliche Unterdruckleitung am Druckregler anschließen.
- Motor starten und Druckregler mit Unterdruck beaufschlagen. Der Kraftstoffdruck muß abfallen, wenn der Unterdruck ansteigt, sonst Druckregler ersetzen.
- Motor abstellen und Kraftstoff- sowie Unterdruckleitung wieder anschließen.

Kraftstoffbehälter/Tankgeber

MICRA-Generation II

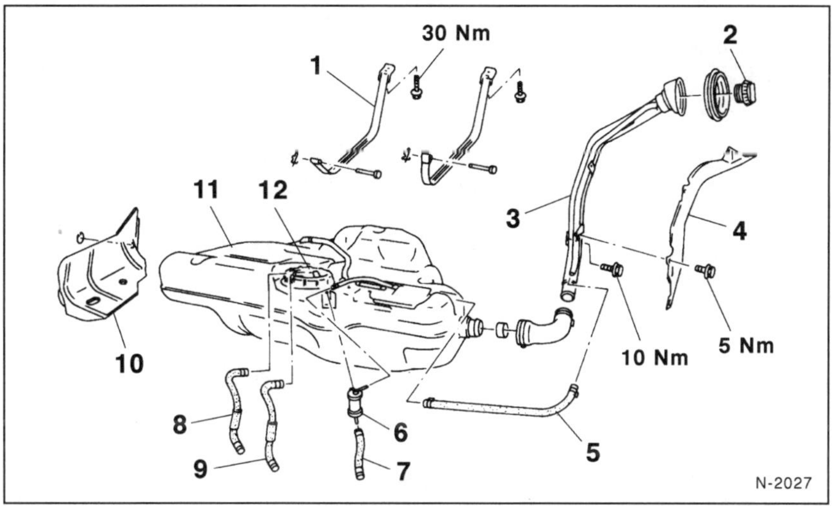

1 – Halteband für Kraftstoffbehälter
2 – Tankverschlußdeckel
3 – Einfüllstutzen
4 – Stützblech
5 – Belüftungsschlauch
6 – Sicherheitsventil
7 – Entlüftungsschlauch
8 – Förderschlauch
9 – Rücklaufschlauch
10 – Hitzeschutzblech
11 – Kraftstoffbehälter (Tank)
12 – Tankgeber

MICRA-Generation I

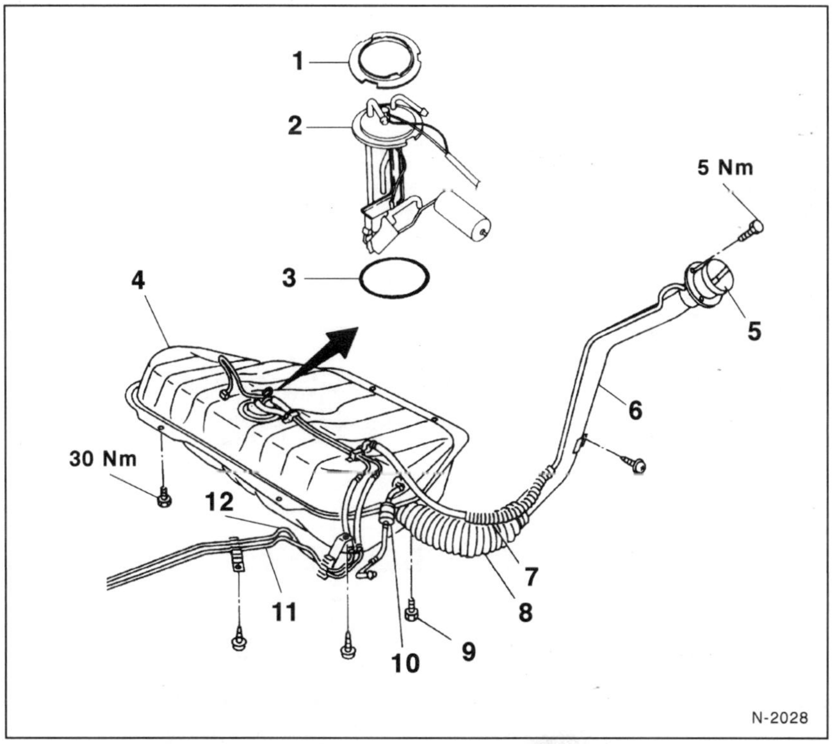

1 – Sicherungsblech
2 – Tankgeber
3 – O-Ring
4 – Kraftstoffbehälter (Tank)
5 – Tankverschlußdeckel
6 – Einfüllstutzen
7 – Belüftungsschlauch
8 – Einfüllschlauch
9 – Ablaßschraube
10 – Sicherheitsventil
11 – Förderleitung
12 – Rücklaufleitung

Kraftstoffpumpe/Tankgeber aus- und einbauen/prüfen

Die Kraftstoffpumpe des Einspritzmotors ist zusammen mit dem Tankgeber von oben in den Kraftstoffbehälter (Tank) eingebaut. Beim Vergasermotor befindet sich an dieser Stelle nur der Tankgeber, die mechanische Kraftstoffpumpe ist am Zylinderkopf angeflanscht.

Der Tankgeber funktioniert folgendermaßen: Mit sinkendem Kraftstoffspiegel sinkt auch der Schwimmer des Tankgebers ab. Durch einen Schleifkontakt am Schwimmer erhöht sich dabei der elektrische Widerstand des Gebers. Dadurch sinkt die Spannung am Anzeigeinstrument, und der Zeiger der Kraftstoffanzeige geht in Richtung »leer« zurück.

Sinkt der Schwimmer weiter ab, wird bei einigen Modellen ab einer bestimmten Stellung der Warnkontakt geschlossen und am Schalttafeleinsatz leuchtet die Reserve-Warnleuchte auf.

Der Tankgeber ist dann zu prüfen, wenn von der Benzinanzeige in der Armaturentafel ein zu hoher, ein zu niedriger oder überhaupt kein Kraftstoffstand anzeigt wird.

Prüfvoraussetzung: Alle elektrischen Leitungen entsprechend dem Stromlaufplan wurden auf Durchgang untersucht, siehe Seite 192.

Achtung: Beim Ausbau des Tankgebers kann etwas Kraftstoff austreten. Kraftstoffdämpfe sind giftig und feuergefährlich, deshalb auf eine besonders gute Belüftung des Arbeitsplatzes achten. Hautkontakt mit Kraftstoff vermeiden. Kraftstoffbeständige Handschuhe tragen. **Kein offenes Feuer, Brandgefahr! Feuerlöscher bereitstellen.**

Ausbau

- Batterie-Massekabel (–) von der Batterie abklemmen. **Achtung:** Dadurch werden die elektronischen Speicher gelöscht, wie zum Beispiel der Motorfehlerspeicher oder der Radiocode. Vor dem Abklemmen der Batterie sollten auch die Hinweise im Kapitel »Batterie aus- und einbauen« durchgelesen werden.
- Rücksitzbank vorklappen.
- **Einspritzmotor:** Kraftstoffdruck abbauen, siehe Seite 70.

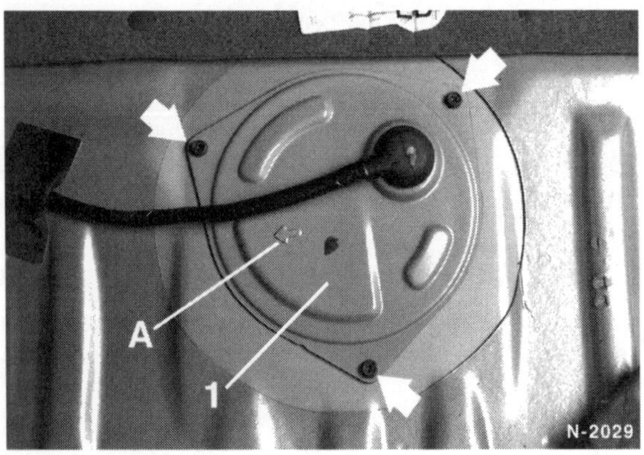

- Abdeckplatte –1– abschrauben. Der Pfeil –A– zeigt in Fahrtrichtung gesehen nach links.

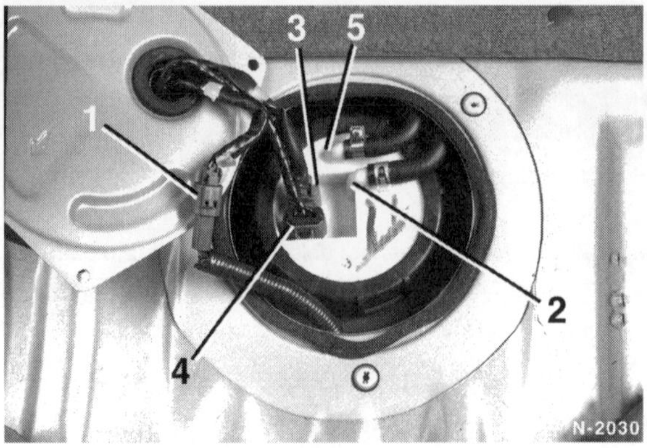

- Stecker für Kraftstoffpumpe –3– und Tankgeber –4– abziehen. 1– A.B.S.-Steckverbinder.
- Schlauchschellen lösen und Kraftstoffschläuche von den Anschlußstutzen –2/5– abziehen. Damit kein Kraftstoff ausläuft, können 2 große Kreuzschlitzschraubendreher in die Schläuche gesteckt werden. Anschlußstutzen ebenfalls verschließen, damit kein Schmutz eindringen kann. 2 – Rücklauf-Anschlußstutzen, 5 – Förder-Anschlußstutzen. **Achtung:** Die Kraftstoffschläuche sind gekennzeichnet. Falls nicht, Markierungen anbringen.

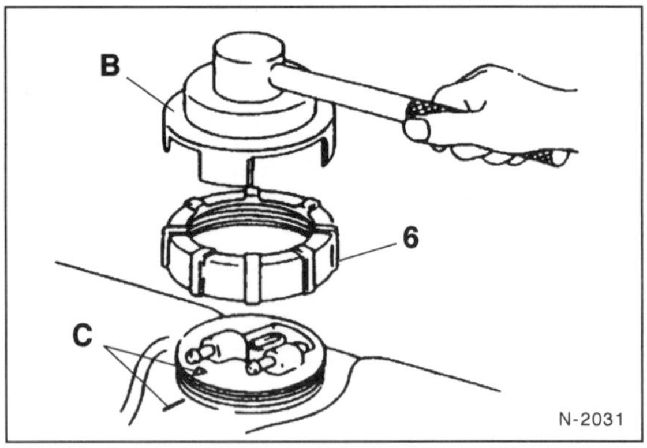

- Sicherungsring –6– mit Spezialwerkzeug NISSAN-KV999G0010 –B– abdrehen. Steht das Werkzeug nicht zur Verfügung, geeigneten Kunststoffkeil an einer Nut des Sicherungsrings ansetzen und Ring mit leichten Hammerschlägen lösen. C – Markierungen.

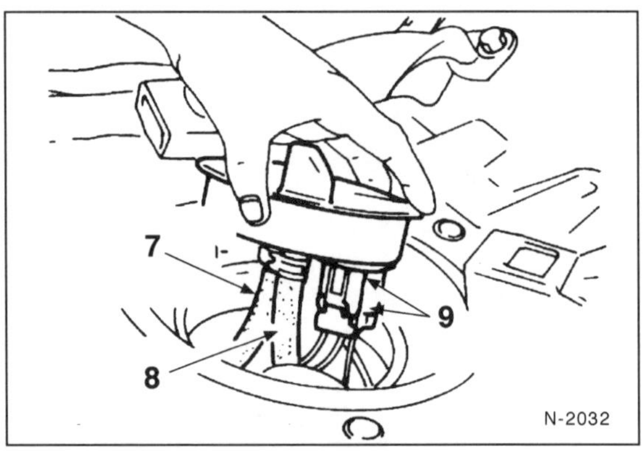

- Deckel hochziehen und Schläuche –7/8– sowie elektrische Stecker –9– abziehen. Deckel abnehmen.

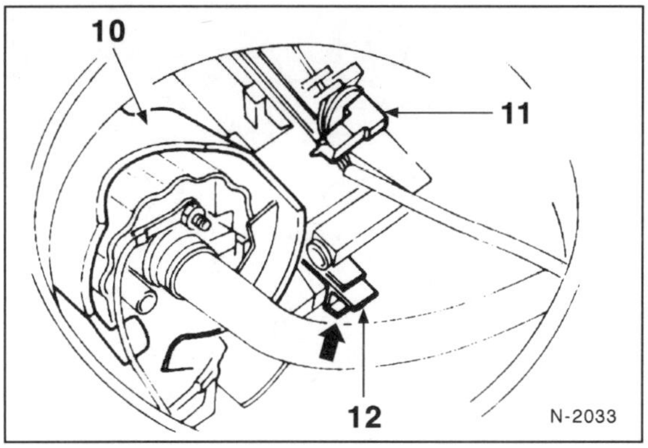

- Tankgeber –11– herausheben. Vorher Halteklammer –12– in Pfeilrichtung drücken und dadurch Tankgeber aus der Halterung der Kraftstoffpumpe –10– aushängen. Am Tankgeber ist ebenfalls der Schalter für die Kraftstoffstand-Kontrolleuchte angebracht. Beim Herausheben des Gebers einen Lappen unterlegen und eventuell austretenden Kraftstoff auffangen.

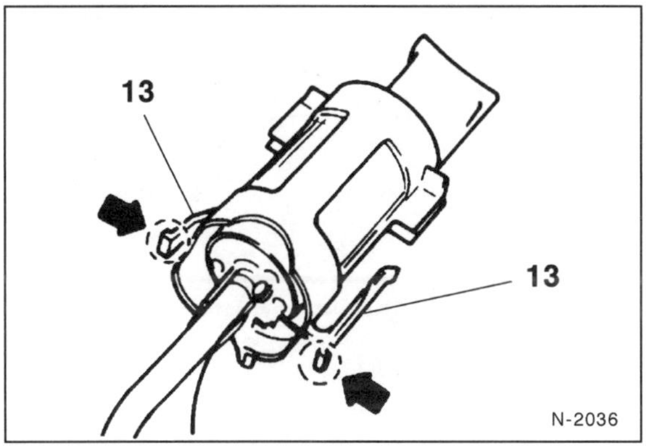

- Klammern –13– in Pfeilrichtung drücken und Kraftstoffpumpe mit Gehäuse aus der Halterung herausnehmen.

Tankgeber prüfen

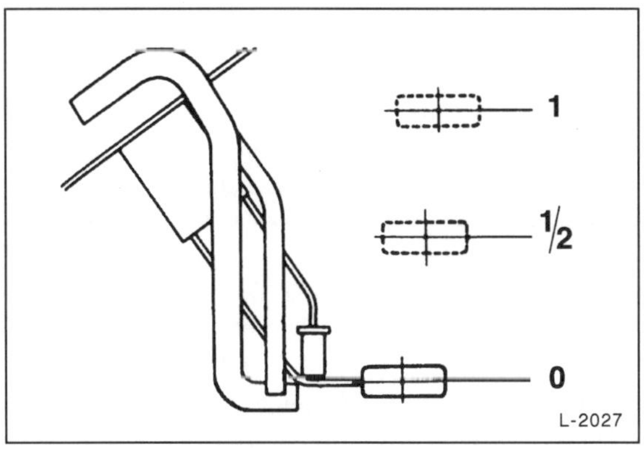

- Tankgeber in Einbaulage halten. Schwimmer in die Stellungen ½ und 1 bewegen und Leichtgängigkeit prüfen.
- Mit Ohmmeter am Anschluß des Tankgebers den Widerstand in Ω bei unterschiedlichen Geber-Stellungen prüfen. Falls sich der Widerstand nicht ändert, Tankgeber ersetzen.

Einbau

- Kraftstoffpumpe in den Halter einsetzen und einrasten.
- Tankgeber einsetzen und am Halter der Kraftstoffpumpe einrasten.

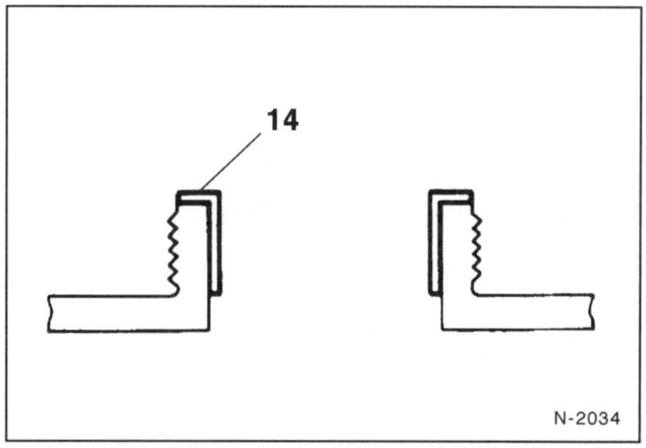

- **Neuen** Dichtring –14–, wie in der Abbildung dargestellt, einsetzen. Sicherstellen, daß die Anlageflächen nicht beschädigt sind.
- Vorlaufschlauch –8– und Rücklaufschlauch –7– am Deckel aufschieben und mit Schellen sichern. Stecker –9– aufschieben, siehe Abbildung N-2032.

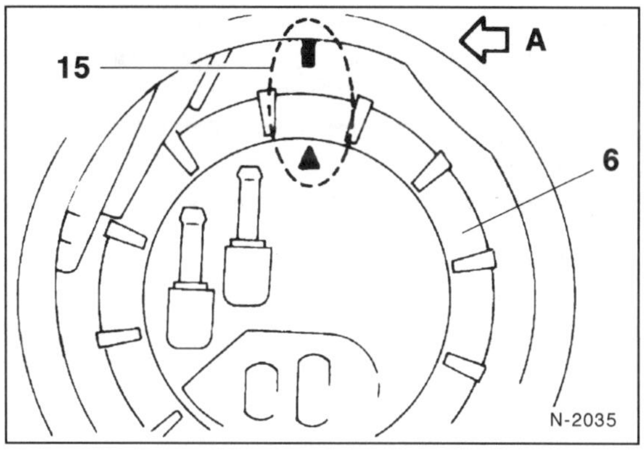

- Deckel so ausrichten, daß die Kennzeichnungen –15– übereinstimmen. Pfeil –A– zeigt, in Fahrtrichtung gesehen, nach vorn. Beim Einsetzen des Deckels darauf achten, daß sich der Dichtring nicht verschiebt.
- Sicherungsring –6– ansetzen und mit 35 Nm festdrehen. Falls das Spezialwerkzeug nicht zur Verfügung steht, dient die Drehmomentangabe als Anhaltswert. **Achtung:** Beim Festziehen des Sicherungsrings darauf achten, daß sich die Übereinstimmung der Kennzeichnungen –15– nicht verändert.
- Stecker für Kraftstoffpumpe und Tankgeber aufstecken.
- Kraftstoffschläuche auf die Anschlußstutzen des Deckels aufschieben und mit Schellen sichern. Dabei müssen die Schellen 2 bis 10 mm von den Schlauchenden entferntsein und dürfen den Tank **nicht** berühren. Der Förderschlauch ist gelb, der Rücklaufschlauch ist weiß gekennzeichnet. Die Anschlußstutzen sind mit Pfeilzeichen in Durchflußrichtung versehen.

- Abdeckplatte anschrauben.
- Rücksitzbank einbauen, siehe Seite 178.
- Batterie-Massekabel (–) anklemmen.
- Falls vorhanden, Zeituhr einstellen sowie Diebstahlsicherheitscode für das Radio eingeben.
- Kraftstoffanzeige an der Armaturentafel auf Funktion prüfen.

Mechanische Kraftstoffpumpe aus- und einbauen/prüfen

MICRA-Generation I

Die Kraftstoffpumpe ist hinten links am Zylinderkopf angeschraubt. Sie wird über den Pumpenhebel direkt von der Nockenwelle angetrieben.

Achtung: Beim Ausbau der Kraftstoffpumpe kann etwas Kraftstoff austreten. Kraftstoffdämpfe sind giftig und feuergefährlich, deshalb auf besonders gute Belüftung des Arbeitsplatzes achten. Hautkontakt mit Kraftstoff vermeiden. Kraftstoffbeständige Handschuhe tragen. **Kein offenes Feuer, Brandgefahr!**

Ausbau

- Batterie-Massekabel (–) von der Batterie abklemmen. **Achtung:** Dadurch werden die elektronischen Speicher gelöscht, wie zum Beispiel der Radiocode. Vor dem Abklemmen der Batterie sollten auch die Hinweise im Kapitel »Batterie aus- und einbauen« durchgelesen werden.
- Benzinschläuche an der Kraftstoffpumpe abziehen, vorher Schlauchschellen lösen und zurückschieben. Schläuche mit sauberen und passenden Schrauben verschließen. Für den leichteren Einbau, Leitungen mit Klebeband kennzeichnen. **Achtung:** Beim Abziehen der Kraftstoffleitungen Lappen unterlegen und eventuell austretenden Kraftstoff auffangen.
- Befestigungsmuttern abschrauben und mit Unterlegscheiben abnehmen.
- Kraftstoffpumpe abnehmen. Dichtungen und, falls vorhanden, Zwischenflansch abnehmen.

Prüfen

- Kraftstoffpumpe in einen mit Kraftstoff gefüllten Behälter eintauchen und den Schwinghebel mehrmals betätigen (pumpen). Dadurch wird sichergestellt, daß das Rückschlagventil dicht ist. Ein trockenes Rückschlagventil kann nicht abdichten.
- Kraftstoff aus der Kraftstoffpumpe ablassen.

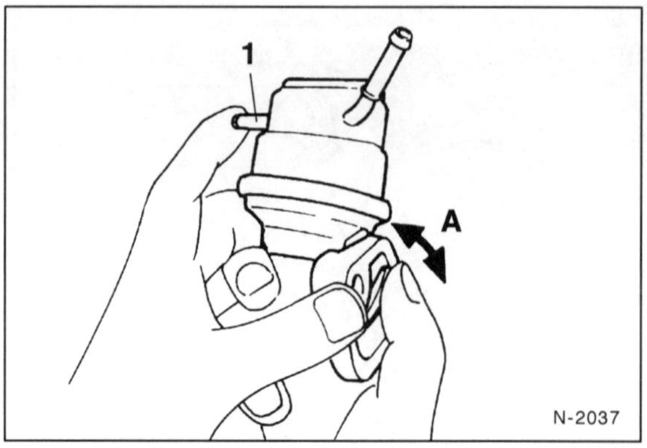

- Mit einem Finger den Einlaßstutzen –1– verschließen. Den Hebel auf und ab bewegen –A–. Dabei muß der Hebel blockieren.
- Pumpenhebel weiterbewegen und anschließend Einlaßstutzen freigeben, dadurch muß ein saugendes Geräusch hörbar werden. Das deutet darauf hin, daß der Kraftstoff einwandfrei angesaugt wird.

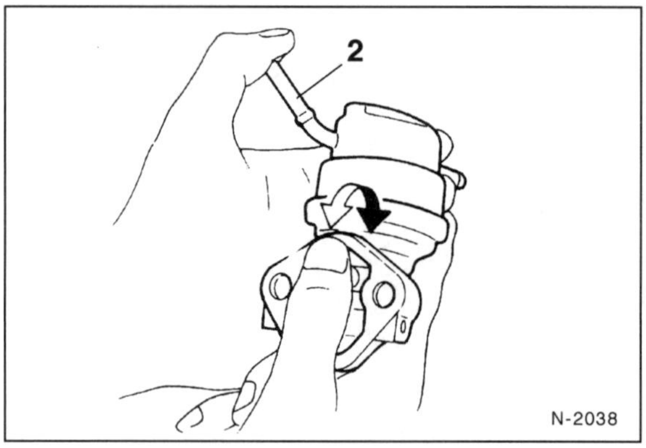

- Auslaßstutzen –2– verschließen und durch Pumpbewegungen in der Pumpe einen Luft-Überdruck aufbauen. Mit dem Finger fühlen, ob der aufgebaute Überdruck anschließend noch ca. 2 bis 3 Sekunden bestehen bleibt.
- Nochmals Luft-Überdruck in der Krafstoffpumpe aufbauen. Anschließend Pumpe in ein Kraftstoffbad eintauchen und auf Luftundichtigkeiten prüfen. Es dürfen keine Luftblasen aufsteigen.

Achtung: Seit 2/87 besitzt die Kraftstoffpumpe oben am Gehäuse einen zusätzlichen Anschlußstutzen für den Kraftstoffrücklauf. Bei dieser Kraftstoffpumpe folgende Prüfungen zusätzlich durchführen:

- Mit zwei Fingern den Auslaßstutzen und den Rücklaufstutzen verschließen. Der Pumpenhebel muß sich frei und ohne Gegendruck bewegen lassen.
- Alle drei Stutzen mit drei Fingern verschließen. Der Hebel muß blockieren.
- Ist eine der Prüfungen nicht zufriedenstellend ausgefallen, so ist die Kraftstoffpumpe defekt und muß erneuert werden.

Einbau

- Dichtfläche an Zylinderkopf und, falls vorhanden, Zwischenflansch mit einem Schaber vorsichtig von Dichtungsresten befreien.
- Pumpenstößel einölen und Kraftstoffpumpe mit **neuer** Dichtung ansetzen und Befestigungsmuttern mit **20 Nm** festziehen. Unterlegscheiben nicht vergessen.
- Kraftstoffleitungen entsprechend den Markierungen aufstecken und mit Schlauchschellen sichern.
- Batterie-Massekabel (–) anklemmen.
- Falls vorhanden, Zeituhr einstellen sowie Diebstahlsicherheitscode für das Radio eingeben.
- Motor laufen lassen und Kraftstoffpumpe und Anschlüsse auf Undichtigkeit kontrollieren.
- Falls erforderlich, Kraftstoffdruck prüfen.

Gaszug einstellen/aus- und einbauen

Einstellen

Hinweis: Bei der **MICRA-Generation I** wird der Gaszug je nach Modell mit einer Klemmschelle und einer Sicherungsschraube am Widerlager eingestellt (anstelle von Einstell- und Kontermutter).

- Prüfen, ob der Gaszug nicht geknickt ist. Gegebenenfalls ersetzen.
- Gaspedal von Helfer voll durchtreten lassen und prüfen, ob die Drosselklappe ganz geöffnet wird.
- Gaspedal loslassen und prüfen, ob die Drosselklappe von selbst in die Leerlaufstellung zurückkehrt.

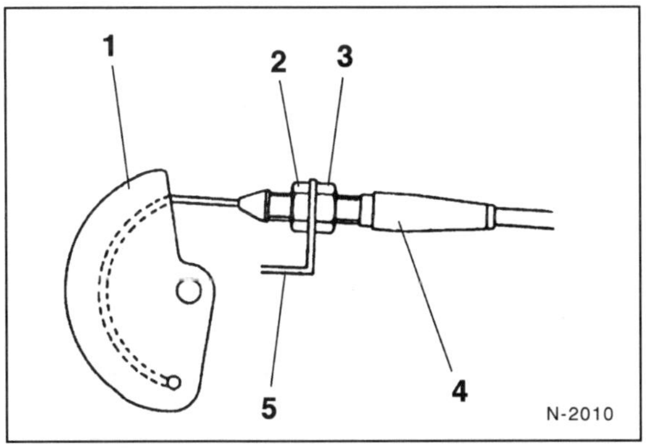

1 – Gaszug-Segment an der Drosselklappenwelle
2 – Kontermutter
3 – Einstellmutter
4 – Gaszug
5 – Widerlager

- Drosselklappenhebel am Gaszug-Segment etwas bewegen und Spiel des Seilzuges prüfen. Sollwert **1 – 2 mm.**
- Falls das Spiel zu klein ist, Einstellmutter –3– lösen, bis sich der Drosselklappenhebel frei bewegen läßt.
- Falls das Spiel zu groß ist, zuerst Kontermutter –2– lösen.
- Einstellmutter anziehen, bis der Drosselklappenhebel beginnt, sich zu bewegen. Anschließend Einstellmutter 1,5 bis 2 Umdrehungen zurückdrehen.
- Kontermutter anziehen und Einstellmutter sichern.
- Gaspedal von Helfer voll durchtreten lassen und prüfen, ob die Drosselklappe ganz geöffnet wird.
- Sämtliche Gleit- und Reibflächen dünn mit Mehrzweckfett schmieren. Den Seilzug selbst **nicht** fetten.

Ausbau

- Drosselklappenhebel von Hand zurückdrücken und Gaszugnippel seitlich aus dem Schlitz des Gaszug-Segments herausziehen.
- Kontermutter –2– abschrauben und Gaszug am Widerlager –5– aushängen.
- Fußraumabdeckung ausbauen, siehe Seite 176.

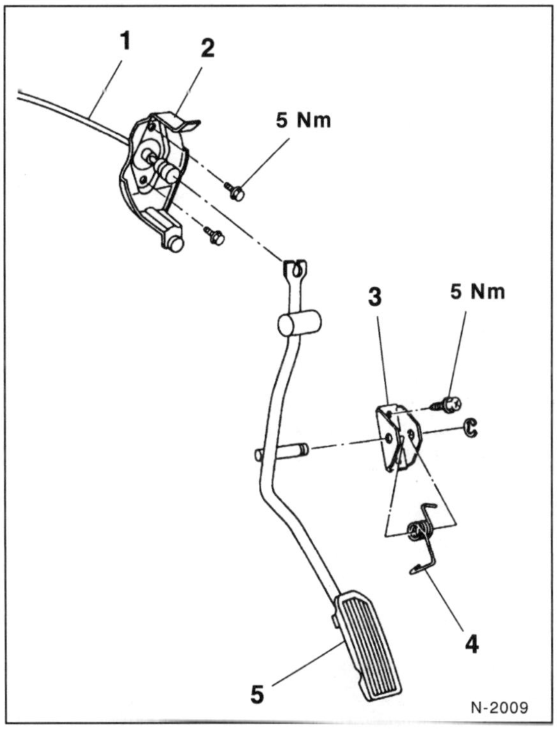

1 – Gaszug
2 – Gaszug-Halter
3 – Pedal-Halter
4 – Rückstellfeder
5 – Gaspedal

- Gaszug am Gaspedal aushängen und herausnehmen.

Einbau

- Gaszug am Gaspedal einhängen.
- Gaszug am Widerlager einhängen und mit Kontermutter –2– sichern.
- Drosselklappenhebel von Hand zurückdrücken und Gaszugnippel einhängen.
- Fußraumabdeckung einbauen, siehe Seite 176.
- Gaszug einstellen.

Der Luftfilter

MICRA-Generation II

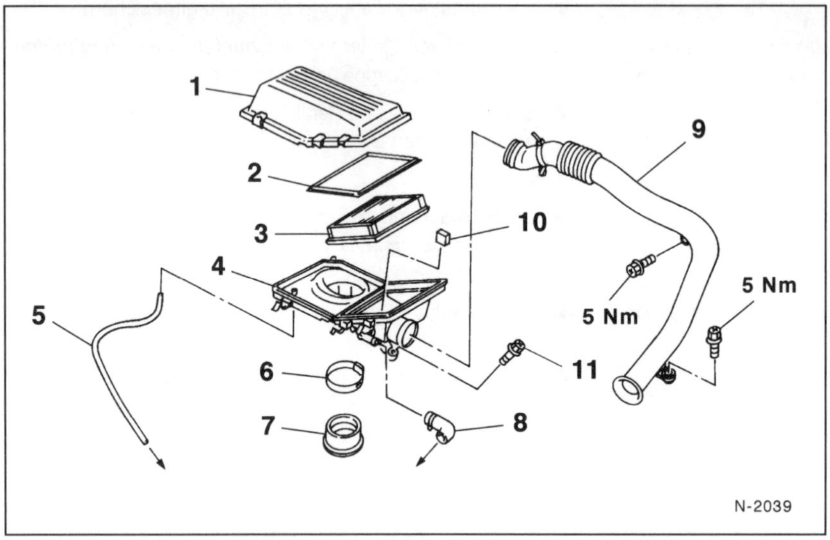

1 – **Luftfilterdeckel**
2 – **Dichtung**
3 – **Filtereinsatz**
4 – **Filtergehäuse**
5 – **Unterdruckschlauch**
Zum wärmegesteuerten Unterdruckventil (T.V.V.) am Zylinderkopf.
6 – **Schlauchschelle**
7 – **Isolierring**
Zur Erleichterung beim Einbau Innenfläche des Isolierrings schmieren. Auf gleichmäßige Anlage am Flansch achten.
8 – **Kurbelgehäuseentlüftungsschlauch**
Zum Zylinderkopfdeckel.
9 – **Luftkanal**
10 – **P.C.V.-Filter**
P.C.V. = Kurbelgehäuseentlüftung.
11 – **Befestigungsschraube für Luftfiltergehäuse**

Luftfilter aus- und einbauen

MICRA-Generation II

Ausbau

- Schraube –11– am Gummilager des Luftfilters herausdrehen.
- Schlauchschelle –6– unten am Luftfilter lösen. Dazu wird ein Kreuzschlitzschraubendreher oder ein flexibler Schlüssel SW 7, z. B. HAZET 426-7, benötigt.

- Luftfilter –4– auf einer Seite hochschwenken –Pfeil– und dabei aus dem Luftkanal –9– und dem Kurbelgehäuseentlüftungsschlauch –8– herausziehen
- Unterdruckschlauch –5– abziehen und aus den Kunststoffklammern ausclipsen.

Einbau

- Unterdruckschlauch –5– aufschieben und Gehäuseunterteil einclipsen.
- Die beiden Anschlußstutzen des Luftfilters in den Kurbelgehäuseentlüftungsschlauch und in den Luftkanal einsetzen.
- Luftfilter am Ansaugstutzen ansetzen und herunterdrücken.
- Luftfilter ausrichten und am Gummilager sowie am Ansaugstutzen festschrauben.

MICRA-Generation I

Ausbau

- Warmluftschlauch am Luftkanal abziehen.
- Unterdruckschläuch(e) vom Luftfilter abziehen. Zum leichteren Einbau Schläuch(e) vorher mit Tesaband markieren.
- Zentrale Flügelmutter abschrauben.
- Kurbelgehäuseentlüftungsschlauch am Luftfilter abziehen.
- Filtergehäuse abschrauben und abnehmen.

Einbau

- Kurbelgehäuseentlüftungsschlauch am Luftfilter aufschieben.
- Filtergehäuse mit Flügelmutter und Befestigungsschraube anschrauben.
- Unterdruckschläuch(e) am Luftfilter entsprechend der angebrachten Markierungen aufschieben.
- Warmluftschlauch am Luftkanal aufschieben.

Vergaser

Die folgende Beschreibung bezieht sich weitgehend auf den 1,0-l-Motor von 3/83 – 12/88. Dieser Motor ist mit einem Register-Fallstromvergaser mit Startautomatik ausgerüstet.

Der 1,2-l-Motor besitzt einen elektronischen Vergaser mit Lambdaregelung und Abgasrückführung. Arbeiten an dieser Vergaseranlage sind nur mit speziellen Prüfgeräten und den entsprechenden Diagnoseplänen möglich und sollten daher der Werkstatt vorbehalten bleiben.

Vergasereinstellung

Jeder Vergaser wird im Werk geprüft und eingestellt. An dieser Einstellung sollte nichts verändert werden. Sehr hoher Kraftstoffverbrauch und schlechte Motorleistung haben meist andere Ursachen, wobei Fahrweise und Betriebsbedingungen eine besonders große Rolle spielen. Deshalb kann man sich für gewöhnlich auf ein sorgfältiges Einstellen des Leerlaufs und des CO-Gehalts beschränken. Eine korrekte Leerlaufeinstellung ist, noch bis in den mittleren Drehzahlbereich für eine gute Gasannahme des Motors, wichtig.

Hinweis: In Deutschland muß die Schraube am Vergaser, mit der die Abgaszusammensetzung verändert werden kann, aufgrund gesetzlicher Bestimmungen mit einer Sicherungskappe eingriffsicher gemacht werden.

Die Sicherungskappe läßt sich mit einer Zange oder einem Schraubendreher entfernen. Bei manchen Sicherungen ist es zweckmäßig, eine Blechschraube mit einem Durchmesser von ca. 2 mm in die Kunststoffkappe einzuschrauben; dann mit einer Zange die Schraube mitsamt Kappe herausziehen. Die Sicherungskappen werden dabei zerstört. Nach einer Einstellung muß die Einstellschraube mit einer neuen Kappe (Ersatzteil für den betreffenden Vergaser) gesichert werden.

Sofern die Abgas-Werte nicht den gesetzlichen Vorschriften entsprechen, erlischt die ABE (Allgemeine Betriebserlaubnis). Fehlen am Vergaser die Sicherungskappen, kann dies bei einer polizeilichen Überprüfung des Fahrzeugs zu einem Bußgeldverfahren führen.

Achtung: Bei Arbeiten am Vergaser und der Kraftstoffzufuhr müssen bestimmte Sauberkeitsregeln beachtet werden, siehe auch »Sauberkeitsregeln bei Arbeiten an der Kraftstoffversorgung«.

Störungen in der Kraftstoffzufuhr

Bei Störungen in der Kraftstoffzufuhr ist die Anlage in folgender Reihenfolge zu prüfen:

- Prüfen, ob Kraftstoff im Tank ist.
- Kraftstoffschlauch zwischen der mechanischen Kraftstoffpumpe und dem Vergaser am Vergaser abziehen und in ein geeignetes Gefäß halten. Anlasser kurz betätigen, dabei muß aus dem Schlauch stoßweise Kraftstoff austreten. **Achtung:** Brandgefahr, kein offenes Feuer!
- Wird kein Kraftstoff gefördert, Kraftstoffpumpe prüfen.
- Ist die Kraftstoffpumpe in Ordnung, Kraftstoffleitungen auf Beschädigung und Undichtigkeit kontrollieren.
- Sind Leitungen und Anschlüsse in Ordnung, Kraftstoffzufuhrleitung vom Tank ausbauen und durchblasen.
- Tankbelüftung auf Durchgang prüfen, reinigen.

Ungenügende Leistungsabgabe des Motors kann auch durch Verschmutzungen, harzartige Schmierölrückstände, Feuchtigkeit oder Verbrennungsrückstände an beweglichen Teilen beziehungsweise des Vergasers beziehungsweise durch Verengung oder Verstopfung von Bohrungen im Vergaser hervorgerufen werden. In diesem Fall muß der Vergaser gereinigt werden.

- Vergaser ausbauen und zerlegen.
- Einzelteile in Kraftstoff reinigen und trocknen.
- Sämtliche Durchgänge und Gußteile mit Druckluft durchblasen.

Achtung: Kalibrierte Düsenbohrungen und Durchgänge dürfen nicht mit Hilfe von Bohrern oder Drähten gereinigt werden, weil sich dadurch die Bohrungen erweitern können. Wenn das der Fall ist, läßt sich der Vergaser nur noch schlecht oder gar nicht mehr auf die Sollwerte einstellen. Zum Reinigen können stattdessen die Nylonborsten einer geeigneten Bürste verwendet werden.

Vergaseroberteil

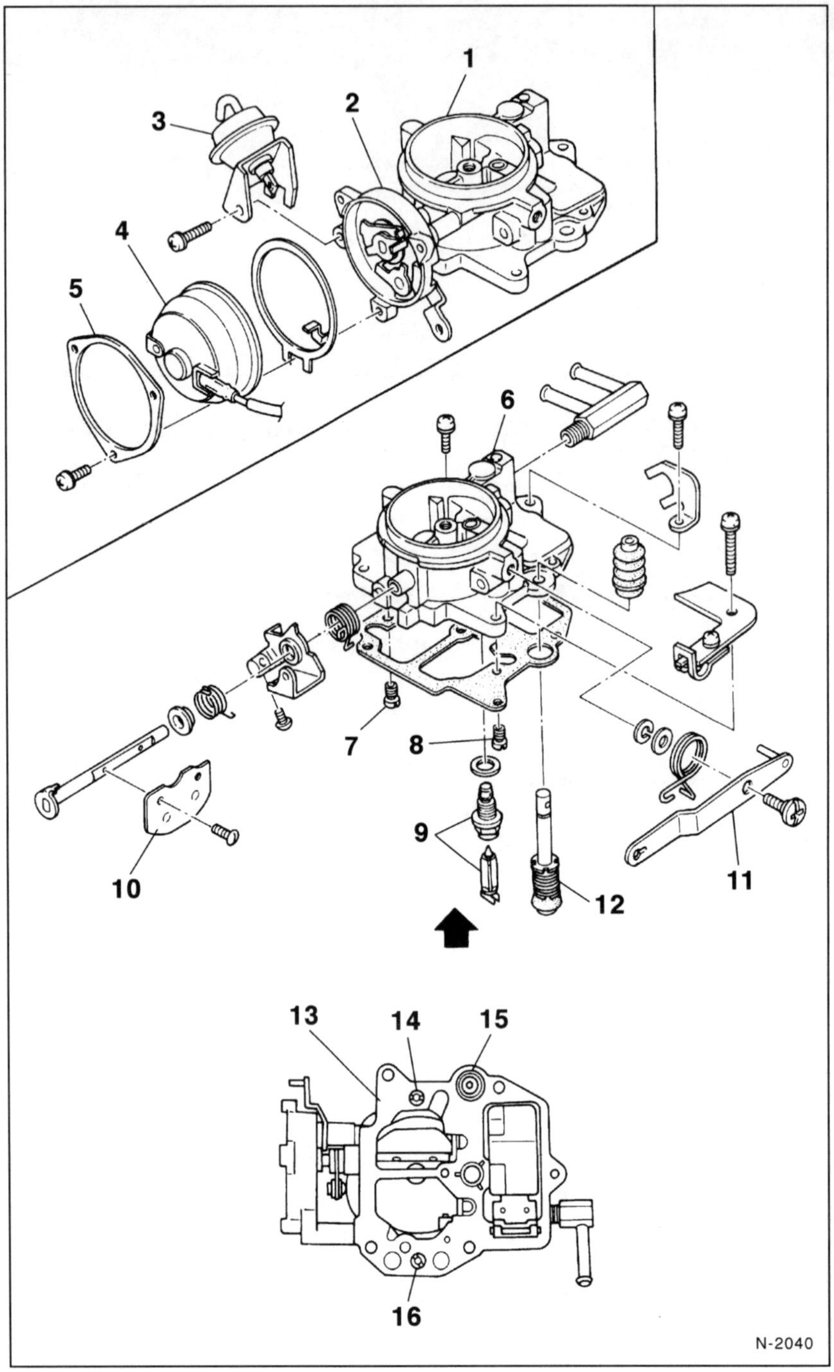

1 – **Vergaseroberteil**
Ausführung mit Startautomatik.

2 – **Gehäuse für Startautomatik**

3 – **Unterdruckdose**

4 – **Starterdeckel**
Mit Bimetallfeder und elektrischer Beheizung.

5 – **Haltering**

6 – **Vergaseroberteil**
Ausführung mit manueller Startbetätigung.

7 – **Luftkorrekturdüse, II. Stufe**

8 – **Luftkorrekturdüse, I. Stufe**

9 – **Schwimmernadelventil mit Ventilsitz**

10 – **Luftklappe (Starterklappe)**

11 – **Hebel für Beschleunigerpumpe**

12 – **Kolben für Beschleunigerpumpe**

13 – **Vergaseroberteil**
Ansicht von unten.

14 – **Luftkorrekturdüse, I. Stufe**

15 – **Kolben für Beschleunigerpumpe**

16 – **Luftkorrekturdüse, II. Stufe**

Leerlaufdrehzahl und CO-Gehalt prüfen/einstellen

Da sich der CO-Gehalt und die Leerlaufdrehzahl wechselseitig beeinflussen, müssen beide gleichzeitig kontrolliert und eingestellt werden.

Achtung: Während der Prüfung bzw. Einstellung darf der Kühlerlüfter **nicht** laufen. Gegebenenfalls warten, bis der Lüfter wieder abschaltet.

Prüfvorraussetzung: Abgasanlage prüfen, dazu bei laufendem Motor das Endrohr mit einem Lappen zuhalten. Alle Rohranschlüsse müssen dicht sein. **Achtung:** Bei dieser Prüfung auf ausreichende Belüftung achten. Es besteht sonst Vergiftungsgefahr.

- Gestänge und Wellen am Vergaser auf Spiel überprüfen, gegebenenfalls überholen oder einstellen lassen (Werkstattarbeit).
- Motor warmfahren und abstellen. Der untere Kühlmittelschlauch am Kühler muß warm sein. Der Zeiger der Kühlmittel-Temperaturanzeige im Schalttafeleinsatz steht dann in der Mitte der Skala.
- Handbremse anziehen.
- Alle elektrischen Verbraucher (Radio, heizbare Heckscheibe usw.) und Klimaanlage ausschalten.
- Bei Fahrzeugen mit Servolenkung Räder in Geradeausstellung bringen.
- Luftfiltereinsatz muß sauber sein, Einstellung am bestem mit neuem Luftfiltereinsatz vornehmen.
- Drehzahlmesser und CO-Meßgerät nach Vorschrift anschließen; Luftfilter aufgeschraubt lassen.
- Motor starten und im Leerlauf drehen lassen.
- Ansaugtrakt auf Dichtheit prüfen. Dazu alle Dichtstellen der Ansauganlage mit einem Pinsel und Benzin bestreichen. Wenn sich dabei kurzfristig die Drehzahl erhöht, dann saugt der Motor Nebenluft an. Undichte Stelle lokalisieren und beseitigen.

Achtung: Kraftstoffdämpfe nicht einatmen – giftig! Benzin nicht auf glühende Teile oder Zündanlage spritzen. Feuergefahr!

- Motordrehzahl 2- bis 3mal auf etwa 2.000 bis 3.000/min erhöhen und danach wieder auf Leerlaufdrehzahl absenken.
- Motor ca. 2 Minuten mit Leerlaufdrehzahl laufen lassen.

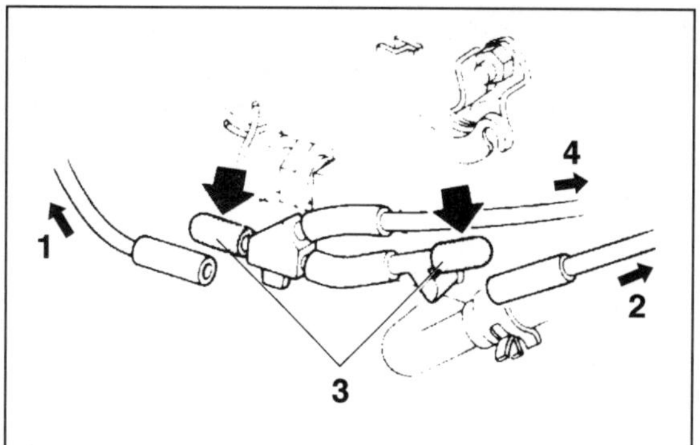

N-1215

- Unterdruckschläuche zum Zündverteiler –1– und zum Leerlauf-Ausgleichventil –2– auf der Verbinderseite am Ansaugkrümmer abziehen. Verschlußdeckel –3– auf die freien Enden stecken. 4 – Zum Vergaser.
- Motor zwei- oder dreimal ohne Last auf 2.000 bis 3.000/min bringen und anschließend im Leerlauf drehen lassen.

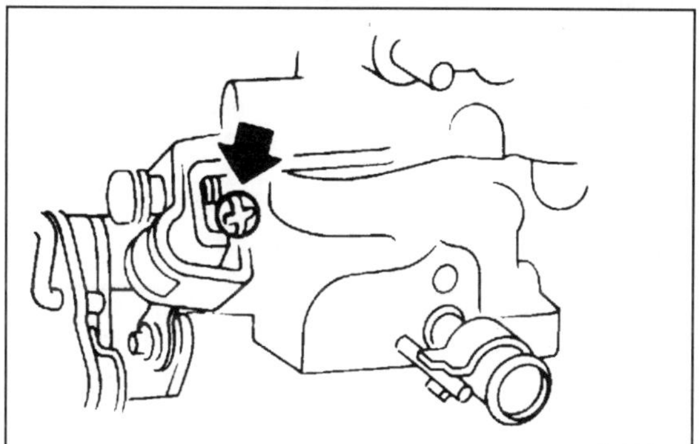
N-2041

- Leerlaufdrehzahl prüfen. Die Drehzahl muß unter 900/min liegen. Andernfalls Drehzahl durch Verdrehen der Leerlaufdrehzahl-Einstellschraube einstellen.
- Zündzeitpunkt prüfen, gegebenenfalls einstellen.
- Motor zwei- oder dreimal ohne Last auf 2.000 bis 3.000/min bringen und anschließend im Leerlauf drehen lassen.
- Leerlaufdrehzahl erneut prüfen, gegebenenfalls mit der Leerlaufdrehzahl-Einstellschraube auf den Sollwert einstellen, siehe Seite 79.
- CO-Gehalt prüfen, Sollwert siehe Seite 83.

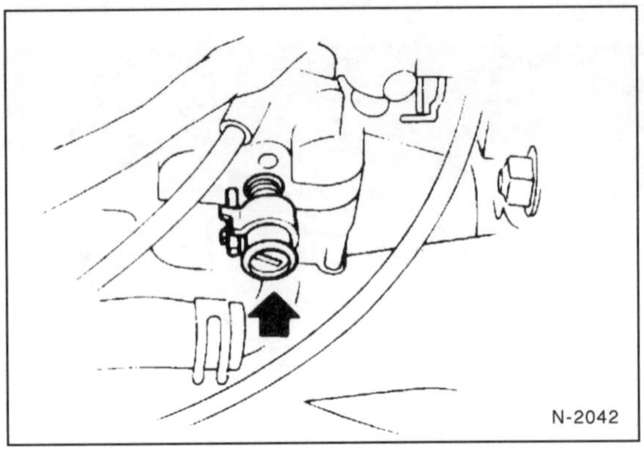

- Bei Abweichungen des CO-Wertes, CO-Gehalt durch Verdrehen der CO-Einstellschraube auf Sollwert einstellen. Vorher Sicherungskappe für Einstellschraube mit einer Zange abziehen.
- Motor zwei- oder dreimal ohne Last auf 2.000 bis 3.000/min bringen und anschließend im Leerlauf drehen lassen.
- Leerlaufdrehzahl erneut prüfen, gegebenenfalls auf Sollwert einstellen. Falls erforderlich, CO-Gehalt und Leerlaufdrehzahl durch wechselweises Verdrehen der beiden Einstellschrauben auf die Sollwerte einstellen.
- Motor abstellen. Meßgeräte entfernen. Unterdruckschläuche aufschieben, siehe Abbildung N-1215. Neue Sicherungskappe aufsetzen.

Hinweis: Die Grundeinstellung des Gemischverhältnisses (CO-Gehalt) kann behelfsmäßig auch ohne CO-Meßgerät vorgenommen werden, zum Beispiel nach einer Vergaserüberholung. Dabei ist folgendermaßen vorzugehen:

- CO-Einstellschraube vollständig hineindrehen. **Achtung:** Schraube **ganz vorsichtig drehen** und beim geringsten Widerstand aufhören. Wird die Schraube zu stark hineingedreht, kann die Schraubenspitze beschädigt werden, wodurch sich der CO-Gehalt nicht mehr korrekt einstellen läßt.
- CO-Einstellschraube 2 Umdrehungen herausdrehen.
- Unterdruckschläuche abziehen, siehe Abbildung N-1215.
- Motor starten und im Leerlauf drehen lassen.
- Motor zwei- oder dreimal ohne Last auf 2.000 bis 3.000/min bringen und anschließend im Leerlauf drehen lassen.
- Leerlaufdrehzahl mit der Leerlaufdrehzahl-Einstellschraube auf folgende Werte einstellen:
  Schaltgetriebe: 850 ± 50/min
  Automatikgetriebe: 960 ± 50/min
- CO-Einstellschraube verdrehen, bis der Motor bei höchster Drehzahl einwandfrei rundläuft. **Achtung:** Wenn dabei die Drehzahl ansteigt, Leerlaufdrehzahl-Einstellschraube verdrehen, bis die Drehzahl wieder bei 850 ± 50/min bzw. 960 ± 50/min liegt
- Leerlaufdrehzahl durch Hineindrehen der CO-Einstellschraube auf den Sollwert einstellen, siehe Seite 83.
- Unterdruckschläuche aufschieben, siehe Abbildung N-1215.

Vergaser aus- und einbauen

Achtung: Beim Ausbau des Vergasers kann etwas Kraftstoff austreten. Kraftstoffdämpfe sind giftig und feuergefährlich, deshalb auf besonders gute Belüftung des Arbeitsplatzes achten. Hautkontakt mit Kraftstoff vermeiden. Kraftstoffbeständige Handschuhe tragen. **Kein offenes Feuer, Brandgefahr!**

Ausbau

- Batterie-Massekabel (–) von der Batterie abklemmen. **Achtung:** Dadurch werden die elektronischen Speicher gelöscht, wie zum Beispiel der Radiocode. Vor dem Abklemmen der Batterie sollten auch die Hinweise im Kapitel »Batterie aus- und einbauen« durchgelesen werden.
- Luftfilter ausbauen, siehe Seite 76.
- Kraftstoff-Zulaufleitung und, falls vorhanden, Rücklaufleitung am Vergaser abziehen und verschließen, vorher Schelle lösen und zurückschieben. Zum Verschließen der Leitung kann eine saubere Schraube mit entsprechendem Durchmesser in den Schlauch gesteckt werden. Zum leichteren Einbau, Kraftstoffschläuche vorher mit Tesaband markieren.
- Unterdruckschläuche am Vergasergehäuse mit Klebeband kennzeichnen und abziehen.
- Gaszug am Vergaser aushängen und vom Widerlager abschrauben. **Achtung:** Der Gaszug darf nicht geknickt werden, sonst bricht er im späteren Fahrbetrieb. Geknickten Seilzug auf jeden Fall ersetzen.
- Elektrische Anschlüsse mit Klebeband kennzeichnen und abziehen.

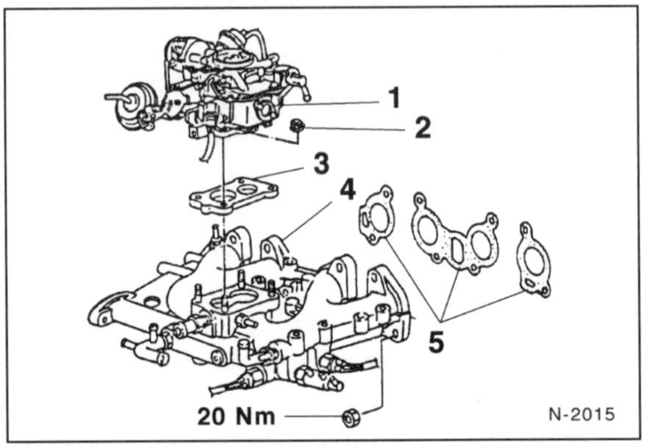

- Befestigungsmuttern –2– für Vergaser abschrauben und Vergaser –1– vom Ansaugkrümmer –4– abheben.
- Stecker für Gemischvorwärmung vom Isolator –3– abziehen und Isolator abnehmen. 5 = Dichtungen für Ansaugkrümmer (falls ausgebaut, immer ersetzen).
- Ansaugkrümmer mit sauberem Lappen abdecken, damit kein Schmutz hineinfallen kann.

Einbau

- Lappen entfernen, Isolator aufsetzen und Vergaser festschrauben. Dabei Muttern nicht zu fest anziehen.
- Stecker für Gemischvorwärmung aufschieben.
- Unterdruckleitungen entsprechend den Markierungen am Vergasergehäuse aufschieben.
- Elektrische Leitungen entsprechend den Markierungen aufstecken.
- Kraftstoffschläuch(e) entsprechend den Markierungen aufschieben und mit Schelle(n) sichern.
- Gaszug einbauen und einstellen, siehe Seite 75.
- Luftfilter einbauen, siehe Seite 76.
- Batterie-Massekabel (–) anklemmen.
- Falls vorhanden, Zeituhr einstellen sowie Diebstahlsicherheitscode für das Radio eingeben.
- Leerlauf und CO-Gehalt prüfen und gegebenenfalls einstellen.

Schwimmerstand prüfen/einstellen

Prüfen

- Fahrzeug auf einer waagerechten Fläche abstellen und Motor im Leerlauf laufen lassen.

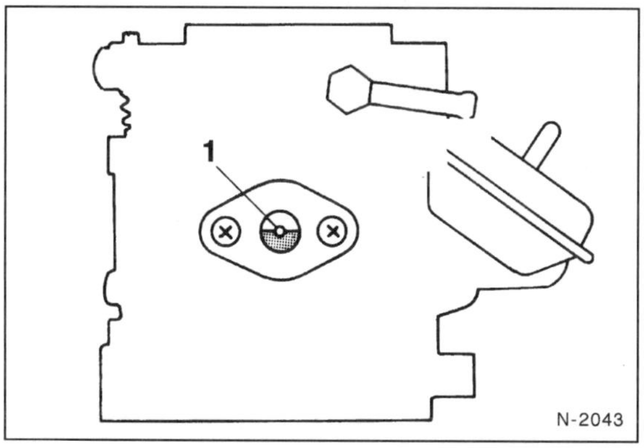

- Kraftstoffstand am Schauglas des Vergasers kontrollieren. Der Kraftstoffstand im Schwimmergehäuse muß auf Höhe der Markierung –1– liegen, andernfalls Schwimmerstand einstellen.

Einstellen

- Vergaser-Oberteil ausbauen.

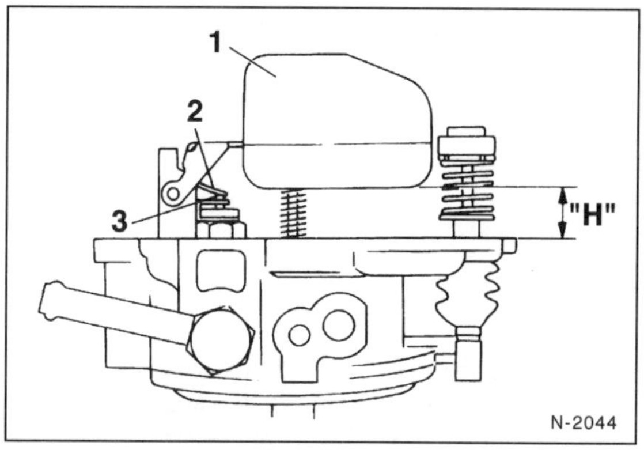

- Vergaser-Oberteil um 180° drehen (auf den Kopf stellen).
- Schwimmer –1– anheben und danach absenken, bis der Schwimmernadelsitz –2– mit dem Nadelventil –3– in Berührung kommt. In dieser Stellung Abstand »H« messen, Sollwerte siehe Seite 83.
- Falls erforderlich, Schwimmernadelsitz durch Verbiegen einstellen. Dabei darauf achten, daß das Nadelventil auf dem Schwimmersitz einwandfrei gleitet. Schwimmersitz vorsichtig verbiegen, nicht knicken.

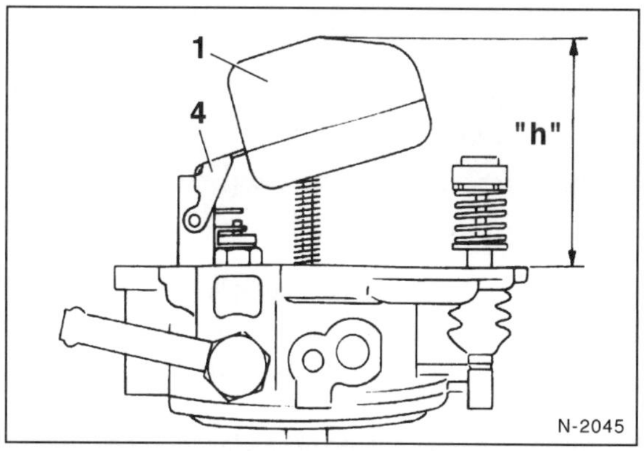

- Schwimmer –1– anheben, bis der Schwimmeranschlag –4– das Vergaser-Oberteil berührt und die Höhe »h« messen, Sollwerte siehe Seite 83.
- Falls erforderlich, Schwimmeranschlag durch Verbiegen einstellen.
- Vergaser-Oberteil mit neuer Dichtung ansetzen und mit 5 Nm festschrauben.

Kaltstartautomatik prüfen/ aus- und einbauen

Wenn der kalte Motor schlecht anspringt oder in der Kaltlaufphase das Gas schlecht annimmt, ist die Kaltstartautomatik zu prüfen.

Prüfen

Prüfvorraussetzung: Der Motor ist mindestens auf Zimmertemperatur abgekühlt.

- Luftfilter abschrauben, siehe Seite 76.

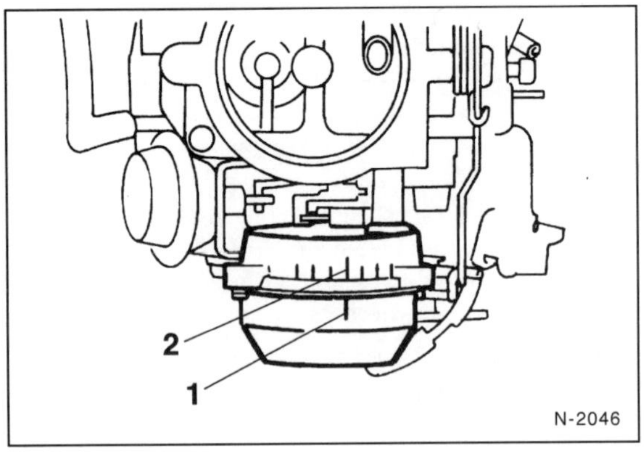

- Prüfen, ob die Nut –1– am Starterdeckel mit der mittleren Linie –2– am Startergehäuse übereinstimmt.
- Von Helfer Gaspedal einmal ganz durchtreten lassen. Die Starterklappe (oberste Klappe im Vergaser) muß sich bis auf einen schmalen Spalt schließen.
- Schließt sich die Starterklappe nicht, kontrollieren, ob die Starterklappenwelle leichtgängig ist, gegebenenfalls gangbar machen.
- Motor starten und im Leerlauf laufen lassen.
- Kontrollieren, ob sich das Gehäuse der Kaltstartautomatik erwärmt. Gleichzeitig muß sich die Starterklappe im Ansaugrohr langsam öffnen.
- Erwärmt sich das Gehäuse nicht, Stromkreis der Heizvorrichtung gemäß Schaltplan prüfen. Relais für Startautomatik prüfen, siehe »Elektrische Anlage«. Das Relais befindet sich im Motorraum links in der Nähe der Zündspule.
- Heizvorrichtung prüfen. Dazu Stecker am Starterdeckel abziehen und Ohmmeter zwischen Kontakt am Starterdeckel und Masse anschließen. Sollwert: ca. 0 Ω, andernfalls Startautomatik ersetzen.
- Erwärmt sich das Gehäuse und die Starterklappe schließt sich nicht oder nur teilweise, kann die Bimetallfeder gebrochen sein. Starterdeckel abschrauben und Bimetallfeder prüfen.
- Luftfilter einbauen.

Ausbau

- Luftfilter abschrauben, siehe Seite 76.
- Steckverbindung der Kaltstartautomatik trennen.
- 3 Schrauben für Starterdeckelbefestigung herausdrehen und Starterdeckel mit Haltering abnehmen.

Einbau

- Starterdeckel so ansetzen, daß die Zunge der Bimetallfeder in den Hebel der Starterklappe greift.
- Haltering ansetzen und handfest anschrauben.

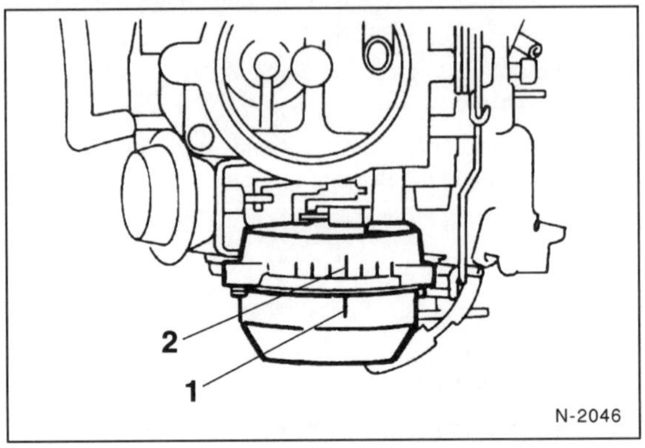

- Starterdeckel so ausrichten, daß die Mittellinie –2– der Skala am Startergehäuse mit der Markierung –1– am Starterdeckel übereinstimmt. Halteschrauben festziehen.
- Stecker der Startautomatik verbinden.
- Luftfilter einbauen.

Kraftstoffabschaltventil prüfen

Wenn der Motor nach dem Abschalten der Zündung nachläuft, muß die Funktion des Kraftstoffabsperrventils überprüft werden.

Prüfen

- Motor im Leerlauf laufen lassen.

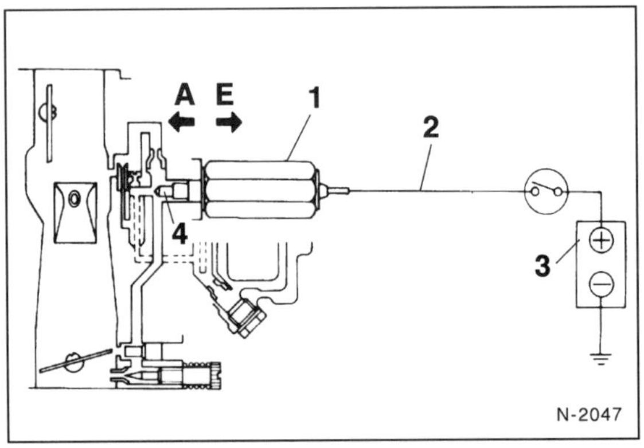

- Stecker des Kraftstoffabschaltventils –1– abziehen. Wenn der Motor stehenbleibt, ist das Ventil in Ordnung.
- Läuft der Motor weiter, Stromzuführung prüfen.
- Dazu Ventil mit einer Hilfsleitung –2– an den Pluspol der Batterie –3– anschließen. Der Kolben –4– wird dadurch in die Stellung –E– gezogen. Nach Unterbrechen der Stromzufuhr drückt eine Feder den Kolben wieder in Stellung –A–. Diese Schaltvorgänge sind als Klicken hörbar.
- Gegebenenfalls Abschaltventil erneuern.

Technische Daten Vergaser

Motor Motortyp		1,0-l MA10S	
Leerlaufdrehzahl Schaltgetriebe Automatik	1/min 1/min	800 ± 50 900 ± 50	
CO-Gehalt	Vol.%	1,5 ± 0,5	
Schnelleerlauf[1] Schaltgetriebe Automatik Drosselklappenspalt Schaltgetriebe Automatik	1/min 1/min mm 1/min	1.700 – 2.100 1.800 – 2.200 0,44 ± 0,07 0,62 ± 0,07	
Schwimmerhöhe »H« »h«	mm mm	14 46	
Vergaserstufe		I.	II.
Bohrung Drosselklappengehäuse	∅ in mm	26	30
Lufttrichter	∅ in mm	20	27
Hauptdüse		#94	#130
Hauptluftdüse		#80	#80
Übergangsdüse		#43	#75
Luftkorrekturdüse		#160	#80
Vollastdüse		#45	

[1]) Hebel für schnellen Leerlauf muß auf der zweiten Stufe des Nockens stehen, gegebenenfalls Vergaser ausbauen und Drosselklappenspalt durch Verdrehen der Schnelleerlauf-Einstellschraube einstellen. Drosselklappenspalt ist der Spalt zwischen der Drosselklappe für die I. Stufe und der Innenwandung des Vergasers bei geschlossener Drosselklappe.

= 1/100 mm

Störungsdiagnose Vergaser

Voraussetzungen für das Abstellen von Fehlern anhand dieser Tabelle sind eine einwandfreie Einstellung und Funktion des Motors, aller Nebenaggregate sowie ein dichtes Saugrohr und eine korrekte Steuerung der Vorwärmung im Luftfilter. Außerdem ist zu prüfen, ob Kraftstoff mit dem vorgesehenen Druck zum Vergaser gefördert wird. Bedienungsfehler beim Starten müssen ausgeschlossen sein, siehe unter Störungsdiagnose Motor.

Störung	Ursache	Abhilfe
1. Der kalte Motor springt nicht an	1. Starterklappe schließt nicht	■ Kaltstarteinrichtung prüfen (Werkstattarbeit)
	2. Starterklappe oder Gestänge ist schwergängig	■ Starterklappe gangbar machen
	3. Startautomatik arbeitet nicht	■ Startautomatik prüfen
	4. Drosselklappe nicht weit genug geöffnet	■ Drosselklappenspalt einstellen (Werkstattarbeit)
	5. Kraftstoffzufuhr unterbrochen	■ Kraftstoffförderung prüfen
	a) Tank leer	■ Tank auffüllen
	b) Kraftstoffleitungen undicht, gequetscht	■ Leitungen prüfen, ggf. erneuern
	c) Kraftstoffpumpe undicht	■ Kraftstoffpumpe ersetzen
	d) Membrane der Kraftstoffpumpe eingerissen	■ Kraftstoffpumpe ersetzen
	6. Schwimmer, Schwimmernadelventil undicht	■ Ersetzen, Schwimmerstand prüfen (Werkstattarbeit)
	7. Düsen verschmutzt, verstopft	■ Reinigen, erneuern
2. Motor bleibt nach dem Kaltstart stehen	1. Starterklappe öffnet nicht, schwergängig	■ Starterklappe gangbar machen
	2. Nicht genügend Kraftstoff in der Schwimmerkammer durch Ausdampfen bei heiß abgestelltem Motor	■ Durchstarten, Gaspedal mehrmals durchtreten, dann bei niedergetretenem Pedal starten
3. Motor bleibt vor Erreichen der Betriebstemperatur stehen	1. Wie unter 2.1	■ Wie unter 2.1
	2. Leerlaufeinstellung nicht wie vorgesehen	■ Drehzahl und CO-Gehalt einstellen
	3. Motor saugt Nebenluft an	■ Ansaugtrakt auf Dichtheit prüfen (Werkstattarbeit)
	4. Drosselklappenwelle ausgeschlagen	■ Vergaser ersetzen
	5. Düsen im Vergaser locker	■ Festziehen (Werkstattarbeit)
	6. Vergaser locker	■ Befestigungsmuttern festziehen, ggf. neue Vergaserdichtung einsetzen
4. Heißstart schwierig	1. Überfetten durch Ausdampfen und Tropfen von Kraftstoff infolge Hitzestaus	■ Mit Vollgas starten (Gaspedal festhalten)
	2. Dampfblasenbildung in der Kraftstoffzufuhr	■ Mit Vollgas starten und mit erhöhter Drehzahl anfahren. Bei wiederholtem Auftreten, Kraftstoffmarke wechseln, Markenbenzin tanken
5. Endleistung wird nicht erreicht, Aussetzer bei Vollast	1. Kraftstoff-Luftgemisch zu mager oder viel zu fett	
	a) Kraftstoff-Filter verschmutzt	■ Erneuern
	b) Düsen verschmutzt	■ Reinigen
	c) Kraftstoffniveau zu tief/zu hoch	■ Schwimmer einstellen
	d) Tankbelüftung zu	■ Reinigen
	e) Drosselklappe öffnet nicht vollständig	■ Gasbetätigung einstellen
	2. Luftdurchsatz zu klein	
	a) Starterklappe öffnet nicht vollständig	■ Startautomatik prüfen
	b) Luftfiltereinsatz verschmutzt	■ Reinigen, ggf. erneuern

Benzin-Einspritzanlage

Hinweis: In diesem Band werden 2 MICRA-Generationen behandelt. Die MICRA-Generation I kam im März '83 in Deutschland auf den Markt. Im Januar '93 wurde die MICRA-Generation II eingeführt. Parallel zur MICRA-Generation II werden auch weiterhin von der MICRA-Generation I die Modelle TOPIC und HIT angeboten.

Die Motoren der **MICRA-Generation II** sind mit einer sogenannte Mehrstellen-Einspritzanlage (MPI = Multi-Point-Injection) ausgerüstet. Die MPI-Einspritzanlage ist eine elektronische Benzineinspritzung, die den Kraftstoff in Abhängigkeit vom Betriebszustand des Motors in das Ansaugrohr direkt vor die Einlaßventile einspritzt.

Der Kraftstoff wird aus dem Kraftstoffbehälter von der elektrischen Kraftstoffpumpe angesaugt und über den Kraftstoffilter zum Verteilerrohr und dann zu den Einspritzventilen gefördert. Ein Druckregler am Verteilerrohr sorgt dafür, daß der Druck im Kraftstoffsystem weitgehend konstant gehalten wird. Die angesaugte Luftmenge wird vom Luftfilter gereinigt und über den Ansaugkrümmer dem Motor zugeführt.

Am Ansauglufttrichter befindet sich ein Luftmassenmesser, der die angesaugte Luft mißt und dem Steuergerät entsprechende elektrische Impulse übermittelt. Anhand dieser Impulse und des Motor-Drehzahlsignals berechnet die Motor-Steuereinheit den grundlegenden Einspritzzeitpunkt und die Einspritzmenge. Für die Ermittlung der genauen Einspritzmenge werden die Signale weiterer Sensoren, wie zum Beispiel Kühlmittel-Temperaturfühler und Lambdasonde, miteinbezogen.

Das Steuergerät der Zünd-/Einspritzanlage regelt entsprechend den Daten, die von den Sensoren geliefert werden, die Einspritzzeit und dadurch die Einspritzmenge nach einem vorgegebenen Kennfeld. Bei längerer Öffnung der 4 Einspritzventile wird pro Kurbelwellenumdrehung mehr Kraftstoff eingespritzt. Die Einspritzung erfolgt sequentiell, das heißt, die Einspritzventile werden einzeln im Rhythmus der Zündfolge angesteuert.

Fallen wichtige Geber aus, schaltet das Steuergerät auf ein Notlaufprogramm um, damit Motorschäden vermieden werden und weitergefahren werden kann. In diesem Fall ruckelt der Motor extrem und neigt beim Gasgeben zum Absterben.

- Das Steuergerät befindet sich im Fahrgastraum unter dem Armaturenbrett im Fußraum.
- Die Kraftstoffpumpe befindet sich im Tank und taucht in den Kraftstoff ein. Dadurch werden die Betriebsgeräusche und die Bildung von Luftblasen verringert.
- Der Kraftstoff-Druckregler sitzt am Verteilerrohr und hält den Kraftstoffdruck je nach Gaspedalbetätigung bei 2,5 – 3,0 bar.
- Die Einspritzventile werden vom elektronischen Steuergerät angesteuert. Sobald Strom durch die Magnetspule fließt, wird die Düsennadel magnetisch angezogen und Kraftstoff eingespritzt. Wird der Strom unterbrochen, drückt eine Feder die Düsennadel zurück und schließt dadurch das Ventil.
- Das Drosselklappengehäuse enthält die Drosselklappe über die durch Betätigen des Gaspedals die Luftmenge gesteuert wird. Außerdem befinden sich am Drosselklappengehäuse das Drosselklappenpotentiometer und verschiedene Ventile für die Leerlaufsteuerung.
- Die Lambdasonde (Sauerstoffsensor) mißt den Sauerstoffgehalt im Abgasstrom und schickt entsprechende Spannungssignale an das Steuergerät. Daraufhin verändert das Steuergerät das angesaugte Kraftstoff-/Luftverhältnis, so daß die Abgase im Katalysator optimal nachverbrannt werden.
- Der Aktivkohlebehälter befindet sich im Motorraum an der Spritzwand. Auftretende Kraftstoffdämpfe im Tank werden von einem Aktivkohlefilter gespeichert und über ein Ventil der Verbrennung zugeführt. Die Kraftstoffdämpfe werden also durch den Aktivkohlefilter größtenteils wirtschaftlich genutzt und gelangen nicht ins Freie. Geregelt wird die Zuführung der Kraftstoffdämpfe durch ein wärmegesteuertes Unterdruckventil (T.V.V.-Ventil) am Zylinderkopf.

Alle Teile der Einspritzanlage sind langzeitstabil, Reparaturen sind daher äußerst selten. Bei Ausfall von Sensoren schaltet das Steuergerät auf ein Notlaufprogramm um. In diesem Fall läuft der Motor möglicherweise unrund, und es können Mängel im Fahrverhalten auftreten. Selbst kurzfristige Störungen werden im Fehlerspeicher des Steuergerätes gespeichert.

Achtung: Bei Arbeiten an der Einspritzanlage und der Kraftstoffzufuhr müssen bestimmte Sauberkeitsregeln beachtet werden, siehe Seite 70.

Bauteile der Einspritzanlage (Einbaulage)

1 – **Luftmassenmesser**
2 – **Drosselklappensensor**
3 – **Lufttrichter mit Schutzgitter**
4 – **Drosselklappenteil**
5 – **A.C.C.-/F.I.C.D.-Kombiventil**
6 – **Aktivkohlebehälter**
7 – **Motortemperatursensor**
8 – **Zündverteiler**
9 – **Einspritzventile**

Schemazeichnung der Einspritzanlage

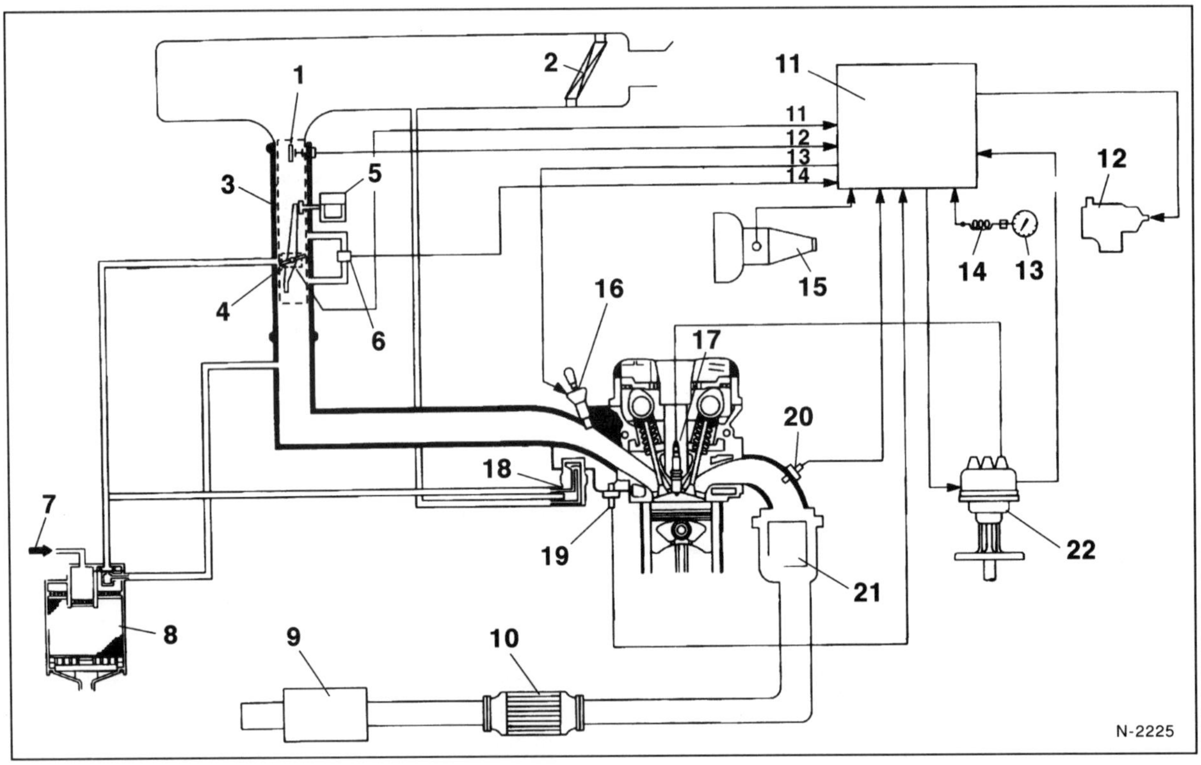

1 – **Luftmassenmesser**
2 – **Luftfilter**
3 – **Drosselklappengehäuse**
4 – **Drosselklappenpotentiometer**
5 – **F.I.C.D.-Ventil**
Zusatzluft-Steuerungsventil.
6 – **A.A.C.-Ventil**
Zusatzluftventil.
7 – **Vom Kraftstoffbehälter (Tank)**
8 – **Aktivkohlebehälter**
9 – **Schalldämpfer**
10 – **Katalysator**
11 – **Zünd-/Einspritzsteuergerät (E.C.C.S.)**
12 – **Kraftstoffpumpe**
13 – **Geschwindigkeitsanzeiger**
14 – **Geschwindigkeitssensor**
15 – **Leergangschalter**
16 – **Einspritzventil**
17 – **Zündkerze**
18 – **T.V.V.-Ventil**
Wärmegesteuertes Unterdruckventil.
19 – **Kühlflüssigkeitstemperaturgeber**
20 – **Lambdasonde**
21 – **Abgaskrümmer mit Katalysator**
22 – **Zündverteiler**

Sicherheitshinweise Einspritzanlage

- Motor nicht ohne fest angeschlossene Batterie starten.
- Zum Starten des Motors **keinen** Schnellader verwenden.
- Beim Schnelladen Batterie vom Bordnetz trennen.
- Bevor eine Prüfung der elektronischen Einspritzanlage erfolgt, muß gewährleistet sein, daß die Zündung in Ordnung ist, das heißt Zündzeitpunkt und Zündkerzen müssen den Vorschriften entsprechen.
- Auf einwandfreien Sitz der Anschlußstecker achten.
- Nie bei laufendem Motor die Batterie vom Bordnetz trennen.
- Bei Temperaturen über +80° C (Trockenofen), Steuergerät ausbauen.
- Mehrfachstecker des Steuergerätes nicht bei eingeschalteter Zündung abziehen oder aufstecken.
- Bei einer Kompressionsdruckprüfung Stromversorgung für Kraftstoffpumpenrelais unterbrechen, Relaisstecker abziehen. Lage des Relais, siehe Seite 280.

Der Fehlerspeicher

Ausfälle und kurzfristige Störungen von Sensoren werden im Fehlerspeicher des Steuergerätes gespeichert. Abgespeicherte Fehler können in einer NISSAN-Fachwerkstatt mit dem NISSAN-Selbstdiagnose-Prüfgerät abgerufen werden.

Der Fehlercode gibt an, in welchem Bereich der Zünd- und Einspritzanlage der Fehler zu suchen ist. Zur konkreten Fehlerermittlung ist ein umfangreicher Prüfkatalog erforderlich. Außerdem sind für die meisten Prüfungen Spezialmeßgeräte notwendig, die dem Heimwerker in der Regel nicht zur Verfügung stehen. Hier werden deshalb nur einige allgemeingültige Prüfhinweise gegeben. Weitergehende Prüfungen sollten der Werkstatt überlassen werden.

Allgemeine Prüfhinweise

Wichtig: Wenn das Selbstdiagnose-Prüfgerät beispielsweise den Temperaturfühler für Kühlmittel als defektes Bauteil anzeigt, kann der Fehler auch innerhalb des Steuergerätes liegen. Ermittelt werden kann der Fehler entweder durch Austauschen des Fühlers oder durch weitere, aufwendige Prüfungen mit Spezialmeßgeräten (Werkstattarbeit). **Hinweis:** Die Werkstatt nimmt in der Regel gekaufte, aber nicht benötigte Ersatzteile nicht zurück.

- Kabel abziehen, Anschlüsse auf guten Kontakt prüfen, Korrosion entfernen.
- Befestigung Kabel an Kabelschuh prüfen.
- Widerstand des als defekt angezeigten Bauteils prüfen und mit Sollwert vergleichen.
- Leitungen zum Steuergerät mit einem Ohmmeter gemäß dem Stromlaufplan auf Durchgang prüfen. **Achtung:** Vor dem Abziehen beziehungsweise Aufschieben des Mehrfachsteckers für das Steuergerät, Zündung ausschalten und **Massekabel der Batterie abklemmen**. Das Steuergerät kann sonst beschädigt werden.

Achtung: Wird die Batterie abgeklemmt, werden die Fehler im Speicher des Steuergerätes nach 24 Stunden gelöscht. Treten die gleichen Fehler während einer anschließenden Fahrt wieder auf, werden sie wieder im Fehlerspeicher abgelegt. Tritt ein abgespeicherter Fehler während der 50 folgenden Motorstarts nicht wieder auf, dann wird er automatisch aus dem Fehlerspeicher gelöscht.

Sensoren der Einspritzanlage prüfen

Die richtig bemessene Luft-/Kraftstoffmenge wird durch eine Vielzahl von Sensoren (Fühlern) beeinflußt. In diesem Kapitel erfolgen kurze Beschreibungen der einzelnen Sensoren sowie Überprüfungsarbeiten, die mit einfachen Mitteln möglich sind. Für eine genaue und umfassende Überprüfung der Anlage werden Spezial-Meßgeräte und ein umfangreicher Diagnoseplan benötigt.

Motortemperaturfühler

Der Kühlmittel-Temperaturfühler ist am Zylinderkopf neben dem Zündverteiler eingeschraubt. Das Steuergerät erhält durch den Fühler (Sensor) Informationen über die aktuelle Motortemperatur. Der Widerstand des Fühlers ist so ausgelegt, daß er mit ansteigender Kühlmitteltemperatur absinkt. Ein defekter Sensor läßt den kalten Motor schlecht anspringen und verursacht unrunden Motorlauf während der Warmlaufphase.

- Kühlmittel ablassen, siehe Seite 52.

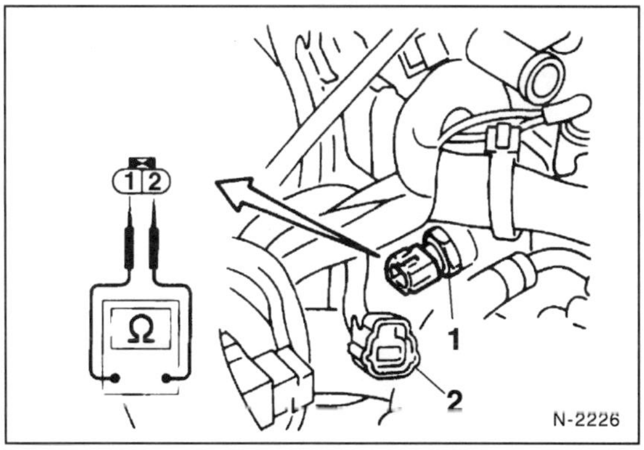

- Stecker –2– abziehen und Temperatursensor –1– herausschrauben.
- Widerstand des Sensors prüfen. Dazu Ohmmeter an die beiden Klemmen des Sensors anschließen.
  Sollwerte: Bei +20° C: 2,1 – 2,9 kΩ
  +80° C: 280 – 320 Ω
- Kühlmittel auffüllen, siehe Seite 52.

Drosselklappenpotentiometer

Der Drosselklappensensor sitzt an der Drosselklappenwelle und übermittelt dem Steuergerät die Stellung der Drosselklappe. Der Sensor besteht aus einem Regelwiderstand (Potentiometer). Je nach Drehwinkel der Drosselklappe ändert sich der Widerstand des Sensors. Bei defektem Sensor treten bei Fahrzeugen mit Automatikgetriebe unerwünschte Schaltstöße auf.

- Stromversorgung prüfen. Dazu Stecker am Drosselklappenpotentiometer abziehen.
- Voltmeter an Kontakt –1– (Abbildung N-2227) und an Masse anschließen. Zündung einschalten. Die Spannung muß ca. 5 Volt betragen.
- Zündung ausschalten.
- Ohmmeter an Klemme –3– und an Masse anklemmen. Sollwert: ca. 0 Ω, sonst Leitungsunterbrechung beseitigen.
- Stecker am Steuergerät abziehen. Ohmmeter zwischen Kontakt 20 und dem mittleren Kontakt des Steckers vom Drosselklappenpotentiometer anschließen. Der Widerstand muß 0 Ω betragen, sonst Leitungsunterbrechung beseitigen.

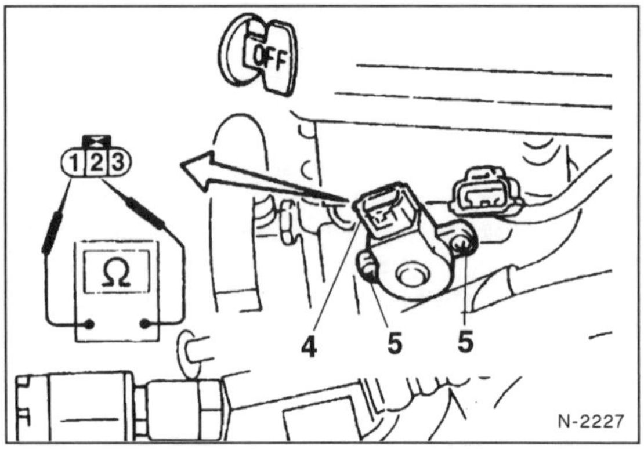

N-2227

- Ohmmeter an die Klemmen –1– und –2– des Drosselklappenpotentiometers anschließen.
- Prüfen, ob sich der Widerstand ändert, wenn die Drosselklappe von Hand geöffnet wird. Sollwert bei geschlossener Drosselklappe: ca. 0,5 kΩ. Drosselklappe langsam öffnen, der Widerstand muß ansteigen bis ca. 4 kΩ bei vollständig geöffneter Drosselklappe.

Achtung: Falls der Drosselklappensensor ausgebaut beziehungsweise ersetzt wurde, Sensor folgendermaßen einstellen:

- Ohmmeter an die Klemmen –1– und –2– anschließen.
- Befestigungsschrauben –5– lockern.
- Sensor in den Langlöchern solange verdrehen, bis der Widerstand 0,5 kΩ beträgt (Drosselklappe geschlossen).
- Befestigungsschrauben anziehen.

A.A.C.-Ventil

Das A.A.C.-Ventil kann auch als Zusatzluft-Steuerungsventil bezeichnet werden. Es regelt die Leerlaufdrehzahl aufgrund der Impulse des Steuergerätes. Das A.A.C.-Ventil ist zu prüfen, wenn der kalte Motor nach dem Start ausgeht, aber bei durchgetretenem Gaspedal anspringt, oder wenn der Motor nach kurzer Betätigung des Gaspedals stehenbleibt.

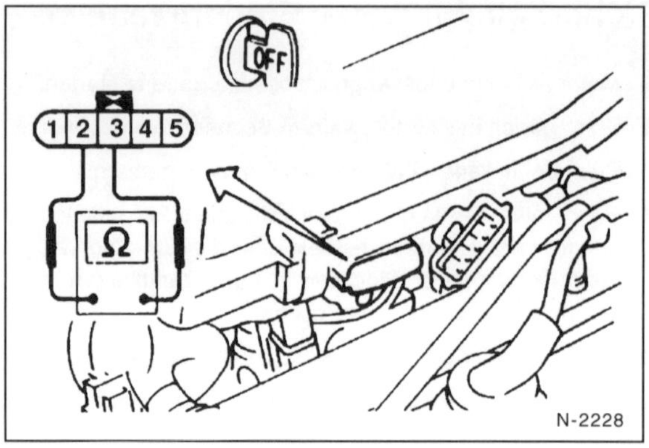

N-2228

- Stecker –A– vom A.A.C./F.I.C.D.-Ventil.abziehen. Ohmmeter an die Kontakte –2– und –3– des Ventils anschließen und Widerstand des A.A.C.-Ventils prüfen. Sollwert ca. 25 – 45 Ω.
- Widerstand zwischen den Kontakten –3– und –4– messen. Sollwert ca. 25 – 45 Ω.
- Gegebenenfalls Ventil ersetzen.

F.I.C.D.-Ventil

Das F.I.C.D.-Ventil hebt bei eingeschalteter Klimaanlage die Leerlaufdrehzahl an.

- Stecker –A– vom A.A.C./F.I.C.D.-Ventil.abziehen. Ohmmeter an die Kontakte –1– und –5– des Ventils anschließen und Widerstand des F.I.C.D.-Ventils prüfen. Sollwert ca. 10 – 65 Ω.
- Gegebenenfalls Ventil ersetzen.

Lambdasonde

- Steckverbindung –1– für Lambdasonde –2– trennen.
- Ohmmeter an die äußeren Kontakte des Sondenanschlusses anklemmen und Widerstand messen. Sollwert: ca. 3,3 Ω.
- Stecker verbinden.

Einspritzventile

- Stecker abziehen.
- Widerstand zwischen den beiden Kontakten der Einspritzventile messen. Sollwert: ca. 10 Ω.
- Stecker aufschieben.

Öldruckschalter für Servolenkung

Der Schalter ist an einem Halter am rechten Federbeindom angeschraubt. Bei Betätigung der Servolenkung sendet der Schalter ein Signal an das Steuergerät, worauf dieses die Leerlaufdrehzahl der erhöhten Motorbelastung anpaßt.

- Steckverbindung zum Schalter trennen. Ohmmeter anschließen. Der Widerstand muß ∞ Ω betragen.
- Motor starten und Lenkrad einschlagen. Der Widerstand muß jetzt 0 Ω betragen, sonst Schalter ersetzen.
- Stecker verbinden.

Technische Daten Benzin-Einspritzanlage

Motor Motortyp			1,0-/1,3-l CG10/13DE
Leerlaufdrehzahl			
Schaltgetriebe	Einstellwert	1/min	600 ± 50
	Sollwert	1/min	650 ± 50
Automatik	Einstellwert	1/min	700 ± 50
	Sollwert	1/min	750 ± 50
CO-Gehalt		Vol.%	> 0,1
Zündzeitpunkt		°KW vor OT	15 ± 2
Kühlmittel-Temperaturfühler	bei 20° C	kΩ	ca. 2,5
	bei 80° C	Ω	ca. 300
Drosselklappenpotentiometer			
Ausgangsspannung im Leerlauf		V	0,45 – 0,55
Regelwiderstand		kΩ	0,5 – 4,0
A.C.C.-Ventil		Ω	≈ 25 – 45
F.I.C.D.-Ventil		Ω	≈ 10 – 65
Einspritzventil		Ω	≈ 10
Kraftstoffpumpe		Ω	≈ 0,5
Kraftstoffdruck			
Drosselklappe geschlossen (Leerlauf)		bar	2,5
Unterdruckschlauch abgezogen		bar	3,0

Störungsdiagnose Benzin-Einspritzanlage

Bevor anhand der Störungsdiagnose der Fehler aufgespürt wird, müssen folgende Prüfvoraussetzungen erfüllt sein: Bedienungsfehler beim Starten ausgeschlossen. Sowohl für den kalten wie warmen Motor gilt: Gaspedal während des Startvorgangs nicht niederdrücken. Kraftstoff im Tank, Motor mechanisch in Ordnung, Ventilspiel richtig, Batterie geladen, Anlasser dreht mit ausreichender Drehzahl, Zündanlage ist in Ordnung, keine Undichtigkeiten an der Kraftstoffanlage, Verschmutzungen im Kraftstoffsystem ausgeschlossen, Kurbelgehäuse-Entlüftung in Ordnung, elektrische Masseverbindung (Motor-Getriebe-Aufbau) vorhanden. Achtung: Wenn Kraftstoffleitungen gelöst werden, müssen diese vorher mit Benzin gesäubert werden.

Störung	Ursache	Abhilfe
Motor springt nicht an	Elektro-Kraftstoffpumpe läuft beim Betätigen des Anlassers nicht an	■ Prüfen, ob Spannung an der Pumpe anliegt. Elektrische Kontakte auf gute Leitfähigkeit überprüfen
	Einspritzventile verklebt	■ Ventile prüfen lassen, ggf. ersetzen
	Kraftstoffdruck zu niedrig	■ Kraftstoffdruck/Kraftstoffpumpe prüfen
	Luftmassenmesser defekt	■ Luftmassenmesser überprüfen lassen
Der kalte Motor springt schlecht an, läuft unrund	Kühlmittel-Temperaturfühler defekt	■ Temperaturfühler prüfen
	Luftansaugsystem undicht	■ Dichtstellen und Anschlüsse im Ansaugsystem prüfen
	A.I.C./F.I.C.D.- Ventil defekt	■ Ventile prüfen lassen
	Kraftstoffdruck zu niedrig	■ Kraftstoffdruck prüfen lassen
Der warme Motor springt schlecht an, läuft unrund	Schlechte Kraftstoffqualität, Dampfblasenbildung	■ Marken-Kraftstoff tanken
	Luftansaugsystem undicht	■ Dichtstellen und Anschlüsse im Ansaugsystem prüfen
Der Motor setzt aus	Elektrische Verbindungen zur Kraftstoffpumpe zeitweise unterbrochen	■ Steckverbindungen und elektrische Leitungen der Kraftstoffpumpe auf feste und widerstandslose Verbindung prüfen. Sicherung prüfen. Kontakte reinigen bzw. erneuern.
	Schlechte Kraftstoffqualität, Dampfblasenbildung	■ Marken-Kraftstoff tanken
	Kraftstoffdruck zu gering	■ Kraftstoffdruck prüfen lassen
	Kraftstoffilter verstopft	■ Kraftstoffilter erneuern
	Einspritzventile defekt	■ Einspritzventile prüfen
	Luftansaugsystem undicht	■ Dichtstellen und Anschlüsse im Ansaugsystem prüfen
Der Motor hat Übergangsstörungen	Luftansaugsystem undicht	■ Dichtstellen und Anschlüsse im Ansaugsystem prüfen
	Drosselklappenpotentiometer defekt oder falsch eingestellt	■ Drosselklappenpotentiometer prüfen
Der heiße Motor springt nicht an	Druck im Kraftstoffsystem zu hoch	■ Kraftstoffdruck prüfen, ggf. Druckregler ersetzen
	Rücklaufleitung zwischen Druckregler und Tank verstopft, geknickt	■ Leitung reinigen oder ersetzen
	Kühlmittel-Temperaturfühler defekt	■ Temperaturfühler prüfen
	Einspritzventile undicht	■ Ventile ausbauen, Leitungen angeschlossen lassen, Starter kurz betätigen, innerhalb der nächsten Minute dürfen nicht mehr als 2 Tropfen Kraftstoff pro Ventil austreten
	Kraftstoffsystem undicht	■ Sichtprüfung an allen Verbindungsstellen im Bereich des Motors und der elektrischen Kraftstoffpumpe. Alle Anschlüsse nachziehen

Abgasanlage

Hinweis: In diesem Band werden 2 MICRA-Generationen behandelt. Die MICRA-Generation I kam im März '83 in Deutschland auf den Markt. Im Januar '93 wurde die MICRA-Generation II eingeführt. Parallel zur MICRA-Generation II werden auch weiterhin von der MICRA-Generation I die Modelle TOPIC und HIT angeboten.

Die Abgasanlage besteht aus dem vorderen Abgasrohr, dem Vorschalldämpfer sowie dem hinteren Abgasrohr und dem Hauptschalldämpfer.

Bei Motoren mit Abgasreinigung sind je nach Modell ein oder zwei Katalysatoren in der Abgasanlage integriert. Die für die Regelung des Katalysators erforderliche Lambdasonde ist im Abgaskrümmer vor dem Katalysator eingeschraubt.

Alle Teile der Abgasanlage sind miteinander verschraubt und lassen sich einzeln auswechseln. Selbstsichernde Muttern und alle Dichtungen sind nach dem Ausbau zu ersetzen.

Beim Einbau einer neuen Abgasanlage empfiehlt es sich, alle Gummihalterungen auch zu erneuern.

Funktion des Katalysators

Die MICRA-Motoren sind teilweise mit einem geregelten Katalysator ausgestattet. Der geregelte Katalysator erfordert einen regelbaren Gemischbildner.

Unter einem regelbaren Gemischbildner verstehen die Techniker einen Vergaser oder eine Einspritzanlage, bei der das Verhältnis von Kraftstoff zu Luft in Abhängigkeit von den Fahrzuständen und vom Sauerstoffgehalt im Abgas ständig verändert werden kann. Mit einem herkömmlichen Vergaser ist das nicht möglich, da er keine entsprechende Steuereinheit besitzt. Aus diesem Grund greifen die Techniker entweder auf einen elektronisch regelbaren Vergaser oder eine Einspritzanlage zurück.

Die Steuerungsbefehle erhält der Gemischbildner von der Lambdasonde, die vor dem Katalysator in der Abgasanlage sitzt und hier vom Abgasstrom umspült wird. Die Lambdasonde ist ein elektrischer Meßfühler, der den Restgehalt an Sauerstoff im Abgas durch elektrische Spannungsschwankungen anzeigt und Rückschlüsse auf die Zusammensetzung des Luft-Benzin-Gemisches ermöglicht. In Bruchteilen von Sekunden gibt die Lambdasonde entsprechende Signale an die Steuereinheit der Einspritzanlage weiter, die das Kraftstoff-Luftgemisch ständig anpaßt. Das ist einerseits erforderlich, da sich ja die Betriebsverhältnisse (Leerlauf, Vollgas) ständig ändern, zum anderen aber auch, weil nur dann eine Nachverbrennung im Katalysator erfolgt, wenn noch genügend Benzinanteile im Motor-Abgas vorhanden sind.

Damit es also bei einer Temperatur von +300° bis +800° C im Katalysator überhaupt zu einer Nachverbrennung kommen kann, muß das Kraftstoff-Luftgemisch mehr Kraftstoffanteile aufweisen, als für die reine Verbrennung erforderlich wären.

Bei dem allgemein verwendeten Katalysator handelt es sich um einen sogenannten 3-Wege-Katalysator. Das bedeutet, daß bei diesem Katalysator aufgrund der Lambda-Regelung die Oxidation von Kohlenmonoxid (CO) und Kohlenwasserstoffen (HC) sowie die Reduktion der Stickoxide (NO_X) gleichzeitig durchgeführt werden.

Der Umgang mit Katalysator-Fahrzeugen

Um Beschädigungen an der Lambdasonde und am Katalysator zu vermeiden, sind nachstehende Hinweise unbedingt zu beachten:

- Grundsätzlich **nur bleifreies Benzin** tanken.
- Wurde irrtümlich bleihaltiger Kraftstoff getankt, müssen das Abgasrohr vor dem Katalysator sowie der Katalysator erneuert werden. Vor Einbau der Neuteile müssen jedoch mindestens 2 Tankfüllungen bleifreien Kraftstoffs verfahren werden.
- Das Anlassen des Motors durch Anschieben oder Anschleppen ist nicht erlaubt. Unverbrannter Kraftstoff könnte bei einer Zündung zur Überhitzung des Katalysators und zu seiner Zerstörung führen. Starthilfekabel verwenden.
- Häufige Kaltstarts hintereinander sollten vermieden werden. Sonst sammelt sich im Katalysator unverbrannter Kraftstoff, der bei Erwärmung schlagartig verbrennt und dabei den Katalysator beschädigt.

- Bei Startschwierigkeiten nicht unnötig lange (über 1 Minute) den Anlasser betätigen. Während des Anlassens wird permanent Kraftstoff eingespritzt. Fehlerursache ermitteln und beseitigen.
- Keine Funkenprüfung mit abgezogenem Zündkerzenstecker durchführen.
- Es darf kein Zylindervergleich (Balancetest) durch Zündabschaltung von Zylindern erfolgen. Bei Zündabschaltung der einzelnen Zylinder – auch über Motortester – gelangt unverbrannter Kraftstoff in den Katalysator.
- Treten Zündaussetzer auf, hohe Motor-Drehzahlen meiden und Fehler umgehend beheben.
- Fahrzeug nicht an einem Ort parken oder längere Zeit anhalten, an dem brennbare Stoffe wie trockenes Gras oder Laub mit der heißen Abgasanlage in Berührung kommen können. Brandgefahr!

MICRA-Generation II

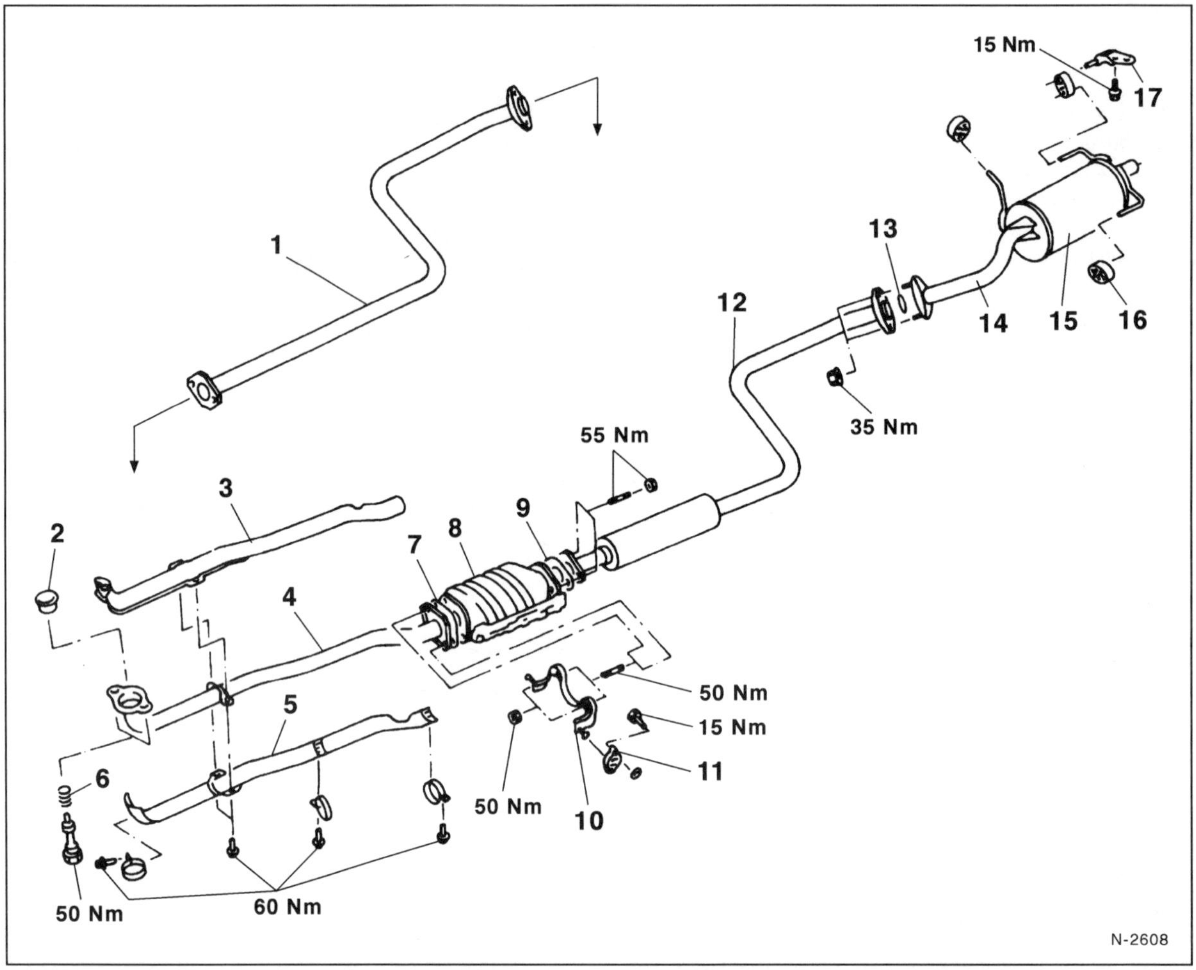

1 – **Mittleres Abgasrohr**
1,0-l-Motor CG10DE.

2 – **Dichtring**
Immer ersetzen.

3 – **Oberes Hitzeschild**

4 – **Vorderes Abgasrohr**

5 – **Unteres Hitzeschild**

6 – **Feder**

7 – **Flachdichtung**
Immer ersetzen.

8 – **Katalysator II**

9 – **Flachdichtung**
Immer ersetzen.

10 – **Halter**

11 – **Gummiring**

12 – **Mittleres Abgasrohr**
1,3-l-Motor CG13DE.

13 – **Dichtring**
Immer ersetzen.

14 – **Hinteres Abgasrohr**

15 – **Hauptschalldämpfer**

16 – **Gummiring**

17 – **Halter**

MICRA-Generation II

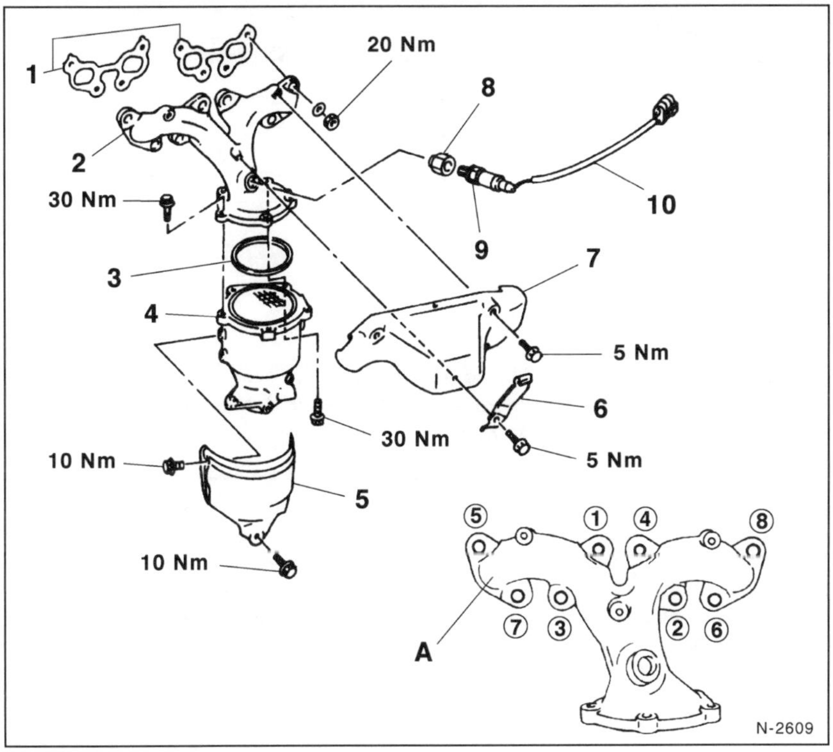

1 – **Krümmerdichtung**
Immer ersetzen.
2 – **Abgaskrümmer**
3 – **Dichtring**
Immer ersetzen.
4 – **Katalysator I**
5 – **Hitzeschutzblech**
6 – **Halterung**
7 – **Hitzeschutzblech**
8 – **Sicherungsmutter, 75 Nm**
9 – **Lambdasonde, 55 Nm**
10 – **Sondenleitung**
A – **Abgaskrümmer**
1 bis 8 = Anzugsreihenfolge der Befestigungsmuttern.

MICRA-Generation I

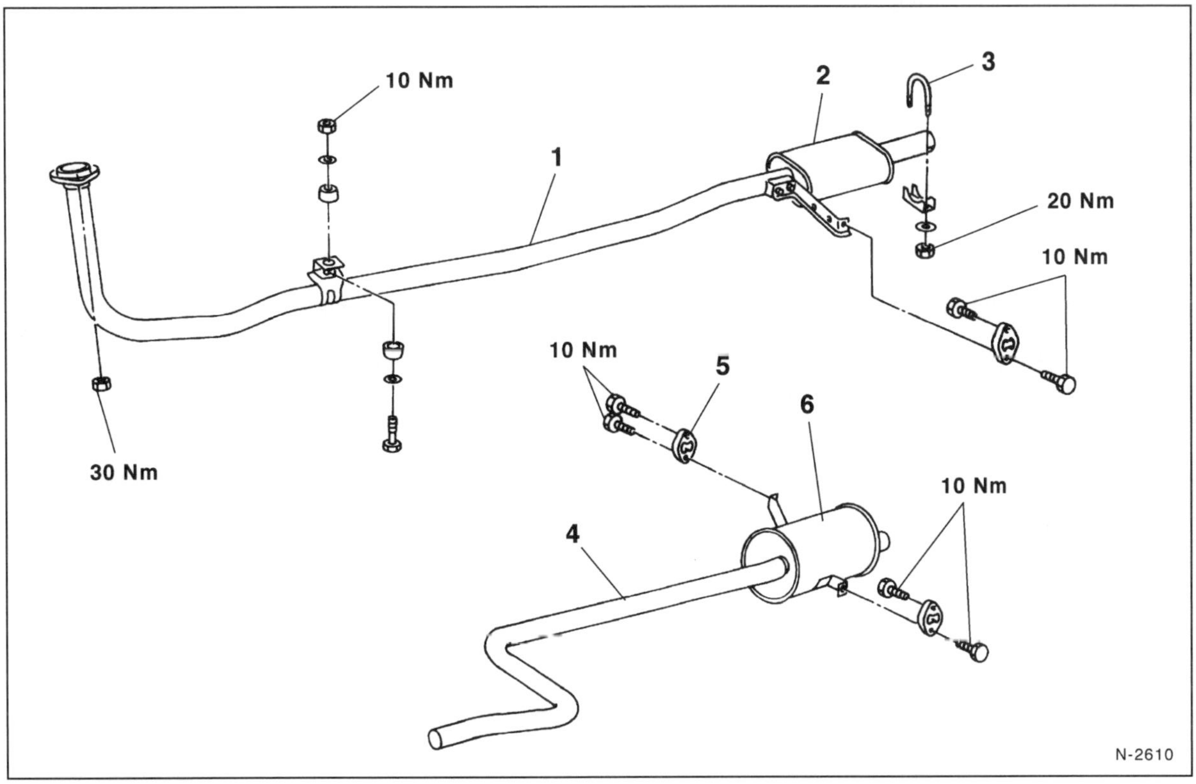

1 – **Vorderes Abgasrohr**
2 – **Mittelschalldämpfer**
3 – **Bügel**
4 – **Hinteres Abgasrohr**
5 – **Gummiring**
6 – **Hauptschalldämpfer**

Abgasanlage aus- und einbauen

Achtung: Es wird der Ausbau der kompletten Anlage beschrieben. Allerdings läßt sich auch jedes Teil der Abgasanlage einzeln austauschen. Gummipuffer und Dichtungen sowie Befestigungsmuttern grundsätzlich mitersetzen.

Ausbau

- Fahrzeug aufbocken, siehe Seite 229.
- Sämtliche Schrauben und Muttern der Abgasanlage sowie die Verbindungsstellen mit rostlösendem Mittel einsprühen. Rostlöser einige Zeit einwirken lassen.
- Wärmeschutzbleche der Abgasanlage, wo vorhanden, abschrauben.
- Schrauben für hintere Flanschverbindung herausdrehen.
- Halter für Hauptschalldämpfer vom Unterboden abschrauben und Hauptschalldämpfer abnehmen.
- Mittleres Abgasrohr abschrauben und herausnehmen.
- Katalysator II abschrauben und herausnehmen.

Achtung: Katalysator beim Aus- und Einbau keinen Stößen aussetzen, da er dadurch beschädigt werden kann. Also nicht fallen lassen oder mit dem Hammer gegen das Gehäuse schlagen.

- Vorderes Abgasrohr von Katalysator I abschrauben und herausnehmen.

Einbau

Achtung: Um die Muttern und Schrauben der Abgasanlage später leichter lösen zu können, empfiehlt es sich, diese mit einer Hochtemperaturpaste einzustreichen, zum Beispiel Liqui Moly LM-508-ASC.

- Falls gebrauchte Rohre der Abgasanlage wieder eingebaut werden, Anschlußstücke der Abgasrohre vor dem Zusammenfügen mit Schmirgelleinen von Verbrennungsrückständen reinigen. Dichtungsreste an den Flanschflächen mit einem Schaber entfernen. **Achtung:** Insbesondere bei Katalysatorfahrzeugen muß die Abgasanlage bis zum Katalysator besonders dicht sein. Daher **müssen** die ausgebauten Dichtungen durch Neuteile ersetzt werden, sonst treten Mängel im Fahrverhalten auf.
- Vorderes Abgasrohr an Katalysator I ansetzen.

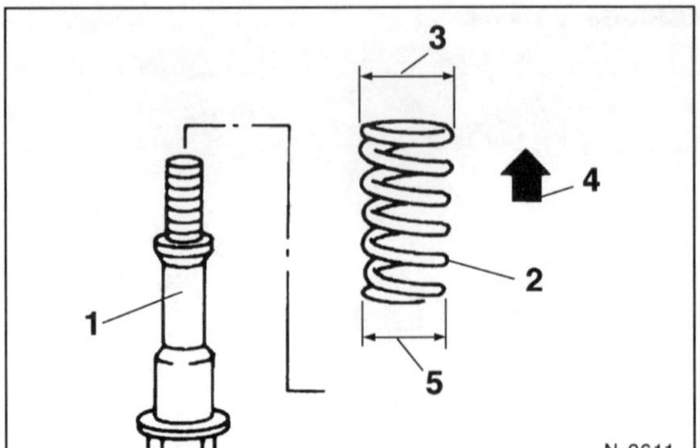

N-2611

- Abstandschraube –1– mit Feder –2– so einsetzen, daß der größere Windungsdurchmesser –3– zum Rohrflansch –4– zeigt. 5 = kleinerer Windungsdurchmesser.

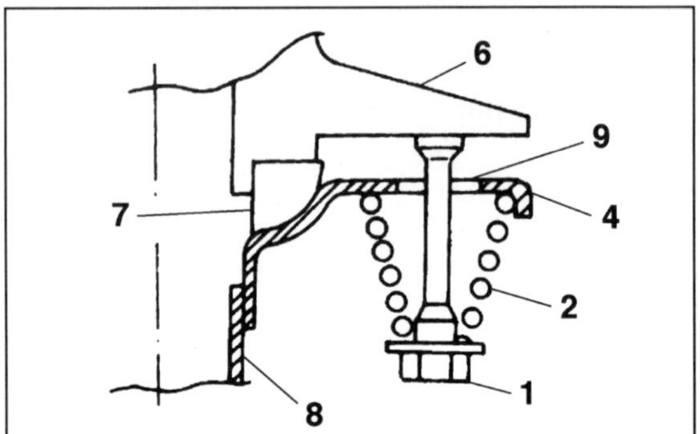

N-2612

- Vorderes Abgasrohr –8– so ausrichten, daß die Befestigungsschraube –1– mittig durch die Flanschbohrung –9– geführt wird. 2 – Feder, 4 – Rohrflansch, 6 – Katalysator I, 7 – Dichtung.
- Abgasrohre und Schalldämpfer zusammenschrauben. **Achtung:** Vor dem Zusammenfügen von Abgasrohren, Anschlußstellen mit handelsüblichem Dichtmittel oder mit NISSAN-»Exhaust Sealant-20720-N2225« bestreichen. Das betrifft insbesondere die Verbindungsstelle Mittelschalldämpfer/hinteres Abgasrohr bei den Modellen **MICRA-Generation I**.

- Vor dem Anziehen der Schrauben, Abgasrohre und Schalldämpfer durch Drehen und Verschieben ausrichten und in die Gummiaufhängungen –9– einhängen. Dabei auf ausreichenden Abstand zum Unterboden achten (mindestens 25 mm).

- Abgasanlage so ausrichten, daß die Gummihalter etwas vorgespannt sind, siehe Abbildung.
- Befestigungsflansche von vorn nach hinten mit den vorgeschriebenen Drehmomenten festziehen, siehe Abbildungen. **Achtung:** Schrauben nicht zu fest anziehen, sonst werden Dichtungen gequetscht, was zu Undichtigkeiten führt.
- Wärmeschutzbleche, wo vorhanden anschrauben.

Lambdasonde aus- und einbauen

Die Lambdasonde dient zur Regelung der Abgaszusammensetzung bei Benzinmotoren mit geregeltem Katalysator. Die Sonde ist in den Abgaskrümmer eingeschraubt.

Achtung: Die Anschlußkabel der Lambdasonde dürfen nicht repariert oder gelötet werden. Ist ein Kabel beschädigt, Lambdasonde komplett ersetzen.

Ausbau

- Elektrische Steckverbindung –1– trennen.
- Lambdasonde –2– am Abgaskrümmer herausschrauben.

Einbau

Achtung: Bei Ersatz der Lambdasonde nur gleiche Ausführung verwenden.

- Gewinde säubern.
- Lambdasonde mit Dichtring einschrauben und mit **55 Nm** festziehen. Stecker für Lambdasondenleitung zusammenfügen.

Kupplung

Die Kupplung hat 2 Aufgaben: Beim Schalten der Gänge trennt sie den Kraftschluß zwischen Motor und Getriebe und beim Anfahren sorgt sie durch Reibung für einen stoßfreien Kraftschluß.

Die Kupplung besteht aus der Kupplungsdruckplatte, der Kupplungsmitnehmerscheibe, dem Ausrücklager, dem Kupplungszug und dem Kupplungspedal.

Die Kupplungsdruckplatte ist fest mit dem Schwungrad verschraubt, das wiederum an der Kurbelwelle des Motors angeflanscht ist. Zwischen der Kupplungsdruckplatte und dem Schwungrad befindet sich die Kupplungsmitnehmerscheibe, die von der Kupplungsdruckplatte gegen das Schwungrad gepreßt wird. Die Mitnehmerscheibe wird von der Getriebeantriebswelle zentriert.

Beim Niedertreten des Kupplungspedals (auskuppeln) wird über den Kupplungsseilzug und den Ausrückhebel das Ausrücklager gegen die Feder der Kupplungsdruckplatte gedrückt. Dadurch entspannt sich die Kupplungsdruckplatte, und die Mitnehmerscheibe wird nicht mehr gegen die Schwungscheibe gepreßt. Der Kraftschluß zwischen Motor und Getriebe ist also aufgehoben.

Wird das Kupplungspedal zurückgenommen (einkuppeln), preßt die Druckplatte die Mitnehmerscheibe gegen das Schwungrad, der Kraftschluß ist wieder hergestellt, da die angepreßte Mitnehmerscheibe über die Verzahnung fest mit der Getriebewelle verbunden ist.

Bei jedem Ein- und Auskuppeln wird durch den leichten Schleifvorgang etwas Reibbelag von der Mitnehmerscheibe abgeschliffen. Die Mitnehmerscheibe ist also ein Verschleißteil, doch hat sie eine mittlere Lebensdauer von über 100.000 Kilometern. Der Verschleiß hängt im wesentlichen von der Belastung (Anhängerbetrieb) und der Fahrweise ab.

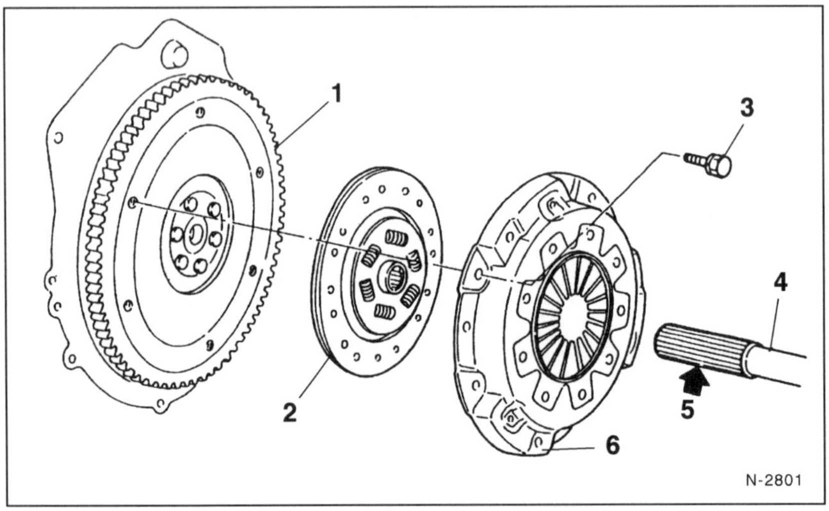

1 – Schwungrad
Leichte Hitzeschäden oder Verfärbung der Anlauffläche, die mit der Kupplungsscheibe in Berührung kommt, kann durch Polieren mit Schmirgelpapier behoben werden.

2 – Kupplungsscheibe
Kupplungsscheibe mit einem Lappen abwischen. Auf keinen Fall in oder mit Lösungsmittel reinigen. Staub mit einem Staubsauger entfernen, **nicht** mit Druckluft ausblasen. Beim Einbau darauf achten, daß von der Antriebswelle kein Fett auf die Reibflächen gelangt. Kerbverzahnung dünn mit MoS_2- Schmierfett bestreichen.

3 – Schraube
MICRA-Generation II: 25 Nm
MICRA-Generation I: 20 Nm

4 – Getriebe-Antriebswelle

5 – Kerbverzahnung
Dünn mit MoS_2-Schmierfett bestreichen (mit Molybdändisulfid versetztes Lithiumfett).

6 – Kupplungsdruckplatte
(Kupplungsdeckel)

Hinweis: In diesem Band werden 2 MICRA-Generationen behandelt. Die MICRA-Generation I kam im März '83 in Deutschland auf den Markt. Im Januar '93 wurde die MICRA-Generation II eingeführt. Parallel zur MICRA-Generation II werden auch weiterhin von der MICRA-Generation I die Modelle TOPIC und HIT angeboten.

Kupplung aus- und einbauen/prüfen

Ausbau

- Getriebe ausbauen, siehe Seite 102.
- Mit Filzstift oder Reißnadel Sitz der Druckplatte auf dem Schwungrad markieren.
- Damit das Schwungrad beim Lösen der Schrauben nicht mitdreht, Schwungrad am Zahnkranz mit Schraubendreher und Dorn arretieren.

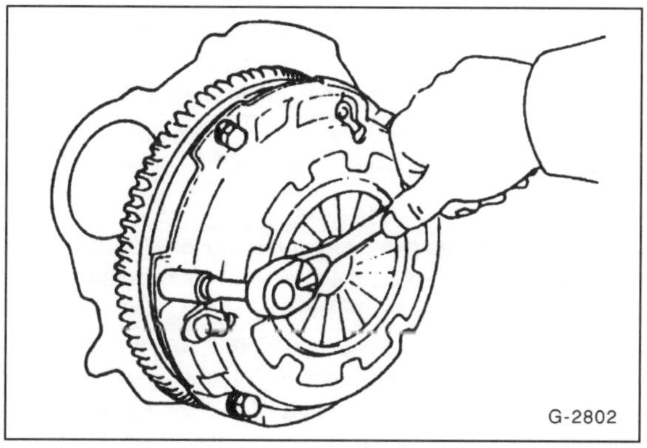

G-2802

- Befestigungsschrauben der Kupplungsdruckplatte nacheinander und diagonal jeweils um 1 bis $1^1/_2$ Umdrehungen lösen, bis die Druckplatte entspannt ist.

Achtung: Wenn die Schrauben sofort ganz gelöst werden, kann die Membranfeder beschädigt werden.

- Anschließend Schrauben ganz herausdrehen.
- Druckplatte und Kupplungsscheibe herausnehmen. **Achtung:** Druckplatte und Kupplungsscheibe beim Herausnehmen nicht fallen lassen, sonst können nach dem Einbau Rupf- und Trennschwierigkeiten auftreten.
- Schwungrad mit benzingetränktem Lappen auswischen.

Prüfen

- Verölte, verfettete oder mechanisch beschädigte Kupplungsscheiben austauschen.

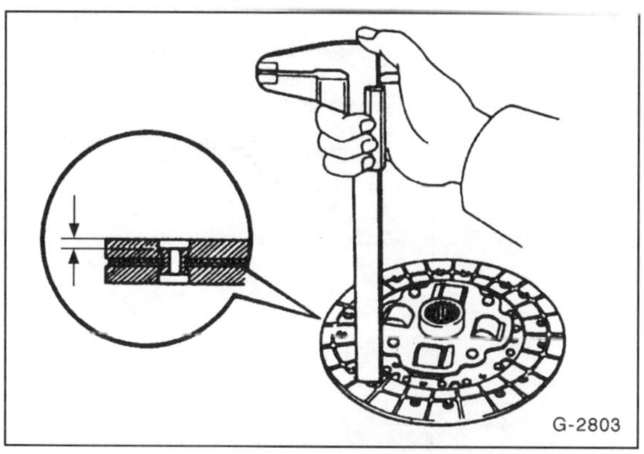

G-2803

- Belagstärke der Kupplungsscheibe mit Schieblehre messen. Der Abstand der Reibfläche zu den Nietköpfen muß mindestens **0,3 mm** betragen, sonst Kupplungsscheibe auswechseln. Ebenso bei Belagrissen.

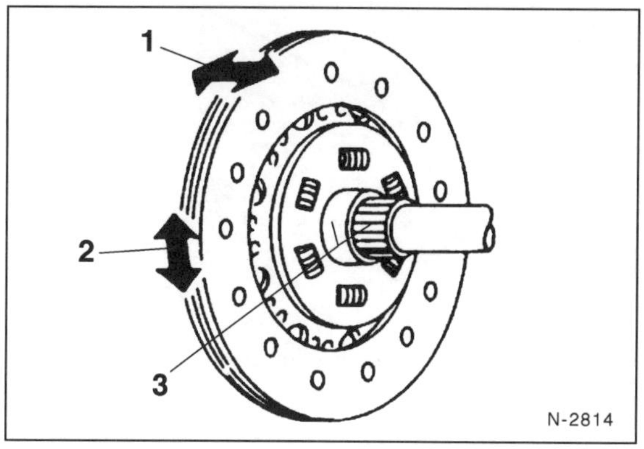

N-2814

- Kupplungsscheibe auf Schlag –1– prüfen. Die Prüfung erfordert Spezialwerkzeug, ist jedoch nur notwendig, wenn die alte Kupplung wieder eingebaut werden soll und vorher Rupf- und Trennschwierigkeiten auftraten. Verschleißgrenze (Grenzwert) siehe Seite 100.
- Flankenspiel –2– der Nutung –3– an der Außenkante der Kupplungsscheibe prüfen. Verschleißgrenze (Grenzwert) siehe Seite 100.
- Schwungrad auf Brandrisse und Riefen prüfen, gegebenenfalls mit feinem Schleifpapier glätten.

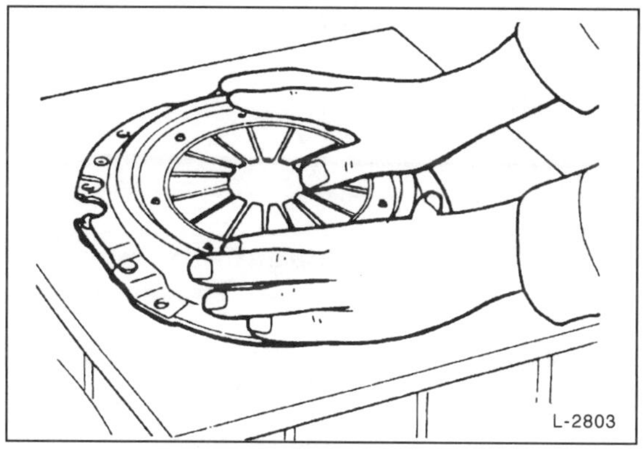

L-2803

- Die Verschleißspur des Ausrücklagers an der Membranfeder kontrollieren. Kleinere Unebenheiten mit Schleifpapier glätten, bei großen Beschädigungen Druckplatte ersetzen.
- Federverbindungen zwischen Druckplatte und Deckel auf Risse und die Nietbefestigungen auf festen Sitz prüfen. Kupplungen mit beschädigten oder losen Nietverbindungen ersetzen.

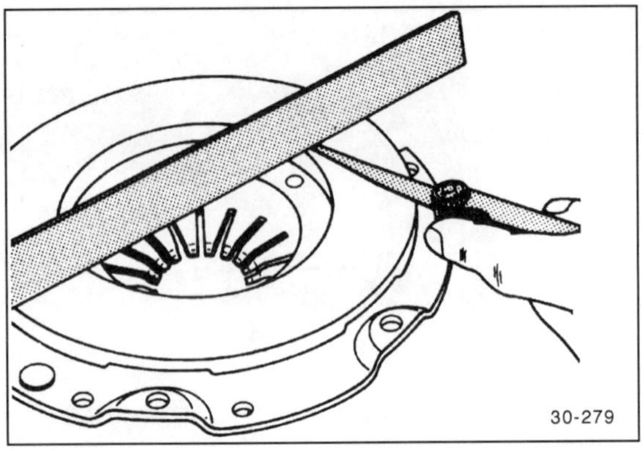

- Auflagefläche der Druckplatte auf Risse, Brandstellen und Verschleiß prüfen. Druckplatten, die bis zu 0,3 mm nach innen durchgebogen sind, dürfen noch eingebaut werden. Die Prüfung erfolgt mit Lineal und Fühlerblattlehre. Brandrisse und Riefen gegebenenfalls mit feinem Schleifpapier glätten.
- Kontaktfläche des Schwungrades auf leichte Hitzeschäden oder Verfärbungen kontrollieren Schwungrad erforderlichenfalls mit Schmirgelpapier glätten.
- Schwungrad auf Schlag prüfen. Sollwert: weniger als 0,15 mm.
- Ausrücklager auf leichten Lauf prüfen.

Einbau

- Kupplungsscheibe und Druckplatte in das Schwungrad einsetzen. Dabei zeigt die flache Nabenpartie der Kupplungsscheibe normalerweise zur Schwungradseite (Motorenseite). Dabei auch auf eine Beschriftung der Kupplungsscheibe achten. Die Kupplungsscheibe nach Augenmaß mittig in der Druckplatte zentrieren. Besser ist es jedoch, die Scheibe mit einem passenden Dorn, zum Beispiel von HAZET, oder mit einer alten Getriebe-Antriebswelle zu zentrieren. Sitzt die Kupplungsscheibe nicht zentrisch, kann die Getriebewelle nicht eingeführt werden.
- Wird die bisherige Kupplungsdruckplatte wieder eingebaut, Druckplatte nach der beim Ausbau angebrachten Markierung aufsetzen. Dabei greifen die Paßstifte am Schwungrad in die Bohrungen der Druckplatte ein.
- Befestigungsschrauben für Kupplungsdruckplatte einschrauben.
- Befestigungsschrauben für Kupplungsdruckplatte über Kreuz schrittweise mit 1 bis 1 1/2 Umdrehungen anziehen, bis die Druckplatte festgezogen ist. Anschließend Zentrierdorn entfernen. **Achtung:** Darauf achten, daß die Druckplatte beim Anziehen der Schrauben gleichmäßig und gratfrei in das Schwungrad eingezogen wird. Anzugsdrehmoment für die Befestigungsschrauben beachten, siehe Seite 96.
- Arretierwerkzeug aus der Kupplung herausziehen.
- Getriebe einbauen, siehe Seite 102.
- Kupplungszug einstellen, siehe Seite 99.

Kupplungs-Ausrücklager aus- und einbauen/prüfen

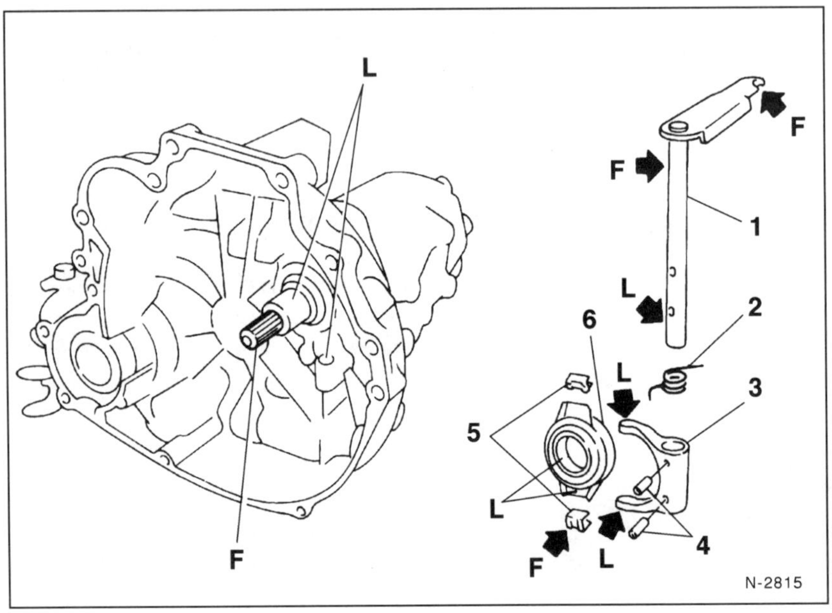

1 – Ausrückhebel

2 – Rückstellfeder

3 – Ausrückgabel

4 – Haltestifte

5 – Lagerhalter
Auf Einbaurichtung des Lagerhalters achten.

6 – Ausrücklager
Mit MoS_2-Fett schmieren. **Nicht** mit Lösungsmittel reinigen, nur mit einem sauberen Lappen abwischen.

F – Mit Mehrzweckfett schmieren

L – Mit MoS_2-Fett auf Lithiumbasis schmieren

Ausbau

- Getriebe ausbauen.

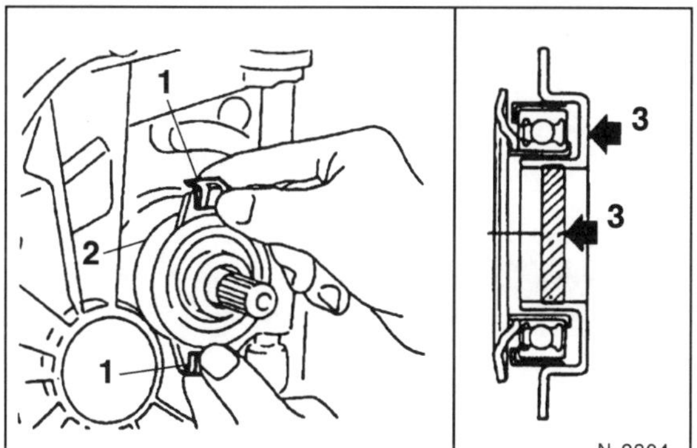

N-2804

- Lagerhalter –1– nach außen ziehen und Ausrücklager –2– herausnehmen. **Achtung:** Einbaulage der Lagerhalter merken.

Prüfen

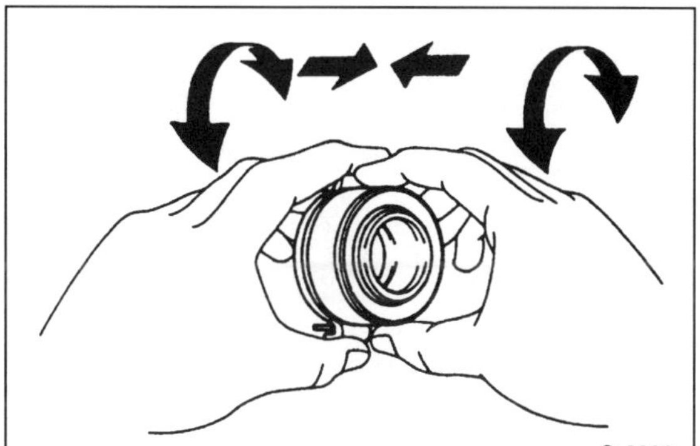
G-2806

- Ausrücklager zusammendrücken und gleichzeitig drehen. Läuft das Lager rauh, neues Lager einbauen. **Achtung:** Das Lager ist dauergeschmiert und darf weder gereinigt noch nachgefettet werden.
- Gleitflächen auf Verschleiß, Korrosion und Beschädigungen prüfen.
- Gleitflächen –3– mit MoS_2-Fett auf Lithiumbasis dünn bestreichen, siehe Abbildung N-2804. **Achtung:** Nicht zuviel Fett auftragen, damit bei eingebauter Kupplung kein Fett auf die Reibfläche gelangen kann.

Einbau

- Auflageflächen an der Ausrückgabel mit MoS_2-Fett leicht einfetten, siehe Abbildung N-2803.
- Ausrücklager auf die Ausrückgabel schieben und durch Aufdrücken der Lagerhalter befestigen.
- Getriebe einbauen, siehe Seite 102.

Kupplungspedal/Seilzug einstellen

Die Kupplungsbetätigung ist nach jeder Kupplungsreparatur einzustellen. Auch bei Kupplungs- und Trennschwierigkeiten ist die Einstellung zu überprüfen.

Einstellen

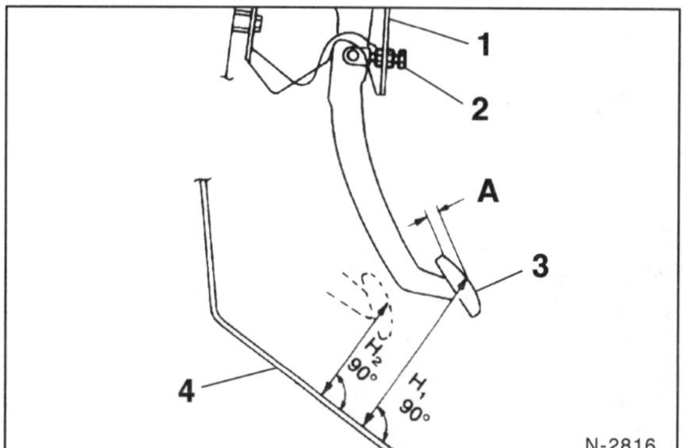

N-2816

- Pedalhöhe –H_1– von der Pedaloberseite –3– bis zur Bitumen-Isolierschicht –4– messen. Dazu Bodenteppich und Dämmschicht zurückklappen. 1 – Konsole, 2 – Pedalanschlag oder Kupplungsschalter, 3 – Pedalbelag. Sollwerte siehe Seite 100.
- Pedalhöhe durch Verdrehen der Anschlagschraube –2– oder, falls vorhanden, durch den Kupplungsschalter einregulieren. Vorher Kontermutter (Sicherungsmutter) lösen. Kontermutter mit 20 Nm festziehen.

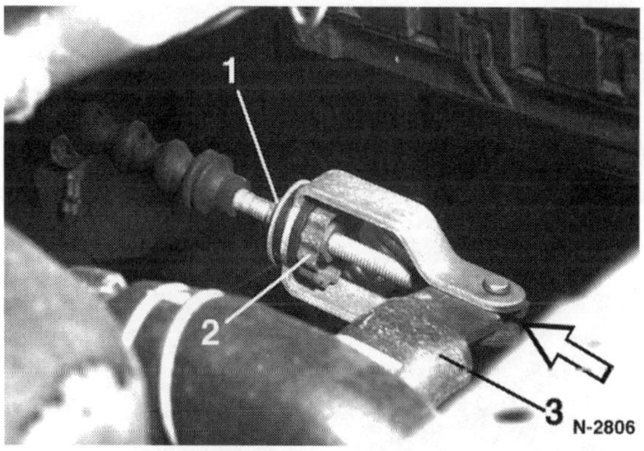

N-2806

- Von Hand gegen den Ausrückhebel –3– drücken (Pfeil), bis ein Widerstand fühlbar ist. Sollwert siehe Seite 100.
- Gegebenenfalls Spiel einstellen. Dazu Kontermutter –1– lösen. Mit der Hand gegen den Ausrückhebel –3– drücken –Pfeil– bis ein Widerstand fühlbar ist. Einstellmutter –2– festziehen. Anschließend Einstellmutter um 2,5 bis 3,5 Umdrehungen zurückdrehen und Kontermutter mit 5 Nm anziehen.
- Pedalleerweg –A– (Abbildung N-2816) messen. Dazu Pedal leicht mit der Hand niederdrücken, bis ein größerer Widerstand spürbar ist. Sollwert siehe Seite 100.

Technische Daten Kupplung

Modell		MICRA-Generation I	MICRA-Generation II	
Motor		1,0-/1,2-l	1,0-l	1,3-l
Maße der Kupplungsscheibe				
Außen-∅	mm	160	160	180
Innen-∅	mm	110	110	125
Dicke	mm	3,2	3,2	3,2
Pedalhöhe H_1	mm	198 – 208	183 – 193	183 – 193
Pedalleerweg A	mm	18 – 28	11 – 15,5	11 – 15,5
Pedalspiel B	mm	2 – 4	2,5 – 3,5	2,5 – 3,5
Grenzwerte der Kupplungsscheibe				
Abstand bis zu den Nietköpfen	mm	0,3	0,3	0,3
Maximaler Schlag	mm	0,5	1,0	1,0
Abstand der Meßpunkte für Schlag				
vom Mittelpunkt der Kupplungsnabe	mm	–	75	85
vom Rand der Kupplungsscheibe	mm	5	–	–
Flankenspiel der Nutung	mm	0,6	0,45	0,6
Max. Höhenunterschied der Membranfederzungen	mm	< 0,5	0,8	0,8

Störungsdiagnose Kupplung

Störung	Ursache	Abhilfe
Kupplung rupft	Zu niedrige Leerlaufdrehzahl	■ Leerlaufdrehzahl einstellen
	Motor- und Getriebelager defekt	■ Prüfen, gegebenenfalls auswechseln
	Getriebe liegt in der Aufhängung nicht fest	■ Befestigungsschrauben nachziehen
	Kupplungsseil falsch verlegt	■ Seilführung in Ordnung bringen
	Druckplatte trägt ungleichmäßig	■ Druckplatte auswechseln
	Mitnehmerscheibe kein Originalteil	■ Original-Kupplungsscheibe einbauen
	Mitnehmerscheibe verschlissen oder verölt	■ Kupplungsscheibe prüfen
	Ausrücker drückt einseitig	■ Ausrückgabel- und -lager überprüfen
Kupplung rutscht	Nicht ausreichendes Kupplungspedalspiel	■ Pedalspiel einstellen
	Kupplungsscheibe verschlissen	■ Dicke der Kupplungsscheibe prüfen, gegebenenfalls auswechseln
	Spannung der Membranfeder zu gering	■ Druckplatte auswechseln
	Belag verhärtet oder verölt	■ Kupplungsscheibe austauschen
	Kupplung wurde überhitzt	■ Originalteil einbauen
Gänge lassen sich schwer oder gar nicht einlegen (Kupplung trennt nicht richtig)	Belag durch Abrieb verklebt	■ Kupplungsscheibe austauschen
	Kupplungsscheibe klemmt auf der Antriebswelle, Kerbverzahnung trocken oder verklebt	■ Kerbverzahnung reinigen, entgraten, ggf. Rost entfernen und mit MoS_2-Fett schmieren
	Kupplungsscheibe hat Seitenschlag	■ Kupplungsscheibe prüfen lassen
	Kupplungspedalspiel zu groß	■ Kupplungspedalspiel einstellen
	Druckplatte defekt	■ Druckplatte auswechseln
Schwergängiges Pedal Ungewöhnliche Geräusche beim Aus- oder Einkuppeln	Pedalachse/Seilzug schwergängig	■ Teile schmieren oder ersetzen
	Ausrücklager verschlissen	■ Ausrücklager auswechseln
	Lose Teile im Kupplungsgehäuse	■ Kupplung instandsetzen

Getriebe/Schaltung/ Automatikgetriebe

Das Getriebe bildet mit dem Achsantrieb eine Einheit. Das komplette Aggregat kann ohne Ausbau des Motors ausgebaut werden. Ein Ausbau ist dann erforderlich, wenn die Kupplung ausgewechselt werden soll oder wenn das Getriebe überholt werden muß. Da es jedoch in keinem Fall anzuraten ist, Reparaturen am Getriebe mit Heimwerkermitteln in Angriff zu nehmen, wird hier lediglich der Ausbau des Aggregates beschrieben.

1,0-l-Motor, MICRA-Generation I + II

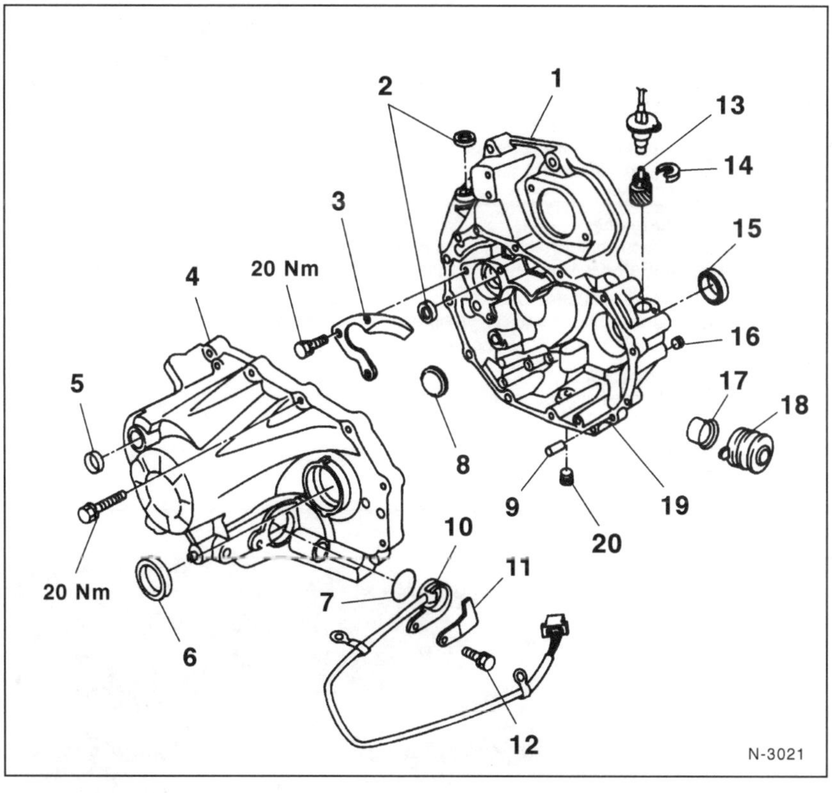

1 – **Kupplungsgehäuse**

2 – **Wellendichtring der Antriebswelle**
Immer ersetzen. Dichtlippe mit Getriebeöl schmieren.

3 – **Antriebswellenlagerdeckel**

4 – **Getriebegehäuse**

5 – **Kernlochdeckel**
Auf Paßfläche handelsübliches Dichtmittel oder NISSAN-KP-610-00250 auftragen.

6 – **Wellendichtring**
Auf Paßfläche handelsübliches Dichtmittel oder NISSAN-KP-610-00250 auftragen.

7 – **O-Ring**

8 – **Ölkanal**
Auf Richtung der Ölnut achten.

9 – **Zylinderstift**

10 – **Gangstellungs-Schalter**

11 – **Schalter-Halteblech**

12 – **Befestigungsschraube, 5 Nm**
Gewinde mit handelsüblichem Dichtmittel oder NISSAN-KP-610-00250 bestreichen.

13 – **Tachometer-Antriebsrad**

14 – **Adapter für Tacho-Antrieb**

15 – **Wellendichtring Ausgleichgetriebe**
Immer ersetzen. Dichtlippe mit Getriebeöl schmieren.

16 – **Kernlochdeckel**
Auf Paßfläche handelsübliches Dichtmittel beziehungsweise NISSAN-KP-610-00250 auftragen.

17 – **Wellendichtring Ausgleichgetriebe**
Immer ersetzen. Dichtlippe mit Getriebeöl schmieren.

18 – **Faltenbalg**

19 – **Paßfläche Kupplungsgehäuse**
Auf Paßfläche handelsübliches Dichtmittel beziehungsweise NISSAN-KP-610-00250 auftragen.

20 – **Ölablaßschraube, 20 Nm**
Gewinde mit handelsüblichem Dichtmittel oder NISSAN-KP-610-00250 bestreichen.

Hinweis: In diesem Band werden 2 MICRA-Generationen behandelt. Die MICRA-Generation I kam im März '83 in Deutschland auf den Markt. Im Januar '93 wurde die MICRA-Generation II eingeführt. Parallel zur MICRA-Generation II werden auch weiterhin von der MICRA-Generation I die Modelle TOPIC und HIT angeboten.

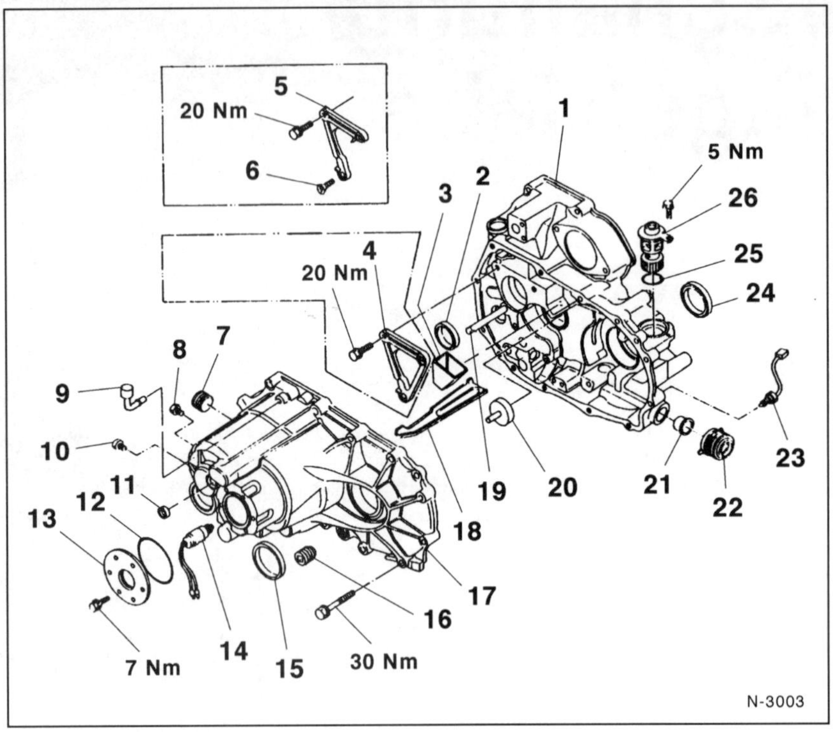

1 – **Kupplungsgehäuse**
Auf Paßfläche handelsübliches Dichtmittel oder NISSAN-KP-610-00250 auftragen.

2 – **Wellendichtring der Antriebswelle**
Immer ersetzen. Dichtlippe mit Mehrzweckfett schmieren.

3 – **Öltasche**

4 – **Lagerdeckel, Getriebe »RS5F31V«**

5 – **Lagerdeckel, Getriebe »RS5F30A«**

6 – **Senkschraube, 20 Nm**

7 – **Öleinfüllschraube, 30 Nm**
Gewinde mit handelsüblichem Dichtmittel oder NISSAN-KP-610-00250 bestreichen.

8 – **Schalter-Verschlußstopfen, 20 Nm**
Gewinde mit handelsüblichem Dichtmittel oder NISSAN-KP-610-00250 bestreichen.

9 – **Entlüftungsrohr**
Auf Paßfläche handelsübliches Dichtmittel oder NISSAN-KP-610-00250 auftragen.

10 – **Schalter-Verschlußstopfen, 20 Nm**
Gewinde mit handelsüblichem Dichtmittel oder NISSAN-KP-610-00250 bestreichen.

11 – **Kernlochdeckel**
Auf Paßfläche handelsübliches Dichtmittel oder NISSAN-KP-610-00250 auftragen.

12 – **O-Ring**
Immer ersetzen.

13 – **Gehäusedeckel**
Auf Paßfläche handelsübliches Dichtmittel beziehungsweise NISSAN-KP-610-00250 auftragen.

14 – **Schalter für Rückfahrleuchten, 20 Nm**
Gewinde mit handelsüblichem Dichtmittel oder NISSAN-KP-610-00250 bestreichen.

15 – **Wellendichtring Ausgleichgetriebe**
Immer ersetzen. Dichtlippe mit Mehrzweckfett schmieren.

16 – **Ölablaßschraube, 30 Nm**
Gewinde mit handelsüblichem Dichtmittel oder NISSAN-KP-610-00250 bestreichen.

17 – **Getriebegehäuse**

18 – **Ölrinne**

19 – **Rücklaufachse**

20 – **Ölkanal**
Auf Einbaurichtung achten.

21 – **Wellendichtring Schaltarm**
Immer ersetzen. Dichtlippe mit Mehrzweckfett schmieren.

22 – **Faltenbalg**

23 – **Leergangschalter, 25 Nm, oder Schalter-Verschlußstopfen, 20 Nm**
Gewinde mit handelsüblichem Dichtmittel oder NISSAN-KP-610-00250 bestreichen.

24 – **Wellendichtring Ausgleichgetriebe**
Immer ersetzen. Dichtlippe mit Mehrzweckfett schmieren.

25 – **O-Ring**
Immer ersetzen.

26 – **Tachometerritzel**

Schaltgetriebe aus- und einbauen

Das Getriebe wird nach unten ausgebaut. Zum Ausbau werden benötigt: Eine geeignete Hebebühne oder 4 stabile Unterstellböcke und ein Werkstattwagenheber, mit dem das Getriebe abgelassen wird. Für die Aufhängung des im Fahrzeug verbleibenden Motors, wird ein geeigneter Flaschenzug, Motorheber oder ein Kran benötigt.

Ausbau

- Batterie ausbauen. **Achtung:** Dadurch werden die elektronischen Speicher gelöscht, wie zum Beispiel der Motorfehlerspeicher oder der Radiocode, siehe Seite 198.
- Luftführungskanal von Luftfilter abbauen.

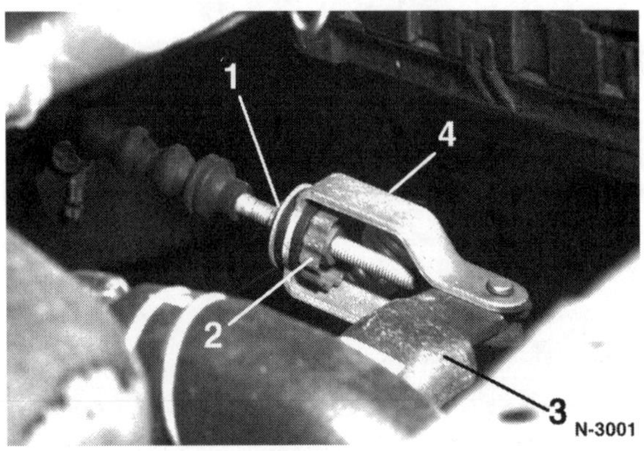

- Kupplungszug –4– am Ausrückhebel –3– aushängen. Dazu Kontermutter –1– lösen und Einstellmutter –2– ganz zurückdrehen. Vorher Position der Einstellmutter mit Filzstift markieren.

- Tachowelle vom Getriebe abbauen, siehe Abbildungen N-3021 und N-3003.
- Fahrzeug aufbocken, siehe Seite 229.
- Untere Motorraumverkleidung abbauen.

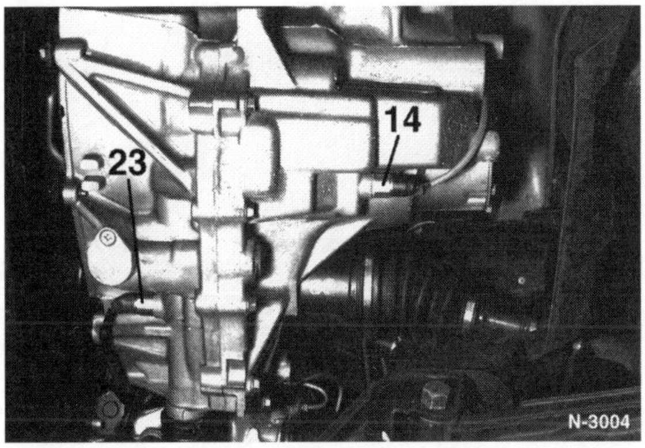

- Kabel für Rückfahrscheinwerfer –14– und Leergangschalter –23– abziehen sowie Massekabel (–) am Getriebe abschrauben.
- Anlasser ausbauen. Vorher das Kabel und den Steckverbinder am Anlasser abziehen, siehe Seite 206.

- Schaltstange –2– und Stützstange –1– vom Getriebe abschrauben und mit Draht am Fahrzeugunterboden aufhangen.
- Ölauffangwanne unter das Getriebe stellen.

- **1,3-l-Motor:** Ölablaßschraube –16– herausdrehen und Getriebeöl aus Schalt- und Verteilergetriebe ablassen.

- **1,0-l-Motor:** Ölablaßschraube herausdrehen und Getriebeöl aus Schalt- und Verteilergetriebe ablassen.
- Vorderes Abgasrohr ausbauen, siehe Seite 91.
- Linke und rechte Gelenkwelle (Antriebswelle) am Getriebe herausziehen, siehe Seite 115.

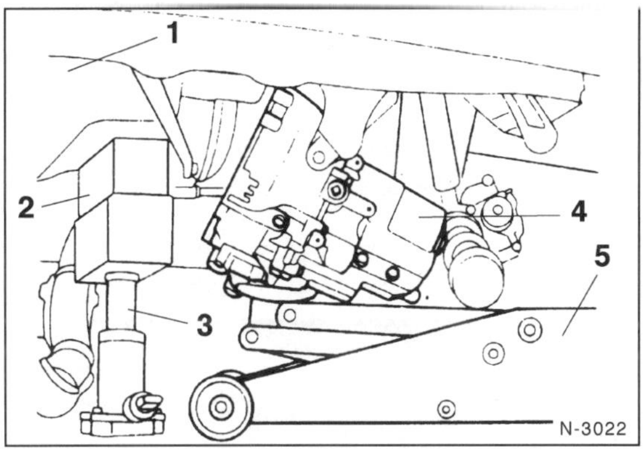

- Getriebe und Motor zusammen mit Werkstattwagenheber abstützen. Dazu Wagenheber –3– mit Holzzwischenlage –2– unter der Ölwanne –1– des Motors ansetzen. **Achtung:** Der Wagenheber darf nicht an der Ölablaßschraube der Ölwanne angesetzt werden.
- Wagenheber etwas anheben, damit die hintere und linke Einbauhalterungen/-konsolen abgeschraubt werden können.
- Getriebe –4– mit einem zweiten Wagenheber –5– abstützen.
- Getriebe-Befestigungsschrauben herausdrehen.
- Getriebe mit Montierhebel vom Motor abdrücken.
- Getriebe mit dem Wagenheber ablassen und unter dem Fahrzeug herausfahren.

Einbau

Vor dem Einbau des Getriebes Kupplung und Kupplungsausrücklager überprüfen, siehe Seite 97.

- Kerbverzahnung der Antriebswelle reinigen und **leicht** mit Moly-Gleitpaste oder Moly-Spray schmieren. **Achtung:** Wird zuviel Fett aufgetragen, kann es im Betrieb auf die Kupplungs-Reibscheibe gelangen und zu Funktionsstörungen führen.
- Getriebe mit dem Wagenheber in die richtige Position fahren.
- Falls beim Einsetzen des Getriebes die Getriebe-Antriebswelle nicht in die Kupplungsscheibe einrastet, Getriebewelle am Gelenkwellenflansch verdrehen (Gang einlegen), oder Motor-Kurbelwelle an der Keilriemenscheibe durch Helfer etwas drehen lassen.
- Getriebe ausrichten. Meist sind am Motorflansch Führungsstifte, diese müssen in die Bohrungen im Kupplungsgehäuse eingreifen.
- Anschließend alle Befestigungsschrauben einsetzen und Getriebe am Motor anschrauben.

Achtung: Dabei darf auf keinen Fall das Getriebe durch Anziehen der Schrauben an den Motorblock herangezogen werden. Alle Schrauben zuerst gleichmäßig beiziehen, erst dann mit dem Drehmomentschlüssel anziehen.

Getriebeschrauben 1,0-l-Motor

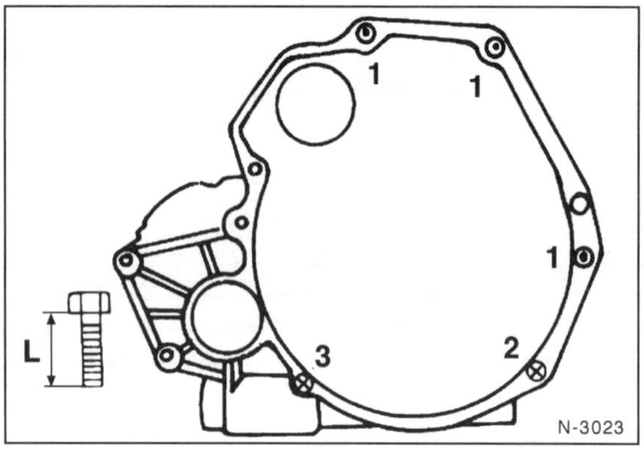

Schraubenkennzeichnung in der Abbildung:
⊙ – Getriebe an Motor
⊗ – Motor an Getriebe

Schrauben-Nr.	Schraubenlänge	Anzugsdrehmoment
1	60 mm	35 Nm
2	20 mm	20 Nm
3	20 mm	20 Nm

Getriebeschrauben 1,3-l-Motor

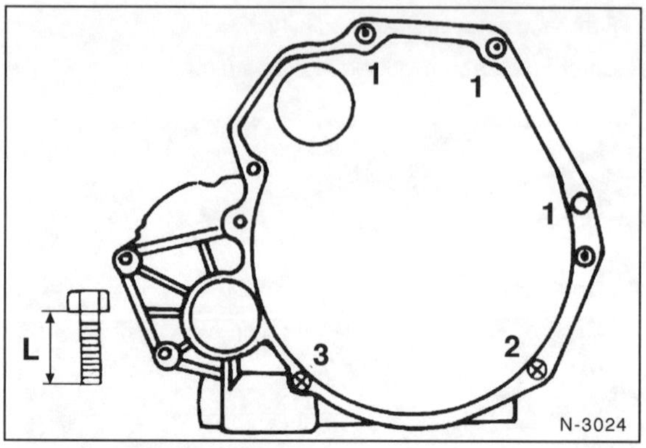

Schraubenkennzeichnung in der Abbildung:
⊙ – Getriebe an Motor
⊗ – Motor an Getriebe

Schrauben-Nr.	Schraubenlänge	Anzugsdrehmoment
1	70 mm	35 Nm
2	20 mm	20 Nm
3	16 mm	20 Nm

- Getriebe anheben und hintere sowie linke Einbauhalterung anschrauben, siehe Seite 18.
- Beide Gelenkwellen am Ausgleichgetriebe einbauen, siehe Seite 115.
- Anlasser einbauen, siehe Seite 207.
- Vorderes Abgasrohr einbauen, siehe Seite 91.
- **MICRA-Generation II:** Schaltstange mit **15 Nm** und Stützstange mit **45 Nm** am Getriebe anschrauben.
- **MICRA-Generation I:** Schaltstange mit **10 Nm** und Stützstange mit **35 Nm** am Getriebe anschrauben.
- Kabel für Rückfahrscheinwerfer und Leergangschalter aufstecken sowie Massekabel (–) am Getriebe anschrauben.
- Getriebeöl auffüllen, siehe Kapitel »Wartung«.
- Untere Motorraumverkleidung anschrauben.
- Fahrzeug ablassen, siehe Seite 229.
- Tachowelle vom Getriebe anschrauben.
- Kupplungszug am Ausrückhebel einhängen. Einstellung prüfen, siehe Seite 99.
- Luftführungskanal anbauen.
- Batterie einbauen, siehe Seite 198.
- Falls vorhanden, Zeituhr einstellen sowie Diebstahlcode für das Radio eingeben.

Schaltgestänge

MICRA-Generation II

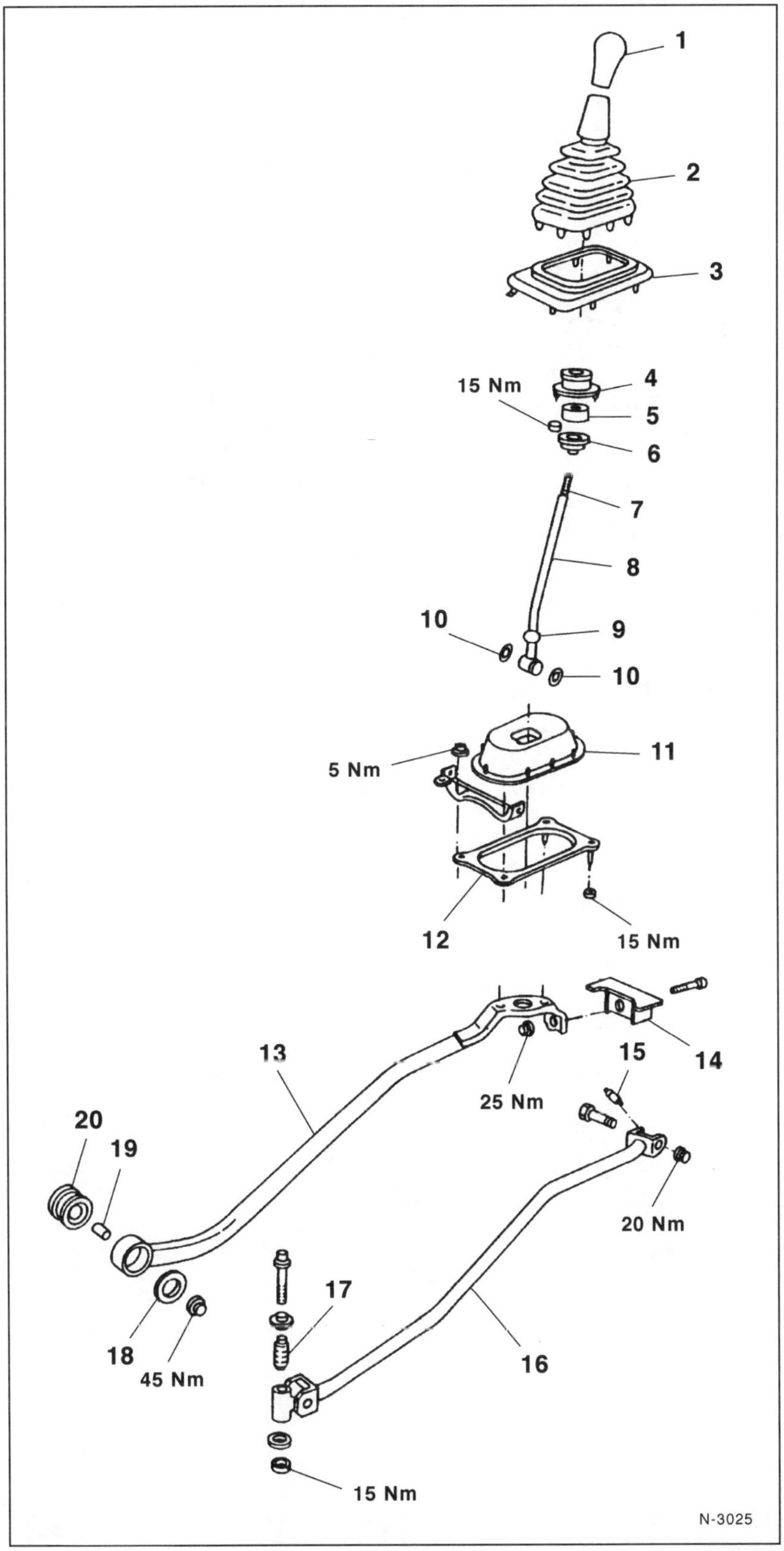

1 – **Schalthebelgriff**

2 – **Faltenbalg**

3 – **Deckelblech**

4 – **Schalthebel-Lagerbuchse**

5 – **Lagersitz**
Mit Mehrzweckfett schmieren.

6 – **Staubschutz**
Mit Mehrzweckfett schmieren.

7 – **Gewinde**
Mit handelsüblichem Dichtmittel oder NISSAN-KP-610-00250 bestreichen.

8 – **Schalthebel**

9 – **Kugel**
Mit Mehrzweckfett schmieren.

10 – **O-Ring**

11 – **Schalthebelabdeckung**

12 – **Schraubblech**

13 – **Stützstange**

14 – **Schaltstangen-Träger**

15 – **Rückholfeder**

16 – **Schaltstange**

17 – **Lagerhülse**
Mit handelsüblichem Dichtmittel oder NISSAN-KP-610-00250 bestreichen.

18 – **Seitenplatte**

19 – **Lagerhülse**

20 – **Lagerbuchse**

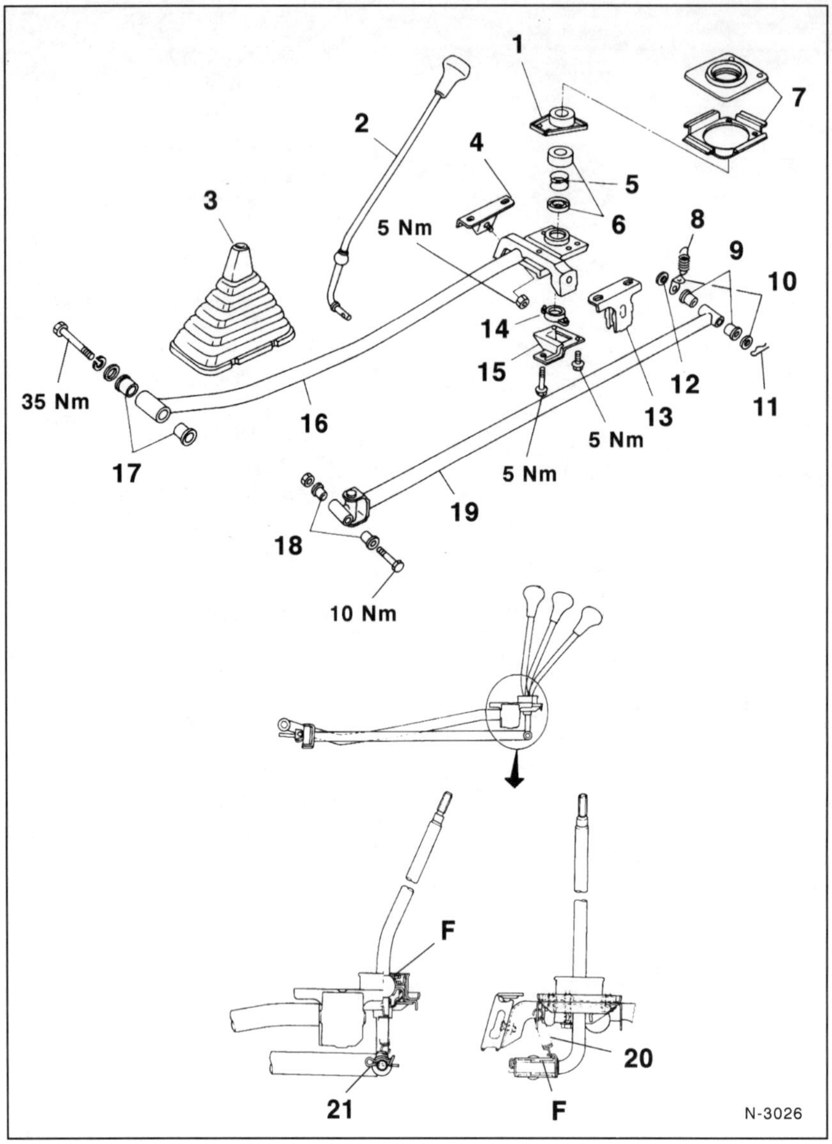

1 – **Schalthebelbuchse**
2 – **Schalthebel**
3 – **Gummibalg**
4 – **Schwingungsdämpfer**
5 – **Schalthebelfeder**
6 – **Federsitz**
7 – **Staubschutz**
8 – **Rückzugfeder**
9 – **Lagerbuchse**
10 – **Scheibe**
11 – **Federsplint**
12 – **Federring**
13 – **Schwingungsdämpfer**
14 – **Staubschutz**
15 – **Schaltanschlag**
16 – **Stützstange**
17 – **Lagerbuchse**
18 – **Lagerbuchse**
19 – **Schaltstange**
20 – **Rückzugfeder**
Einbaulage beachten, siehe Abbildung.
21 – **Federsplint**
Einbaulage beachten, siehe Abbildung.

Automatikgetriebe

Der MICRA wird auf Wunsch mit einer Getriebevollautomatik ausgestattet. Während die **MICRA-Generation I** eine 3-Stufen-Automatik mit Wandlerüberbrückungskupplung besitzt, ist die **MICRA-Generation II** mit einem N-CVT-Automatikgetriebe ausgerüstet.

Beim CVT-Getriebe (CVT = Continuously Variable Transaxle) erfolgt die Kraftübertragung stufenlos über ein Stahlband, das aus Hunderten hochfester Stahlglieder besteht. Es stellt die Verbindung zwischen Getriebe-Eingangswelle und dem Abtrieb her und läuft in paarweise angeordneten, kegelförmigen Scheiben. Diese Riemenscheiben werden je nach Fahrzustand und Leistungsanforderung hydraulisch zusammengedrückt oder gespreizt. Dementsprechend sinkt das Schubgliederband tiefer oder klettert nach außen die Scheibe hoch.

Das Übersetzungsverhältnis ändert sich dadurch stufenlos. Die hydraulische Steuereinheit des CVT-Getriebes wählt automatisch das Übersetzungsverhältnis so, daß der Motor stets mit bestmöglichem Wirkungsgrad arbeitet.

Um schneller beschleunigen zu können, zum Beispiel bei Überholvorgängen, hat die Automatik einen sogenannten Kickdown-Schalter, der sich beim vollen Niedertreten des Gaspedals einschaltet. Der Kickdown-Effekt sorgt dafür, daß das Getriebe eine niedrigere Übersetzung wählt.

Für die Beurteilung der Funktion der Getriebeautomatik und für die richtige Fehlersuche ist Erfahrung mit automatischen Getrieben und die Kenntnis der Arbeitsweise unerläßlich. Da diese Materie nur durch lange Berufserfahrung erworben werden kann, beschränke ich mich deshalb auf einige leichte Überprüfungsarbeiten, siehe auch Kapitel »Wartung«.

Abschleppen von Fahrzeugen mit Automatikgetriebe

Hinweis: Der Motor eines Automatik-Fahrzeugs kann nicht durch Anschieben oder Abschleppen gestartet werden.

- Zündung einschalten, damit das Lenkrad nicht blockiert ist und die Blinkleuchten, das Signalhorn und gegebenenfalls die Scheibenwischer betätigt werden können.
- Da der Bremskraftverstärker nur bei laufendem Motor arbeitet, muß bei nicht laufendem Motor das Bremspedal entsprechend kräftiger getreten werden!
- Wählhebelstellung »N«.

Maximale Schleppgeschwindigkeit: 50 km/h!

Maximale Schleppentfernung: 65 Kilometer!

- Über große Entfernungen muß der Wagen vorn angehoben werden, da sonst Getriebeschäden aufgrund unzureichender Schmierung auftreten.

Einsatz eines Abschleppwagens

Achtung: Die Fahrzeuge dürfen nur auf den Hinterrädern abgeschleppt werden. Grund: Bei hinten angehobenem Wagen würden die rückwärts drehenden Vorderräder das Getriebe schwer beschädigen.

Drosselklappenzug prüfen/einstellen aus- und einbauen

Automatikgetriebe MICRA-Generation II

Der Drosselklappenzug muß geprüft und eingestellt werden, nachdem Einstellungen am Drosselklappensystem vorgenommen wurden oder der Gaszug gewechselt beziehungsweise eingestellt wurde.

Prüfen

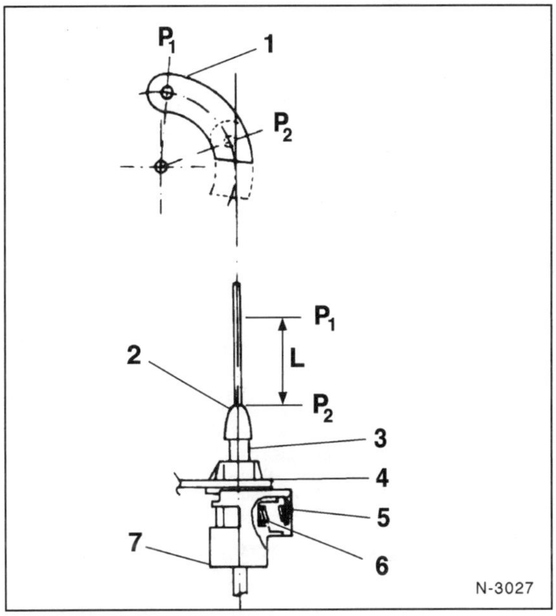

N-3027

- Drosselklappensegment –1– von der Leerlaufstellung P2 in die Vollgasstellung P1 drücken. Dabei muß der Gaszug den Betätigungsweg L zurücklegen. Sollwert: L = 51,2 ± 2,0 mm. Andernfalls Gaszug einstellen. 2 – Außenhülse, 3 – Einstellhülse, 4 – Konsole, 5 – Halteblech, 6 – Rückstellfeder, 7 – Gehäuse.

Einstellen

- Prüfen, ob der Drosselklappenhebel am Vollgasanschlag anliegt, wenn durch einen Helfer das Gaspedal ganz niedergetreten wird. Gegebenenfalls Gaszug einstellen.
- Zündung ausschalten.
- Einstellhülse –3– bis zum Anschlag in Richtung Getriebe schieben, dabei gleichzeitig auf das Halteblech –5– drücken. Dadurch wird die Einstellhülse blockiert. Durch hin- und herbewegen der Einstellhülse prüfen, ob diese blockiert ist, dann das Halteblech loslassen.
- Drosselklappensegment in Vollgasstellung –P_1– bringen. Dadurch bewegt sich die Einstellhülse in Richtung Drosselklappensegment und bleibt automatisch in der richtigen Stellung stehen. Die Spannung der Seilzugseele entspricht dann der Gegenspannung der Rückstellfeder.

Achtung: Getriebeseitig darf der Seilzug kein Spiel aufweisen, weil der Drosselklappenzug automatisch eingestellt wird.

Ausbau

- Fahrzeug vorn aufbocken.

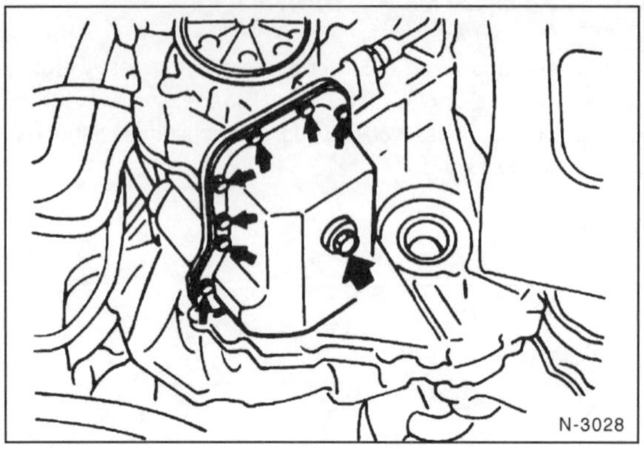

- Ölablaßschraube aus der Ölwanne herausdrehen und ATF ablassen. Vorher Auffangwanne unter das Getriebe stellen.
- Ölwanne abschrauben und mit Flachdichtung abnehmen.

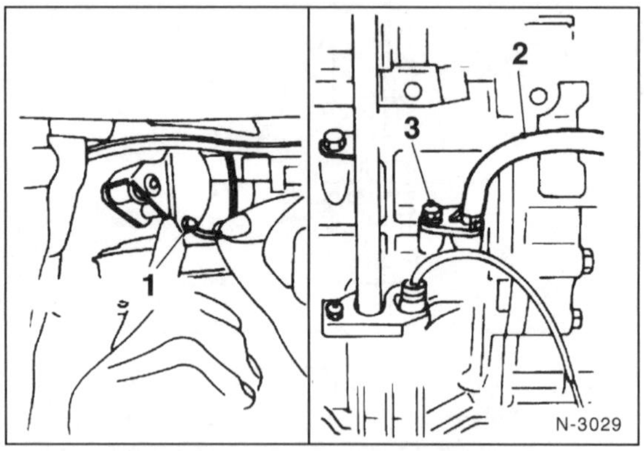

- Seilzugende –1– am Steuerventil aushängen.
- Halteschraube –3– herausdrehen und Seilzug –2– vom Getriebe abnehmen.

Einbau

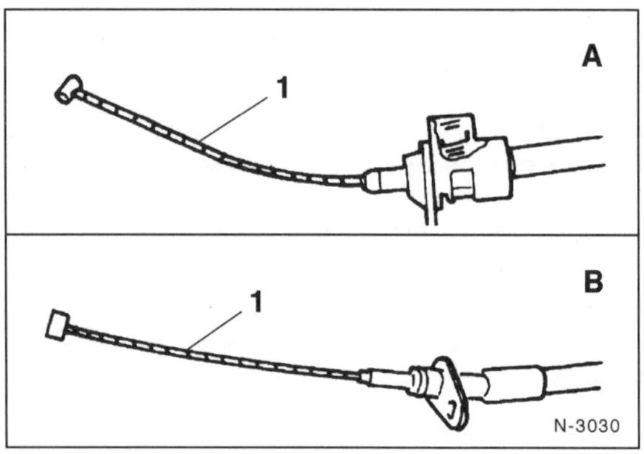

- Seilzugseele –1– hin- und herbewegen und Leichtgängigkeit prüfen. A – Motor-Seite, B – Getriebe-Seite.
- Seilzug-Hülle und -Seele auf Verschleiß oder Beschädigung prüfen. Prüfen, ob die Befestigungspunkte der Seilzug-Hülle locker sind. Gegebenenfalls Seilzug ersetzen.
- Seilzug mit neuem O-Ring in die Bohrung am Getriebegehäuse einführen und Schraube mit Unterlegscheibe mit ca. 5 Nm festziehen.

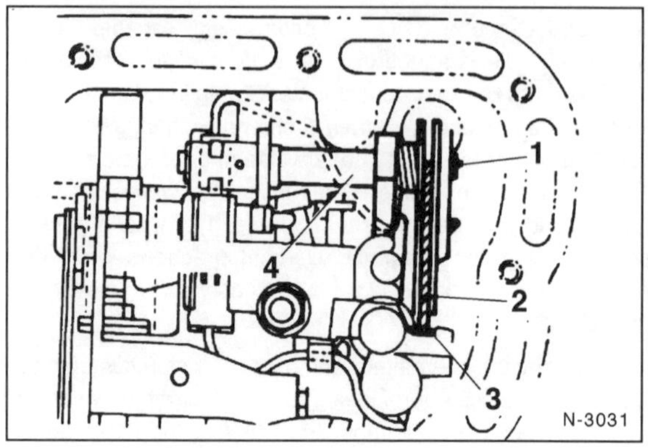

- Seilzugseele –2– durch das Gehäuse und die Führungsnut –3– im Steuerventil –4– führen. Seilzugende –1– befestigen.
- Von außen an der Seilzugseele ziehen. Dabei sorgfältig darauf achten, daß sich die Seilzuseele leichtgängig im Gehäuse bewegen läßt und nicht an der Gehäusewand oder dem Ventilgehäuse scheuert.

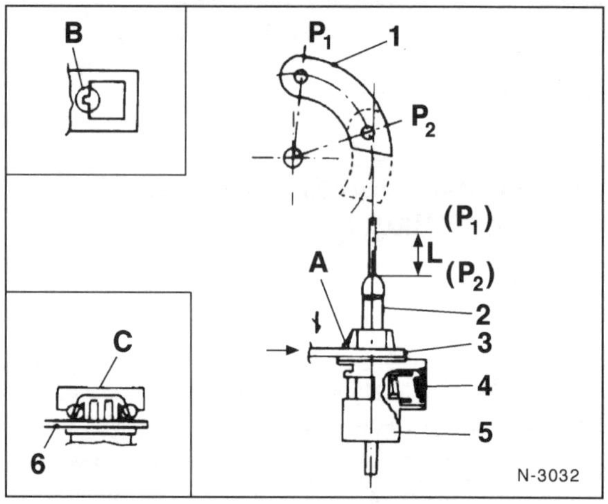

- Drosselklappenzug an der Konsole –3– befestigen. Dabei Seilzug so ausrichten, daß die Kennzeichnung –A– am Kunststoffgehäuse des Seilzugs mit der Kennzeichnung –B– an der motorseitigen Halterung übereinstimmt.
- Nach dem Zusammenbau sicherstellen, daß der Teil –C– gespreizt und sicher befestigt wird, wie in der Abbildung gezeigt.
- Drosselklappenzug am Drosselklappensegment einhängen und einstellen. **Achtung:** Zum Befestigen des Seilzugs am Drosselklappensegment keine langschenklige Zange oder ähnliches Werkzeug verwenden, damit der Seilzug nicht geknickt wird.

Vorderachse

An der Vorderachse werden 2 McPherson-Federbeine verwendet, die jeweils aus einer Schraubenfeder und einem integrierten Hydraulik-Stoßdämpfer bestehen. Die Federbeine sind oben mit der Karosserie und unten mit dem Achsschenkel verschraubt. Die seitliche Führung erfolgt über untere, L-förmige Querlenker, die mit dem Achsschenkel über ein Kugelgelenk verbunden sind. Die Querlenker sind über Gummilager mit dem Aufbau verschraubt.

Beim 1,3-l-Motor ist zusätzlich ein Querstabilisator eingebaut. Der Querstabilisator ist am Wagenboden befestigt und verbindet die beiden Querlenker miteinander. Dadurch vermindert sich in Kurven die Aufbauneigung des Fahrzeugs.

Die Antriebskraft des Frontmotors wird über zwei Gelenkwellen auf die Vorderräder übertragen. Die Gelenkwellen sind unterschiedlich lang und jeweils mit zwei Gleichlaufgelenken ausgestattet. Bei Fahrzeugen seit 1/93 dienen Tilgergewichte auf den Gelenkwellen zur Schwingungsdämpfung.

Unterschiede zwischen den Modell-Generationen ergeben sich vor allem bei der Radlagerung: Bei Modellen der Generation I ist ein zweigeteiltes Lager eingebaut, dessen Lagerspiel mit einer Zwischenscheibe eingestellt wird. In die Generation II wird eine Radlagereinheit eingebaut, die nach jedem Ausbau komplett ersetzt werden muß.

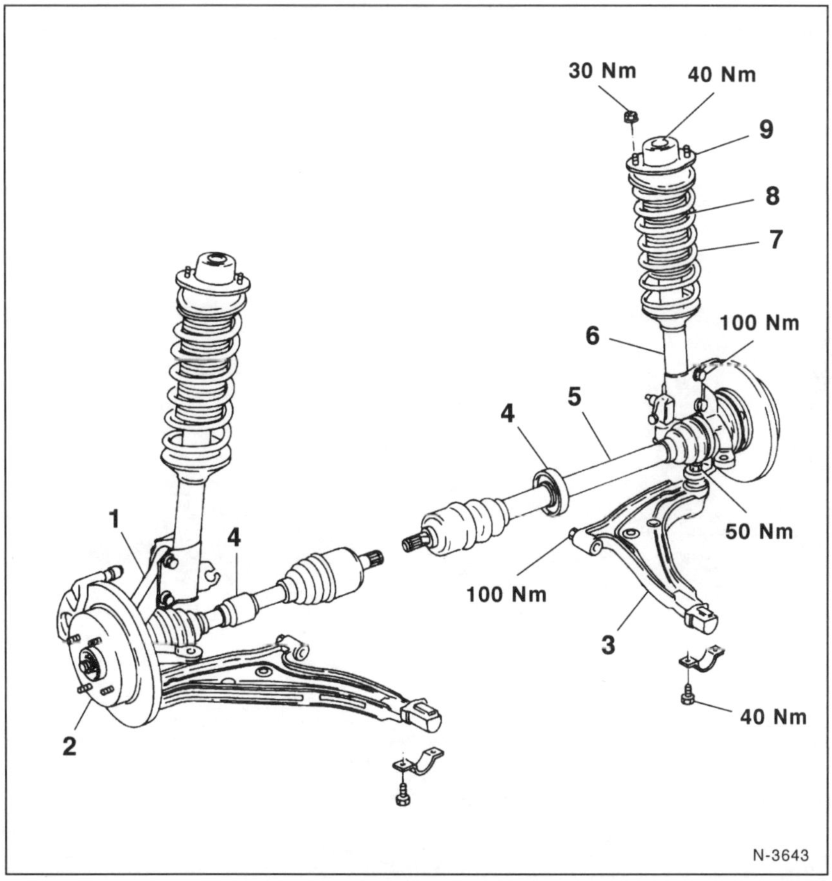

1 – **Achsschenkel**
2 – **Radnabe**
3 – **Querlenker**
4 – **Tilgergewicht** Seit 1/93.
5 – **Gelenkwelle**
6 – **Stoßdämpfer**
7 – **Schraubenfeder**
8 – **Staubschutz**
9 – **Halteplatte**

Hinweis: In diesem Band werden 2 MICRA-Generationen behandelt. Die MICRA-Generation I kam im März '83 in Deutschland auf den Markt. Im Januar '93 wurde die MICRA-Generation II eingeführt. Parallel zur MICRA-Generation II werden auch weiterhin von der MICRA-Generation I die Modelle TOPIC und HIT angeboten.

Federbein aus- und einbauen

Ausbau

- Vorderradmuttern bei auf dem Boden stehendem Fahrzeug lösen.
- Scheibenrad (Felge) zur Radnabe mit Farbe kennzeichnen. Dadurch kann das ausgewuchtete Rad wieder an gleicher Stelle montiert werden.
- Fahrzeug vorn aufbocken.
- Rad abnehmen.
- Vorderachse am Querlenker abstützen, damit die Gelenkwelle nach Ausbau des Federbeins nicht nach unten durchhängt. Dazu geeigneten Stützbock oder Hydraulikheber unter dem Querlenker postieren.

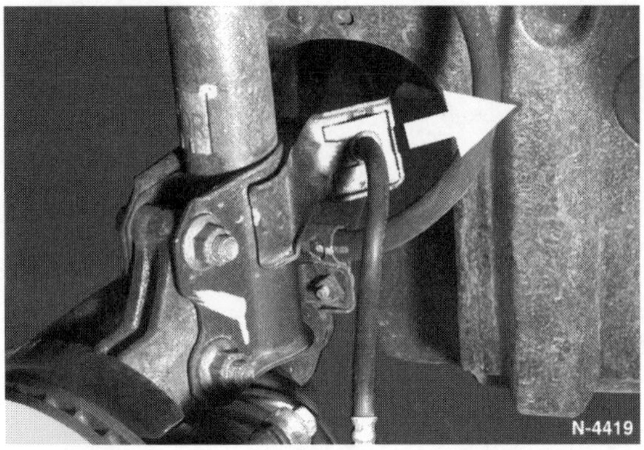

- Halteklammer des Bremsschlauches am Federbein abziehen.

- 2 Muttern –Pfeile– lösen, Bolzen herausziehen und Federbein vom Achsschenkel trennen.

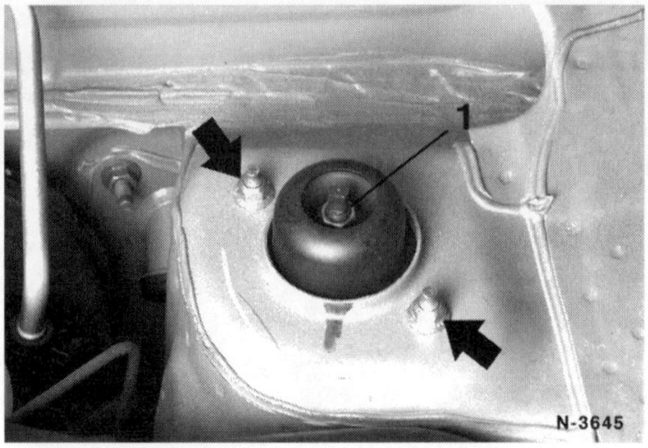

- 2 obere Befestigungsmuttern –Pfeile– für Federbein abschrauben und Federbein komplett herausnehmen. Dabei darauf achten, daß die Gummimanschette der Gelenkwelle nicht durch das lose Federbein beschädigt wird. Gegebenenfalls Manschette mit einem Lappen umwickeln, damit sie geschützt wird. **Achtung: Auf keinen Fall die mittlere Mutter –1– für Stoßdämpfer lösen, da die Feder unter Vorspannung steht!**

Einbau

- Federbein von unten einführen, so daß es mittig im Federbeindom sitzt. Muttern auf die Stehbolzen am Federbeinlager von oben aufschrauben und mit Drehmomentschlüssel auf **30 Nm** anziehen.
- Achsschenkel am Federbein mit **neuen** Schrauben und Muttern anschrauben. **Achtung:** Die beiden Schrauben von hinten nach vorn einsetzen, die Muttern liegen also in Fahrtrichtung vorn. Muttern mit **100 Nm** festziehen.
- Bremsleitung verlegen, Halteklammer am Bremsschlauchhalter aufschieben.
- Rad anschrauben, dabei auf Markierung zur Radnabe achten. Fahrzeug ablassen und Radmuttern mit **100 Nm** über Kreuz festziehen.
- Baldmöglichst Fahrzeug vermessen lassen, gegebenenfalls Spur einstellen, siehe Seite 134.

Federbein zerlegen/Stoßdämpfer/ Schraubenfeder aus- und einbauen

Ausbau

- Federbein ausbauen.

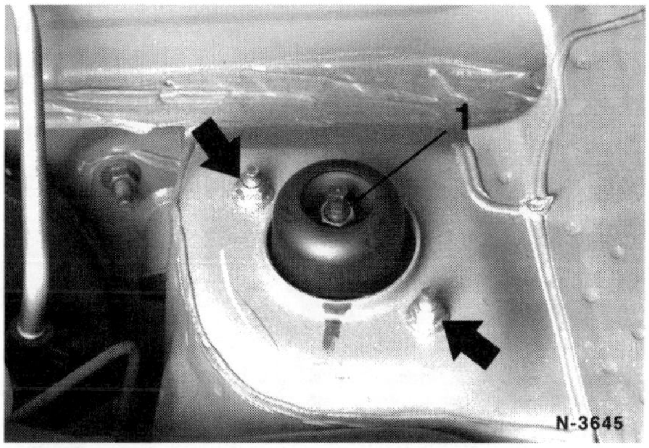

- Federbeinlager zwischen Schutzbacken in einen Schraubstock einspannen und die Haltemutter –1– mit einer Stecknuß oder einem tiefgekröpften Ringschlüssel **eine Umdrehung lösen, nicht abschrauben.**
- Die Schraubenfeder ist vorgespannt. Zum Lösen des Stoßdämpfers muß die Schraubenfeder noch weiter gespannt werden, damit die Federteller entlastet sind. Schraubenfeder mit geeigneter Spannvorrichtung spannen. **Achtung: Die Stoßdämpfermutter darf nur bei gespannter Feder gelöst werden.**

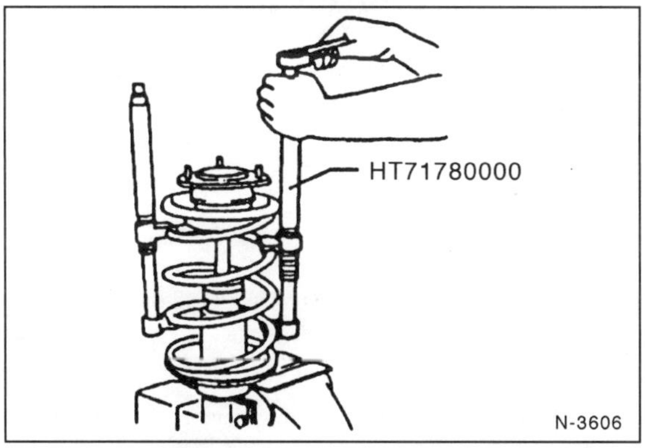

- Feder mit handelsüblichem Federspanner spannen. Die NISSAN-Werkstätten benutzen dazu eine Spezialvorrichtung. Feder um ca. 10 mm zusammendrücken, bis das obere Federbeinlager von Hand verdreht werden kann.

Achtung: Federspanner so in die Windungen der Feder einsetzen, daß die Federwindungen sicher umfaßt werden und der Federspanner nicht abrutschen kann. Feder grundsätzlich an mindestens 3 gleichmäßig über den Umfang verteilten Punkten spannen. Die Schraubenfeder steht unter großer Vorspannung, deshalb nur stabiles Werkzeug verwenden. Keinesfalls Feder mit Draht zusammenbinden. Unfallgefahr!

- Haltemutter abschrauben und Einzelteile des Federbeins der Reihe nach abnehmen.

Achtung: Falls die Feder ausgewechselt werden soll, Feder langsam entspannen. Soll dagegen nur der Stoßdämpfer ersetzt werden, bleibt die Feder gespannt.

Einbau

- Stoßdämpfer prüfen, siehe folgendes Kapitel.
- Gummiteile am Federbeinlager sowie Schraubenfeder auf Rißbildungen und Verformungen kontrollieren, gegebenenfalls auswechseln.

MICRA-Generation I:

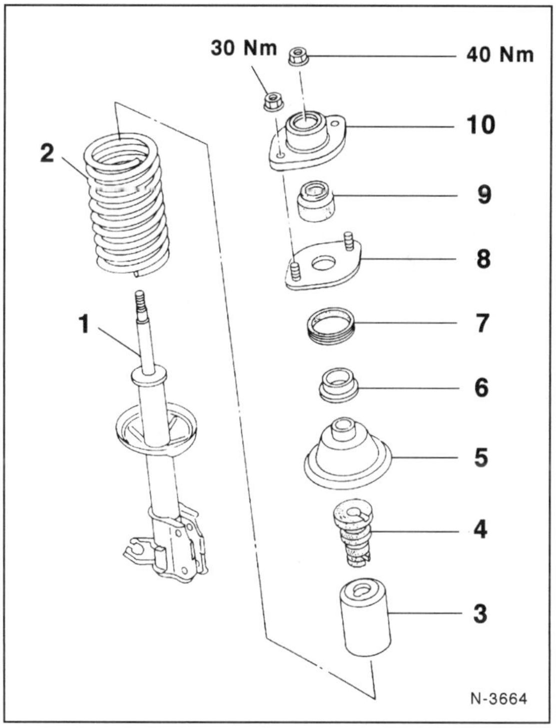

1 – **Stoßdämpfer**
2 – **Schraubenfeder**
3 – **Staubschutz**
4 – **Anschlagdämpfer**
5 – **Oberer Federteller**
6 – **Anschlagring**
7 – **Staubschutz**
8 – **Halteplatte**
9 – **Gummidämpfer**
10 – **Gehäuse**

MICRA-Generation II:

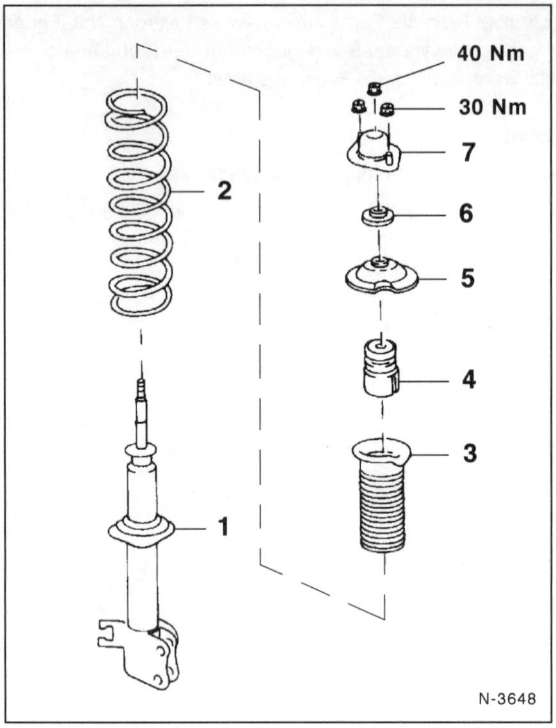

1 – **Stoßdämpfer**
2 – **Schraubenfeder**
3 – **Staubschutz**
4 – **Anschlagdämpfer**
5 – **Oberer Federteller**
6 – **Anschlagring**
7 – **Drucklager**

- Staubschutz und Anschlagpuffer auf die Stoßdämpfer-Kolbenstange aufschieben.
- Gespannte Schraubenfeder auflegen, siehe folgende Abbildungen.

MICRA-Generation I:

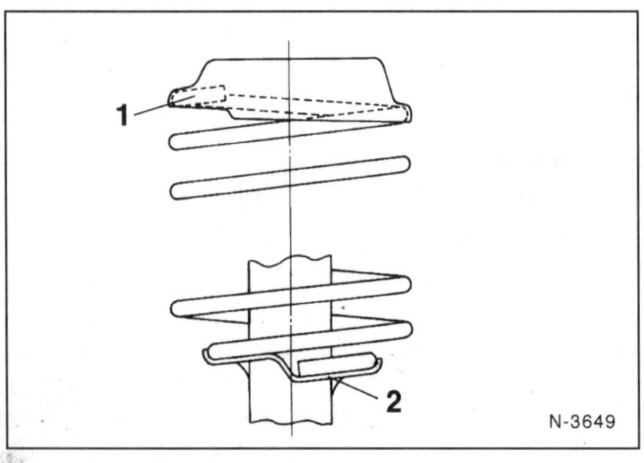

MICRA-Generation II:

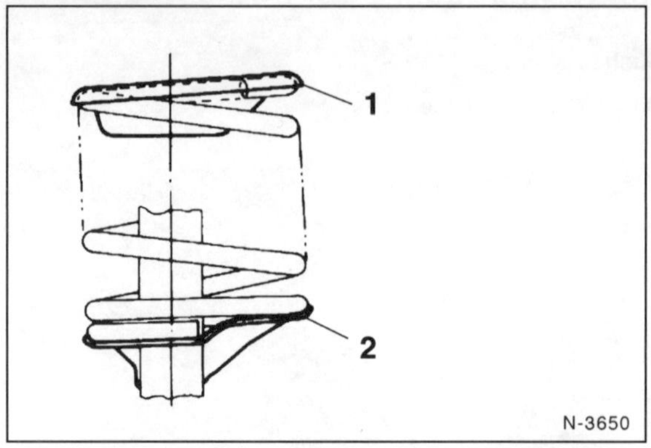

- Oberen Federteller auflegen. Darauf achten, daß die Schraubenfeder lagerichtig eingebaut ist und an den Ansätzen des oberen –1– und unteren Federtellers –2– anliegt, siehe Abbildungen.
- Drucklager auflegen, bei Fahrzeugen der Generation I Einzelteile gemäß Reihenfolge in Abbildung N-3664 auflegen.
- Halteplatte in einen Schraubstock spannen, dabei Schutzbacken zwischenlegen. **Neue** selbstsichernde Stoßdämpfermutter mit **40 Nm** festziehen.
- Schraubenfeder langsam entspannen.
- Federbein einbauen, siehe Seite 110.

Stoßdämpfer prüfen/verschrotten

Folgende Fahreigenschaften weisen auf defekte Stoßdämpfer hin:

- Langes Nachschwingen der Karosserie bei Bodenunebenheiten.
- Aufschaukeln der Karosserie bei aufeinander folgenden Bodenunebenheiten.
- Springen der Räder auch auf normaler Fahrbahn.
- Ausbrechen des Fahrzeuges beim Bremsen (kann auch andere Ursachen haben).
- Kurvenunsicherheit durch mangelnde Spurhaltung, Schleudern des Fahrzeuges.
- Poltergeräusche während der Fahrt.
- Abnorme Reifenabnutzung mit Abflachungen (Auswaschungen) am Reifenprofil.

Der Stoßdämpfer kann von Hand geprüft werden. Eine genaue Überprüfung der Stoßdämpferleistung ist jedoch nur mit einem Shock-Tester (Stoßdämpfer eingebaut) oder einer Stoßdämpfer-Prüfmaschine möglich.

Prüfung von Hand

- Stoßdämpfer ausbauen.

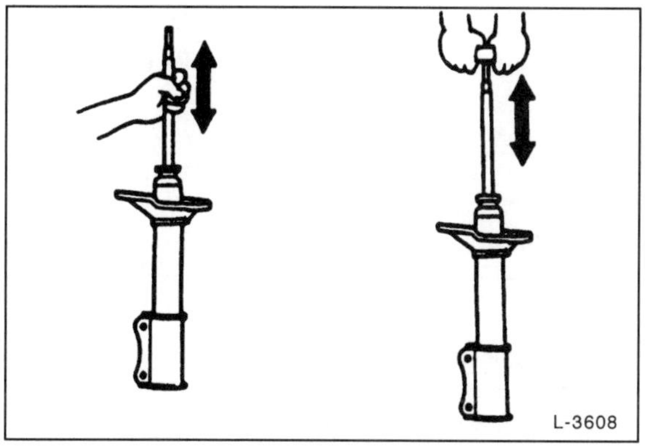
L-3608

- Stoßdämpfer in Einbaulage halten, Stoßdämpfer mindestens 3mal auseinanderziehen und zusammendrücken. Der Stoßdämpfer muß sich dabei über den gesamten Hub gleichmäßig schwer und ruckfrei bewegen lassen, außerdem dürfen keine ungewöhnlichen Geräusche auftreten.
- Die Kolbenstange vollständig einschieben und dann loslassen. Die Kolbenstange muß sich mit gleichmäßiger Geschwindigkeit wieder herausschieben.
- Bei einwandfreier Funktion sind geringe Spuren von Stoßdämpferöl kein Grund zum Austausch.
- Bei starkem Ölverlust Stoßdämpfer austauschen.
- Stoßdämpfer einbauen.

Stoßdämpfer verschrotten

- Stoßdämpfer sind mit Öl gefüllt. Daher nicht in den Hausmüll geben, sondern beim Rohstoffhandel oder bei der Sondermüllsammelstelle abgeben.
- In der Werkstatt werden die Stoßdämpfer vor der Verschrottung wie folgt entleert.

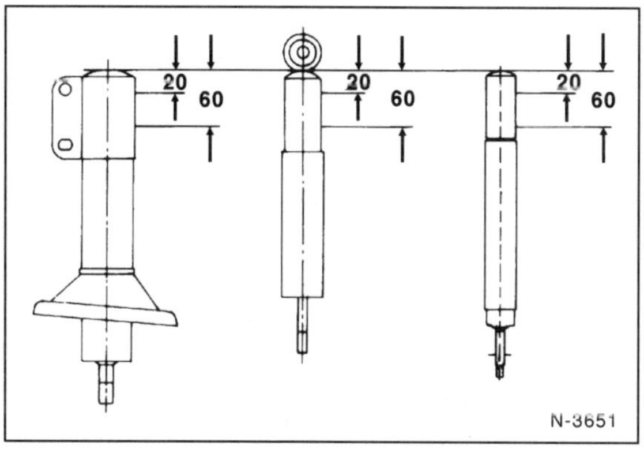

N-3651

- Stoßdämpfer senkrecht mit der Kolbenstange nach unten in den Schraubstock spannen.
- Etwa 20 mm unterhalb des Bodens das Dämpferrohr mit einem Bohrer, Ø 3 mm, anbohren, um das Gas entweichen zu lassen. Das entweichende Gas ist farblos, geruchlos und ungiftig.
- Etwa 60 mm unterhalb des Bodens eine weiteres Loch mit Ø 5 mm für das Öl bohren.
- Durch mehrmaliges Auf- und Abbewegen der Kolbenstange das Dämpferöl herauspumpen und auffangen.

Achtung: Altöl nicht einfach wegschütten oder in den Hausmüll geben. Stoßdämpferöl ist Mineralöl und kann laut Abfallgesetz zusammen mit Motorenöl entsorgt werden.

Querstabilisator aus- und einbauen

Ausbau

- Fahrzeug vorn aufbocken.

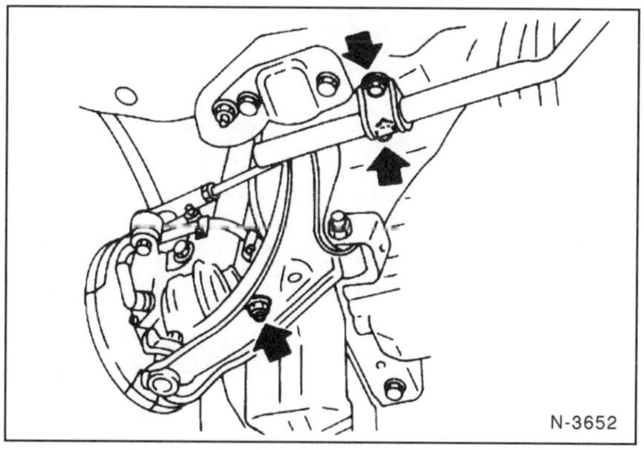
N-3652

- Auf beiden Seiten die Lager am Unterboden und an den Querlenkern abschrauben. Vorher Lage der Schellen für den Wiedereinbau mit Farbe kennzeichnen.
- Stabilisator zusammen mit Gummilagern herausnehmen.

Einbau

- Vor dem Einbau Gummilager prüfen, poröse oder beschädigte Lager ersetzen.
- Schellen der Gummilager in gleicher Lage wie ausgebaut mit **60 Nm** anschrauben. Die serienmäßig angebrachte Farbmarkierung auf dem Stabilisator muß neben dem Gummilager in Richtung Fahrzeugmitte liegen.

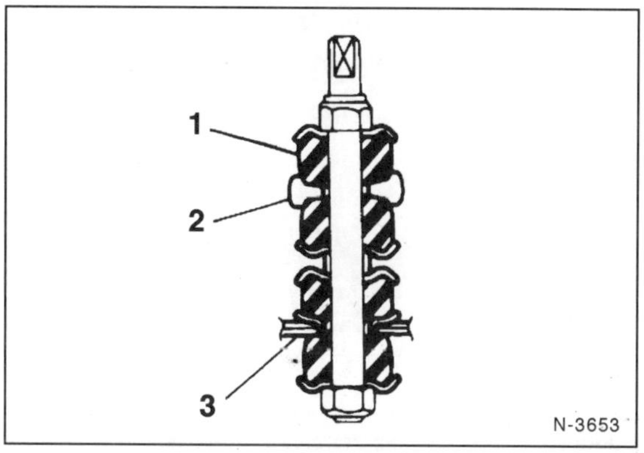

N-3653

- Stabilisator-Koppelstangen an den Querlenkern mit **20 Nm** anschrauben. Dabei darauf achten, daß die Gummibuchsen –1– mit Haltescheiben korrekt ober- und unterhalb vom Stabilisator –2– beziehungsweise Querlenker –3– sitzen, siehe Abbildung.

Querlenker aus- und einbauen/ prüfen

Da zum Anziehen der Gummilagerungen das Fahrzeug auf den Rädern stehen muß, wird eine entsprechende Hebebühne oder eine Grube benötigt.

Ausbau

- Fahrzeug aufbocken.
- 1,3-l-Motor: Querstabilisator am Querlenker abschrauben.

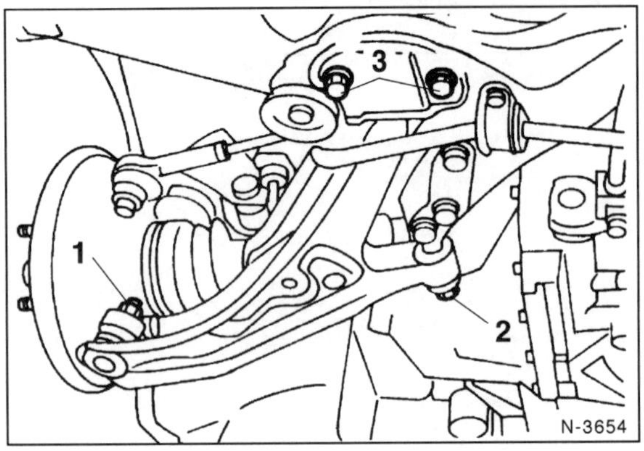

- Splint an Achsgelenk –1– mit Flachzange geradebiegen und seitlich herausziehen. Mutter abschrauben und Bolzen nach unten mit einem handelsüblichen Abdrücker, zum Beispiel HAZET 779, ausdrücken.
- Schrauben –2– und –3– am vorderen und hinteren Querlenkerlager abschrauben.

Querlenker prüfen

- Gummimanschette, Gummilager und Querlenker auf Porosität, Beschädigung und Verformung sichtprüfen, gegebenenfalls gesamtes Teil ersetzen.

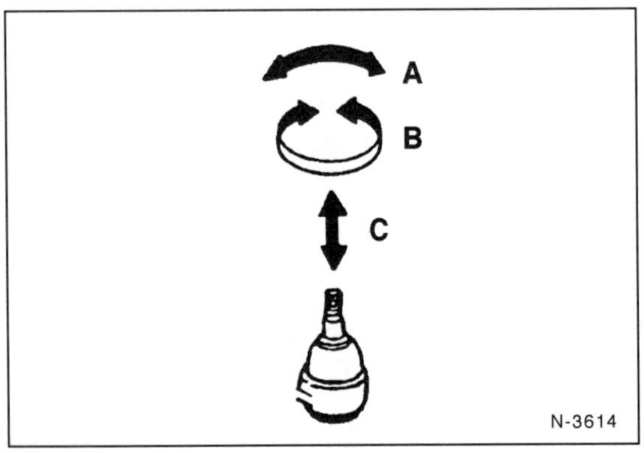

- Drehmoment –B– am Kugelgelenk messen: Drehmomentschlüssel mit entsprechender Befestigung ansetzen. Kugelbolzen drehen. Bei sich drehendem Kugelbolzen das benötigte Moment zur Überwindung der Reibungskraft ablesen. **Sollwert:** 0,5 bis 3,4 Nm, sonst Querlenker ersetzen.
- Gelenk kippen –A–. Das Gelenk darf nicht blockiert sein.
- In senkrechter Richtung –C– am Kugelbolzen drücken und ziehen. Es darf kein merkliches Spiel vorhanden sein.
- Werden die Sollwerte nicht erreicht, Neuteil einbauen.

Einbau

- Querlenker am Aufbau und Achsschenkel einsetzen, Schrauben und Muttern von Hand leicht anschrauben, noch nicht festziehen.
- 1,3-l-Motor: Querstabilisator anschrauben, siehe Seite 113.
- Fahrzeug ablassen, es muß mit vollem Gewicht auf den Rädern stehen. Fahrzeug mehrmals ein- und ausfedern, damit die Radaufhängung sich setzt.

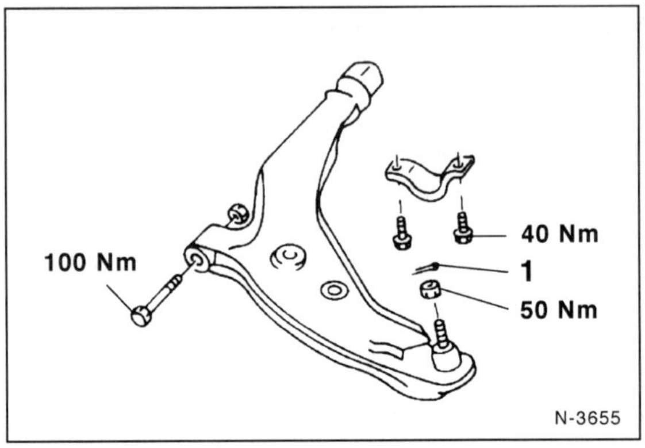

- Zuerst Schelle für hinteres Querlenkerlager mit **40 Nm**, dann vorderes Querlenkerlager mit **100 Nm** anziehen.
- Schraube am Achsgelenk mit **50 Nm** anziehen. **Neuen** Sicherungssplint –1– einsetzen und an den Enden umbiegen.
- Baldmöglichst Vorderachse in einer Fachwerkstatt vermessen lassen.

Gelenkwelle aus- und einbauen

Ausbau

- Splint an der Nabenmutter mit Flachzange geradebiegen und seitlich herausziehen. Kronensicherung von der Nabenmutter abnehmen. Läßt sich der Splint nicht abziehen, Rad abschrauben und nach Entfernen des Splints wieder anschrauben.

N-3610

- Nabenmutter bei auf den Rädern stehendem Fahrzeug abschrauben. Gleichzeitig von Helfer Fußbremse betätigen lassen, damit sich die Nabe nicht mitdreht. Hohes Lösemoment, Unfallgefahr!
- Radmuttern lösen.
- Scheibenrad (Felge) zur Radnabe mit Farbe kennzeichnen. Dadurch kann das ausgewuchtete Rad wieder an gleicher Stelle montiert werden.
- Fahrzeug vorn aufbocken, siehe Seite 229.
- Rad abnehmen.
- Bremssattel abschrauben und mit Draht am Aufbau aufhängen, damit der Bremsschlauch nicht überdehnt wird, siehe Seite 142.

Achtung: Der Bremsschlauch muß dabei nicht abgeschraubt werden. Wurde er jedoch abgeschraubt, muß das Bremssystem nach dem Einbau entlüftet werden, siehe Kapitel »Bremsanlage«.

- Splint entfernen, Mutter für Spurstangenkopf abschrauben und Spurstangenkopf mit handelsüblichem Abzieher am Achsschenkel ausdrücken, siehe Seite 131.

N-3646

- 2 Muttern –Pfeile– lösen, Bolzen herausziehen und Federbein vom Achsschenkel trennen.

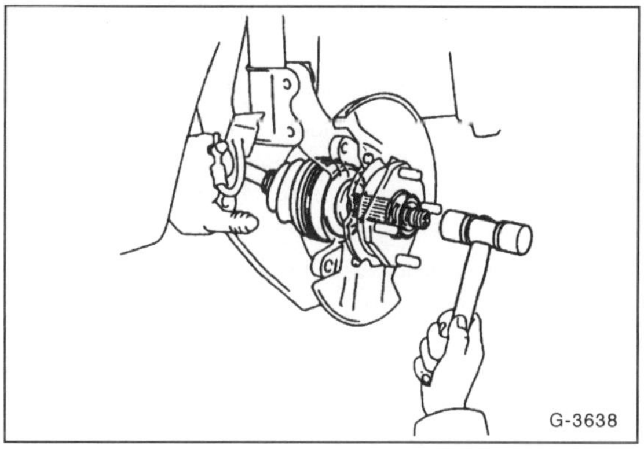

G-3638

- Gelenkwelle mit handelsüblichem Abzieher aus der Radnabe drücken, oder mit einem Kunststoffhammer herausschlagen. Der Querlenker bleibt am Achsschenkel angeschraubt. **Achtung:** Darauf achten, daß die Faltenbälge der Gelenkwelle nicht beschädigt werden. Gelenkwelle nicht nach unten hängen lassen, sondern mit Draht am Aufbau aufhängen, damit die Gelenke nicht beschädigt werden.

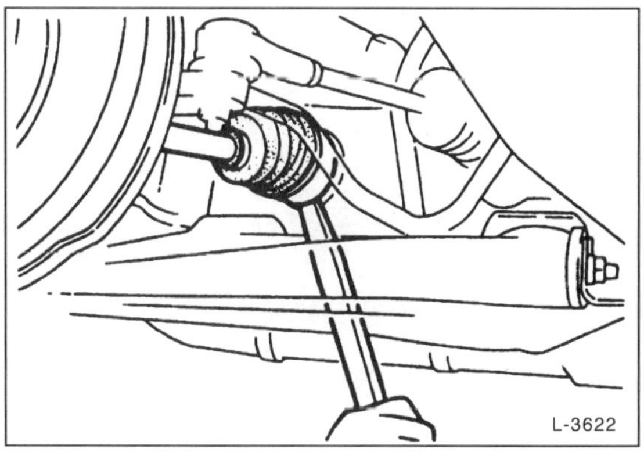

L-3622

- Montierhebel zwischen Gelenk und Getriebegehäuse ansetzen. Hebel schwenken und damit Gelenk herausdrücken. Nicht an der Gelenkwelle ziehen, da bei verschiedenen Modellen dabei das getriebeseitige Gelenk auseinandergezogen werden kann!

Einbau

- Vor dem Einbau Wellendichtringe im Getriebe auf Verschleiß überprüfen.

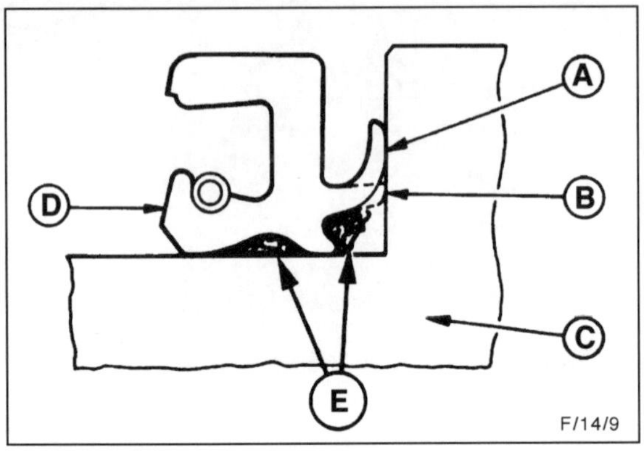

A – Dichtlippe neu, B – Dichtlippe verschlissen, C – Radnabe oder Gelenkwelle, D – Dichtring, E – Fett.

- Verschlissenen Dichtring gegebenenfalls heraushebeln. Falls erforderlich, Dichtring mit Bohrer lochen, geeignete Blechschraube reindrehen, dann mit einer Zange Schraube und damit auch Dichtring herausziehen.
- Neuen Dichtring fetten, wie in der Abbildung gezeigt, und mit geeignetem Rohr gleichmäßig eintreiben.
- Kerbverzahnungen der Gelenkwelle reinigen und leicht einfetten.

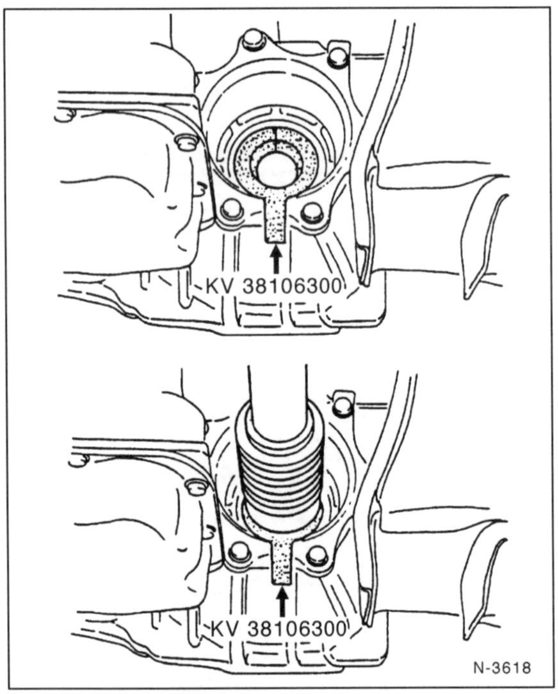

- Die Fachwerkstatt setzt zum Schutz des Wellendichtrings ein Sonderwerkzeug ein, das nach dem Einsetzen der Gelenkwelle wieder abgezogen wird. Wenn jedoch die Gelenkwelle beim Einsetzen sorgfältig geführt wird, ist das Werkzeug nicht unbedingt erforderlich.

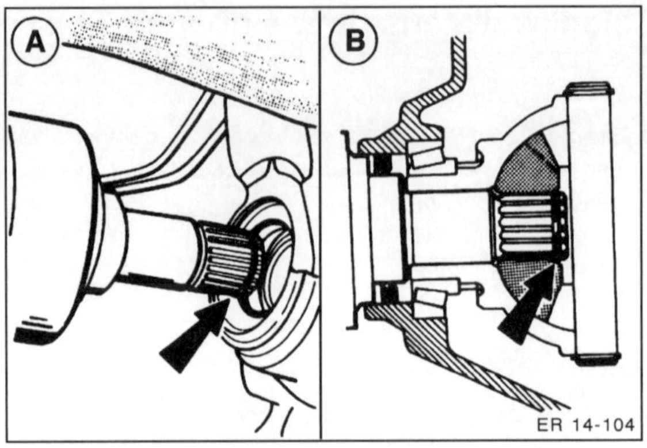

- Gelenkwelle mit **neuem** Sicherungsring –Pfeil A– in die Verzahnung des Getrieberades einsetzen. Gelenkwelle mit einem Gummihammer eintreiben, bis sie einrastet –Pfeil B–. Durch leichtes Ziehen und Drücken prüfen, ob die Welle eingerastet ist.
- Gelenkwelle von Hand in das Radlager einsetzen. Unterlegscheibe aufsetzen, Nabenmutter ansetzen und durch Anschrauben der Mutter Radnabe auf Gelenkwellenstumpf aufziehen. Nabenmutter noch nicht festziehen.
- Achsschenkel am Federbein mit **neuen** Schrauben und Muttern anschrauben. **Achtung:** Die beiden Schrauben von hinten nach vorn einsetzen, die Muttern liegen also in Fahrtrichtung vorn. Muttern mit **100 Nm** festziehen.

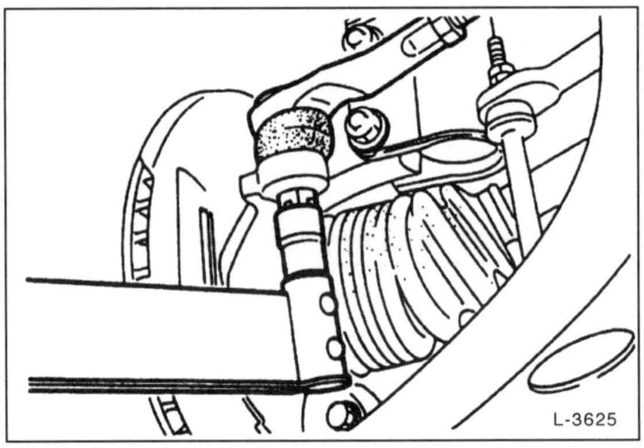

- Spurstangenendstück am Achsschenkel einsetzen, Mutter mit **35 Nm** anziehen und mit einem **neuen** Splint sichern. Läßt sich der Splint nicht einsetzen, Mutter entsprechend weiter anziehen, nicht lösen. Splint an den Enden umbiegen.
- Bremssattel einbauen, siehe Seite 142.

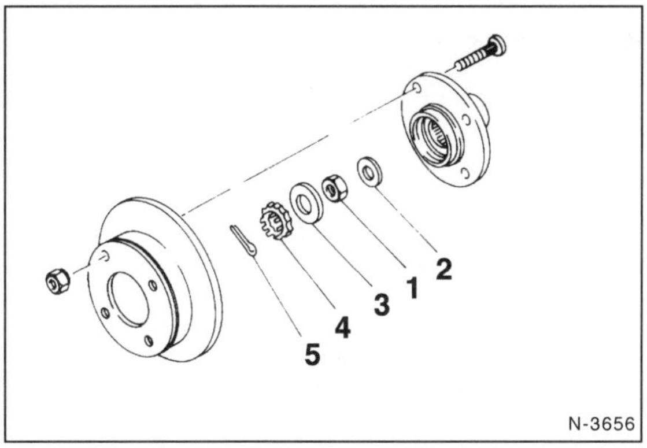

- **Neue** Radnabenmutter –1– mit Unterlegscheibe –2– aufschrauben, noch nicht endgültig festziehen.
- Rad anschrauben, dabei auf Markierung zur Radnabe achten. Fahrzeug ablassen und Radmuttern über Kreuz mit **100 Nm** festziehen.
- Radnabenmutter bei auf dem Boden stehendem Fahrzeug mit **150 Nm** festziehen, dabei von Helfer die Fußbremse betätigen lassen.
- Modell-Generation II: Isolierring –3– aufsetzen, siehe Abbildung.
- Kronensicherung –4– aufsetzen und **neuen** Splint –5– einsetzen. Läßt sich der Splint nicht einsetzen, Mutter entsprechend weiter anziehen, nicht lösen. Splint an den Enden umbiegen.
- Gegebenenfalls Getriebeöl auffüllen, siehe Seite 240.
- Vorderachse vermessen lassen.

Gelenkwelle prüfen/zerlegen/ Manschetten erneuern

Achtung: Manschettenbänder, Dichtringe und Sicherungsringe immer ersetzen.

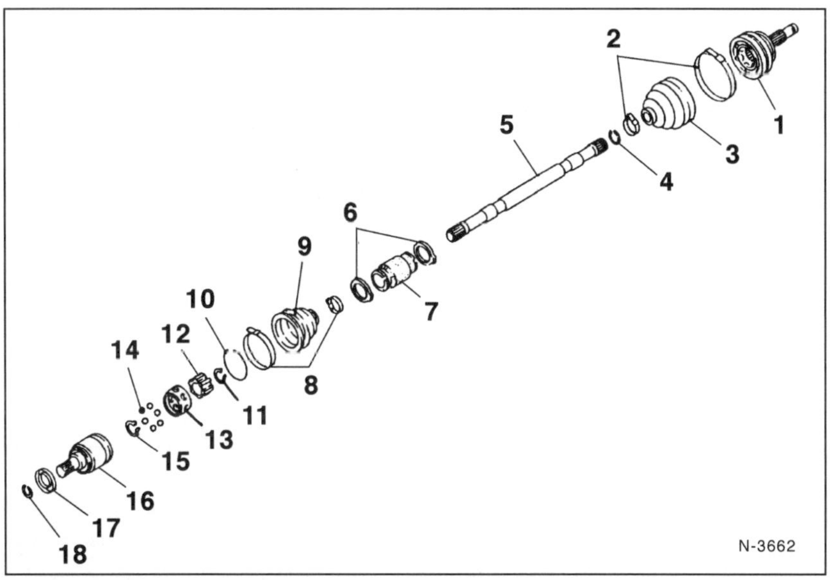

1 – **Außengelenk (Radseite)**
Nicht zerlegbar.

2 – **Manschettenband**

3 – **Manschette**

4 – **Sicherungsring**

5 – **Welle**

6 – **Haltebänder**

7 – **Tilgergewicht**
Links und rechts unterschiedlich, nicht immer vorhanden.

8 – **Manschettenband**

9 – **Manschette**

10 – **Klammer**

11 – **Sicherungsring**
Nur MICRA-Generation I.

12 – **Lagerinnenring**

13 – **Kugelkäfig**

14 – **Kugel**

15 – **Sicherungsring**
Nur MICRA-Generation I.

16 – **Gelenkbecher**

17 – **Dichtring**

18 – **Sicherungsring**

Prüfen

- Manschetten sichtprüfen, defekte Manschetten sofort erneuern. Zum Erneuern der Schutzhülle muß die Gelenkwelle ausgebaut und zerlegt werden. Da das radseitige Gelenk nicht zerlegt werden soll, muß zum Ausbau der zugehörigen Manschette immer auch die getriebeseitige Manschette ausgebaut werden.

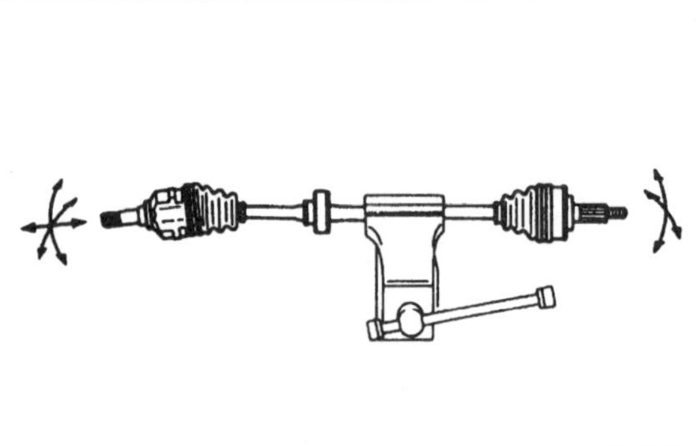

N-3647

- Ausgebaute Gelenkwelle zwischen Schutzbacken in einen Schraubstock einspannen und Beweglichkeit der Gelenke prüfen.
- Radseitiges (äußeres) Gleichlaufgelenk von Hand auseinanderziehen und zusammendrücken, es darf kein Spiel aufweisen.
- Versuchen, das innere Gleichlaufgelenk leicht gegen die Welle zu verdrehen. Es darf kein spürbares Radialspiel vorhanden sein.
- Ergab die Prüfung eine Beanstandung, Gelenkwelle zerlegen.

Gelenkwelle zerlegen

- Ränder der Gelenkmanschetten auf der Welle mit Filzstift markieren, bevor sie ausgebaut werden, dies erleichtert den Wiedereinbau.

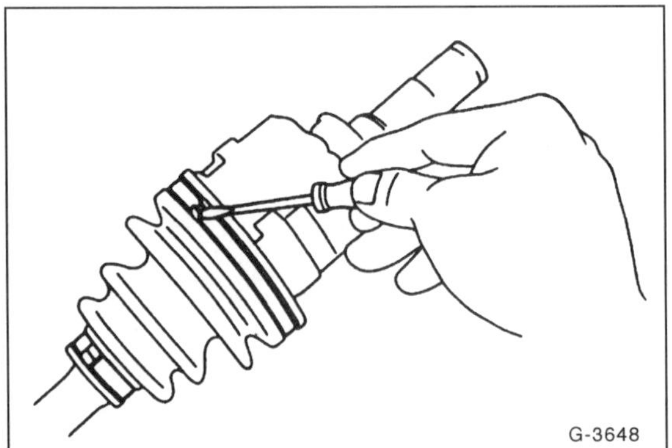

G-3648

- Manschettenbänder am Innengelenk mit einem Schraubendreher entriegeln und abnehmen.
- Gelenkmanschette auf der Welle zurückschieben.
- Vor dem Abziehen der Welle die Lage zum Außenring mit Filzstift oder Farbe kennzeichnen.

MICRA-Generation I:

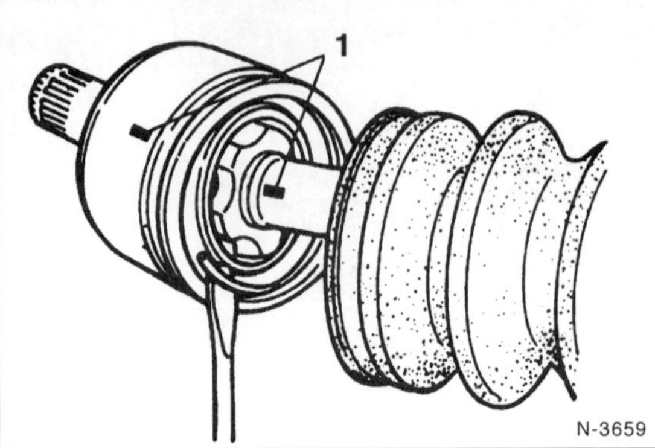

N-3659

- Sicherungsklammer mit einem flachen Schraubendreher abhebeln. Innengelenk abnehmen. 1 – Kennzeichnungen.

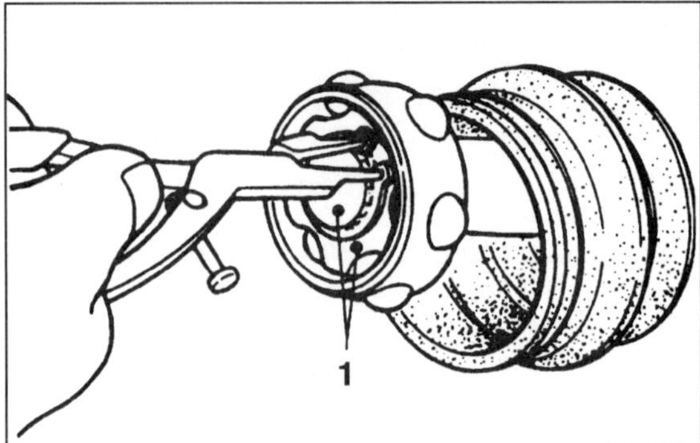

N-3660

- Sicherungsring des Innenrings mit einer geeigneten Zange spreizen und abnehmen. Körnermarkierung –1– zur Welle anbringen, damit der Innenring in gleicher Lage wieder eingebaut wird.
- Innenring mit Hammer und einem Messingstab von der Welle treiben.

MICRA-Generation II:

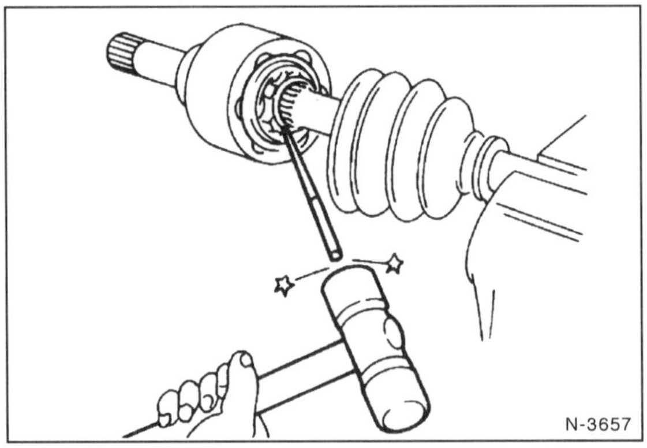

N-3657

- Innenring mit Gelenk mit Hammer und einem Messingstab von der Welle treiben. Es sind keine Sicherungsringe eingebaut.

● Manschette des Innengelenks von der Welle abziehen.

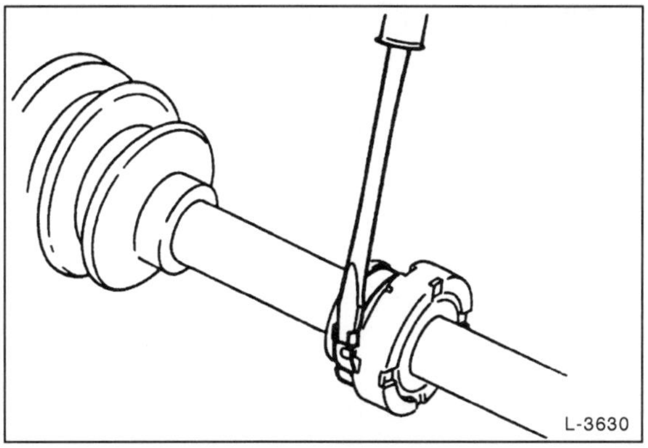

● Falls vorhanden, Schelle des Tilgergewichts lösen und Dämpfer abnehmen. **Achtung:** Lage des Tilgergewichts auf der Welle anzeichnen, damit es in gleicher Lage wieder eingebaut werden kann.

● Traten Beanstandungen am Außengelenk auf: Manschette des Außengelenks über die Innengelenkseite von der Welle abziehen, vorher Manschettenbänder lösen.

Achtung: Das Außengelenk darf nicht zerlegt werden.

● Gelenkhohlräume, Innenteile, Flansche, Abdeckkappen und Manschetten sorgfältig abwischen. Das vorhandene, nicht mehr schmierfähige Fett mit einem Lösungsmittel oder mit Druckluft entfernen. Falls Schmutz in das Fett eingedrungen ist, Gelenk auswaschen.

● Gelenklaufbahnen und Wälzkörper auf Verschleiß prüfen, gegebenenfalls Gelenk erneuern.

Zusammenbau

● Poröse und defekte Manschetten ersetzen. Auf jeden Fall ersetzt werden müssen alle Manschettenbänder (Schellen) sowie Sicherungsringe.

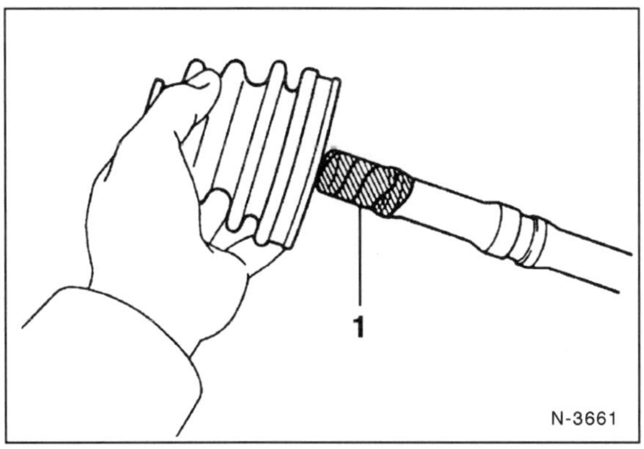

● Wellenoberfläche leicht einfetten, damit die Manschetten leichter rutschen. Außerdem die Verzahnung der Welle mit einem Kunststoffband oder Tesafilm –1– umwickeln, damit die Manschetten beim Aufschieben nicht beschädigt werden.

● Außengelenkmanschette mit Schellen aufschieben, Schellen noch nicht befestigen. Manschetten der Gelenke nicht verwechseln: Manschetten nach Außendurchmesser der Gelenke zuordnen.

Achtung: Die Schelleneinbaurichtung ist der Vorwärtsdrehrichtung der Welle entgegengesetzt, das heißt, das umgeschlagene Ende der Schellen muß in Drehrichtung weisen.

● Tilgergewicht aufschieben, die Befestigungsschelle muß in der Nut der Gelenkwelle liegen. Ist keine Nut vorhanden, Tilgergewicht nach der beim Ausbau angebrachten Markierung ausrichten.

● Innengelenkmanschette mit Schellen aufschieben.

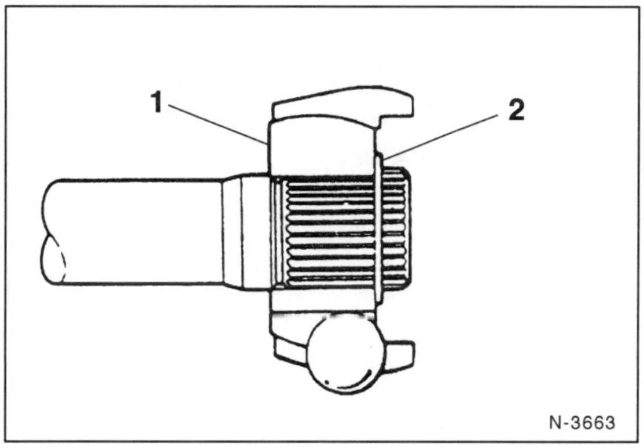

● Innenring –1– auf die Gelenkwelle schieben, dabei müssen die beim Ausbau angebrachten Körnermarkierungen übereinstimmen. Bei MICRA-Generation I **neuen** Sicherungsring –2– einfedern.

● MICRA-Generation I: Gelenk-Außenring einsetzen und **neue** Sicherungsklammer einsetzen.

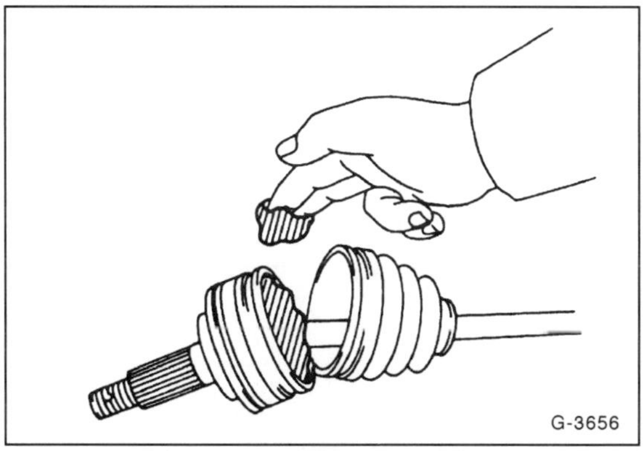

● Am Außen- und Innengelenk die Hohlräume zwischen den Gelenkinnenteilen von beiden Seiten mit Spezialfett füllen. Darauf achten, daß möglichst wenig Fett in die Manschette gelangt. Das Spezialfett ist bei NISSAN erhältlich oder liegt dem Manschetten-Reparatursatz bei. Die Menge richtet sich nach der Menge des entfernten

Fettes. Wurde alles Fett entfernt, folgende Mengen einfüllen:

MICRA- Modell/Motor	Fettmenge g Radseite	 Getriebeseite
Generation II: 1,0 l 1,3 l	 66 85	 150 215
Generation I	90	90

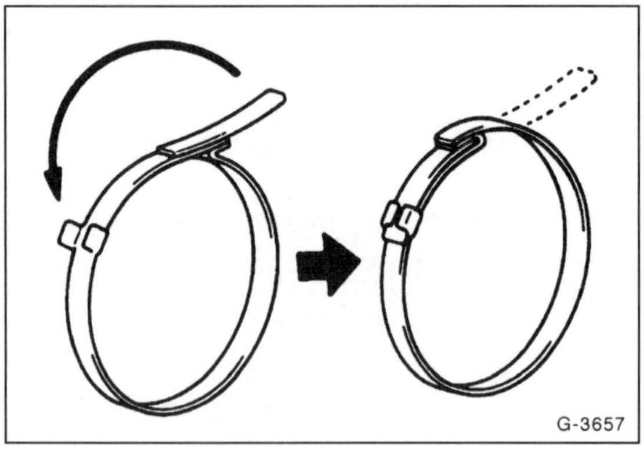

- Manschetten am großen Durchmesser mit den Manschettenbändern befestigen. Die Manschetten müssen sicher in den Nuten der Welle sitzen. Manschettenbänder mit einem Schraubendreher biegen und, wie abgebildet, durch Umbiegen der Haltenasen sichern.

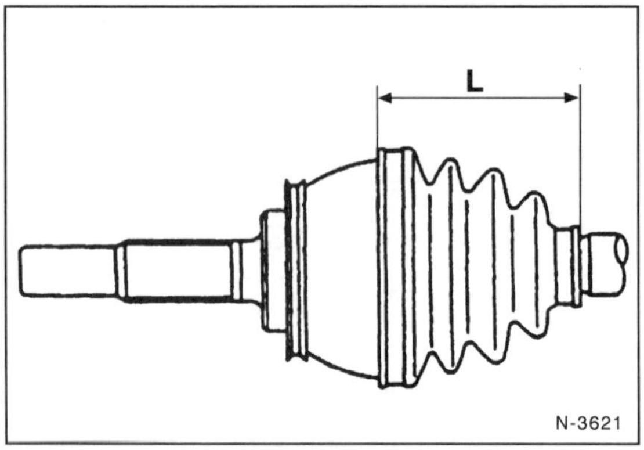

- Manschetten am kleinen Durchmesser bis zur Markierung auf der Welle verschieben. Die Manschetten dürfen in eingebautem Zustand weder gedehnt noch gestaucht werden. Daher folgende Maße »L« beachten:

MICRA- Modell/Motor	Faltenbalg-Länge L (mm) Radseite	 Getriebeseite
Generation II: 1,0 l 1,3 l	 85 – 87 89 – 91	*)
Generation I	85	82

*) Faltenbalgwulst muß in der Gelenkwellen-Vertiefung liegen.

- Manschette am kleinen Durchmesser mit einem kleinen Schraubendreher kurz anheben, damit ein Druckausgleich erfolgt. Dann Manschettenband spannen und sichern.
- Gelenkwelle einbauen.

Das Vorderradlager

MICRA-Generation I: Geteiltes Radlager

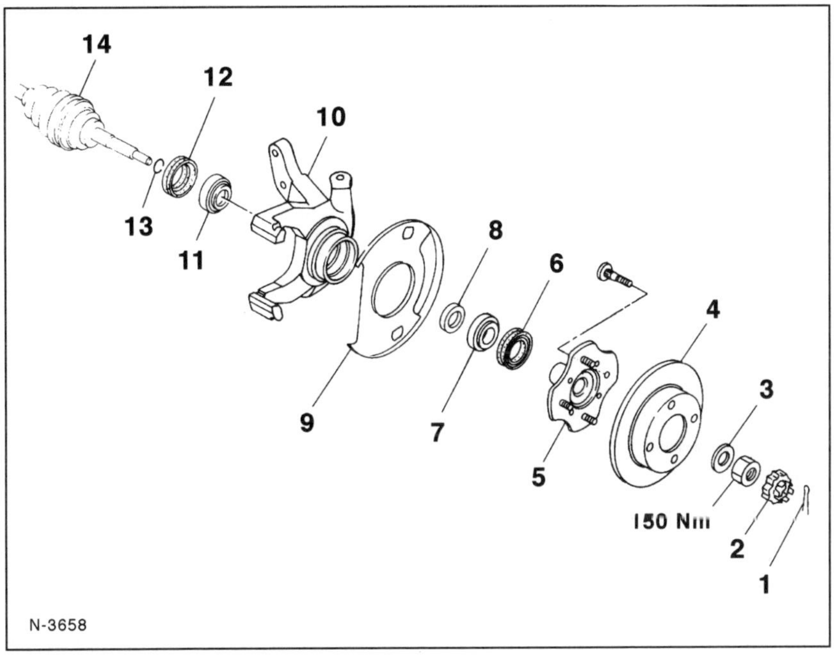

1 – **Sicherungssplint**
Immer ersetzen.

2 – **Kronensicherung**

3 – **Unterlegscheibe**

4 – **Bremsscheibe**

5 – **Radnabe**

6 – **Äußerer Dichtring**
Immer ersetzen.

7 – **Außenlager**
Bei Lagerdefekt immer Außen- **und** Innenlager ersetzen.

8 – **Distanzstück**
Zur Einstellung der Lagervorspannung, in verschiedenen Dicken.

9 – **Staubschutzblech**

10 – **Achsschenkel**

11 – **Innenlager**
Bei Lagerdefekt immer Außen- **und** Innenlager ersetzen.

12 – **Innerer Dichtring**
Immer ersetzen.

13 – **Sicherungsring**
Immer ersetzen.

14 – **Gelenkwelle**

MICRA-Generation II: Radlagereinheit

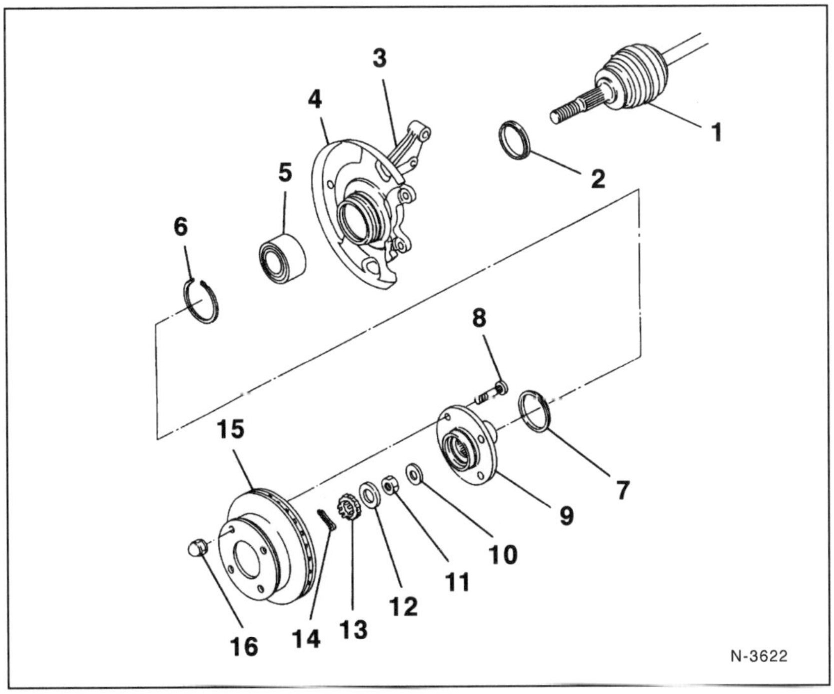

1 – **Gelenkwelle**

2 – **Innerer Fett-Dichtring**
Immer ersetzen, mit Mehrzweckfett einstreichen.

3 – **Achsschenkel**

4 – **Staubschutzblech**

5 – **Radlager**
Immer ersetzen.

6 – **Sicherungsring**

7 – **Äußerer Fett-Dichtring**
Immer ersetzen, mit Mehrzweckfett einstreichen.

8 – **Radschraube**

9 – **Radnabe**

10 – **Beilegscheibe**

11 – **Nabenmutter, 150 Nm**

12 – **Isolierring**

13 – **Kronensicherung**

14 – **Sicherungssplint**
Immer ersetzen.

15 – **Bremsscheibe**

16 – **Radmutter, 100 Nm**

Defekte Radlager machen sich folgendermaßen bemerkbar: Geräusche in engen Kurven; Schwergängigkeit des Rades bei gelöster Bremse. Die Radlager sitzen so fest im Achsschenkel, daß sie nur mit geeigneten Auspreß- und Einziehwerkzeugen fachgerecht montiert werden können. Das Auswechseln der Radlager sollte daher von einer NISSAN-Werkstatt durchgeführt werden. Zum Ersetzen der Radlager muß zuvor der gesamte Achsschenkel ausgebaut werden.

Hinterachse

Bei der NISSAN MICRA-Hinterachse sind beide Räder über ein Achsrohr miteinander verbunden. Das Achsrohr wird durch zwei untere Längslenker und zwei obere Schräglenker in Längs- und Querrichtung geführt. Bei Modellen der Generation II wurde die Querführung durch einen zusätzlichen Panhardstab verbessert. Die Abfederung der Hinterachse geschieht bei Fahrzeugen der Generation I über Federbeine, bei Fahrzeugen der Generation II hingegen sind Schraubenfedern und Stoßdämpfer voneinander getrennt angeordnet.

Beim 1,3-l-Motor ist zusätzlich ein Querstabilisator eingebaut. Der Querstabilisator ist am Wagenboden befestigt und verbindet beide Seiten des Achsrohrs miteinander. Dadurch vermindert sich in Kurven die Aufbauneigung des Fahrzeugs.

Bei Modellen der Generation I sind an den Hinterrädern einstellbare Radlager eingebaut, deren Lagerspiel regelmäßig kontrolliert werden muß. In die Generation II wird eine wartungsfreie Radlagereinheit eingebaut, die nach jedem Ausbau komplett ersetzt werden muß.

Hinweis: In diesem Band werden 2 MICRA-Generationen behandelt. Die MICRA-Generation I kam im März '83 in Deutschland auf den Markt. Im Januar '93 wurde die MICRA-Generation II eingeführt. Parallel zur MICRA-Generation II werden auch weiterhin von der MICRA-Generation I die Modelle TOPIC und HIT angeboten.

Hinterachse, MICRA-Generation I:

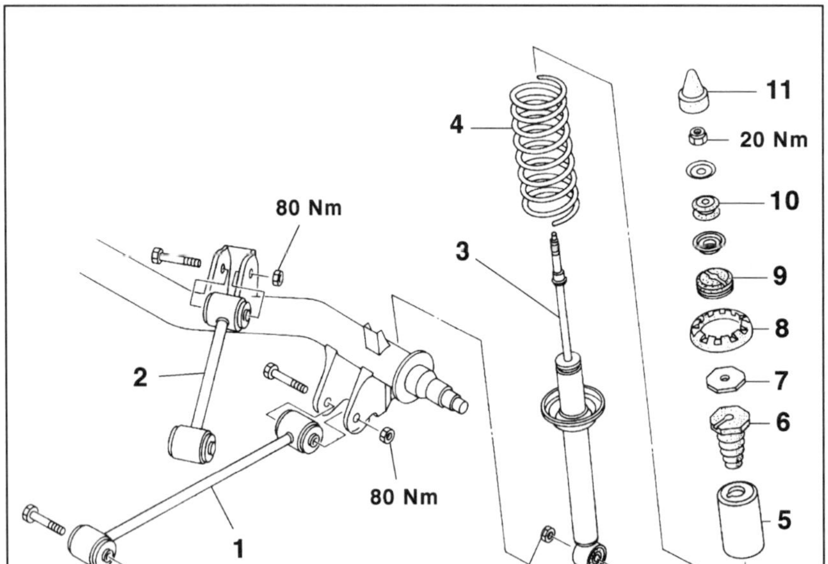

1 – **Längslenker**
2 – **Schräglenker**
3 – **Stoßdämpfer**
4 – **Schraubenfeder**
5 – **Gummianschlag-Gehäuse**
6 – **Gummianschlag**
7 – **Anschlagsitz**
8 – **Gummifederteller**
9 – **Lagerbuchse A**
10 – **Lagerbuchse B**
11 – **Abdeckkappe**

Hinterachse, MICRA-Generation II:

Hinweis: Werden Lenker oder der Panhardstab gelöst, muß zum entgültigen Anziehen der Gummilagerungen das Fahrzeug auf den Rädern stehen. Für diese Arbeiten wird also entweder eine Hebebühne oder eine Grube benötigt.

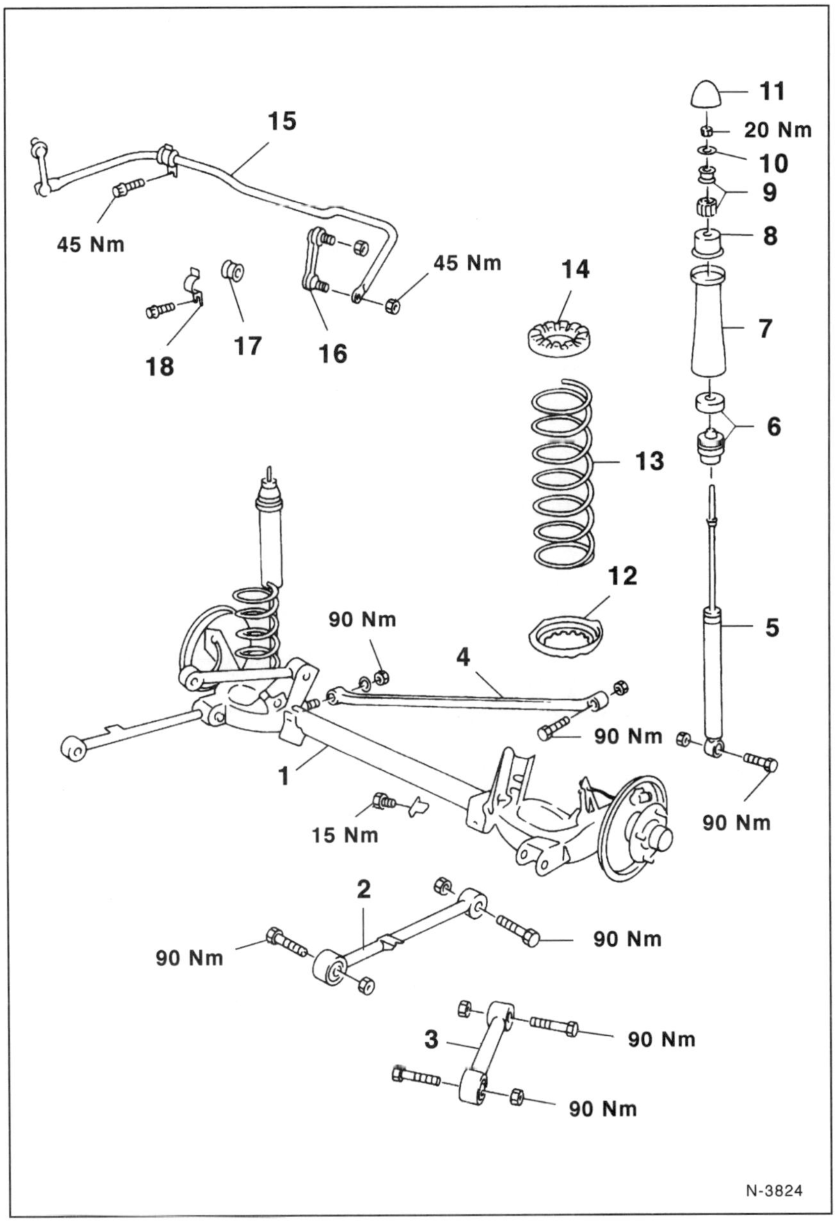

1 – **Hinterachse**
2 – **Längslenker**
3 – **Schräglenker**
4 – **Panhardstab**
5 – **Stoßdämpfer**
6 – **Gummianschlag**
7 – **Staubschutz**
8 – **Gummianschlag-Abdeckung**
9 – **Lagerbuchsen**
10 – **Beilegscheibe**
11 – **Abdeckkappe**
12 – **Unterer Federteller**
13 – **Schraubenfeder**
14 – **Oberer Federteller**

1,3-l-Motor:

15 – **Stabilisator**
16 – **Koppelstange**
17 – **Lagerbuchse**
18 – **Anbauschelle**

Stoßdämpfer / Federbein hinten aus- und einbauen / zerlegen

Ausbau

- Radmuttern bei auf dem Boden stehendem Fahrzeug lösen.
- Scheibenrad (Felge) zur Radnabe mit Farbe kennzeichnen. Dadurch kann das ausgewuchtete Rad wieder an gleicher Stelle montiert werden.
- Fahrzeug hinten aufbocken.
- Rad abnehmen.

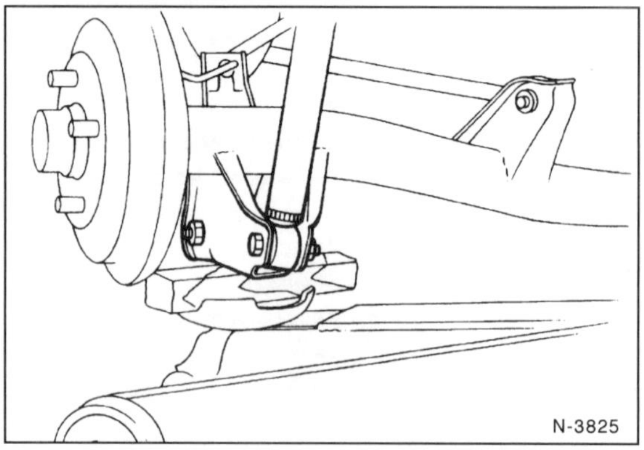

- Achskörper mit einem hydraulischen Werkstattwagenheber unterstützen, damit er beim Lösen des Stoßdämpfers nicht nach unten fällt. Holzzwischenlage verwenden.

- Abdeckkappe entfernen und Stoßdämpfermutter vom Innenraum her abschrauben.
- Schraube am Achskörper lösen und herausziehen.
- Hinterachse mit Wagenheber langsam ablassen und Stoßdämpfer herausnehmen. Bei der MICRA-Generation I, komplettes Federbein herausnehmen.

Hinweis: Soll beim MICRA der II. Generation die Schraubenfeder ausgebaut werden, muß die Hinterachse soweit abgelassen werden, bis die Schraubenfeder herausgenommen werden kann. Dazu muß die komplette Hinterachse vom Unterboden abgeschraubt werden, siehe Seite 125.

Einbau

- Stoßdämpfer prüfen, siehe Seite 112.
- Gummiteile am Federbeinlager sowie Schraubenfeder auf Rißbildungen und Verformungen kontrollieren, gegebenenfalls auswechseln.
- Schraubenfeder auflegen, sie muß an den Ansätzen des oberen und unteren Federtellers anliegen.

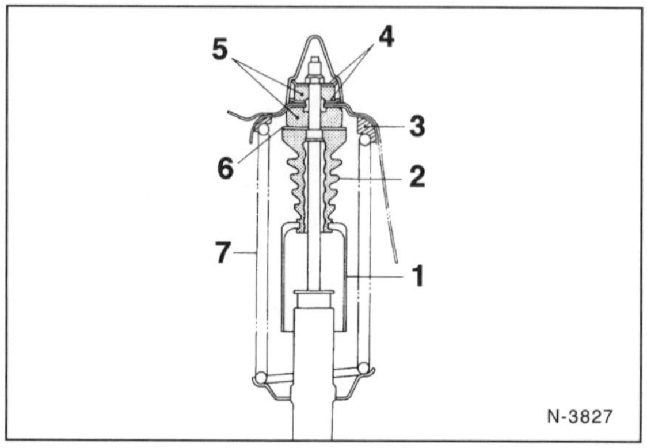

1 – Gummianschlag-Gehäuse; 2 – Gummianschlag; 3 – Gummi-Federteller; 4 – Unterlegscheibe; 5 – Gummilagerbuchsen; 6 – Gummianschlag-Sitz; 7 – Schraubenfeder.

- Stoßdämpfer mit Zwischenlagen korrekt einsetzen. Die Abbildung zeigt den MICRA der I. Generation. MICRA der Generation II, siehe Abbildung N-3824 auf Seite 123.
- **Neue** selbstsichernde obere Stoßdämpfermutter mit **20 Nm** festziehen. Abdeckkappe aufdrücken.
- Hinterachse mit dem Wagenheber so weit anheben, daß die untere Schraube eingesetzt werden kann. Schraube für Federbein am Achskörper von der Fahrzeugaußenseite zur Innenseite hin einsetzen, **neue** selbstsichernde Mutter mit **50 Nm** festziehen.
- Wagenheber unter der Achse entfernen.
- Rad anschrauben, dabei auf Markierung zur Radnabe achten. Fahrzeug ablassen und Radmuttern über Kreuz mit **100 Nm** festziehen.

Hinterachse aus- und einbauen

MICRA-Generation II

Zur Demontage der Schraubenfeder muß beim MICRA der II. Generation die Hinterachse ausgebaut werden. Werden Lenker oder der Panhardstab gelöst, muß zum entgültigen Anziehen der Gummilagerungen das Fahrzeug auf den Rädern stehen. Daher wird eine entsprechende Hebebühne oder eine Grube benötigt.

Ausbau

- Radmuttern bei auf dem Boden stehendem Fahrzeug lösen.
- Scheibenrad (Felge) zur Radnabe mit Farbe kennzeichnen. Dadurch kann das ausgewuchtete Rad wieder an gleicher Stelle montiert werden.
- Fahrzeug hinten aufbocken.
- Rad abnehmen.
- Hintere Scheibenbremse: Bremssattel und Bremsscheibe ausbauen, siehe Seite 141.
- Hintere Trommelbremse: Bremstrommel ausbauen und Handbremsseil aushängen, siehe Seite 145.
- Bremsleitungen zur Hinterachse trennen, siehe Seite 150.
- ABS-Kabelstrang (falls vorhanden) an der Hinterachse trennen.
- Gestänge für lastabhängigen Bremskraftregler am Unterboden abschrauben.
- Achskörper mit einem hydraulischen Werkstattwagenheber unterstützen, damit er beim Lösen des Stoßdämpfers nicht nach unten fällt. Holzzwischenlage verwenden.
- Stoßdämpferstange vom Fahrzeug-Innenraum her abschrauben, vorher Abdeckung abnehmen.

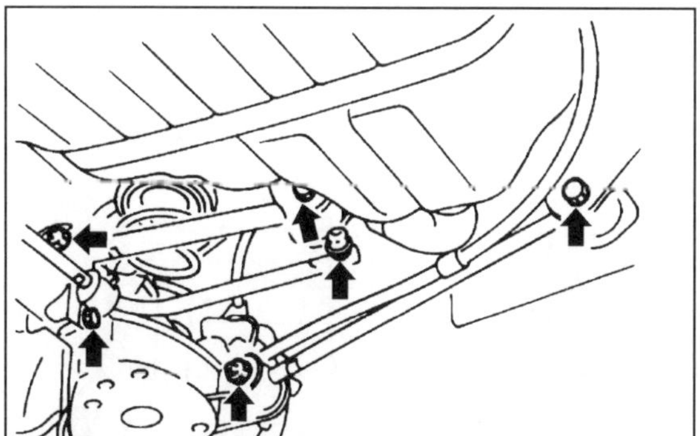

N-3828

- Auf beiden Fahrzeugseiten den unteren und oberen Lenker sowie den Panhardstab abschrauben.
- Hinterachse mit dem Werkstattwagenheber vorsichtig ablassen, dabei entspannen sich die Schraubenfedern. Es empfiehlt sich, eine Hilfsperson zum Bedienen des Wagenhebers hinzuzuziehen.
- Lenker-Gummilager sowie Schraubenfeder auf Rißbildungen und Verformungen kontrollieren, gegebenenfalls auswechseln.

Einbau

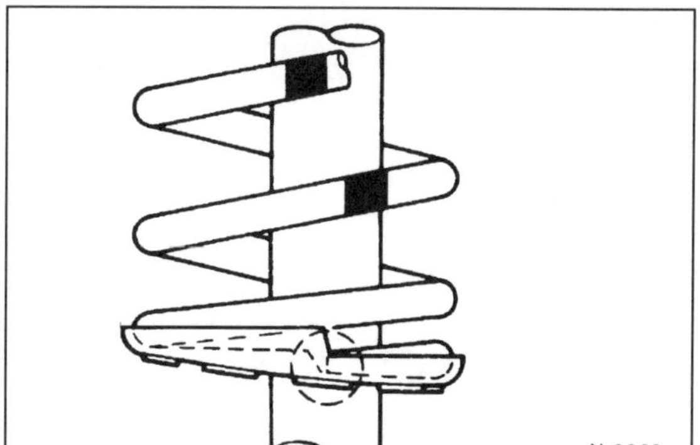

N-3829

- Schraubenfeder auflegen, sie muß an den Ansätzen des oberen und unteren Federtellers anliegen. Anhand der Farbkennzeichnungen auf der Feder kann der korrekte Sitz geprüft werden, siehe Abbildung.
- Mit dem Wagenheber die Hinterachse in Einbaulage heben. Dabei drücken sich die Schraubenfedern etwas zusammen.
- Lenker und Panhardstab handfest anschrauben, noch nicht ganz festziehen.
- Stoßdämpfer einbauen.
- ABS-Kabelstrang (falls vorhanden) zusammenfügen.
- Hintere Scheibenbremse: Bremssattel und Bremsscheibe einbauen, siehe Seite 141.
- Hintere Trommelbremse: Bremstrommel einbauen und Handbremsseil einhängen, siehe Seite 145.
- Bremsleitungen zur Hinterachse anschrauben, anschließend Bremse entlüften, siehe Seite 149.
- Gestänge für lastabhängigen Bremskraftregler am Unterboden anschrauben.
- Wagenheber unter der Hinterachse entfernen.
- Rad anschrauben, dabei auf Markierung zur Radnabe achten. Fahrzeug ablassen und Radmuttern über Kreuz mit **100 Nm** festziehen.
- Bei auf den Rädern stehendem Fahrzeug die Lenker und den Panhardstab mit richtigem Drehmoment festziehen, siehe Abbildung auf Seite 123.
- Bremskraftregler einstellen, siehe Seite 151.

Radlager prüfen

Ein defektes Hinterradlager macht sich durch ungewöhnliche Fahrgeräusche bemerkbar, die bei höheren Geschwindigkeiten zunehmen.

Prüfen

- Handbremse lösen.
- Fahrzeug hinten aufbocken.

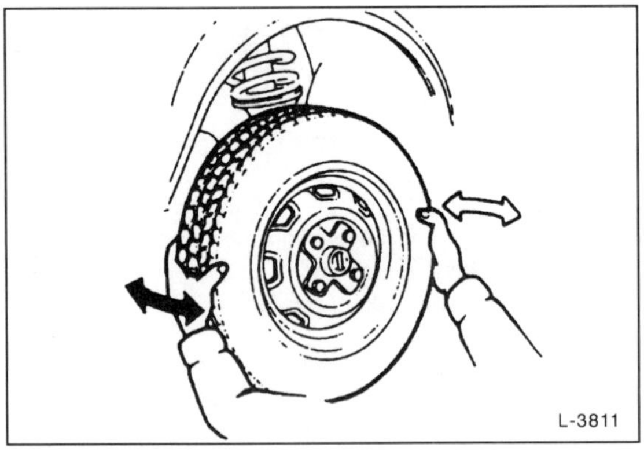

L-3811

- Radlagerspiel durch Ziehen und Drücken an der Radvorder- und Hinterseite prüfen. Es darf kein fühlbares Spiel vorhanden sein.
- Rad von Hand drehen. Das Lager muß sich leicht und gleichmäßig drehen lassen, dabei dürfen keine Laufgeräusche auftreten.

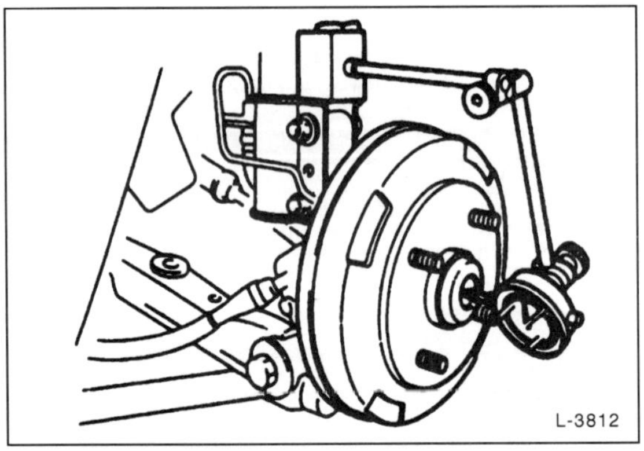

L-3812

- Die Werkstatt mißt das Axialspiel mit einer Meßuhr bei abgenommenem Hinterrad an der Bremstrommel. Das Lager darf kein seitliches Spiel haben, sonst einstellen beziehungsweise ersetzen.

Radlager aus- und einbauen

MICRA-Generation I

Die Laufringe des zweigeteilten Radlagers sitzen bei diesen Fahrzeugen direkt in der Bremstrommel. Nach jedem Radlagereinbau muß das Lagerspiel an der Achsmutter eingestellt werden.

Übersicht Radlager

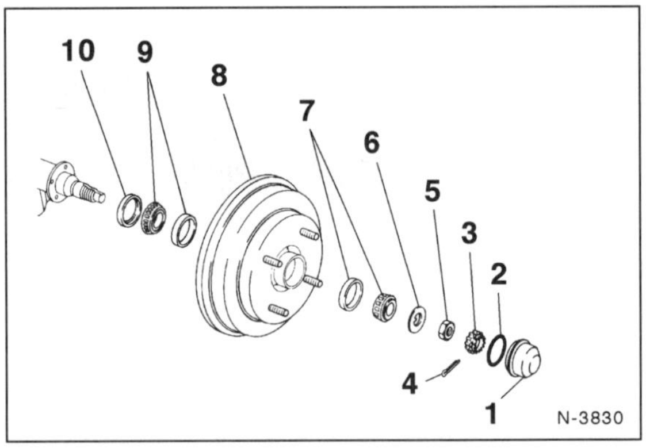

N-3830

1 – Nabendeckel; 2 – O-Ringdichtung; 3 – Kronensicherung; 4 – Sicherungssplint; 5 – Einstellmutter; 6 – Scheibe; 7 – Außenlager; 8 – Bremstrommel; 9 – Innenlager; 10 – Öldichtring. **Hinweis:** Dichtungen und Sicherungssplint nach jedem Ausbau ersetzen.

Ausbau

- Bremstrommel ausbauen, siehe Seite 145.
- Lose Radlagerteile abnehmen.
- Lagerlaufringe abwischen und sichtprüfen. Bei Beanstandungen oder sichtbarem Verschleiß muß das komplette Lager ersetzt werden. Das Lager nicht unnötig zerlegen, wenn es nicht erforderlich ist.
- Öldichtring abhebeln.

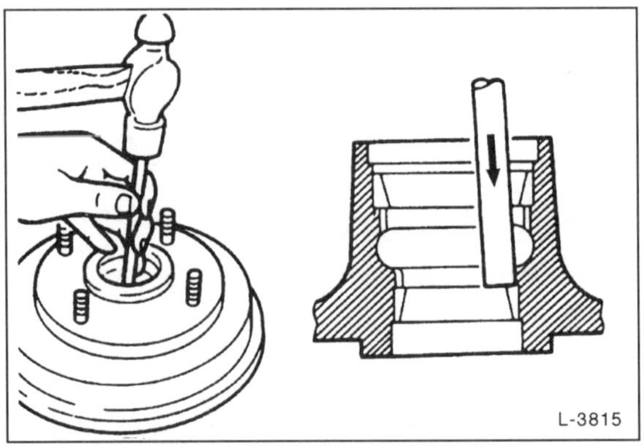

L-3815

- Beide Lageraußenringe mit einem Messingdorn austreiben. Dabei Dorn kreisförmig an verschiedenen Stellen ansetzen, um ein Verkanten der Laufringe zu verhindern. **Achtung:** Keinen Stahldorn verwenden, damit sich kein Grat am Laufringsitz bilden kann.

- Lagerinnenring bei Verschleiß mit einem handelsüblichen Abzieher vom Achsstummel abziehen.

Einbau

- Radlager immer als Satz (Innen- und Außenlaufring sowie Wälzkörper) erneuern, auch wenn anscheinend nur ein Laufring beschädigt ist.
- Achsstummel auf Beschädigung und Verschleiß sichtprüfen, gegebenenfalls gesamten Hinterachskörper erneuern.

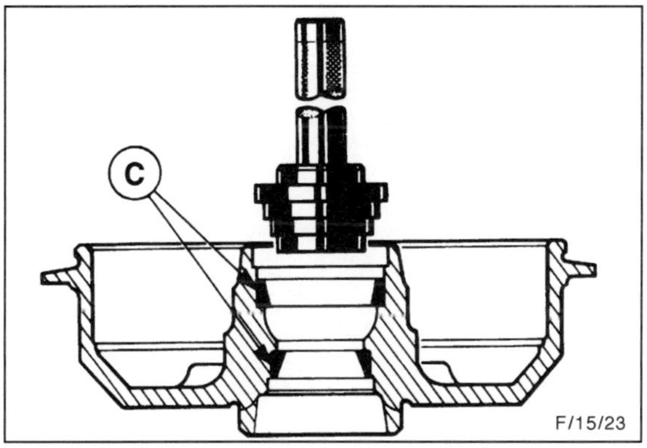

F/15/23

- Lagerlaufringe –C– mit Hammer und Messingdorn gleichmäßig bis zum Anschlag eintreiben. Besser ist die Verwendung einer Standpresse, falls vorhanden, mit einem Stempel entsprechenden Durchmessers.
- Kegelrollenlager mit Radlagerfett (Lithiumfett) füllen.
- Inneres Lager einsetzen.
- **Neuen** Öldichtring mit einer ebenen Platte gleichmäßig einpressen, nicht direkt mit einem Hammer auf den Dichtring schlagen.
- Dichtring mit Radlagerfett bestreichen.
- Bremstrommel einbauen und dabei auch äußeres Kegelrollenlager einsetzen, siehe Seite 144.
- Radlagerspiel einstellen.
- Rad anschrauben, dabei auf Markierung zur Radnabe achten. Fahrzeug ablassen und Radmuttern mit **100 Nm** über Kreuz festziehen.

Radlagerspiel einstellen

MICRA-Generation I

- Scheibenrad (Felge) zur Radnabe mit Farbe kennzeichnen. Dadurch kann das ausgewuchtete Rad wieder an gleicher Stelle montiert werden.
- Radmuttern bei auf dem Boden stehendem Fahrzeug lösen.
- Fahrzeug aufbocken.
- Rad abnehmen.
- Nabenkappe mit einem Schraubendreher abhebeln, dabei darauf achten, daß sie nicht beschädigt wird.
- Sicherungssplint an den Enden mit Flachzange geradebiegen und Kronensicherung abnehmen, damit die Mutter verdreht werden kann.
- Achsmutter lösen, bis sie von Hand verdreht werden kann.

L-3819

- Achsmutter von Hand aufschrauben, bis sie anliegt. Dann mit einem Drehmomentschlüssel die Mutter langsam auf **40 Nm** anziehen. **Achtung:** Bremstrommel beim Anziehen der Mutter drehen, damit sich das Radlager nicht verklemmt.
- Die Radnabe einige Male vor- und rückwärts drehen, damit sich das Lager richtig setzt.
- Achsmutter etwas lockern, bis sie von Hand gedreht werden kann.
- Achsmutter wieder auf **40 Nm** anziehen, dabei Radnabe verdrehen. Anschließend Achsmutter **um 90° (1/4 Umdrehung) lösen**.
- Die Bremstrommel muß sich jetzt leicht drehen lassen, darf jedoch kein fühlbares, seitliches Spiel aufweisen. Falls vorhanden, Spiel mit einer Meßuhr prüfen, siehe Kapitel »Radlagerspiel prüfen«.
- Kronensicherung auf die Achsmutter setzen und **neuen** Sicherungssplint durch die Bohrung am Achsstummel stecken, noch nicht umbiegen. Geht der Splint nicht durch die Bohrung, darf die Achsmutter um maximal 15° weitergedreht werden.

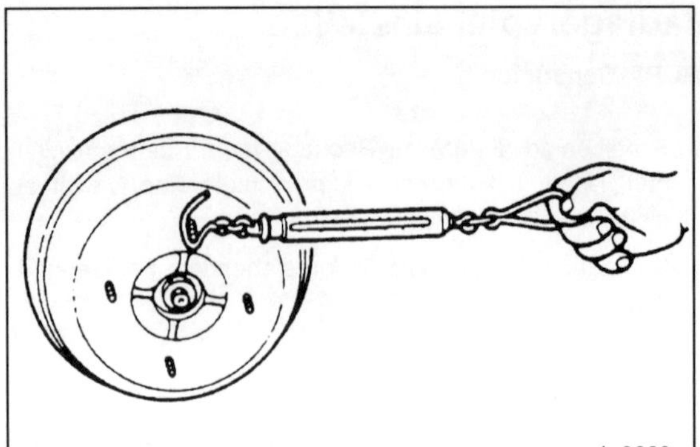

L-3820

- Die NISSAN-Werkstatt überprüft das Radlagerspiel anschließend folgendermaßen (in der Praxis reicht bei etwas Erfahrung auch die zuvor genannte Einstellungsweise aus):

  – Bei eingestelltem Radlager eine Federwaage im rechten Winkel an einem Radbolzen ansetzen.

  – An der Federwaage ziehen, bis sich die Nabe zu drehen beginnt. Federwaage ablesen und Meßwert notieren. Bei korrekt eingestelltem Lager beträgt das Drehmoment, bei der die Nabe anfängt, sich zu drehen, **0,1 bis 0,61 Nm**, dies entspricht einer Anzeige auf der Federwaage von 2,0 bis 11,8 N (0,2 bis 1,2 kg). Dieser Wert wird »Losbrechmoment« genannt, der geringere Widerstand bei sich drehender Nabe wird nicht berücksichtigt.

- Sicherungssplint an den Enden mit einer Flachzange umbiegen.

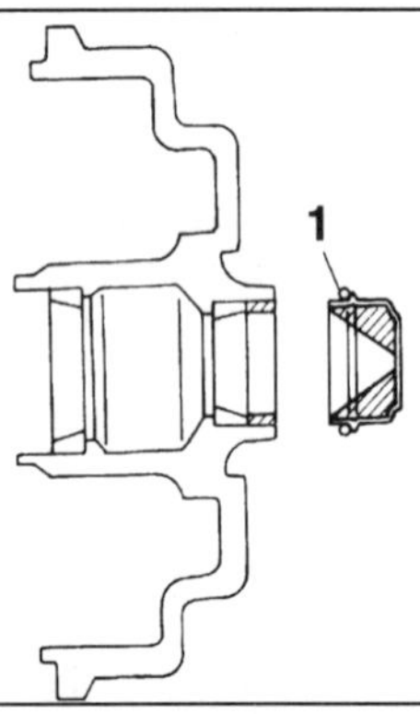

N-3831

- Nabenkappe mit Radlagerfett (Lithiumfett) füllen, dann mit **neuem** O-Dichtring –1– vorsichtig mit Gummihammer auftreiben. **Achtung:** Verbeulte Nabenkappen unbedingt ersetzen, da durch Undichtigkeiten Feuchtigkeit ins Radlager eindringt und dieses in kurzer Zeit zerstört wird.

- Rad anschrauben, dabei auf Markierung zur Radnabe achten. Fahrzeug ablassen und Radmuttern mit **100 Nm** über Kreuz festziehen.

Radnabe aus- und einbauen

MICRA-Generation II

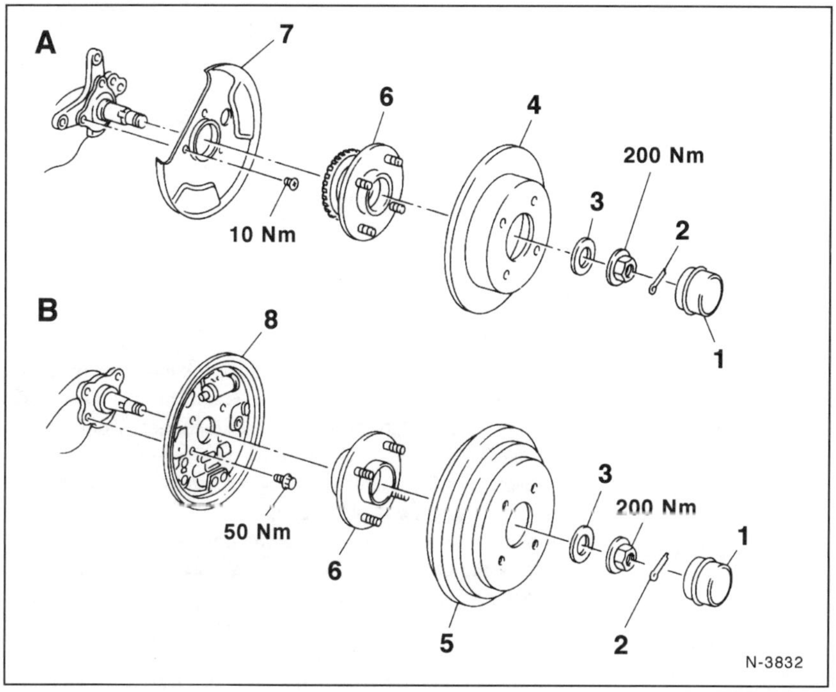

A – **Scheibenbremse**
B – **Trommelbremse**
1 – **Nabenkappe**
2 – **Sicherungssplint**
Immer ersetzen.
3 – **Unterlegscheibe**
4 – **Bremsscheibe**
5 – **Bremstrommel**
6 – **Radnabe**
Mit integriertem Radlager.
7 – **Bremsschutzblech**
8 – **Bremsträger**

Das Radlager sitzt bei diesen Fahrzeugen in einer Radnabe, an der die Bremstrommel beziehungsweise die Bremsscheibe angeflanscht ist. Bei Defekten wird immer die komplette Nabe mit Radlager ersetzt.

Ausbau

- Nabenkappe mit einem Schraubendreher abhebeln oder mit einer Rohrzange abziehen.
- Sicherungssplint an den Enden mit Flachzange geradebiegen und herausziehen.
- Achsmutter bei auf dem Boden stehendem Fahrzeug lösen. **Achtung:** Hohes Lösemoment, Unfallgefahr.
- Bremstrommel, beziehungsweise hintere Bremsscheibe ausbauen, siehe Seite 144.
- Nabe vom Achszapfen abziehen.

Einbau

- Nabe aufschieben und Achsmutter mit Unterlegscheibe aufschrauben, noch nicht endgültig festziehen.
- Bremstrommel, beziehungsweise Bremsscheibe mit Bremssattel einbauen, siehe Seite 144.
- Rad anschrauben, dabei auf Markierung zur Radnabe achten. Fahrzeug ablassen und Radmuttern mit **100 Nm** über Kreuz festziehen.
- Achsmutter mit **200 Nm** festziehen.
- **Neuen** Sicherungssplint einsetzen und an den Enden mit einer Flachzange umbiegen.
- Nabenkappe mit geeignetem Rohr auftreiben. **Achtung:** Verbeulte Nabenkappen unbedingt ersetzen, da durch Undichtigkeiten Feuchtigkeit ins Radlager eindringt und dieses in kurzer Zeit zerstört wird.
- Radlager anschließend prüfen, siehe Seite 126.

Lenkung

Die Lenkung besteht aus dem Lenkrad, der Lenkspindel, dem Lenkgetriebe und den Spurstangen. Das Lenkrad ist auf der Lenkspindel aufgeschraubt, die zum Lenkgetriebe führt. Über eine Verzahnung wird im Lenkgetriebe eine Zahnstange hin- und herbewegt.

Die Zahnstange ist an jedem Ende über ein Kugelgelenk mit den Spurstangen verbunden. Diese übertragen die Lenkkräfte über Spurstangengelenke und Achsschenkel auf die Vorderräder.

Die Zahnstangenlenkung sollte leichtgängig und spielfrei von Anschlag zu Anschlag sein. Sie ist wartungsfrei, allerdings müssen die Abdichtmanschetten auf einwandfreien Zustand geprüft werden.

Je nach Modell oder Ausstattung wird die Bedienung der Lenkung durch eine **hydraulische Lenkhilfe** erleichtert. Die hydraulische Lenkhilfe (Servolenkung) sorgt dafür, daß der Kraftaufwand beim Einschlagen der Lenkung möglichst gering gehalten wird. Die Lenkhilfe besteht aus der Ölpumpe, dem Vorratsbehälter und den Öldruckleitungen. Angetrieben wird die Ölpumpe vom Motor über den Keilriemen. Die Pumpe saugt das Hydrauliköl aus dem Vorratsbehälter an und fördert es mit hohem Druck zum Ventilkörper. Der Ventilkörper sitzt im Lenkgetriebe. Er ist mit der Lenkspindel mechanisch verbunden und leitet das Öl je nach Lenkeinschlag in die entsprechende Seite des Arbeitszylinders. Dort drückt das Öl gegen den Zahnstangenkolben und unterstützt dadurch die Lenkbewegung. Gleichzeitig preßt der Kolben das Öl auf der anderen Seite des Arbeitszylinders durch die Rücklaufleitung zurück zum Nachfüllbehälter.

Achtung: Selbstsichernde Muttern immer ersetzen. Schweiß- und Richtarbeiten an Lenkungsteilen sind nicht zulässig. Bei mangelnder Erfahrung sowie größeren Reparaturen ist eine Fachwerkstatt aufzusuchen.

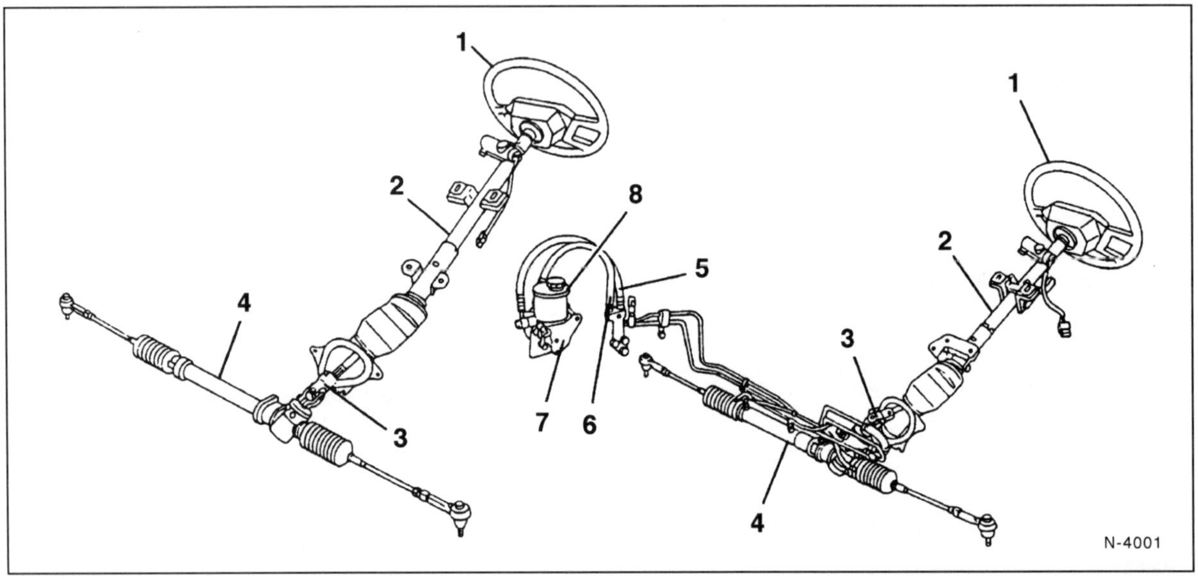

1 – Lenkrad
2 – Lenksäule
3 – Lenkspindel
4 – Lenkgetriebe

Nur bei Lenkhilfe:
5 – Druckschlauch
6 – Rücklaufschlauch
7 – Ölpumpe
8 – Vorratsbehälter

Hinweis: In diesem Band werden 2 MICRA-Generationen behandelt. Die MICRA-Generation I kam im März '83 in Deutschland auf den Markt. Im Januar '93 wurde die MICRA-Generation II eingeführt. Parallel zur MICRA-Generation II werden auch weiterhin von der MICRA-Generation I die Modelle TOPIC und HIT angeboten.

Je nach Modell ist ein Fahrer-**Airbag** serienmäßig eingebaut oder als Zusatzausstattung erhältlich. Der zusammengefaltete Luftsack mit Steuergerät befindet sich im Lenkrad. Im Fall einer Frontalkollision wird über das Steuergerät eine kleine Sprengladung in der Airbag-Einheit gezündet, die Abgase der Explosion blasen den Luftsack innerhalb weniger Millisekunden auf. Diese Zeit reicht aus, den Aufprall des nach vorn schnellenden Fahrers zu dämpfen. Der Airbag fällt dann innerhalb weniger Sekunden in sich zusammen, da die Gase durch Austrittsöffnungen entweichen.

Lenkrad aus- und einbauen

Achtung: Hinweise für Lenkräder mit Airbag beachten. Lenkräder mit Airbag sollten aus Sicherheitsgründen möglichst von der Fachwerkstatt ausgebaut werden.

Ausbau

- Räder in Geradeausstellung bringen.
- Batterie-Massekabel ( ) von der Batterie abklemmen. **Achtung:** Dadurch werden die elektronischen Speicher gelöscht, wie zum Beispiel der Motorfehlerspeicher oder der Radiocode. Vor dem Abklemmen der Batterie sollten auch die Hinweise im Kapitel »Batterie aus- und einbauen« durchgelesen werden.

Lenkrad ohne Airbag

- Prallplatte (Hupenknopf) am Lenkrad abhebeln, dabei rasten die Halteklammern aus. Prallplatte abnehmen und elektrischen Anschluß für Hupe an der Rückseite abziehen.
- Massekabel für Hupe am Lenkrad abziehen.

Lenkrad mit Airbag

- Nach Abklemmen der Batterie und Ausschalten der Zündung mindestens 10 Minuten warten. Bei Montagearbeiten nur seitlich vom Airbagbereich arbeiten.

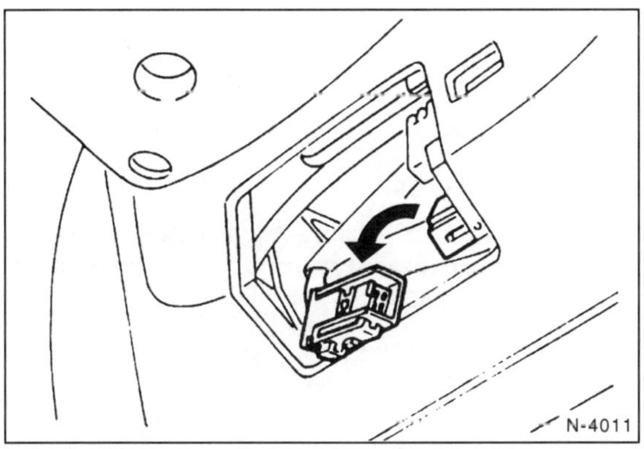

N-4011

- An der Lenkradunterseite Abdeckung mit kleinem Schraubendreher aushebeln. Steckverbindung zum Airbag-Modul trennen, siehe Abbildung.

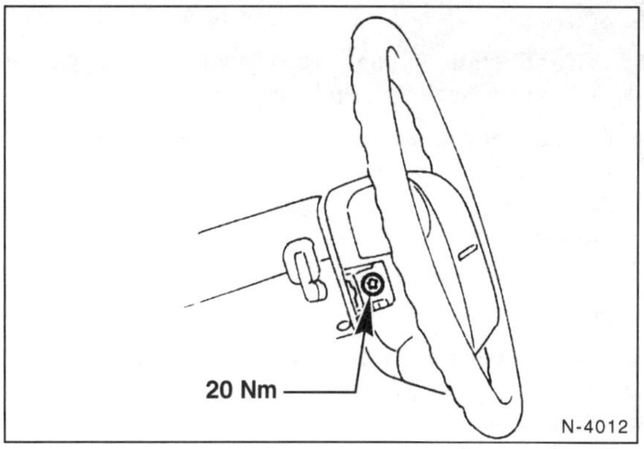

N-4012

- Links und rechts am Lenkrad Abdeckung abhebeln. Mit T50H-Torxschlüssel Schrauben herausdrehen und Airbageinheit herausnehmen. Befestigungsschrauben **immer erneuern**, da sie mit Haftmittel beschichtet sind.

Achtung: Airbageinheit mit der Polsterplatte nach oben ablegen. Nicht versuchen, die Einheit zu zerlegen, nicht mit Flüssigkeiten in Berührung bringen. Airbageinheit nicht fallenlassen, bei Beschädigung immer erneuern, alte Einheit bei NISSAN zum Verschrotten geben.

- Schraube für Lenkrad mit Stecknuß und Verlängerung herausdrehen.

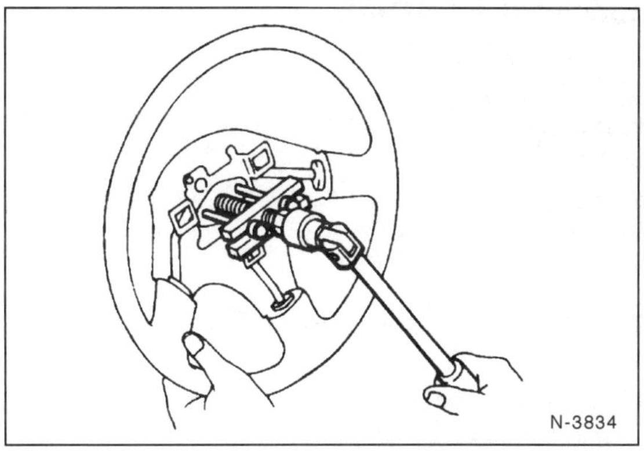

N-3834

- Lenkrad mit einem geeigneten Abziehwerkzeug von der Lenkspindel abziehen. **Achtung:** Nicht mit einem Hammer auf die Lenksäule schlagen, da diese dadurch zusammengeschoben wird.

Einbau

- **Nur Lenkrad ohne Airbag:** Gesamte Oberfläche des Blinkerhebel-Rückstellstifts an der Lenksäule sowie Hup-Kontaktring an der Lenkradrückseite mit speziellem Kontaktfett, zum Beispiel »Kontaktfix« von Firma H. Bauer, Heidelberg, bestreichen.

Achtung: Bei Lenkrädern mit Airbag, Schleifring nicht zerlegen und nicht schmieren.

- Prüfen, ob sich der Blinkerhebel in Mittelstellung befindet, sonst kann beim Aufschieben des Lenkrades der Nocken beschädigt werden.
- Lenkrad so auf die Verzahnung der Lenkspindel aufschieben, daß die Speichen waagerecht stehen.

- Sechskantschraube für Lenkrad mit **40 Nm** anschrauben.
- **Lenkrad ohne Airbag:** Massekabel und Stecker für Prallplatte anschließen. Prallplatte einclipsen.
- **Lenkrad mit Airbag:** Airbageinheit mit 2 **neuen**, beschichteten Sonderschrauben und **20 Nm** anschrauben. Anschlußstecker zusammenfügen und Abdeckungen aufdrücken.
- Batterie-Massekabel (–) anklemmen, Funktion der Hupe prüfen.

Achtung: Bei Airbag, Selbstdiagnose des Systems durchführen lassen: Nach Einschalten der Zündung muß die Airbag-Kontrolleuchte für etwa 7 Sekunden aufleuchten und dann erlöschen. Dadurch wird die Funktionsbereitschaft angezeigt. Blinkt die Leuchte, leuchtet sie ständig oder gar nicht, NISSAN-Werkstatt zur Fehlerbeseitigung aufsuchen.

- Probefahrt durchführen und bei Geradeausfahrt Stellung des Lenkrades überprüfen. Die Lenkradspeichen müssen waagerecht stehen, andernfalls Lenkrad entsprechend umsetzen.
- Automatische Rückstellung des Blinkerschalters prüfen.
- Falls vorhanden, Zeituhr einstellen sowie Diebstahlcode für das Radio eingeben.

Spurstangenkopf aus- und einbauen

Ausbau

- Radmuttern bei auf dem Boden stehendem Fahrzeug lösen.
- Scheibenrad (Felge) zur Radnabe mit Farbe kennzeichnen. Dadurch kann das ausgewuchtete Rad wieder an gleicher Stelle montiert werden.
- Fahrzeug vorn aufbocken, siehe Seite 229.
- Rad abnehmen.
- Spurstangengelenk vom Lenkhebel abschrauben, dazu Splint herausziehen und Kronenmutter rausdrehen.

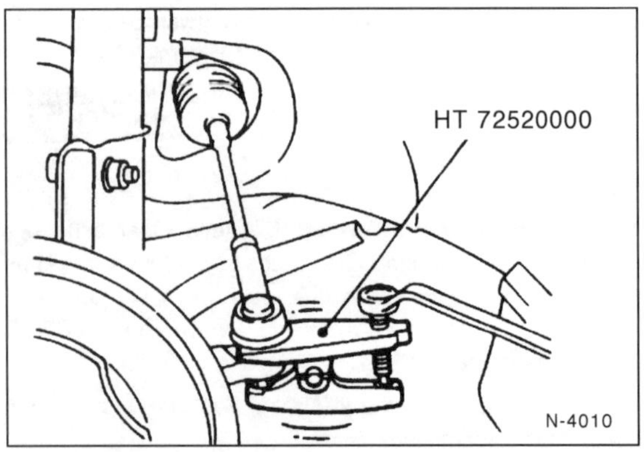

N-4010

- Spurstangengelenk mit handelsüblichem Ausdrücker, zum Beispiel HAZET 779, ausdrücken. Die Abbildung gibt die NISSAN-Werkzeugnummer an.
- Kontermutter lösen und Spurstangengelenk von der Spurstange abschrauben. **Achtung:** Umdrehungen notieren und Gelenk beim Einbau gleich weit einschrauben.

Einbau

- Spurstangengelenk entsprechend den gezählten Umdrehungen aufschrauben, Kontermutter noch nicht festziehen.
- Gelenk in den Lenkhebel einsetzen.
- Kronenmutter mit **30 Nm** anziehen und mit **neuem** Splint sichern. Geht der Splint nicht durch die Bohrung, Mutter **nicht** lösen, sondern weiter festziehen, bis der Splint durchgeht.
- Rad anschrauben, dabei auf Markierung zur Radnabe achten. Fahrzeug ablassen und Radmuttern über Kreuz mit **100 Nm** festziehen.
- Fahrzeug etwas hin- und herschaukeln, damit sich die Federung setzt.
- Spureinstellung überprüfen lassen (Werkstattarbeit) und Kontermutter am Spurstangengelenk mit **40 Nm** festziehen, dabei Spurstangenkopf an der abgeflachten Stelle mit Gabelschlüssel gegenhalten.

Gummimanschette für Lenkung aus- und einbauen

Ausbau

- Spurstangenkopf ausbauen.

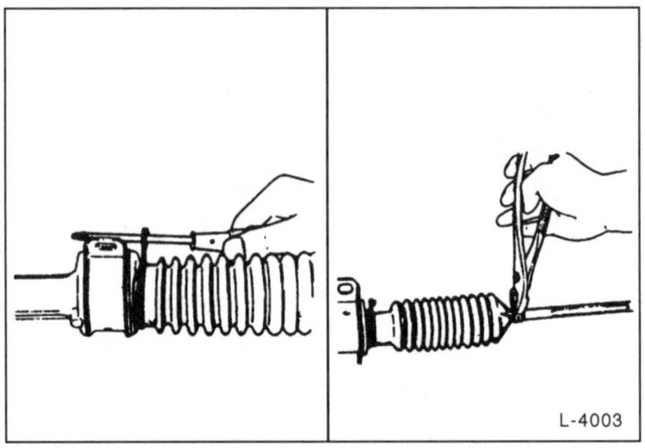

L-4003

- Schellen an beiden Enden der Manschette lösen. Klemmschellen mit Flachzange an den Enden spreizen, beziehungsweise Drahtschellen aufdrehen.
- Gummimanschette abziehen.

Achtung: War die Manschette schon längere Zeit defekt, kann davon ausgegangen werden, daß Verunreinigungen eingedrungen sind. Diese wirken zusammen mit dem Fett wie Schleifpaste und zerstören das Lenkgetriebe. In diesem Fall, wie auch bei Rostspuren an der Zahnstange, ist das Lenkgetriebe zu überholen (Werkstattarbeit).

Einbau

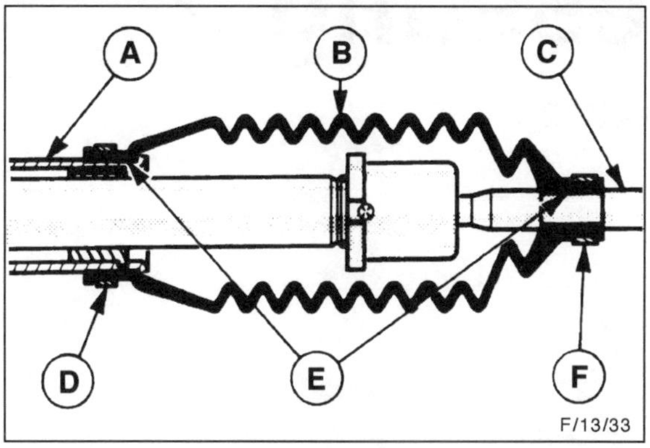

- Spurstange –C– leicht einfetten und Manschette –B– über die Spurstange aufziehen.
- Zwischen Manschette und Zahnstangengehäuse –A– beziehungsweise Spurstange –C– (an Stellen –E–) etwas handelsübliches Dichtmittel, zum Beispiel CURIL, auftragen.
- **MICRA-Generation I:** Neuen Draht zweimal um die Manschette am Lenkgetriebe wickeln und mit einem Schraubendreher verdrillen. Anschließend Drahtende zur Fahrzeugmitte hin umbiegen (von der Manschette weg), dabei darf der Draht nicht brechen. Anstelle des Drahts kann auch eine handelsübliche Schlauchschelle zum Schrauben verwendet werden.
- **MICRA-Generation II:** Faltenbalgbinder auf der Lenkgetriebeseite der Manschette befestigen.
- Manschette auf der Spurstange mit Faltenbalgbinder befestigen. **Achtung:** Die Gummimanschette darf nicht verdreht sein.
- Spurstangenkopf einbauen.
- Fahrzeug ablassen.
- Spur prüfen, gegebenenfalls einstellen.

Flügelpumpe für Servolenkung

Hinweis: Das Zerlegen erfordert Erfahrung und sollte der Fachwerkstatt vorbehalten bleiben. Nach Einbau der Pumpe Servolenkung befüllen/Keilriemen spannen, siehe Seite 238, 245.

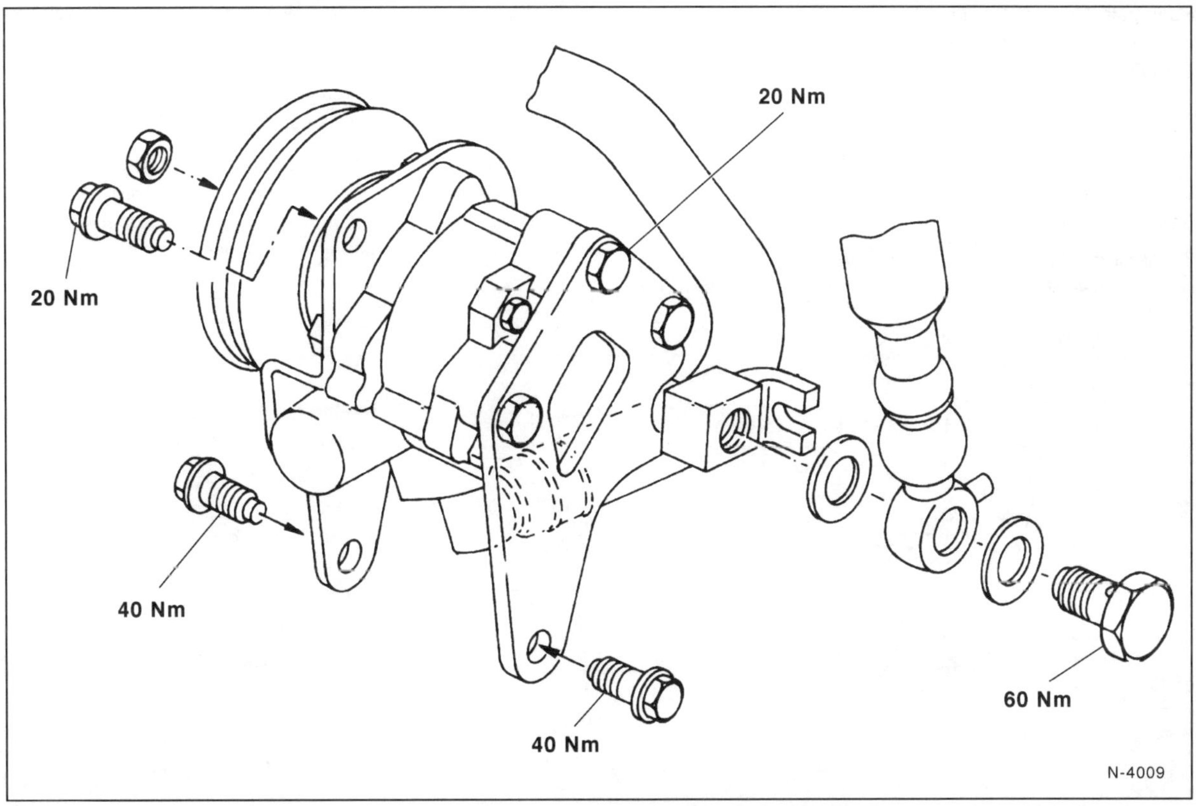

Fahrzeugvermessung

Optimale Fahreigenschaften und geringster Reifenverschleiß sind nur dann zu erzielen, wenn die Stellung der Räder einwandfrei ist. Bei unnormaler Reifenabnutzung sowie mangelhafter Straßenlage – bei schlechter Richtungsstabilität in Geradeausfahrt sowie schlechten Lenkeigenschaften in Kurvenfahrt – sollte die Werkstatt aufgesucht werden, um den Wagen optisch vermessen zu lassen.

Die Fahrzeugvermessung kann ohne eine entsprechende Meßanlage nicht durchgeführt werden. Ich beschränke mich deshalb hier auf die Beschreibung der für die Vermessung erforderlichen Grundbegriffe mit Einstellwerten.

Spur/Sturz/Spreizung/Nachlauf

Als **Spur** bezeichnet man den seitlichen Abstand der Räder voneinander. In der Regel müssen Vorderräder Vorspur haben, weil sie – veranlaßt durch Sturz und Rollwiderstand – in Geradeausfahrt etwas nach außen laufen, da Spiel in den Radlagern, Radaufhängungen und Spurstangengelenken vorhanden ist. Die Vorspur kompensiert das Bestreben der Vorderräder, nach außen zu laufen. Für die Vorspur werden die Räder so eingestellt, daß sie – in Höhe des Radmittelpunktes gemessen – vorn enger zusammenstehen als hinten.

Sturz und Spreizung vermindern die Übertragung von Fahrbahnstößen auf die Lenkung und halten bei Kurvenfahrt die Reibung möglichst gering.

Sturz ist der Winkel, um den die Radebene von der Senkrechten abweicht. Die Vorderräder stehen also schräg, bei negativem Sturz beispielsweise im Radaufstandspunkt mehr auseinander als oben.

Spreizung ist der Winkel zwischen der Schwenkachse des Achsschenkels und der Senkrechten im Reifenaufstandspunkt, in Längsrichtung des Wagens gesehen.

Durch den Sturz- und Spreizwinkel werden die Berührungspunkte der Räder auf der Fahrbahn näher an die Schwenkachse des Achsschenkels herangebracht. Damit wird der sogenannte Lenkrollhalbmesser klein gehalten. Je kleiner der Lenkrollhalbmesser ist, desto leichtgängiger ist die Lenkung. Auch die Fahrbahnstöße wirken sich wesentlich schwächer auf das Lenkgestänge aus.

Nachlauf ist der Winkel zwischen der Schwenkachse des Achsschenkels und der Senkrechten im Reifenaufstandspunkt in Querrichtung des Fahrzeuges gesehen. Der Nachlauf beeinflußt maßgeblich die Geradeausführung der Vorderräder. Zu geringer Nachlauf begünstigt ein Abweichen aus der Fahrtrichtung auf schlechten Straßen oder bei Seitenwind und läßt zudem nach der Kurvenfahrt die Lenkung nicht weit genug zur Mittelstellung zurücklaufen. Andererseits erhöht ein großer Nachlauf die Lenkkräfte.

Nachlauf, Spreizung und Sturz können beim NISSAN MICRA nur kontrolliert, nicht eingestellt werden. Liegt ein Wert außerhalb der Toleranz, müssen beschädigte oder verschlissene Teile der Radaufhängung erneuert werden.

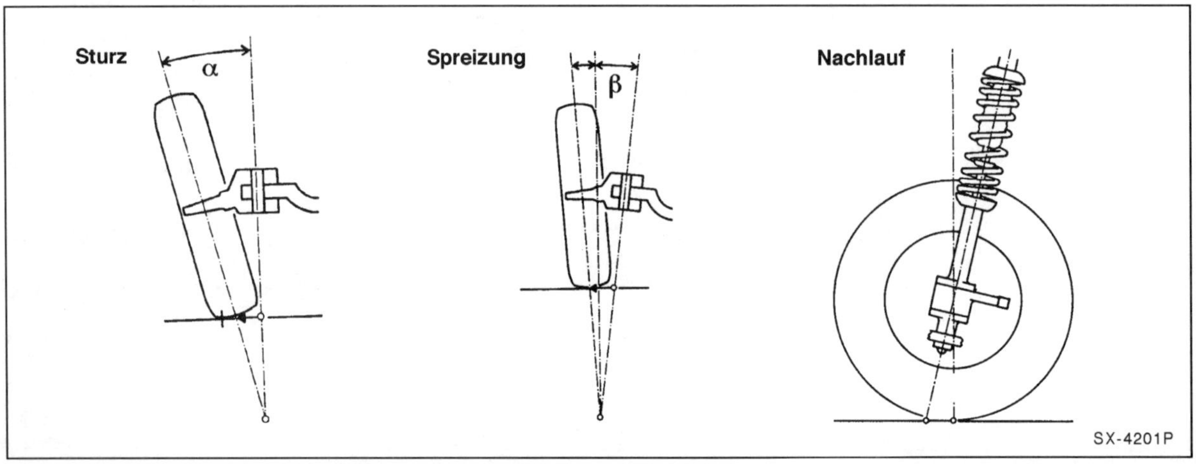

Prüfbedingungen

Zur Fahrzeugvermessung wird eine Meßgrube oder eine Meß-Hebebühne benötigt. Bei jeder Vermessung müssen folgende Voraussetzungen erfüllt sein:

- Vorschriftsmäßiger Reifenfülldruck.
- Fahrzeug vollgetankt, sonst unbeladen und ohne Fahrer.
- Fahrzeug vorher kräftig durchgefedert.
- Lenkrad in Mittelstellung.
- Kein unzulässiges Spiel im Lenkgestänge (Lenkradspiel am Außenrand max. 35 mm).
- Kein unzulässiges Spiel in der Radaufhängung, Radlagerspiel korrekt.
- Höhen- oder Seitenschlag der Felgen darf nicht mehr als 1,0 mm betragen (Felgenschlag am Meßgerät ausgleichen).

Prüfwerte NISSAN MICRA

Bei der Achsvermessung sind die Prüfbedingungen zu beachten.

Hinweis: In diesem Band werden 2 MICRA-Generationen behandelt. Die MICRA-Generation I kam im März '83 in Deutschland auf den Markt. Im Januar '93 wurde die MICRA-Generation II eingeführt. Parallel zur MICRA-Generation II werden auch weiterhin von der MICRA-Generation I die Modelle TOPIC und HIT angeboten.

Modell	Messung	**Vorderachse** Prüftoleranz	**Hinterachse** Prüftoleranz
MICRA-Generation I	Gesamt-Vorspur	2 bis 4 mm (≙12' bis 24')	—
	Sturz	–0°25' bis 1°5'	—
	Nachlauf	1°30' bis 3°00'	—
	Spreizung	12°25' bis 13°55'	—
MICRA-Generation II, 1,0-l-Motor, 1,3-l-Motor*	Gesamt-Vorspur	–0,5 bis 1,5 mm (≙–5' bis 16')	–0°7' bis 0°23'
	Sturz	–0°26' bis 1°4' (–0°22' bis 1°8')	–0°35' bis 0°5'
	Nachlauf	1°31' bis 3°1' (1°34' bis 3°4')	—
	Spreizung	11°52' bis 13°22' (11°47' bis 13°17')	—

*) Abweichende Werte für 1,3-l-Motor in Klammern.

Spureinstellung Vorderachse

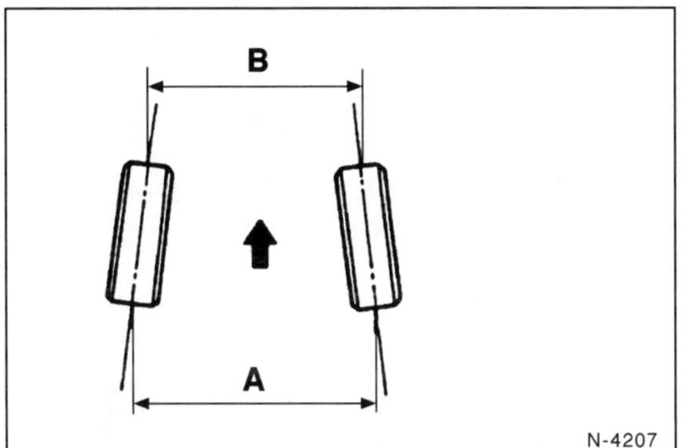

N-4207

Die Abbildung zeigt die Radstellung bei Vorspur von oben gesehen. Dabei ist –B– in Fahrtrichtung gesehen vorn.

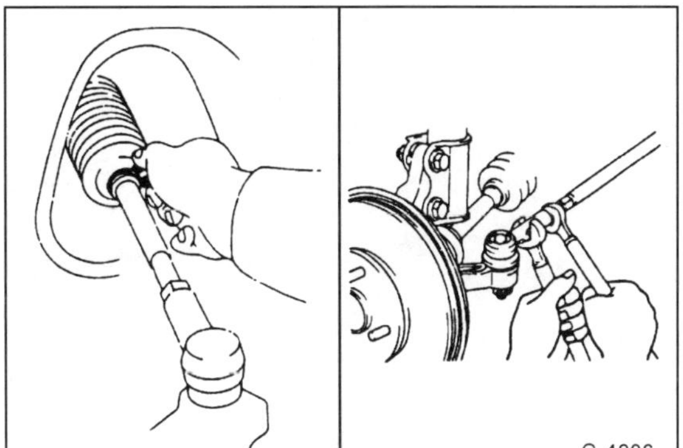

G-4206

- Vor dem Verstellen der Spur die Drahtschelle an der Gummimanschette lösen, damit sie nicht verdreht wird. Kontermutter am Spurstangenkopf lösen und Spurstange durch Verdrehen am Sechskant einstellen.

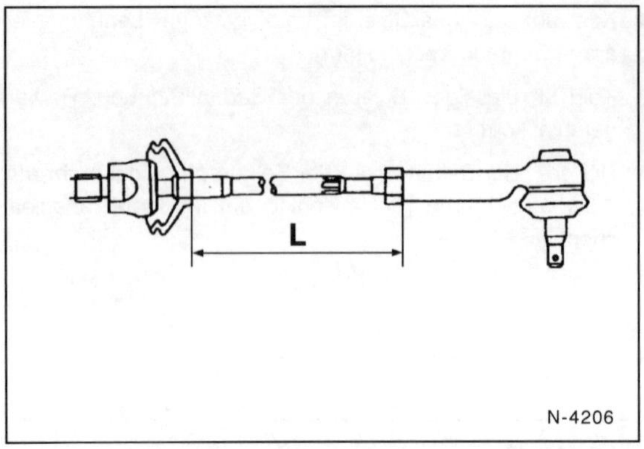

- Beim Einstellen der Spur ist darauf zu achten, daß die Spurstangenköpfe in etwa auf »Sollwert L« eingeschraubt sein müssen. Außerdem muß die Spurverteilung links und rechts gleich groß sein, das heißt, beide Spurstangen müssen gleich weit eingeschraubt sein. Maximale Längendifferenz: 3 mm. **Sollwerte L:** MICRA der Generation I: 174,3 mm; MICRA der II. Generation: 183,6 mm.
- Spurstangen-Kontermuttern mit **40 Nm** festziehen. Gummimanschette mit Drahtschelle befestigen.

Bremsanlage

Das Bremssystem besteht aus dem Hauptbremszylinder, dem Bremskraftverstärker, den Scheibenbremsen für die Vorderräder und den Trommelbremsen für die Hinterräder. Ist ein Antiblockiersystem (ABS) vorhanden, sind auch hinten Scheibenbremsen eingebaut.

Das hydraulische Bremssystem ist in zwei Kreise aufgeteilt, die diagonal wirken. Und zwar wirkt jeweils ein Bremskreis vorn rechts/hinten links und der andere Bremskreis vorn links/hinten rechts. Dadurch kann bei Ausfall eines Bremskreises, zum Beispiel durch Undichtigkeit, das Fahrzeug über den anderen Bremskreis zum Stehen gebracht werden. Beim Betätigen des Bremspedals wird der Druck für beide Bremskreise im Hauptbremszylinder aufgebaut. Ein dem Hauptbremszylinder nachgeschalteter Bremsdruckverteiler, beziehungsweise lastabhängiger Hinterachs-Bremskraftregler (MICRA-Generation II) sorgt dafür, daß beim scharfen Abbremsen die Hinterräder nicht überbremsen (blockieren).

Der Bremsflüssigkeitsbehälter befindet sich im Motorraum über dem Hauptbremszylinder und versorgt das ganze Bremssystem mit Bremsflüssigkeit.

Der Bremskraftverstärker speichert einen Teil des vom Motor erzeugten Ansaug-Unterdruckes. Beim Bremsen wird die Pedalkraft durch den Unterdruck verstärkt.

Die Scheibenbremsen sind mit einem Faustsattel ausgestattet. Bei einem Faustsattel wird nur ein Kolben benötigt, um beide Bremsbeläge gegen die Bremsscheibe zu drücken.

Die Handbremse wirkt über Seilzüge auf die Hinterräder.

Die Scheibenbremsbeläge wie auch die Bremsbacken der hinteren Trommelbremsen stellen sich automatisch nach; eine Grundeinstellung ist nur nach einer Reparatur, bei der die Bremsanlage zerlegt wurde, erforderlich.

Je nach Modell wird der NISSAN MICRA-Generation II auch mit Antiblockiersystem (ABS) angeboten. Die hier beschriebenen Arbeiten gelten für alle NISSAN MICRA-Versionen, ob mit oder ohne ABS-System.

Beim Reinigen der Bremsanlage fällt Bremsstaub an. Dieser Staub kann zu gesundheitlichen Schäden führen. Deshalb beim Reinigen der Bremsanlage darauf achten, daß der Bremsstaub nicht eingeatmet wird.

Die Bremsbeläge sind Bestandteil der Allgemeinen Betriebserlaubnis (ABE), außerdem sind sie vom Werk auf das jeweilige Modell abgestimmt. Es empfiehlt sich deshalb, nur von NISSAN freigegebene Bremsbeläge zu verwenden.

Hinweis: Nach dem Einbau von neuen Bremsbelägen müssen diese eingebremst werden. Während einer Fahrtstrecke von rund 200 km sollten unnötige scharfe Bremsungen unterbleiben.

Das Arbeiten an der Bremsanlage erfordert peinliche Sauberkeit und exakte Arbeitsweise. Falls die nötige Arbeitserfahrung fehlt, sollten die Arbeiten an der Bremse von einer Fachwerkstatt durchgeführt werden.

Hinweis: In diesem Band werden 2 MICRA-Generationen behandelt. Die MICRA-Generation I kam im März '83 in Deutschland auf den Markt. Im Januar '93 wurde die MICRA-Generation II eingeführt. Parallel zur MICRA-Generation II werden auch weiterhin von der MICRA-Generation I die Modelle TOPIC und HIT angeboten.

Technische Daten Bremsanlage

Modell	MICRA-Generation I		MICRA-Generation II		
Bremssystem	ohne ABS		alle	ohne ABS	mit ABS
Achse	vorn	hinten	vorn	hinten	hinten
Scheibenbremse					
Bremsbelagdicke Verschleißgrenze	2,0 mm	–	2,0 mm	–	2,0 mm
Bremsscheibendicke Verschleißgrenze	10,0 mm	–	10,0 mm	–	6,0 mm
Trommelbremse					
Bremsbelagdicke, Verschleißgrenze	–	1,5 mm	–	1,5 mm	–
Innendurchmesser Bremstrommel, neu	–	180,0 mm	–	180,0 mm	–
Innendurchmesser, Verschleißgrenze	–	181,0 mm	–	181,5 mm	–
Unrundheit, Bremsfläche maximal	–	0,03 mm	–	0,03 mm	–
Handbremshebelweg (20 kg Zugkraft)	7 – 9 Rasten		6 – 8 Rasten		
Bremspedalhöhe, Schaltgetriebe	190 – 200 mm		163 – 173 mm		
Automatikgetriebe	194 – 204 mm		170 – 180 mm		
Seitenschlag der Bremsscheibe[1]	max. 0,07 mm		max. 0,07 mm		
Bremsflüssigkeits-Spezifikation	DOT 3		DOT 4		

[1]) Dickentoleranz: 0,02 mm

Der Vorderradbremssattel

Bremssattelübersicht, MICRA-Generation I

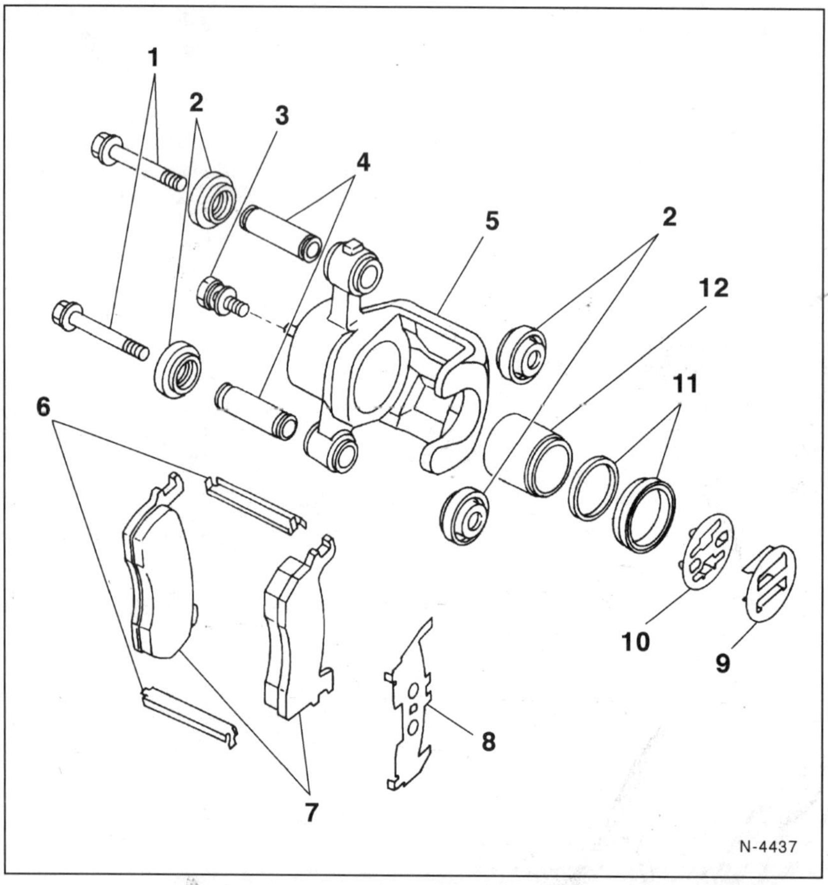

1 – **Führungsschrauben, 40 Nm**
2 – **Gummimanschetten**
3 – **Schraube, 20 Nm**
4 – **Führungshülsen**
5 – **Kolbengehäuse**
6 – **Haltefedern**
7 – **Bremsbeläge**
8 – **Äußeres Zwischenblech**
9 – **Inneres Zwischenblech A**
10 – **Inneres Zwischenblech B**
11 – **Kolbendichtring und Manschette**
12 – **Kolben**

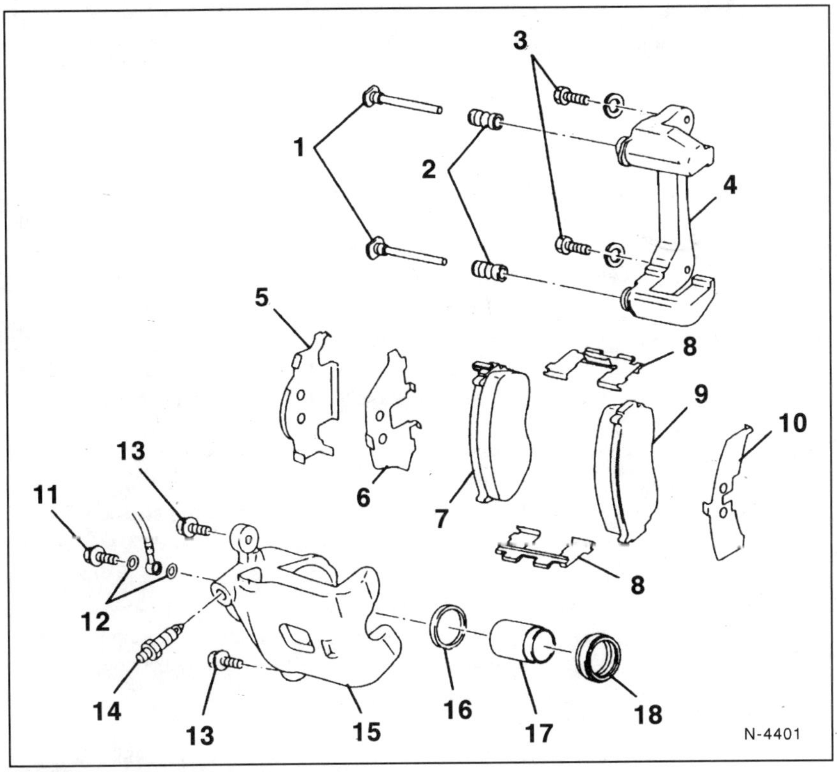

1 – **Führungsstifte**
2 – **Stiftmanschetten**
3 – **Schrauben, 60 Nm**
4 – **Bremsträger**
5 – **Zwischenblech-Deckel**
6 – **Inneres Zwischenblech**
7 – **Innerer Bremsbelag**
8 – **Haltefedern**
9 – **Äußerer Bremsbelag**
10 – **Äußeres Zwischenblech**
11 – **Anschlußschraube, 30 Nm**
12 – **Kupferdichtringe**
Nach Ausbau immer ersetzen.
13 – **Führungsstift-Schrauben, 30 Nm**
14 – **Entlüftungsventil, 10 Nm**
15 – **Kolbengehäuse**
16 – **Kolben-Dichtring**
Nach Ausbau immer ersetzen.
17 – **Kolben**
18 – **Schutzkappe**
Nach Ausbau immer ersetzen.

Scheibenbremsbeläge vorn aus- und einbauen

Ausbau

- Rad zur Radnabe mit Farbe kennzeichnen. Dadurch kann das ausgewuchtete Rad wieder an gleicher Stelle montiert werden.
- Radmuttern bei auf dem Boden stehendem Fahrzeug lösen.
- Fahrzeug vorn aufbocken, Rad abnehmen.
- Bremssattel von Hand nach außen ziehen und dadurch den Bremskolben etwas zurückdrücken.

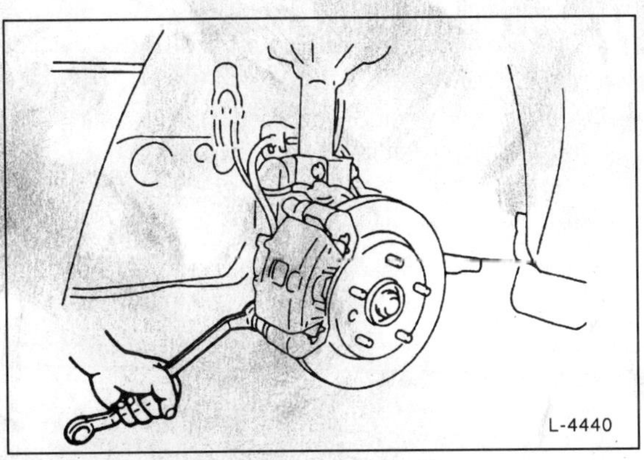

- Untere Befestigungsschraube für Kolbengehäuse herausdrehen.

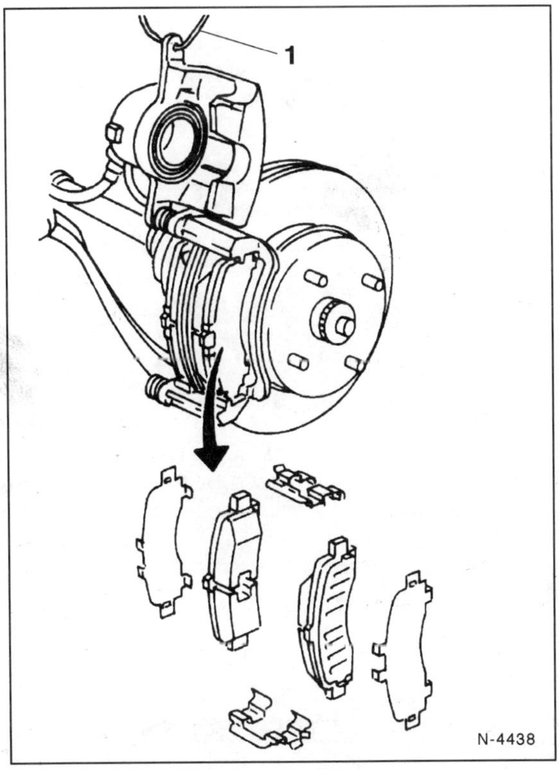

- Bremssattel nach oben schwenken und mit einem Draht –1– an einer Windung der Schraubenfeder aufhängen. Die Abbildung zeigt MICRA-Generation II.

● Bremsbeläge und Zwischenbleche abnehmen.

Achtung: Ein Wechsel der Beläge von der Außen- zur Innenseite und umgekehrt oder auch vom rechten zum linken Rad ist nicht zulässig. Der Wechsel kann zu ungleichmäßiger Bremswirkung führen. Grundsätzlich alle Scheibenbremsbeläge einer Achse gleichzeitig erneuern. Sollen die Scheibenbremsbeläge wieder montiert werden, müssen sie gekennzeichnet werden.

Einbau

Achtung: Bei ausgebauten Bremsbelägen nicht auf das Bremspedal treten, sonst wird der Kolben aus dem Gehäuse herausgedrückt. Wurde der Kolben versehentlich herausgedrückt, Bremssattel ausbauen und in der Fachwerkstatt zusammensetzen lassen.

● Führungsfläche bzw. Sitz der Beläge im Gehäuseschacht mit geeigneter Weichmetallbürste reinigen oder mit einem Lappen und Spiritus auswischen. Keine mineralölhaltigen Lösungsmittel oder scharfkantigen Werkzeuge verwenden.

● Vor Einbau der Beläge ist die Bremsscheibe durch Abtasten mit den Fingern auf Riefen zu untersuchen. Riefige Bremsscheiben sind zu erneuern.

● Bremsscheibendicke messen, siehe Seite 143.

● Staubkappe und Schutzmanschetten im Bremssattel auf Anrisse prüfen. Eine beschädigte Staubkappe umgehend ersetzen, da eingedrungener Schmutz schnell zu Undichtigkeiten des Bremssattels führt. Der Bremssattel muß hierzu ausgebaut und zerlegt werden (Werkstattarbeit).

N-4439

● Bremskolben mit einem Kolbenrücksetzwerkzeug zurückdrücken. Es geht auch mit einem Hartholzstab (Hammerstiel), dabei jedoch besonders darauf achten, daß der Kolben nicht verkantet wird und Kolbenfläche sowie Staubkappe nicht beschädigt werden.

Achtung: Beim Zurückdrücken der Kolben wird Bremsflüssigkeit aus den Bremszylindern in den Ausgleichbehälter gedrückt. Flüssigkeit im Behälter beobachten, eventuell Bremsflüssigkeit mit einem Saugheber absaugen.

Zum Absaugen eine Entlüfterflasche oder eine Plastikflasche verwenden, die nur mit Bremsflüssigkeit in Berührung kommt. Keine Trinkflaschen verwenden! **Bremsflüssigkeit ist giftig und darf auf gar keinen Fall mit dem Mund über einen Schlauch abgesaugt werden. Saugheber verwenden. Auch nach dem Belagwechsel darf die Max.-Marke am Bremsflüssigkeitsbehälter nicht überschritten werden, da sich die Flüssigkeit bei Erwärmung ausdehnt. Ausgelaufene Bremsflüssigkeit läuft am Hauptbremszylinder runter, zerstört den Lack und führt zur Korrosion.**

Achtung: Bei hohem Bremsbelagverschleiß Leichtgängigkeit des Kolbens prüfen. Dazu Holzklotz in den Bremssattel einsetzen und durch Helfer langsam auf das Bremspedal treten lassen. Der Bremskolben muß sich leicht heraus- und hineindrücken lassen. Zur Prüfung muß der andere Bremssattel eingebaut sein. Darauf achten, daß der Bremskolben nicht ganz herausgedrückt wird. Wurde der Kolben versehentlich herausgedrückt, muß das Bremssystem nach dem Einsetzen des Kolbens entlüftet werden, siehe Seite 149.

● Der folgende Arbeitsgang ist nicht unbedingt notwendig: Um ein Quietschen der Scheibenbremsen zu verhindern, können die Rückseiten der Bremsbeläge sowie die Zwischenbleche mit Schmiermittel (z. B. Plastilube, Tunap VC 582/S, Chevron SRJ/2, Liqui Moly LM-36 oder LM-508-ASC) **dünn** eingestrichen werden. **Die Paste darf keinesfalls auf den eigentlichen Bremsbelag oder auf die Bremsscheibe kommen.** Gegebenenfalls Paste sofort abwischen und Bremsbelag mit Spiritus reinigen.

● Zwischenbleche auf die neuen Bremsbeläge aufsetzen. bei MICRA-Generation I Distanzbleche für inneren Belag in den Bremskolben einsetzen, siehe Abbildung N-4437.

● Belag-Haltefedern in den Bremssattel einsetzen.

N-4440

● Bremsbeläge von beiden Seiten in die Haltefedern einsetzen.

● Kolbengehäuse herunterklappen. Untere Schraube bei MICRA-Generation I mit **40 Nm**, bei MICRA-Generation II mit **30 Nm** festziehen.

● Vorderräder anschrauben, dabei auf Markierungen zur Radnabe achten. Fahrzeug ablassen und Radmuttern mit **100 Nm** über Kreuz festziehen.

Achtung: Bremspedal im Stand mehrmals kräftig niedertreten, bis fester Widerstand spürbar ist.

● Bremsflüssigkeit im Ausgleichbehälter prüfen, gegebenenfalls bis zur Max.-Marke auffüllen.

● Neue Bremsbeläge vorsichtig einbremsen, dazu Fahrzeug mehrmals von ca. 80 km/h auf 40 km/h mit geringem Pedaldruck abbremsen. Dazwischen Bremse etwas abkühlen lassen.

Achtung: Bis zu einer Fahrstrecke von ca. 200 km sollten keine unnötigen Vollbremsungen vorgenommen werden.

Scheibenbremsbeläge hinten aus- und einbauen

In Fahrzeugen mit ABS werden die Hinterräder über Scheibenbremsen abgebremst.

Ausbau

- Hinterrad zur Radnabe mit Farbe kennzeichnen. Dadurch kann das ausgewuchtete Rad wieder an gleicher Stelle montiert werden.
- Radmuttern bei auf dem Boden stehendem Fahrzeug lösen.
- Fahrzeug hinten aufbocken.
- Räder abnehmen.

Achtung: Ein Wechsel der Beläge von der Außen- zur Innenseite und umgekehrt oder auch vom rechten zum linken Rad ist nicht zulässig. Der Wechsel kann zu ungleichmäßiger Bremswirkung führen. Grundsätzlich alle Scheibenbremsbeläge einer Achse gleichzeitig erneuern. Sollen die Scheibenbremsbeläge wieder montiert werden, müssen sie gekennzeichnet werden.

- Handbremse lösen.

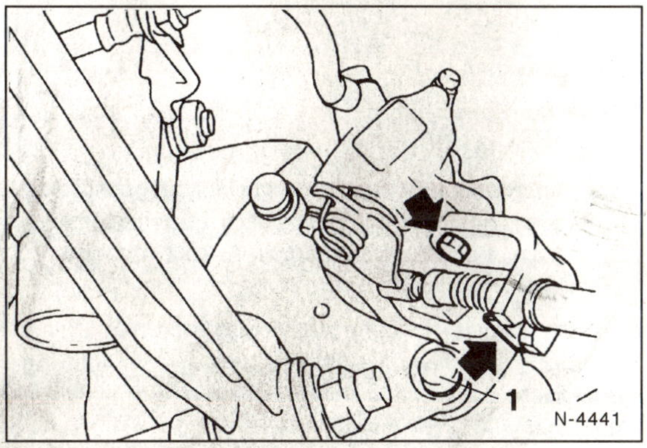

- Halterung für Handbremsseilzug abschrauben und Sicherungsfeder abziehen –Pfeile– Seilzug aushängen.
- Unteren Führungsbolzen –1– am Bremssattelgehäuse herausschrauben und Bremssattel hochklappen.

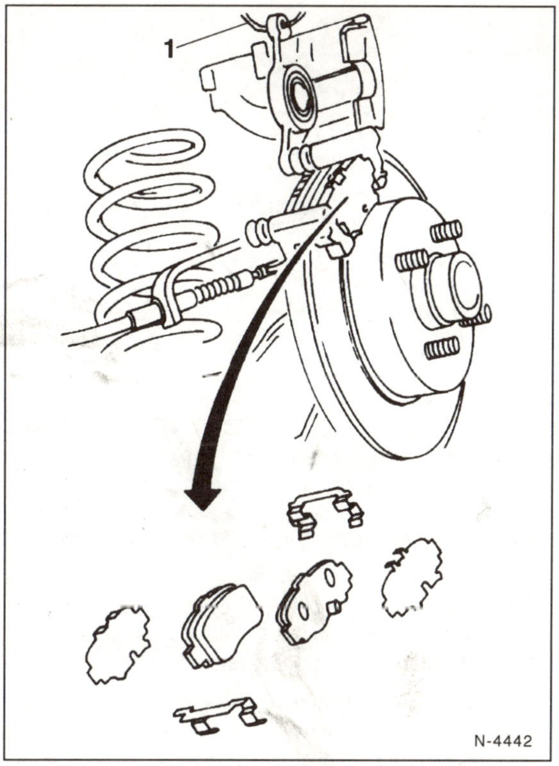

- Bremssattel mit einem Draht –1– am Federbein aufhängen.

Achtung: Bremsschlauch nicht abnehmen, sonst muß die Anlage entlüftet werden.

- Bremsbeläge mit Zwischenblechen herausziehen.
- 2 Federn herausnehmen.

Einbau

Achtung: Bei ausgebauten Bremsbelägen nicht auf das Bremspedal treten, sonst wird der Kolben aus dem Gehäuse herausgedrückt. Wurde der Kolben versehentlich herausgedrückt, diesen von einer NISSAN-Werkstatt einsetzen lassen.

- Führungsfläche beziehungsweise Sitz der Beläge im Gehäuseschacht mit geeigneter Weichmetallbürste reinigen oder mit einem Lappen und Spiritus auswischen. Keine mineralölhaltigen Lösungsmittel oder scharfkantigen Werkzeuge verwenden.
- Vor Einbau der Beläge ist die Bremsscheibe durch Abtasten mit den Fingern auf Riefen zu untersuchen. Riefige Bremsscheiben sind zu erneuern.
- Bremsscheibendicke messen, siehe Seite 143.
- Staubkappe und Schutzmanschetten im Bremssattel auf Anrisse prüfen. Eine beschädigte Staubkappe umgehend ersetzen, da eingedrungener Schmutz schnell zu Undichtigkeiten des Bremssattels führt. Der Bremssattel muß hierzu ausgebaut und zerlegt werden (Werkstattarbeit).

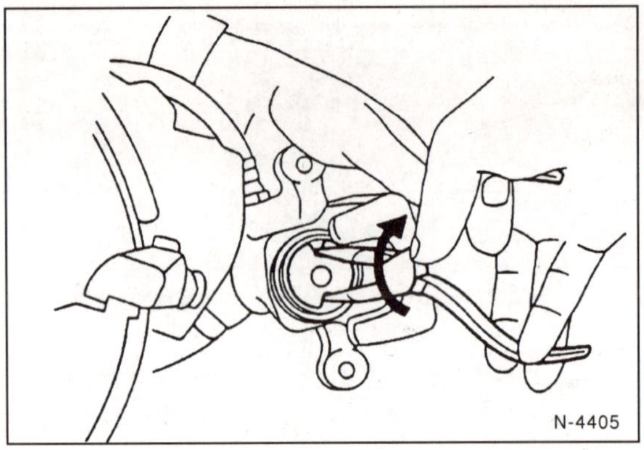

- Mit einer langschenkligen Spitzzange den Bremskolben langsam rechtsherum, also im Uhrzeigersinn, bis zum Anschlag in den Bremssattel einschrauben. Die Zange zum Einschrauben in die Anschlagnuten des Bremskolbens einsetzen, so daß der Kolben verdreht werden kann.

Hinweis: Der Bremskolben muß eingeschraubt werden. Wird er einfach zurückgedrückt, wird die automatische Nachstellung der Handbremse im Bremssattel zerstört.

Achtung: Beim Zurückdrehen der Kolben wird Bremsflüssigkeit aus den Bremszylindern in den Ausgleichbehälter gedrückt. Flüssigkeit im Behälter beobachten, eventuell Bremsflüssigkeit mit einem Saugheber absaugen.

Zum Absaugen eine Entlüfterflasche oder eine Plastikflasche verwenden, die nur mit Bremsflüssigkeit in Berührung kommt. Keine Trinkflaschen verwenden! **Bremsflüssigkeit ist giftig und darf auf gar keinen Fall mit dem Mund über einen Schlauch abgesaugt werden. Saugheber verwenden. Auch nach dem Belagwechsel darf die Max.-Marke am Bremsflüssigkeitsbehälter nicht überschritten werden, da sich die Flüssigkeit bei Erwärmung ausdehnt. Ausgelaufene Bremsflüssigkeit läuft am Hauptbremszylinder runter, zerstört den Lack und führt zur Korrosion.**

- Der folgende Arbeitsgang ist nicht unbedingt notwendig: Um ein Quietschen der Scheibenbremsen zu verhindern, können die Rückseiten der Bremsbeläge sowie die Antiquietschbleche mit Schmiermittel (z. B. Plastilube, Tunap VC 582/S, Chevron SRJ/2, Liqui Moly LM-36 oder LM-508-ASC) **dünn** eingestrichen werden. **Die Paste darf keinesfalls auf den eigentlichen Bremsbelag oder auf die Bremsscheibe kommen.** Gegebenenfalls Paste sofort abwischen und Bremsbelag mit Spiritus reinigen.
- Federn in den Bremssattel einsetzen.
- Neue Bremsbeläge mit Zwischenblechen einsetzen.
- Bremssattel runterklappen. Schraube mit **30 Nm** festziehen.
- Handbremsseilzug am Betätigungshebel einhängen. Seilzug-Halter mit **35 Nm** festschrauben. Sicherungsfeder für Bremsseil am Halter aufstecken.
- Hinterräder anschrauben, dabei auf Markierungen zur Radnabe achten. Fahrzeug ablassen und Radmuttern mit **100 Nm** über Kreuz festziehen.

Achtung: Bremspedal im Stand mehrmals kräftig niedertreten, bis fester Widerstand spürbar ist. Dadurch stellt sich die automatische Nachstellvorrichtung der Feststellbremse ein.

- Bremsflüssigkeit im Ausgleichbehälter prüfen, gegebenenfalls bis zur Max.-Marke auffüllen.
- Handbremse einstellen, siehe Seite 153.
- Neue Bremsbeläge vorsichtig einbremsen, dazu Fahrzeug mehrmals von ca. 80 km/h auf 40 km/h mit geringem Pedaldruck abbremsen. Dazwischen Bremse etwas abkühlen lassen.

Achtung: Bis zu einer Fahrstrecke von ca. 200 km sollten keine Vollbremsungen vorgenommen werden.

Bremssattel/Bremsträger aus- und einbauen

Ausbau

- Rad zur Radnabe mit Farbe kennzeichnen. Dadurch kann das ausgewuchtete Rad wieder an gleicher Stelle montiert werden.
- Radmuttern bei auf dem Boden stehendem Fahrzeug lösen.
- Fahrzeug aufbocken, siehe Seite 229.
- Rad abnehmen.
- **Hinterrad-Scheibenbremse:** Bremsbeläge ausbauen, siehe Seite 141.
- Bremsträger mit 2 Schrauben vom Radlagergehäuse abschrauben, komplett mit Bremssattel abziehen und mit Draht am Federbein aufhängen, damit der Bremsschlauch nicht verdreht oder auf Zug beansprucht wird.
- Soll der Bremssattel ganz abgenommen werden, Bremsschlauch am Bremssattel abschrauben. **Achtung:** Bremsflüssigkeit läuft aus. Bremsflüssigkeit in einer Flasche sammeln, die ausschließlich für Bremsflüssigkeit vorgesehen ist. Nach dem Wiedereinbau muß das Bremssystem entlüftet werden.

Einbau

- Bremsträger ansetzen und beide Befestigungsschrauben (–3– in folgender Abbildung) mit Federring am Radlagergehäuse mit **60 Nm** festziehen.
- **Hinterrad-Scheibenbremse:** Bremsbeläge und Handbremsseil einbauen, siehe Seite 141.

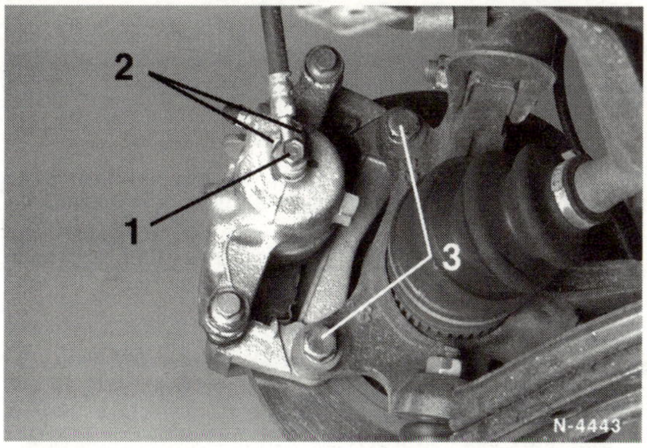

- Falls ausgebaut, Bremsschlauch anschrauben –1–. **Neue** Kupferdichtringe zwischenlegen, Dichtringe und Dichtflächen müssen trocken und sauber sein. Anschlußschraube bei MICRA-Generation I mit **20 Nm,** bei MICRA-Generation II mit **30 Nm** anziehen. Darauf achten, daß der Stift am Bremsschlauchanschluß zwischen den Vorsprüngen –2– am Bremssattel verläuft.

Achtung: Der Bremsschlauch darf beim Einbau nicht verdrillt werden.

- Falls das Bremssystem geöffnet war, Bremsanlage entlüften, siehe Seite 149.
- Räder anschrauben, dabei auf Markierungen zur Radnabe achten. Fahrzeug ablassen und Radmuttern mit **100 Nm** über Kreuz festziehen.

Achtung: Bremspedal im Stand mehrmals kräftig niedertreten, bis fester Widerstand spürbar ist. Dadurch stellen sich die Bremsbeläge ein.

- Bremsflüssigkeit im Ausgleichbehälter prüfen, gegebenenfalls bis zur Max.-Marke auffüllen.
- **Hinterrad-Scheibenbremse:** Handbremse einstellen, siehe Seite 153.

Bremsscheibendicke/Seitenschlag prüfen

Ein Nacharbeiten der Bremsscheiben ist nicht zulässig. Bei Riefen mit über 0,5 mm Tiefe oder zu starker Abnutzung müssen die Bremsscheiben ersetzt werden. Dabei immer beide Bremsscheiben einer Achse ersetzen.

- Rad zur Radnabe mit Farbe kennzeichnen. Dadurch kann das ausgewuchtete Rad wieder an gleicher Stelle montiert werden.
- Radmuttern bei auf dem Boden stehendem Fahrzeug lösen.
- Fahrzeug aufbocken.
- Rad abnehmen.
- Radmuttern leicht aufschrauben, damit die Bremsscheibe arretiert ist.

- Bremsscheibendicke messen. Die Werkstätten benutzen dazu eine spezielle Lehre oder ein Mikrometer, da sich durch Abnutzung der Bremsscheibe ein Rand bildet. Man kann die Bremsscheibendicke auch mit einer normalen Schieblehre messen, allerdings muß dann auf jeder Seite der Bremsscheibe eine entsprechend starke Unterlage zwischengelegt werden (beispielsweise 2 Zehn-Pfennig-Stücke). Um die exakte Bremsscheibendicke zu haben, müssen von dem gemessenen Maß die 3,3 mm für die Zehn-Pfennig-Stücke beziehungsweise die Unterlage abgezogen werden. **Achtung:** Beim genaueren Messen mit Mikrometer Messung an mindestens 8 Punkten der Bremsscheibe vornehmen. Dabei muß die Dicke in einem Toleranzbereich von 0,02 mm bleiben.
- Wenn die Verschleißgrenze erreicht ist, Bremsscheibe erneuern. Verschleißgrenze, siehe Seite 138.
- Bei größeren Rissen oder bei Riefen, die tiefer als 0,5 mm sind, Bremsscheibe erneuern.

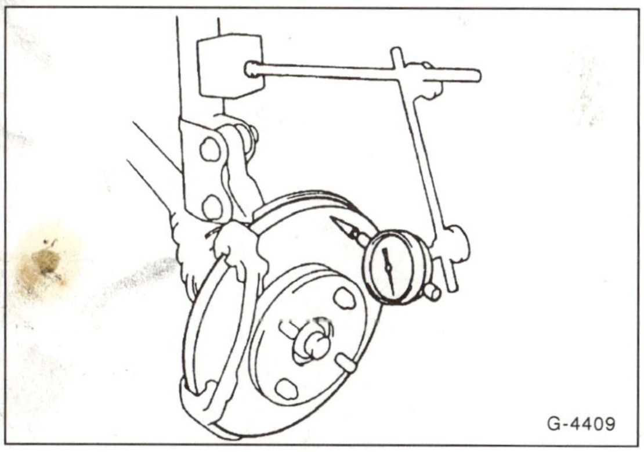

- Steht eine Meßuhr zur Verfügung, Seitenschlag der Bremsscheibe in eingebautem Zustand messen. Meßuhr in der Mitte der Bremsfläche ansetzen. **Sollwert:** max. 0,07 mm Seitenschlag. Zu großer Seitenschlag kann auch von einem ausgeschlagenen Radlager herrühren, zur Prüfung Fachwerkstatt aufsuchen.
- Rad anschrauben, dabei auf Markierung zur Radnabe achten. Fahrzeug ablassen und Radmuttern mit **100 Nm** über Kreuz festziehen.

Bremsscheibe aus- und einbauen

Um ein gleichmäßiges Bremsen beidseitig zu gewährleisten, müssen beide Bremsscheiben die gleiche Oberfläche bezüglich Schliffbild und Rauhtiefe aufweisen. Deshalb **grundsätzlich beide** Bremsscheiben einer Achse ersetzen.

Achtung: Wenn die Bremsscheiben ersetzt werden, müssen gleichzeitig auch neue Bremsbeläge eingebaut werden.

Ausbau

- Bremssattel abschrauben und mit angeschlossenem Bremsschlauch mit Draht am Federbein aufhängen, siehe Seite 142.
- Bremsscheibe von der Radnabe abnehmen.

Einbau

- Neue Bremsscheiben mit Nitro-Verdünnung vom Schutzlack reinigen.
- Bremsscheibe auf Radnabe aufsetzen.
- Bremssattel einbauen, siehe Seite 142.
- Radmuttern mit **100 Nm** über Kreuz festziehen.

Trommelbremse hinten

MICRA-Generation I

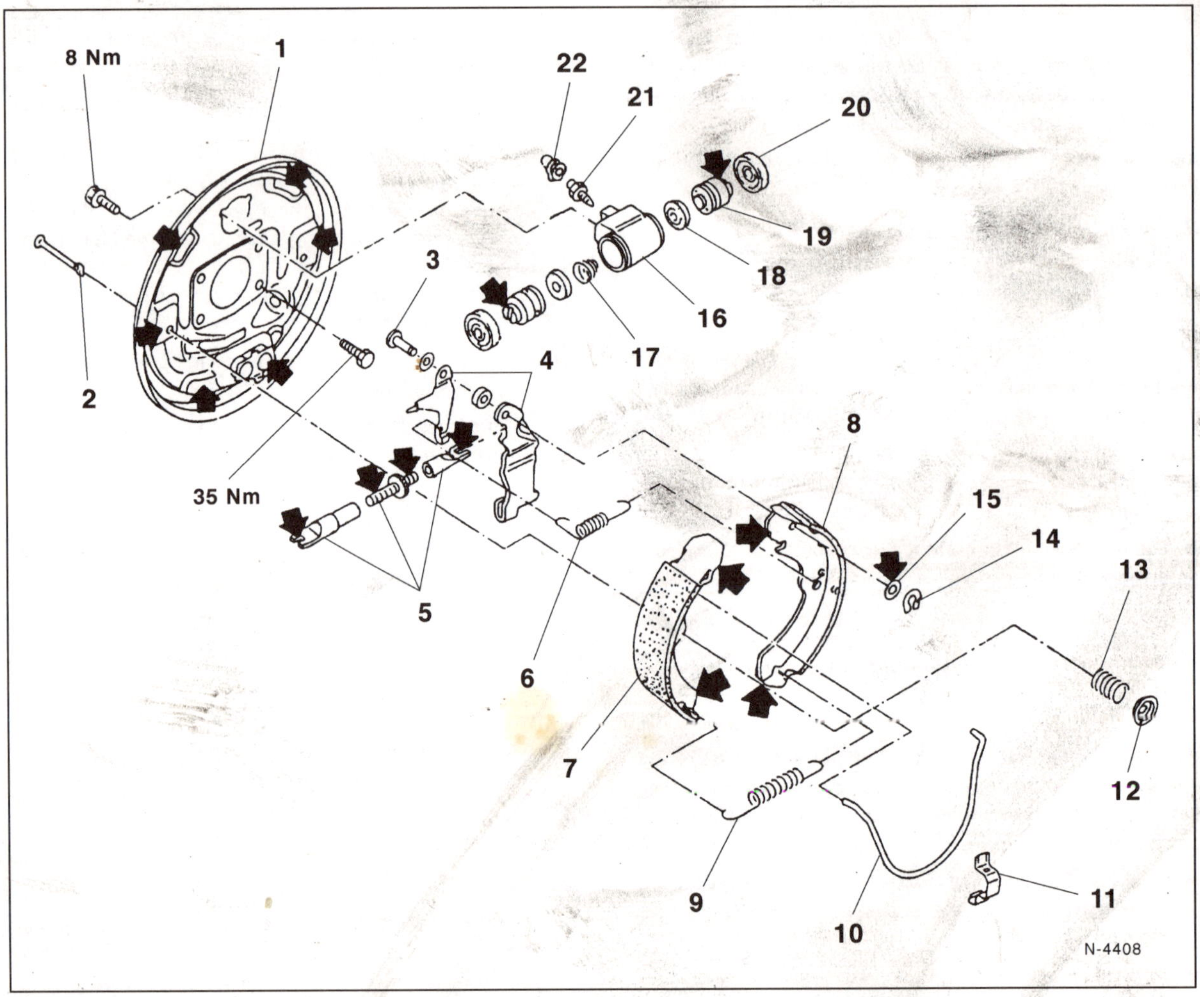

1 – Bremsträger
2 – Haltestift
3 – Drehachse für Handbremshebel
4 – Handbremshebel
5 – Nachstelleinheit
6 – Feder für Handbremshebel
7 – Auflauf-Bremsbacke
8 – Ablauf-Bremsbacke
9 – Rückholfeder
10 – Rückholfeder
11 – Halteblech
12 – Federteller
13 – Druckfeder
14 – Halteklammer
15 – Beilegscheibe
16 – Radbremszylindergehäuse
17 – Feder
18 – Kolbenmanschette
19 – Kolben
20 – Staubmanschette
21 – Entlüftungsventil, **8 Nm**
22 – Gummikappe

Achtung: Folgende Bauteile nach jedem Ausbau erneuern: 18, 20.

Die mit schwarzem Pfeil gekennzeichneten Stellen dünn mit Hochtemperaturfett bestreichen.

Trommelbremse hinten

MICRA-Generation II

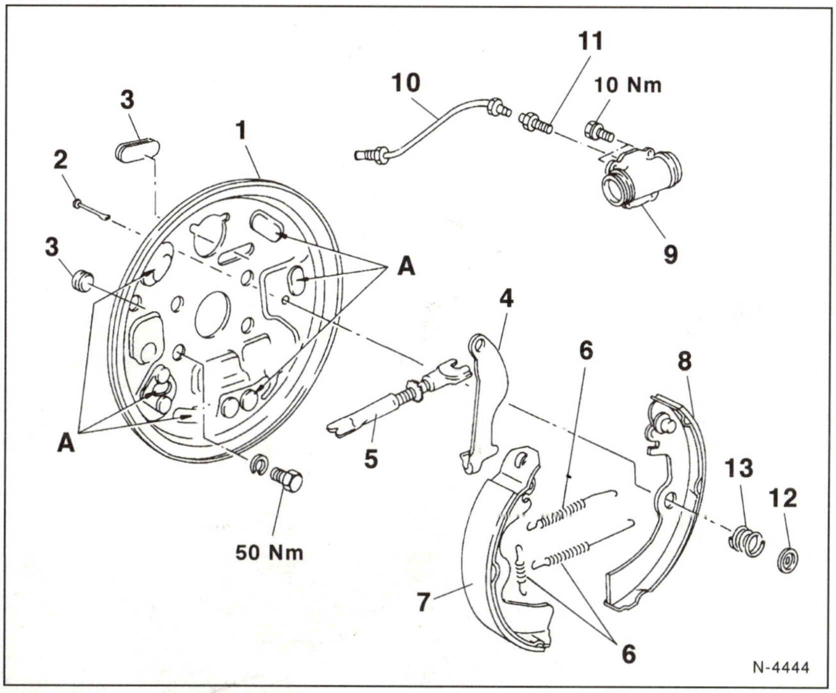

1 – **Bremsträger**
2 – **Haltestift**
3 – **Verschlußstopfen**
4 – **Handbremshebel**
5 – **Nachstelleinheit**
6 – **Rückstellfedern**
7 – **Auflauf-Bremsbacke**
8 – **Ablauf-Bremsbacke**
9 – **Radbremszylinder**
10 – **Bremsleitung**
11 – **Entlüftungsventil, 10 Nm**
12 – **Federteller**
13 – **Druckfeder**

Achtung: Die mit –A– gekennzeichneten Stellen dünn mit Hochtemperaturfett bestreichen.

Bremsbacken/ Bremstrommel hinten aus- und einbauen

Ausbau

- Rad zur Radnabe mit Farbe kennzeichnen. Dadurch kann das ausgewuchtete Rad wieder an gleicher Stelle montiert werden.
- Radmuttern lösen, Fahrzeug steht dabei auf den Rädern.
- Handbremse lösen.
- Fahrzeug hinten aufbocken, Rad abnehmen.

MICRA-Generation I:

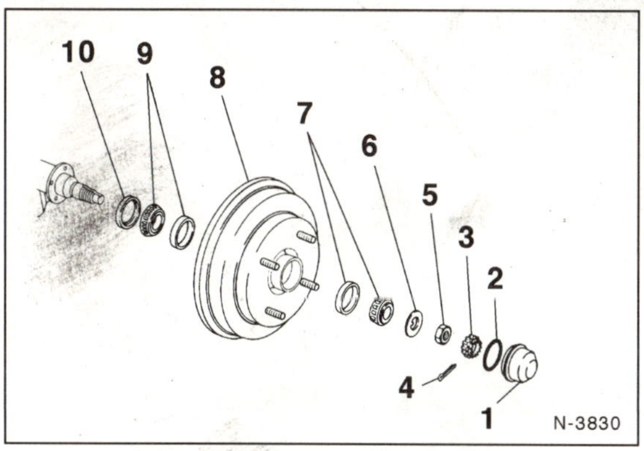

1 – Nabendeckel; 2 – O-Ringdichtung; 3 – Kronensicherung; 4 – Sicherungssplint; 5 – Einstellmutter; 6 – Scheibe; 7 – Außenlager; 8 – Bremstrommel; 9 – Innenlager; 10 – Öldichtring.

Hinweis: Dichtungen und Sicherungssplint nach jedem Ausbau ersetzen.

- Nabendeckel mit einem Schraubendreher abhebeln. Sicherungssplint mit Flachzange geradebiegen und entfernen, Einstellmutter abschrauben.

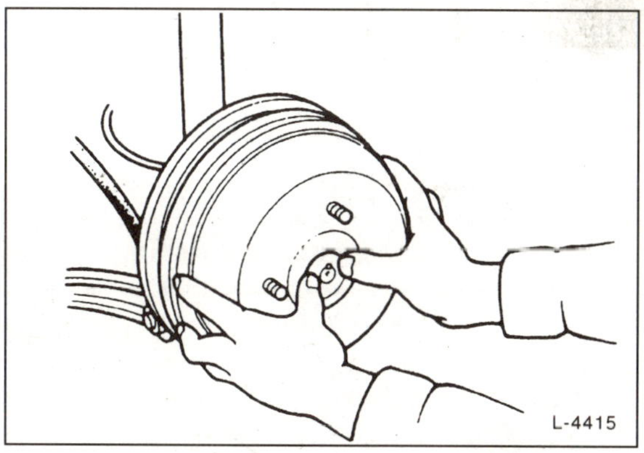

- Bremstrommel abnehmen, bei MICRA-Generation I darauf achten, daß das äußere Radlager nicht herausfällt.

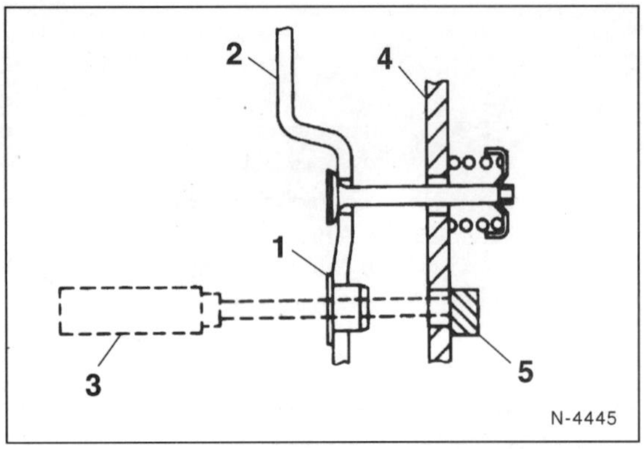

- Falls sich die Bremstrommel nicht abnehmen läßt, den Stopfen –1– an der Bremsträgerplatte –2– mit Schraubendreher –3– abhebeln. Schraubendreher durch die Öffnung der Bremsbacke –4– führen und fest gegen den Hebel für Handbremse –5– drücken. Dadurch wird der Hebel entriegelt, wodurch die Bremsbacken zusammengezogen werden. Falls sich die Bremstrommel dennoch nicht abnehmen läßt, Handbremsseil ganz lösen, siehe Seite 153.
- Vor dem Ausbau der Rückzugfedern empfiehlt es sich, deren Einbaulage zu notieren. Dadurch wird das Einsetzen beim Einbau erleichtert.

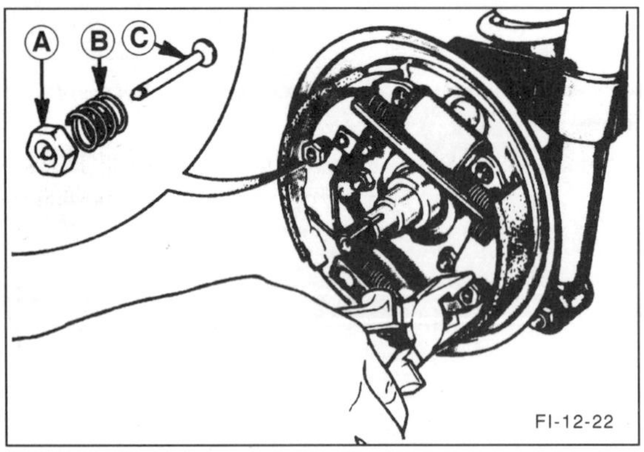

- Federteller –A– kräftig zurückdrücken und um 90° drehen. Während des Zurückdrückens von hinten am Bremsträger den Stift –C– gegenhalten. Stift am anderen Bremsbacken in gleicher Weise ausbauen.
- Vordere Bremsbacke nach außen schwenken, und die Rückzugfedern aushängen.
- Nachstelleinheit herausnehmen und Ablauf-Bremsbacke abnehmen.

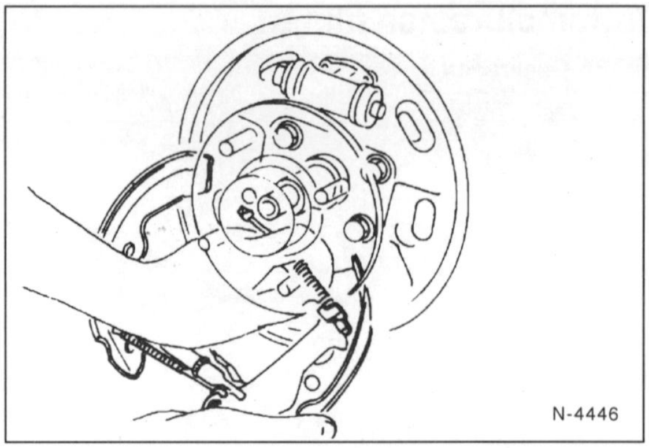

- Seilzug der Handbremse mit einem Schraubendreher am Bremsbacken-Handbremshebel aushängen. Dabei darauf achten, daß das Seil nicht beschädigt wird.

Achtung: Während die Bremsbacken ausgebaut sind, nicht auf die Fußbremse treten, da sonst die Bremskolben aus dem Radbremszylinder rutschen. Bremskolben einsetzen, siehe Kapitel »Radbremszylinder instandsetzen«.

- Am Radbremszylinder Staubmanschette –5– abziehen. **Achtung: Dabei darf der Bremskolben nicht herausgezogen werden**. Kontrollieren, ob es hinter der Staubmanschette feucht ist. Gegebenenfalls Radbremszylinder austauschen. Staubmanschette wieder aufsetzen.

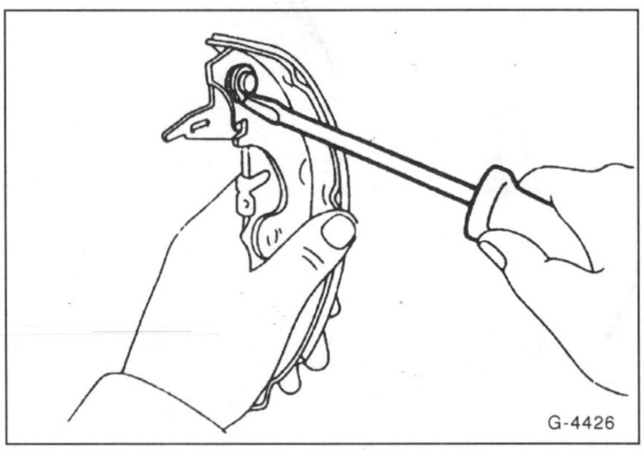

- Gegebenenfalls Halteklammer für Handbremshebel mit Schraubendreher abhebeln und Bremshebel auf neuen Bremsbacken umbauen.

Einbau

Grundsätzlich alle 4 Bremsbacken ersetzen, auch wenn nur ein Belag die Verschleißgrenze erreicht hat. Nur Bremsbacken gleicher Marke verwenden. Bremsbacken im Tausch erneuern. Bremstrommel und Bremsträger mit Staubsauger oder mit Spiritus reinigen. Falls der Radbremszylinder durch Bremsflüssigkeit feucht ist, Radbremszylinder erneuern. Nachstellvorrichtung gangbar machen und an den Gelenken leicht mit MoS_2-Fett einfetten. Riefige Bremstrommeln ausdrehen lassen, dabei immer beide Bremstrommeln bearbeiten lassen. Die Bremstrommel darf bis zur Verschleißgrenze nachgearbeitet werden, siehe Tabelle auf Seite 138.

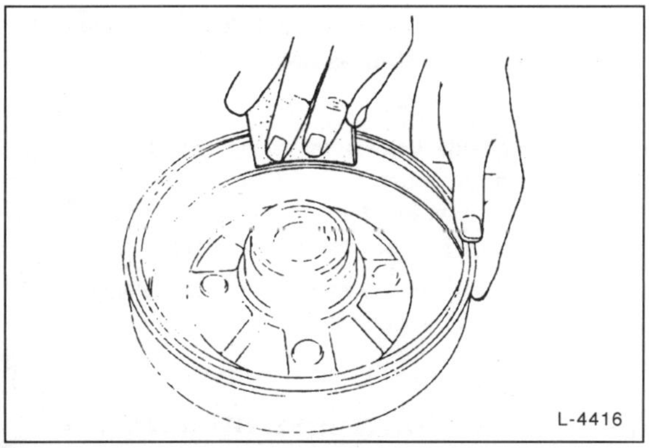

L-4416

- Geringe Unebenheiten und Rostspuren an der Bremsfläche mit einem feinen Schmirgelleinen (Körnung 120 bis 150) beseitigen.
- Bremsbeläge probehalber in die Bremstrommel halten und sicherstellen, daß beide Teile eine annähernd gleiche Krümmung besitzen.
- Innendurchmesser der Bremstrommel messen. Wenn die Verschleißgrenze erreicht ist, Trommel ersetzen. Dabei immer beide Bremstrommeln einer Achse ersetzen.

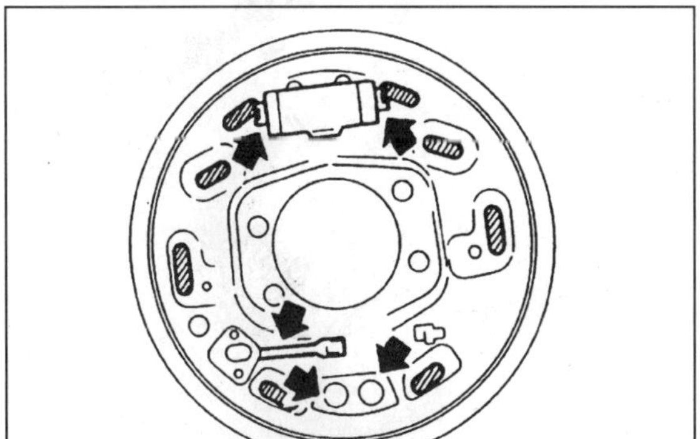

N-4413

- Die Kontaktstellen zwischen Bremsbacken und Bremsträger sowie Radbremszylinder reinigen und vor dem Einbau der Bremsbacken dünn mit hitzebeständigem Fett, am besten Hochtemperatur-Kupferpaste, bestreichen. **Achtung:** Kein Fett auf Bremsbacken oder Bremsbeläge gelangen lassen.

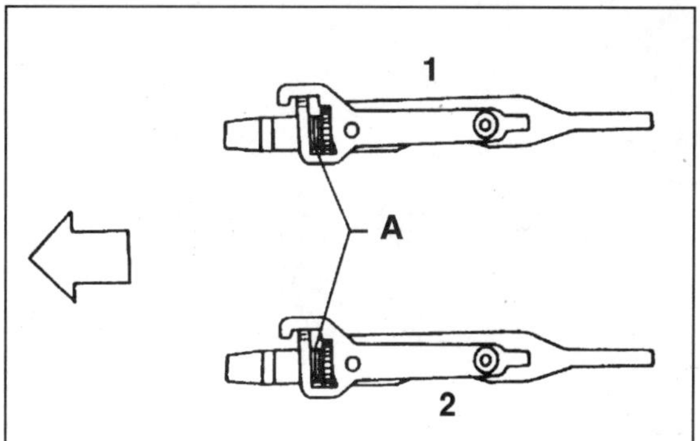

N-4447

- Nachstellvorrichtung durch Drehen der Verstellschraube auf kürzestes Maß einstellen. **Achtung:** Auf richtige Einbaurichtung der Nachstellvorrichtung achten, der weiße Pfeil zeigt in Fahrtrichtung. Linke –2– und rechte Seite –1– nicht vertauschen. Gewinde –A– gangbar machen und mit Mehrzweckfett schmieren.
- Kontaktstellen zwischen Nachstellvorrichtung und Bremsbacken mit Mehrzweckfett schmieren.
- Federn an der Nachstellvorrichtung und an den Bremsbacken einhängen.
- Handbremsseil am Hebel der hinteren Bremsbacke einhängen.
- Bremsbacken zuerst unten einsetzen, gegenüber dem Radbremszylinder. Nachstellvorrichtung lagerichtig oben zwischen die Backen setzen und Backen gleichzeitig an beiden Seiten des Radbremszylinders ansetzen. **Achtung:** Radbremszylinder nicht einseitig belasten, sonst wird der Kolben auf der anderen Seite herausgedrückt.
- Hintere und vordere Bremsbacke an der Ankerplatte andrücken und mit Haltestift und Druckfeder befestigen. Dabei Haltestifte von hinten gegenhalten und Feder gleichzeitig mit Flachzange aufdrücken, um 90° drehen und dadurch arretieren.

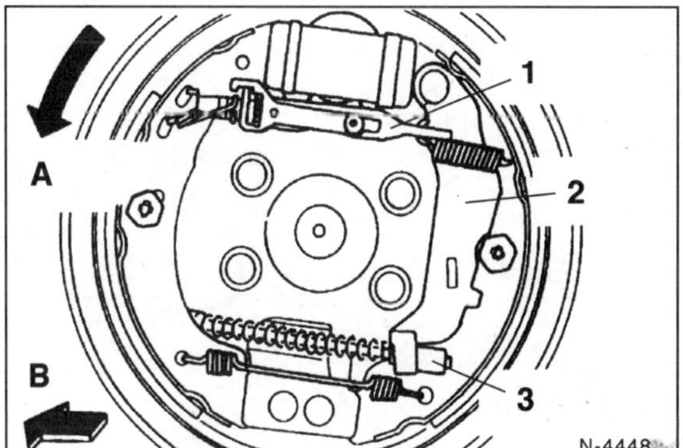

N-4448

- Einbaulage sowie Funktion der automatischen Nachstellvorrichtung –1– prüfen. Dazu den Handbremshebel –2– an der Bremsbacke vor- und zurückbewegen. Dabei muß sich die Einstellschraube langsam drehen. Falls nicht, sind die Bremsbacken falsch eingebaut worden, Einbau wiederholen. 3 – Bremsseil; A – Drehrichtung; B – Vorn (Fahrtrichtung).

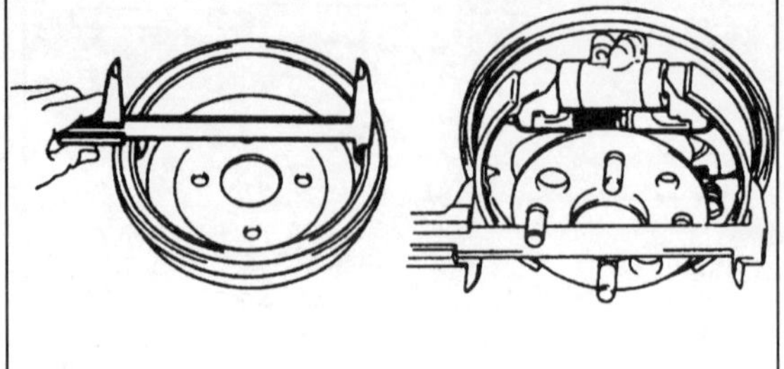
G-4433

- Innendurchmesser der Bremstrommel messen. Anschließend Außendurchmesser der Bremsbacken messen. Die Differenz der beiden Werte muß 0,45 bis 0,65 mm betragen, gegebenenfalls Nachstellvorrichtung durch Drehen der Verstellschraube entsprechend verstellen.
- Bremstrommel aufsetzen.
- **MICRA-Generation I:** Radlager einstellen, siehe Seite 127.
- Rad anschrauben, dabei auf Markierung zur Radnabe achten. Fahrzeug ablassen und Radmuttern mit **100 Nm** über Kreuz festziehen.
- Abdeckstopfen am Bremsträger von der Rückseite her aufdrücken.
- Grundlüftspiel der Hinterradbremse durch mehrmaliges Betätigen der Fußbremse einstellen. Dabei ist ein Klickgeräusch an der Bremse bis zum Erreichen des Grundlüftspiels hörbar.
- Handbremse einstellen, siehe Seite 153.
- Probebremsung aus mittlerer Geschwindigkeit auf verkehrsfreier Straße durchführen.

Radbremszylinder aus- und einbauen

Ausbau

- Trommelbremsbeläge ausbauen.

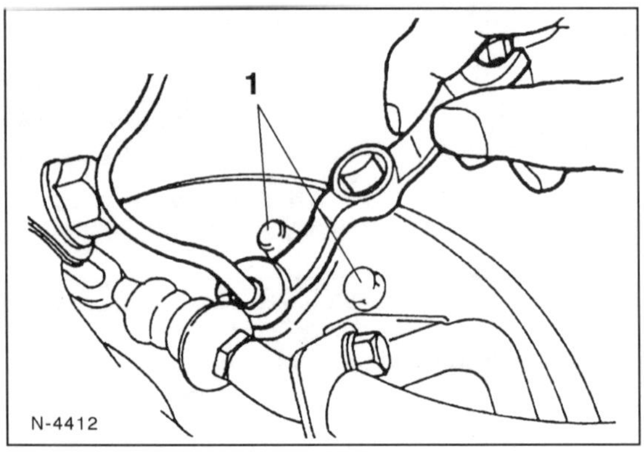

N-4412

- Überwurfmutter der Bremsleitung am Radbremszylinder von der Rückseite her lösen. **Achtung:** Bremsflüssigkeit läuft aus, Behälter unterstellen, der nur für Bremsflüssigkeit benutzt wird. Regeln im Umgang mit Bremsflüssigkeit beachten, siehe Seite 149.
- 2 Befestigungsschrauben –1– für Radbremszylinder auf der Rückseite des Bremsträgers herausdrehen.
- Radbremszylinder abnehmen.
- Bremsschlauch mit geeignetem Stopfen verschließen, um hohen Flüssigkeitsverlust und das Eindringen von Schmutz zu vermeiden.

Einbau

- Radbremszylinder am Bremsträger ansetzen und 2 Schrauben leicht mit **10 Nm** festschrauben.
- Abdichtstopfen abnehmen und Überwurfmutter für Bremsleitung mit **15 Nm** festziehen.
- Bremsbeläge einbauen.
- Bremsanlage entlüften. Dabei genügt es in der Regel, nur den Radbremszylinder zu entlüften, an dem die Leitung geöffnet wurde. Wenn der Bremsdruck nach dem Entlüften schwammig ist, gesamte Bremsanlage entlüften.
- Fußbremse mehrmals kräftig durchtreten. Damit ist die Hinterradbremse eingestellt.

Radbremszylinder instandsetzen

Falls der Radbremszylinder nicht erneuert werden soll, kann er auch in eingebautem Zustand zerlegt werden. Es müssen allerdings vorher die Bremsbacken ausgebaut werden. Der Radbremszylinder ist spätestens immer dann zu ersetzen, wenn Bremsflüssigkeit durch die Manschetten dringt. Beim Bremsbelagwechsel zur Kontrolle immer Staubkappen vom Radbremszylinder abziehen und in den Bremszylinder schauen. Wenn es hinter den Staubkappen feucht ist oder der gesamte Radbremszylinder mit Bremsflüssigkeit überzogen ist, Bremszylinder austauschen. Außerdem ist ein Austausch notwendig, wenn die Kolben im Radbremszylinder nicht mehr leichtgängig hin- und hergleiten, Riefen oder Korrosionsstellen aufweisen. In einem solchen Fall wird das Rad entweder nicht abgebremst oder es bremst ständig.

Ausbau

- Bremsbacken ausbauen.

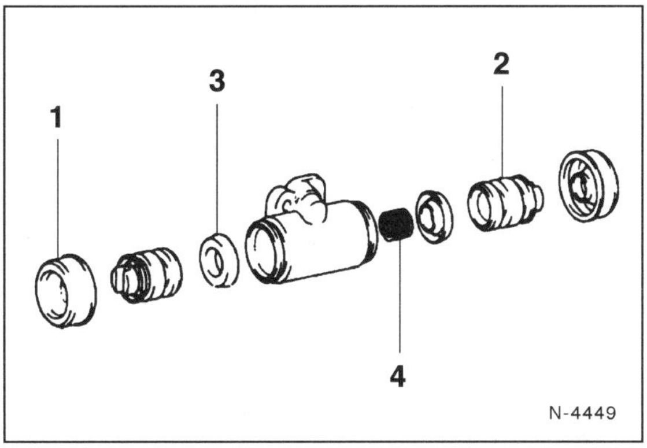

- Mit einem Schraubendreher die Staubmanschetten –1– abhebeln. Vorsicht, Kappen nicht beschädigen.
- Beide Kolben –2– mit Manschetten –3– herausziehen. **Achtung:** Dabei kann etwas Bremsflüssigkeit auslaufen, Lappen unterlegen. Feder –4– herausnehmen.
- Manschetten von den Kolben abziehen.
- Radbremszylinder innen mit staubfreiem Lappen auswischen. Es dürfen keine Riefen oder Rostnarben auf der Lauffläche sein, gegebenenfalls Radbremszylinder ersetzen.
- Alle Teile mit Spiritus oder Bremsflüssigkeit reinigen. Hinweise zur Bremsflüssigkeit beachten. **Achtung:** Keine Flüssigkeiten auf Mineralölbasis, wie Benzin oder Kerosin, verwenden, andernfalls können später Bremsdefekte auftreten.

Einbau

- Entlüfterschraube gangbar machen, eventuell erneuern.
- Werden Dichtungen gewechselt, grundsätzlich kompletten Manschetten-Reparatursatz verwenden.
- Manschetten so auf die Kolben aufziehen, daß die Dichtlippen gegen die Druckrichtung der Hydraulikflüssigkeit zeigen.
- Beide Kolben und Lauffläche im Radzylinder mit speziellem Bremszylinderfett, zum Beispiel von der Firma ATE, bestreichen. **Achtung:** Kein herkömmliches Fett verwenden, da sonst die Bremsflüssigkeit verunreinigt wird.
- Rechten Kolben in den Radbremszylinder einsetzen.
- Von links Feder einsetzen und linken Kolben einschieben.
- Staubmanschetten aufsetzen.
- Bremsbacken und Bremstrommel einbauen.
- Bremsanlage entlüften. Dabei genügt es in der Regel, nur denjenigen Bremszylinder zu entlüften, wo die Leitung geöffnet wurde. Wenn der Bremsdruck nach dem Entlüften schwammig ist, gesamte Bremsanlage entlüften.
- Fußbremse mehrmals kräftig durchtreten. Damit ist die Hinterradbremse eingestellt.

Die Bremsflüssigkeit

Beim Umgang mit Bremsflüssigkeit ist zu beachten:

- Bremsflüssigkeit ist giftig. Keinesfalls Bremsflüssigkeit mit dem Mund über einen Schlauch absaugen. Bremsflüssigkeit nur in Behälter füllen, bei denen ein versehentlicher Genuß ausgeschlossen ist.
- Bremsflüssigkeit ist ätzend und darf deshalb nicht mit dem Autolack in Berührung kommen, gegebenenfalls sofort abwischen und mit viel Wasser abwaschen.
- Bremsflüssigkeit ist hygroskopisch, das heißt, sie nimmt aus der Luft Feuchtigkeit auf. Bremsflüssigkeit deshalb nur in geschlossenen Behältern aufbewahren.
- **Bremsflüssigkeit, die schon einmal im Bremssystem verwendet wurde, darf nicht wieder verwendet werden. Auch beim Entlüften der Bremsanlage nur neue Bremsflüssigkeit verwenden.**
- Bremsflüssigkeits-Spezifikationen: MICRA-Generation I: **DOT 3**; MICRA-Generation II: **DOT 4**.
- Bremsflüssigkeit darf nicht mit Fett oder Mineralöl in Berührung kommen. Schon geringe Spuren Mineralöl machen die Bremsflüssigkeit unbrauchbar, beziehungsweise führen zum Ausfall des Bremssystems.
- Bremsflüssigkeit alle 2 Jahre wechseln, möglichst nach der kalten Jahreszeit.
- **Alte Bremsflüssigkeit bei der örtlichen Deponie für Sondermüll abgeben, nicht in die Kanalisation schütten. Bremsflüssigkeit nicht mit Motoröl vermischen.**

Bremsanlage entlüften

Nach jeder Reparatur an der Bremse, bei der die Anlage geöffnet wurde, kann Luft in die Druckleitungen eingedrungen sein. Dann ist das Bremssystem zu entlüften. Luft ist auch dann in den Leitungen, wenn sich beim Tritt auf das Bremspedal der Bremsdruck schwammig anfühlt. In diesem Fall muß die Undichtigkeit beseitigt und die Bremsanlage entlüftet werden.

Die Bremsanlage wird durch Pumpen mit dem Bremspedal entlüftet, dazu ist eine zweite Person notwendig.

Muß die ganze Anlage entlüftet werden, jeden Radbremszylinder einzeln entlüften. Auch beim regelmäßigen Bremsflüssigkeitswechsel im Rahmen der Wartung muß wie beim Entlüften an allen vier Radbremszylindern Bremsflüssigkeit herausgepumpt werden, ohne daß Luft in das Bremssystem gelangt. Die Reihenfolge der Entlüftung: 1. Radbremszylinder hinten links, 2. Bremssattel vorn rechts, 3. Radbremszylinder hinten rechts, 4. Bremssattel vorn links.

Falls nur ein Bremssattel beziehungsweise Radbremszylinder erneuert oder überholt wurde, genügt in der Regel das Entlüften des betreffenden Zylinders.

- Vor dem Entlüften Deckel für Ausgleichbehälter abschrauben und Bremsflüssigkeit bis zur Max.-Markierung auffüllen. **Achtung:** Während des Entlüftens ab und zu den Ausgleichbehälter beobachten. Der Flüssigkeitsspiegel darf nicht zu weit sinken, sonst wird über den Ausgleichbehälter Luft angesaugt. **Immer nur neue Bremsflüssigkeit nachgießen!**

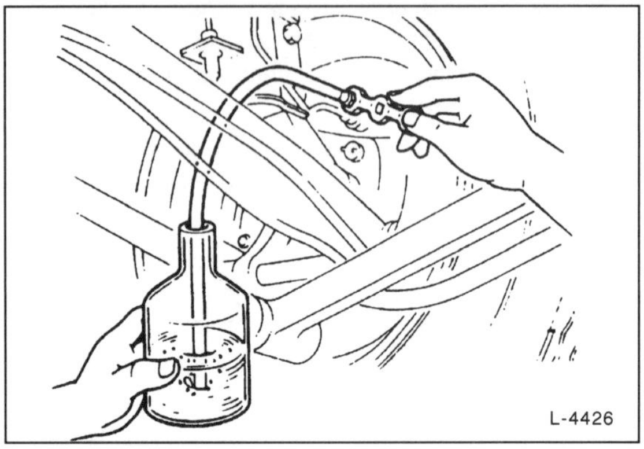

L-4426

- Staubkappe von der Entlüfterschraube des Bremszylinders abnehmen und Ringschlüssel ansetzen. Entlüfterschraube reinigen, sauberen, durchsichtigen Schlauch aufstecken, anderes Schlauchende in eine mit Bremsflüssigkeit halbvoll gefüllte Flasche stecken (geeigneten Schlauch und passendes Gefäß gibt es auch im Autozubehör-Handel). Bei älteren Fahrzeugen Entlüfterschraube mit Rostlöser besprühen und vorsichtig gangbar machen.
- Von einer Hilfsperson Bremspedal so oft niedertreten lassen, »pumpen«, bis sich im Bremssystem Druck aufgebaut hat. Zu spüren am wachsenden Widerstand beim Betätigen des Pedals.
- Ist genügend Druck vorhanden, Bremspedal ganz durchtreten, Fuß auf dem Bremspedal halten.

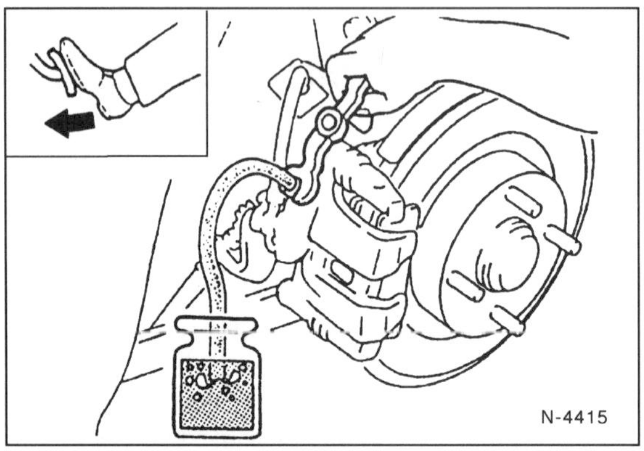

N-4415

- Entlüfterschraube am Bremskolben etwa eine halbe Umdrehung mit Ringschlüssel öffnen. Ausfließende Bremsflüssigkeit in der Flasche sammeln. Darauf achten, daß sich das Schlauchende in der Flasche ständig unterhalb des Flüssigkeitsspiegels befindet.
- Sobald der Flüssigkeitsdruck nachläßt, sofort Entlüfterventil schließen.
- Pumpvorgang wiederholen, bis sich Druck aufgebaut hat. Bremspedal niedertreten, Fuß auf dem Bremspedal lassen, Entlüfterschraube öffnen, bis der Druck nachläßt, Entlüfterschraube schließen.
- Entlüftungsvorgang an einem Bremszylinder so lange wiederholen, bis sich in der Bremsflüssigkeit, die in die Entlüfterflasche strömt, keine Luftblasen mehr zeigen.
- Anschließend bei durchgetretenem Bremspedal Entlüfterschraube vorsichtig anziehen, max. 10 Nm.
- Schlauch von Entlüfterschraube abziehen, Staubkappe auf Ventil stecken.
- Die anderen Bremszylinder auf gleiche Weise entlüften.
- Nach dem Entlüften Deckel für Ausgleichbehälter festschrauben. Gegebenenfalls Bremsflüssigkeit bis zur Max.-Markierung auffüllen.

Achtung: Fühlt sich beim Tritt auf das Bremspedal der Bremsdruck noch schwammig an, Fachwerkstatt zur Entlüftung des Hauptbremszylinders aufsuchen.

Bremsleitung/Bremsschlauch ersetzen

Für das Bremsleitungssystem, das zusammen mit den druckfesten Bremsschläuchen für die Räder die Verbindung vom Hauptbremszylinder zu den vier Radbremsen herstellt, werden Rohre verwendet. Die Bremsschläuche stellen die flexiblen Verbindungen zwischen den starren und beweglichen Fahrzeugteilen her.

Die Bremsleitungen (Rohre und Schläuche) auf Rißbildungen, Alterungsschäden und andere Mängel kontrollieren. Schadhafte Teile auswechseln.

Ausbau

- Fahrzeug aufbocken.
- Bremsschlauch am Bremssattel beziehungsweise am Radbremszylinder abschrauben und abnehmen.

N-3644

- Halteklammer am Federbein beziehungsweise Aufbau mit einer Flachzange abziehen.
- Bremsschlauch an der Kupplung zur festen Bremsleitung abschrauben.
- Leitungsanschluß in Richtung Hauptbremszylinder mit geeignetem Stopfen verschließen, oder vorher Bremsflüssigkeit mit Saugheber aus dem Vorratsbehälter absaugen.

Einbau

- Nur vom Werk freigegebene Bremsschläuche einbauen.
- Neuen Bremsschlauch mit **15 Nm**, also nicht zu fest, an die feste Bremsleitung anschrauben. Dieses Drehmoment gilt auch für alle anderen Anschlüsse der starren Bremsleitungen.
- Neuen Bremsschlauch so einbauen, daß er bei geradeaus stehenden Rädern ohne Drall durchhängt. Bremsschlauch in der Halterung am Federbein verlegen und mit Klammer sichern.

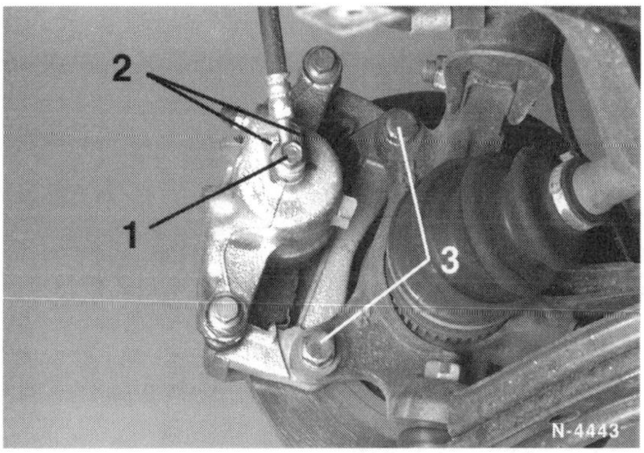

- **Scheibenbremse:** Bremsschlauch am Bremssattel anschrauben –1–. **Neuen** Kupferdichtring an beiden Seiten des Anschlußteils zwischenlegen, Dichtringe und Dichtflächen müssen trocken und sauber sein. Anschlußschraube beim MICRA der Generation I mit **20 Nm,** beim MICRA der Generation II mit **30 Nm** anziehen. Dabei darauf achten, daß der Stift am Bremsschlauchanschluß zwischen den Vorsprüngen –2– am Bremssattel verläuft.
- Nach dem Einbau bei entlastetem Rad prüfen (Wagen angehoben), ob der Schlauch allen Radbewegungen folgt, ohne irgendwo anzuscheuern.

Achtung: Bremsschläuche nicht mit Öl oder Petroleum in Berührung bringen, nicht lackieren oder mit Unterbodenschutz besprühen.

- Bremsanlage entlüften, siehe Seite 149.
- Fahrzeug ablassen.

Bremskraftregler prüfen/einstellen

MICRA-Generation II

Der Bremskraftregler steuert in Abhängigkeit von der Fahrzeugbelastung den Bremsdruck für die Hinterräder. Dadurch wird ein Überbremsen (blockieren) der Hinterräder vermieden und die Stabilität des Fahrzeugs beim Bremsen verbessert.

Der Bremskraftregler ist unten am Aufbau befestigt und wird über eine Stange von der Hinterachse aus gesteuert.

Prüfen

- Das leere Fahrzeug muß auf den Rädern stehen, der Kraftstofftank muß halb gefüllt sein und das Ersatzrad am dafür vorgesehenen Ort liegen. Fahrzeug mehrmals durchfedern, damit sich die Radaufhängungen setzen.

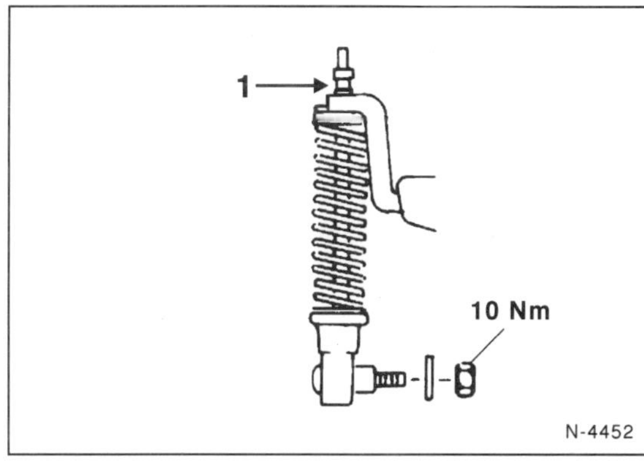

- Abstand –1– der Regelstange am Bremskraftregler mit Sonderwerkzeug prüfen.

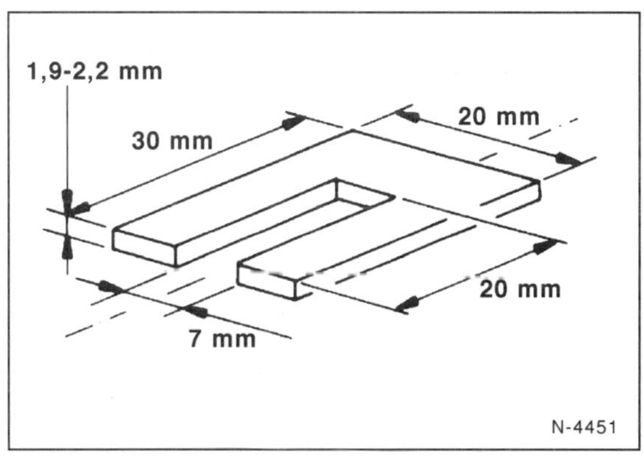

- Das Sonderwerkzeug kann nach den angegebenen Maßen selbst hergestellt werden.
- Sonderwerkzeug einsetzen. Liegt der Abstand –1– außerhalb des Sollwertes von 1,9 bis 2,2 mm, Länge der Feder durch Verschieben im Langloch des oberen Lenkers einstellen.

Bremskraftverstärker prüfen

Der Bremskraftverstärker ist auf Funktion zu überprüfen, wenn zur Erzielung ausreichender Bremswirkung die Pedalkraft außergewöhnlich hoch ist.

- Bremspedal bei stehendem Motor mindestens 5mal kräftig durchtreten, dann bei belastetem Bremspedal Motor starten. Das Bremspedal muß jetzt unter dem Fuß spürbar nachgeben. Der Bremskraftverstärker funktioniert dann einwandfrei. Falls nicht, Dichtheitsprüfung vornehmen.
- Unterdruckschlauch am Bremskraftverstärker abschrauben, Motor starten. Durch Fingerauflegen am Ende des Unterdruckschlauches prüfen, ob Unterdruck erzeugt wird.
- Ist kein Unterdruck vorhanden: Unterdruckschlauch auf Undichtigkeiten und Beschädigungen prüfen, gegebenenfalls ersetzen. Sämtliche Schellen fest anziehen.
- Ist Unterdruck vorhanden: Unterdruck messen, gegebenenfalls Bremskraftverstärker ersetzen lassen (Werkstattarbeit). **Achtung:** Dabei auch immer Rückschlagventil in der Unterdruckleitung ersetzen, da die Membrane im Bremskraftverstärker durch eindringende Kraftstoffdämpfe (bei defektem Rückschlagventil) beschädigt werden kann.

Dichtigkeitsprüfung

- Motor anlassen und nach 1 bis 2 Minuten abstellen. Das Bremspedal mehrmals langsam herunterdrücken. Wenn sich das Pedal beim ersten Mal weiter niedertreten läßt, beim zweiten oder dritten Mal jedoch ansteigt, ist der Bremskraftverstärker luftdicht.
- Das Bremspedal bei laufendem Motor durchtreten und anschließend den Motor bei niedergetretenem Pedal abstellen. Wenn man das Pedal etwa 30 Sekunden lang durchgetreten hält und keine Veränderungen im Pedalweg auftreten, ist der Bremskraftverstärker luftdicht, also intakt.

Bremslichtschalter aus- und einbauen

Achtung: Bremslichtschalter prüfen, siehe Seite 194.

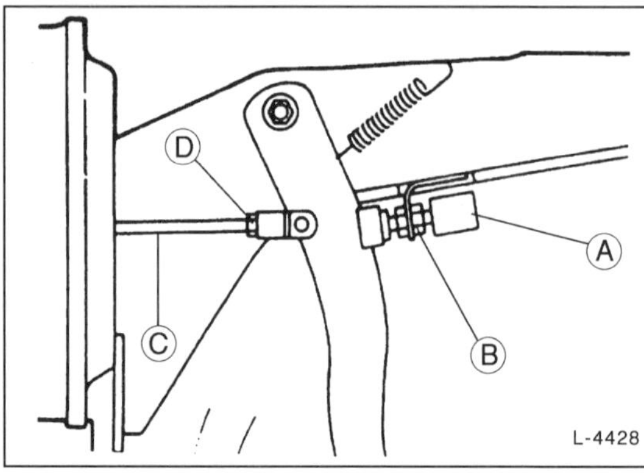

A – Bremslichtschalter
B – Kontermutter
C – Betätigungsstange
D – Kontermutter

Der Bremslichtschalter sitzt oberhalb vom Bremspedal am Pedalbock.

Ausbau

- Zündung ausschalten.
- Kabelstecker am Bremslichtschalter abziehen.
- Kontermutter lösen und Schalter herausschrauben.

Einbau

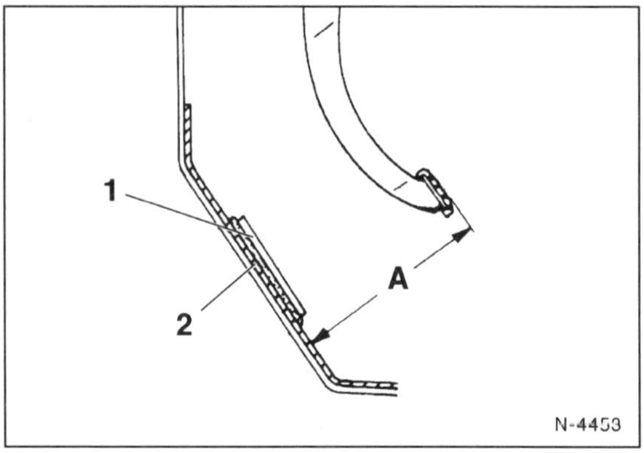

- Pedalhöhe –A– im rechten Winkel (90°) zum Isolierbelag –2– bei zurückgeschlagenem Innenteppich –1– messen. Sollwerte, siehe Tabelle Seite 138.
- Weicht die Pedalhöhe vom Sollwert ab, Pedalhöhe und Pedalspiel von einer Fachwerkstatt einstellen lassen.
- Bremslichtschalter eindrehen, bis er mit dem Gewinderand den Pedalanschlag berührt, und dann um eine halbe Umdrehung zurückdrehen. Der Zwischenraum zwischen Pedal und Gewinderand soll 0 bis 1,0 mm betragen. Kontermutter festziehen.
- Kabelstecker aufstecken und Zündung einschalten.
- Bremspedal betätigen, dabei von Helfer die Bremslichter kontrollieren lassen. Schon bei leichtem Pedaldruck müssen die Bremslichter aufleuchten, sonst Schalter verstellen.

Handbremshebel/Handbremsseilzug

Die Abbildung zeigt den NISSAN MICRA der Generation II. Unterschiede zum Vorgängermodell liegen in der Seilzugführung.

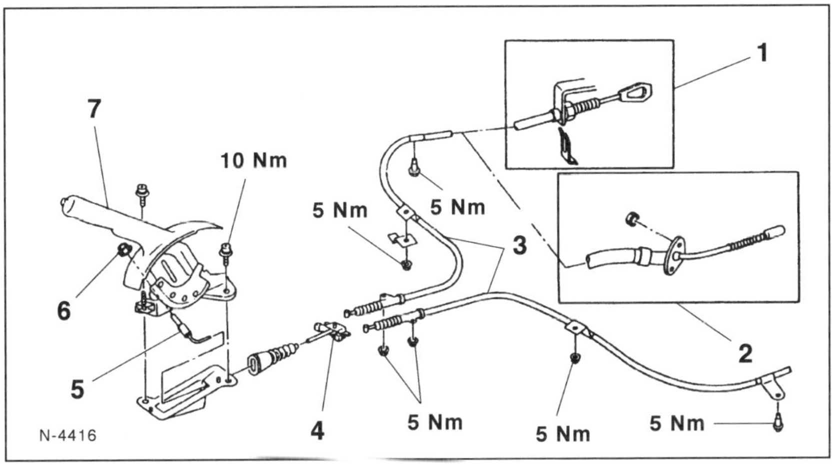

1 – **Ausführung Scheibenbremse**
2 – **Ausführung Trommelbremse**
3 – **Handbremsseile**
4 – **Handbremsausgleich**
5 – **Vorderes Handbremsseil**
6 – **Einstellmutter**
Immer erneuern.
7 – **Handbremshebel**

Handbremse einstellen

Die Hinterradbremse stellt sich automatisch nach, entsprechend dem Verschleiß der Bremsbeläge. Das Einstellen der Handbremse ist daher nur erforderlich, wenn der Handbremshebel oder die Bremsseile ausgewechselt wurden oder die Handbremse trotz ausreichender Belagstärke nicht zieht.

- Handbremshebel lösen.
- Fußbremse mindestens 10mal betätigen.
- Fahrzeug hinten aufbocken, siehe Seite 229.
- Richtige Verlegung der Handbremsseilzüge und einwandfreien Sitz in den Clipsen und Führungen prüfen. Fahrzeug wieder ablassen.

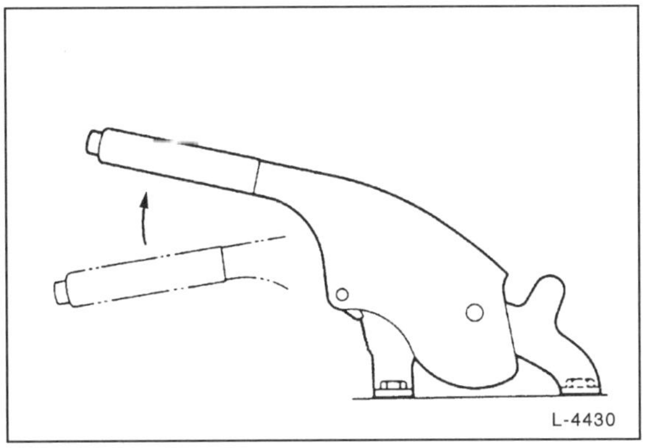

- Handbremshebel langsam nach oben ziehen und die Anzahl der Rasten (Klickgeräusch) zählen. Dabei Hebel mit einem Zug von rund 200 N (entspricht 20 kg) anziehen. Falls erforderlich, Handbremshebel mit einer Federwaage hochziehen. **Sollwerte:**
MICRA-Generation I: Der Hebelweg soll 7 bis 9 Rasten betragen.
MICRA-Generation II: Der Hebelweg soll 6 bis 8 Rasten betragen.

Einstellen

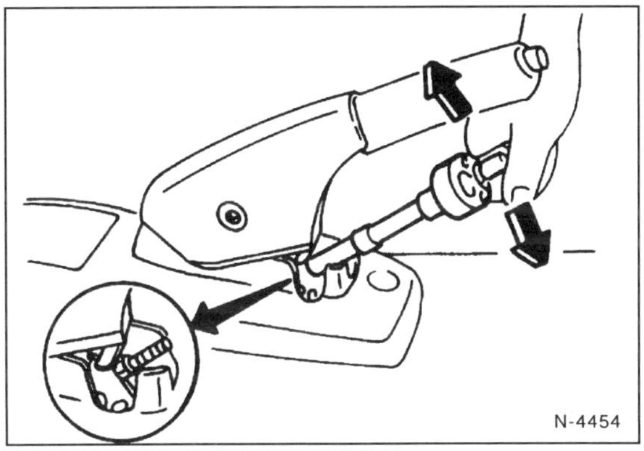

- Mittelkonsole abbauen. Einstellmutter soweit verdrehen, bis der korrekte Hebelweg erreicht wird. Zum Verdrehen eignet sich am besten ein Steckschlüssel. Die Abbildung zeigt den MICRA der Generation II. Beim Vorgängermodell sitzt die Einstellmutter weiter unterhalb vom Handbremshebel.

Hinterrad-Scheibenbremse

- Handbremshebel lösen.
- Bremspedal mehrmals betätigen, um eine richtige Selbstnachstellung zu gewährleisten.

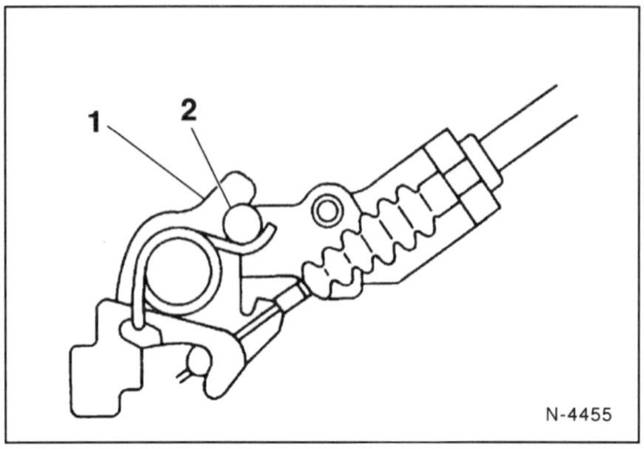

- An beiden Hinterradbremssätteln kontrollieren, ob der Feststellbremsenhebel –1– den Anschlagstift –2– am Bremssattel berührt. Wenn nicht, die Handbremsseile am Handbremshebel entsprechend lösen.

- Nach dem Einstellen Fahrzeug hinten aufbocken und Hinterräder bei gelöster Handbremse von Hand drehen. Sie müssen sich leicht drehen lassen, dabei darf die Bremse nicht schleifen, sonst Einstellung wiederholen.
- Prüfen, ob die Handbremskontrollampe erst aufleuchtet, wenn der Handbremshebel um 1 Raste angezogen wird, gegebenenfalls Halteblech des Schalters (am Handbremshebel) vorsichtig nachbiegen.
- Falls entfernt, Abdeckungen anbringen.

Die ABS-Anlage

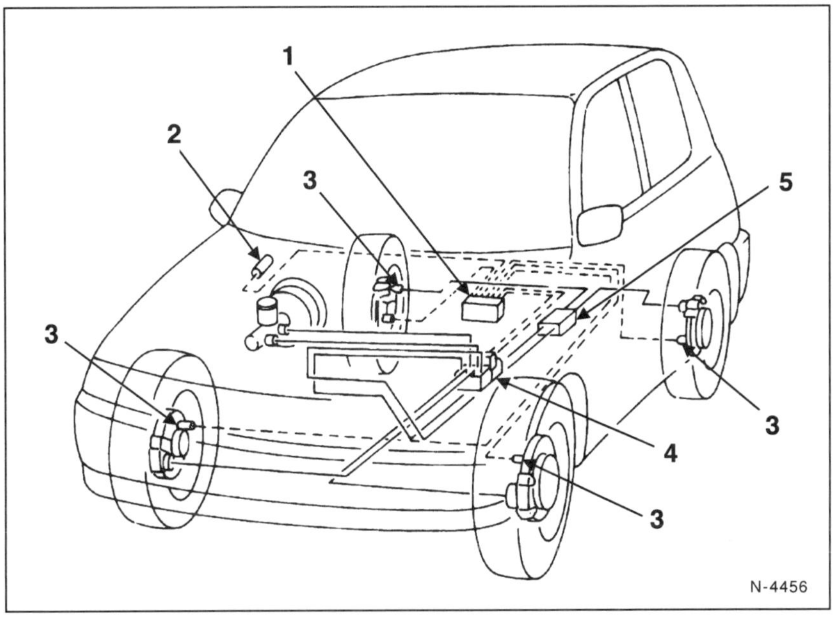

1 – Steuergerät
2 – Kontrolleuchte
3 – Raddrehzahlgeber
4 – Hydraulikeinheit
5 – Lastabhängiger Bremskraftregler
———— : Hydraulikleitung
- - - - - - - : Elektrischer Kabelstrang

Je nach Modell und Ausstattung besitzt der NISSAN MICRA ein Anti-Blockier-System (ABS). Ein nachträglicher Einbau des ABS ist nicht möglich.

Das Antiblockiersystem (ABS) verhindert, daß bei scharfem Abbremsen die Räder blockieren. Dadurch bleibt das Fahrzeug bei einer Vollbremsung lenkbar.

Durch 4 Drehzahlfühler wird die Geschwindigkeit jedes Rades gemessen. Aus den Signalen der einzelnen Drehzahlfühler errechnet das elektronische Steuergerät eine Durchschnittsgeschwindigkeit, die in etwa der Fahrzeuggeschwindigkeit entspricht. Durch Vergleich der Radgeschwindigkeit für ein einzelnes Rad und der Durchschnittsgeschwindigkeit aller Räder erkennt das Steuergerät den Schlupfzustand des einzelnen Rades und kann dadurch feststellen, ob sich ein Rad kurz vor dem Blockieren befindet.

Sobald ein Rad zum Blockieren neigt, der Bremsflüssigkeitsdruck im jeweiligen Bremssattel ist dann zu hoch im Verhältnis zur Haftfähigkeit des Reifens auf der Straße, hält das Hydrauliksystem aufgrund von Signalen des Steuergerätes den Flüssigkeitsdruck konstant. Das heißt, der Druck im Bremssattel erhöht sich nicht, auch wenn stärker auf das Bremspedal getreten wird. Besteht weiterhin Blockierneigung, wird der Flüssigkeitsdruck durch Öffnen eines Auslaßventils abgesenkt. Jedoch nur so weit, bis das Rad wieder geringfügig beschleunigt, dann wird der Druck wieder konstant gehalten.

Beschleunigt das Rad über einen bestimmten Wert hinaus, wird der Druck durch das Hydrauliksystem wieder erhöht, jedoch nicht über das Maß des allgemeinen Bremsdrucks hinaus.

Dieser Vorgang wiederholt sich bei scharfem Bremsen für jedes einzelne Rad so lange, bis das Bremspedal zurückgenommen wird, beziehungsweise bis kurz vor Stillstand (2–3 km/h) des Fahrzeuges.

Eine Sicherheitsschaltung im elektronischen Steuergerät sorgt dafür, daß sich das ABS bei einem Defekt (z. B. Kabelbruch) oder bei zu niedriger Betriebsspannung (Batteriespannung unter 10,5 Volt) selbst abschaltet. Die herkömmliche Bremsanlage bleibt dabei in Betrieb. Das Fahrzeug verhält sich beim Bremsen dann so, als ob kein ABS eingebaut wäre.

Leuchtet während der Fahrt die ABS-Kontrollampe auf, dann weist dies darauf hin, daß sich das ABS abgeschaltet hat.

- Fahrzeug kurz anhalten, Motor abstellen und wieder starten.
- Batteriespannung prüfen. Wenn die Spannung unter 10,5 Volt liegt, Batterie laden.

Achtung: Wenn die ABS-Kontrolleuchte am Anfang einer Fahrt aufleuchtet und nach einiger Zeit wieder erlöscht, deutet das darauf hin, daß die Batteriespannung zunächst zu gering war, bis sie sich während der Fahrt durch Ladung über den Generator wieder erhöht hat.

- Prüfen, ob die Batterieklemmen richtig festgezogen sind und einwandfreien Kontakt haben.
- Fahrzeug aufbocken, Vorderräder abnehmen, elektrische Leitungen an den Drehzahlfühlern auf äußere Beschädigungen (durchgescheuert) prüfen.
- Weitere Prüfungen des ABS sollten der Werkstatt vorbehalten bleiben. Das Steuergerät erkennt auftretende Fehler und legt sie in einem Speicher ab. Die NISSAN-Werkstatt kann die gespeicherten Fehler durch Ablesen eines Blinkzeichens am Steuergerät erkennen und erhält so Hinweise auf mögliche Störungen.

Achtung: Vor Schweißarbeiten mit einem elektrischen Schweißgerät muß der Stecker vom elektronischen ABS-Steuergerät abgezogen werden. Stecker nur bei ausgeschalteter Zündung abziehen.

Störungsdiagnose Bremse

Störung	Ursache	Abhilfe
Leerweg des Bremspedals zu groß	Bremsbacken teilweise oder völlig abgenutzt	■ Bremsbeläge nachstellen oder Beläge erneuern
	Ein Bremskreis ausgefallen	■ Bremskreise auf Flüssigkeitsverlust prüfen
	Trommelbremse nicht richtig eingestellt	■ Bremsbacken-Nachstellvorrichtung prüfen
	Seilzug der Handbremse zu stark gespannt	■ Handbremse einstellen, Seilzug gangbar machen
Bremspedal läßt sich weit und federnd durchtreten	Luft im Bremssystem	■ Bremse entlüften
	Zu wenig Bremsflüssigkeit im Ausgleichbehälter	■ Neue Bremsflüssigkeit nachfüllen Bremse entlüften
	Dampfblasenbildung. Tritt meist nach starker Beanspruchung auf, z. B. Paßabfahrt	■ Bremsflüssigkeit wechseln. Bremse entlüften
Bremswirkung läßt nach, Bremspedal läßt sich durchtreten	Undichte Leitung	■ Leitungsanschlüsse nachziehen oder Leitung erneuern
	Beschädigte Manschette im Haupt- oder Radbremszylinder	■ Manschette erneuern. Beim Hauptbremszylinder Innenteile ersetzen, ggf. Hauptbremszylinder ersetzen
	Dichtmanschette zwischen den beiden Bremskreisen des Hauptbremszylinders defekt	■ Manschette ersetzen
	Speziell bei Scheibenbremse: Stationärer Gummidichtring beschädigt	■ Bremssattel überholen
Schlechte Bremswirkung trotz hohen Fußdrucks	Bremsbeläge verölt	■ Bremsbeläge erneuern
	Ungeeigneter oder verhärteter Bremsbelag	■ Beläge erneuern Original-Bremsbeläge vom Automobilhersteller verwenden
	Bremskraftverstärker defekt	■ Bremskraftverstärker prüfen
	Kolben klemmt	■ Bremssattel gangbar machen, Radbremszylinder ersetzen
	Hydrauliksystem verschmutzt	■ Reinigen, Bremsflüssigkeit wechseln
	Speziell bei Scheibenbremse: Bremsbeläge abgenutzt	■ Bremsbeläge erneuern
Bremsen blockieren bei leichtem Abbremsen	Bremsbeläge leicht ölig	■ Bremsbeläge ersetzen
	Rückzugfedern erlahmt	■ Federn ersetzen
Bremsen erhitzen sich während der Fahrt	Ausgleichsbohrung im Hauptbremszylinder verstopft	■ Hauptbremszylinder reinigen und Innenteile erneuern lassen
	Ungenügender Leerweg am Stößel des Hauptbremszylinders	■ Prüfen, ob der Kolben in die Endstellung zurückkommt
	Kolben klemmt oder schwergängig	■ Gangbar machen
	Bremsleitung verstopft	■ Reinigen, Bremsflüssigkeit wechseln
	Betätigung der Handbremse klemmt	■ Handbremse einstellen
	Handbremse falsch eingestellt	
	Speziell bei Trommelbremse: Bremsbacken-Rückzugfedern erlahmt	■ Rückzugfedern erneuern

Störung	Ursache	Abhilfe
Bremsbeläge lösen sich nicht von der Bremsscheibe, Räder lassen sich schwer von Hand drehen	**Speziell bei Scheibenbremse:** Korrosion in den Bremssattelzylindern	■ Bremssattel überholen, eventuell austauschen
Ungleichmäßiger Belag-Verschleiß	**Speziell bei Scheibenbremse:** Ungeeigneter Bremsbelag	■ Bremsbeläge erneuern Original-Bremsbeläge vom Automobilhersteller verwenden
	Bremssattel verschmutzt	■ Bremssattelschächte reinigen
	Kolben nicht leichtgängig	■ Kolben gangbar machen
	Bremssystem undicht	■ Bremssystem auf Dichtigkeit prüfen
Bremse zieht einseitig	Unvorschriftsmäßiger Reifendruck	■ Reifendruck prüfen und berichtigen
	Bereifung ungleichmäßig abgefahren	■ Abgefahrene Reifen ersetzen
	Bremsbeläge verölt	■ Bremsbeläge erneuern
	Teile der Radaufhängung oder Lenkung defekt	■ Prüfen
	Verschiedene Bremsbelagsorten auf einer Achse	■ Beläge erneuern. Original-Bremsbeläge vom Automobilhersteller verwenden
	Schlechtes Tragbild der Bremsbeläge	■ Bremsbeläge austauschen
	Bremsleitung verstopft	■ Bremsdruck aller 4 Bremsen prüfen lassen
	Speziell bei Scheibenbremse: Verschmutzte Bremssattelschächte	■ Sitz- und Führungsflächen der Bremsbeläge im Bremssattel reinigen
	Korrosion in den Bremssattelzylindern	■ Bremssattel erneuern
	Bremsbelag ungleichmäßig verschlissen	■ Bremsbeläge erneuern (beide Räder)
	Speziell bei Trommelbremse: Kolben in den Radbremszylindern schwergängig	■ Radbremszylinder ersetzen
Bremse quietscht	Bremsbelag abgenutzt	■ Bremsbeläge erneuern
	Oft auf atmosphärische Einflüsse (Luftfeuchtigkeit) zurückzuführen	■ Keine Abhilfe erforderlich, wenn Quietschen nach längerem Stillstand des Wagens bei hoher Luftfeuchtigkeit auftrat, aber nach den ersten Bremsungen sich nicht wiederholt
	Speziell bei Scheibenbremse: Ungeeigneter Bremsbelag	■ Beläge erneuern. Original-Bremsbeläge vom Automobilhersteller verwenden Rückenplatte mit Anti-Quietsch-Paste bestreichen
	Bremsscheibe läuft nicht parallel zum Bremssattel	■ Anlagefläche des Bremssattels prüfen
	Verschmutzte Schächte im Bremssattel	■ Bremssattelschächte reinigen
	Spreizfedern ausgeleiert	■ Spreizfedern erneuern
	Speziell bei Trommelbremse: Ungeeigneter Bremsbelag	■ Beläge erneuern
	Belag liegt nicht satt auf	■ Beläge erneuern
	Bremse verschmutzt	■ Radbremsen reinigen
	Rückzugfedern zu schwach	■ Rückzugfedern erneuern

Störung	Ursache	Abhilfe
Bremse pulsiert	**Speziell bei Scheibenbremse:** Seitenschlag oder Dickentoleranz der Bremsscheibe zu groß Bremsscheibe läuft nicht parallel zum Bremssattel **Speziell bei Trommelbremse:** Anlagefläche des Scheibenrades an der Bremstrommel nicht plan, dadurch Verzug der Bremstrommel	■ Schlag und Toleranz prüfen. Scheibe nacharbeiten oder ersetzen ■ Anlagefläche des Bremssattels prüfen ■ Es kann versucht werden, die Scheibenräder untereinander auszutauschen. Besser: Bremstrommel mit angeschraubtem Rad auf einer geeigneten Drehbank ausdrehen
Bremse zieht von selbst an	Ausgleichsbohrung im Hauptbremszylinder verstopft Spiel zwischen Betätigungsstange und Hauptbremszylinderkolben zu gering	■ Hauptbremszylinder reinigen und Innenteile erneuern lassen ■ Spiel prüfen (Werkstattarbeit)
Bremsen rattern	Ungeeigneter Bremsbelag	■ Beläge erneuern Original-Bremsbeläge vom Automobilhersteller verwenden
	Speziell bei Scheibenbremse: Bremsscheibe stellenweise korrodiert Bremsscheibe hat Seitenschlag **Speziell bei Trommelbremse:** Bremsbeläge verschlissen Bremstrommel unrund	■ Scheibe mit Schleifklötzen sorgfältig glätten ■ Scheibe nacharbeiten oder ersetzen ■ Beläge erneuern. Original-Bremsbeläge vom Automobilhersteller verwenden ■ Bremstrommel ausdrehen, gegebenenfalls ersetzen
Keilförmiger Bremsbelag-Verschleiß	**Speziell bei Scheibenbremse:** Bremsscheibe läuft nicht parallel zum Bremssattel Korrosion in den Bremssätteln Kolben arbeitet nicht richtig	■ Anlagefläche des Bremssattels prüfen ■ Verschmutzung beseitigen ■ Kolben gangbar machen

Räder und Reifen

Der NISSAN MICRA ist je nach Ausstattung mit Reifen und Felgen unterschiedlicher Größe ausgerüstet. Die Einpreßtiefe, das ist das Maß von der Felgenmitte bis zur Anlagefläche der Radschüssel an die Bremsscheibe beziehungsweise Bremstrommel, beträgt bei allen Ausführungen **45 mm**.

Alle Scheibenräder sind als sogenannte Hump-Felgen ausgelegt. Der Hump ist ein in die Felgenschulter eingepreßter Wulst, der auch bei extrem scharfer Kurvenfahrt nicht zuläßt, daß der schlauchlose Reifen von der Felge gedrückt wird.

Sofern Reifen und/oder Felgen montiert werden, die nicht in den Fahrzeugpapieren vermerkt sind, ist eine Eintragung in die Fahrzeugpapiere erforderlich. Dazu wird in der Regel eine Freigabebescheinigung von NISSAN benötigt.

Achtung: Die technische Entwicklung geht ständig weiter. Es kann sein, daß inzwischen auch für ältere Fahrzeug-Modelle andere Reifenfülldrücke beziehungsweise andere Reifen-Felgen-Kombinationen zugelassen sind. Es empfiehlt sich deshalb, die aktuellen Daten bei der Fachwerkstatt zu erfragen.

Der Reifenfülldruck steht ebenfalls auf einem Aufkleber im Türrahmen der Fahrertür.

Achtung: Der Gesetzgeber verlangt, daß Reifen lediglich bis zu einer Profiltiefe von 1,6 mm abgefahren werden dürfen, und zwar muß die gesamte Lauffläche noch 1,6 mm Tiefe aufweisen. Es empfiehlt sich jedoch, sicherheitshalber die Sommerreifen bei einer Profiltiefe von 2 mm und die Winterreifen bei einer Tiefe von 4 mm auszutauschen.

Räder- und Reifenmaße/Reifenfülldruck

Modell	**Reifengröße**	**Scheibenrad** (Felge)	**Reifenfülldruck in bar** bis halbe Zuladung vorn	hinten	ab 4 Personen vorn	hinten
MICRA-Generation I	155 R 13 75 S 175/60 R 13 76 H	5 J x 13	1,9 1,8	1,9 1,8	1,9	1,9
	155 SR 12 145 SR 12	4 ½ B x 12[1] 4 ½ J x 12[2]	1,9	1,9	1,9	1,9
MICRA-Generation II	155/70 R 13 75 T 175/60 R 13 76 H	5 J x 13[3]	2,2	1,9	2,5	2,4

[1)] Sonderausführung mit 12-Zoll-Rädern; [2)] Leichtmetallfelge; [3)] Stahl- oder Leichtmetallfelge.

- Sämtliche Überdruckangaben beziehen sich auf kalte Reifen. Der sich bei längerer Fahrt einstellende, um ca. 0,2 bar höhere Überdruck darf nicht reduziert werden.
- Der Reifenfülldruck für das **Reserverad** entspricht dem maximalen Fülldruck bei voller Zuladung.
- **Winterreifen** werden in der Regel mit einem 0,2 bis 0,3 bar höheren Überdruck gefahren. Die Luftdruckempfehlungen des jeweiligen Reifenherstellers bei Winterreifen sind zu beachten. Da die Winterreifen einer Geschwindigkeitsbeschränkung unterliegen, muß ein Hinweis über die zulässige Höchstgeschwindigkeit im Blickfeld des Fahrers angebracht werden (§ 36, Absatz 1 StVZO).

Hinweis: In diesem Band werden 2 MICRA-Generationen behandelt. Die MICRA-Generation I kam im März '83 in Deutschland auf den Markt. Im Januar '93 wurde die MICRA-Generation II eingeführt. Parallel zur MICRA-Generation II werden auch weiterhin von der MICRA-Generation I die Modelle TOPIC und HIT angeboten.

Scheibenrad-Bezeichnungen

Beispiel 5 J x 13:

5 = Maulweite der Felge in Zoll

J = Kennbuchstabe für Höhe und Kontur des Felgenhorns

x = Kennzeichen für einteilige Tiefbettfelge

13 = Felgen-Durchmesser in Zoll

Reifenbezeichnungen

Beispiel:

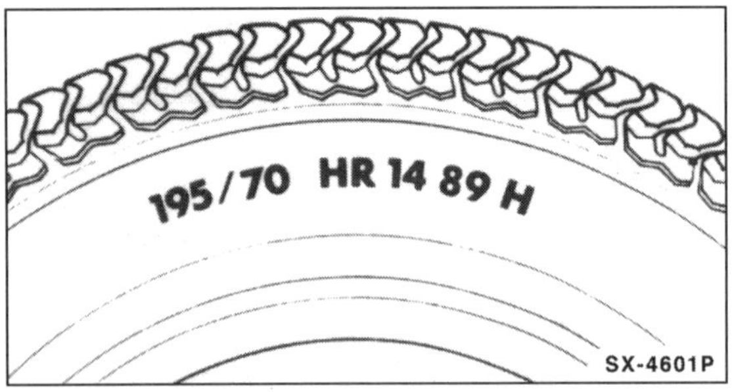

195 = Reifenbreite in mm

/70 = Verhältnis Höhe zu Breite (die Höhe des Reifenquerschnitts beträgt 70 % von der Breite)

Fehlt eine besondere Angabe des Querschnittverhältnisses (z. B. 155 R 13), so handelt es sich um das „normale" Höhen-Breiten-Verhältnis. Es beträgt bei Gürtelreifen 82 %.

H = Geschwindigkeitsklasse, H: bis 210 km/h (wird bei neueren Reifen nicht immer angegeben).

R = Radial-Bauart (= Gürtelreifen).

14 = Felgendurchmesser in Zoll.

89 = Tragfähigkeits-Kennzahl.

Achtung: Steht zwischen den Angaben 14 und 89 die Bezeichnung M+S, dann handelt es sich um einen Reifen mit Winterprofil.

H = Kennbuchstabe für zulässige Höchstgeschwindigkeit.

Der Geschwindigkeitsbuchstabe steht hinter der Reifengröße. Die Geschwindigkeitssymbole gelten sowohl für Sommer- als auch für Winterreifen.

Geschwindigkeits-Kennbuchstabe

Kennbuchstabe	Zulässige Höchstgeschwindigkeit
Q	160 km/h
S	180 km/h
T	190 km/h
H	210 km/h
V	240 km/h
W	270 km/h

Reifen-Herstellungsdatum

Das Herstellungsdatum steht auf dem Reifen im Hersteller-Code.

Beispiel: DOT CUL2 UM8 373 < TUBELESS

DOT = Department of Transportation (US-Verkehrsministerium)

CU = Kürzel für Reifenhersteller

L2 = Reifengröße

UM8 = Reifenausführung

223 = Herstellungsdatum = 37. Produktionswoche 1993

< = Symbol für dieses Jahrzehnt (1990 bis 1999)

TUBELESS = schlauchlos (TUBETYPE = Schlauchreifen)

Austauschen der Räder

Es ist nicht zweckmäßig, bei einem Austausch der Räder die Drehrichtung der Reifen zu ändern, da sich die Reifen nur unter vorübergehend stärkerem Verschleiß der veränderten Drehrichtung anpassen.

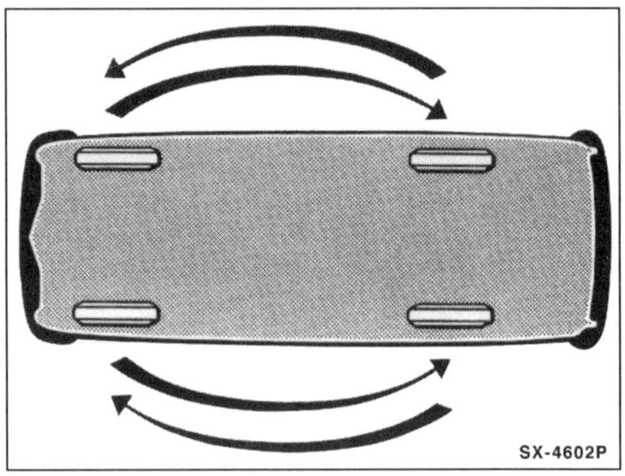

Bei deutlich stärkerer Abnutzung der vorderen Reifen empfiehlt es sich, die Vorderräder gegen die Hinterräder zu tauschen. Dadurch haben alle 4 Reifen etwa die gleiche Lebensdauer.

Zum Festziehen der Radmuttern sollte immer ein Drehmomentschlüssel verwendet werden. Dadurch wird sichergestellt, daß die Radmuttern gleichmäßig fest angezogen sind.

Reifen nicht einzeln, sondern mindestens achsweise ersetzen. Dabei Reifen mit der größeren Profiltiefe immer vorn montieren.

Achtung: Beim Erneuern und Demontieren schlauchloser Reifen ist aus Sicherheitsgründen unbedingt das Gummiventil mit auszutauschen.

- Eventuell vorhandene Rostspuren an der Felgen-Anlagefläche mit einer Drahtbürste entfernen. Zum Schutz gegen Festrosten des Rades ist der Zentriersitz des Scheibenrades an den Radnaben vorn und hinten bei jeder Demontage des jeweiligen Rades mit Wälzlagerfett leicht einzufetten.

- Radkappen mit dem abgeflachten Ende des Radmutternschlüssels (Bordwerkzeug) abhebeln.

- Vor der Demontage Rad mit Kreide oder Filzstift zur Radnabe markieren, damit es in gleicher Stellung wieder montiert werden kann.
- Leichtmetallfelgen sind durch einen Klarlacküberzug gegen Korrosion geschützt. Beim Radwechsel darauf achten, daß die Schutzschicht nicht beschädigt wird, andernfalls mit Klarlack ausbessern.
- Für **Leichtmetallfelgen** nur die dafür vorgesehenen Radmuttern verwenden. Radmuttern nach 50 und 1000 km Fahrtstrecke auf 100 Nm nachziehen.

Achtung: Sind am Fahrzeug Leichtmetallfelgen montiert, während das Reserverad eine Stahlfelge besitzt, ist es zweckmäßig, entsprechende Muttern für die Stahlfelge zum Bordwerkzeug zu legen.

- Verschmutzte Muttern und Gewinde reinigen.
- Radmuttern über Kreuz in mehreren Durchgängen festziehen.

Achtung: Durch einseitiges oder unterschiedlich starkes Anziehen der Radmuttern können das Rad und/oder die Radnabe verspannt werden.

Anzugsdrehmoment: 100 Nm für Stahl- und Leichtmetallfelgen.

Gleitschutzketten (Schneeketten)

Die Verwendung von Gleitschutzketten ist nur an der Vorderachse erlaubt. Nur feingliedrige Ketten der richtigen Größe verwenden. Nach einer Strecke von 500 bis 1000 Metern müssen die montierten Ketten nachgespannt werden.

Mit Gleitschutzketten darf nicht schneller als 50 km/h gefahren werden. Auf schnee- und eisfreien Straßen sind die Gleitschutzketten abzunehmen.

Regeln zur Reifenpflege

Generell gilt, daß Reifen sozusagen ein »Gedächtnis« haben und unsachgemäße Behandlung – dazu zählt beispielsweise auch schnelles oder häufiges Überfahren von Bordstein- oder Schienenkanten – oft erst viel später zu Reifenpannen führt.

Reifen reinigen

- Reifen möglichst nicht mit einem Dampfstrahlgerät reinigen. Wird die Düse des Dampfstrahlers zu nahe an den Reifen gehalten, dann wird dessen Gummischicht innerhalb weniger Sekunden irreparabel zerstört, selbst bei Verwendung von kaltem Wasser. Ein auf diese Weise gereinigter Reifen sollte sicherheitshalber ersetzt werden.
- Ersetzt werden sollte auch ein Reifen, der über längere Zeit mit Öl oder Fett in Berührung kam. Der Reifen quillt an den betreffenden Stellen zunächst auf, nimmt jedoch später wieder seine normale Form an und sieht äußerlich unbeschädigt aus. Die Belastungsfähigkeit des Reifens nimmt aber ab.

Reifen lagern

- Reifen sollten kühl, dunkel und trocken aufbewahrt werden. Sie dürfen nicht mit Fett und Öl in Berührung kommen.
- Räder liegend oder an den Felgen aufgehängt in der Garage oder im Keller lagern.
- Bevor die Räder abmontiert werden, Reifenfülldruck etwas erhöhen (ca. 0,3–0,5 bar).
- Für Winterreifen eigene Felgen verwenden, denn das Ummontieren der Reifen auf dieselben Felgen lohnt sich aus Kostengründen nicht.

Reifen einfahren

Neue Reifen haben vom Produktionsprozeß her eine besonders glatte Oberfläche. Deshalb müssen neue Reifen – das gilt auch für das neue Ersatzrad – eingefahren werden. Bei diesem Einfahren rauht sich durch die beginnende Abnutzung die glatte Oberfläche auf.

Während der ersten 300 km sollte man mit neuen Reifen speziell auf Nässe besonders vorsichtig fahren.

Auswuchten der Räder

Bei jeder Reifenmontage werden die Räder neu ausgewuchtet. Das Auswuchten ist notwendig, um unterschiedliche Gewichtsverteilung und Materialungenauigkeiten auszugleichen.

Im Fahrbetrieb macht sich eine Unwucht durch Trampel- und Flattererscheinungen bemerkbar. Das Lenkrad beginnt dann bei höherem Tempo zu zittern.

In der Regel tritt dieses Zittern nur in einem bestimmten Geschwindigkeitsbereich auf und verschwindet wieder bei niedrigerer und höherer Geschwindigkeit.

Solche Unwuchterscheinungen können mit der Zeit zu Schäden an Achsgelenken, Lenkgetriebe und Stoßdämpfern führen.

Räder grundsätzlich alle 20.000 km und nach jeder Reifenreparatur auswuchten lassen, da sich durch Abnutzung und Reparatur die Gewichts- und Materialverteilung am Reifen ändert.

Fehlerhafte Reifenabnutzung

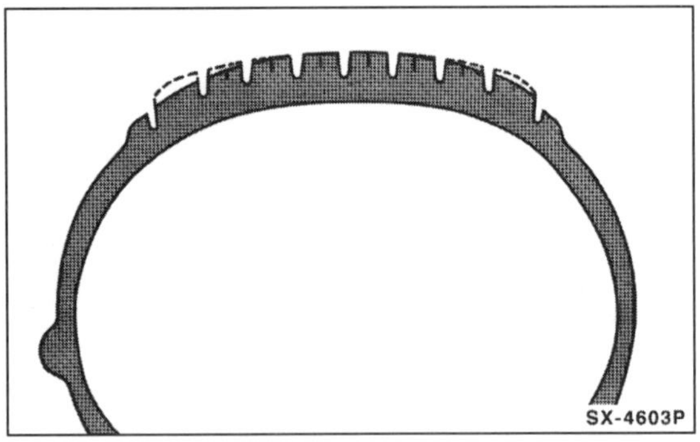

- An den Vorderrädern ist eine etwas größere Abnutzung der Reifenschultern gegenüber der Laufflächenmitte normal, wobei aufgrund der Straßenneigung die Abnutzung der zur Straßenmitte zeigenden Reifenschulter (linkes Rad: außen, rechtes Rad: innen) deutlicher ausgeprägt sein kann.
- Ungleichmäßiger Reifenverschleiß ist zumeist die Folge zu geringen oder zu hohen Reifenfülldrucks, kann aber auch auf Fehler in der Radeinstellung oder Radauswuchtung sowie auf mangelhafte Stoßdämpfer oder Felgen zurückzuführen sein.

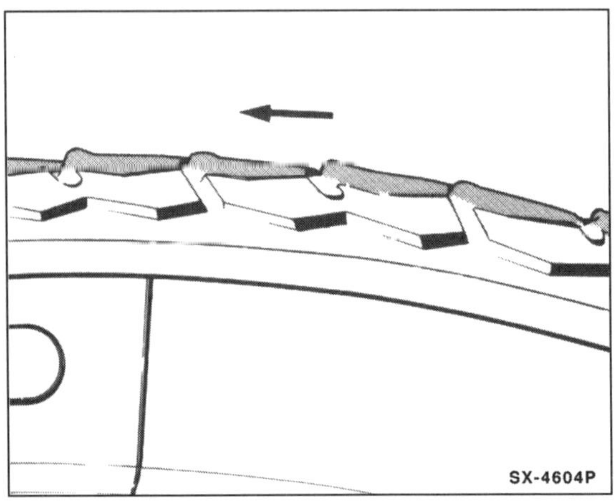

- Sägezahnförmige Abnutzung des Profils ist in der Regel auf eine Überbelastung des Fahrzeuges zurückzuführen.
- In erster Linie ist auf vorschriftsmäßigen Reifenfülldruck zu achten, wobei spätestens alle vier Wochen eine Prüfung vorgenommen werden sollte.
- Reifenfülldruck nur bei kühlen Reifen prüfen. Der Reifenfülldruck steigt nämlich mit zunehmender Erhitzung bei schneller Fahrt an. Dennoch ist es völlig falsch, aus erhitzten Reifen Luft abzulassen.
- Bei zu hohem Reifenfülldruck wird die Laufflächenmitte mehr abgenutzt, da der Reifen an der Lauffläche durch den hohen Innendruck mehr gewölbt ist.
- Bei zu niedrigem Reifenfülldruck liegt die Lauffläche an den Reifenschultern stärker auf, und die Laufflächenmitte wölbt sich nach innen durch. Dadurch ergibt sich ein stärkerer Reifenverschleiß der Reifenschultern.
- Falsche Radeinstellung und Unwucht ergeben jeweils typische Reifenverschleißbilder, auf die in der Störungsdiagnose hingewiesen wird.

Störungsdiagnose Reifen

Abnutzung	Ursache
Stärkerer Reifenverschleiß auf beiden Seiten der Lauffläche	■ Zu niedriger Reifenfülldruck
Stärkerer Reifenverschleiß in der Mitte der Lauffläche, über den gesamten Umfang	■ Zu hoher Reifenfülldruck
Auswaschungen der Profilseite	■ Statische und dynamische Unwucht des Rades. Eventuell zu großer Seitenschlag der Felge, zu großes Spiel in den Traggelenken
Auswaschungen in der Mitte des Reifenprofils	■ Statische Unwucht des Rades. Eventuell Folge von zu großem Höhenschlag
Starke Abnutzung an einzelnen Stellen in der Mitte der Lauffläche	■ Blockierspuren von Vollbremsungen
Schuppenförmige oder sägezahnähnliche Abnutzung des Profils. In krassen Fällen mit Gewebebrüchen verbunden, die nach einiger Zeit außen sichtbar werden	■ Überbelastung des Wagens. Innenseite der Reifen auf Gewebebrüche untersuchen!
Gummizungen an den seitlichen Profilkanten	■ Fehlerhafte Radeinstellung. Reifen radiert. Bei Hinterrädern auch Zustand der Stoßdämpfer prüfen!
Gratbildung an einer Profilseite des Vorderrades	■ Falsche Spureinstellung. Reifen radiert. Häufiges Fahren auf stark gewölbter Fahrbahn. Schnelle Kurvenfahrt
Stoßbrüche im Reifenunterbau. Anfangs nur im Innern des Reifens sichtbar	■ Überfahren von kantigen Steinen, Schienenstößen und ähnlichem bei hohen Geschwindigkeiten
Einseitig abgefahrene Laufflächen	■ Sturzeinstellung überprüfen

Karosserie

Die Karosserie des NISSAN MICRA ist selbsttragend. Bodengruppe, Seitenteile, Dach und die hinteren Kotflügel sind miteinander verschweißt. Beim MICRA der I. Generation ist die Heckscheibe eingeklebt, in der II. Generation sind sowohl Windschutz- als auch Heckscheibe eingeklebt. Die Reparatur größerer Karosserieschäden sowie das Ersetzen der Scheiben sollte der Fachwerkstatt vorbehalten bleiben.

Motorhaube, Heckklappe, Türen und die vorderen Kotflügel sind angeschraubt und lassen sich leicht auswechseln. Beim Einbau sind dann unbedingt die richtigen Luftspaltmaße einzuhalten, sonst klappert beispielsweise die Tür, oder es können während der Fahrt erhöhte Windgeräusche auftreten. Der Luftspalt muß auf jeden Fall parallel verlaufen, das heißt, der Abstand zwischen den Karosserieteilen muß auf der gesamten Länge des Spaltes gleich groß sein.

Hinweis: In diesem Band werden 2 MICRA-Generationen behandelt. Die MICRA-Generation I kam im März '83 in Deutschland auf den Markt. Im Januar '93 wurde die MICRA-Generation II eingeführt. Parallel zur MICRA-Generation II werden auch weiterhin von der MICRA-Generation I die Modelle TOPIC und HIT angeboten.

Sicherheitshinweise bei Karosseriearbeiten

- Soweit Schweißarbeiten oder andere funkenerzeugende Arbeiten in Batterienähe durchgeführt werden, muß grundsätzlich die Batterie ausgebaut werden. Beim Batterieausbau Hinweise beachten, siehe Seite 198.
- An Teilen der gefüllten Klimaanlage darf weder geschweißt, noch hart- oder weichgelötet werden. Das gilt auch für Schweiß- und Lötarbeiten am Fahrzeug, wenn die Gefahr besteht, daß sich Teile der Klimaanlage erwärmen. **Achtung: Der Kältemittelkreislauf der Klimaanlage darf nicht geöffnet werden.**
- Unterbodenschutz und Dichtmaterialien an der Reparaturstelle mit rotierender Drahtbürste entfernen oder mit Heißluftgebläse auf maximal +180° C erwärmen und mit Spachtel ablösen.
- Im Rahmen einer Reparaturlackierung darf im Trockenofen oder in seiner Vorwärmzone das Fahrzeug bis maximal **+80°C** aufgeheizt werden. Sonst können elektronische Steuergeräte im Fahrzeug beschädigt werden.

Kühlergrill/Stoßfänger vorn aus- und einbauen

MICRA-Generation I

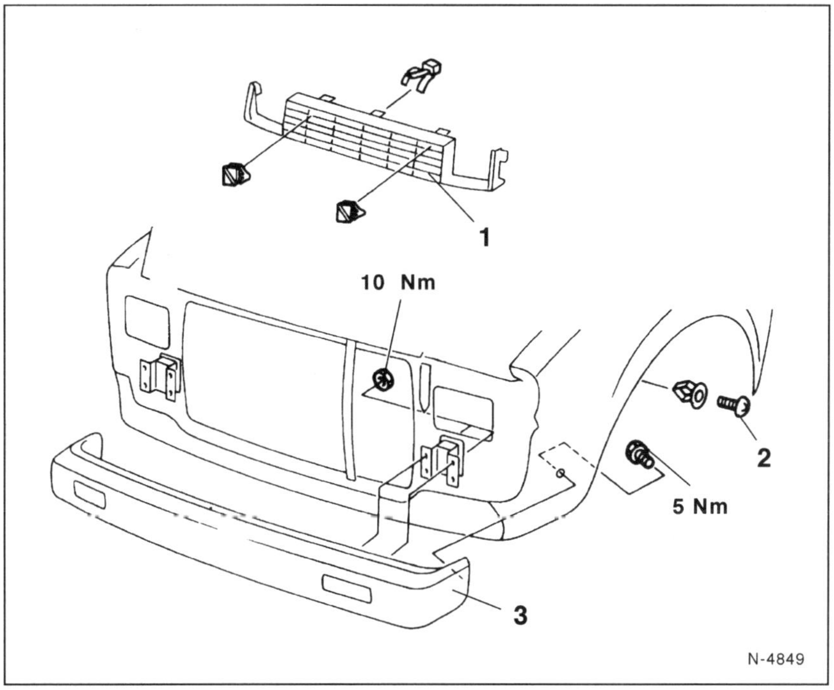

Teile in der Reihenfolge ausbauen, wie in der Abbildung dargestellt. Einbau in umgekehrter Reihenfolge.

1 – **Kühlergrill**
Zuerst oben, dann unten aus den Clips herausziehen.

2 – **Kunststoff-Schraubclips**
Für Innenkotflügel, ausschrauben.

3 – **Stoßfänger**

MICRA-Generation II

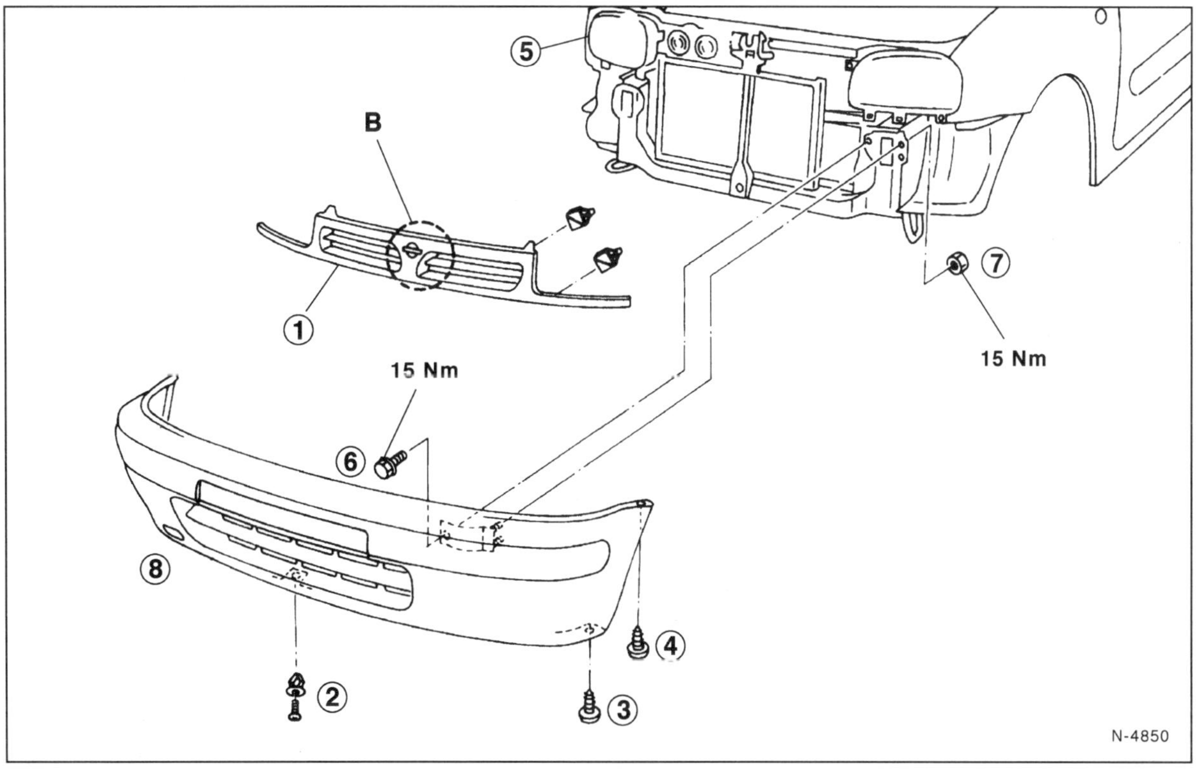

Ausbau, MICRA-Generation II

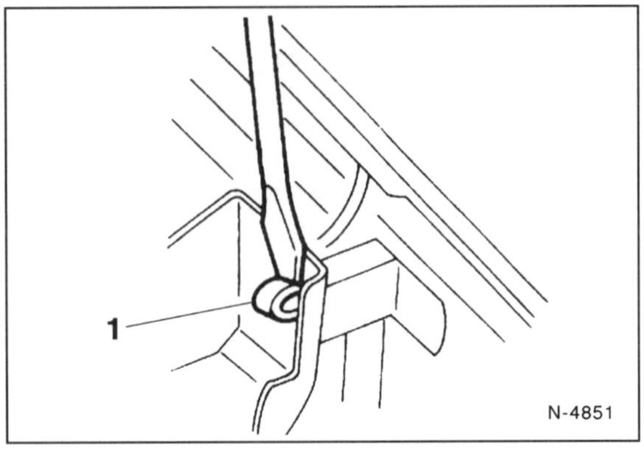

- Motorhaube öffnen und Kühlergrill mit Clip –1– aushebeln. Der Clip sitzt im Bereich –B– am Kühlergrill, siehe Abbildung N-4850.
- Clips –2– an der Stoßfänger-Unterseite abschrauben, siehe Abbildung N-4850.
- Schrauben –3–, mit denen der linke und rechte Innenkotflügel befestigt sind, ausschrauben.
- Schrauben –4– im Bereich des Radausschnitts abschrauben.
- Rechten Scheinwerfer –5– ausbauen, siehe Seite 214.
- Schrauben –6– und –7– am linken und rechten Stoßfängerhalter herausdrehen. Stoßfänger –8– abnehmen.

Einbau

- Der Einbau erfolgt in umgekehrter Reihenfolge.

Stoßfänger hinten aus- und einbauen

Ausbau

MICRA-Generation I:

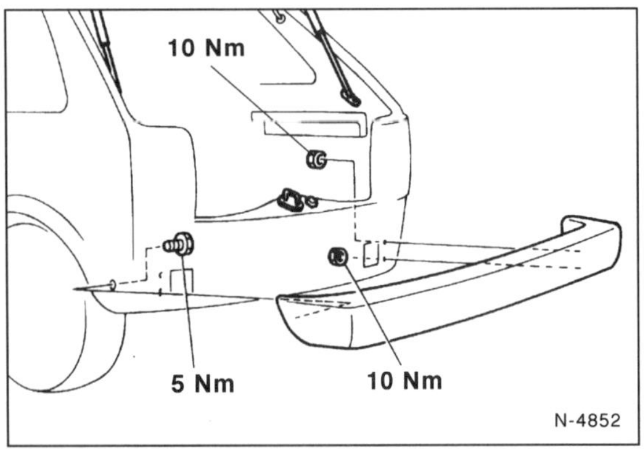

- Befestigungsmuttern am Radlauf und vom Gepäckraum her abschrauben und Stoßfänger mit Helfer nach hinten abnehmen. Einbaulage der Schrauben, siehe Abbildung.

MICRA-Generation II:

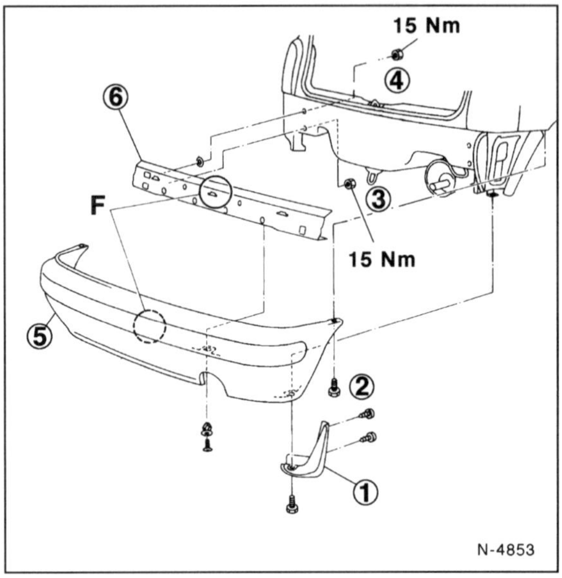

- Rechten und linken Schmutzfänger –1– abschrauben.
- Schrauben –2– links und rechts am Radlauf herausdrehen.
- Muttern –3– von der Fahrzeugunterseite her abschrauben.
- Muttern –4– vom Gepäckraum her abschrauben und Stoßfänger –5– nach hinten abnehmen.

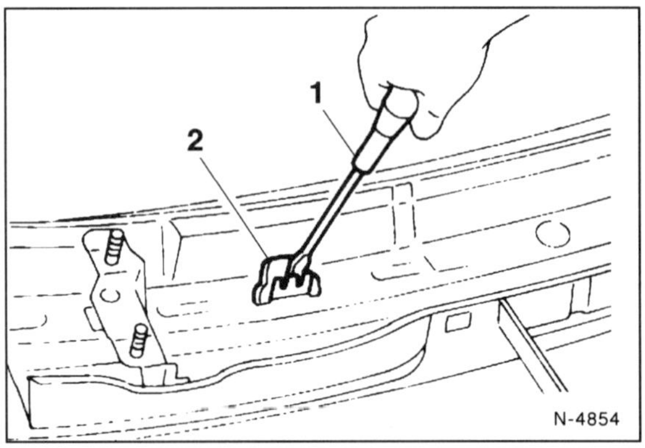

- Gegebenenfalls Stoßfänger-Außenhaut vom Träger trennen, dazu Schraubendreher –1– in Halteklammern –2– einsetzen. Die Klammern sitzen im Bereich –F–, siehe Abbildung N-4853.

Einbau

- Der Einbau erfolgt in umgekehrter Reihenfolge. Dichtscheiben zwischen Stoßfängerhalter und Karosserie nicht vergessen, sonst kann Feuchtigkeit ins Wageninnere dringen und zudem wird die Karosserie durch den anliegenden Halter beschädigt.

Seitenschutzleiste aus- und einbauen

Die Seitenschutzleiste ist mit beidseitig haftendem Klebeband angeklebt.

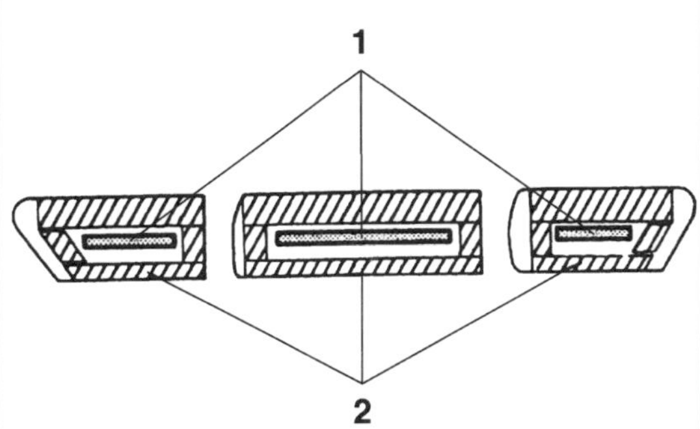

N-4855

Serienmäßig ist die Leiste zusätzlich mit Kleber –1– befestigt. Bei Ersatz wird der Kleber von der Karosserie entfernt und die Leiste nur mit Klebeband –2– befestigt.

Ausbau

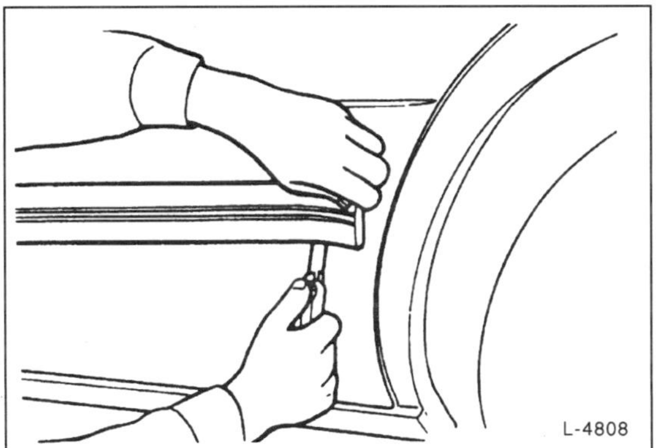

L-4808

- Schutzleiste etwas abziehen und mit einem scharfen Messer den Klebstoff durchtrennen. **Achtung:** Dabei die lackierte Oberfläche nicht zerkratzen.

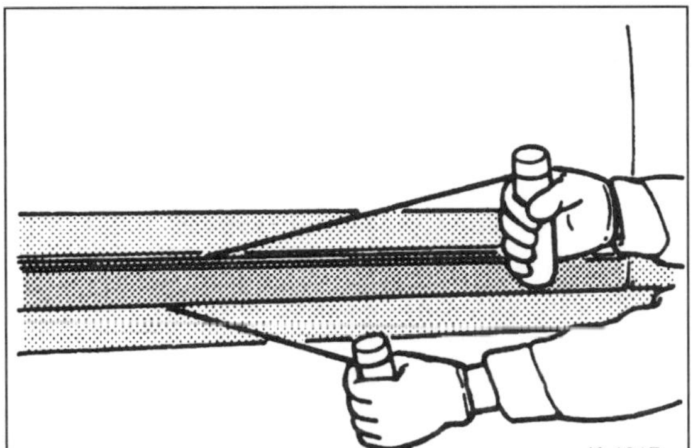

K-4817

- Die Klebeverbindung zwischen Leiste und Karosserie kann auch mit einer dünnen Nylonschnur (Drachenschnur 0,8 mm ∅) gelöst werden. Zur Erleichterung die Schnur an beiden Enden um Holzstücke wickeln. Damit sich der Kleber leichter löst, Leiste mit Heißluftfön auf etwa +40° C erwärmen.

Einbau

- Klebestelle an der Karosserie mit Benzin reinigen. Wird eine neue Leiste eingebaut, Schutzfolie vom Klebeband abziehen.
- Wird die alte Leiste wiederverwendet, Kleberreste mit Benzin abwaschen und doppelseitiges Klebeband anbringen, siehe Abbildung N-4855.
- Mit Abdeckband Einbaulage der Schutzleiste an der Karosserie markieren.
- Leiste und Karosserie auf etwa +30° bis +40° C erwärmen und Schutzleiste andrücken.

Achtung: Bei Temperaturen unter +30° C vermindert sich die Haftfähigkeit des Klebebands. Daher Karosserie immer anwärmen.

Kotflügel vorn aus- und einbauen

Ausbau

- Scheibenrad (Felge) zur Radnabe mit Farbe kennzeichnen. Dadurch kann das ausgewuchtete Rad wieder an gleicher Stelle montiert werden.
- Vorderradmuttern bei auf dem Boden stehendem Fahrzeug lösen.
- Fahrzeug vorn aufbocken. Rad abnehmen.
- Vordere Blinkleuchte ausbauen, siehe Seite 211.
- Stoßfänger ausbauen, siehe Seite 190.
- Schmutzfänger abschrauben.
- Schrauben der Radhausschale von innen herausdrehen. Radhausschale vom Kotflügelflansch nach innen abdrücken und herausnehmen.
- Durch den Unterbodenschutz und das Abdichtband sitzt der Kotflügel sehr fest. Zum Lösen des Kotflügels ist deshalb ein Heißluftfön erforderlich, der eine hohe Temperatur erreicht. Steht kein Fön zur Verfügung, empfiehlt es sich, den Unterbodenschutz an den Trennstellen mit einem scharfen Messer wegzuschneiden.

Achtung: Unterbodenschutz (PVC-Material) nur leicht und kurzzeitig erwärmen. Das PVC darf sich farblich nicht verändern und keine Blasen bilden. Sonst entstehen gesundheitsgefährdende Dämpfe, außerdem entsteht stark korrosionsfördernde Salzsäure.

- Kotflügel abschrauben und Stück für Stück vorsichtig abziehen.

Einbau

- Anlageflächen des Kotflügels reinigen, gegebenenfalls ausrichten. Kotflügel gegebenenfalls lackieren.
- Schraubpunkte im Kotflügel-Anlagebereich Radhaus und A-Säule (Säulen, an der die Fahrer- und Beifahrertür angeschlagen sind) mit Korrosionsschutzmittel bestreichen.
- Auf den Anlageflächen handelsübliches Kotflügelabdichtband auflegen.
- Kotflügel ansetzen, ausrichten und anschrauben. Dabei auf gleichmäßiges Fugenmaß zwischen Motorhaube und Kotflügel sowie Tür achten.

Achtung: Die Befestigungsschrauben (Blechschrauben) dürfen nur mit ca. 10 Nm, also nur leicht, festgezogen werden.

- Auf der Innenseite des Kotflügels Unterbodenschutz auftragen.
- Radhausschale am Kotflügel mit Abdichtmittel abdichten.
- Schmutzfänger anschrauben.
- Stoßfänger einbauen, siehe Seite 165.
- Blinkleuchte einbauen, siehe Seite 211.
- Rad anschrauben, dabei auf Markierung zur Radnabe achten. Fahrzeug ablassen und Radmuttern mit **100 Nm** über Kreuz festziehen.

Motorhaube aus- und einbauen/ einstellen

Ausbau

- Motorhaube öffnen.
- Zuleitungsschlauch zu den Scheibenwaschdüsen abziehen.

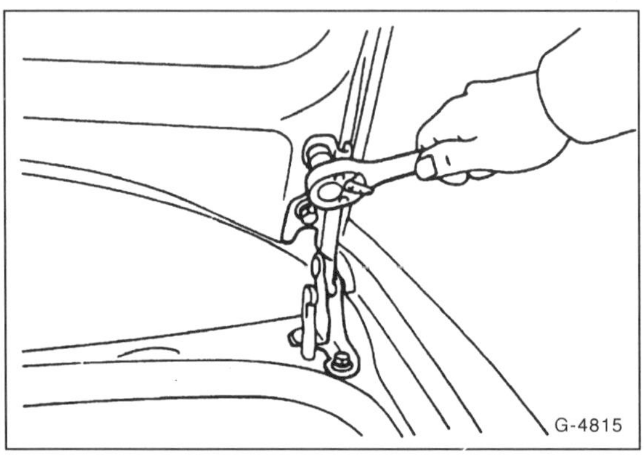

- Einbaulage der Motorhaube kennzeichnen, dazu Muttern beziehungsweise Schrauben am Scharnier mit Filzstift umkreisen.
- Schrauben am Scharnier herausdrehen und Motorhaube abnehmen. Dazu ist eine Hilfsperson erforderlich. Vor dem Lösen der Scharnierschrauben Stoff als Lackschutz zwischen Haube und Karosserie legen.

Einbau

- Motorhaube ansetzen, Muttern/Schrauben reindrehen, Haube ausrichten und Schrauben mit 15 Nm festziehen. Beim MICRA der Generation I, Schrauben ganz leicht mit 5 Nm anziehen.
- Schlauch für Scheibenwaschdüsen aufstecken.

Motorhaube einstellen:

- Die beiden Befestigungsschrauben des Haubenschlosses soweit lösen, daß sich das Schloß gerade verschieben läßt.
- Schrauben am Haubenscharnier lösen und soweit beiziehen, daß sich die Haube gerade noch verschieben läßt. Haube so einstellen, daß sich zu den umliegenden Karosserieteilen ein paralleler und jeweils gleichgroßer Spalt ergibt.

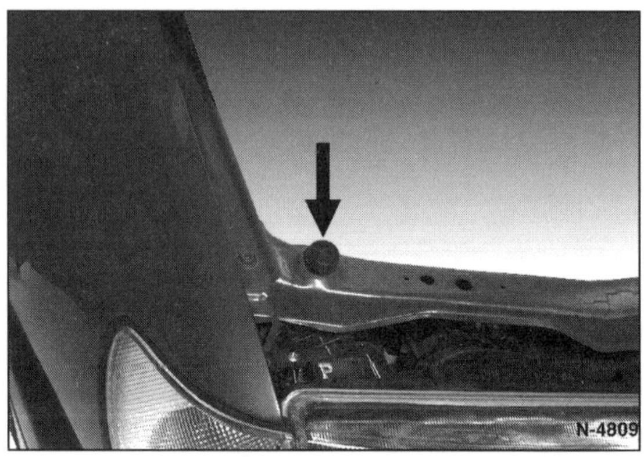

- **MICRA-Generation I:** Soll die Motorhaube vorn in der Höhe verstellt werden: 2 Einstellpuffer –Pfeil– links und rechts ganz in das Abschlußblech eindrehen.
- Haubenschloß so verschieben, daß die geschlossene Motorhaube vorn etwa 1,5 mm unterhalb der beiden Kotflügeln steht und der Schließhaken sicher in den Schließbügel der Haube eingreift. Schrauben mit 15 Nm anziehen.
- Anschließend Einstellpuffer einstellen: Die Motorhaube muß sich in geschlossenem Zustand mit den Kotflügeln auf gleicher Höhe befinden. In diesem Zustand sind die Puffer um etwa 2 mm zusammengedrückt. Die unbelastete Höhe der Puffer bei geöffneter Haube beträgt ca. 13 mm.

Heckklappe/ Heckklappenschloß aus- und einbauen/einstellen

Ausbau

- Batterie-Massekabel (–) von der Batterie abklemmen. **Achtung:** Dadurch werden die elektronischen Speicher gelöscht, wie zum Beispiel der Motorfehlerspeicher oder der Radiocode. Vor dem Abklemmen der Batterie sollten auch die Hinweise im Kapitel »Batterie aus- und einbauen« durchgelesen werden.
- Heckklappenverkleidung abnehmen. Dazu die Kunststoffclips mit einem Schraubendreher herausdrücken.
- Stecker für Heckscheibenheizung und Heckscheibenwischer abziehen. Kabelbäume von der Heckklappe lösen, dazu Kabelbinder mit Seitenschneider durchkneifen.

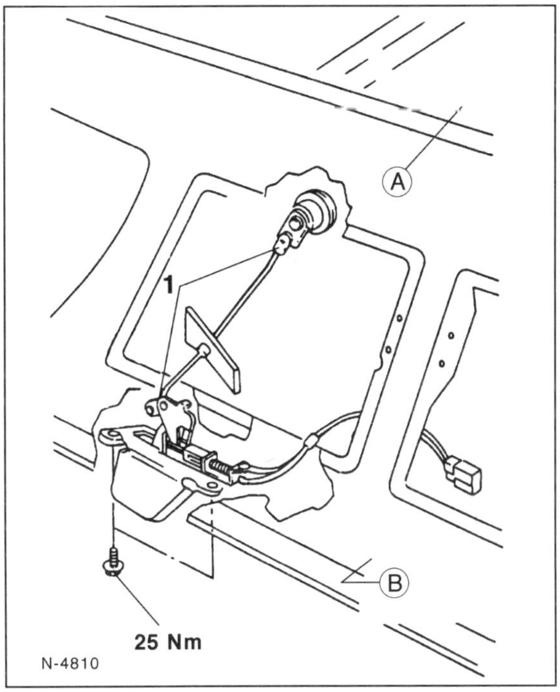

A – Hecktürscheibe; B – Hecktürblech

- Entriegelungsstange an Schloß und Schließzylinder aushängen. Dazu die Kunststoffclips –1– wie folgt lösen.

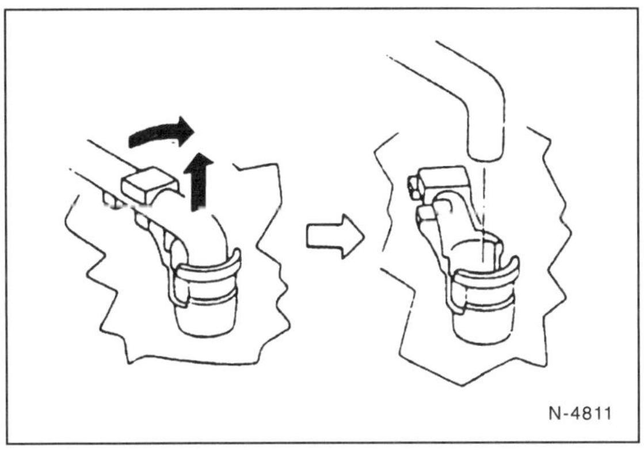

- Kunststoffclips von der Stange wegdrehen und dadurch ausclipsen, Stange aus den Bohrungen der Clips herausziehen.
- Schloß mit 2 Schrauben abschrauben.

- Heckklappe abstützen und Gasdruckfeder abschrauben.

Achtung: Falls der Gasdruckdämpfer ersetzt wird, muß das Altteil vor dem Verschrotten entgast werden (Werkstattarbeit). Das Gas ist farblos, geruchlos und ungiftig.

- Zuleitungsschlauch der Scheibenwaschdüse abziehen.
- Elektrische Leitungen aus der Heckklappe herausziehen. **Achtung:** Wird dieselbe Heckklappe wieder eingebaut, ist zum leichteren Einbau der Kabel vor dem Herausziehen am Ende eine Schnur anzubinden. Die Schnur verbleibt dann in der Heckklappe.
- Einbaulage der Heckklappe kennzeichnen, dazu Schrauben am Scharnier mit Filzstift umkreisen.

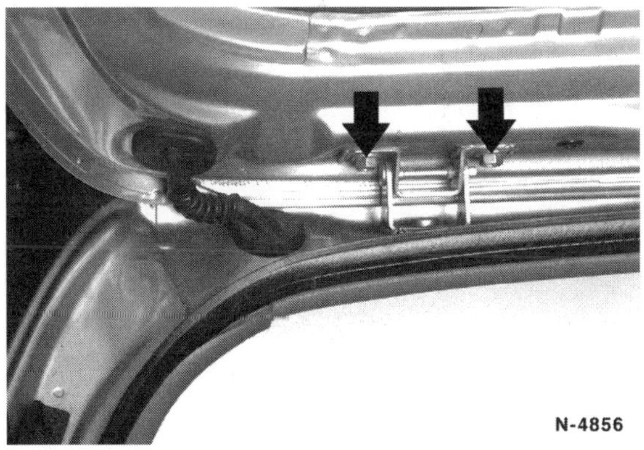

- Muttern am Scharnier herausdrehen und Heckklappe abnehmen. Dazu ist eine Hilfsperson erforderlich. Vor dem Lösen der Scharnierschrauben Stoff als Lackschutz zwischen Heckklappe und Karosserie legen.

Einbau

- Heckklappe ansetzen, Schrauben reindrehen, Klappe ausrichten und Schrauben festziehen.
- Gasdruckdämpfer anschrauben. **Achtung:** Bei ganz ausgezogenem Dämpfer die Kolbenstange und den Zylinder nicht gegeneinander verdrehen.

- Zuleitungsschlauch der Scheibenwaschdüse aufstecken.
- Elektrische Leitungen durchziehen.

Heckklappe einstellen:

- Muttern am Scharnier lösen und soweit beiziehen, daß sich die Klappe gerade noch verschieben läßt. Klappe so einstellen, daß sich zu den umliegenden Karosserieteilen ein paralleler und jeweils gleich großer Spalt ergibt.
- Muttern am Scharnier festziehen.
- Heckklappenschloß anschrauben.
- Heckklappe schließen und prüfen, ob sich die Klappe leicht schließen läßt und kein übermäßiges Spiel vorhanden ist. Gegebenenfalls Schließplatte einstellen.

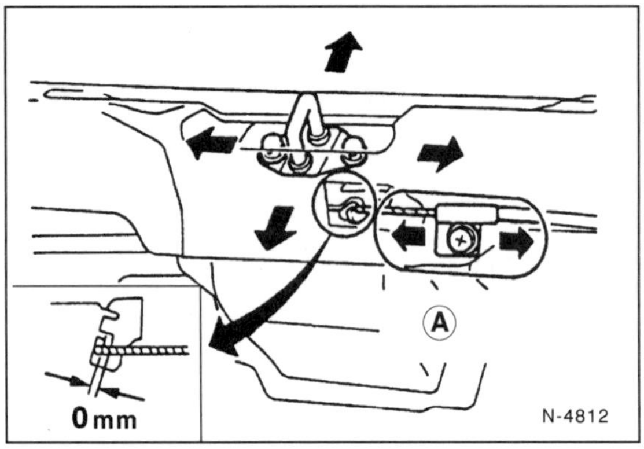

- Die beiden Befestigungsschrauben der Schließplatte soweit lösen, daß sich die Platte gerade verschieben läßt.
- Heckklappe schließen und dadurch Schließplatte ausrichten. Anschließend Heckklappe vorsichtig öffnen und Schrauben für Schließplatte festziehen.
- Anschließend Bowdenzuglager der Fernentriegelung lösen und so verschieben, daß der Seilzugnippel spielfrei am Betätigungshebel anliegt, siehe –A– in der Abbildung. Schraube festziehen.
- Entriegelungsstange an Schloß und Schließzylinder einhängen und mit Kunststoffclips sichern.
- Stecker für Heckscheibenheizung und Heckscheibenwischer verbinden.
- Heckklappenverkleidung ansetzen und einclipsen.
- Batterie-Massekabel (–) anklemmen.

Türverkleidung aus- und einbauen

Achtung: Der Ausbau wird an der vorderen Türverkleidung beschrieben. An der Hintertür Arbeitsgänge in entsprechender Weise durchführen.

Ausbau

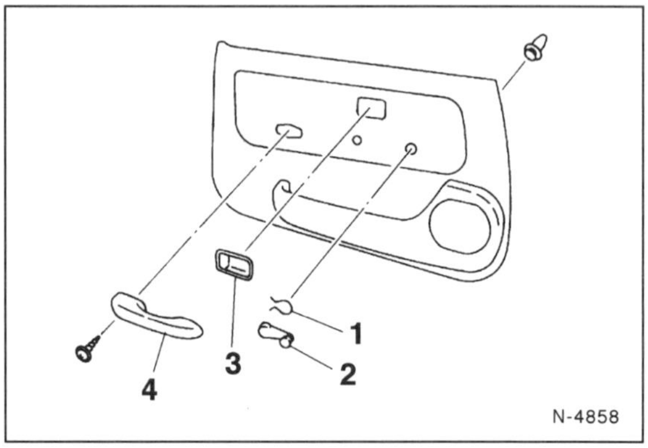

1 – Halteklammer; 2 – Fensterheberkurbel; 3 – Griffschale; 4 – Armlehne

- Bei elektrischem Fensterheber: Batterie-Massekabel (–) von der Batterie abklemmen. **Achtung:** Dadurch werden die elektronischen Speicher gelöscht, wie zum Beispiel der Motorfehlerspeicher oder der Radiocode. Vor dem Abklemmen der Batterie sollten auch die Hinweise im Kapitel »Batterie aus- und einbauen« durchgelesen werden.

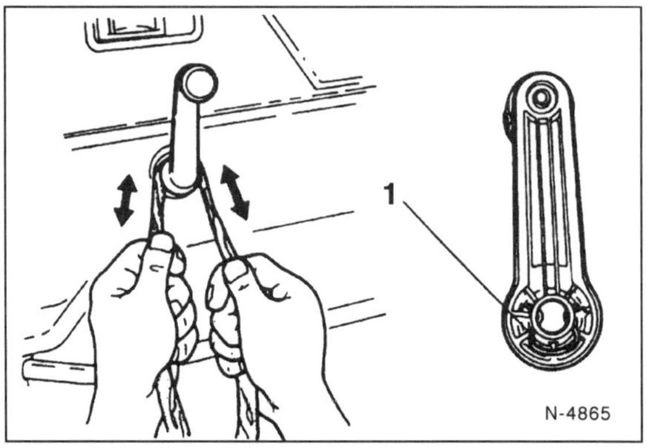

- Fensterkurbel ausbauen. Dazu Schraubendreher oder Tuch zwischen Abstandsscheibe und Kurbel einführen und die Sicherungsklammer –1– abdrücken, siehe Abbildung. Gleichzeitig Fensterkurbel vom Antrieb abziehen. Ist die Klammer schlecht erreichbar, kann sie auch mit einem gebogenen Draht entfernt werden.
- Armlehne abschrauben. Zuerst Konsole für Fensterheberschalter, falls vorhanden, aushebeln.
- Türverkleidung mit einem breiten Spachtel oder Schraubendreher vom Türblech abheben, dabei rasten die Befestigungsclipse aus. An der Unterseite der Verkleidung beginnen. **Achtung:** Stoff zwischenlegen, damit der Lack nicht zerkratzt wird.

- Türverkleidung abnehmen. Bei Fahrzeugen der MICRA-Generation I ist die Oberkante der Verkleidung mit doppelseitigem Klebeband am Türblech angeklebt, vorsichtig abziehen. Bedienungskonsole für elektrischen Fensterheber und Zentralverriegelung gegebenenfalls durch den Ausschnitt der Türverkleidung führen.
- Falls nötig, Dichtfolie vorsichtig vom Türausschnitt abziehen.

Einbau

- Dichtfolie sorgfältig am Türausschnitt ankleben. Eingerissene Folie abkleben oder erneuern, sonst kann es später bei Fahrt im Fahrzeug einen Windzug geben.
- Türverkleidung am Türrahmen ausrichten und Clipse mit dem Handballen einschlagen. Beschädigte Clipse zuvor erneuern.
- Türinnengriff und Griffschalen einclipsen und anschrauben.

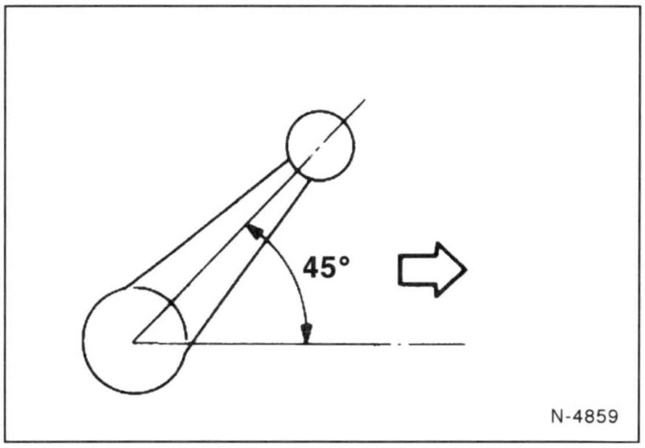

- Fensterkurbel mit eingesetzter Sicherungsklammer so auf die Kurbelachse aufschieben, daß die Kurbel bei hochgekurbeltem Fenster schräg nach oben weist. Der Pfeil in der Abbildung zeigt zur Fahrzeugvorderseite.
- Batterie-Massekabel (–) anklemmen.
- Falls vorhanden, Zeituhr einstellen sowie Diebstahlsicherheitscode für das Radio eingeben.

Die Vordertür

Die Abbildung zeigt den MICRA der II. Generation, 3türig

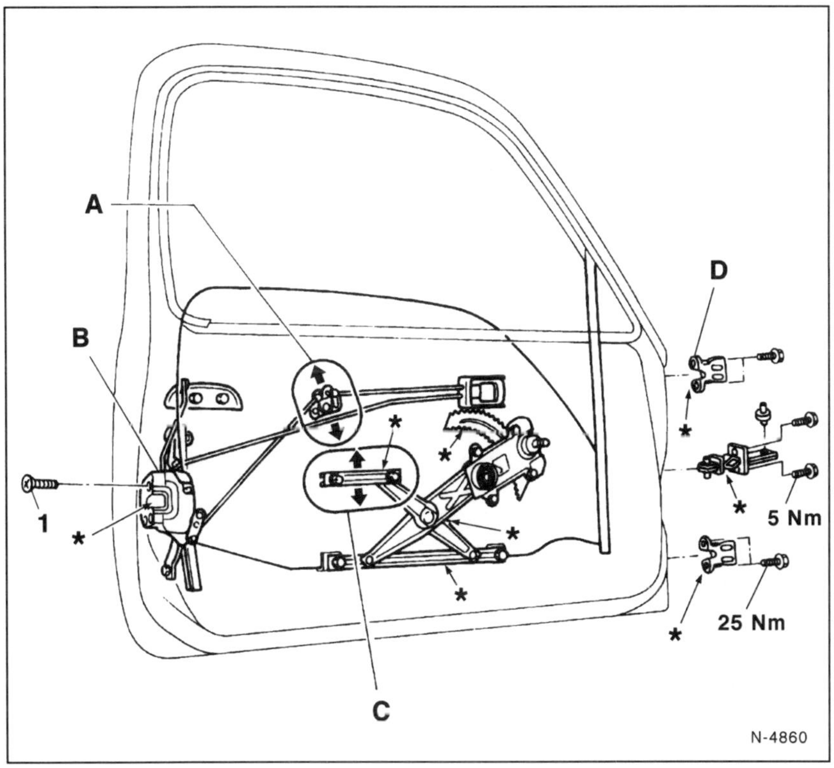

A – Winkelhebel, einstellbar

B – Einstellort für Türaußengriff

C – Einstellung der Fensterscheibe

D – Einstellung der Tür

1 – Schraube, 5 Nm
Vor dem Einsetzen Gewinde mit Sicherungsmittel bestreichen.

*** – Schmierstellen (Mehrzweckfett)**

Türfensterscheibe/Fensterheber vorn aus- und einbauen

Ausbau

- Türinnenverkleidung ausbauen.
- Falls vorhanden, Außenspiegel ausbauen, siehe Seite 174.

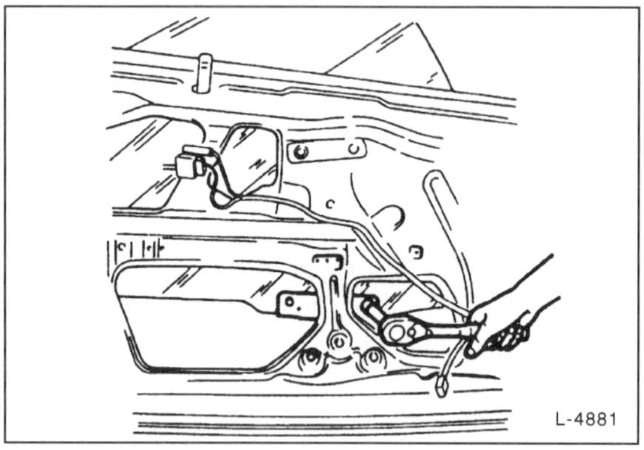

- Fensterscheibe herunterfahren, bis die Fenster-Befestigungsschrauben im Türausschnitt zu sehen sind.
- Heruntergekurbelte Scheibe vom Fensterheber abschrauben, dazu 2 Schrauben lösen.

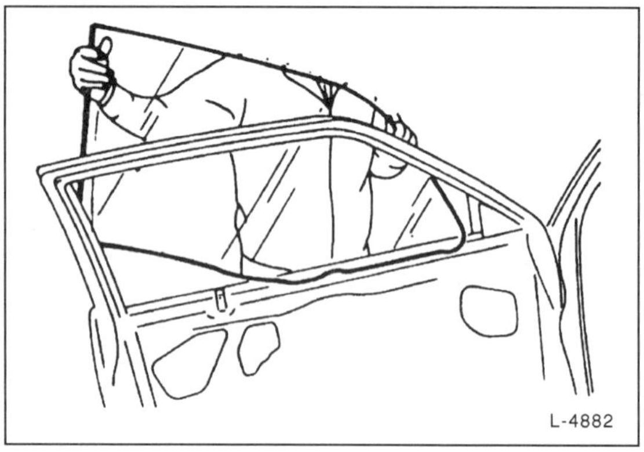

- Scheibe nach vorn neigen und aus dem Fensterschacht herausheben. Bei beengten Platzverhältnissen zusätzlich äußere Fensterzierleiste nach oben abhebeln.

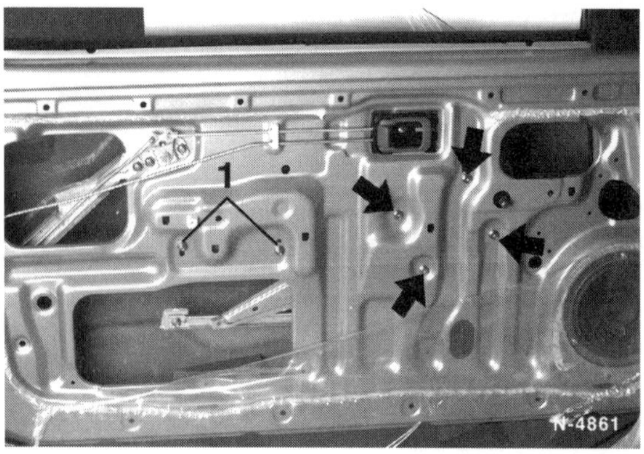

- Am Türblech die Schrauben für Fensterheber lösen. Vorher Einbaulage der Schrauben durch Umkreisen mit Filzstift markieren. Bei elektrischem Fensterheber außerdem elektrische Zuleitung abziehen. Fensterheber aus dem unteren Türausschnitt herausziehen.

Einbau

- Fensterheber in die Tür einführen und mit den 4 Befestigungsschrauben lagerichtig anschrauben. Falls erforderlich, Mehrfachstecker anschließen und elektrischen Fensterheber in die Position fahren, in der das Fenster angeschraubt werden kann.
- Fenster in die Tür einführen und am Fensterheber mit 2 Schrauben anschrauben.
- Bei elektrischem Fensterheber den Kabelstecker am Fensterheber aufstecken.

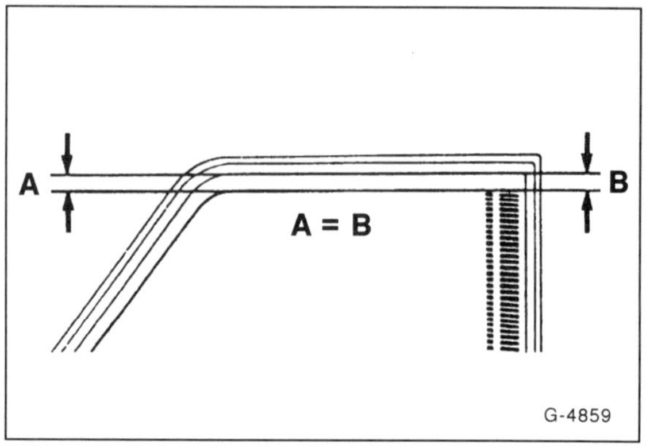

- Fenster nach oben fahren und gegebenenfalls Fensterheberschiene in den Schrauben –1– (siehe Abbildung N-4861) gegenüber der Tür so verschieben, daß der Abstand zwischen Fenster und Rahmen gleichmäßig groß ist. In dieser Stellung Schrauben anziehen.
- Türzierleiste ansetzen und einclipsen.
- Türverkleidung einbauen.

Türaußengriff aus- und einbauen

Ausbau

- Türinnenverkleidung ausbauen.

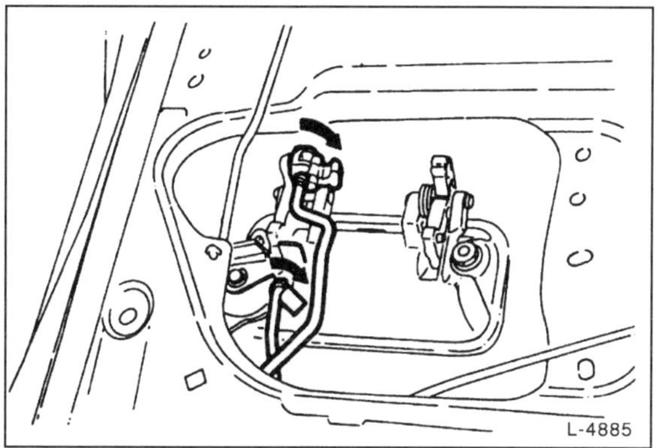

L-4885

- Betätigungsstangen vom Außengriff lösen.

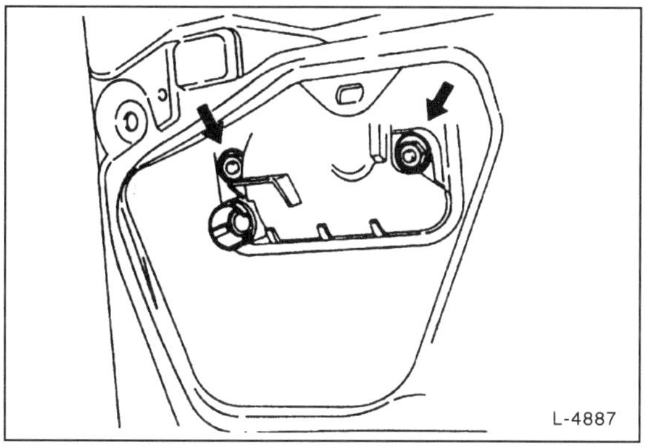

L-4887

- 2 Muttern abschrauben und Außengriff abnehmen.

Einbau

- Außengriff ansetzen und festschrauben.
- Betätigungsstangen einhängen.

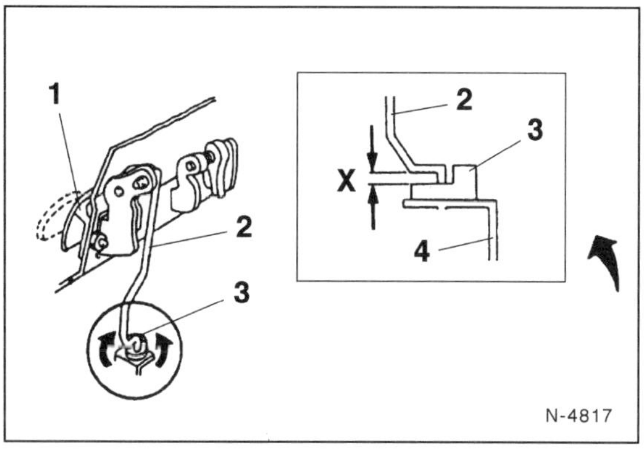

N-4817

- **Anschließend Außengriff –1– einstellen:** Hierzu Haltestück –3– so lange drehen, bis der Abstand zwischen Haltestück und Stange –2– das vorgeschriebene Maß –X– erreicht (4 – Entriegelungshebel).

Sollwerte Maß X: MICRA-Generation I: 0,5 bis 1,5 mm; MICRA-Generation II: mindestens 1,0 mm.

- Türschloßfunktionen kontrollieren, gegebenenfalls Einstellung wiederholen.
- Türinnenverkleidung einbauen.

Türschloß aus- und einbauen

Ausbau

- Türinnenverkleidung ausbauen.

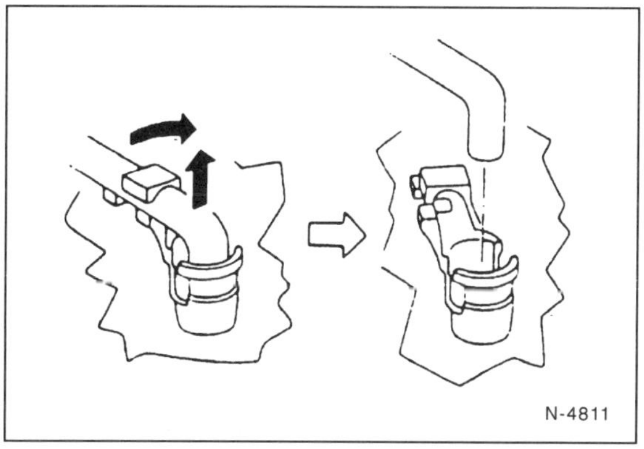

N-4811

- Von der Türinnenseite her die Betätigungsstangen am Türschloß aushängen. Hierzu die Kunststoffsicherungen zur Seite schwenken.

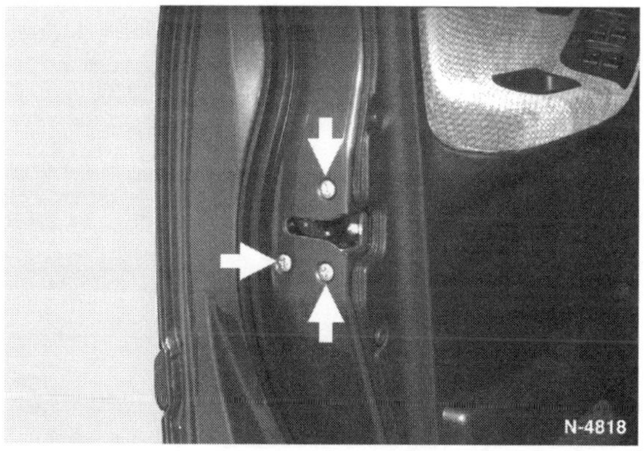

N-4818

- Türschloß abschrauben und durch die Öffnung im Türrahmen herausnehmen.

Einbau

- Bewegliche Teile am Türschloß mit Mehrzweckfett schmieren.
- Schloß einsetzen und festschrauben. Schrauben vorher am Gewinde mit handelsüblichem Sicherungsmittel bestreichen.
- Betätigungsstangen am Türschloß einhängen und mit den Clips sichern.
- Prüfen, ob sich die Tür leicht öffnen und schließen sowie mit dem Verriegelungsknopf verriegeln läßt.
- Türinnenverkleidung einbauen.

Tür aus- und einbauen/ einstellen

Ausbau

- Türverkleidung ausbauen.
- Elektrische Mehrfachstecker abziehen, zum Beispiel für Fensterhebermotor, elektrisch verstellbaren Außenspiegel, Zentralverriegelung.
- Stift am Türfeststeller nach oben mit Hammer und einem Dorn herausschlagen.

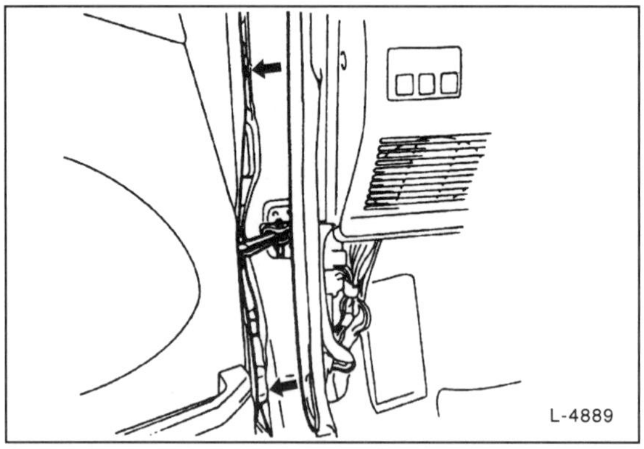

- Schrauben an den Türscharnieren abschrauben. Vorher Einbaulage markieren, dazu Schraubenköpfe mit Filzstift umkreisen. Tür mit Helfer abnehmen.

Einbau

- Tür einsetzen, ausrichten und festschrauben. **Achtung:** Falls die Tür neu ausgerichtet werden muß, vorher Türschloß ausbauen. Stift für Türbremse von oben einsetzen.
- Anschließend, falls erforderlich, Tür einstellen.
- Türschloß einbauen.
- Elektrische Steckverbindungen aufstecken und Türverkleidung einbauen.

Tür einstellen:

Die Tür muß eingestellt werden, wenn die Tür nicht korrekt eingepaßt ist, bzw. wenn die Tür ausgebaut war.

- Türschloß ausbauen.
- Die Einstellung erfolgt durch Lösen der Scharnierschrauben und Verschieben der Tür. Die Scharniere haben größere Bohrungen als der Durchmesser der Schrauben, das Scharnier kann also verschoben werden.
- Zum Einstellen der Fugenmaße Scharnierschrauben **an der Karosserie** lösen, nicht herausdrehen. Fugenmaß durch Verschieben der Tür einstellen. Tür so einstellen, daß sich zu den umliegenden Karosserieteilen ein paralleler und jeweils gleich großer Spalt ergibt.
- Tür an die Karosserie-Kontur anpassen: Schließt die Tür in geschlossenem Zustand vorn nicht bündig mit der umliegenden Karosserie ab, Scharnierschrauben **an der Tür** lösen und Tür entsprechend verschieben. Die hintere Tür darf vorn maximal 1 mm weiter innen stehen als die vordere Tür.
- Türschloß einbauen.

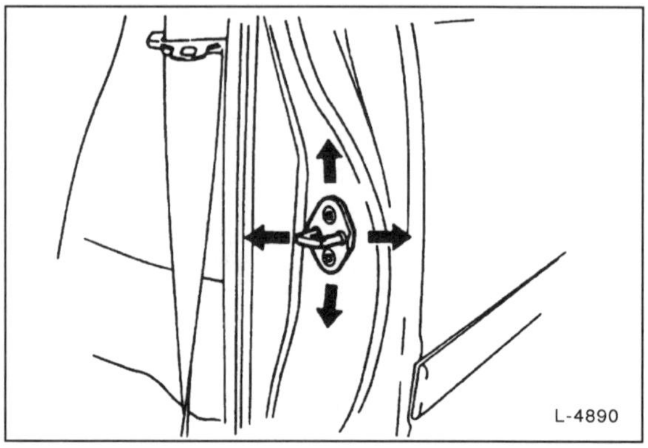

- Schließplatte soweit lösen, daß sie mit leichten Schlägen mit dem Gummihammer verschoben werden kann.
- Im hinteren Bereich der Tür ist die Einstellung an der Schließplatte vorzunehmen. Tür schließen und ausrichten, dadurch wird auch die Schließplatte ausgerichtet. Anschließend Tür vorsichtig öffnen und Schrauben für Schließplatte festziehen. Um das Verschieben besser kontrollieren zu können, Schließplatte vor dem Lösen der Schrauben mit Filzstift umranden.
- Sitzt die Tür in geschlossenem Zustand einwandfrei, Scharnierschrauben festziehen.

Außenspiegel aus- und einbauen

Ausbau

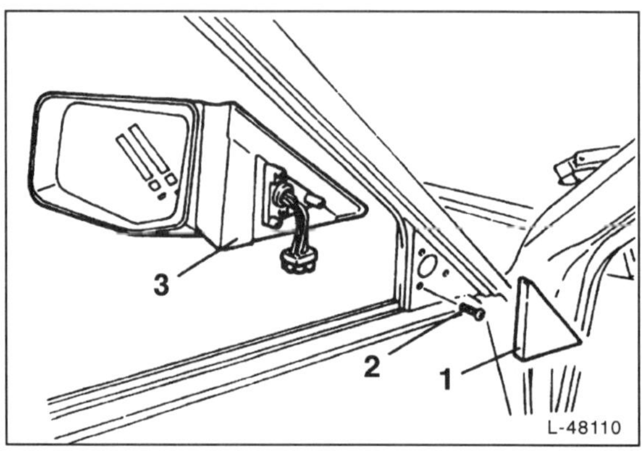

- Abdeckung –1– mit Schraubendreher von der Unterkante her abhebeln.
- Mehrfachstecker für Spiegelverstellung, falls vorhanden, abziehen.
- Spiegel –3– abschrauben –2– und nach außen abnehmen.

Einbau

- Spiegel ansetzen und festschrauben.
- Mehrfachstecker verbinden.
- Abdeckung aufdrücken und Schraube anbringen.

Spiegelglas aus- und einbauen

MICRA-Generation II

Ausbau

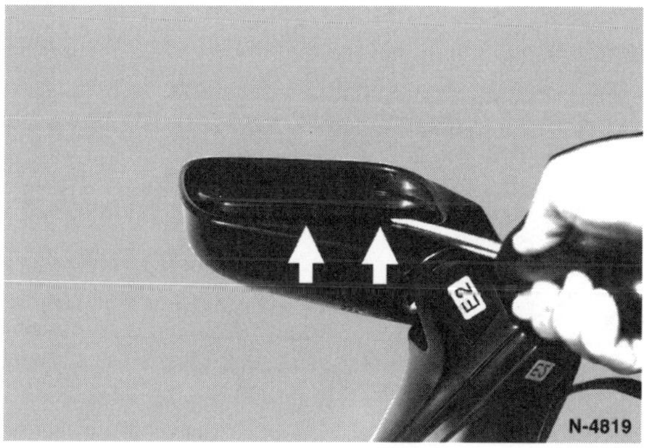

N-4819

- Spiegelglas vorsichtig vom Rahmen abdrücken. Dazu Schraubendreher von unten zwischen Glas und Spiegelrahmen einführen und aus der Halterung herausdrücken. Die Klinge des Schraubendrehers mit einem Lappen umwickeln, damit der Spiegel nicht zerkratzt wird. Schraubendreher nicht zu weit einführen.

Einbau

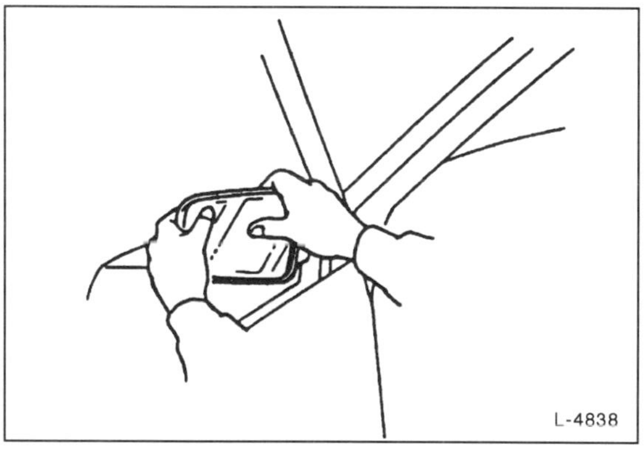
L-4838

- Neues Spiegelglas zuerst oben, dann unten in den Rahmen einsetzen und andrücken.

Wasserkastenabdeckung aus- und einbauen

MICRA-Generation II

Die Wasserkastenabdeckung muß beispielsweise zur Demontage des Scheibenwischerantriebs oder Teilen der Heizung ausgebaut werden.

Ausbau

- Scheibenwischerarme ausbauen, siehe Seite 223.

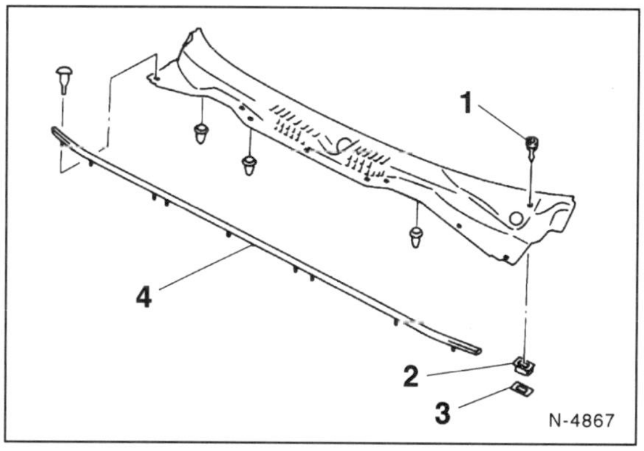

N-4867

1 – Clip; 2 – Tülle; 3 – Dichtgummi

- Kunststoffclips mit Schraubendreher heraushebeln. Bei Clips des Typs –1– zuerst Clipkern herausziehen, dann ganzen Clip abhebeln.
- Dichtleiste –4– ausclipsen.

Einbau

- Abdeckung einsetzen und mit den Clipsen befestigen. Beschädigte Clipse und Tüllen ersetzen.

Armaturenbrett-Gesamtansicht

MICRA-Generation I

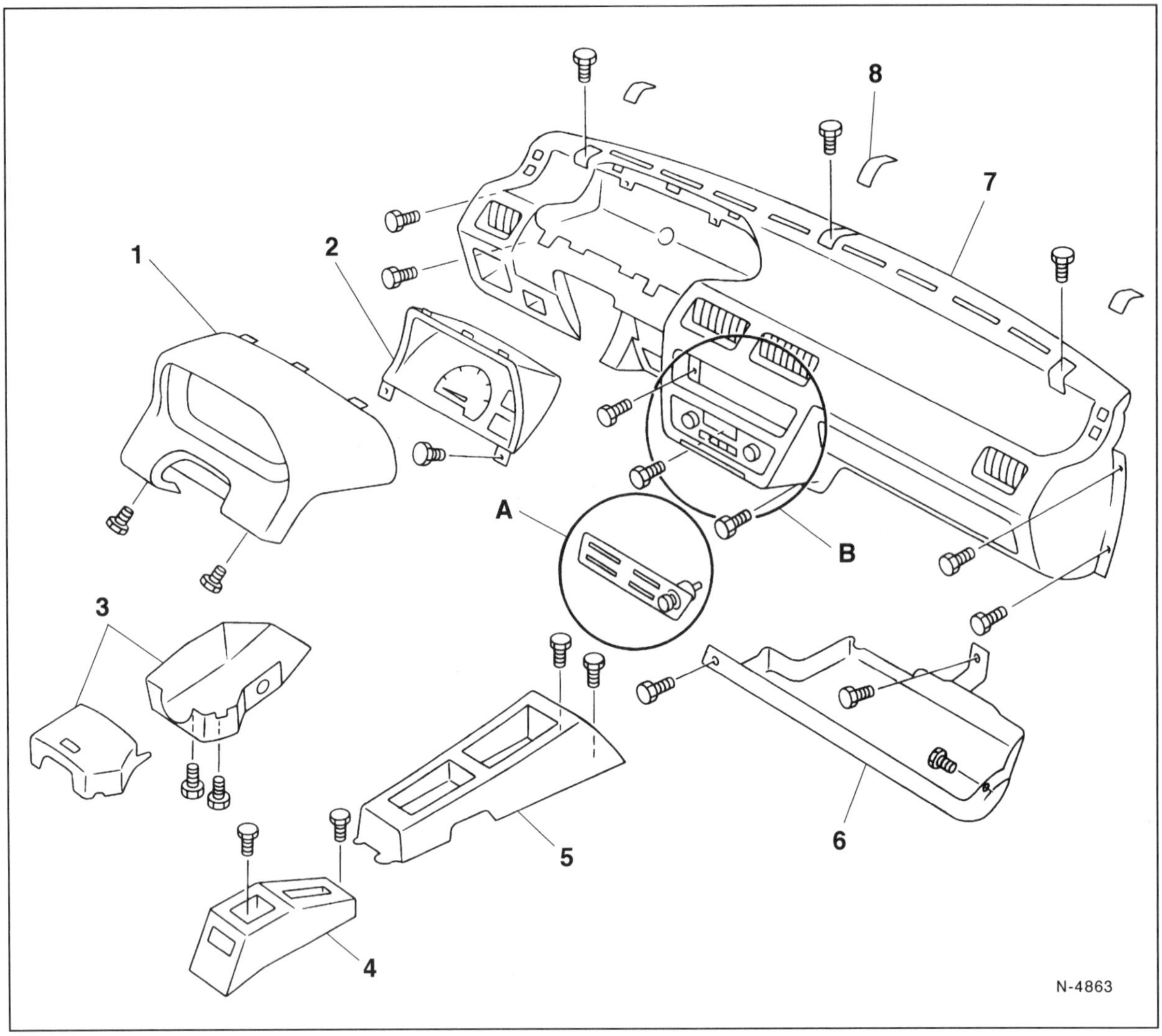

Hinweis: Vor Ausbau des Armaturenbretts Heizungs-Bedienblende sowie Radio ausbauen, siehe Kapitel »Heizung« sowie »Armaturen«.

1 – Instrumentenabdeckung
2 – Schalttafeleinsatz
3 – Lenksäulenabdeckungen
4 – Mittelkonsole hinten
5 – Mittelkonsole vorn
6 – Handschuhkasten
7 – Armaturenbrett
8 – Abdeckung für Schraube

Armaturenbrett-Gesamtansicht

MICRA-Generation II

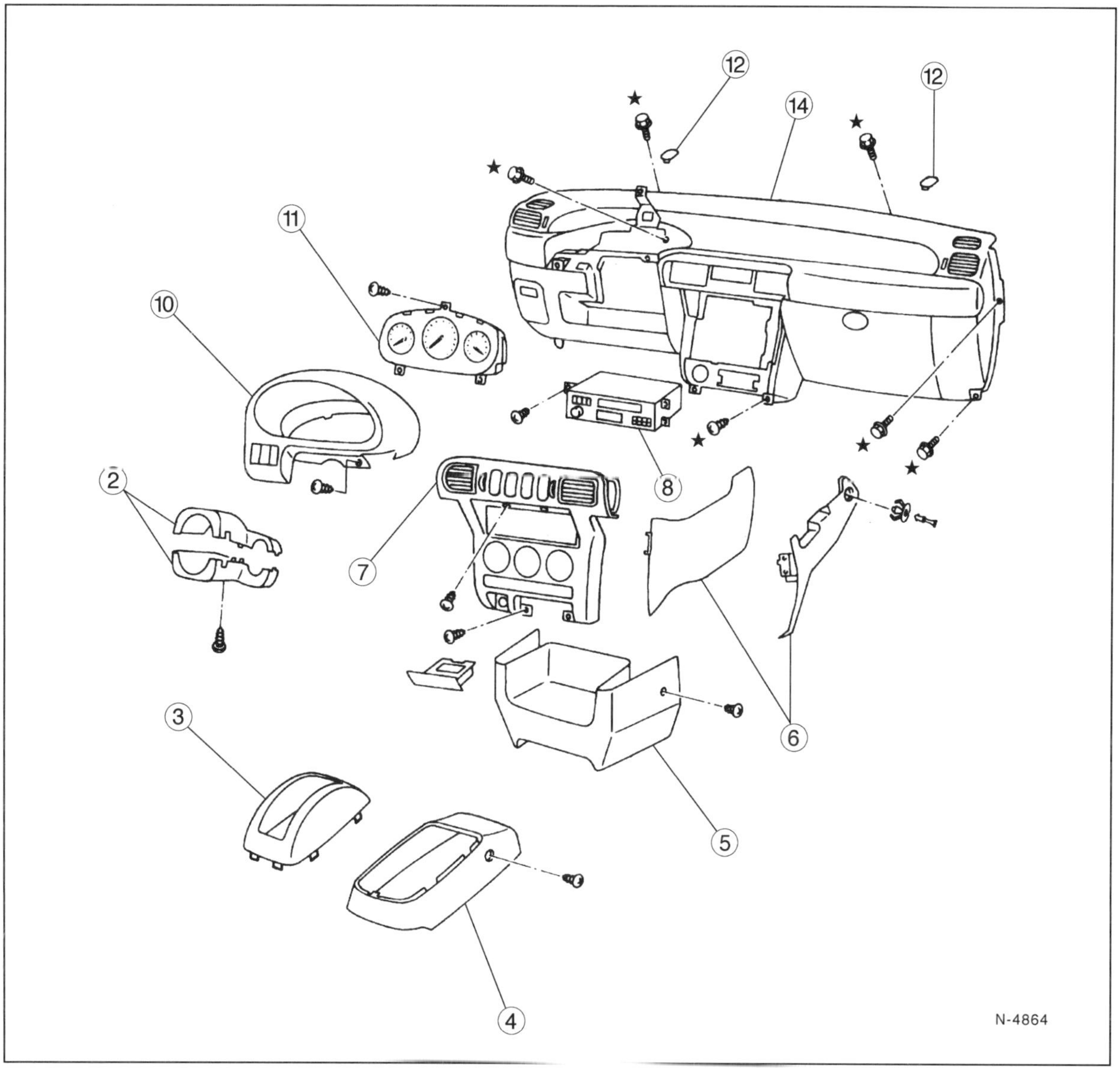

Hinweis: Teile in der numerierten Reihenfolge ausbauen.

1 – Lenkrad (nicht abgebildet)
2 – Lenksäulenabdeckungen
3 – Schalthebelabdeckung
4 – Konsole für Schalthebel
5 – Mittelkonsole
6 – Konsolenabdeckung
7 – Mittlere Blende
8 – Radio
9 – Heizungsbedienung (nicht abgebildet)
10 – Instrumentenabdeckung
11 – Schalttafeleinsatz
12 – Kappen
★ – Schrauben für Armaturenbrett

Vordersitz aus- und einbauen

Der Vordersitz wird in zwei Führungsschienen geführt, in denen er nach vorn und hinten verschoben werden kann.

Ausbau

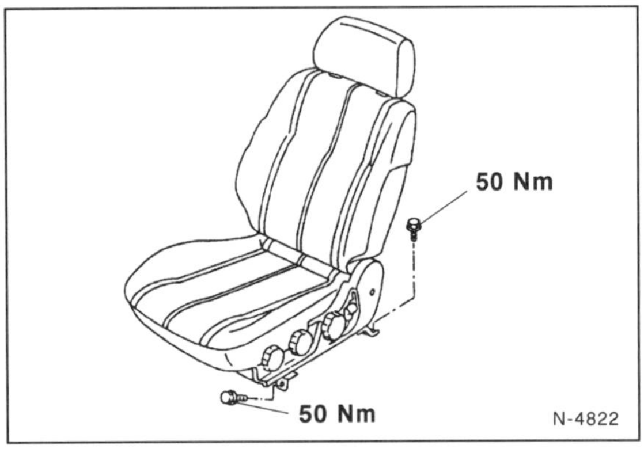

- Hintere Schrauben von beiden Führungsschienen abschrauben.
- Sitz nach hinten schieben und vordere Befestigungsschrauben herausdrehen.
- Vordersitz herausheben. **Achtung:** Falls vorhanden, Steckverbindung für Sitzheizung trennen.

Einbau

- Vor dem Einbau prüfen, ob der Hebel für die Sitzverstellung und das Gelenk zur Verstellung der Rückenlehne frei beweglich sind. Gegebenenfalls mit Mehrzweckfett schmieren.
- Sitzschienen mit Mehrzweckfett schmieren.
- Vordersitz einsetzen und vorn sowie hinten anschrauben. Anzugsdrehmoment: MICRA der Generation I: **20 Nm;** MICRA der Generation II: **50 Nm.**
- Prüfen, ob sich der Sitz leicht verstellen läßt und die Sitzverriegelung sicher eingreift.

Rücksitz aus- und einbauen

Ausbau

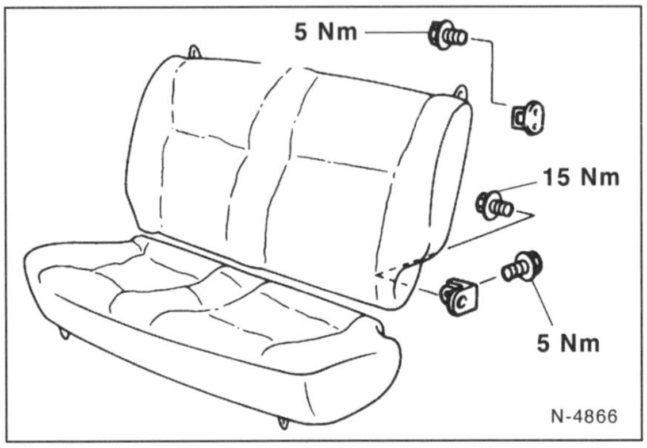

- Modelle mit durchgehender Rücksitzbank: Rücksitzbank an der Vorderkante ruckartig nach oben ziehen. Beim MICRA der Generation II dann außerdem unterhalb der Lehne 2 Schrauben lösen. Rücksitzbank herausnehmen.
- Scharnierschrauben lösen und Lehne herausheben.

Modelle mit geteilter Rücksitzbank

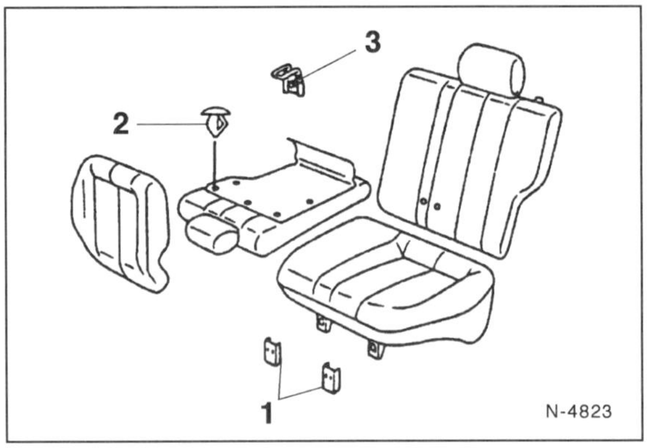

- Sitzbank an den Scharnieren –1– abschrauben, zuvor Abdeckungen ausclipsen.
- Sitzlehne nach vorn klappen und hintere Abdeckung abziehen. Dazu die Halteclipse –2– mit einem Schraubendreher herausdrücken.
- Sitzlehne an den Scharnieren abschrauben und herausnehmen.

Einbau

- Sitzlehne an den Scharnieren anschrauben. Anzugsdrehmoment Scharnier an Karosserie: **15 Nm**; Scharnier an Lehne: **5 Nm.** Lehne nach oben klappen und einwandfreie Verriegelung prüfen. Falls nötig, Verriegelungsöse –3– lösen und entsprechend verschieben, mit **15 Nm** wieder anschrauben, siehe Abbildung N-4823.
- Verkleidung hinten an die Rückenlehne anclipsen.
- Sitzbank an den Scharnieren anschrauben und Abdeckungen aufdrücken.

Innenverkleidungen aus- und einbauen

MICRA-Generation II, 3-türig

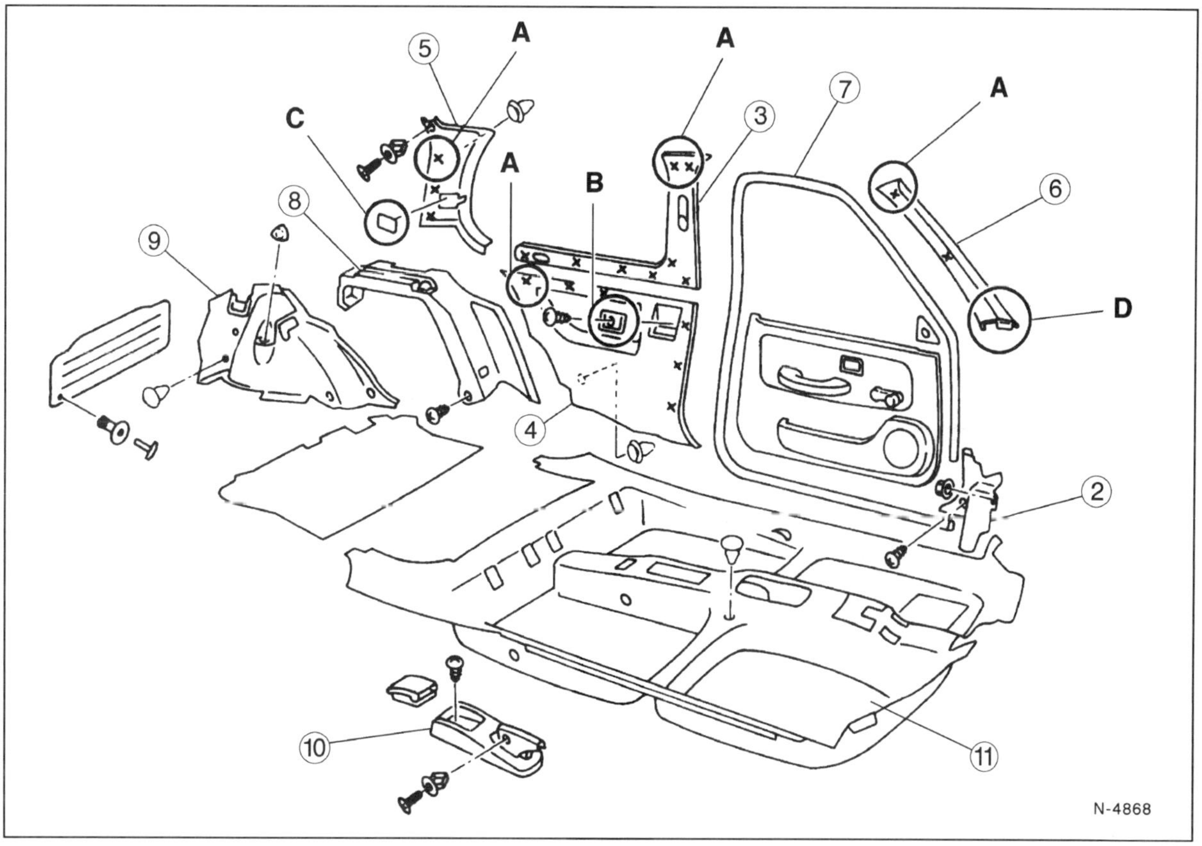

Teile in der numerierten Reihenfolge ausbauen:

1 – Vordersitze und Rücksitze (nicht abgebildet)
2 – Spritzwand-Seitenverkleidung
3 – B-Säulenblende
4 – Hintere Seitenverkleidung
5 – C-Säulenverkleidung
6 – A-Säulenblende
7 – Karosserie-Fugenblende
8 – Seitenteil der Heckablage
9 – Gepäckraum-Seitenverkleidung
10 – Hintere Mittelkonsole
11 – Bodenwanne

Achtung: Zum Abhebeln der Verkleidungen die Klinge des Schraubendrehers mit einem Lappen umwickeln, um Beschädigungen zu vermeiden. Folgende Hinweise zum Ausbau beachten.

- Metallclips –A– ausbauen: Blende an den Stellen –A– abziehen, dann Clip seitlich aus der Verankerung an der Blende ziehen.
- Abdeckung –B– ausbauen: Schraube herausdrehen, dann an der Oberkante aushebeln und abnehmen.
- Abdeckung –C– ausbauen: Zuerst an der Vorderkante aushebeln und abnehmen.
- Teil –6– zuerst oben abhebeln, dann Nase –D– am Armaturenbrett abziehen.

Lackierung

Ausbeul- und Lackierarbeiten an der Autokarosserie setzen Erfahrung über den Werkstoff und dessen Bearbeitung voraus. Derartige Fertigkeiten werden in der Regel erst durch eine langjährige Praxis vervollkommnet. Aus diesem Grund wird hier nur das Ausbessern von kleineren Karosserie- und Lackschäden erläutert.

Zum Nachlackieren wird unbedingt dieselbe Lackfarbe benötigt, denn selbst kleinste Farbunterschiede fallen nach Abschluß der Arbeiten sofort ins Auge. Der jeweilige Fahrzeug-Farbton wird vom Hersteller durch die Lack-Nummer auf dem Typschild vermerkt, das sich im Motorraum an der Spritzwand befindet.

Treten dennoch Differenzen zwischen dem Originallack und dem Reparaturlack auf, dann liegt das daran, daß Fahrzeug-Lackierungen sich durch Alterung, ultraviolette Sonnenbestrahlung, extreme Temperaturdifferenzen, Witterungsbedingungen und chemische Einflüsse wie beispielsweise Industrieabgase mit der Zeit verändern. Außerdem können Oberflächenschäden, Farbveränderungen und Ausbleichen des Lackes eintreten, wenn Reinigung und Lackpflege mit ungeeigneten Mitteln durchgeführt wurden.

Die Metallic-Lackierung besteht aus 2 Schichten, dem Metallic-Grundlack und der farblosen Decklackierung. Beim Lackieren wird der Klarlack über den feuchten Grundlack gespritzt. Die Gefahr von Farbdifferenzen bei der nachträglichen Metallic-Lackierung ist besonders groß, da hier schon unterschiedliche Viskosität des Reparaturlackes gegenüber dem Originallack zu Farbverschiebungen führt.

Steinschlagschäden ausbessern

Es lohnt sich, regelmäßig auch kleinste Lackschäden zu beseitigen, da auf diese Weise Rostschäden und größere Reparaturen vermieden werden.

Für kleine Kratzer und Steinschläge, die lediglich den Decklack abgesplittert haben, also nicht bis aufs blanke Blech vorgedrungen sind, genügt im allgemeinen der Lackstift. Neben diesem Tupflack mit kleinem Pinsel hilft auch die im Zubehörhandel oft angebotene selbstklebende Lackfolie, wenn die Beschädigung sehr gering ist oder nur Grundierung aufgetragen wird.

- Tiefere Steinschlagschäden, die schon kleine Rostpickel gebildet haben, mit einem »Rostradierer« beziehungsweise einem Messer oder einem kleinen Schraubendreher auskratzen, bis das blanke Blech erscheint. Wichtig ist, daß keine auch noch so kleine Roststelle mehr sichtbar ist. Bei »Rostradierern« handelt es sich um kleine Kunststoffhülsen, die zum Auskratzen des Rostes kurze Drahtborsten besitzen.
- Die blanken Stellen müssen einwandfrei trocken und fettfrei sein. Dazu Reparaturstelle sowie umgebenden Lack mit Silikonentferner reinigen.
- Auf die blanke Metallfläche mit einem dünnen Pinsel etwas Lackgrundierung (»Primer«) auftragen. Da das Grundiermittel meist in Sprühdosen erhältlich ist, etwas Grundiermittel in den Deckel der Dose sprühen und Pinsel dort eintauchen.
- Nachdem die Grundierung trocken ist, Stelle mit Tupflack ausbessern. Bei den Tupflackdosen ist der Pinsel bereits im Deckel integriert. Falls nur eine Spraydose mit der entsprechenden Farbe zur Verfügung steht, etwas Farbe in den Deckel der Dose sprühen und anschließend Lack mit einem dünnen Wasserfarbenpinsel auftragen. Dabei in einem Arbeitsgang immer nur eine dünne Lackschicht anbringen, damit der Lack nicht herunterlaufen kann. Anschließend Farbe gut trocknen lassen. Vorgang so oft wiederholen, bis der Krater ausgefüllt ist und die ausgebesserte Stelle gegenüber der umgebenden Lackfläche keine Vertiefung mehr bildet.

Karosserie ausbeulen/Rostlöcher ausbessern

Kleine Dellen können mit einem Ausbeulhammer sowie einem passenden Handamboß ausgebeult werden. Bei Rostlöchern in der Karosserie empfiehlt es sich, das Teil je nach Schadensumfang komplett auszutauschen oder ein Blechstück einschweißen zu lassen.

Ausbeulen

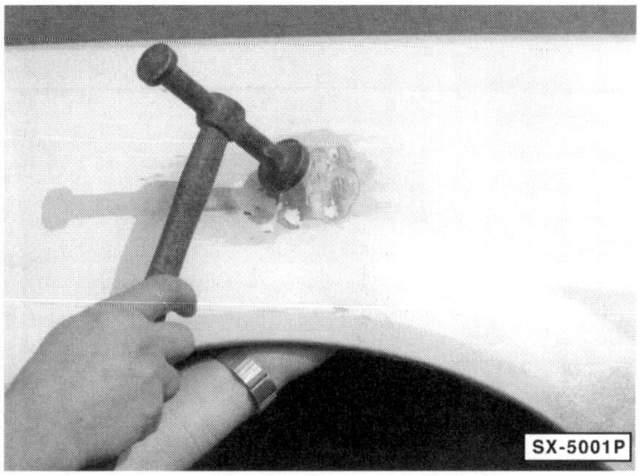

- Kleinere Dellen mit einem Ausbeulhammer zurückschlagen. Dabei auf der anderen Seite mit einem Handamboß gegenhalten. Nicht zu stark hämmern, sonst dehnt sich das Blech zu stark und man bekommt es nicht mehr glatt. Vom Rand ausgehend gleichmäßig zur Mitte hin arbeiten.
- Die ausgebeulte Fläche immer wieder mit der Hand prüfen, bis man die gewünschte Form gefunden hat. Kleinere Unebenheiten werden später ausgespachtelt.
- Roststellen und alte Lackreste sind nach dem Ausbeulen sorgsam von der Reparaturstelle zu entfernen. Entweder mit Sandpapier grober Körnung (120), das über einen Schleifblock gespannt wird, oder mit passenden Schleifblättern auf der Schwabbelscheibe. Naheliegende Zierleisten oder Kunststoffteile mit Abdeckband abkleben, damit sie bei einem Ausrutscher nicht versehentlich verkratzt werden.

Lackierung vorbereiten

- Vor jeder Lackreparatur das Auto waschen, damit Schleifkratzer und Schmutzeinschlüsse vermieden werden.
- Nur bei Temperaturen über +12° C, nicht in praller Sonne und nicht bei starkem Wind arbeiten.

Entrosten

- Reparaturstelle großzügig mit Abdeckband (Tesakrepp) abkleben, damit der umliegende Lack nicht versehentlich beschädigt wird.
- Jeden sichtbaren sowie unter Rostblasen versteckten Rost mit Dreikantschaber oder Schraubendreher sowie Schleifpapier der Körnung 120 entfernen.
- Die Kante rings um die Schadenstelle anschließend mit Schleifpapier Körnung 320 zum gesunden Lack hin etwa 1 bis 2 Zentimeter breit anschleifen.
- An verzinkten Karosserieteilen sollte möglichst nur bis auf die Grundierung, nicht bis auf das Zink durchgeschliffen werden.

Rostschutzgrundierung (»Primer«) aufsprühen

- Die Reparaturstelle mit Nitroverdünnung und einem sauberen Lappen fett- und staubfrei wischen und trocknen lassen.
- Damit keine Verträglichkeitsprobleme auftreten, sollte der »Primer« und der später aufzutragende Decklack vom gleichen Hersteller sein. Sonst kann der Lack später Blasen werfen oder schrumpfen.
- Der »Primer« wird auf das entrostete Blech aus einem Abstand von etwa 25 cm extrem dünn, aber deckend aufgesprüht. Um Spritznebel auf den umgebenden Teilen zu vermeiden, Umfeld zunächst einige Zentimeter neben der Reparaturstelle mit Abdeckband und Papier (Zeitungspapier) abdecken.
- Nach 10 bis 15 Minuten Ablüftzeit kann weiter überspritzt werden. Muß die Stelle gespachtelt werden, »Primer« vorher ganz trocknen lassen.

Spachteln

Man unterscheidet 2 Spachtelarten: Zweikomponentenspachtel und Feinspachtel. Zweikomponentenspachtel wird kurz vor der Verarbeitung mit Härter vermischt. Er härtet schnell aus und muß rasch verarbeitet werden. Man benutzt ihn, um größere Unebenheiten im Blech auszugleichen. Feinspachtel ist ein Ziehspachtel, mit dem feinere Unebenheiten geglättet werden. Man kann ihn in mehreren Lagen auftragen. Beide Spachtelarten gibt es in Tuben und Dosen, Füllspachtel gibt es auch aus der Spraydose. **Achtung:** Obwohl auf der Dose oft noch direkter Spachtelauftrag auf das blanke Blech empfohlen wird, ist auf jeden Fall die Vorbehandlung mit dem »Primer« ratsam (Rostschutz).

- Auf die ausgebeulte oder mit Glasfasermatten ausgebesserte Stelle Zweikomponentenspachtel auftragen und aushärten lassen. Gebrauchsanleitung des Herstellers beachten.
- Nach dem Trocknen Unebenheiten von Hand oder mit Schwingschleifer abschleifen. Dabei sollte ein Schleifpapier mit der Körnung »180« verwendet werden. Es kann bereits Wasserschleifpapier verwendet werden. In diesem Fall die Reparaturstelle (mit Schwamm) und das Schleifpapier während des Schleifens von Zeit zu Zeit mit reichlich Wasser abspülen.
- Anschließend Reparaturstelle sauber abwischen und trocknen lassen.

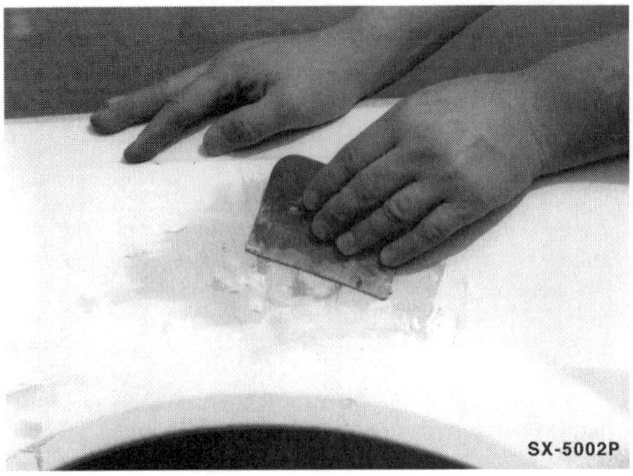

SX-5002P

- Mit breitem, elastischem Kunststoffspachtel die Reparaturstelle mit Feinspachtel überziehen und mindestens 2 Stunden lang aushärten lassen. Auf starken Rundungen und Konturen empfiehlt sich ein Feinspachtel aus der Spraydose.
- Je nach Schichtdicke muß Feinspachtel gut 2 bis 3 Stunden durchtrocknen.

Schleifen

Schleifpapier ist in verschiedenen Körnungen erhältlich. Je kleiner die Zahl, um so grober der Schliff. Zum Schleifen von Zweikomponentenspachtel empfiehlt sich Körnung 180 bis 240; Füllspachtel und alter Lack werden mit Körnung 360 naß geschliffen. Für den letzten Naßschliff vor der Lackierung empfiehlt sich 600er Schleifpapier.

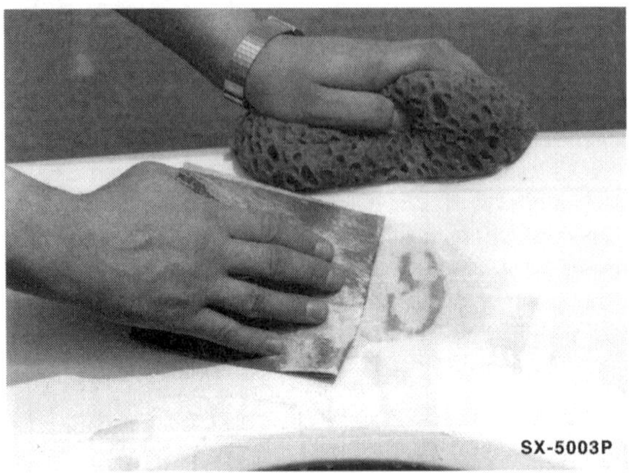

SX-5003P

- Fertige Spachtelstelle mit 360er Papier naß überschleifen, dabei ständig einen Schwamm über der Reparaturstelle ausdrücken. Schwamm von Zeit zu Zeit in sauberes Wasser tauchen und wieder vollsaugen lassen.
- Für den folgenden nassen Feinschliff eignet sich am besten spezielles Naßschleifpapier mit 600er Körnung, dabei wird auch der angrenzende und zu überspritzende Lack mit angeschliffen. Dabei nur in Fahrzeuglängsrichtung schleifen; dann sind verbleibende kleine Schleifriefen hinterher im Decklack kaum sichtbar.

Reinigen

Vor dem Spritzen muß die geschliffene Lackoberfläche sowie ein bis zwei Handbreiten des umliegenden Lacks von Fett- und Silikonresten befreit werden. Am besten eignet sich dazu Silikonentferner.

- Nach dem Schleifen Reparaturstelle sorgfältig reinigen und alle angrenzenden Fahrzeugflächen mit Zeitungspapier und Klebeband ganz exakt abkleben. Bei Lackierungen an den Kotflügeln ebenfalls die Reifen und die Stoßdämpfer sorgfältig abkleben.

SX-5004P

- Reparaturstelle möglichst immer so abkleben, daß die gespritzte Fläche bis zur nächsten Zierleiste oder Karosseriekante reicht, da am Rand der Abklebung ein Farbgrat entsteht. Falls ein annähernd fließender Übergang zum Originallack unumgänglich ist, etwa zwei Handbreit um die Reparaturstelle abkleben.
- Fußboden zur Staubbindung mit Wasser anfeuchten.

Lackieren

Damit beim Lackieren keine Probleme auftreten, sollte der zuvor aufgetragene »Primer« vom gleichen Hersteller stammen wie der Spraydosenlack. Der Lack wirft dann keine Blasen und schrumpft nicht.

Achtung: Es empfiehlt sich, den Lackiervorgang zunächst an einem geeigneten Blech, zum Beispiel einem alten Kotflügel, zu üben.

- Zum Lackieren muß das zu lackierende Teil trocken und staubfrei sein. Wenn möglich, mit Preßluft abblasen.
- Fußboden zur Staubbindung mit Wasser anfeuchten.
- Reparaturstelle über die zu lackierende Fläche hinaus mit Silikonentferner abreiben. Noch optimaleren Haftgrund für den Decklack erhält man durch Abreiben der gereinigten Fläche mit **silikonfreier** Polierpaste.
- Spraydose vor Gebrauch wenigstens 3 bis 5 Minuten lang intensiv schütteln, sonst bilden sich auf dem Blech Lacknasen.
- Bei **Metalliclack** anschließend etwas Farbe auf einen Karton sprühen, damit eventuell im Steigrohr abgesetzte Metallpartikel beseitigt werden.

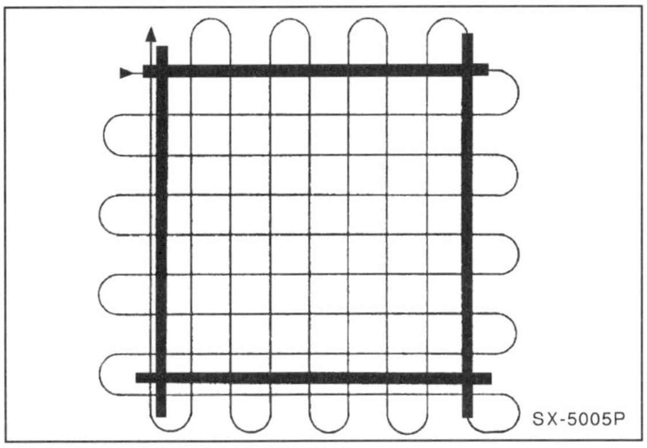

- Große Flächen, ob senkrecht oder waagerecht, werden im »Kreuzgang« gespritzt: Man beginnt außerhalb der Fläche und schwenkt den Spritzstrahl außerhalb in die andere Richtung.
- Kleine Stellen spiralförmig von außen nach innen besprühen, damit ein unnötig großes Sprühnebelfeld vermieden wird.
- Spraydose mit gleichbleibender Geschwindigkeit und gleichmäßigem Abstand über die Oberfläche führen. Der richtige Abstand liegt bei etwa 25 cm.
- Soll der Lacküberzug möglichst übergangslos zum gesunden Lack aufgetragen werden: Das gelingt am besten, wenn man ihn in mindestens vier sich überlappenden Spritzgängen aufträgt. Jeder einzelne Auftrag sollte den vorhergehenden Lackauftrag um zwei bis drei Zentimeter vergrößern.

Achtung: Wird aus nächster Nähe gesprüht oder ist die Sprühbewegung zu langsam beziehungsweise von wechselnder Geschwindigkeit, treten sogenannte Lacknasen auf. Das heißt, der Lack läuft an einigen Stellen herunter, weil dort zuviel Farbe auf einmal aufgespritzt wurde. Ebenso verhält es sich, wenn die Richtungsänderungen beim Sprühvorgang nicht über der abgedeckten Fläche durchgeführt werden.

Der Spritzvorgang ist mit ca. 5minütigen Pausen, zum Abdunsten des Lösungsmittels, so oft zu wiederholen, bis der Lack eine ausreichende Deckung erreicht hat. Besonders Metallic-Lack auch zwischen den einzelnen Spritzgängen aufschütteln, da sich die Metallic-Partikel schnell absetzen.

Achtung: Bei Metallic-Lack ist eine Farbübereinstimmung mit dem Original-Lack nur schwer möglich. Die Pigmentierung (Verteilung der Aluminium-Partikel) wird gleichmäßiger, wenn der letzte Spritzgang aus etwa 30 cm statt 25 cm erfolgt. Mit dieser Technik ist auch eine gewisse Farbtonangleichung möglich: Langsame Handbewegung und damit satter Auftrag macht dunkler, nach schnellerem Überspritzen scheint Metalliclack dagegen heller.

- Bei Metallic-Lackierungen den Basis-Metallic-Lack mit einem Klarlacküberzug versehen, erst danach bekommt der Metallic-Lack seinen Glanz. Gespritzt wird wieder mindestens drei– bis viermal dünn, wobei jedesmal dazwischen eine Ablüftpause von einigen Minuten eingehalten werden muß. Vor dem ersten Auftragen soll der Basislack mindestens 30 Minuten abgelüftet sein. Der Klarlack hat den neuen Basislack um etwa eine Handbreit zu überlappen, das Abdeckpapier ist vorher entsprechend zu erweitern.
- Düsen der Spraydosen freisprühen. Dazu Dose auf den Kopf stellen und so lange sprühen, bis keine Farbe mehr kommt.
- Sofort nach Abschluß der Lackierarbeiten alle Abdeckungen abziehen. Dadurch kann, falls bis zur Abdeckung gespritzt wurde, der nasse Lack am Übergang verlaufen.
- Gespritzte Fläche trocknen lassen. Der Trocknungsvorgang läßt sich mit einer Heizsonne oder einer starken Fotolampe beschleunigen. **Achtung:** Kein Gebläse-Heizgerät verwenden, dadurch würden aufgewirbelte Staubpartikel gegen den frischen Lack geblasen.
- Nach dem Aushärten der Farbe, nach mindestens 48 Stunden, Sprühnebel auf den angrenzenden Flächen mit einem milden Poliermittel und einem Wattebausch vorsichtig abtragen. Dabei nur in Fahrzeug-Längsrichtung polieren.

Heizung

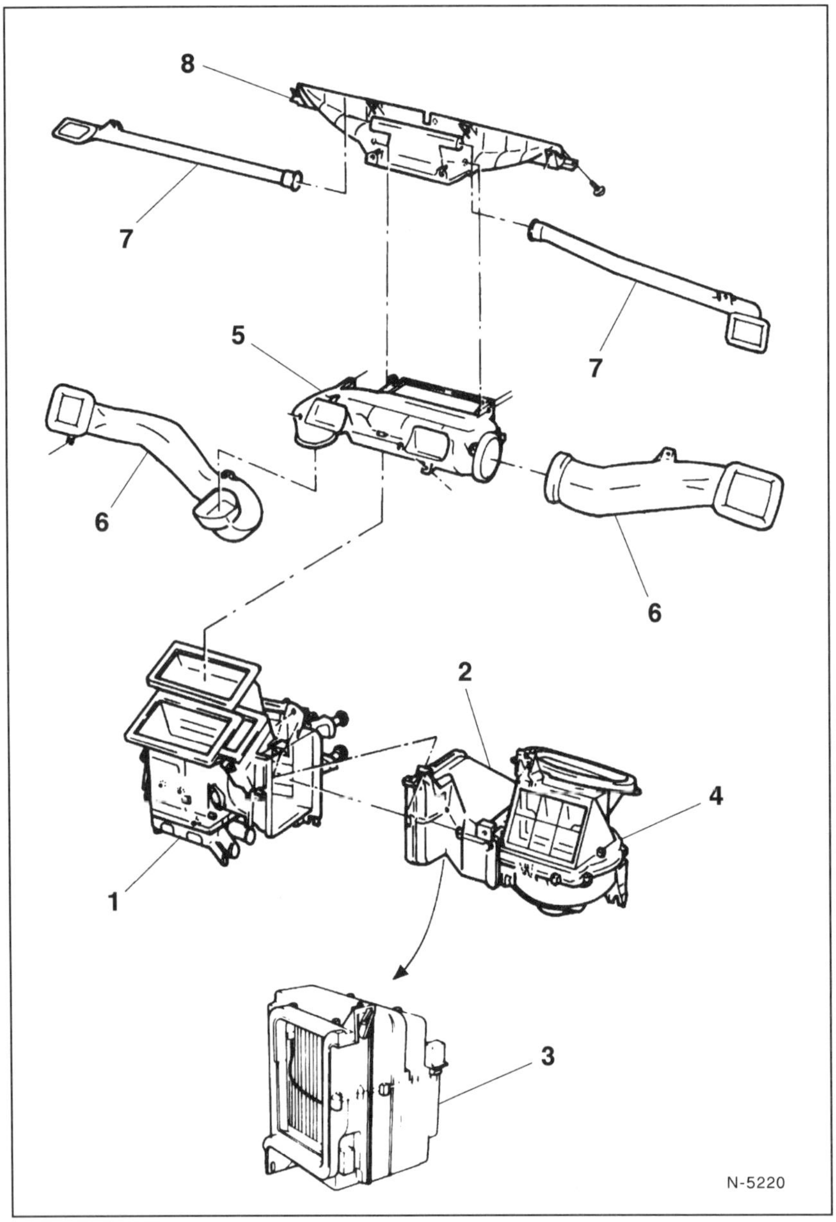

Heizung im MICRA der II. Generation
(Geringe Unterschiede zum Vorgängermodell ergeben sich in der Anordnung des Gebläsemotors)

1 – **Heizungskasten**
Luftverteilergehäuse und Wärmetauscher.

2 – **Verbindungskanal**

3 – **Kühlaggregat**
Nur bei Klimaanlage.

4 – **Gebläseeinheit**
Gebläsemotor mit Vorwiderständen.

5 – **Belüftungskanal**

6 – **Seitliche Belüftungskanäle**

7 – **Seitliche Defrosterkanäle**

8 – **Defrosterdüse**

Die Frischluft für die Heizung wird am Gitter unterhalb der Windschutzscheibe angesaugt und gelangt über das Gebläse in den Fahrzeuginnenraum. Dabei durchströmt die Luft das Heizungsgehäuse und wird durch verschiedene Klappen auf die einzelnen Lufteintrittsdüsen verteilt. Wird die Heizung auf »warm« gestellt, so wird die kühle Luft durch den Wärmetauscher erwärmt. Der Wärmetauscher befindet sich im Heizungsgehäuse und wird durch die heiße Kühlflüssigkeit aufgeheizt. Die vorbeistreichende Frischluft erwärmt sich an den heißen Lamellen des Wärmetauschers und gelangt dann in den Fahrzeuginnenraum. Die Heizleistung wird sowohl durch die Menge der durch den Wärmetauscher strömenden Luft reguliert, als auch durch den Kühlflüssigkeitsdurchsatz im Wärmetauscher (luft- beziehungsweise wasserseitige Steuerung).

Zur Verstärkung der Heizleistung dient ein vierstufiges Heizgebläse. Damit das Gebläse in den einzelnen Stufen mit unterschiedlicher Geschwindigkeit läuft, werden Widerstände vorgeschaltet.

Die Widerstände befinden sich in der Anschlußplatte am Gebläse. Bei einem Defekt ist die komplette Anschlußplatte zu ersetzen. Das Heizungsgehäuse sowie das Gebläse sind im Innenraum unterhalb der Schalttafel eingebaut.

Sonderausstattung: Klimaanlage
Mit Hilfe der Klimaanlage kann die Innenraumtemperatur auch unter die momentan herrschende Außentemperatur abgesenkt werden. Kühlt die Klimaanlage, wird außerdem die Luftfeuchtigkeit im Fahrzeuginnern vermindert. Der Kompressor der Klimaanlage wird vom Motor über einen Keilriemen angetrieben, der im Rahmen der regelmäßigen Wartung überprüft und bei Abnutzung ausgewechselt werden muß, siehe Kapitel »Wartung«. Reparaturarbeiten an der Klimaanlage sollten von der Fachwerkstatt durchgeführt werden. **Achtung: Kältemittelkreislauf der Klimaanlage nicht öffnen, auch keine Schweißarbeiten in dessen Nähe durchführen, da Gesundheits- und Verletzungsgefahr durch austretendes Kältemittel besteht.**

Hinweis: In diesem Band werden 2 MICRA-Generationen behandelt. Die MICRA-Generation I kam im März '83 in Deutschland auf den Markt. Im Januar '93 wurde die MICRA-Generation II eingeführt. Parallel zur MICRA-Generation II werden auch weiterhin von der MICRA-Generation I die Modelle TOPIC und HIT angeboten.

Heizungszüge aus- und einbauen/ einstellen

Die Heizungsklappen werden von den Bedienungshebeln beziehungsweise Drehreglern über Bowdenzüge bewegt.

Anordnung Heizungsbetätigung/Heizungsklappen, MICRA-Generation I:

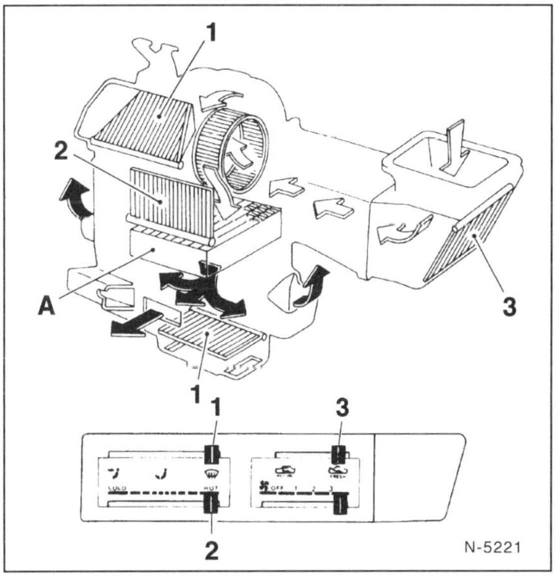

Bowdenzugverbindungen:
1 – Luftverteilungshebel und Luftverteilungsklappe
2 – Temperaturhebel und Mischklappe
3 – Lufteinlaßhebel und Lufteinlaßklappe
(A – Wärmetauscher)

Anordnung Heizungsbetätigung, MICRA-Generation II:

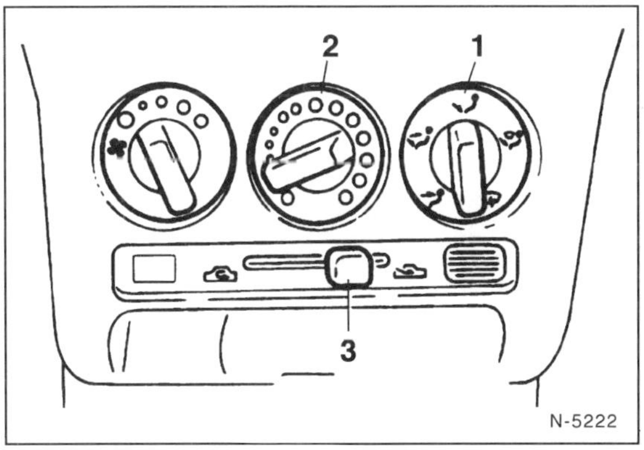

1 – Regler für Luftverteilungsklappe
2 – Regler für Mischklappe
3 – Regler für Lufteinlaßklappe

Ausbau

- Bedienhebel (bei MICRA der Generation II zum Teil Drehregler) nach außen hin kräftig abziehen.

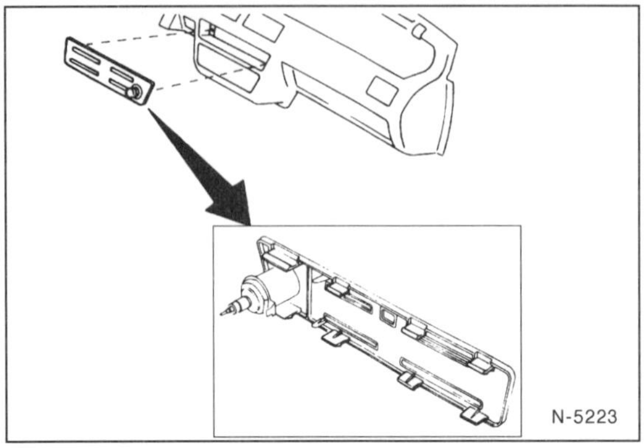

- Bedienblende vorsichtig abhebeln.

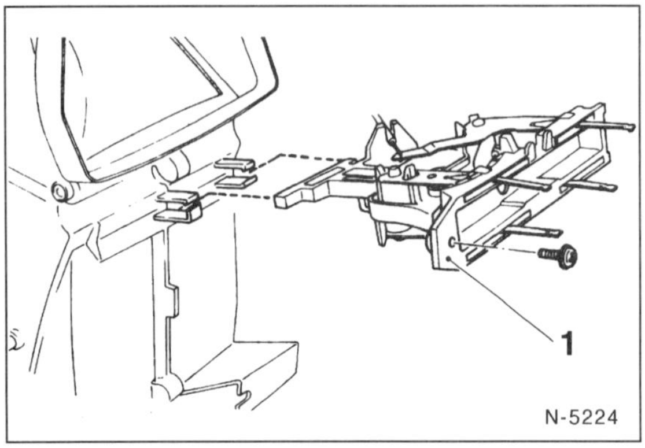

- Heizungsbetätigung –1– abschrauben und herausziehen.

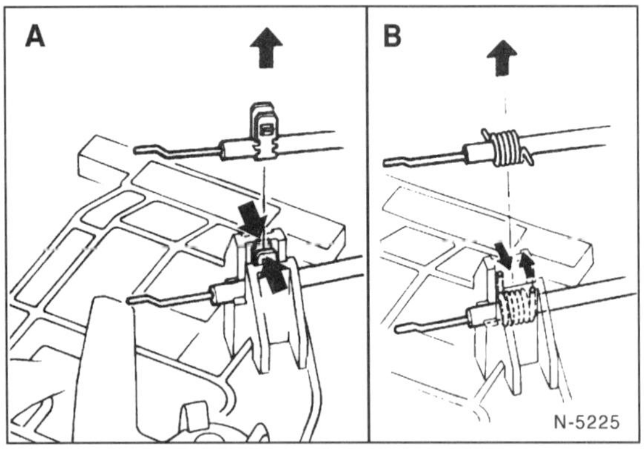

- Die Bowdenzughüllen sind mit Halteklammern befestigt. Zum Lösen Halteklammer an den beiden Laschen mit den Fingern zusammendrücken und aus der Halterung nehmen –A–. Bei Sicherung mit Draht, Drahtenden mit Flachzange zusammendrücken und herausziehen –B–. Anschließend Bowdenzug an der jeweiligen Klappe aushängen.

Einbauen/einstellen

Die folgenden Abbildungen zeigen den MICRA der II. Generation. Beim Vorgängermodell Arbeitsgänge in entsprechender Weise durchführen.

Seilzug für Luftverteilungsklappe (Fußraum/Defrost)

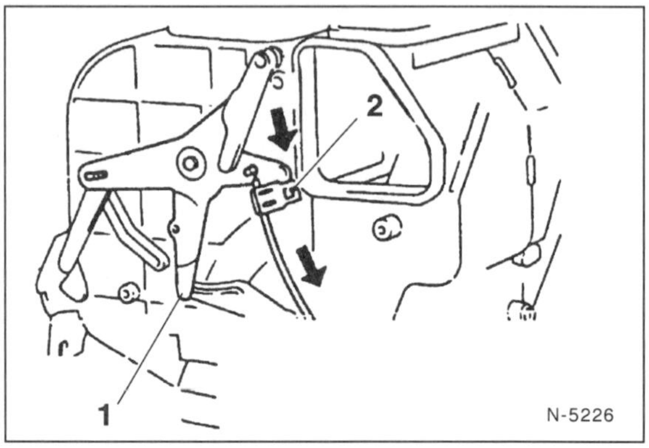

- Bowdenzughülle aus der Halteklammer –2– ausfedern.
- Luftverteilungshebel an der Bedieneinheit ganz nach rechts auf »DEFROST« stellen.
- Seitlichen Verbindungshebel –1– in Pfeilrichtung drücken. In dieser Stellung Seilzug einhängen und mit Halteklammer sichern.

Zugstange für Kühlmittel-Absperrventil (nur MICRA-Generation II)

- Seilzug für Temperaturregelung aushängen.

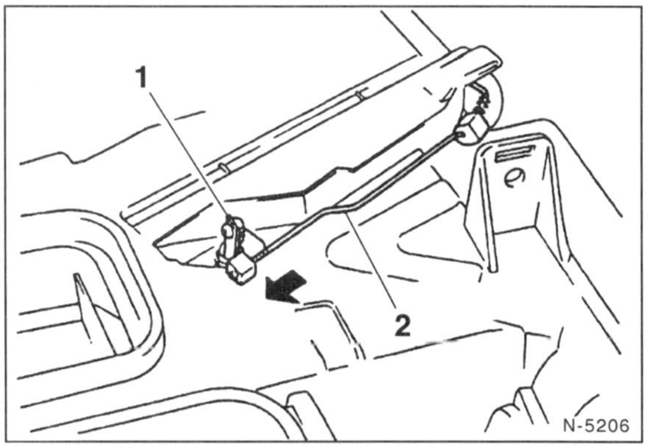

- Luftmischklappenhebel –1– in Pfeilrichtung drücken.
- Zugstange –2– für Kühlmittel-Absperrventil in Pfeilrichtung schieben, bis das Spiel zwischen dem Ende der Zugstange und dem Verbindungshebel ungefähr 2 mm beträgt. In dieser Stellung Zugstange in den Luftmischklappenhebel einhängen.
- Seilzug für Temperaturregelung einhängen.
- Anschließend Funktion kontrollieren, gegebenenfalls Einstellung wiederholen.

Seilzug für Temperaturregelung

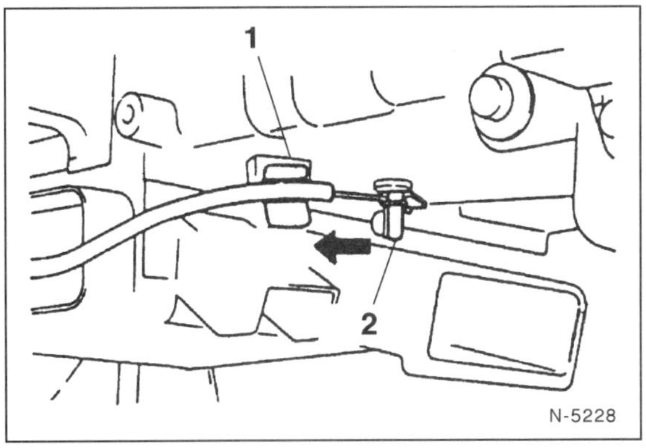

- Bowdenzughülle aus der Halteklammer –1– ausfedern.
- Temperaturregulierhebel beim MICRA der I. Generation ganz nach links auf »kalt«, beim MICRA der II. Generation nach rechts auf »heiß« stellen.
- Regulierhebel –2– am Heizkasten mit dem Finger gegen den Anschlag –Pfeilrichtung– drücken. In dieser Stellung den Seilzug einhängen und mit Halteklammer sichern.
- Einstellung prüfen. Dazu Regler an der Bedieneinheit nach rechts und links bis zum Anschlag drücken. Gleichzeitig muß sich der Hebel am Heizkasten von Anschlag zu Anschlag bewegen.

Seilzug für Lufteinlaß (Frischluft/Umluft)

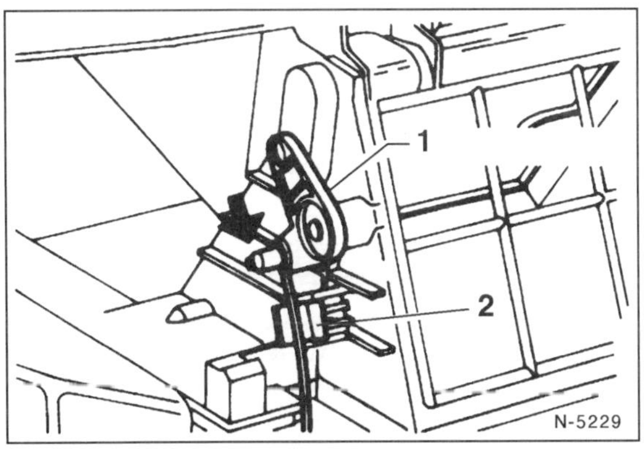

- Regulierhebel –1– am Heizkasten mit dem Finger auf Umluft stellen.
- Frischluft-/Umlufthebel auf Umluft stellen.
- In dieser Stellung den Seilzug einhängen und mit Halteklammer –2– sichern.

Gebläsemotor/Vorwiderstände prüfen

Achtung: Wenn das Heizgebläse nur auf einer Stufe nicht läuft, ist in der Regel ein Vorwiderstand defekt. In diesem Fall Vorwiderstände komplett ersetzen.

- **MICRA-Generation I:** Der Gebläsemotor sitzt links am Heizungskasten. Zum Erreichen des Motors muß das Armaturenbrett ausgebaut werden, siehe Seite 176.
- **MICRA-Generation II:** Handschuhkasten ausbauen, siehe Seite 177.

Gebläsemotor prüfen

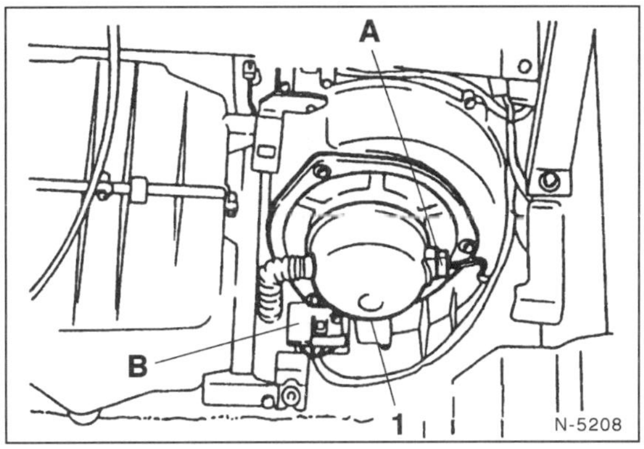

- Stecker –A– für Gebläsemotor abziehen. Die Abbildung zeigt den MICRA der II. Generation.
- Mit 2 Hilfskabeln Batteriespannung (12 Volt) an die beiden Motorklemmen anschließen.
- Der Motor muß anlaufen, andernfalls Motor ersetzen.

Vorwiderstände prüfen

- Stecker an der Widerstandsplatte –B– abziehen. Die 4 Steckkontakte werden von links nach rechts von a bis d bezeichnet.
- Folgende Klemmen an der Widerstandsplatte mit Ohmmeter auf Durchgang prüfen: a – b; a – c; a – d. Falls mindestens in einem Fall kein Durchgang vorhanden ist, Vorwiderstände ersetzen. Die Werte der einzelnen Widerstände liegen etwa bei 0,5 Ω bis 1,5 Ω. Durchgangsprüfung, siehe Seite 192.

Heizungsschalter prüfen

- Bedieneinheit ausbauen.
- Stecker am Gebläseschalter abziehen. Steckerbelegungen, siehe rechte Abbildungen.
- Bei folgenden Schalterstellungen die entsprechenden Klemmen auf Durchgang prüfen, siehe auch »Schalter auf Durchgang prüfen« auf Seite 193.

Schalterstellung	1	2	3	4
MICRA-Generation I: Klemmen	5 – 1 1 – 4	5 – 2 2 – 4	5 – 3 3 – 4	—
MICRA-Generation II: Klemmen	5 – 6 6 – 4	5 – 6 6 – 3	5 – 6 6 – 2	5 – 6 6 – 1

Steckerbelegung, MICRA-Generation I:

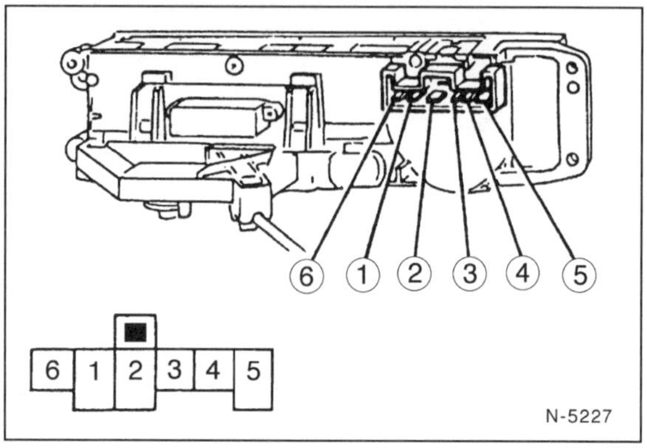

Steckerbelegung, MICRA-Generation II:

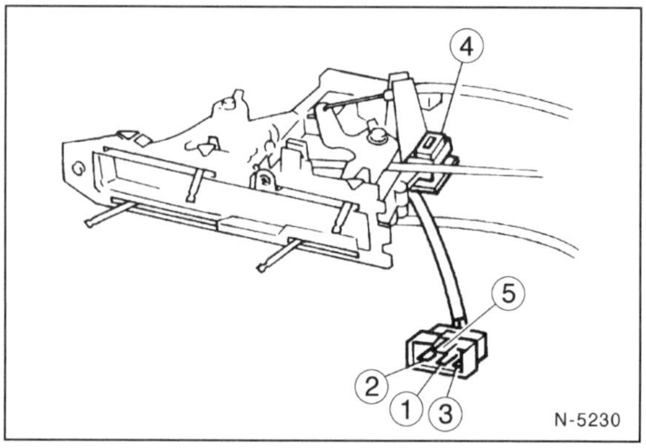

Störungsdiagnose Heizung

Störung	**Ursache**	**Abhilfe**
Heizgebläse läuft nicht	Sicherung für Gebläsemotor defekt	■ Sicherung für Gebläse prüfen, gegebenenfalls ersetzen
	Gebläseschalter defekt	■ Prüfen, ob an den Vorwiderständen Spannung anliegt. Wenn nicht, Gebläseschalter ausbauen und prüfen
	Elektromotor defekt	■ Gebläsemotor prüfen
Heizgebläse läuft nur in einer Geschwindigkeitsstellung nicht	Vorwiderstand defekt	■ Anschlußplatte ersetzen
Heizleistung zu gering	Kühlmittelstand zu niedrig	■ Kühlmittelstand prüfen, gegebenenfalls Kühlmittel auffüllen
	Heizungsbetätigung schwergängig, defekt	■ Heizungsbetätigung prüfen, gegebenenfalls Bowdenzug ersetzen
	Wärmetauscher undicht oder verstopft	■ Wärmetauscher ersetzen (Werkstattarbeit)
Heizung läßt sich nicht ausschalten	Heizungsbetätigung schwergängig, defekt	■ Heizungsbetätigung prüfen, gegebenenfalls Bowdenzug ersetzen
Geräusche im Bereich des Heizgebläses	Eingedrungener Schmutz, Laub	■ Gebläse ausbauen, reinigen, Luftkanal säubern
	Lüfterrad hat Unwucht, Lager defekt	■ Gebläsemotor ausbauen und auf leichten Lauf prüfen

Elektrische Anlage

Bei der Überprüfung der elektrischen Anlage stößt der Heimwerker in den technischen Unterlagen immer wieder auf die Begriffe Spannung, Stromstärke und Widerstand.

Die Spannung wird in Volt (V) gemessen, die Stromstärke in Ampere (A) und der Widerstand in Ohm (Ω). Mit dem Begriff Spannung ist beim Auto in der Regel die Batteriespannung gemeint. Es handelt sich dabei um eine Gleichspannung von ca. 12 Volt. Die Höhe der Batteriespannung hängt vom Ladezustand der Batterie und von der Außentemperatur ab. Sie kann zwischen 10 bis 13 Volt betragen. Demgegenüber wird die Bordspannung vom Generator (Lichtmaschine) erzeugt, die bei mittleren Drehzahlen ca. 14 Volt beträgt.

Der Begriff Stromstärke taucht im Bereich der Automobil-Elektrik relativ selten auf. Die Stromstärke ist beispielsweise auf der Rückseite von Sicherungen angegeben und weist auf den maximalen Strom hin, der fließen kann, ohne daß die Sicherung durchbrennt und damit den Stromkreis unterbricht.

Überall wo ein Strom fließt, muß er einen Widerstand überbrücken. Der Widerstand ist unter anderem von folgenden Faktoren abhängig: Leitungsquerschnitt, Leitungsmaterial, Stromaufnahme usw. Ist der Widerstand zu groß, treten Funktionsstörungen auf. Beispielsweise darf der Widerstand in den Zündleitungen nicht zu hoch sein, sonst fehlt ein ausreichend starker Zündfunke an den Zündkerzen, der das Kraftstoff-Luftgemisch entzündet und damit den Motor zum Laufen bringt.

Meßgeräte

Zum Messen der Bord-Elektrik gibt es im Handel sogenannte Mehrfach-Meßgeräte. Sie vereinen in einem Gerät das Voltmeter, um Spannungen zu messen, das Amperemeter, um die Stromstärke zu messen und das Ohmmeter, um den Widerstand zu messen. Die im Handel befindlichen Meßgeräte unterscheiden sich hauptsächlich im Meßbereich und in der Meßgenauigkeit. Durch den Meßbereich wird festgelegt, in welchem Bereich Spannungen oder Widerstände liegen müssen, damit sie überhaupt vom Gerät erfaßt werden können.

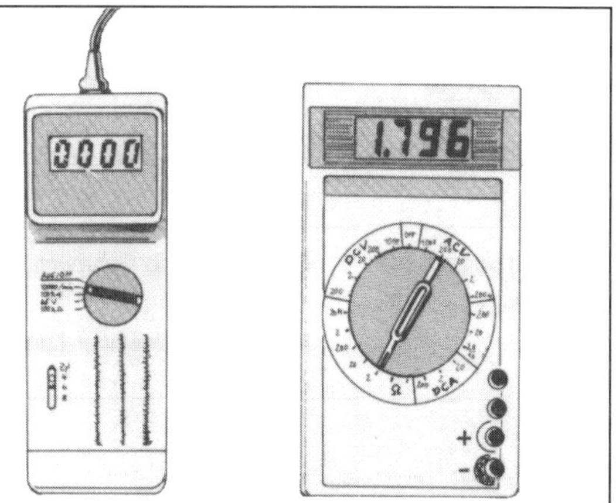

SX-5401P

Für den Heimwerker gibt es Vielfach-Meßgeräte, die speziell für Prüfarbeiten am Auto abgestimmt sind. Mit solch einem Gerät können Motordrehzahl, Zünd-Schließwinkel und Spannungen bis zu 20 Volt gemessen werden. Bei Widerstandsmessungen beschränkt sich das Gerät in der Regel auf den Kilo-Ohm-Bereich, also etwa 1–1000 kΩ.

Darüber hinaus werden Meßgeräte zur Überprüfung von elektrischen und elektronischen Bauteilen angeboten. Sie erlauben eine umfassende Messung von kleinen Widerständen in Ohm (Ω) bis zu großen Widerständen im Mega-Ohm-Bereich (MΩ). Spannungen (in Volt) können sehr exakt gemessen werden, was vor allem bei elektronischen Bauteilen erforderlich ist.

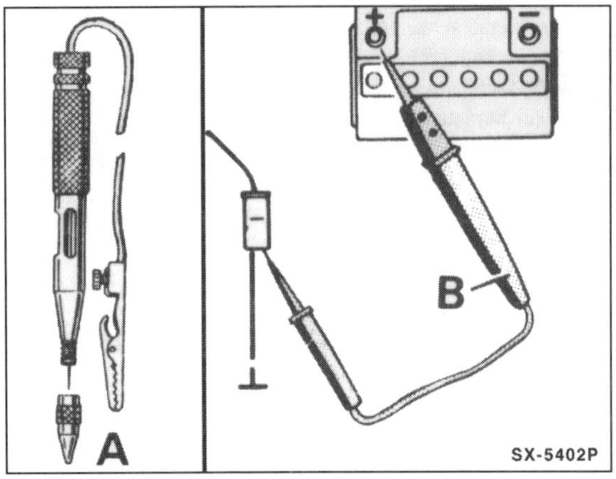

Wenn nur geprüft werden soll, ob überhaupt Spannung (V) anliegt, eignet sich hierzu eine einfache Prüflampe –A–. Dies gilt allerdings nur für Stromkreise, in denen sich keine elektronischen Bauteile befinden. Denn Elektronikteile reagieren äußerst empfindlich auf zu hohe Ströme. Unter Umständen können sie bereits durch Anschließen einer Prüflampe zerstört werden. **Achtung:** Bei der Prüfung elektronischer Bauteile (Transistoren, Dioden, und Steuergeräte) ist ein hochohmiger Spannungsprüfer –B– erforderlich. Er arbeitet wie eine Prüflampe, jedoch ohne daß elektronische Bauteile geschädigt werden, und eignet sich für sämtliche Prüfarbeiten.

Meßtechnik

Spannung messen

Spannung kann schon mit einer einfachen Prüflampe oder einem Spannungsprüfer nachgewiesen werden. Allerdings erkennt man dann nur, ob überhaupt Spannung anliegt. Um die Höhe der anliegenden Spannung zu prüfen, muß ein Voltmeter (Spannungs-Meßgerät) angeschlossen werden.

Zunächst ist beim Voltmeter der Meßbereich einzustellen, in dem sich die zu messende Spannung voraussichtlich befindet. Spannungen am Fahrzeug sind in der Regel nicht höher als ca. 14 Volt. Eine Ausnahme bildet die Zündanlage; hier kann die Zündspannung bis zu 30.000 Volt betragen. Diese hohe Spannung ist nur mit einem speziellen Meßgerät oder einem Oszilloskop meßbar.

Während man bei Meßgeräten, die speziell auf das Auto abgestimmt sind, am Wählschalter nur das Voltmeter einschalten muß, sind bei einem allgemeinen Vielfachmeßgerät erst eine Reihe von Entscheidungen zu fällen. Zunächst wird mit dem Wählschalter der Bereich Gleichspannung (DCV im Gegensatz zu ACV=Wechselspannung) eingestellt. Dann wird der Meßbereich gewählt. Da beim Auto außer an der Zündanlage keine höheren Spannungen als ca. 14 Volt auftreten, sollte die Obergrenze des einzustellenden Meßbereiches etwas höher liegen (ca. 15 bis 20 Volt). Falls sicher ist, daß die gemessene Spannung wesentlich niedriger ist, zum Beispiel im Bereich von 2 Volt, kann der Meßbereich heruntergeschaltet werden, um eine größere Anzeigegenauigkeit zu erreichen. Liegen höhere Spannungen an, als sie vom Meßbereich des Gerätes erfaßt werden, kann das Meßgerät zerstört werden.

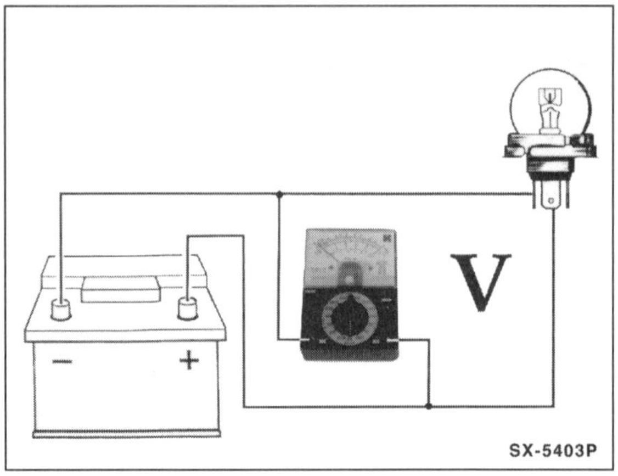

Die Kabel des Meßgerätes entsprechend der Zeichnung parallel zum Verbraucher anschließen. Dabei wird das rote Meßkabel an die vom Batterie-Pluspol kommende Leitung angelegt, das schwarze Meßkabel an die Masse-Leitung oder an Fahrzeugmasse, wie zum Beispiel den Motorblock.

Prüfbeispiel: Wenn der Motor nicht richtig anspringt, weil der Anlasser zu langsam dreht, ist es zweckmäßig, die Batteriespannung zu prüfen, während der Anlasser betätigt wird. Dazu das Voltmeter mit dem roten Kabel (+) an den Batterie-Pluspol und mit dem schwarzen Kabel an Fahrzeugmasse (–) anklemmen. Anschließend durch einen Helfer den Anlasser betätigen lassen und den Spannungswert ablesen. Liegt die Spannung unter ca. 10 Volt (bei einer Batterie-Temperatur von +20°C), muß die Batterie überprüft und eventuell vor den nächsten Startversuchen geladen werden.

Stromstärke messen

Am Auto ist es relativ selten erforderlich, die Stromstärke zu messen. Beispiel, siehe Kapitel »Batterie entlädt sich selbstständig«. Benötigt wird hierzu ein Amperemeter, welches ebenfalls in einem Vielfachmeßgerät integriert ist.

Vor der Strommessung wird das Meßgerät auf den Meßbereich eingestellt, in dem sich die zu messende Stromstärke voraussichtlich befindet. Falls das nicht bekannt ist, höchsten Meßbereich einstellen und, falls keine Anzeige erfolgt, nacheinander in die nächstniedrigeren Meßbereiche schalten.

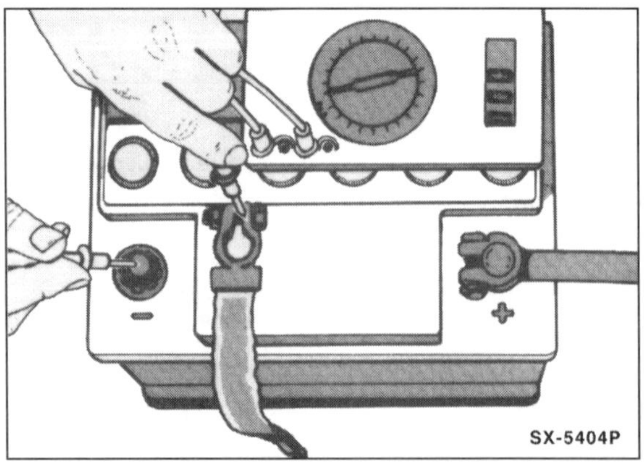

Für die Messung der Stromstärke muß der Stromkreis aufgetrennt werden, das Meßgerät (Amperemeter) wird dazwischengeschaltet. Dazu wird beispielsweise der Stecker abgezogen und das rote Kabel (+) des Amperemeters an die stromführende Leitung angeschlossen. Das schwarze Kabel (–) wird an den Kontakt angelegt, an dem normalerweise die unterbrochene Leitung angeschlossen ist. Die Massekontakte zwischen Verbraucher und Stecker müssen dann mit einem Hilfskabel verbunden werden.

Achtung: Keinesfalls sollte mit einem normalen Amperemeter die Stromstärke in der Leitung zum Anlasser (ca. 150 A) oder zu den Glühkerzen beim Dieselmotor (bis 60 A) gemessen werden. Durch die hierbei auftretenden hohen Ströme kann das Meßgerät zerstört werden. Die Werkstatt benutzt für diese Messungen ein Amperemeter mit Gleichstromzange. Dabei wird eine Stromzange über das isolierte Stromkabel geklemmt und der Stromwert durch Induktion gemessen.

Widerstand messen

Vor der Prüfung des Widerstandes ist grundsätzlich sicherzustellen, daß am Bauteil, an welches das Ohmmeter angeschlossen wird, keine Spannung anliegt. Also immer vorher Stecker abziehen, Zündung ausschalten, Leitung beziehungsweise Aggregat ausbauen oder Batterie abklemmen. Andernfalls kann das Meßgerät beschädigt werden.

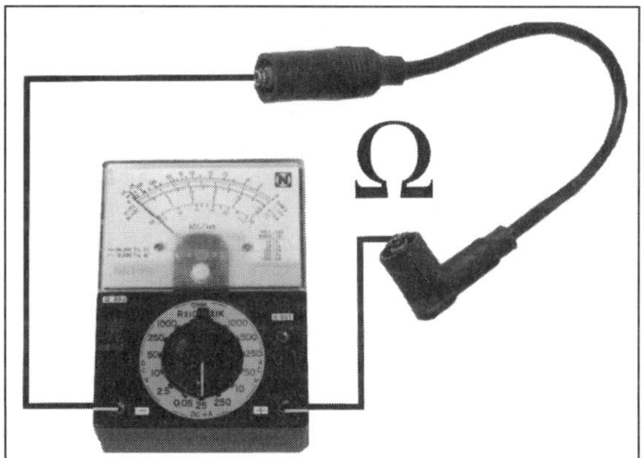

SX-5405P

Das Ohmmeter wird an die 2 Anschlüsse eines Verbrauchers oder an die 2 Enden einer elektrischen Leitung angeschlossen. Dabei spielt es keine Rolle, welches Kabel (+/–) des Meßgerätes an welchen Kontakt angeklemmt wird.

Die Widerstandsmessung am Auto erstreckt sich weitgehend auf 2 Bereiche:

1. Kontrolle eines in den Stromkreis integrierten Widerstandes oder Bauteils.

2. »Durchgangsprüfung« einer elektrischen Leitung, eines Schalters oder einer Heizwendel. Dabei wird geprüft, ob eine elektrische Leitung im Fahrzeug unterbrochen ist und deshalb das angeschlossene elektrische Gerät nicht funktionieren kann. Zur Messung wird das Ohmmeter an die beiden Enden der betreffenden elektrischen Leitung angeschlossen. Beträgt der Widerstand 0 Ω, dann ist „Durchgang" vorhanden. Das heißt, die elektrische Leitung ist in Ordnung. Bei unterbrochener Leitung zeigt das Meßgerät ∞ (unendlich) Ω an.

Elektrisches Zubehör nachträglich einbauen

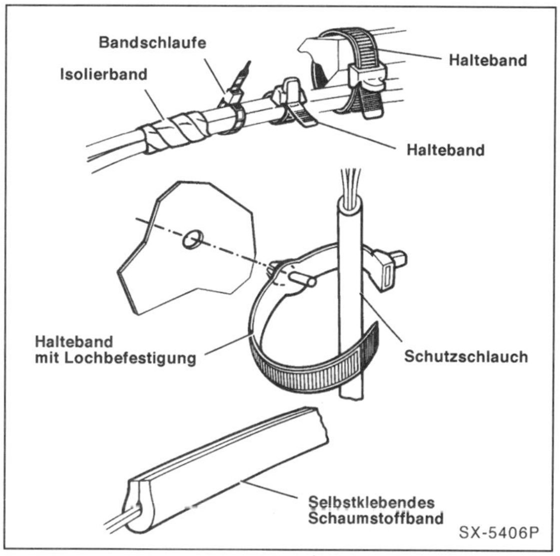

SX-5406P

Kabel, die beim Einbau von Zubehör zusätzlich zu dem serienmäßig eingebauten Kabelsatz im Fahrzeug verlegt werden müssen, sind nach Möglichkeit immer entlang der einzelnen Kabelstränge unter Verwendung der vorhandenen Kabelschellen und Gummitüllen zu verlegen.

Falls erforderlich, sind die neu verlegten Kabel, um Geräuschen während der Fahrt vorzubeugen und das Scheuern von Kabeln zu vermeiden, mit Isolierband, plastischer Masse, Kabelbändern und dergleichen zusätzlich festzulegen. Hierbei ist besonders darauf zu achten, daß zwischen den Bremsleitungen und den festverlegten Kabeln ein Mindestabstand von 10 mm sowie zwischen den Bremsleitungen und den Kabeln, die mit dem Motor oder anderen Teilen des Fahrzeuges schwingen, ein Mindestabstand von 25 mm vorliegt.

Beim Bohren von Karosserie-Löchern müssen die Lochränder anschließend entgratet, grundiert und lackiert werden. Die beim Bohren zwangsläufig anfallenden Späne sind restlos aus der Karosserie zu entfernen.

Bei allen Einbauarbeiten, die das elektrische Leitungssystem berühren, ist, um der Gefahr von Kurzschlüssen im elektrischen Leitungssystem vorzubeugen, grundsätzlich das Massekabel (–) von der Fahrzeugbatterie abzuklemmen und zur Seite zu hängen.

Achtung: Wird die Batterie abgeklemmt, werden unter Umständen der Fehlerspeicher für Motor- und Getriebesteuerung, Antiblockiersystem sowie andere elektrische Geräte wie zum Beispiel das Radio und die Zeituhr stillgelegt beziehungsweise Speicherwerte gelöscht. Spezielle Hinweise zu diesem Thema stehen im Kapitel »Batterie-Ausbau«.

Sofern zusätzliche elektrische Verbraucher eingebaut werden, ist in jedem Fall zu überprüfen, ob die erhöhte Belastung noch von dem vorhandenen Drehstromgenerator mit übernommen werden kann. Falls erforderlich, sollte ein Generator mit größerer Leistung vorgesehen werden.

Fehlersuche in der elektrischen Anlage

Beim Aufspüren eines Defekts in der elektrischen Anlage ist es wichtig, systematisch vorzugehen. Dies gilt sowohl beim Überprüfen von ausgefallenen Glühlampen wie auch bei nicht laufenden Elektromotoren.

Der **erste Schritt** ist immer die Überprüfung der Sicherung, sofern das elektrische Bauteil abgesichert ist. Die aktuelle Sicherungsbelegung ergibt sich aus dem Aufdruck auf dem Sicherungskastendeckel, siehe auch unter Kapitel »Sicherungen auswechseln«.

Defekte Sicherung gegebenenfalls auswechseln und nach Einschalten des elektrischen Verbrauchers kontrollieren, ob diese nicht unmittelbar wieder durchbrennt. In diesem Fall muß zuerst der Fehler aufgespürt und behoben werden, in der Regel handelt es sich um einen Kurzschluß. Das bedeutet, an irgend einer Stelle, mitunter auch intern im elektrischen Gerät, sind Masse- und Plusanschluß miteinander verbunden.

Zweiter Prüfschritt: Wenn bei intakter Sicherung die Glühlampe nicht leuchtet beziehungsweise der Elektromotor nicht anläuft, ist die Stromversorgung zu überprüfen.

Glühlampe prüfen

- Lampe ausbauen und sichtprüfen. Ist der Glühfaden durchgebrannt oder sitzt der Glaskolben locker im Sockel, Lampe erneuern.
- Um einwandfrei festzustellen, ob die Glühlampe intakt ist, geht man folgendermaßen vor: Eine Plusleitung (+) und eine Masseleitung (–) direkt an die Pole der Batterie anschließen und mit der Lampe verbinden. Dabei ist es unwichtig, wie die Kabel an die Lampe angeschlossen werden. Ein Kabel an den Stromanschluß, das andere an das Glühlampengehäuse. Wenn jetzt die Lampe nicht leuchtet, Lampe erneuern. Hinweis: Es muß sichergestellt sein, daß die Kontakte an der Lampe und in der Lampenfassung nicht korrodiert sind. Gegebenenfalls korrodierte oder verbogene Anschlüsse abschmirgeln und einwandfreien Kontakt herstellen.
- Ist die Lampe intakt, Lampe einsetzen und einschalten. Leuchtet die Lampe nicht, mit Prüflampe Stromzuführung überprüfen. Dazu Prüflampe an Masse anlegen. Das bedeutet: Das eine Kabel der Prüflampe muß an eine gute Massestelle am Motor (blankes Metall) oder direkt am Batterie-Minuspol angeschlossen werden. Die andere Prüflampen-Prüfspitze (+) entweder an den stromführenden Stecker halten oder mit der Prüfspitze in das stromführende Kabel einstechen. Wenn die Prüflampe jetzt aufleuchtet und die Lampe dennoch nicht brennt, ist die Massezuführung zur Lampe unterbrochen. Um dies zu überprüfen, Massehilfsleitung an die Lampenfassung anlegen. Die Lampe muß jetzt leuchten.
  Hinweis: Es gibt Lampen, die nur eine spannungsführende Zuleitung haben, zum Beispiel Standlicht, Fahrzeuginnenbeleuchtung. Diese Lampen sind über ihr Gehäuse direkt mit der Fahrzeugmasse verbunden.
- Wenn das stromführende Kabel zur Lampe keine Spannung aufweist, die Prüflampe also nicht aufleuchtet, ist sehr wahrscheinlich der Schalter defekt. Schalter auf Durchgang prüfen.

Elektromotoren prüfen

Im Auto werden immer mehr Komfortfunktionen von kleinen Elektromotoren übernommen. Dazu gehören bespielsweise der Fensterheber, das Schiebedach, die elektrische Zentralverriegelung oder die elektrische Antenne.

Jeder Motor wird bei Bedarf über einen Schalter zugeschaltet, meist von Hand. Bei der elektrischen Antenne wird der Schalter automatisch vom Radio angesteuert.

- Sicherung des betreffenden Elektromotors prüfen, gegebenenfalls ersetzen.

Hinweis: Beim elektrischen Fensterheber und der Zentralverriegelung sollte vor einer erneuten Betätigung die Überlastungsursache beseitigt werden. Das können beispielsweise vereiste Scheiben und Schlösser oder verschmutzte Fenster-Führungsschienen sein.

- Brennt die Sicherung gleich wieder durch, liegt ein Kurzschluß vor.
- Um eindeutig zu klären, ob der Defekt im Motor liegt, 2 Hilfskabel (∅ ca. 2 mm) direkt von der Fahrzeugbatterie an den Motor anlegen. Pluskabel an den Pluspol, Massekabel an Massepol des Motors. Die Pol-Belegung ergibt sich im Zweifelsfall aus dem Stromlaufplan. Dazu muß der Motor gegebenenfalls ausgebaut werden. Alle elektrischen Motoren im Fahrzeug werden mit Bordspannung (12 bis 14 Volt) versorgt. Funktioniert der Motor jetzt ordnungsgemäß, war die Stromversorgung defekt. Hinweis: Ein zu langsam laufender oder aussetzender Elektromotor kann auf abgenützte Schleifkohlen hinweisen. In diesem Fall Schleifkohlen (Bürsten) ersetzen.
- Funktioniert der Motor, anhand des Stromlaufplans feststellen, welche Zuleitung am Elektromotor Spannung führt, wenn der Schalter betätigt wird und zuvor die Zündung eingeschaltet wurde.
- Spannungsführendes Kabel am Elektromotor mit Prüflampe prüfen. Da bei Elektromotoren ein großer Strom fließt, kann eine herkömmliche Prüflampe mit Glühlampe genommen werden. Diese haben spitze Prüfnadeln, mit denen das Anschlußkabel durchstochen werden kann. So läßt sich auf einfache Weise die Spannung prüfen. Motoren, die links/rechtsherum drehen, zum Beispiel Fensterhebermotoren, haben zwei Plus-Anschlüsse. **Achtung:** Scheibenwischermotor prüfen, siehe entsprechendes Kapitel.
- Liegt keine Spannung am Elektromotor an, ist die Stromversorgung defekt. Fehler in der Zuleitung nach Stromlaufplan suchen und beheben. Elektromotoren haben in der Regel aufgrund des hohen Strombedarfs zusätzliche Schaltrelais. Prüfung, siehe entsprechendes Kapitel.
- Wurde kein Fehler gefunden, Schalter prüfen.
- Ist ein Kabel defekt, ist es oft sinnvoller, man legt ein neues Kabel, da es schwierig ist, einen Defekt im Kabel zu lokalisieren.

Schalter auf Durchgang prüfen

Die meisten elektrischen Verbraucher werden über einen von Hand betätigten Schalter ein- und ausgeschaltet. Darüber hinaus gibt es auch Schalter, die automatisch betätigt werden. Zu diesen Schaltern zählen zum Beispiel der Öldruckschalter und der Geber für Bremsflüssigkeitsstand.

Grundsätzlich hat ein Schalter die Aufgabe, den Stromkreis zu schließen und zu unterbrechen. Es gibt Schalter, die die Masseleitung unterbrechen, und Schalter, die den Plusstrom unterbrechen.

Schalter für Lampen und Elektromotoren prüfen

- Betreffenden Schalter ausbauen.
- Einfache Schalter haben nur 2 Anschlüsse für die Kabel. In diesem Fall muß an einem Anschluß immer Spannung (+) anliegen und nach dem Einschalten an der anderen Klemme auch. Es gibt auch Schalter mit mehreren Klemmen. Bei diesen Schaltern anhand des Stromlaufplans klären, an welcher Klemme Spannung anliegen muß, gegebenenfalls vorher Zündung einschalten.
- Mit Prüflampe prüfen, ob am Schalter Spannung anliegt. Leuchtet die Prüflampe auf, Schalter betätigen und an der Ausgangsklemme prüfen, ob dort auch Spannung anliegt. Ist das der Fall, ist sichergestellt, daß der Schalter funktioniert.
- Wenn an der Eingangsklemme keine Spannung anliegt, liegt eine Unterbrechung in der Leitungs-Zuführung vor. Anhand des Stromlaufplans muß die Spannungszuführung kontrolliert und gegebenenfalls eine neue Leitung gelegt werden.

Geberschalter prüfen

Geberschalter sind bespielsweise: Öldruckschalter, Geber für Bremsflüssigkeits- und Kühlmittelstand.

- Durchgangsprüfer (Prüflampe oder Ohmmeter) an der Zu- und Ableitung des Schalters anschließen, dazu Kabel am Schalter abziehen. **Achtung:** Schalter, die im Motorblock eingeschraubt sind, haben in der Regel kein Massekabel, da das Schaltergehäuse über den Motorblock als Massepol dient.
- Bei geschlossenem Schalter muß der Durchgangsprüfer Durchgang anzeigen. Am besten ist ein Ohmmeter als Durchgangsprüfer: Bei geschlossenem Schalter muß es 0Ω, bei geöffnetem Schalter $\infty\Omega$ (unendlich) anzeigen.
- Die Funktionsfähigkeit etwa der Kühlmittel- oder Bremsflüssigkeitsstand-Warnschalter läßt sich am schnellsten prüfen, indem bei eingeschalteter Zündung die Zuleitung am Schalter abgezogen wird und an eine gute Massestelle, zum Beispiel gegen den Motorblock, gehalten wird. Spricht die Warnlampe im Schalttafeleinsatz jetzt an, liegt der Fehler am Schalter.
  Ein Sonderfall ist der Öldruckschalter: Bei stehendem Motor ist der Kontakt geschlossen (Warnlampe brennt), erst bei einem gewissen Öldruck öffnet der Schalter.

Relais prüfen

In vielen Stromkreisen ist ein Relais integriert. Ein Schaltrelais arbeitet wie ein Schalter. Beispiel: Wenn das Fernlicht über den Handschalter eingeschaltet wird, bekommt das Relais den Befehl, den Strom zum Fernlicht durchzuschalten. Man könnte natürlich den Strom auch direkt über den Lichtschalter von der Batterie zum Fernlicht legen. Bei allen Verbrauchern mit hoher Stromaufnahme (Fernscheinwerfer, Scheibenwischer, Nebelscheinwerfer) schaltet man jedoch ein Relais dazwischen, um den Schalter nicht zu überlasten beziehungsweise um kurze Stromwege sicherzustellen. Neben diesen Schaltrelais gibt es auch Funktionsrelais, zum Beispiel für die Wisch-Wasch-Anlage oder das Warntonrelais für eingeschaltete Außenbeleuchtung.

Schaltrelais prüfen

Beim Einschalten des betreffenden Verbrauchers wird das Relais angesteuert, das heißt durch den Schaltstrom zieht eine Magnetspule im Relaisinnern einen Kontakt an und schließt so den Stromkreis für den »Arbeitsstrom«. Der Arbeitsstrom läuft über das Relais zum Stromverbraucher weiter.

Am einfachsten läßt sich die Funktionsfähigkeit eines Relais prüfen, wenn man es gegen ein intaktes auswechselt. So macht man es auch in der Werkstatt. Da dem Heimwerker jedoch in den seltensten Fällen ein neues Relais sofort zur Verfügung steht, empfiehlt sich folgender Arbeitsschritt bei den sogenannten Schaltrelais, wie sie unter anderem zum Schalten von Nebel- und Hauptscheinwerfern verwendet werden.

- Relais aus der Halterung herausziehen.
- Zündung und entsprechenden Schalter einschalten.
- Zuerst mit Spannungsprüfer feststellen, ob an der entsprechenden Plus-Klemme (+) im Relaishalter Spannung anliegt. Dazu Spannungsprüfer an Masse (–) anschließen und die andere Kontaktspitze vorsichtig in die Klemme einführen. Wenn die Leuchtdiode des Spannungsprüfers aufleuchtet, ist Spannung vorhanden. Zeigt der Spannungsprüfer keine Spannung an, Unterbrechung vom Batterie-Pluspol (+) zur Klemme anhand des Schaltplanes aufspüren.
- Leitungsbrücke aus einem Stück isoliertem Draht herstellen, die Enden müssen blank sein.
- Mit dieser Brücke im Relaishalter die Klemme Batterie +, die immer Spannung führt, mit dem Ausgang des Relais-Schließers verbinden. Mit diesem Arbeitsschritt wird praktisch genau das getan, was ein intaktes Relais auch vornimmt. Wo sich die Klemmen im Relaishalter befinden, kann anhand der Kabelfarben und dem Schaltplan ermittelt werden.
- Wenn bei eingesetzter Brücke zum Beispiel das Fernlicht aufleuchtet, ist in der Regel das Relais defekt.
- Wenn das Fernlicht nicht aufleuchtet, klären, ob die Masseverbindung zum Scheinwerfer intakt ist. Dann Unterbrechung in der Leitungsführung von der Relaisklemme zum Hauptscheinwerfer anhand des Schaltplanes aufspüren und beheben.
- Falls erforderlich, neues Relais einsetzen.

Scheibenwischermotor prüfen

Der Scheibenwischermotor sitzt im Motorraum an der Stirnwand, beim Heckwischer in der Heckklappe. Im Text wird auf den Frontscheibenwischer eingegangen, beim Heckwischer dementsprechend verfahren.

Frontscheibenwischer prüfen

Zunächst klären, ob der Wischermotor oder die Stromversorgung defekt ist. Dazu folgendermaßen vorgehen:

- Mehrfachstecker am Wischermotor abziehen.

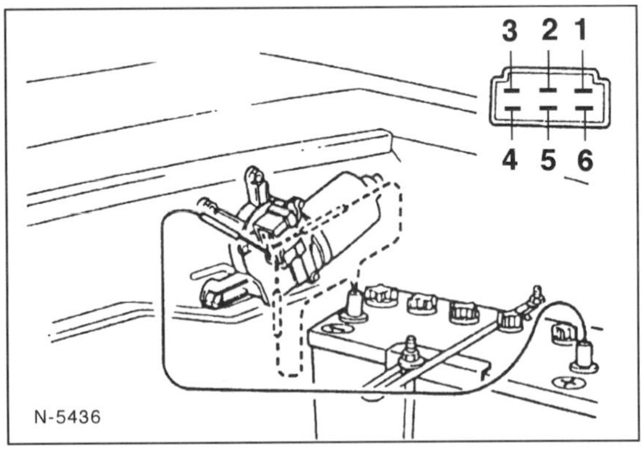

Hinweis: In Deutschland sitzt der Scheibenwischermotor auf der anderen Fahrzeugseite.

- **MICRA-Generation I:** (Klemme 1 ist hier nicht vorhanden.) Mit einem Hilfskabel Spannung (+) vom Batterie-Pluspol an Klemme **5** anlegen. Masse (–) vom Batterie-Minuspol an Klemme **4** anlegen. Der Scheibenwischermotor muß jetzt auf Stufe **I** (langsam) laufen. Wenn nicht, ist der Motor oder die Stufe **I** defekt.

  Danach Pluskabel an Klemme **6** anschließen. Der Wischermotor muß jetzt schnell, auf Stufe **II**, laufen.
- **MICRA-Generation II:** Mit einem Hilfskabel Spannung (+) vom Batterie-Pluspol an Klemme **2** anlegen. Masse (–) vom Batterie-Minuspol an Klemme **6** anlegen. Der Scheibenwischermotor muß jetzt auf Stufe **I** (langsam) laufen. Wenn nicht, ist der Motor oder die Stufe **I** defekt.

  Danach Pluskabel an Klemme **1** anschließen. Der Wischermotor muß jetzt schnell, auf Stufe **II**, laufen.
- Falls der Wischermotor nicht richtig funktioniert, neuen Motor einbauen, siehe Seite 224.
- Stecker für vorderen Wischermotor aufstecken.

Blinkanlage prüfen

Die Takte für die Blink- und Warnblinkanlage werden von einem Relais erzeugt, dem sogenannten Blinkgeber. Er sitzt beim MICRA unterhalb des Armaturenbretts am Lenksäulen-Querträger.

- Ist der Blinker-Rhythmus auf einer Seite schneller als auf der anderen Seite, ist auf der »schnellen« Seite eine Glühlampe defekt oder eine Leitungsunterbrechung vorhanden.
- Bei allen anderen Störungen ist in der Regel das Blinkrelais die Ursache. Zur Prüfung Relais ausbauen.

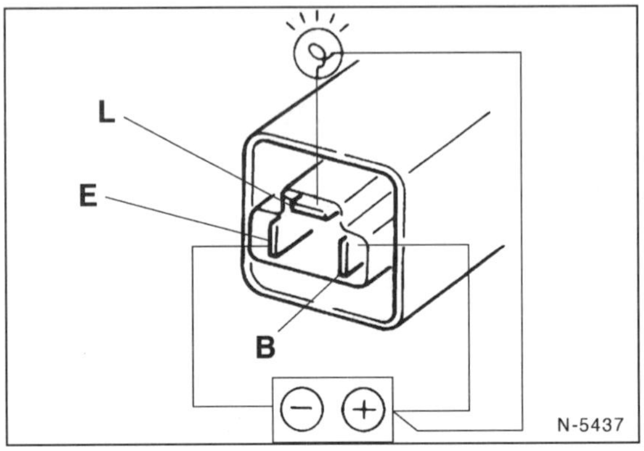

- Mit Hilfsleitungen Batterie-Plus (+) an Klemme **B** und Batterie-Masse (–) an Klemme **E** anschließen, siehe Abbildung. **Achtung:** Die Spannung darf nicht umgekehrt angelegt werden.
- Anschließend Glühlampe mit 27 Watt parallel zwischen die Klemmen **L** und **E** beziehungsweise zwischen **L** und Masse (–) anschließen. Die Lampen müssen jetzt im normalen Blinkrhythmus blinken, sonst Blinkgeber auswechseln.
- Steht kein neues Relais zur Verfügung, dünnen Draht vorsichtig zwischen Klemme B und L im Relaisstecker einstecken. **Achtung:** Dabei dürfen die empfindlichen Relaiskontakte nicht beschädigt werden. Drahtenden vor dem Einstecken umbiegen, damit keine scharfen Kanten vorhanden sind. Defektes Blinkrelais wieder aufsetzen. Die Anschlußfahnen sind so lang, daß das Relais trotz Überbrückung wieder aufgesteckt werden kann.
- Zündung einschalten. Wird der Blinkhebel jetzt betätigt, leuchtet die betreffende Blinkerseite dauernd auf. Durch Ein- und Ausschalten mit dem Blinkerhebel kann ein Blinkrhythmus erzeugt werden. Dennoch: Umgehend neues Blinkrelais einbauen.
- Leuchtet das Blinklicht trotz Überbrückung der Relaiskontakte nicht, liegt ein Defekt im Blinkerschalter oder in der elektrischen Zuleitung vor.

Bremslicht prüfen

- Wenn das Bremslicht nicht aufleuchtet, zuerst Sicherung im Sicherungkasten überprüfen.
- War die Sicherung in Ordnung, anschließend Brems-Glühlampen überprüfen, gegebenenfalls erneuern.

Sind die Brems-Glühlampen in Ordnung, anschließend Bremslichtschalter prüfen. Der Bremslichtschalter sitzt oberhalb des Bremspedals am Pedalbock. Beim Niedertreten des Bremspedals wandert ein Druckstift aus dem Schalter heraus. Der Schalterkontakt schließt, und die Bremslichter leuchten auf.

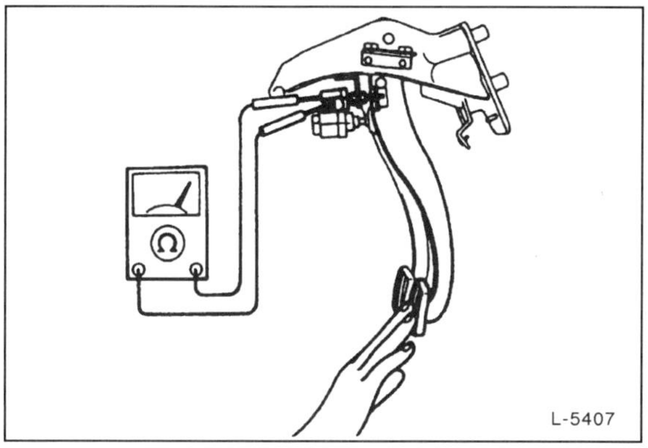
L-5407

- Bremslichtschalter überprüfen. Dazu Kabelstecker vom Bremslichtschalter abziehen.
- Ohmmeter an die Kontakte des Bremslichtschalters anschließen. Der Widerstand muß ∞ Ω (unendlich Ohm) betragen.
- Bremspedal niederdrücken. Das Ohmmeter muß jetzt 0 Ω anzeigen. Andernfalls Bremslichtschalter ersetzen.

Heizbare Heckscheibe prüfen

Bei eingeschalteter Heckscheibenheizung muß das Feld mit den sichtbaren Leiterbahnen nach einiger Zeit frei von Beschlag oder Eis sein.

- Bei Störungen zuerst Sicherung im Sicherungskasten überprüfen.
- Ist die Sicherung in Ordnung, anschließend festen Sitz der Kabelstecker links und rechts an der Heckscheibe überprüfen, gegebenenfalls von Korrosion reinigen.
- Funktioniert die Heckscheibenheizung immer noch nicht, Zuleitungen und Schalter sowie Schaltrelais prüfen, siehe Seite 192.

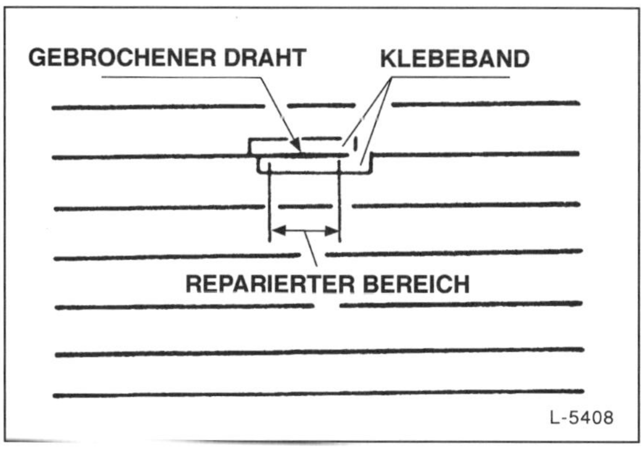

L-5408

- Sind Heizfäden unterbrochen, hilft handelsüblicher Leitsilberlack zur Wiederherstellung der Verbindung. Dazu beschädigten Bereich mit Verdünner oder Ethylen reinigen.
- Unterbrochene Stelle von beiden Seiten mit Klebeband abkleben und mit einem kleinen Pinsel Silberfarbe auftragen.
- Farbe bei ca. +25° C ca. 24 Stunden trocknen lassen. Es kann auch ein Heißluftfön verwendet werden. Bei +150° C trocknet die Farbe in ca. 30 Minuten.

Achtung: Heckscheibenheizung nicht einschalten, bevor die Farbe ganz trocken ist. Kein Benzin oder andere Lösungsmittel zum Reinigen des beschädigten Teils verwenden.

Kabelstecker trennen/verbinden

Zum Trennen der Steckverbinder am Sicherungskasten oder an den elektrischen Verbrauchern nicht an den Kabeln, sondern am Stecker selbst ziehen.

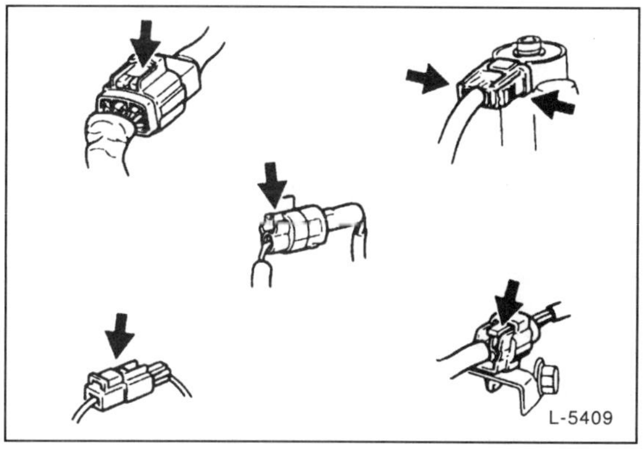
L-5409

Achtung: Die Stecker sind mit unterschiedlichen Sicherungen ausgestattet. Sicherungslaschen an den mit einem –Pfeil– gekennzeichneten Stellen herunterdrücken, gleichzeitig Stecker trennen. Bei einigen Steckern muß die Lasche angehoben werden.

- Beim Anschließen die Stecker zusammendrücken, bis die Sicherung einrastet (klickt).

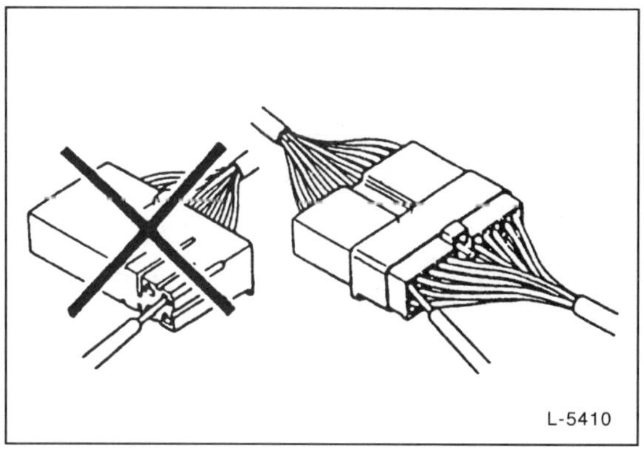
L-5410

- Bei der Durchgangsprüfung oder Spannungsmessung mit einem Meßgerät dürfen die Prüfspitzen nur an der Steckerrückseite (Kabelseite) eingeführt werden, siehe Abbildung. Werden die Prüfspitzen in die Steckbuchsen eingeführt, werden diese verbogen, was zu späteren Wackelkontakten führen kann.

Achtung: Bei wasserdichten Steckverbindungen (im Motorraum) kann die Prüfspitze nicht von der Kabelseite hineingesteckt werden. In diesem Fall Steckverbindung trennen. Darauf achten, daß beim Hineinstecken der Prüfspitze die Klemme nicht beschädigt wird.

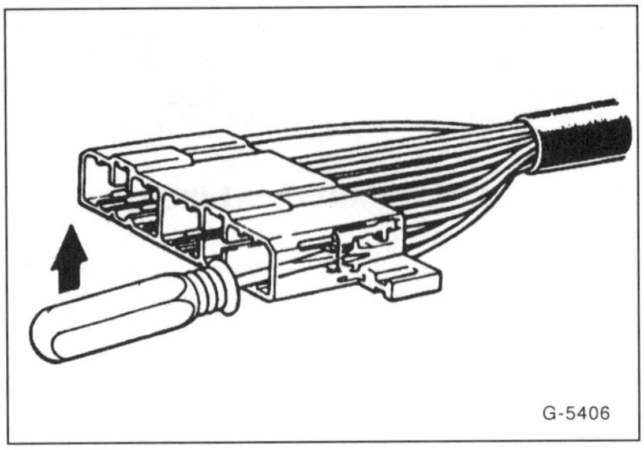

- Soll eine Anschlußklemme im Stecker ersetzt werden, von der offenen Seite her einen schmalen Schraubendreher zwischen Spreizfahne und Anschlußklemme einschieben. Spreizfahne hochdrücken und Anschlußklemme am Kabel nach hinten herausziehen. Neue Anschlußklemme eindrücken, bis sie einrastet. Am Kabel ziehen, um zu prüfen, ob die Klemme sicher gehalten wird.

Sicherungsbelegung

Die Sicherungen befinden sich im Sicherungskasten links unten am Armaturenbrett. Die Sicherungsbelegung kann je nach Fahrzeugtyp unterschiedlich sein. Eine Übersicht der aktuellen Sicherungsbelegung befindet sich auf der Sicherungskasten-Abdeckung sowie in der Betriebsanleitung des Fahrzeugs.

MICRA-Generation I:

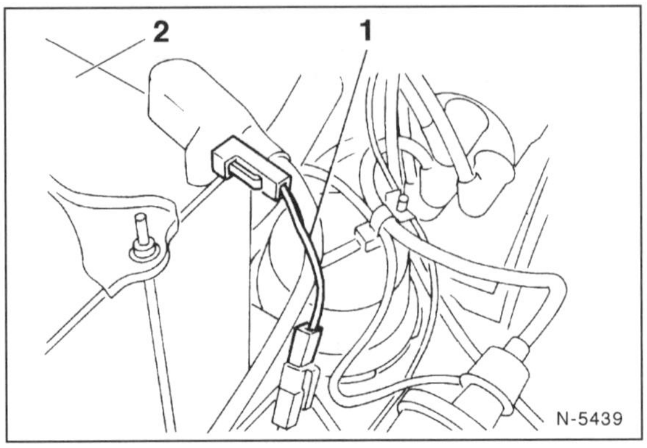

1 – Schmelzbrandsicherung; 2 – Batterie

- Stromkreise mit hoher Stromaufnahme, wie Anlasseranlage, Generator und Zündanlage sind mit einer Schmelzbrandsicherung direkt am Batterie-Pluspol gesichert.

Achtung: Die Schmelzbrandsicherung darf nicht mit Kunststoffband umwickelt werden oder mit anderen Kunststoffteilen in Berührung kommen. Ob eine Schmelzbrandsicherung durchgeschmolzen ist, läßt sich entweder durch Sichtkontrolle oder Abtasten mit den Fingern feststellen. Im Zweifelsfall Durchgang mit Prüflampe oder Ohmmeter prüfen.

MICRA-Generation II:

- Die Hauptsicherungen –1– sind in einem Kasten im Motorraum vor der Batterie untergebracht. Hier befinden sich zudem weitere Standardsicherungen –2–. Zum Abnehmen des Sicherungskastendeckels, seitliche Lasche aushängen.

Sicherungen auswechseln

Um Kurzschluß- und Überlastungsschäden an den Leitungen und Verbrauchern der elektrischen Anlage zu verhindern, sind die einzelnen Stromkreise durch Schmelzsicherungen geschützt. Es sind 2 Sicherungskästen vorhanden, einer links unten am Armaturenbrett und ein anderer im Motorraum in der Nähe der Batterie.

- Abdeckung des Sicherungskastens abnehmen.

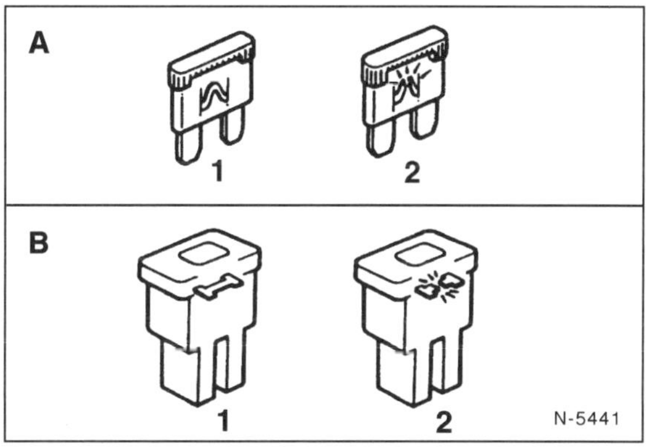

Verwendet werden 2 verschiedene Sicherungstypen: A – Standardsicherungen für niedrige Nennleistungen und B – Hauptsicherungen für hohe Nennleistungen.

- Eine durchgebrannte Sicherung –2– erkennt man am durchgeschmolzenen Metallstreifen. 1 – Sicherung intakt.
- Vor dem Auswechseln einer Sicherung immer zuerst den betroffenen Verbraucher ausschalten.

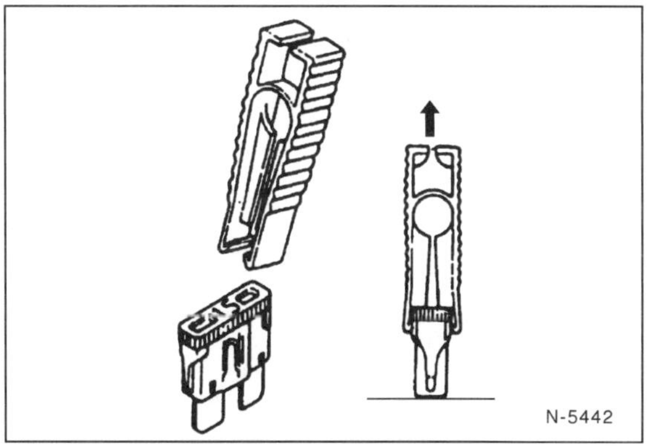

- Defekte Sicherung herausziehen. Zum Ausziehen der Sicherungen befindet sich beim MICRA der II. Generation im Sicherungskastendeckel eine Kunststoffpinzette. Beim MICRA der I. Generation ist eine Aussparung an der Ecke des Sicherungskastendeckels vorhanden, die zum Ausziehen auf die jeweilige Sicherung geschoben wird.
- Neue Sicherung **gleicher Sicherungsstärke** einsetzen. Die Nennstromstärke der Sicherung ist auf der Rückseite des Griffes aufgedruckt. Außerdem hat der Griff eine Kennfarbe, an der ebenfalls die Nennstromstärke zu erkennen ist.

Nennstromstärke Ampere	Kennfarbe Standardsicherung
10	rot
15	blau
20	gelb
30	hellgrün

- Sicherungskasten-Abdeckung wieder aufsetzen.
- Brennt eine neu eingesetzte Sicherung nach kurzer Zeit wieder durch, muß der entsprechende Stromkreis überprüft werden.
- Auf keinen Fall Sicherung durch Draht oder ähnliche Hilfsmittel ersetzen, weil dadurch ernste Schäden an der elektrischen Anlage auftreten können.
- Es ist empfehlenswert, stets einige unterschiedlich starke Ersatz-Sicherungen im Wagen mitzuführen.
- Falls Anlasser, Generator oder Zündanlage nicht funktionieren, obwohl die Sicherungen in Ordnung sind, Hauptsicherungen beziehungsweise Leitungssicherungen im Motorraum überprüfen, gegebenenfalls ersetzen. Lage der Sicherungen, siehe Kapitel »Sicherungsbelegung«.
- Batterie-Massekabel (–) von der Batterie abklemmen. **Achtung:** Dadurch werden die elektronischen Speicher gelöscht, wie zum Beispiel der Motorfehlerspeicher oder der Radiocode. Vor dem Abklemmen der Batterie sollten auch die Hinweise im Kapitel »Batterie aus- und einbauen« durchgelesen werden.
- Batterie-Massekabel (–) anklemmen.
- Falls vorhanden, Zeituhr einstellen sowie Diebstahlsicherheitscode für das Radio eingeben.

Batterie aus- und einbauen

Achtung: Wird die Batterie abgeklemmt, werden der Fehlerspeicher der Motorsteuerung, Antiblockiersystem sowie andere ständig im Eingriff befindliche Geräte (zum Beispiel Radio und Zeituhr) stillgelegt beziehungsweise gelöscht. Vor dem Abklemmen gegebenenfalls Fehlerspeicher abrufen lassen.

Einige Radios besitzen überdies eine Anti-Diebstahl-Codierung. Die Codierung verhindert die unbefugte Inbetriebnahme des Gerätes, wenn die Stromversorgung unterbrochen wurde. Die Stromversorgung wird beispielsweise unterbrochen beim Abklemmen der Batterie, beim Ausbau des Radios oder wenn die Radiosicherung durchgebrannt ist. Falls das Radio codiert ist, Radiocode vor Abklemmen der Batterie feststellen. Ist der Code nicht bekannt, kann nur der Radio-Hersteller das Autoradio wieder in Betrieb nehmen.

Ausbau

- Zündung und Fahrzeugbeleuchtung ausschalten. Dadurch werden Schäden an elektronischen Steuergeräten (zum Beispiel am Motor-Steuergerät) vermieden.
- Motorhaube öffnen. Die Batterie befindet sich im Motorraum auf der linken Seite.

- Batteriekabel abklemmen, zuerst Massekabel –1–, dann Pluskabel –2–. Vorher Plastikkappe abziehen. Neben den Batteriepolen sind jeweils ein Pluszeichen (+) beziehungsweise ein Minus-Zeichen (–) eingeprägt.
- Haltebügel abschrauben –3– und herausnehmen.
- Batterie herausheben.

Achtung: Batterien enthalten giftige Substanzen, daher dürfen sie nicht in den Hausmüll gegeben werden. Altbatterien auf der Sondermülldeponie abgeben. Gemeinde- und Stadtverwaltungen informieren darüber, wo sich die nächste Annahmestelle befindet.

Einbau

- Vor dem Einbau Batterie-Pole blank kratzen, geeignet ist dazu eine Messingdrahtbürste. Zur Verhinderung von Korrosion beide Pole mit speziellem Säureschutzfett bestreichen, zum Beispiel mit BOSCH-Polfett.
- Batterie einsetzen.
- Haltebügel ansetzen und nicht zu fest anschrauben.
- Pluskabel am Pluspol (+), dann Massekabel am Minuspol (–) anklemmen. **Achtung:** Durch eine falsch angeschlossene Batterie können erhebliche Schäden am Generator und an der elektrischen Anlage entstehen.
- Kunststoffabdeckung über den Pluspol stülpen.
- Radio falls erforderlich, neu programmieren.
- Zeituhr einstellen.

Hinweis: Wurde die Batterie abgeklemmt, treten bei Fahrzeugen mit Benzineinspritzung danach oft Mängel im Motorlauf auf, zum Beispiel Ruckeln oder schlechte Leistung. Dies ist kein Fehler und verschwindet nach kurzer Zeit. Ursache ist, daß das Steuergerät der Einspritzanlage die aktuellen Motorwerte erst wieder im Betrieb »lernen« muß. Durch das Abklemmen der Batterie wurden interne Speicher gelöscht.

Batterie prüfen

Es gibt zwei verschiedene Möglichkeiten, die Batterie zu prüfen. Je nach Prüfung werden verschiedene Testgeräte benötigt.

Säuredichte prüfen

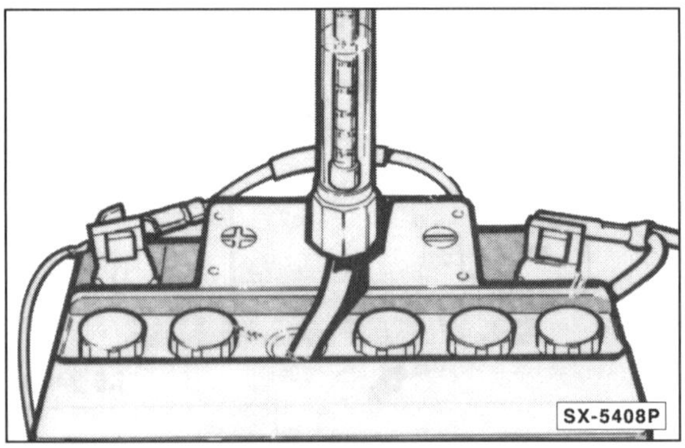

- Die Säuredichte ergibt in Verbindung mit der Spannungsmessung genauen Aufschluß über den Ladezustand der Batterie. Zur Prüfung dient ein Säureheber, der recht preiswert in Fachgeschäften angeboten wird. Je größer das spezifische Gewicht (Säuredichte) der angesaugten Batteriesäure ist, desto mehr taucht der Schwimmer auf. An der Skala kann man die Säuredichte in spezifischem Gewicht (g/ml) oder Baumégrad (+°Bé) ablesen. Folgende Werte müssen erreicht werden (bei einer Säuretemperatur von ca. +20° C):

Ladezustand	+°Bé	g/ml
entladen	16	1,15
halb entladen	24	1,22
gut geladen	30	1,26

- Nacheinander jede Batteriezelle prüfen, alle Zellen müssen die gleiche Säuredichte (maximale Differenz 0,04 g/ml) haben. Sonst kann auf eine defekte Batterie geschlossen werden.

Batterie unter Belastung prüfen

- Voltmeter an den Polen der Batterie anschließen. Hinweis: Beträgt die Batteriespannung (ohne angeschlossene Verbraucher) weniger als 12,0 V, ist die Batterie entladen und muß nachgeladen werden.
- Motor starten und Spannung ablesen.
- Während des Startvorganges darf bei einer geladenen Batterie die Spannung nicht unter 8 Volt (bei einer Säuretemperatur von ca. +20° C) abfallen.
- Bricht die Spannung sofort zusammen und wurde in den Zellen eine unterschiedliche Säuredichte festgestellt, so ist auf eine defekte Batterie zu schließen.
- Die Gesamtspannung kann auch mit einem Batterie-Testgerät gemessen werden. Bedienungsanweisung des Herstellers beachten.

Prüfwerte

Kapazität Ah	Kälteprüfstrom Ampere	Belastungsstrom Ampere	Mindestspannung nach 5-10 Sek. bei 0 bis +20°C
36	175	100	10,0 V
45	220	200	9,2 V
60	280	200	9,2 V

Achtung: Sinkt bei dieser Messung (Dauer 10 Sekunden) die Gesamtspannung unter den angegebenen Wert, so ist die Batterie entweder entladen oder defekt.

Batterie entlädt sich selbständig

Je nach Fahrzeugausstattung addiert sich zur natürlichen Selbstentladung der Batterie auch die Stromaufnahme der verschiedenen Steuergeräte im Ruhezustand. Daher sollte ein stehendes Fahrzeug spätestens alle 4 Wochen nachgeladen werden. Wenn der Verdacht auf Kriechströme besteht, Bordnetz nach folgender Anleitung prüfen:

- Zur Prüfung geladene Batterie verwenden.
- Batterie-Massekabel (–) von der Batterie abklemmen. **Achtung:** Dadurch werden die elektronischen Speicher gelöscht, wie zum Beispiel der Motorfehlerspeicher oder Radiocode. Vor dem Abklemmen der Batterie sollten auch die Hinweise im Kapitel »Batterie aus- und einbauen« durchgelesen werden.

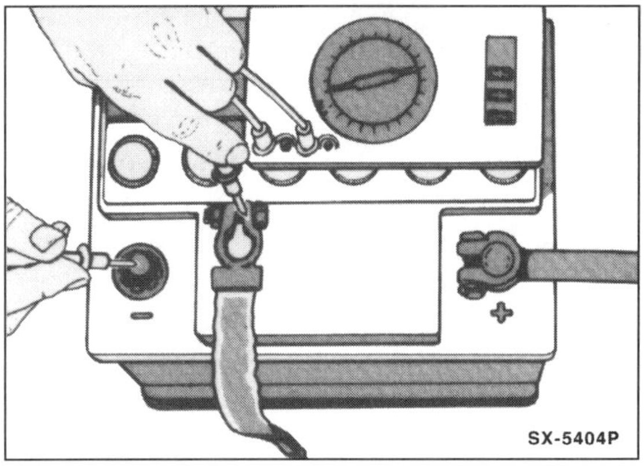

SX-5404P

- Am Amperemeter (Meßbereich von 0–5 mA bis 5 A) den höchsten Meßbereich einstellen. Amperemeter zwischen Batterie-Minuspol und Massekabel schalten.

Achtung: Die Prüfung kann auch mit einer Prüflampe durchgeführt werden. Leuchtet die Lampe zwischen Masseband und Minuspol der Batterie jedoch nicht auf, ist auf jeden Fall ein Amperemeter zu verwenden.

- Alle Verbraucher ausschalten, vorhandene Zeituhr (Dauerverbraucher) abklemmen, Türen schließen.
- Vom Amperebereich solange auf den Milliamperebereich zurückschalten, bis eine ablesbare Anzeige erfolgt (1–3 mA sind zulässig).
- Durch Herausnehmen der Sicherungen nacheinander die verschiedenen Stromkreise unterbrechen. Wenn bei einem der unterbrochenen Stromkreise die Anzeige auf Null zurückgeht, ist hier die Fehlerquelle zu suchen. Fehler können sein: korrodierte und verschmutzte Kontakte, durchgescheuerte Leitungen, interner Schluß in Aggregaten.
- Wird in den abgesicherten Stromkreisen kein Fehler gefunden, so sind die Leitungen an den nicht abgesicherten Aggregaten abzuziehen. Diese sind: Zündanlage, Generator und Anlasser.
- Geht beim Abklemmen von einem der ungesicherten Aggregate die Anzeige auf Null zurück, betreffendes Bauteil überholen oder austauschen. Bei Stromverlust in Anlasser oder Zündanlage immer auch den Zündschalter nach Stromlaufplan prüfen.
- Batterie-Massekabel (–) anklemmen.
- Falls vorhanden, Zeituhr einstellen sowie Diebstahlcode für das Radio eingeben.

Batterie laden

- Batterie niemals kurzschließen, das heißt Plus- (+) und Minuspol (–) dürfen nicht verbunden werden. Bei Kurzschluß erhitzt sich die Batterie und kann platzen. Nicht mit offener Flamme in Batterie leuchten. Batteriesäure ist ätzend und darf nicht in die Augen, auf die Haut oder die Kleidung gelangen, gegebenenfalls mit viel Wasser abspülen.
- Vor dem Laden Plus- und Massekabel von Batterie abklemmen, Massekabel (–) zuerst.
- Verschlußstopfen herausdrehen.
- Vor dem Laden Säurestand prüfen, gegebenenfalls destilliertes Wasser nachfüllen.
- Vor dem Laden einer Batterie sollte diese eine Mindesttemperatur von +10° C haben. Auf jeden Fall eine gefrorene Batterie vor dem Laden auftauen. Eine geladene Batterie friert bei ca. – 65° C, eine halbentladene bei ca. – 30° C und eine entladene schon bei ca. –12° C.
- Batterie nur in gut belüftetem Raum laden. Beim Laden der eingebauten Batterie Motorhaube geöffnet lassen.
- Bei der Normalladung beträgt der Ladestrom ca. 10 % der Kapazität. (Bei einer 50-Ah-Batterie also etwa 5,0 A.) Als Richtwert für die Ladezeit kann dann 10 Stunden genommen werden.
- Pluspol (+) der Batterie mit Pluspol, Minuspol (–) der Batterie mit Minuspol des Ladegerätes verbinden.
- Die Säuretemperatur darf während des Ladens +55° C nicht überschreiten, gegebenenfalls Ladung unterbrechen oder Ladestrom herabsetzen.
- So lange laden, bis alle Zellen lebhaft gasen und bei drei im Abstand von je einer Stunde aufeinanderfolgenden Messungen das spezifische Gewicht der Säure und die Spannung nicht mehr angestiegen sind.
- Nach der Ladung Säurestand prüfen, gegebenenfalls destilliertes Wasser nachfüllen.

Achtung: Der Motor darf nicht bei abgeklemmter Batterie laufen, da sonst die elektrische Anlage beschädigt wird.

Schnelladen/Starthilfe

- Das Laden beziehungsweise Starthilfe geben mit einem Schnelladegerät (Ladezeit etwa 2 Stunden) darf nur ausnahmsweise durchgeführt werden, da die Batterie hierdurch kurzfristig einer sehr hohen Stromstärke ausgesetzt ist. Der Schnelladestrom darf maximal 20 A betragen. Länger gelagerte Batterien sollten nicht mit einem Schnelladegerät aufgeladen werden, Hinweise zu gelagerten Batterien beachten.
- Verschlußstopfen reindrehen.

Batterie lagern

Batterien, die längere Zeit unbenutzt waren (zum Beispiel Fahrzeug stillgelegt), entladen sich selbst und können darüber hinaus sulfatiert sein. Wenn diese Batterien mit einem Schnelladegerät geladen werden, nehmen sie keinen Ladestrom auf oder werden durch sogenannte Oberflächenladung zu früh als »voll« ausgewiesen. Sie sind anscheinend defekt.

Bevor diese Batterien als defekt angesehen werden, sind sie zu prüfen:

- Säuredichte prüfen. Weicht die Säuredichte in allen Zellen nicht mehr als 0,04 g/ml voneinander ab, so ist die Batterie mit einem Normalladegerät zu laden.
- Batterie nach der Ladung durch eine Belastungsprüfung testen. Wenn sie die Sollwerte nicht erreicht, ist sie defekt.
- Weicht die Säuredichte in einer oder in zwei benachbarten Zellen merklich nach unten ab (zum Beispiel 5 Zellen zeigen 1,16 g/ml und eine Zelle 1,08), hat die Batterie einen Kurzschluß und ist defekt.
- Um die Alterung der Batterie zu vermeiden, gelagerte Batterie daher etwa alle 2 Monate nachladen.

Störungsdiagnose Batterie

Störung	Ursache	Abhilfe
Säurestand zu niedrig*	Überladung, Verdunstung (besonders im Sommer)	■ Destilliertes Wasser bis zur vorgeschriebenen Höhe nachfüllen (bei geladener Batterie)
Säure tritt aus den Verschlußstopfen aus*	Ladespannung zu hoch	■ Spannungsregler prüfen, ggf. austauschen
	Säurestand zu hoch	■ Überschüssige Säure mit Säureheber absaugen
Säuredichte zu niedrig*	Säuredichte in einer Zelle deutlich niedriger als in den übrigen Zellen	■ Kurzschluß in einer Zelle. Batterie erneuern
	Säuredichte in zwei benachbarten Zellen deutlich niedriger als in den übrigen Zellen	■ Trennwand undicht, dadurch entsteht eine leitende Verbindung zwischen den Zellen, wodurch die Zellen entladen werden. Batterie erneuern
	Batterie entladen	■ Batterie laden
	Generator nicht in Ordnung	■ Generator prüfen, ggf. reparieren oder austauschen
	Kurzschluß im Leitungsnetz	■ Elektrische Anlage überprüfen
	Säure infolge Wartungsfehler verwässert	■ Säureausgleich durchführen
Säuredichte zu hoch*	Säure wurde nachgefüllt	■ Säureausgleich durchführen
Abgebende Leistung ist zu gering, Spannung fällt stark ab	Batterie entladen	■ Batterie nachladen
	Ladespannung zu niedrig	■ Spannungsregler prüfen, ggf. austauschen
	Anschlußklemmen lose oder oxydiert	■ Anschlußklemmen reinigen und besonders Unterseite mit Säureschutzfett leicht einfetten, Befestigungsschrauben anziehen
	Masseverbindung Batterie-Motor-Karosserie ist schlecht	■ Masseverbindung überprüfen, ggf. metallische Verbindungen herstellen oder Schraubverbindungen festziehen
	Zu große Selbstentladung der Batterie durch Verunreinigung der Batteriesäure	■ Batterie austauschen
	Evtl. Batterie sulfatiert (grauweißer Belag auf den Plus- und Minusplatten)	■ Batterie mit kleinem Strom laden, damit sich der Belag langsam zurückbildet. Falls nach wiederholter Ladung und Entladung die abgegebene Leistung immer noch zu gering ist, Batterie austauschen
	Batterie verbraucht, aktive Masse der Platten ausgefallen	■ Batterie austauschen
Nicht ausreichende Ladung der Batterie	Fehler an Generator, Spannungsregler oder Leitungsanschlüssen	■ Generator und Spannungsregler überprüfen, instand setzen bzw. austauschen; Leitungen einwandfrei befestigen
	Keilriemen locker	■ Keilriemen spannen oder austauschen
	Zu viele Verbraucher angeschlossen	■ Größere Batterie einbauen; evtl. auch größeren Generator verwenden
Dauernde Überladung	Fehler am Spannungsregler, evtl. auch am Generator	■ Spannungsregler austauschen bzw. Generator überprüfen

*) Diese Hinweise gelten nicht für eine wartungsarme Batterie.

Der Generator

Der NISSAN MICRA ist in der I. Generation mit einem Drehstromgenerator vom Fabrikat MITSUBISHI, in der II. Generation von BOSCH ausgerüstet. Je nach Modell und Ausstattung können Generatoren mit Leistungen von 35 bis 65 Watt eingebaut sein. Die Leistung steht auf dem Typschild am Generator. **Achtung:** Wenn nachträglich elektrisches Zubehör eingebaut wird, sollte überprüft werden, ob die bisherige Generatorleistung noch ausreicht, gegebenenfalls stärkeren Generator und größere Batterie einbauen.

Der Generator wird von der Kurbelwelle über den Keilriemen angetrieben. Da die Riemenscheibe des Generators kleiner ist als die der Kurbelwelle, dreht sich der Generatorläufer mit der Erregerwicklung innerhalb der feststehenden Ständerwicklung mit etwa doppelter Motordrehzahl.

Über Kohlebürsten und Schleifringe fließt der Erregerstrom durch die Erregerwicklung. Dabei bildet sich ein Magnetfeld.

Die Lage des magnetischen Feldes zur Ständerwicklung ändert sich ständig, entsprechend der Umdrehung des Läufers. Dadurch wird in der Ständerwicklung ein Drehstrom erzeugt.

Da die Batterie aber nur mit Gleichstrom geladen werden kann, wird der Drehstrom durch Dioden in der Gleichrichterplatte in Gleichstrom umgewandelt. Der Spannungsregler verändert den Ladestrom durch Ein- und Ausschalten des Erregerstromes, entsprechend dem Ladezustand der Batterie. Gleichzeitig hält der Regler die Betriebsspannung konstant bei ca. 14 Volt, unabhängig von der Drehzahl.

Achtung: Den Generator gibt es je nach Typ auch als Austauschteil. Das bedeutet, daß ein defekter Generator unter Umständen bei Kauf eines überholten oder neuen Generators vom Hersteller in Zahlung genommen wird, daher Altteil zum Händler mitnehmen.

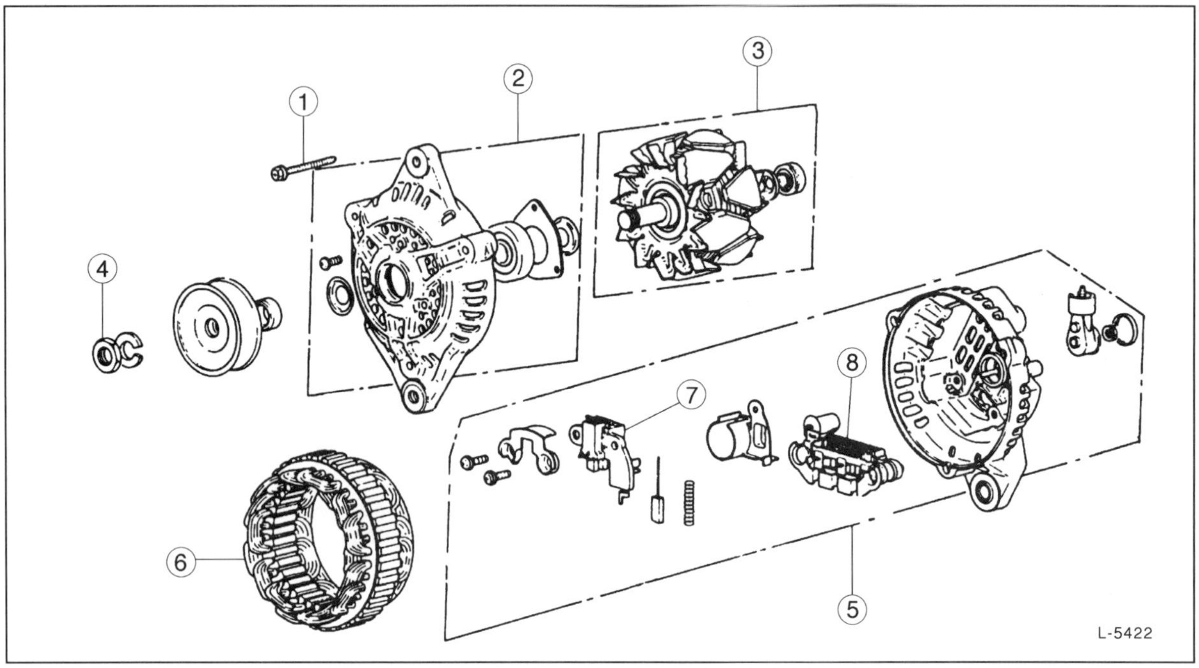

MITSUBISHI-Generator
1 – Schraube
2 – Vordere Halterung
3 – Läufer
4 – Mutter
5 – Hintere Halterung
6 – Ständer
7 – Bürstenhalter
8 – Gleichrichter

Hinweis: In diesem Band werden 2 MICRA-Generationen behandelt. Die MICRA-Generation I kam im März '83 in Deutschland auf den Markt. Im Januar '93 wurde die MICRA-Generation II eingeführt. Parallel zur MICRA-Generation II werden auch weiterhin von der MICRA-Generation I die Modelle TOPIC und HIT angeboten.

Sicherheitshinweise beim Umgang mit dem Drehstromgenerator

- Bei Arbeiten an der elektrischen Anlage im Motorraum grundsätzlich das Batterie-Massekabel (–) abklemmen. **Achtung:** Dadurch werden die elektronischen Speicher gelöscht, wie zum Beispiel der Motorfehlerspeicher oder Radiocode. Vor dem Abklemmen der Batterie sollten auch die Hinweise im Kapitel »Batterie aus- und einbauen« durchgelesen werden.
- Kabel an Spannungsregler und Generator **nicht** vertauschen. Kabel vor dem Abklemmen mit Tesaband kennzeichnen.
- Batterie oder Spannungsregler **nicht** bei laufendem Motor abklemmen.
- Generator **nicht** bei angeschlossener Batterie ausbauen.
- Beim Elektroschweißen Batterie immer abklemmen.

Generatorspannung prüfen

- Voltmeter zwischen Plus- und Minuspol der Batterie anschließen.
- Motor starten. Die Spannung darf beim Startvorgang bis 8 Volt (bei +20° C Außentemperatur) absinken.
- Motordrehzahl auf 2.000/min erhöhen. Beträgt die Spannung zwischen 14,1 bis 14,7 Volt, ist dies ein Beweis, daß Generator und Regler arbeiten. Die Generatorspannung (Bordspannung) muß höher als die Batteriespannung sein, damit die Batterie im Fahrbetrieb wiederaufgeladen wird.
- Regelstabilität prüfen. Dazu Fernlicht einschalten und Messung bei 2.000/min wiederholen. Die gemessene Spannung darf nicht mehr als 0,4 Volt über dem vorher gemessenen Wert liegen.
- Liegen die gemessenen Werte außerhalb der Sollwerte, Generator von Fachwerkstatt überprüfen lassen.

Generator aus- und einbauen

Ausbau

- Batterie-Massekabel (–) von der Batterie abklemmen. **Achtung:** Dadurch werden die elektronischen Speicher gelöscht, wie zum Beispiel der Motorfehlerspeicher oder Radiocode. Vor dem Abklemmen der Batterie sollten auch die Hinweise im Kapitel »Batterie aus- und einbauen« durchgelesen werden.

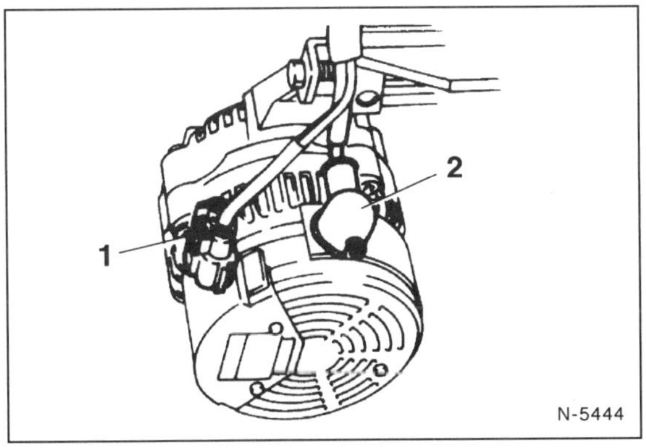

- Mehrfachstecker –1– hinten am Generator abziehen und Hauptstromkabel –2– (von Klemme **B**) abschrauben. Die Abbildung zeigt den Generator im MICRA der II. Generation.
- Keilriemen ausbauen, siehe Seite 40.

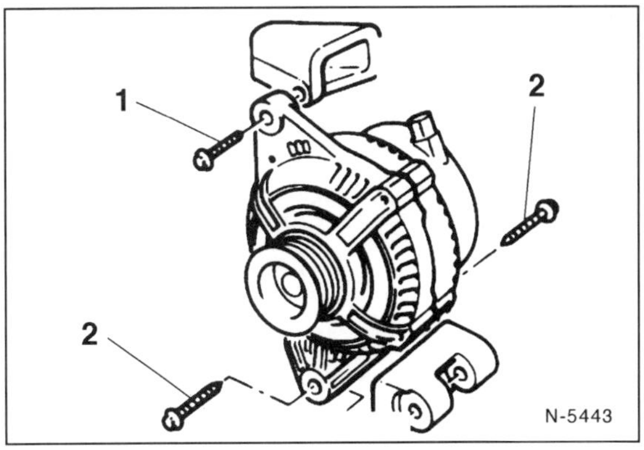

- Schrauben am Generator-Lagerbock –2– sowie am Spannbügel –1– herausnehmen und Generator nach oben abnehmen. Bei Keilriemen-Ausführung mit Spannrolle ist auch an Stelle –1– ein starrer Lagerbock vorhanden.

Einbau

- Generator einsetzen und am Lagerbock anschrauben, noch nicht festziehen.
- Spannschraube einsetzen.
- Keilriemen auf Verschleiß prüfen, gegebenenfalls ersetzen.
- Keilriemen auflegen und spannen, siehe Seite 40.
- Lagerschrauben und Spannschraube mit **40 Nm** festziehen. Beim MICRA der I. Generation Schrauben –2– am Lagerbock nur mit **10 Nm**, also nur leicht, anziehen.
- Elektrische Leitungen für Generator anschließen.
- Batterie-Massekabel (–) anklemmen.
- Falls vorhanden, Zeituhr einstellen sowie Diebstahlcode für das Radio eingeben.

Generator zerlegen/Kohlebürsten ersetzen

Die Kohlebürsten des Generators verschleißen recht langsam; im Schnitt sind sie nach etwa 120.000 km abgenutzt. Es empfiehlt sich, die Kohlebürsten vorsorglich etwas früher auszuwechseln, dazu muß der Generator zerlegt werden.

MITSUBISHI-Generator zerlegen (MICRA-Generation I)

- Generator ausbauen.
- 3 Durchgangsschrauben abschrauben und herausziehen. Schraubendreher mit flacher Spitze zwischen Ständer und vorderer Halterung einführen und beide Teile trennen. **Achtung:** Schraubendreher nicht zu weit hineinschieben, sonst kann der Ständer zerkratzt werden. Beim Trennen der beiden Teile darauf achten, daß die um den Umfang des hinteren Lagers gespannte Anschlagfeder nicht wegspringt.
- Den Läufer vorsichtig in einen Schraubstock einspannen und Riemenscheibe an der Zentralschraube abschrauben. Riemenscheibe mit Lüfterrad und Distanzbuchse abnehmen.
- Gleichrichter vom hinteren Generatordeckel abschrauben.
- Hintere Halterung und Ständer voneinander trennen.

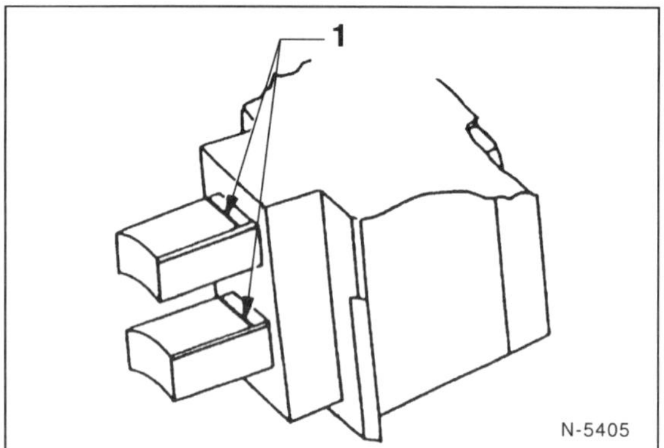

N-5405

- Kohlebürstenlänge prüfen: Die Kohlebürsten dürfen nicht bis zur Verschleißmarke –1– abgenutzt sein, andernfalls ersetzen. Außerdem müssen sie sich in den Führungen leicht hin- und herbewegen lassen.
- Zum Ersetzen der Kohlebürsten die Anschlußlitzen auslöten.
- Schleifringe am Läufer auf Verschleiß prüfen, gegebenenfalls feinstüberdrehen und polieren. Mindestdurchmesser der Schleifringe: **32,4 mm**.
- Beide Läuferlager auf leichten Lauf prüfen, gegebenenfalls auswechseln. Das hintere Lager ist aufgepreßt, zum Wechseln werden geeignete Abzieh- und Aufpreßwerkzeuge benötigt.

Zusammenbau

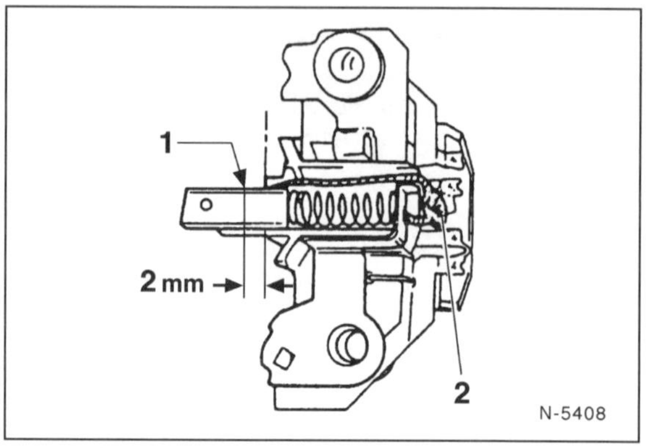

N-5408

- Kohlebürsten und Federn in den Bürstenhalter einsetzen und Anschlüsse verlöten. 2 = Lötstellen, siehe Abbildung. Überstehende Litze abschneiden. Anschlußdrähte so anlöten, daß die Verschleißgrenzlinie –1– der Bürste gegenüber dem Ende des Bürstenhalters um etwa 2 mm heraussteht.
- Damit beim Anlöten der neuen Bürsten kein Lötzinn in der Litze hochsteigen kann, Anschlußlitze der Bürsten mit einer Flachzange fassen. **Achtung:** Durch hochsteigendes Lötzinn würde die Litze steif und die Kohlebürste unbrauchbar werden.
- Nach dem Einbau neue Kohlebürsten auf leichten Lauf in den Bürstenhaltern prüfen.
- Ständer am hinteren Gehäuse anschrauben.
- Gleichrichter anschrauben.
- Vorderes Lagerschild mit Distanzbuchse und Bundbuchse aufsetzen.
- Lüfterrad mit Riemenscheibe und Federring aufsetzen und Mutter mit **80 Nm** festziehen.

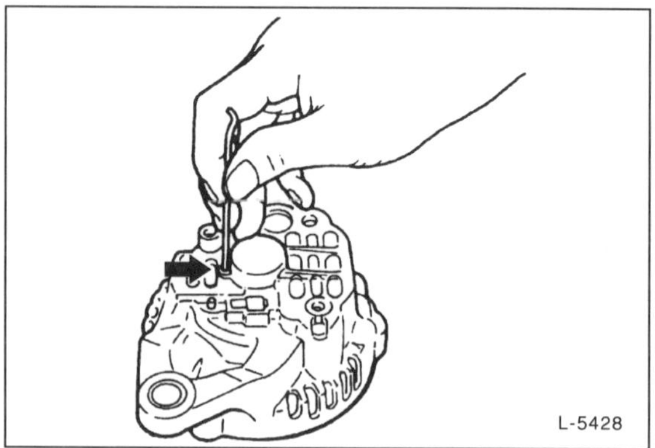

L-5428

- Vor dem Zusammenbau des Gehäuses die Bürsten in den Halter drücken und in dieser Lage befestigen. Dazu mit dem Finger die Bürsten in den Bürstenhalter schieben, einen Draht (∅ = 2 mm, Länge = 40 – 50 mm), wie in der Abbildung gezeigt, durch die Bohrung des hinteren Lagerschildes stecken und dadurch die Bürsten in eingedrücktem Zustand halten.
- Generatorgehäuse zusammenfügen.

- Gehäuse mit 3 Durchsteckschrauben zusammenschrauben.

Achtung: Draht für Bürstenarretierung aus der Bohrung hinten am Generator herausziehen. Dabei nicht die Schleifringe des Läufers beschädigen.

- Sicherstellen, daß sich der Generator leicht von Hand durchdrehen läßt.
- Generator einbauen.

BOSCH-Generator zerlegen (MICRA-Generation II)

- Generator ausbauen.

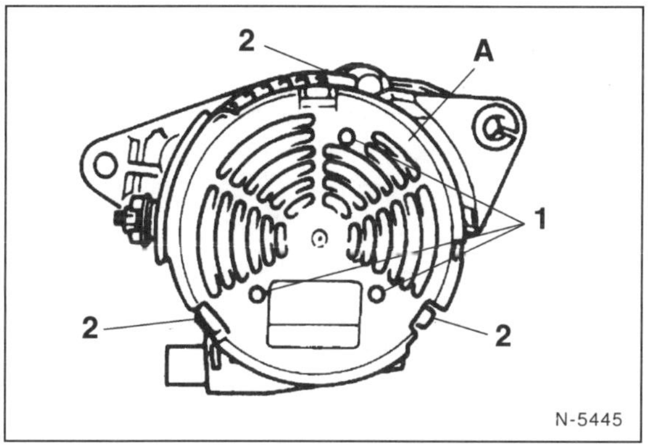

- 3 Schrauben –1– aus der hinteren Gehäusehälfte –A– herausdrehen.
- 3 Sicherungsklammern –2– herausziehen und hintere Gehäusehälfte abnehmen.
- 2 Schrauben herausdrehen, mit denen der Steckverbinder/Kohlebürstenträger am Gehäuse befestigt ist. **Hinweis:** Kohlebürstenhalter und Leistungstransistor sind mit der Steckverbinder-Leiterplatte verlötet und können nicht getrennt werden. Bei Defekt eines Teils, gesamte Baugruppe ersetzen.

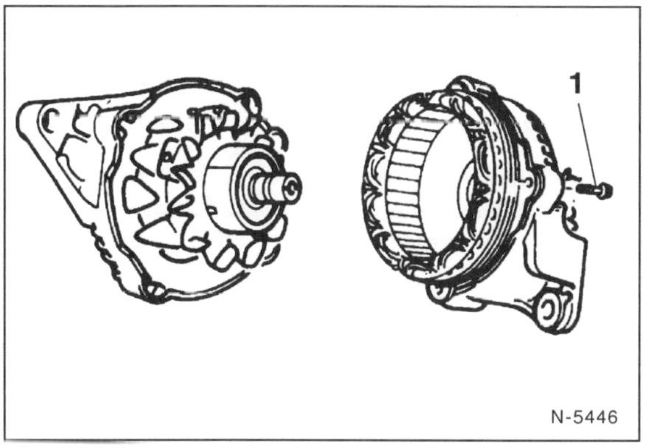

- 4 Schrauben –1– herausdrehen und Ständer vom Läufer trennen. **Hinweis:** Die Ständer-Erregerwicklung ist mit dem Spannungsregler/Diodensatz verlötet und kann nicht getrennt werden. Bei Defekt eines Teils, gesamte Baugruppe ersetzen.
- Schleifringe am Läufer auf Verschleiß prüfen, gegebenenfalls feinstüberdrehen und polieren. Mindestdurchmesser der Schleifringe: **15,3 mm**.
- Beide Läuferlager auf leichten Lauf prüfen, gegebenenfalls auswechseln. Zum Wechseln werden geeignete Abzieh- und Aufpreßwerkzeuge benötigt.

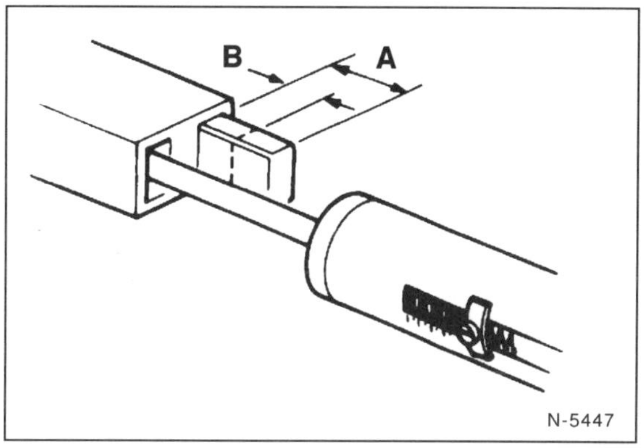

- Kohlebürsten überprüfen. Sie müssen erneuert werden, wenn ihr Maß –B– **10 mm** oder weniger beträgt. Außerdem müssen sie leicht in der Führung hin- und hergleiten.
- Federspannung prüfen. Die Werkstatt hat dazu ein spezielles Meßgerät, siehe Abbildung. Zum Messen die Bürstenfeder in den Halter drücken. **Sollwert:** Mindestens 1,9 N, entspricht etwa 195 g Druck.

Zusammenbau

- Der Zusammenbau erfolgt in umgekehrter Reihenfolge wie die Zerlegung.
- Sicherstellen, daß sich der Generator leicht von Hand durchdrehen läßt.
- Generator einbauen.

Störungsdiagnose Generator

Störung	Ursache	Abhilfe
Ladekontrollampe brennt nicht bei eingeschalteter Zündung	Batterie leer	■ Laden
	Masseband an Generator locker oder korrodiert	■ Masseband auf einwandfreien Kontakt prüfen, Schraube festziehen
	Ladekontrollampe durchgebrannt	■ Ersetzen
	Sicherung durchgebrannt	■ Sicherung für Zündung und Ladeanlage ersetzen
	Regler defekt	■ Regler prüfen, gegebenenfalls austauschen
	Unterbrechung in der Leitungsführung zwischen Generator, Zündschloß und Kontrollampe	■ Mit Voltmeter nach Stromlaufplan untersuchen
	Steckverbindungen zwischen Gleichrichterplatte und Spannungsregler nicht gesteckt	■ Generator demontieren, gegebenenfalls Stecker ersetzen
	Kohlebürsten liegen nicht auf dem Schleifring auf	■ Freigängigkeit der Kohlebürsten und Mindestlänge prüfen
	Erregerwicklung im Generator durchgebrannt	■ Läufer austauschen
Ladekontrollampe verlöscht nicht bei Drehzahlsteigerung	Keilriemen locker	■ Keilriemen spannen
	Kohlebürsten abgenutzt	■ Kohlebürsten sichtprüfen, gegebenenfalls austauschen
	Regler defekt	■ Regler prüfen, gegebenenfalls austauschen
	Leitung zwischen Drehstromgenerator und Regler defekt	■ Leitung und Kontakte prüfen, ggf. Leitungsstrang ersetzen
Ladekontrollampe brennt bei ausgeschalteter Zündung	Plusdiode hat Kurzschluß	■ Dioden prüfen, gegebenenfalls Diodenplatte austauschen

Der Anlasser

Zum Starten des Verbrennungsmotors ist ein kleiner elektrischer Motor, der Anlasser, erforderlich. Damit der Motor überhaupt anspringen kann, muß der Anlasser den Verbrennungsmotor auf eine Drehzahl von mindestens 300 Umdrehungen in der Minute beschleunigen. Das funktioniert aber nur, wenn der Anlasser einwandfrei arbeitet und die Batterie hinreichend geladen ist.

Der Anlasser besteht aus einem Antriebs-, Pol- und Kollektorgehäuse. In dem Pol- und Kollektorgehäuse sind Anker und Kollektor gelagert sowie der Bürstenhalter. Im Bürstenhalter befinden sich Kohlebürsten, die sich zwar langsam, aber stetig abnutzen. Bei hoher Abnutzung der Kohlebürsten kann der Anlasser nicht mehr einwandfrei arbeiten.

In dem vorderen Antriebsgehäuse ist der Ritzelantrieb untergebracht. Wenn der Anlasser über den Zündanlaßschalter Spannung erhält, wird über den Magnetschalter, der auf dem Anlassergehäuse sitzt, das Ritzel auf einem Steilgewinde gegen den Zahnkranz des Motor-Schwungrades geschoben. Sobald das Ritzel bis zum Anschlag auf der Spindel vorgelaufen ist, ist es kraftschlüssig mit dem Schwungrad verbunden. Nun kann der Anlasser den Motor auf die erforderliche Anlaßdrehzahl bringen. Wenn der Verbrennungsmotor anläuft, wird das Ritzel vom Motor her beschleunigt, es läuft also kurzzeitig schneller als der Anlassermotor und spurt aus, wodurch die Verbindung zum Verbrennungsmotor aufgehoben ist.

Da zum Starten eine hohe Stromaufnahme erforderlich ist, ist im Rahmen der Wartung auf eine einwandfreie Kabelverbindung zu achten. Korrodierte Anschlüsse säubern und mit Polschutzfett einstreichen.

Je nach Motorisierung sind Anlasser unterschiedlicher Leistung eingebaut. Darauf ist insbesondere beim Austausch des Anlassers zu achten.

Achtung: Den Anlasser gibt es je nach Typ auch als Austauschteil. Das bedeutet, daß ein defekter Anlasser unter Umständen bei Kauf eines überholten oder neuen Anlassers vom Hersteller in Zahlung genommen wird, daher Altteil zum Händler mitnehmen.

Hinweis: In diesem Band werden 2 MICRA-Generationen behandelt. Die MICRA-Generation I kam im März '83 in Deutschland auf den Markt. Im Januar '93 wurde die MICRA-Generation II eingeführt. Parallel zur MICRA-Generation II werden auch weiterhin von der MICRA-Generation I die Modelle TOPIC und HIT angeboten.

Anlasser aus- und einbauen

Achtung: Fahrzeuge mit Automatikgetriebe haben andere Anlasser als mit Schaltgetriebe. Sie sind nicht untereinander austauschbar.

Ausbau

- Batterie-Massekabel (–) von der Batterie abklemmen. **Achtung:** Dadurch werden die elektronischen Speicher gelöscht, wie zum Beispiel der Motorfehlerspeicher oder Radiocode. Vor dem Abklemmen der Batterie sollten auch die Hinweise im Kapitel »Batterie aus- und einbauen« durchgelesen werden.
- **Automatikgetriebe:** Luftfilter ausbauen. Anschließend Fahrzeug vorn aufbocken.

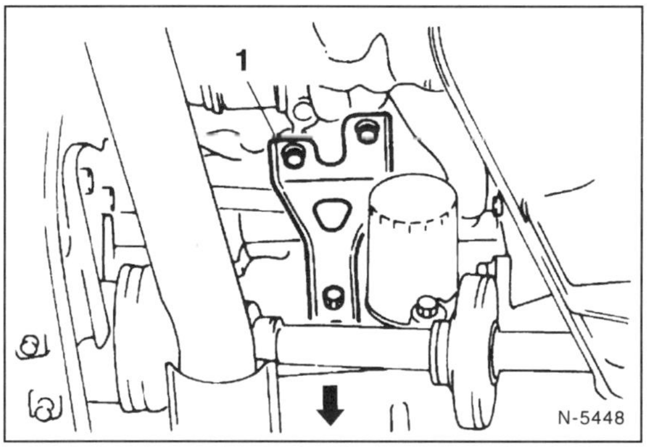

- **Automatikgetriebe:** Von der Fahrzeugunterseite her die Halterung für Ansaugkrümmer –1– abschrauben.
- Kabel für Klemme **S** (auch als Klemme **50** bezeichnet) abziehen.
- Dickes Kabel für Klemme **B** (auch als Klemme **30** bezeichnet) abschrauben.

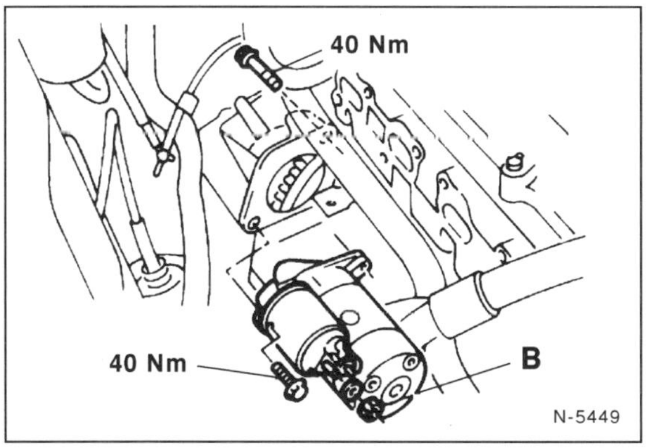

- Anlasser mit 2 Schrauben vom Flansch abschrauben.
- Anlasser herausheben.

Einbau

- Anlasser einsetzen, Schrauben mit **40 Nm** anziehen.
- Leitung an Klemme **B** anschrauben.
- Kabelstecker auf Klemme **S** aufschieben, er muß einrasten.
- **Automatikgetriebe:** Ansaugrohr-Stütze einsetzen und anschrauben. Fahrzeug ablassen.
- Batterie-Massekabel (–) anklemmen.
- Falls vorhanden, Zeituhr einstellen sowie Diebstahlcode für das Radio eingeben.

Magnetschalter für Anlasser prüfen/ersetzen

Schaltschema

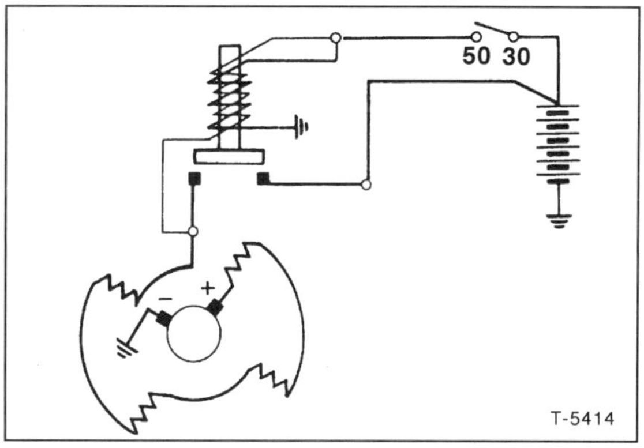

Bei einem Defekt des Magnetschalters wird das Ritzel im Anlasser nicht gegen den Zahnkranz des Schwungrades gezogen. Dadurch kann der Anlasser den Motor nicht durchdrehen.

Prüfen

- Anlasser ausbauen.

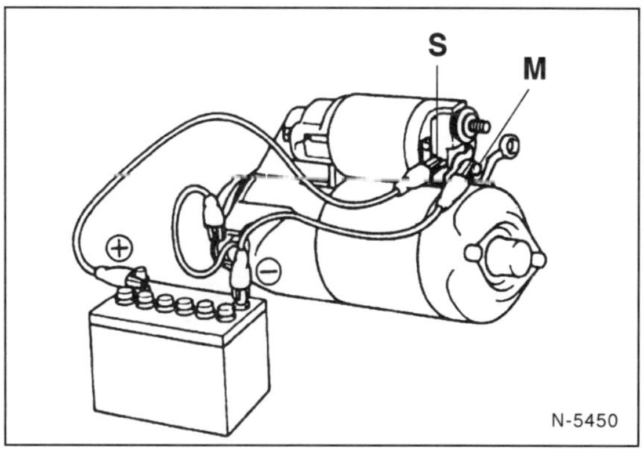

- Kabel der Erregerwicklung von Klemme **M** abklemmen.
- Magnetschalter mit Starthilfekabeln entsprechend der Abbildung an die Batterie anschließen. Und zwar das Massekabel (–) an die Klemme **M** und an das Gehäuse des Magnetschalters oder Anlassers anschließen. Das Pluskabel (+) an Klemme **S** anschließen. Das Anlasserritzel muß nach vorne schnellen. **Achtung:** Die Kabel dürfen nur maximal 10 Sekunden angeschlossen bleiben, sonst

brennt die Wicklung des Magnetschalters durch. Nach einer kurzen Pause kann der Vorgang wiederholt werden.

- Massekabel von Klemme **M** trennen, gleichzeitig bleibt das Massekabel am Gehäuse angeschlossen. Das Anlasserritzel muß ausgerückt bleiben, sonst Magnetschalter ersetzen.

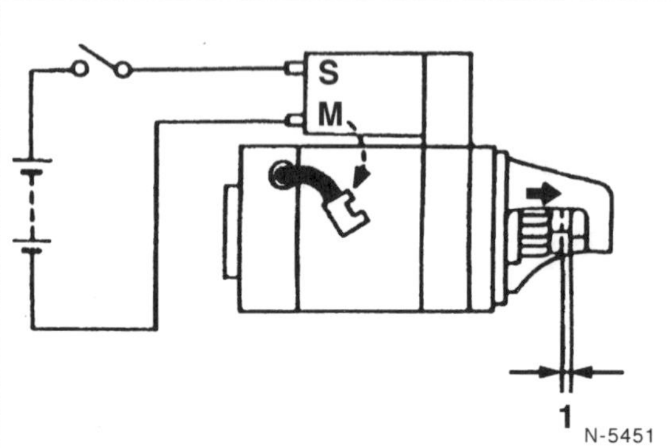

N-5451

- Ritzelspalt bei ausgerücktem Ritzel messen. Sollwert Maß –1–: Fahrzeuge der **MICRA-Generation I: 0,5 – 2,0 mm; MICRA-Generation II: max. 0,6 mm.** Falls der Ritzelspalt nicht dem Sollwert entspricht, Magnetschalter ausbauen und die Anzahl der Beilegscheiben zwischen vorderer Halterung und Magnetschalter erhöhen oder verringern.
- Massekabel am Anlassergehäuse abklemmen, das Ritzel muß zurückgezogen werden, sonst ersetzen.

Ausbau

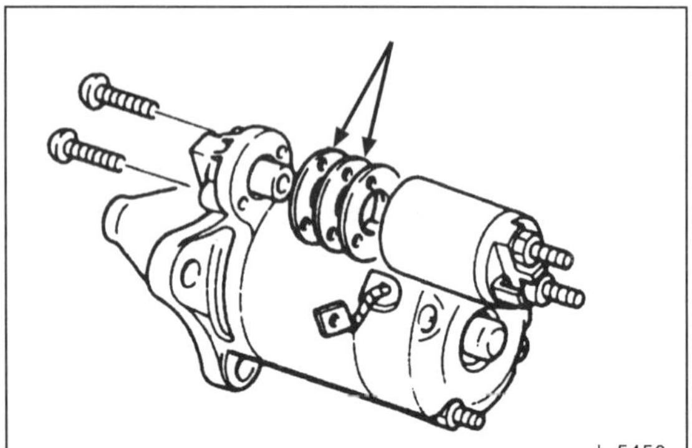
L-5450

- 2 Befestigungsschrauben und Mutter für Kabelklemme **M** abschrauben.
- Magnetschalter mit Unterlegscheiben abnehmen.

Achtung: Falls das Ritzelspaltmaß nicht innerhalb des Sollwertes liegt, die Anzahl der Beilegscheiben zwischen Magnetschalter und vorderer Halterung erhöhen oder verringern, um das Spaltmaß einzustellen. Der Spalt wird kleiner, wenn die Zahl der Beilegscheiben erhöht wird.

Widerstandsprüfung

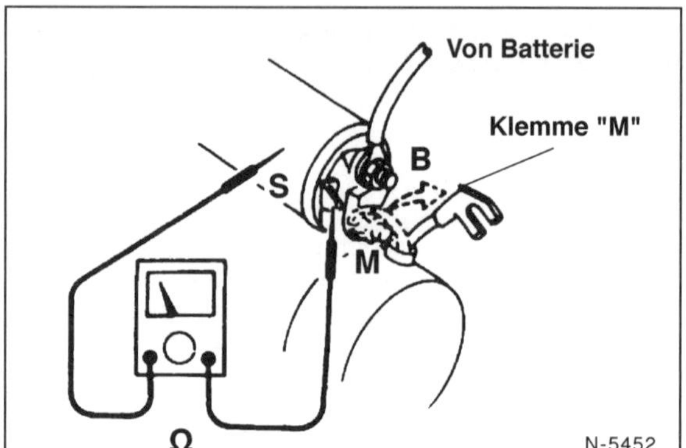

N-5452

- Ohmmeter an Klemme **S** und Masse (Gehäuse) anschließen. Wenn der Widerstand ∞ Ω beträgt, Magnetschalter ersetzen.
- Ohmmeter an Klemme **S** und Klemme **M** anschließen. Wenn der Widerstand ∞ Ω beträgt, Magnetschalter ersetzen.
- Ohmmeter an Klemme **M** und Klemme **B** anschließen. Wenn der Widerstand **0** Ω beträgt, Magnetschalter ersetzen.

Einbau

- Magnetschalter mit Unterlegscheiben ansetzen, am Anlasser einsetzen und ganz leicht anschrauben (5 Nm).
- Anlasser einbauen.

Störungsdiagnose Anlasser

Wenn ein Anlasser nicht durchdreht, ist zunächst zu prüfen, ob an der Klemme S des Magnetschalters die zum Einziehen benötigte Spannung von mindestens 8 Volt vorhanden ist. Liegt die Spannung unter dem genannten Wert, dann müssen die Leitungen, die zum Anlasserstromkreis gehören, nach dem Stromlaufplan überprüft werden. Ob der Anlasser bei voller Batteriespannung einzieht, kann folgendermaßen geprüft werden:

- Keinen Gang einlegen, Zündung eingeschaltet.
- Mit einer Leitung (Querschnitt mindestens 4 mm^2) die Klemmen B und S am Anlasser überbrücken, siehe auch Kapitel »Magnetschalter prüfen«.

Spurt der Anlasser dabei einwandfrei ein, so liegt der Fehler in der Leitungsführung zum Anlasser. In diesem Fall Anlasser in ausgebautem Zustand überprüfen.

Prüfvoraussetzung: Leitungsanschlüsse müssen festsitzen und dürfen nicht oxydiert sein.

Störung	Ursache	Abhilfe
Anlasser dreht sich nicht beim Betätigen des Zündanlaßschalters	Batterie entladen	■ Batterie laden
	Klemmen B und S am Anlasser überbrücken: Anlasser läuft an. Leitung S zum Zündanlaßschalter unterbrochen, Anlaßschalter defekt	■ Unterbrechung beseitigen, defekte Teile ersetzen
	Kabel oder Masseanschluß ist unterbrochen. Batterie entladen	■ Batteriekabel und Anschlüsse prüfen. Spannung der Batterie messen, ggf. laden
	Ungenügender Stromdurchgang infolge lockerer oder oxydierter Anschlüsse	■ Batteriepole und -klemmen reinigen. Stromsichere Verbindungen zwischen Batterie, Anlasser und Masse herstellen
	Keine Spannung an Klemme S (Magnetschalter)	■ Leitung unterbrochen Zündanlaßschalter defekt
	Starterrelais defekt	■ Relais prüfen, ggf. auswechseln
Anlasser dreht sich zu langsam und zieht den Motor nicht durch	Batterie entladen	■ Batterie laden
	Kein Winteröl bzw. Mehrbereichsöl im Motor	■ Mehrbereichsöl einfüllen
	Ungenügender Stromdurchgang infolge lockerer oder oxydierter Anschlüsse	■ Batteriepole und -klemmen und Anschlüsse am Anlasser reinigen, Anschlüsse festziehen
	Kohlebürsten liegen nicht auf dem Kollektor auf, klemmen in ihren Führungen, sind abgenutzt, gebrochen, verölt oder verschmutzt	■ Kohlebürsten überprüfen, reinigen bzw. auswechseln. Führungen prüfen
	Ungenügender Abstand zwischen Kohlebürsten und Kollektor	■ Kohlebürsten ersetzen und Führungen für Kohlebürsten reinigen
	Kollektor riefig oder verbrannt und verschmutzt	■ Kollektor abdrehen oder Anker ersetzen
	Spannung an Klemme S fehlt (mind. 8 Volt)	■ Zündanlaßschalter oder Magnetschalter überprüfen
	Magnetschalter defekt	■ Schalter auswechseln
Anlasser spurt ein und zieht an, Motor dreht nicht oder nur ruckweise	Ritzelgetriebe defekt	■ Ritzelgetriebe ersetzen
	Ritzel verschmutzt	■ Ritzel reinigen
	Zahnkranz am Schwungrad defekt	■ Zahnkranz nacharbeiten, falls erforderlich, Schwungrad erneuern
Ritzelgetriebe spurt nicht aus	Ritzelgetriebe oder Steilgewinde verschmutzt bzw. beschädigt	■ Ritzelgetriebe reinigen, ggf. ersetzen
	Magnetschalter defekt	■ Magnetschalter ersetzen
	Rückzugfeder schwach oder gebrochen	■ Rückzugfeder erneuern
Anlasser läuft weiter, nachdem der Zündschlüssel losgelassen wurde	Magnetschalter hängt, schaltet nicht ab	■ Zündung sofort ausschalten, Magnetschalter ersetzen
	Zündschloß schaltet nicht ab	■ Sofort Batterie abklemmen, Zündschloß ersetzen

Beleuchtungsanlage

Zur Beleuchtungsanlage zählen: Hauptscheinwerfer, Heckleuchten, Bremsleuchten, Rückfahrscheinwerfer, Blinkleuchten, Nebelschlußleuchten, Kennzeichenleuchten und Innenleuchten. Die Instrumentenbeleuchtung wird im Kapitel »Armaturen« abgehandelt.

Glühlampen verschleißen mit der Zeit. Etwa alle 2 Jahre sollten sie deshalb ausgewechselt werden, auch wenn sie noch intakt sind. Dies gilt nicht für Halogenlampen, wie sie beispielsweise in den Hauptscheinwerfern verwendet werden. Sie halten normalerweise wesentlich länger und müssen erst bei einem Defekt gewechselt werden. Eine Glühlampe mit verminderter Leuchtkraft erkennt man auch an schwarzen Ablagerungen auf dem Glaskolben.

Vor dem Auswechseln einer Glühlampe Schalter des betreffenden Verbrauchers ausschalten. **Achtung: Glaskolben nicht mit bloßen Fingern anfassen.** Der Fingerabdruck würde verdunsten und sich – aufgrund der Wärme – auf dem Reflektor niederschlagen und diesen erblinden lassen. Grundsätzlich Glühlampe nur durch eine gleiche Ausführung ersetzen. Versehentlich entstandene Berührungsflecken mit sauberem, nicht faserndem Tuch und Spiritus entfernen.

Lampentabelle

Um jederzeit eine Lampe auswechseln zu können, sollte stets ein Kasten mit Ersatzlampen im Fahrzeug mitgeführt werden. Der NISSAN-Kundendienst führt solche Ersatzlampenboxen.

12-V-Glühlampe für	Leistung
Fern/Abblendlicht (Typ H4)	60/55 W
Vordere Nebelleuchte	55 W
Stand- und Parklicht vorn, seitliche Blinker, Kennzeichenleuchten*, Gepäckraumleuchte	5 W
Blinkleuchten vorn und hinten, Nebelschlußleuchte Rückfahrleuchte	21 W
Brems- und Schlußleuchte	21/5 W
Innenraumleuchte	10 W

*) MICRA-Generation I: 10 W

Hinweis: In diesem Band werden 2 MICRA-Generationen behandelt. Die MICRA-Generation I kam im März '83 in Deutschland auf den Markt. Im Januar '93 wurde die MICRA-Generation II eingeführt. Parallel zur MICRA-Generation II werden auch weiterhin von der MICRA-Generation I die Modelle TOPIC und HIT angeboten.

Scheinwerfer-Glühlampe auswechseln

Achtung: Schalter der betreffenden Lampe ausschalten.

Scheinwerfer

- Motorhaube öffnen.

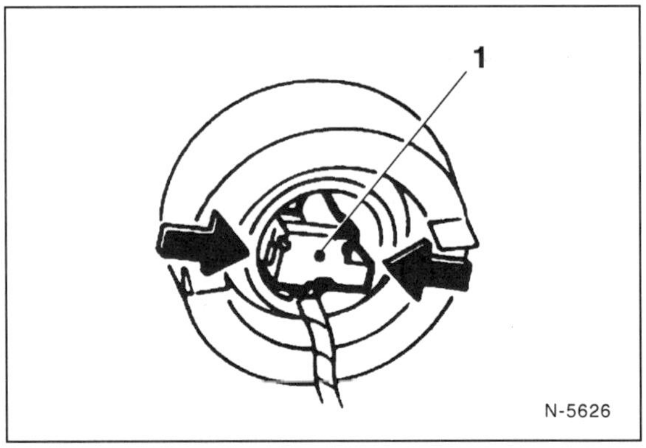

- Stecker abziehen, dabei Laschen seitlich zusammendrücken. Gummikappe von der Scheinwerferrückseite entfernen.

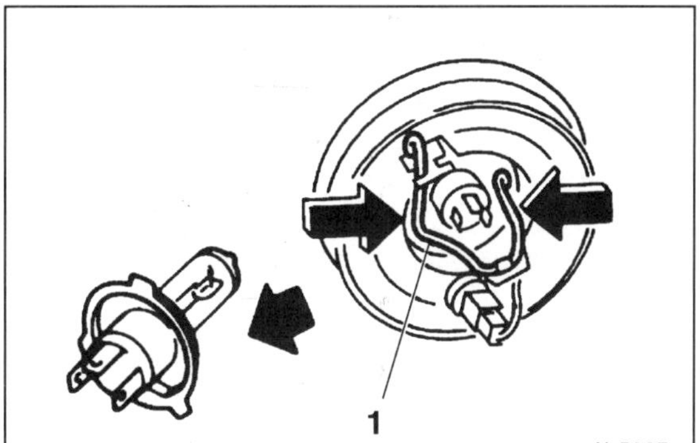

N-5627

- Federdrahtbügel –1– der Lampenhalterung an der Rastnase aushängen und wegklappen.
- Glühlampe herausnehmen.
- Neue Glühlampe so einsetzen, daß die Nasen der Lampenfassung in die Nuten des Reflektors eingreifen. Dabei Lampe nur an der Fassung und nicht am Lampenglas anfassen.
- Halteklammer umklappen und einhängen.
- Scheinwerferabdeckung so aufdrücken, daß der dreieckige Pfeil ▲ oder die Aufschrift »TOP« nach oben zeigt. Sicherstellen, daß die Abdeckung ringsum bündig am Reflektor anliegt.
- Mehrfachstecker an der Glühlampe aufstecken.
- Scheinwerfereinstellung von einer Fachwerkstatt kontrollieren lassen.

Glühlampen für Außen- und Innenleuchten auswechseln

Achtung: Schalter der betreffenden Lampe ausschalten.

Vordere Blinkleuchten

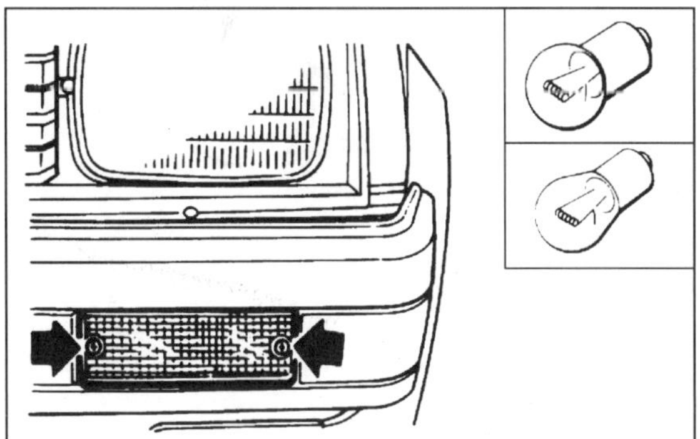

N-5628

- **MICRA-Generation I:** Halteschrauben lösen und Blinkerglas nach vorn abziehen.
- **MICRA-Generation II:** Lampenfassung hinten am Scheinwerfer nach links drehen und aus dem Reflektor herausnehmen.
- Lampe etwas in die Fassung hineindrücken, nach links drehen und herausnehmen.
- Dichtung für Lampenglas beziehungsweise Fassung auf Beschädigung prüfen, gegebenenfalls ersetzen.
- Neue Lampe einsetzen, leicht eindrücken und nach rechts drehen.
- **MICRA-Generation II:** Fassung in die Leuchte einsetzen und durch Rechtsdrehen befestigen.

Standlicht (Begrenzungslicht) vorn

N-5629

- **MICRA-Generation I:** Halteschrauben lösen und Lampenglas herausziehen.

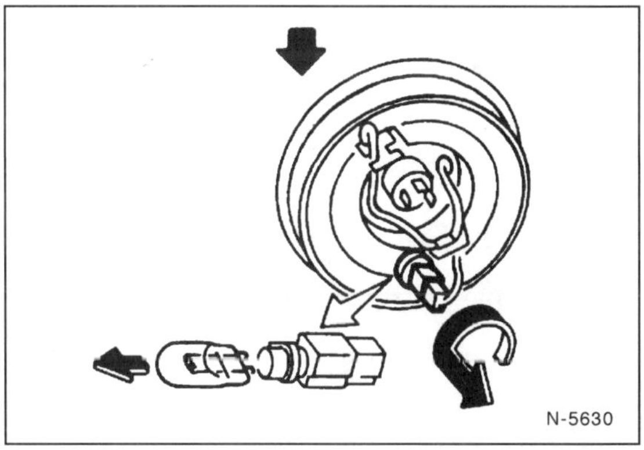

N-5630

- **MICRA-Generation II:** Stecker am Hauptscheinwerfer abziehen und Gummiabdeckung lösen, damit die Lampenfassung erreicht wird.
- Lampenfassung nach links drehen und herausnehmen. Glühlampe gerade aus der Fassung herausziehen.
- Neue Lampe eindrücken. Fassung in die Leuchte einsetzen und durch Rechtsdrehen befestigen.
- Scheinwerferabdeckung wieder so aufdrücken, daß der dreieckige Pfeil ▲ oder die Aufschrift »TOP« nach oben zeigt. Sicherstellen, daß die Abdeckung ringsum bündig am Reflektor anliegt. 3fach Stecker auf die Fern-/Abblendlichtlampe aufdrücken.

Seitliche Blinkleuchten

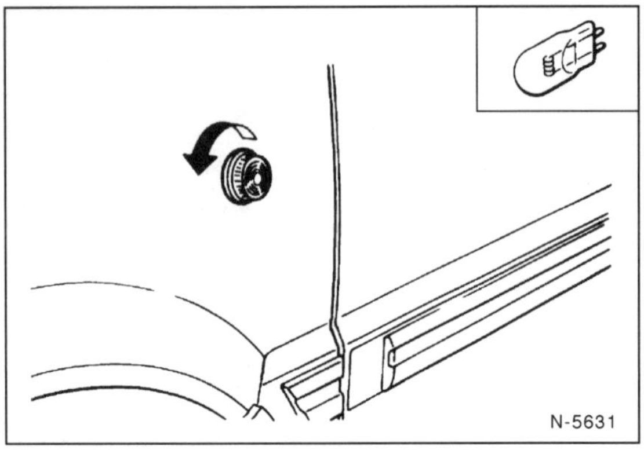

- Lampenglas durch Linksdrehung am vorderen Kotflügel ausrasten.
- Lampenfassung nach links drehen und aus dem Gehäuse herausnehmen.
- Glühlampe gerade aus der Fassung herausziehen.
- Neue Lampe eindrücken. Leuchte in die Fassung einsetzen und Fassung durch Rechtsdrehen befestigen.
- Leuchte in den Kotflügel einsetzen und durch Rechtsdrehen befestigen.

Nebelscheinwerfer vorn

MICRA-Generation II

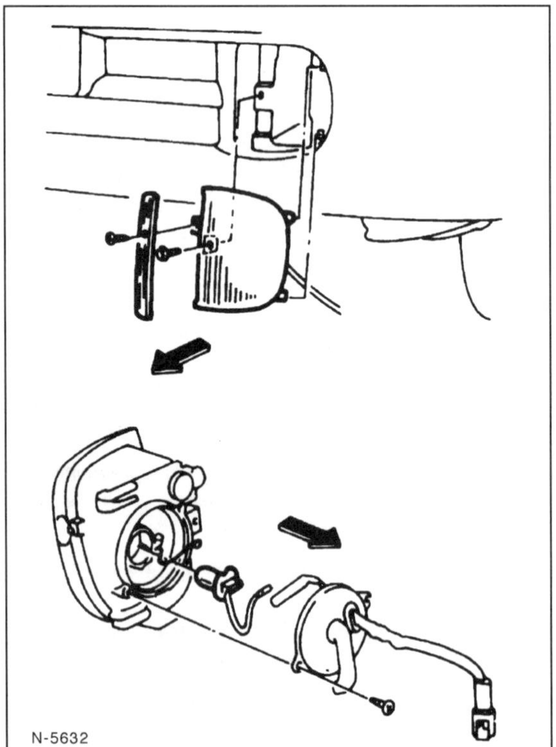

- Zuerst seitliche Abdeckung, dann darunterliegende Schraube herausdrehen. Lampenglas abnehmen.
- Leuchte kippen und durch den Stoßfänger-Ausschnitt herausziehen.
- Lampenabdeckung abschrauben und Steckverbindung trennen.
- Haltebügel für Lampenfassung ausfedern und Lampe ersetzen.
- Leuchte in umgekehrter Ausbaureihenfolge einbauen.

Heckleuchten

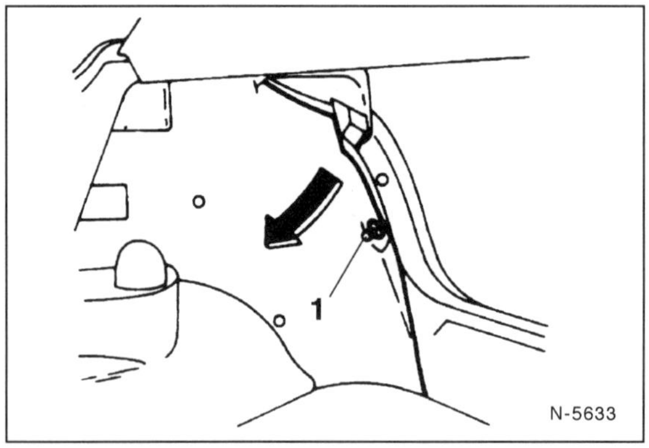

- Heckklappe öffnen und jeweilige Innenverkleidung hinter den Leuchten bei gleichzeitigem Betätigen des Rasthebels –1– in Pfeilrichtung entfernen. Die Abbildung zeigt den MICRA der Generation II.
- **MICRA-Generation I:** Lampenfassung nach links drehen und herausziehen.

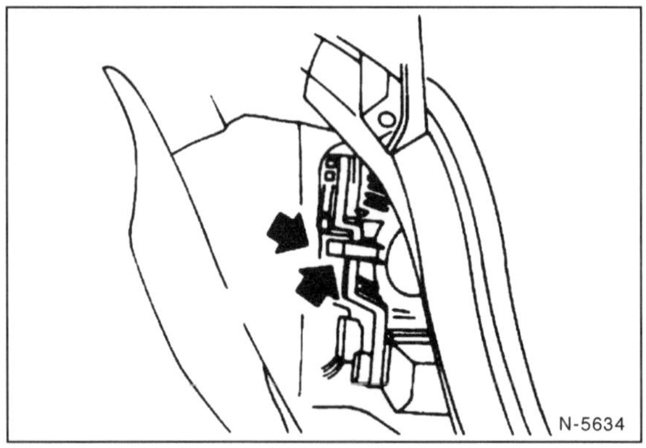

- **MICRA-Generation II:** Lampenträger an den Laschen –Pfeile– entriegeln und abnehmen.
- Defekte Lampe leicht in die Fassung hineindrücken, um 90° (1/4 Umdrehung) nach links drehen und herausnehmen.
- Neue Lampe einsetzen, leicht eindrücken und nach rechts drehen. Lampenhalter einsetzen, andrücken und einrasten.
- Innenverkleidung einrasten.

Kennzeichenleuchten

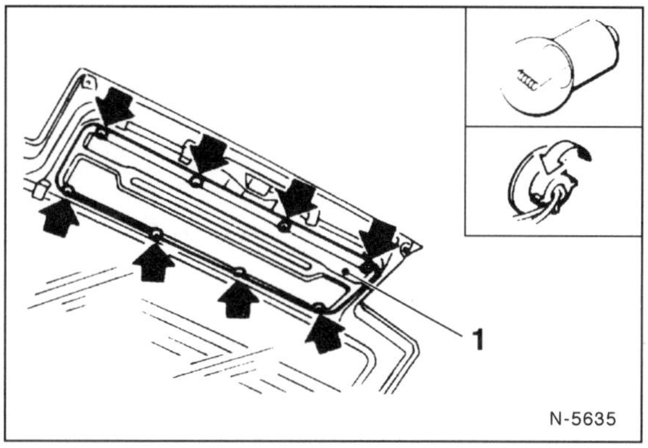

- MICRA-Generation I: Heckklappen-Innenverkleidung –1– ausclipsen.

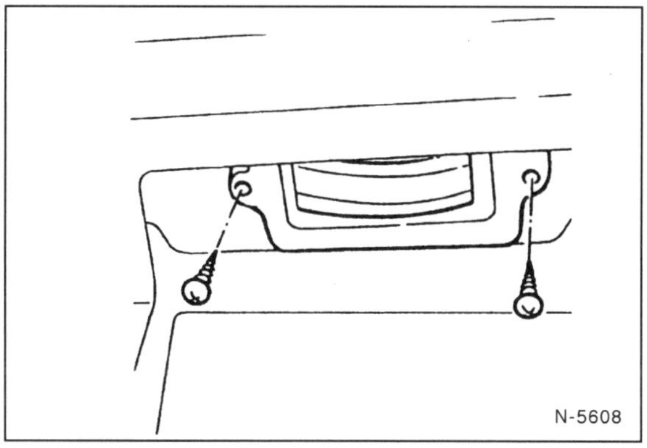

- MICRA-Generation II: Lampenglas abschrauben.
- Lampenfassung nach links drehen und aus dem Reflektor herausnehmen.
- Glühlampe eindrücken, nach links drehen und herausnehmen. Bei MICRA-Generation II sind gesteckte Lampen eingebaut, erkennbar sind sie am flachen, nicht runden Lampenglas.
- Neue Lampe einsetzen, leicht eindrücken und nach rechts drehen. Fassung in die Leuchte einsetzen und durch Rechtsdrehen befestigen.
- Abdeckung einclipsen, beziehungsweise Lampenglas anschrauben. Dabei auf guten Zustand und richtige Lage der Gummidichtung achten.

Innenraumleuchte/Gepäckraumleuchte

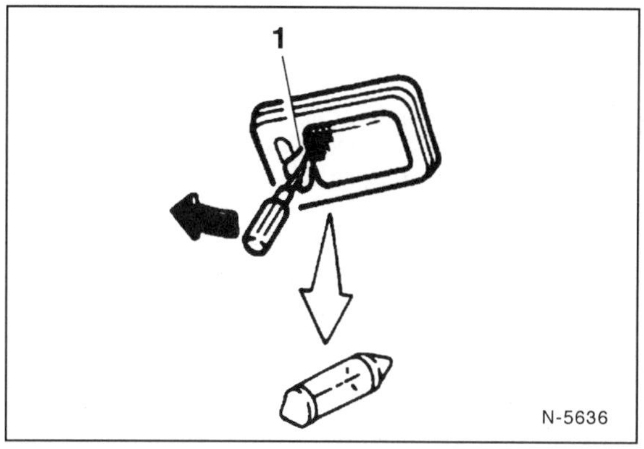

- Leuchtenglas an der Aussparung mit einem Schraubendreher aushebeln. Stoff als Schutz gegen Zerkratzen zwischenlegen. Beim MICRA der I. Generation, Leuchtenglas mit den Fingern abziehen.
- Sofittenlampe aus den Kontaktfedern abziehen. Saß die Lampe locker, gegebenenfalls Kontaktfedern vorsichtig nachbiegen.
- Neue Glühlampe einsetzen und Leuchtenglas aufdrücken.

Gepäckraumleuchte

- MICRA-Generation I: Leuchtenglas mit den Fingern abziehen.
- MICRA-Generation II: Leuchtenglas mit 2 Schrauben abschrauben.
- Sofittenlampe aus den Kontaktfedern abziehen. Saß die Lampe locker, gegebenenfalls Kontaktfedern vorsichtig nachbiegen.
- Neue Glühlampe einsetzen und Leuchtenglas aufdrücken, beziehungsweise anschrauben.

Scheinwerfer aus- und einbauen

Ausbau

- Motorhaube öffnen.
- Batterie-Massekabel (–) von der Batterie abklemmen. **Achtung:** Dadurch werden die elektronischen Speicher gelöscht, wie zum Beispiel der Motorfehlerspeicher oder Radiocode. Vor dem Abklemmen der Batterie sollten auch die Hinweise im Kapitel »Batterie aus- und einbauen« durchgelesen werden.
- Falls vorhanden, Scheinwerfer-Wischerarm ausbauen.
- Steckverbindungen für Glühlampen und Scheinwerferhöhenverstellung (falls vorhanden) trennen. Beim MICRA der I. Generation Begrenzungsleuchte ausbauen, siehe Seite 211.
- Kühlergrill ausbauen, siehe Seite 165.

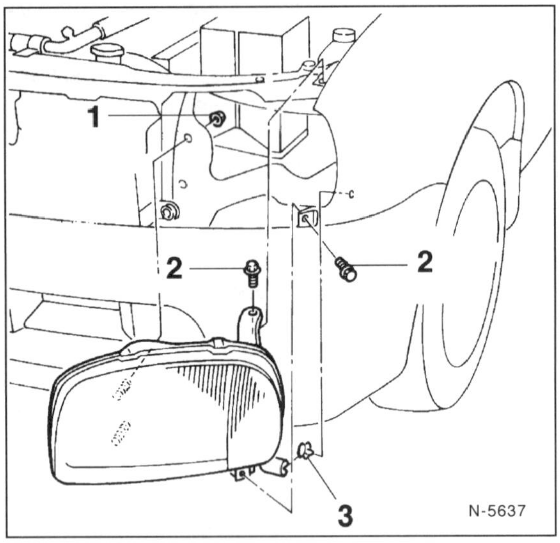

- 2 Muttern –1– sowie 2 Schrauben –2– abschrauben, Scheinwerfer aus Tülle –3– herausnehmen. Die Abbildung zeigt den MICRA der II. Generation.

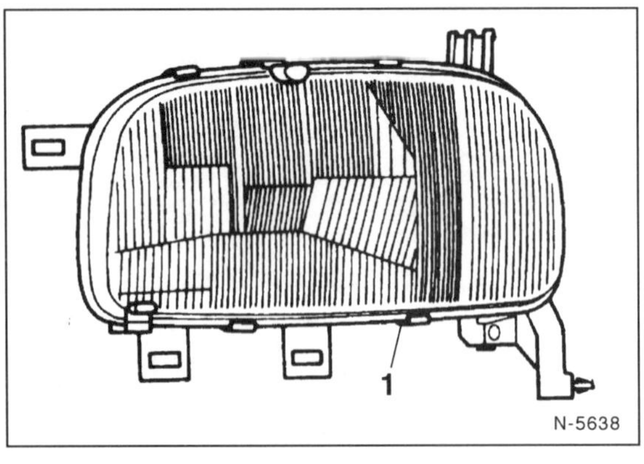

Hinweis: Beim MICRA der II. Generation kann der Scheinwerfer nach dem Ausbau zum Auswechseln von Streuscheiben und Reflektor zerlegt werden. Dazu die Halteklammern –1– abhebeln.

Einbau

- Scheinwerfer in die Tülle einsetzen. Sämtliche Schrauben in umgekehrter Reihenfolge wie ausgebaut mit 5 Nm, also nur ganz leicht, festschrauben.
- Kühlergrill einbauen.
- Glühlampen anschließen.
- Batterie-Massekabel (–) anklemmen.
- Falls vorhanden, Zeituhr einstellen sowie Diebstahlcode für das Radio eingeben.
- Scheinwerfer einstellen.

Scheinwerfer einstellen

Für die Verkehrssicherheit ist die richtige Einstellung der Scheinwerfer von großer Bedeutung. Die exakte Einstellung der Scheinwerfer ist nur mit einem Spezialeinstellgerät möglich. Es wird deshalb nur gezeigt, wo die Scheinwerfer eingestellt werden können und welche Bedingungen zum richtigen Einstellen der Scheinwerfer erfüllt sein müssen.

- Reifen mit vorgeschriebenem Reifendruck füllen.
- Das unbeladene Fahrzeug muß mit 75 kg (eine Person) auf dem Fahrersitz belastet und der Kraftstofftank gefüllt sein. Anschließend das Fahrzeug mindestens einige Meter rollen, damit sich die Federn richtig einstellen.
- Fahrzeug auf ebene Fläche stellen.
- Leuchtweitenregulierung auf »0« stellen.
- Die Scheinwerfer dürfen nur bei Abblendlicht eingestellt werden. Das Neigungsmaß beträgt für Normalscheinwerfer **12 cm auf 10 m Entfernung**. Bei Nebelscheinwerfern beträgt es 20 cm auf 10 m Entfernung.

Hinweis: Die Abbildung zeigt den rechten Scheinwerfer im MICRA der II. Generation von der Rückseite her gesehen.

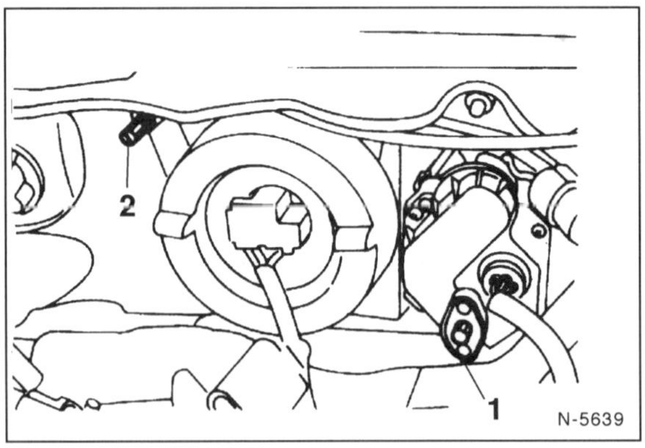

1 – Höhenverstellung; 2 – Links-/Rechts-Verstellung

Heckleuchten aus- und einbauen

Ausbau

- Glühlampen der betreffenden Heckleuchte ausbauen, siehe Seite 211.

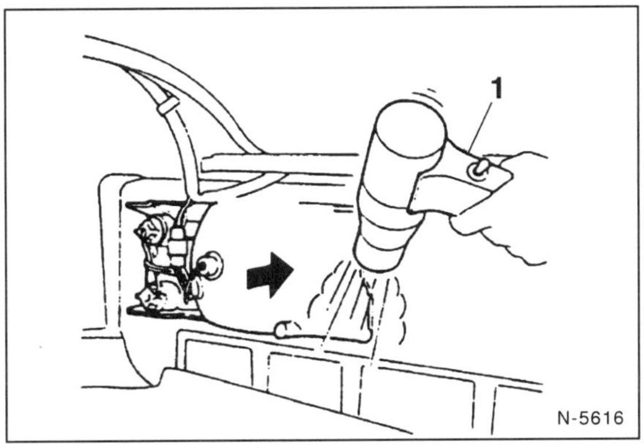

- Von der Innenseite her die Befestigungsmuttern der Leuchte abschrauben und Karosserieausschnitt auf etwa +60° C mit Heißluftfön –1– erwärmen. Die Heckleuchten sind mit Butyldichtmittel abgedichtet, das sich bei Erwärmung leichter abziehen läßt.
- Leuchtengehäuse nach außen abhebeln. Beim Abhebeln muß mitunter große Kraft aufgewendet werden, darauf achten, daß die Teile nicht beschädigt werden.

Einbau

- Gesprungene Leuchtengläser umgehend ersetzen, sonst dringt Wasser in den Innenraum.

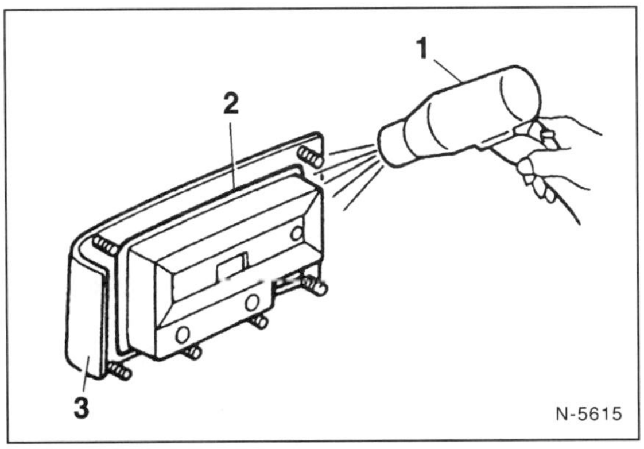

- Butyldichtmittel –2– in einer gleichmäßigen Raupe auftragen, siehe Abbildung.
- Heckleuchte –3– und Karosserieausschnitt mit Heißluftfön –1– auf etwa +60° C erwärmen, dann Leuchte einsetzen und festschrauben.
- Glühlampen einbauen.

Armaturen

Beim NISSAN MICRA sind die Instrumente in einem Schalttafeleinsatz zusammengefaßt. Der Schalttafeleinsatz muß beispielsweise ausgebaut werden, wenn Glühlampen der Instrumentenbeleuchtung ersetzt werden sollen. Sind einzelne Instrumente defekt, kann der Schalttafeleinsatz zerlegt und das Instrument erneuert werden. In diesem Kapitel werden auch die Lenkstockschalter für Scheibenwischer/Beleuchtung/Blinklicht behandelt.

Hinweis: In diesem Band werden 2 MICRA-Generationen behandelt. Die MICRA-Generation I kam im März '83 in Deutschland auf den Markt. Im Januar '93 wurde die MICRA-Generation II eingeführt. Parallel zur MICRA-Generation II werden auch weiterhin von der MICRA-Generation I die Modelle TOPIÇ und HIT angeboten.

Schalttafeleinsatz aus- und einbauen/ Glühlampen ersetzen

Ausbau

- Batterie-Massekabel (–) von der Batterie abklemmen. **Achtung:** Dadurch werden die elektronischen Speicher gelöscht, wie zum Beispiel der Motorfehlerspeicher oder Radiocode. Vor dem Abklemmen der Batterie sollten auch die Hinweise im Kapitel »Batterie aus- und einbauen« durchgelesen werden.
- Lenkrad ganz nach unten stellen. Entstehen Platzprobleme beim Ausbau des Schalttafeleinsatzes, Lenkrad ausbauen, siehe Seite 131.
- Lenksäulenabdeckung abbauen, dazu Schrauben an der Unterseite lösen.

MICRA-Generation I:

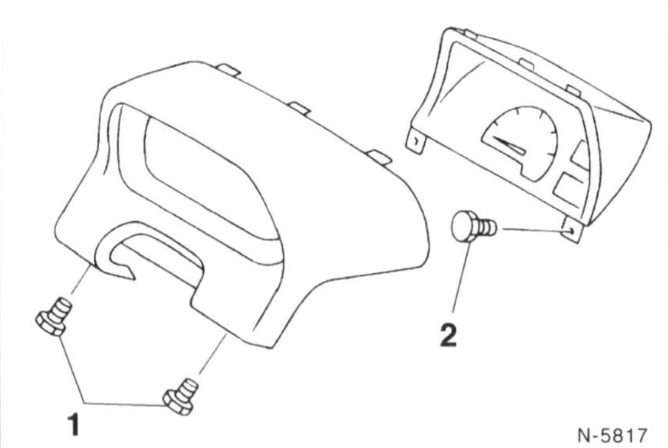

N-5817

MICRA-Generation II:

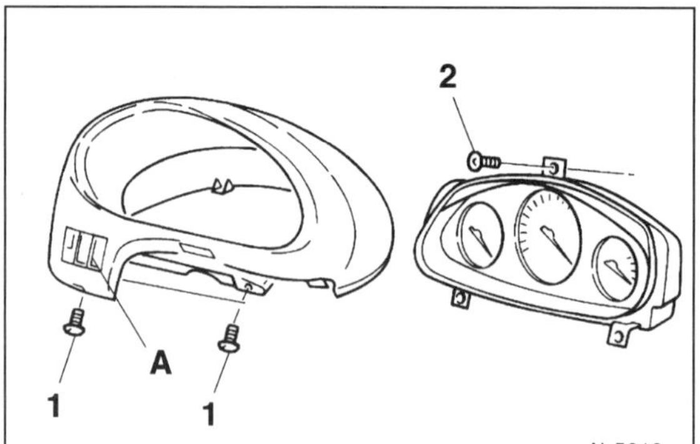

N-5818

- Schrauben –1– herausdrehen und je nach Modell die Abdeckung nach vorn ziehen, siehe Abbildungen. Dabei rasten Klammern an der Rückseite der Abdeckung aus.
- **MICRA-Generation II:** Anschlußstecker für Instrumenten-Helligkeitsregler und Leuchtweitenregulierung an der Rückseite der Schalter abziehen, dabei Rastnase mit den Fingern zusammendrücken. Abdeckung abnehmen.
- Schalttafeleinsatz abschrauben –2– und etwas herausziehen.

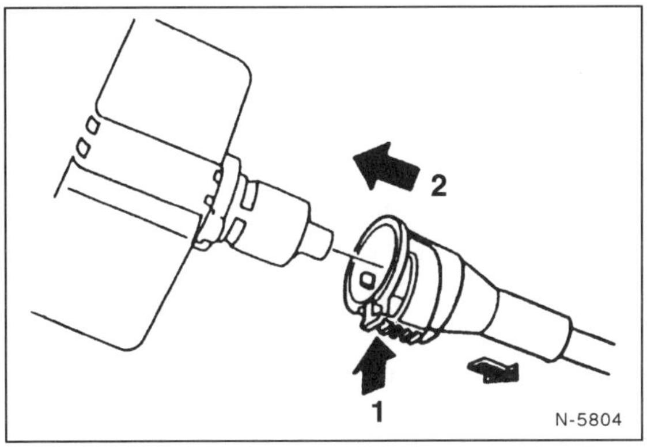

- Tachowelle an der Rückseite abziehen, dazu seitlich auf das Anschlußteil drücken –Pfeil 1–. Läßt sich der Schalttafeleinsatz nicht weit genug herausziehen, um hinter den Schalttafeleinsatz fassen zu können, zusätzlich vorher Tachowelle am Getriebe abschrauben.
- Je nach Modell 2 oder 3 Mehrfachstecker an der Rückseite abziehen.

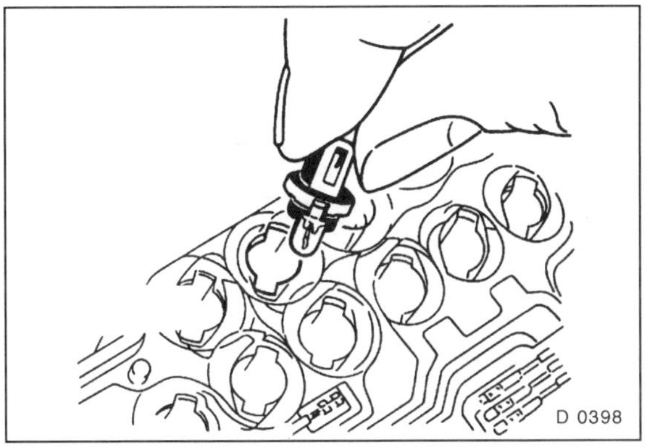

- Gegebenenfalls Kontrolleuchten-Fassungen an der Rückseite durch Linksdrehen ausbauen und Lampe erneuern.

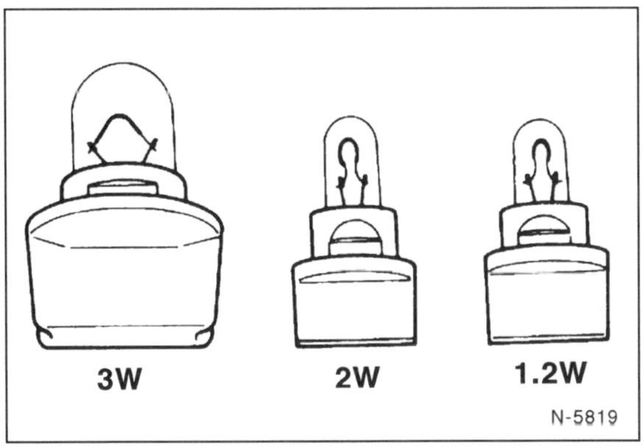

- Beim Wechsel nur Lampe gleicher Leistung und Bauart einsetzen. Lampen beim MICRA der II. Generation:

3 W:	Anzeige für Kraftstoffstand, Ladestrom
2 W:	Instrumentenbeleuchtung
1.2 W:	Anzeige für Fernlicht, Blinker, Bremse, Motoröl, ABS und Automatisches Getriebe.

Einbau

- Mehrfachstecker an der Rückseite des Schalttafeleinsatzes eindrücken.
- Tachowelle an der Schalttafeleinsatz-Rückseite einclipsen, siehe Pfeil –2– in Abbildung N-5804.
- Tachowelle am Getriebe anschrauben.
- Schalttafeleinsatz und Blende einsetzen und anschrauben.
- Lenkrad einbauen, siehe Seite 131.
- Batterie-Massekabel (–) anklemmen.
- Zeituhr einstellen sowie, falls notwendig, Diebstahlcode für das Radio eingeben.

Schalttafeleinsatz zerlegen/ Instrumente ersetzen

MICRA-Generation I

- Schalttafeleinsatz ausbauen.
- Deckglas und obere Gehäusehälfte nach Lösen der Halteklammern abnehmen.

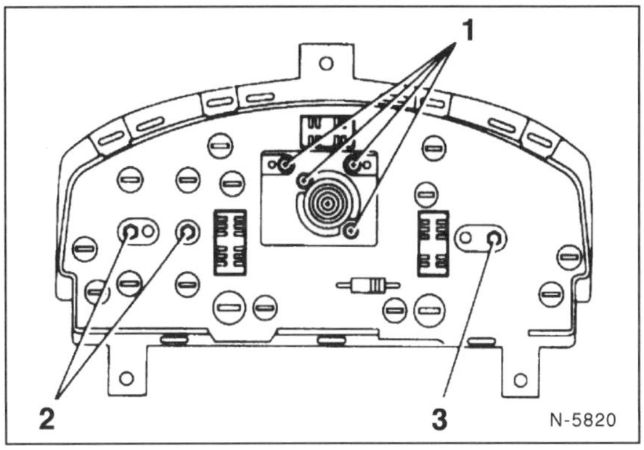

- Schrauben –1– lösen, um das Tachometer auszubauen. Muttern –2– zum Ausbau des Drehzahlmessers oder Kühlmitteltemperaturanzeigers, –3– zum Ausbau des Kraftstoffstandanzeigers oder Kühlmitteltemperaturanzeigers, je nach Ausstattung, lösen.

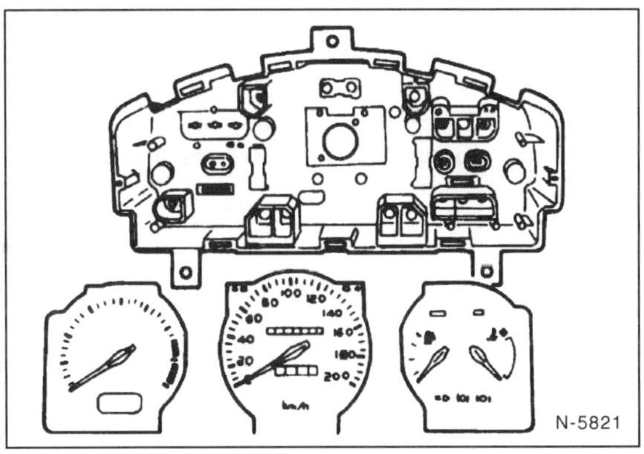

- Instrumente herausnehmen. Der Einbau erfolgt in umgekehrter Reihenfolge, wie der Ausbau.

Schalter für Blinker/Beleuchtung/ Wischer aus- und einbauen

Die genannten Schalter sind sogenannte Lenkstockschalter, sie können zum Teil einzeln ausgebaut werden.

Ausbau

- Batterie-Massekabel (–) von der Batterie abklemmen. **Achtung:** Dadurch werden die elektronischen Speicher gelöscht, wie zum Beispiel der Motorfehlerspeicher oder Radiocode. Vor dem Abklemmen der Batterie sollten auch die Hinweise im Kapitel »Batterie aus- und einbauen« durchgelesen werden.

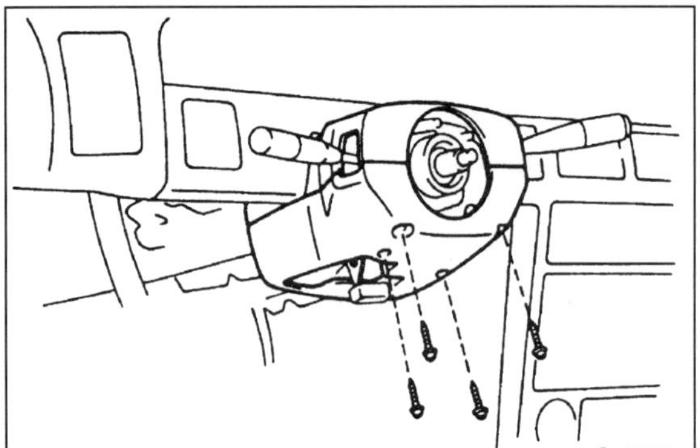
G-4878

- Verkleidung für Lenksäule von unten abschrauben.

MICRA-Generation I:

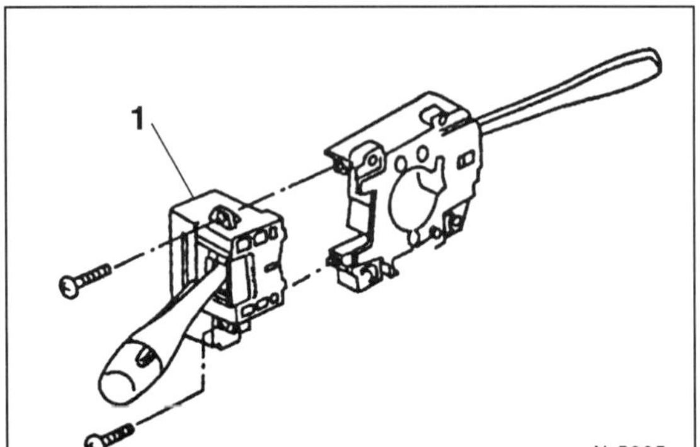

N-5805

- Die Schalter links und rechts lassen sich auswechseln, ohne daß der komplette Sockel ausgebaut werden muß. Der Warnblinkschalter kann ebenfalls nach oben hin abgenommen werden.

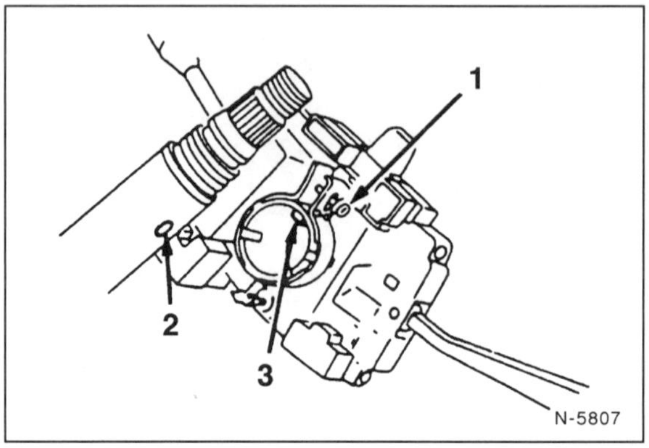

N-5807

- Soll die komplette Schaltereinheit ausgebaut werden, Schraubschelle –1– lösen und Schalter auf der Lenkspindel verdrehen, dabei gleitet die Führungsnase –3– am Schalter aus der Bohrung –2–. Vorher Lenkrad ausbauen, siehe Seite 131.

MICRA-Generation II:

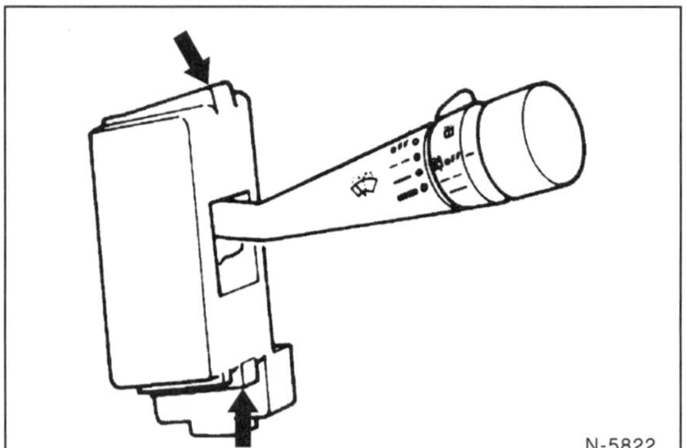
N-5822

- Linker und rechter Schalter können einzeln zur Seite abgezogen werden, dabei Haltezungen oben und unten zusammendrücken.
- Mehrfachstecker von der Schaltereinheit abziehen.
- Soll die komplette Schaltereinheit ausgebaut werden, beide Schalter abziehen und 1 Schraube lösen. Schaltereinheit von der Lenkspindel abziehen. Vorher Lenkrad ausbauen, siehe Seite 131.

Einbau

- Mehrfachstecker verbinden.
- Lenkstockschalter aufschieben und anschrauben.
- Lenksäulenverkleidung anschrauben.
- Lenkrad einbauen, siehe Seite 131.
- Batterie-Massekabel (–) anklemmen.
- Zeituhr einstellen sowie, falls notwendig, Diebstahlcode für das Radio eingeben.

Radio aus- und einbauen

Radio im MICRA der Generation II:

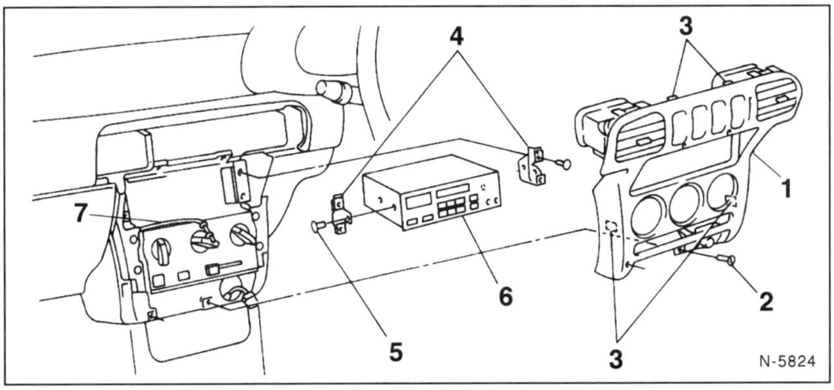

1 – **Verkleidung**
2 – **Anbauschraube**
3 – **Haltezungen**
4 – **Halterung**
5 – **Schraube**
6 – **Radio**
7 – **Antennenkabel**

Achtung: Im Handel sind Radios mit einer Codenummer erhältlich. Die Codenummer dient als Diebstahlschutz. Nach jedem Anschließen des Radios muß eine bestimmte Codenummer eingegeben werden, sonst kann das Radio nicht in Betrieb genommen werden. Falls das Radio codiert ist, Radiocode vor Abklemmen der Batterie oder Ausbau des Radios feststellen. Ist der Code nicht bekannt, kann nur der Hersteller das Autoradio wieder in Betrieb nehmen. Die individuelle Codenummer ist meist im Radio-Paß angegeben. Er sollte nicht im Fahrzeug aufbewahrt werden.

- Batterie-Massekabel (–) von der Batterie abklemmen. **Achtung:** Dadurch werden die elektronischen Speicher gelöscht, wie zum Beispiel der Motorfehlerspeicher oder Radiocode. Vor dem Abklemmen der Batterie sollten auch die Hinweise im Kapitel »Batterie aus- und einbauen« durchgelesen werden.

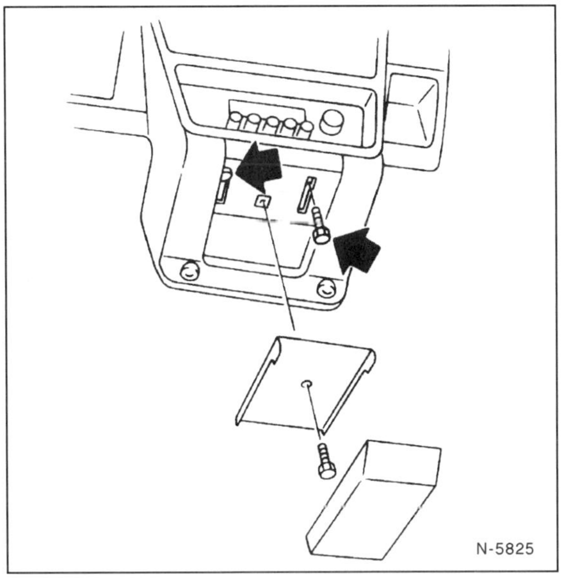

- **MICRA-Generation I:** Ascher herausziehen und Schrauben von unten her lösen, siehe Abbildung.
- Radio und Einbauhalterung abschrauben. Radio gleichmäßig herausziehen, dabei nicht verkanten.
- Massekabel von der Radiorückseite abschrauben beziehungsweise abziehen.
- Steckverbindungen für Lautsprecher und Antenne herausziehen, Mehrfachsteckverbindung für Stromversorgung abziehen. Falls das Radio nicht mit den serienmäßigen Mehrfachsteckern angeschlossen ist, Kabel vor dem Abziehen kennzeichnen, damit sie beim Einbau nicht vertauscht werden.

Einbau

- Elektrische Anschlüsse an der Rückseite des Radiogerätes anbringen.
- Radio in die Mittelkonsole eindrücken und anschrauben.
- Vordere Mittelkonsole einbauen, siehe Seite 176.
- Batterie-Massekabel (–) anklemmen.
- Radio einschalten und Funktion überprüfen. Falls ein Radio mit Anti-Diebstahl-Codierung eingebaut ist, zuvor Geheimcode eingeben.
- Zeituhr einstellen.

Hinweise für den nachträglichen Radioeinbau

Achtung: Wird das serienmäßige Anschlußkabel nicht verwendet, unbedingt darauf achten, daß keine unisolierten Kabel frei herumliegen. Ein sonst möglicher Kurzschluß kann zu einem Kabelbrand führen.

- Darauf achten, daß nur typgeprüfte Entstörsätze (mit allgemeiner Betriebserlaubnis, ABE) verwendet werden, sonst kann die Zulassung des Fahrzeuges erlöschen. Im Handel gibt es speziell auf den NISSAN abgestimmte Entstörsätze mit Einbauanleitung.
- Radio auf Antenne abstimmen. Dazu schwachen Mittelwellensender etwa bei 1400 KHz einstellen. Ist kein Sender vorhanden, kann auch das Rauschen zum Abstimmen verwendet werden. Antennenabgleichschraube (vorn links im Radiogehäuse) mit kleinem Schraubendreher verdrehen, bis der beste Empfang oder der höchste Rauschpegel erreicht ist. **Achtung:** Dabei Abgleichschraube nur maximal ½ Umdrehung verdrehen.

Stabantenne aus- und einbauen/ Antennenstab auswechseln

Ausbau

- Radio ausbauen und Antennenkabel abziehen.
- Bindfaden oder geeignete Schnur am Antennenkabel anbinden, um den späteren Einbau zu erleichtern.
- Vordere Fußraumverkleidung ausbauen, siehe Seite 176.

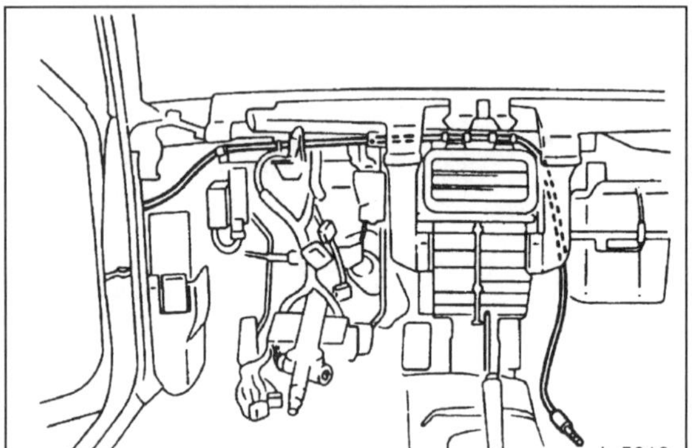
L-5812

- Antennenkabel aus der Halterung herausnehmen. Beim MICRA der I. Generation, außerdem Antennen-Massekabel an der Seitenwand abschrauben.

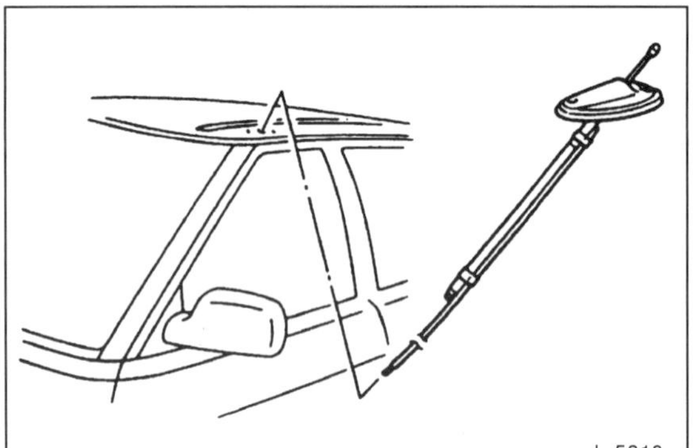
L-5813

- Antenne am Dach abschrauben und nach oben herausziehen.

Einbau

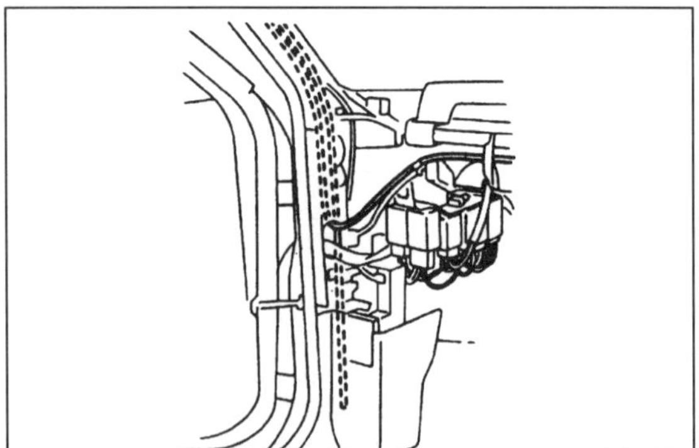
L-5814

- Antennenkabel und Ablaßschlauch mit Hilfe der Schnur in die Dachöffnung einführen und durchziehen.

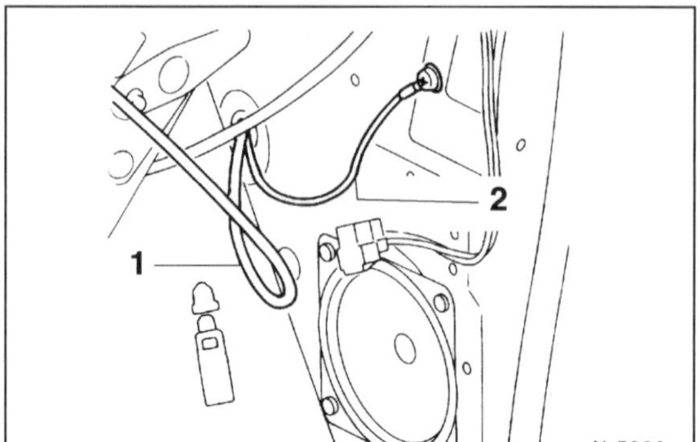

N-5826

- **MICRA-Generation I:** Antennen-Massekabel an der Seitenwand, in der Nähe des Lautsprechers, anschrauben.
- Antennenkabel hinter der Armaturentafel verlegen.
- Antenne am Radio anschließen und Empfang prüfen.
- Vordere Fußraumverkleidung einbauen.
- Radio einbauen und Antenne abstimmen, siehe Seite 219.

Antennenstab auswechseln

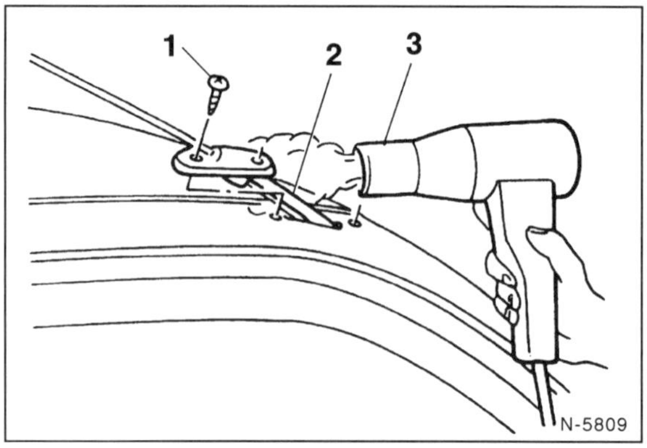

N-5809

- Der Antennenstab kann auch einzeln ersetzt werden, zum Beispiel wenn er abgeknickt wurde. Dazu 2 Befestigungsschrauben –1– lösen und Antenne etwas herausziehen.
- Führungshülse –2– mit einem Heißluftfön –3– erwärmen und vom Antennenfuß nach unten abziehen.

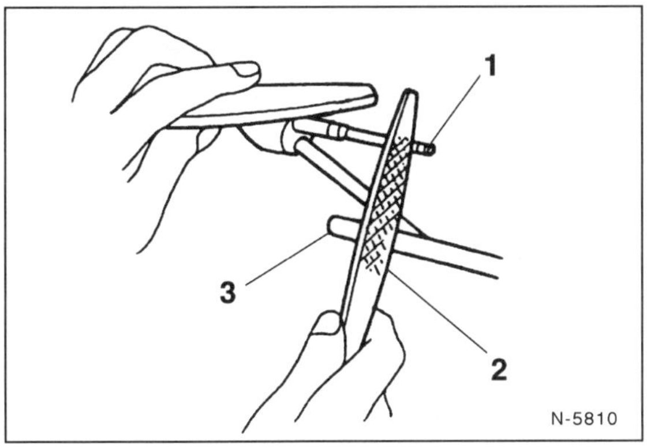

- Anschlag –1– am Ende des Antennenstabs mit einer Feile –2– oder einer feinen Säge abschneiden. 3 – Führungshülse.
- Antennenstab nach oben aus dem Antennenfuß herausziehen.

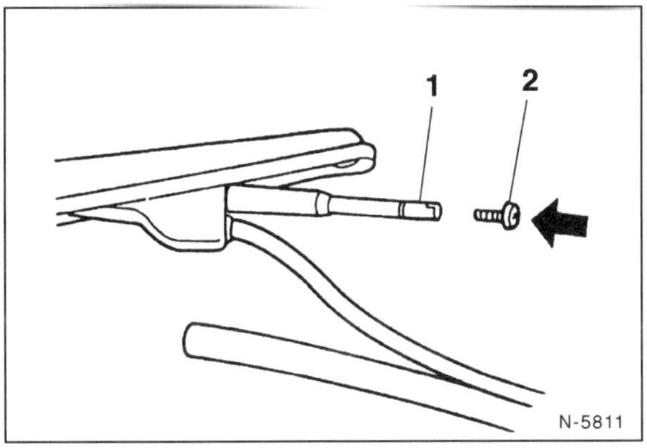

- Neuen Antennenstab –1– (Ersatzteil) in den Antennenfuß einführen. Schraube –2– am Gewinde mit handelsüblichem Schraubensicherungsmittel bestreichen und einschrauben.
- Führungshülse aufdrücken, Antennenfuß einsetzen und anschrauben.

Armaturentafel-Schalter aus- und einbauen

Ausbau

- Betreffenden Schalter ausschalten.

Die Abbildung zeigt das Armaturenbrett im MICRA der II. Generation.

- Breiten Schraubendreher unten am Schalter ansetzen und Schalter aushebeln. Stoff zwischenlegen.
- Mehrfachstecker hinten am Schalter abziehen, dabei Sicherungsklinke niederdrücken.

Einbau

- Mehrfachstecker aufdrücken, er muß hörbar einrasten.
- Funktion des Schalters prüfen.
- Schalter einsetzen und einclipsen.

Scheibenwischeranlage

Scheibenwischergummi ersetzen

Die Scheibenwischergummis sind bei schlechtem Wischbild zu ersetzen. Im Handel werden sowohl komplette Scheibenwischerblätter (Wischergummi mit Träger) als auch einzelne Wischgummis angeboten. Wird nur das Wischgummi ersetzt, darauf achten, daß der Träger nicht verbogen wird.

Ausbau

- Wischerarm hochklappen.
- Wischerblatt im rechten Winkel zum Wischerarm stellen.

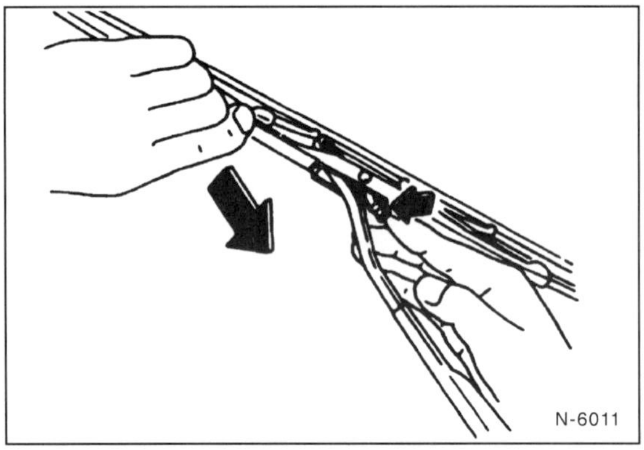

- Kunststoffsicherungslasche eindrücken, Wischerblatt in Pfeilrichtung drücken und aus dem Haken des Wischerarms herausziehen.
- Wischerblatt durch die Öffnung neben der Kunststofflasche vom Wischerarm abnehmen.

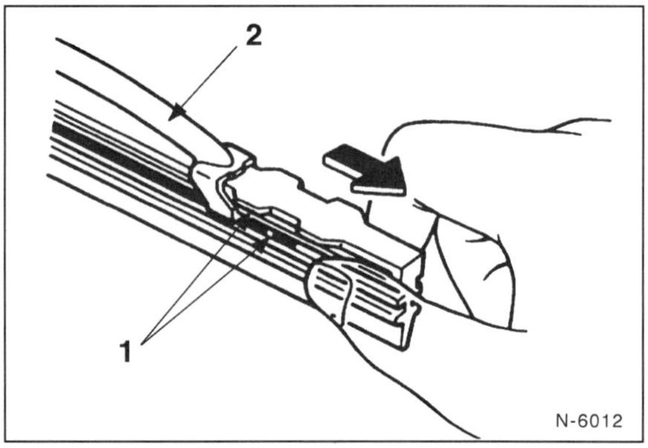

- Wischergummi mit den Laschen –1– aus der Metallhalterung –2– herausziehen.

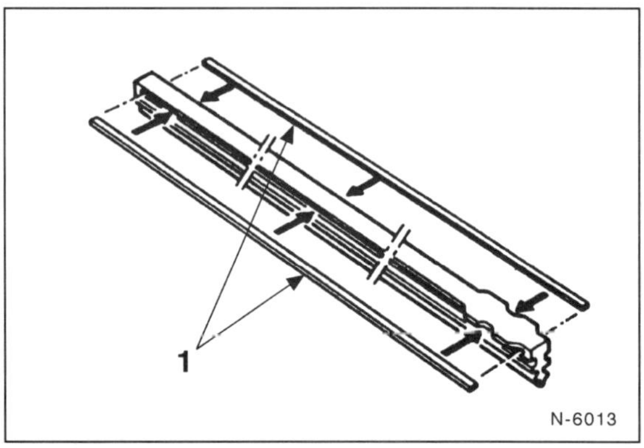

- Halteschienen –1– aus dem Wischergummi herausnehmen und in den neuen Wischergummi so einsetzen, daß die Aussparungen der Schienen zum Gummi zeigen und in die Gumminasen der Rille einrasten. **Achtung:** Die Schienen dabei nicht verbiegen, sonst ersetzen.

Einbau

- Neues Wischergummi mit Halteschienen in die Metallklammern des Wischerblatts einführen. Dabei mit der offenen Seite des Wischergummis beginnen.
- Wischerblatt am Wischerarm einsetzen und Kunststoffsicherungslasche einrasten lassen. Wischerarm zurückklappen.

Scheibenwaschdüsen aus- und einbauen/einstellen

Ausbau

- Motorhaube beziehungsweise Heckklappe öffnen.
- Verkleidung abbauen, Zulaufschlauch für Düse abziehen.
- Düse nach oben aus der Motorhaube ausclipsen, dabei die beiden Haltefedern von der Hauben-Innenseite her zusammendrücken. Bei Heckklappe, von innen Düsen-Befestigungsmutter abschrauben.

Einbau

- Neue Düse mit Gummizwischenlage von oben einrasten, beziehungsweise anschrauben.
- Zulaufschlauch aufschieben.

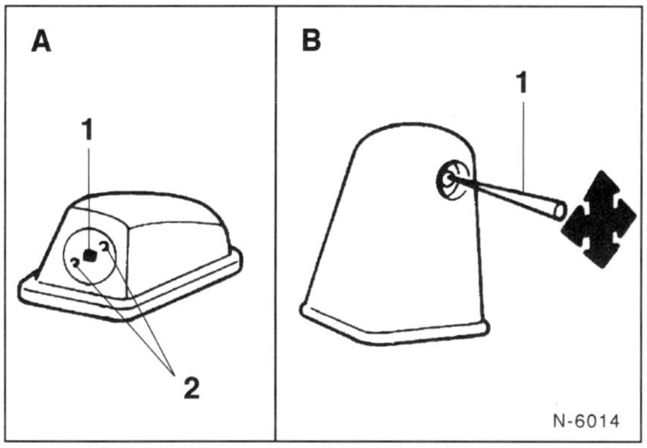

- Die Spritzrichtungen der Düsen mit einer Nadel einstellen, die in die Bohrungen –1– eingesetzt wird. 2 – Austrittsdüsen bei der Frontscheibendüse –A–. B – Heckscheibendüse. Düsen bei Bedarf mit Preßluft reinigen.

Scheibenwaschdüsen vorn

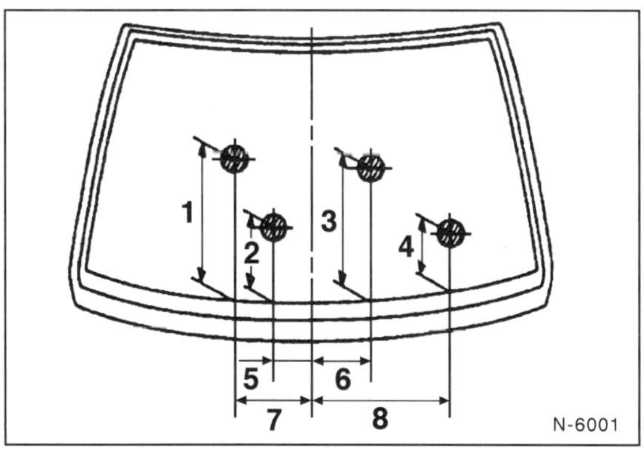

- Die Spritzstrahlen sollen, wie in der Tabelle angegeben, im Wischfeld auftreffen. Zur Kennzeichnung der Sollmaße Auftreffpunkte vermessen und mit Klebestreifen kennzeichnen. Die Maße sind in mm angegeben.

Modell	Maß Nr.							
	1	2	3	4	5	6	7	8
MICRA-Generation II	467	292	419	163	118	121	238	374

Wischerarme vorn aus- und einbauen

Ausbau

- Lage der Scheibenwischer im Ruhezustand (Endablagestellung) auf der Scheibe mit Klebeband markieren, damit die Scheibenwischerarme in gleicher Stellung wieder eingebaut werden.
- Wischerarme abschrauben und von den Wischerachsen abziehen, vorher Abdeckkappen mit schmalem Schraubendreher abhebeln beziehungsweise hochklappen.

Einbau

- Ist die Verzahnung auf der Wischerwelle verschmutzt, diese mit einer harten Nylonbürste säubern.

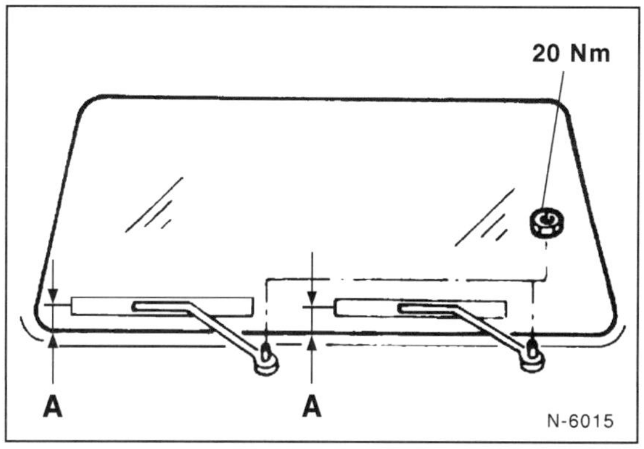

- Wischerarme in Endablagestellung auf die Wischerlager schieben und mit 20 Nm festschrauben. In Endablagestellung sollen die Scheibenwischer 25 ± 8 mm Abstand zur Scheibendichtung haben.
- Abdeckkappen auf die Wischerachsen aufdrücken beziehungsweise herunterklappen.
- Funktion der Wischeranlage überprüfen.

Scheibenwischerantrieb vorn

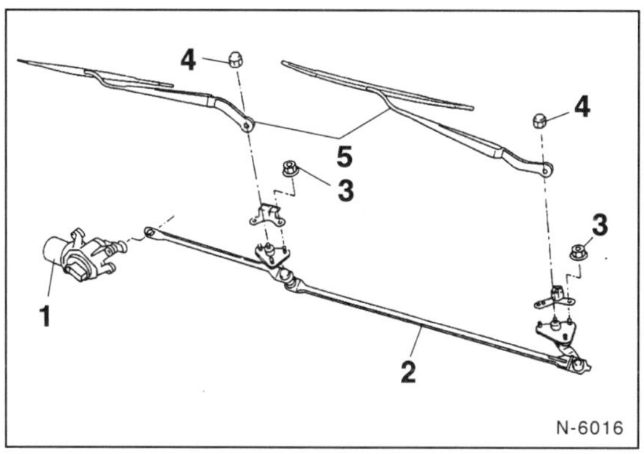

1 – Wischermotor
2 – Wischerrahmen
3 – Mutter, 10 Nm
4 – Mutter, 20 Nm
5 – Wischerarme

Wischermotor und -Gestänge vorn aus- und einbauen

Ausbau

- Batterie-Massekabel (–) von der Batterie abklemmen. **Achtung:** Dadurch werden die elektronischen Speicher gelöscht, wie zum Beispiel der Motorfehlerspeicher oder Radiocode. Vor dem Abklemmen der Batterie sollten auch die Hinweise im Kapitel »Batterie aus- und einbauen« durchgelesen werden.
- Wischerarme ausbauen.
- Wasserkastenabdeckung ausclipsen/abschrauben und abnehmen, siehe Seite 175.
- Mehrfachstecker am Wischermotor abziehen. Der Wischermotor sitzt an der Spritzwand auf der rechten Seite im Motorraum.

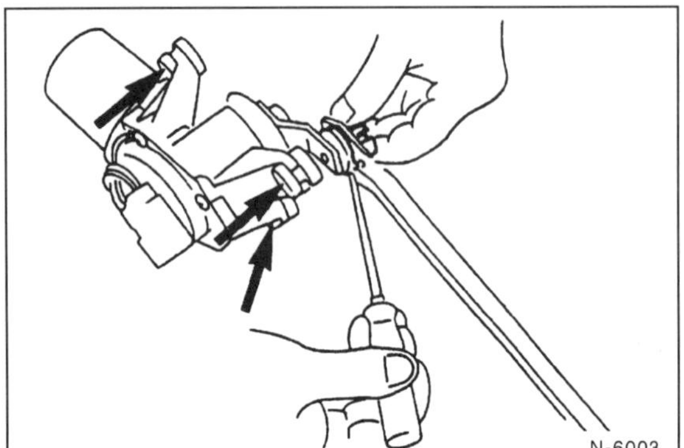
N-6003

- Gestänge mit breitem Schraubendreher vom Kurbelarm abhebeln.
- Wischermotor mit 3 Schrauben –Pfeile– abschrauben.

Achtung: Falls die Kurbel vom Wischermotor abgenommen werden soll, vorher Stellung der Kurbel zum Halter markieren (Ausrichtmarkierung).

Einbau

- Wird ein neuer Wischermotor eingebaut, Motor vor dem Einbau in Parkstellung bringen. Dazu Mehrfachstecker anschließen und Motor etwa 1 Minute laufen lassen. Anschließend Motor mit Wischerschalter ausschalten und in Endstellung laufen lassen. Mehrfachstecker abziehen.
- Kurbel am Motor entsprechend der angebrachten Markierung am Halter mit 15 Nm anschrauben.
- Gestänge an der Kurbel aufdrücken und Wischermotor mit 10 Nm anschrauben.
- Mehrfachstecker aufschieben.
- Wasserkastenabdeckung einclipsen/anschrauben.
- Wischerarme einbauen.
- Batterie-Massekabel (–) anklemmen.
- Funktion der Wischeranlage überprüfen.
- Falls vorhanden, Zeituhr einstellen sowie Diebstahlcode für das Radio eingeben.

Störungsdiagnose Scheibenwischergummi

Wischbild	Ursache	Abhilfe
Schlieren	Wischgummi verschmutzt	■ Wischgummi mit harter Nylonbürste und einer Waschmittellösung oder Spiritus reinigen
	Ausgefranste Wischlippe, Gummi ausgerissen oder abgenutzt	■ Wischgummi erneuern
	Wischgummi gealtert, rissige Oberfläche	■ Wischgummi erneuern
Im Wischfeld verbleibende Wasserreste ziehen sich sofort zu Perlen zusammen	Windschutzscheibe durch Lackpolitur oder Öl verschmutzt	■ Windschutzscheibe mit sauberem Putzlappen und einem Fett-Öl-Silikonentferner reinigen
Wischerblatt wischt einseitig gut - einseitig schlecht, rattert	Wischgummi einseitig verformt, „kippt nicht mehr“	■ Neues Wischgummi einbauen
	Wischerarm verdreht, Blatt steht schief auf der Scheibe	■ Wischerarm vorsichtig verdrehen, bis richtige, senkrechte Stellung erreicht ist
Nicht gewischte Flächen	Wischgummi aus der Fassung herausgerissen	■ Wischgummi vorsichtig in die Fassung einsetzen
	Wischerblatt liegt nicht mehr gleichmäßig an der Scheibe an, da Federschienen oder Bleche verbogen	■ Wischerblatt ersetzen. Dieser Fehler tritt vor allem bei unsachgemäßem Montieren eines Ersatzblattes auf
	Anpreßdruck durch Wischerarm zu gering	■ Wischerarmgelenke und Feder leicht einölen oder neuen Arm einbauen

Wagenpflege

Fahrzeug waschen

Aus Umweltschutzgründen ist in den meisten Gemeinden die Wagenwäsche auf öffentlichen Plätzen verboten. Inzwischen gibt es an vielen Tankstellen die Möglichkeit, dort seinen Wagen auch von Hand zu waschen. Da an diesen Tankstellen garantiert ist, daß das Schmutzwasser nicht in der Erde versickert, sollte die Wagenwäsche dort durchgeführt werden.

- Verschmutzten Wagen möglichst umgehend waschen.
- Tote Insekten **vor** der Wagenwäsche einweichen und abwaschen.
- Reichlich Wasser verwenden.
- Weichen Schwamm oder sehr weiche Waschbürste mit Schlauchanschluß benutzen.
- Lackierung nicht scharf abspritzen, sondern nur abbrausen und Schmutz aufweichen lassen.
- Aufgeweichten Schmutz von oben nach unten mit reichlich Wasser abwaschen.
- Schwamm oft ausspülen.
- Zum Abtrocknen sauberes Leder verwenden.
- Nur gute, rückfettende Markenwaschmittel verwenden (falls überhaupt). Mit klarem Wasser gründlich nachspülen, um die Reste des Waschmittels zu entfernen.
- Zum Schutz der Lackierung kann dem Waschwasser ein Waschkonservierer beigegeben werden.
- Bei regelmäßiger Benutzung von Waschmitteln muß öfter konserviert werden.
- Wagen niemals in der Sonne waschen oder trocknen. Wasserflecken auf der Lackierung sind sonst unvermeidlich.
- Durch Streusalze besonders gefährdet sind alle innenliegenden Falze, Flansche und Fugen an Türen und Hauben. Diese Stellen müssen deshalb bei jedem Wagenwaschen – auch nach der Wäsche in automatischen Waschstraßen – mit einem Schwamm gründlich gereinigt und anschließend abgespült und abgeledert werden.

Achtung: Nach der Wagenwäsche ergibt sich eine verringerte Bremswirkung durch Nässe. Deshalb Bremsscheiben kurz trockenbremsen.

Durch Waschen allein lassen sich Teerspritzer, Ölspuren, Insekten und andere Verschmutzungen nicht immer entfernen. Grundsätzlich sollten derartige Verunreinigungen so bald wie möglich beseitigt werden, da sie sonst bleibende Lackschäden verursachen können. Anschließend sollte der Lack an diesen Stellen konserviert werden.

Lackierung pflegen

Konservieren: So oft wie nötig, soll die sauber gewaschene und getrocknete Lackierung mit einem Konservierungsmittel behandelt werden, um die Oberfläche durch eine porenschließende und wasserabweisende Wachsschicht gegen Witterungseinflüsse zu schützen.

Übergelaufenen Kraftstoff, übergelaufenes Öl oder Fett beziehungsweise übergelaufene Bremsflüssigkeit **sofort entfernen,** sonst kommt es zu Lackverfärbungen.

Das Konservieren muß wiederholt werden, wenn Wasser nicht mehr vom Lack abperlt, sondern großflächig verläuft. Regelmäßiges Konservieren bewirkt, daß der ursprüngliche Glanz der Lackierung sehr lange erhalten bleibt.

Eine weitere Möglichkeit, den Lack zu konservieren, bieten Waschkonservierer. Waschkonservierer schützen die Lackierung jedoch nur ausreichend, wenn sie bei **jeder** Wagenwäsche verwendet werden und der zeitliche Abstand zwischen 2 Wäschen nicht mehr als 2 bis 3 Wochen beträgt. Nur Lackkonservierer verwenden, die Carnauba- oder synthetische Wachse enthalten.

Nach dem Anwenden von Waschmitteln (Schaumwäsche) ist eine Nachbehandlung mit einem Konservierungsmittel besonders zu empfehlen (Gebrauchsanweisung beachten).

Polieren: Das Polieren der Lackierung ist nur dann erforderlich, wenn der Lack infolge mangelhafter Pflege unter der Einwirkung von Straßenstaub, industriellen Abgasen, Sonne und Regen unansehnlich geworden ist und sich durch eine Behandlung mit Konservierungsmitteln kein Glanz mehr erzielen läßt.

Zu warnen ist vor stark schleifenden oder chemisch stark angreifenden Poliermitteln, auch wenn der erste Versuch damit noch so sehr zu überzeugen scheint.

Vor jedem Polieren muß der Wagen sauber gewaschen und sorgfältig abgetrocknet werden. Im übrigen ist nach der Gebrauchsanweisung für das Poliermittel zu verfahren.

Die Bearbeitung soll in nicht zu großen Flächen erfolgen, um ein vorzeitiges Eintrocknen der Politur zu vermeiden. Bei manchen Poliermitteln muß anschließend noch konserviert werden. Nicht in der prallen Sonne polieren! Matt lackierte Teile dürfen nicht mit Konservierungs- oder Poliermitteln behandelt werden.

Leichtmetallteile an der Karosserie brauchen nicht besonders gepflegt zu werden.

Teerflecke entfernen: Teerflecke fressen sich innerhalb kurzer Zeit in den Lack ein und können dann nicht mehr vollkommen entfernt werden. Frische Teerflecke können mit einem in Waschbenzin getränkten weichen Lappen entfernt werden. Notfalls kann auch Tankstellenbenzin, Petroleum oder Terpentinöl verwendet werden. Sehr gut gegen Teerflecke eignet sich auch ein Lackkonservierer. Bei Verwendung dieses Mittels kann auf ein Nachwaschen verzichtet werden.

Insekten entfernen: Die Reste von Insektenleichen tragen Stoffe in sich, die den Lackfilm beschädigen können, wenn sie nicht innerhalb kurzer Zeit entfernt werden. Einmal festgeklebt, lassen sie sich durch Wasser und Schwamm allein nicht entfernen, sondern müssen mit schwacher, lauwarmer Seifen- oder Waschmittel-Lösung abgewaschen werden. Es gibt auch spezielle Insekten-Entferner.

Baumaterial-Spritzer entfernen: Spritzer jeglichen Baumaterials mit einer lauwarmen Lösung neutraler Waschmittel abwaschen. Nur leicht reiben, da sonst die Lackierung zerkratzt werden kann. Nach dem Waschen sorgfältig mit klarem Wasser nachspülen.

Kunststoffteile pflegen: Kunststoffteile, Kunstledersitze, Himmel, Leuchtengläser sowie mattschwarz gespritzte Teile mit Wasser und eventuell einem Shampoo-Zusatz säubern, Himmel nicht durchfeuchten. Kunststoffteile gegebenenfalls mit Kunststoffreiniger behandeln. Keinesfalls Lösungsmittel wie Nitroverdünner, Kaltreiniger oder Kraftstoff verwenden.

Scheiben reinigen: Fensterscheiben innen und außen mit sauberem, weichem Lappen abreiben. Bei starker Verschmutzung helfen Spiritus oder Salmiakgeist und lauwarmes Wasser, oder auch ein spezieller Scheibenreiniger. Beim Reinigen der Windschutzscheibe Scheibenwischerarm nach vorn klappen.

Bei der Reinigung der Windschutzscheibe sind auch die Wischerblätter zu säubern.

Achtung: Bei Verwendung silikonhaltiger Mittel dürfen die zur Reinigung der Lackierung verwendeten Waschbürsten, Schwämme, Lederlappen und Tücher nicht für die Scheiben verwendet werden. Beim Einsprühen der Lackierung mit silikonhaltigen Pflegemitteln sollten die Scheiben mit Pappe oder anderem Material abgedeckt werden.

Gummidichtungen pflegen: Von Zeit zu Zeit Gummidichtungen durch Einpudern der Dicht- und Gleitflächen mit Talkum oder Besprühen mit Silikonspray geschmeidig halten. So werden auch quietschende oder knarrende Geräusche beim Türenschließen vermieden. Auch das Einreiben der betreffenden Flächen mit Schmierseife beseitigt die Geräusche.

Leichtmetall-Scheibenräder mit Felgenreiniger besonders während der kalten Jahreszeit pflegen, jedoch keine aggressiven, säurehaltigen, stark alkalischen und rauhen Reinigungsmittel oder Dampfstrahler über +60° C verwenden.

Sicherheitsgurte nur mit milder Seifenlauge in eingebautem Zustand säubern, nicht chemisch reinigen, da dadurch das Gewebe zerstört werden kann. Automatikgurte nur in trockenem Zustand aufrollen und gegebenenfalls mit Gleitspray einsprühen, um das Zurücklaufen besonders am Umlenkbügel zu erleichtern. Gurtband nicht bei einer Temperatur von über +80° C oder direkter Sonneneinstrahlung trocknen.

Unterbodenschutz/ Hohlraumkonservierung

Die gesamte Bodenanlage einschließlich der hinteren Radkästen ist mit Unterbodenschutz beschichtet. Die besonders stark gefährdeten Bereiche in den vorderen Radläufen sind mit Kunststoffschalen gegen Steinschlag geschützt. Darüber hinaus wurden korrosionsgefährdete Karosserieteile aus hochfestem beziehungsweise verzinktem Blech hergestellt. Vor der kalten Jahreszeit und nach einer Unterbodenwäsche sollte der Unterbodenschutz kontrolliert und gegebenenfalls nachkonserviert werden.

Im Schleuderbereich des Unterbaues können sich Staub, Lehm und Sand ablagern. Das Entfernen des angesammelten Schmutzes, der während der Winterzeit auch noch mit Salz angereichert sein kann, ist besonders wichtig.

Motorraum konservieren: Zur Verhinderung von Korrosion am Vorderwagen (z. B. Seitenteile, Längsträger oder Abschlußblech) und des Antriebsaggregates muß der Motorraum einschließlich der im Motorraum befindlichen Teile der Bremsanlage sowie der Vorderachselemente und der Lenkung mit einem hochwertigen Konservierungswachs eingesprüht werden. Vor allen Dingen natürlich nach einer Motorwäsche. **Achtung:** Vor der Motorwäsche Zündung ausschalten. Generator und Bremsflüssigkeitsbehälter mit Plastikhüllen abdecken. Die Lager des Generators sind zwar wassergeschützt, jedoch besteht bei einer Reinigung, zum Beispiel mit einem Dampfstrahlgerät, die Gefahr, daß die Lager durch fettlösende Zusätze ausgelaugt werden. Negative Erscheinungen, wie zum Beispiel Lagerlaufgeräusche oder sogar Ausfälle durch defekte Lager könnten die Folge sein. Nach dem Wachsauftrag alle Gelenke und Scharniere reinigen und mit einer MoS_2-Paste schmieren.

Polsterbezüge pflegen

Textilbezüge: Polsterbezüge mit Staubsauger absaugen oder mit einer nicht zu weichen Bürste ausbürsten. Fett- und Ölflecke mit Reinigungsbenzin oder Fleckenwasser behandeln. Das Reinigungsmittel darf aber nicht unmittelbar auf den Stoff gegossen werden, da sich sonst unweigerlich Ränder bilden. Fleck durch kreisförmiges Reiben von außen nach innen bearbeiten. Andere Verschmutzungen lassen sich meistens mit lauwarmem Seifenwasser entfernen. Bei starker Verschmutzung Textilbezüge mit Trockenschaum reinigen.

Motorstarthilfe

Achtung: Werden die vorgeschriebenen Anschlußhinweise nicht genau eingehalten, besteht die Gefahr der Verätzung durch austretende Batteriesäure. Außerdem können Verletzungen oder Schäden durch eine Batterieexplosion entstehen oder Defekte an der Fahrzeugelektrik auftreten.

- Der Leitungsquerschnitt der Starthilfekabel soll bei Ottomotoren bis ca. 2,5 l Hubraum mindestens 16 mm^2 (Durchmesser ca. 5 mm) betragen. Bei Dieselmotoren oder Ottomotoren über ca. 2,5 l Hubraum soll der Leitungsquerschnitt mindestens 25 mm^2 betragen. Maßgebend ist dabei jeweils das Fahrzeug mit der entladenen Batterie. Der Leitungsquerschnitt ist in der Regel auf der Packung der Starthilfekabel angegeben. Beim Neukauf ist ein Starthilfekabel mit isolierten Kabelzangen und 25 mm^2 Querschnitt empfehlenswert, da es sich auch für Motoren mit geringerem Hubraum eignet.
- Beide Batterien müssen eine Spannung von 12 Volt haben.
- Eine entladene Batterie kann bereits bei –10° C gefrieren. Vor Anschluß der Starthilfekabel muß eine gefrorene Batterie unbedingt aufgetaut werden.
- Die entladene Batterie muß ordnungsgemäß am Bordnetz angeklemmt sein.
- Flüssigkeitsstand der entladenen Batterie prüfen, gegebenenfalls mit destilliertem Wasser auffüllen.
- Fahrzeuge so weit auseinanderstellen, daß kein metallischer Kontakt besteht. Andernfalls könnte bereits beim Verbinden der Pluspole ein Strom fließen.
- Bei beiden Fahrzeugen Handbremse anziehen. Schaltgetriebe in Leerlaufstellung, automatisches Getriebe in Parkstellung »P« schalten.
- Alle Stromverbraucher ausschalten.
- Grundsätzlich Motor des Spenderfahrzeuges während des Startvorganges mit Leerlaufdrehzahl drehen lassen. Dadurch wird eine Beschädigung des Generators durch Spannungsspitzen beim Startvorgang vermieden.
- Während des Starthilfevorganges offene Flammen oder brennende Zigaretten in der Nähe der Batterie vermeiden, weil aus der Batterie brennbare Gase austreten können.
- Darauf achten, daß die Starthilfekabel nicht durch drehende Teile wie z. B Kühlerventilator beschädigt werden.

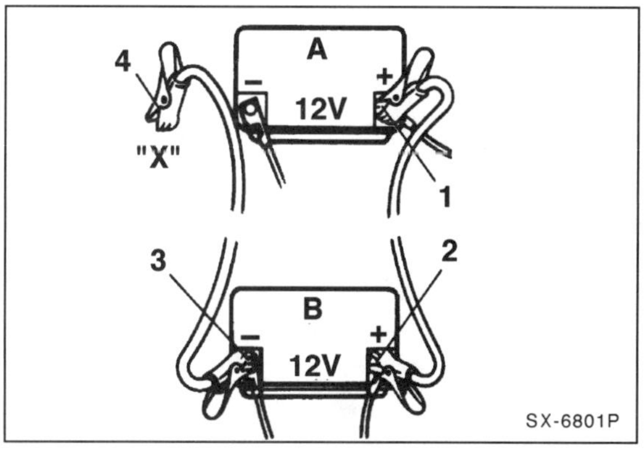

- Starthilfekabel in folgender Reihenfolge anschließen:
  1. Rotes Kabel an den Pluspol der entladenen Batterie –A– anklemmen.
  2. Das andere Ende des roten Kabels an den Pluspol der stromgebenden Batterie –B– anklemmen.
  3. Schwarzes Kabel an den Minuspol der stromgebenden Batterie anklemmen.
  4. Das andere Ende des schwarzen Kabels an eine gute Massestelle –X– des Empfängerfahrzeuges anschließen. Am besten eignet sich ein mit dem Motorblock verschraubtes Metallteil. Unter ungünstigen Umständen könnte beim Anschließen des Kabels an den Minuspol der leeren Batterie, durch Funkenbildung und Knallgasentwicklung, die Batterie explodieren.

Achtung: Die Klemmen der Starthilfekabel dürfen bei angeschlossenen Kabeln nicht in Kontakt miteinander kommen, beziehungsweise die Plusklemmen dürfen keine Massestellen (Karosserie oder Rahmen) berühren.

- Motor des Empfängerfahrzeuges (leere Batterie) starten und laufen lassen. Beim Starten Anlasser nicht länger als 10 Sekunden ununterbrochen betätigen, da sich durch die hohe Stromaufnahme Polzangen und Kabel erwärmen. Deshalb zwischendurch eine »Abkühlpause« von mindestens ½ Minute einlegen.
- Nicht über die Batterien beugen – Verätzungsgefahr!
- **Nach der Starthilfe** Kabel in **umgekehrter** Reihenfolge abklemmen: Zuerst schwarzes Kabel (–) am Empfängerfahrzeug, dann am stromgebenden Fahrzeug abklemmen. Rotes Kabel zuerst am stromgebenden und dann am Empfängerfahrzeug abklemmen.

Fahrzeug abschleppen

N-6816

- Die vordere Abschleppöse befindet sich am Stoßfänger. Beim MICRA der I. Generation befinden sich 2 Ösen links und rechts unterhalb des Stoßfängers, sie können wahlweise benutzt werden.

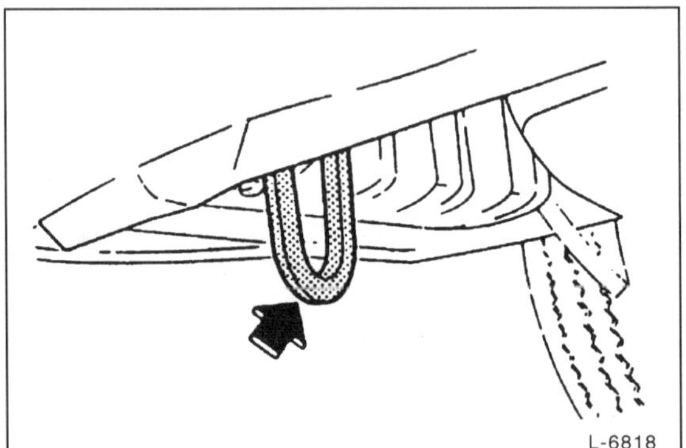
L-6818

- Die hintere Abschleppöse befindet sich unter dem hinteren Stoßfänger.

Regeln beim Abschleppen

- Zündung einschalten, damit das Lenkrad nicht blockiert ist und das Signalhorn und die Scheibenwischer betätigt werden können.
- Getriebe in Leerlaufstellung, bei Fahrzeugen mit Automatikgetriebe den Wählhebel in Stellung „N“ bringen.
- Warnblinkanlage bei ziehendem und gezogenem Fahrzeug einschalten.
- Da der Bremskraftverstärker nur bei laufendem Motor arbeitet, muß bei Fahrzeugen mit Bremskraftverstärker bei nicht laufendem Motor das Bremspedal entsprechend kräftiger getreten werden!
- Bei Fahrzeugen mit Servolenkung muß zum Lenken mehr Kraft aufgewendet werden, da bei stehendem Motor die Servo-Unterstützung fehlt.
- Fahrzeug nur in Fahrtrichtung abschleppen.
- Das Abschleppseil soll elastisch sein, damit das schleppende und das gezogene Fahrzeug geschont werden. Nur Kunstfaserseile oder Seile mit elastischen Zwischengliedern verwenden. **Am sichersten ist die Verwendung einer Abschleppstange.**

Besonderheiten bei Fahrzeugen mit Getriebeautomatik

Maximale Schleppgeschwindigkeit: **50 km/h!**
Maximale Schleppentfernung: **65 Kilometer!**

- Über große Entfernungen Wagen vorn anheben.
- Ohne Getriebeöl darf das Fahrzeug nur mit angehobenen Antriebsrädern abgeschleppt werden.

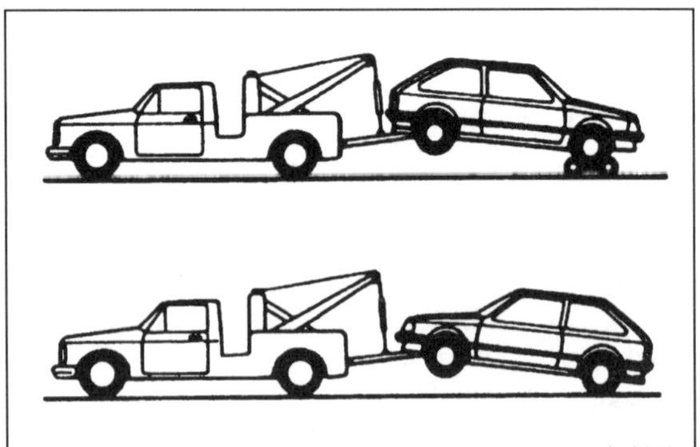
L-6813

- Mit dem Abschleppwagen darf das Fahrzeug nur vorwärts (mit angehobenen Vorderrädern) abgeschleppt werden. Bei nur hinten angehobenem Wagen müssen die Vorderräder auf eine Radkarre gestellt werden.

Achtung: Das Anschleppen (Starten des Motors durch das rollende Fahrzeug) ist bei Fahrzeugen mit Getriebeautomatik nicht möglich. Fahrzeuge mit Katalysator dürfen nicht angeschleppt werden, da sonst die Gefahr von Katalysatorschäden besteht.

Fahrzeug aufbocken

Für viele Wartungs- und Reparaturarbeiten muß das Fahrzeug aufgebockt beziehungsweise hochgehoben werden. In der Werkstatt wird der Wagen in der Regel mit der Hebebühne angehoben, man kann ihn jedoch auch mit dem Fahrzeug- oder Werkstattwagenheber anheben. Grundsätzlich darf das Fahrzeug nur an den abgebildeten Aufnahmepunkten angehoben werden, da sonst bleibende Verformungen nicht ausgeschlossen sind.

Bei Arbeiten unter dem Fahrzeug muß dieses, falls es nicht auf einer Hebebühne steht, auf zwei oder vier stabilen Unterstellböcken stehen. **Auf keinen Fall dürfen Arbeiten unter dem Fahrzeug ausgeführt werden, wenn dieses nicht ausreichend gesichert ist oder nur mit dem Wagenheber abgestützt wird.**

- Das Fahrzeug darf nur in unbeladenem Zustand angehoben werden.
- Fahrzeug beim Anheben **immer mit Keilen gegen Wegrollen sichern**.

Achtung: Durch eine geeignete Gummi- oder Holzzwischenlage werden beim Anheben Beschädigungen an der Karosserie vermieden.

Aufnahmepunkte für Werkstattwagenheber

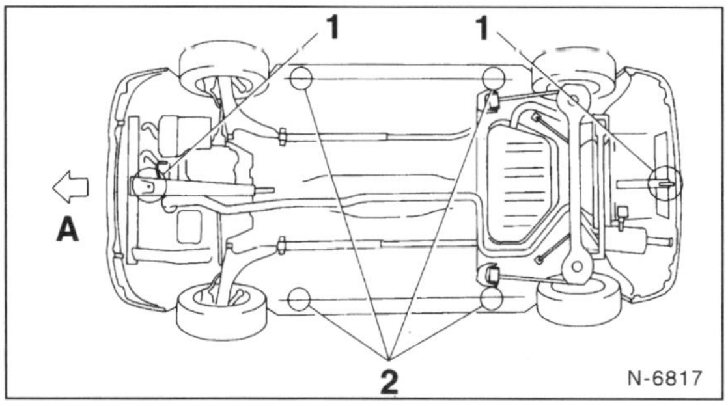

- Fahrzeug an einem der Punkte –1– anheben. **Vorn** (–A– weist in Fahrtrichtung) befindet sich der Aufnahmepunkt am unteren Motorlängsträger, **hinten** am Abschlepphaken. Es müssen jedoch immer zur Sicherung Unterstellböcke an den seitlichen Punkten –2– (für Bordwagenheber) verwendet werden. Durch eine geeignete Gummi- oder Holzzwischenlage werden Beschädigungen vermieden.

Bordwagenheber und Hebebühne

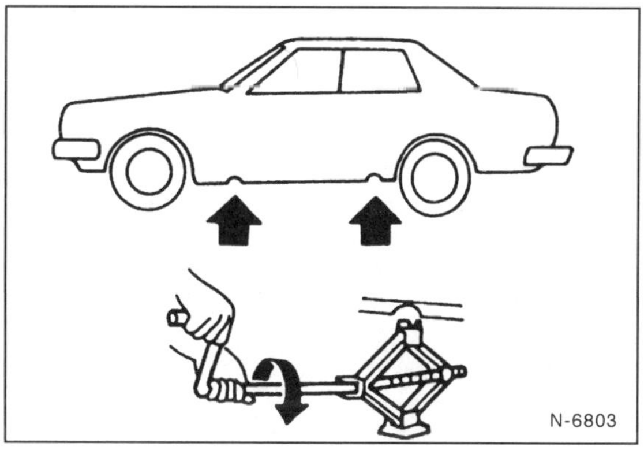

- Die Aufnahmepunkte für Bordwagenheber und Hebebühne sind am Unterholm durch Kerben gekennzeichnet. Wagenheber – wie in der Abbildung gezeigt – an diesen Eindrückungen ansetzen, dabei muß der Unterholm in die Rille des Wagenhebers eingreifen.
- Die Räder, die beim Anheben auf dem Boden stehen bleiben, mit Keilen gegen Vor- oder Zurückrollen sichern. Nicht auf die Feststellbremse verlassen, diese muß bei einigen Reparaturarbeiten gelöst werden.
- Fahrzeug nur auf ebener, fester Fläche aufbocken.

Achtung: Muß das Fahrzeug auf weichem Untergrund hochgebockt werden, müssen breite und stabile Bretter unter den Wagenheber und die Unterstellböcke gelegt werden, damit sich das Gewicht auf eine größere Fläche verteilt.

- Fahrzeug mit Unterstellböcken so abstützen, daß jeweils ein Bein seitlich nach außen zeigt.

Achtung: Keinesfalls darf der Wagen an Motor- oder Getriebeteilen angehoben oder abgestützt werden. Niemals bei angehobenem Fahrzeug den Motor anlassen und einen Gang einlegen, solange auch nur ein Antriebsrad am Boden steht.

Werkzeug

Der Aufwand an Werkzeug richtet sich ganz nach dem Umfang der Arbeiten, die am NISSAN ausgeführt werden sollen. Neben einer Grundausstattung ist in jedem Fall ein Drehmomentschlüssel empfehlenswert.

Gutes und stabiles Werkzeug wird von der Firma Hazet (42804 Remscheid, Postfach 100461) angeboten. In den Tabellen sind die Werkzeuge mit der Hazet-Bestellnummer aufgeführt. Vertrieben wird das Werkzeug über den Fachhandel.

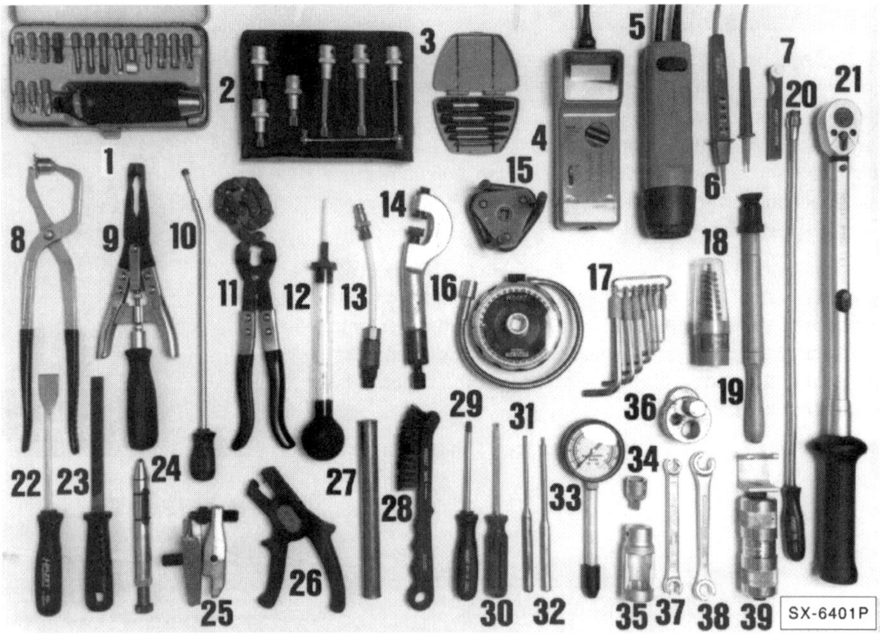

Abb.	Werkzeug	Hazet-Nr.
1	Schlag-Schraubendreher	2272
3	Schraubenausdreher für verschiedene Schrauben	793/3
4	Pocket-Motortester	BOSCH
5	Zündzeitpunkt-Stroboskop	BOSCH
6	Dioden-Prüflampe	–
7	Fühlerblattlehre 0,05–1,0 mm	2147
8	Bremsfederzange	797
9	Schlag-Ausziehzange für Ventilschaftabdichtungen	791-2
10	Einschlagdorn für Eingriffsicherungen am Vergaser	4519-1
11	Ketten-Abgasrohrschneider	2182
12	Batteriesäureprüfer	802-1
13	Druckluftadapter zum Ersetzen der Ventilschaftabdichtungen	3428
14	Hydraulischer Mutternsprenger	846-22
15	Ölfilterschlüssel	2172
17	Satz Inbusschlüssel	2100/7R
18	Pol- und Klemmenreinigungsbürste	802-4
19	Ventileinschleifer	795

Abb.	Werkzeug	Hazet-Nr.
20	Magnet-Sucher	1976
21	Drehmomentschlüssel 20 – 200 Nm	6122–1CT
22	Flachschaber zur Beseitigung von Dichtungsrückständen an Zylinderkopf sowie Motorblock	824
23	Bremssattelfeile	1968-1
24	Kupplungsdorn ∅ 15 – 19 mm	2173/1
25	Ausdrücker für Spurstangenköpfe	779
26	Abisolierzange	1862
27	Messingdorn	–
28	Stahldrahtbürste für Bremssattelreinigung	1968
31	Splinttreiber für Sicherungsstifte	748Lgb-4
32	Splinttreiber Hohlstifte	748-Lgb-6
33	Kompressionsdruckprüfer	–
34	Vierkantadapter 3/8" auf 1/2"	958-2
36	Stehbolzenausdreher	845
37	Offene Doppelringschlüssel für	612S-10x11
38	Überwurfmuttern der Bremsleitungen	612S-12x14
39	Schlag-Ausziehgerät für Scheibenwischerarme etc.	1966-5

Wartungsplan MICRA

> **Hinweis:** In diesem Band werden 2 MICRA-Generationen behandelt. Die MICRA-Generation I kam im März '83 in Deutschland auf den Markt. Im Januar '93 wurde die MICRA-Generation II eingeführt. Parallel zur MICRA-Generation II werden auch weiterhin von der MICRA-Generation I die Modelle TOPIC und HIT angeboten.

Motoröl-Service

Motoröl-Service in den angegebenen Intervallen durchführen, je nachdem, ob zuerst die Monate oder die Kilometerleistung erreicht wird.

MICRA-Generation I: Alle 12 Monate oder alle 10.000 km

MICRA-Generation II: Alle 12 Monate oder alle 15.000 km

- ● Motor: Öl und Ölfilter wechseln.*
- ● Scheibenbremse vorn: Belagstärke der Bremsbeläge prüfen.*
- ● Flüssigkeitsstände prüfen für: Bremse, Kupplung, Automatikgetriebe, Servolenkung, Scheibenwaschanlage.

Wartung

Wartungs-Intervalle MICRA-Generation I: Alle 12 Monate oder alle 20.000 km sind die mit ● gekennzeichneten Positionen, alle 24 Monate oder alle 40.000 km zusätzlich die mit ■ gekennzeichneten Positionen auszuführen.

Wartungs-Intervalle MICRA-Generation II: Alle 12 Monate oder alle 30.000 km sind die mit ● gekennzeichneten Positionen, alle 24 Monate oder alle 60.000 km zusätzlich die mit ■ gekennzeichneten Positionen auszuführen.

Motor

Nur MICRA-Generation I:

- ● Nachziehen von Zylinderkopfschrauben, Abgas- und Ansaugkrümmerschrauben, Vergaserbefestigungsmuttern bzw. -schrauben.
- ● Ventilspiel prüfen bzw. einstellen.
- ● Keilriemen: Spannung und Zustand prüfen.
- ● Kontaktgesteuerte Zündanlage: Zündkerzen prüfen bzw. Elektrodenabstand einstellen.
- ● Kontaktgesteuerte Zündanlage: Unterbrecherkontakte prüfen bzw. auswechseln.
- ● 1,0-l-Motor '83 – '88: Leerlauf und CO-Gehalt bei betriebswarmem Motor prüfen.

- ● Motor sichtprüfen auf Ölundichtigkeiten.
- ● Kühl- und Heizsystem: Flüssigkeitsstand prüfen, Konzentration des Frostschutzmittels prüfen. Sichtprüfung auf Undichtigkeiten und äußere Verschmutzung des Kühlers.
- ● Leerlauf und CO-Gehalt bei betriebswarmem Motor prüfen lassen (Werkstattarbeit).
- ● Kurbelgehäuseentlüftung prüfen.
- ● Zündkerzen wechseln.
- ■ Luftfiltereinsatz erneuern.*
- ■ Abgasanlage: Auf Beschädigungen prüfen.
- ■ Kühl- und Heizsystem: Kühlflüssigkeit erneuern. Erster Wechsel nach 5 Jahren oder 90.000 km.
- ■ Kraftstoffleitungen auf Dichtheit kontrollieren.
- ■ Lambdasonde prüfen.
- ■ Abdampfleitungen prüfen.
- ■ P.C.V.-Filter wechseln.*
- ■ **MICRA-Generation II:** Keilriemen: Spannung und Zustand prüfen.

Getriebe, Achsantrieb

- ● Schaltgetriebe: Ölstand prüfen, gegebenenfalls auffüllen.*
- ● Automatikgetriebe: Ölstand prüfen, gegebenenfalls auffüllen.*
- ● Kupplung: Pedalspiel und Funktion prüfen.
- ● Gelenkschutzhüllen: Auf Undichtigkeiten und Beschädigungen prüfen.*
- ■ Automatikgetriebe N-CVT: ATF wechseln. Alle 24 Monate oder 45.000 km.*
- ■ Automatikgetriebe N-CVT: Kohlebürsten der Magnetkupplung prüfen. Alle 24 Monate oder 45.000 km.

Bremsen, Reifen, Räder

- Bremsanlage: Leitungen, Schläuche, Bremszylinder und Anschlüsse auf Undichtigkeiten und Beschädigungen prüfen. Bremsflüssigkeitsstand prüfen, gegebenenfalls auffüllen.*
- Scheibenbremse: Belagstärke der Bremsbeläge, Zustand der Bremsscheibe prüfen.*
- Handbremse: Funktion prüfen.
- Bereifung: Profiltiefe und Reifenfülldruck prüfen; Reifen auf Verschleiß und Beschädigungen (einschließlich Reserverad) prüfen.
- Trommelbremsen: Bremsbeläge und -trommeln kontrollieren.*
- ■ Bremsanlage: Bremsflüssigkeit erneuern.*
- ■ Bremskraftverstärker: Unterdruckanschlüsse und Rückschlagventil prüfen.

Fahrwerk und Lenkung

- Servolenkung: Flüssigkeitsstand prüfen, gegebenenfalls Hydrauliköl auffüllen. Leitungen auf Dichtheit prüfen.
- ■ Lenkung: Faltenbälge und Staubkappen auf Undichtigkeiten und Beschädigungen prüfen.
- ■ Vorder- und Hinterachse: Sichtprüfung der Achsteile auf Beschädigung.*

Aufbau

- Lackierung, Unterbodenschutz und Hohlraumkonservierung: Prüfen und gegebenenfalls ausbessern.
- Sicherheitsgurte: Auf Beschädigung prüfen. Gurtschlösser, Aufroll- und Verstellvorrichtungen sowie Verankerungen kontrollieren.

Elektrische Anlage

- Alle Stromverbraucher: Funktion prüfen.
- Beleuchtungsanlage: Prüfen, gegebenenfalls Scheinwerfer einstellen.
- Signalhorn: Prüfen.
- Scheibenwischer: Wischergummis auf Verschleiß prüfen.
- Scheibenwaschanlage: Funktion prüfen, Düsenstellung kontrollieren, Flüssigkeit nachfüllen.

Folgende Arbeiten zusätzlich durchführen:

Alle 60.000 km

- ■ **MICRA-Generation I:** Zahnriemen wechseln.

Alle 36 Monate oder 90.000 km

- ■ Kühl- und Heizsystem: Kühlflüssigkeit erneuern. Erster Wechsel nach 5 Jahren oder 90.000 km. Anschließend alle 24 Monate oder 60.000 km Kühlflüssigkeit wechseln.
- ■ Kraftstoffilter erneuern.*
- ■ Zündkabel prüfen.

***) Erschwerte Betriebsbedingungen**

Bei erschwerten Betriebsbedingungen halbieren sich die Wartungsintervalle für die mit einem * gekennzeichneten Positionen. Erschwerte Betriebsbedingungen sind: Anhängerbetrieb, häufige Kaltstarts, überwiegender Kurzstreckenverkehr, Fahrten auf unbefestigten Straßen und hoher Staubanfall. Folgende Positionen müssen bei erschwerten Bedingungen alle 2 Jahre oder 40.000 km bzw. 60.000 km durchgeführt werden:

- ■ Schaltgetriebe: Öl erneuern.
- ■ Automatikgetriebe: Öl erneuern.

Wartungsarbeiten

W

Hier werden, nach den verschiedenen Baugruppen des Fahrzeugs aufgeteilt, alle Wartungsarbeiten beschrieben, die gemäß dem Wartungsplan durchgeführt werden müssen. Auf die erforderlichen Verschleißteile sowie das möglicherweise benötigte Sonderwerkzeug wird jeweils hingewiesen.

Es empfiehlt sich, Reifendruck, Motorölstand und Flüssigkeitsstände für Kühlung, Wisch-/Wasch-Anlage etc. mindestens alle 4 bis 6 Wochen zu prüfen und gegebenenfalls zu ergänzen.

Achtung: Beim **Einkauf von Ersatzteilen** ist immer der **KFZ-Schein** und die **Modellnummer** (siehe Kapitel »Fahrzeugidentifizierung«) mitzunehmen, da zur einwandfreien Fahrzeugidentifizierung oftmals die genaue Angabe der Fahrgestellnummer, des Modells oder des Baujahres erforderlich ist.

Um ganz sicher zu sein, daß man die richtigen Ersatzteile erhalten hat, empfiehlt es sich nach Möglichkeit, das Altteil auszubauen und zum Ersatzteilhändler mitzunehmen. Dort kann man es mit dem Neuteil vergleichen.

Motor und Abgasanlage

Folgende Wartungspunkte müssen nach dem Wartungsplan durchgeführt werden:

- Motor: Ölstand prüfen.
- Motor: Ölwechsel und Ölfilter ersetzen.
- Motor: Sichtprüfung auf Ölundichtigkeiten.
- Kühl- und Heizsystem: Flüssigkeitsstand prüfen. Konzentration des Frostschutzmittels prüfen. Sichtprüfung auf Undichtigkeiten und äußere Verschmutzung des Kühlers.
- Kühl- und Heizsystem: Kühlflüssigkeit wechseln.
- Keilriemen: Spannung und Zustand prüfen.
- Keilriemen/Zahnriemen ersetzen.
- Abgasanlage: Auf Beschädigungen prüfen.
- Luftfiltereinsatz erneuern.
- Kraftstoffleitungen auf Dichtheit kontrollieren.
- Leerlauf und CO-Gehalt prüfen lassen.
- Kraftstoffilter erneuern.
- Zündkabel prüfen.
- Zündkerzen prüfen/erneuern.
- Lambdasonde prüfen, gegebenenfalls erneuern.
- Kurbelgehäuseentlüftung prüfen.
- Abdampfleitungen prüfen.
- P.C.V.-Filter wechseln.

Nur MICRA-Generation I:

- Nachziehen von Zylinderkopfschrauben, Abgas- und Ansaugkrümmerschrauben, Vergaserbefestigungsmuttern bzw. -schrauben.
- Ventilspiel prüfen bzw. einstellen.
- Kontaktgesteuerte Zündanlage: Zündkerzen prüfen bzw. Elektrodenabstand einstellen.
- Kontaktgesteuerte Zündanlage: Unterbrecherkontakte prüfen bzw. auswechseln.
- 1,0-l-Motor '83 – '88: Leerlauf und CO-Gehalt bei betriebswarmem Motor prüfen.

Motorölwechsel

Erforderliche Spezialwerkzeuge:

- Eine Grube oder ein hydraulischer Wagenheber mit Unterstellböcken.
- Ein Spezialwerkzeug zum Lösen des Ölfilters (Ölfilterzange, Spannbandschlüssel oder HAZET-Werkzeug 2172).
- Stecknuß-Satz zum Lösen der Ölablaßschraube sowie eine Ölauffangschale (wenn Öl nicht abgesaugt wird), die mindestens 4 Liter Öl faßt.

Erforderliche Verschleißteile:

- Nur wenn das Öl nicht abgesaugt wird: Ein Kupfer-Dichtring für die Ölablaßschraube (ist manchmal dem Ölfilter beigepackt).
- Ölfilterpatrone. Beim Ersatzteilkauf Modell und Baujahr angeben.
- Je nach Motor 2,8 bis 3,2 Liter Motoröl. Nur Motoröl verwenden, welches von NISSAN freigegeben ist, siehe Seite 44.

Ölwechselmenge:

Motor	mit Filterw.	o. Filterw.
1,0-l '83 – '88	3,2 l	3,0 l
1,2-l ab '89	2,8 l	2,6 l
1,0-/1,3-l ab '93	3,1 l	2,9 l

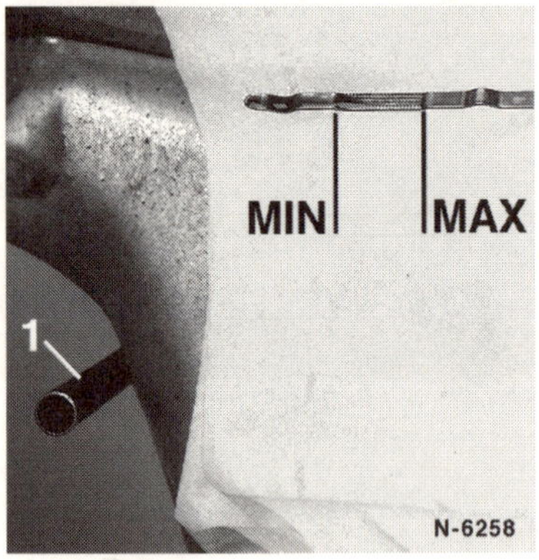

- Der Ölstand sollte zwischen der MAX- und MIN-Markierung liegen.

Der Ölwechsel ist je nach Motor in unterschiedlichen Abständen durchzuführen, siehe »Wartungsplan«. In der Regel wird dabei gleichzeitig der Ölfilter gewechselt.

Bei erschwerten Einsatzbedingungen wie Kurzstreckenverkehr, häufiger Kaltstart und sehr staubige Straßenverhältnisse, sollten Motoröl und Ölfilter in kürzeren Abständen gewechselt werden.

Das Motoröl darf auch mittels einer Sonde (an der Tankstelle) über das Ölmeßrohr abgesaugt werden. Allerdings muß das neue Öl dann meistens bei der betreffenden Tankstelle gekauft werden.

Achtung: Altöl muß auf jeden Fall bei den Altöl-Sammelstellen abgegeben werden. Die Öl-Verkaufsstellen nehmen die entsprechende Menge Altöl kostenlos entgegen, deshalb beim Ölkauf die Quittung und den Ölkanister für spätere Altölrückgabe aufbewahren! Außerdem informieren Gemeinde- und Stadtverwaltungen darüber, wo sich die nächste Altöl-Sammelstelle befindet. Keinesfalls darf Altöl einfach weggeschüttet oder dem Hausmüll mitgegeben werden. Größere Umweltschäden wie beispielsweise Grundwasserverseuchung wären sonst unvermeidbar.

Motoröl ablassen

- Motor auf Betriebstemperatur bringen (Kühlmitteltemperatur ca. +80° C). Der Zeiger der Kühlmitteltemperaturanzeige steht dann in der Mitte der Skala.

Achtung: Das Motoröl kann auch mittels einer Sonde abgesaugt werden.

- Fahrzeug waagerecht aufbocken.

- Deckel der Öl-Einfüllöffnung abschrauben.
- Gefäß zum Auffangen des Altöls unter die Ölwanne stellen.

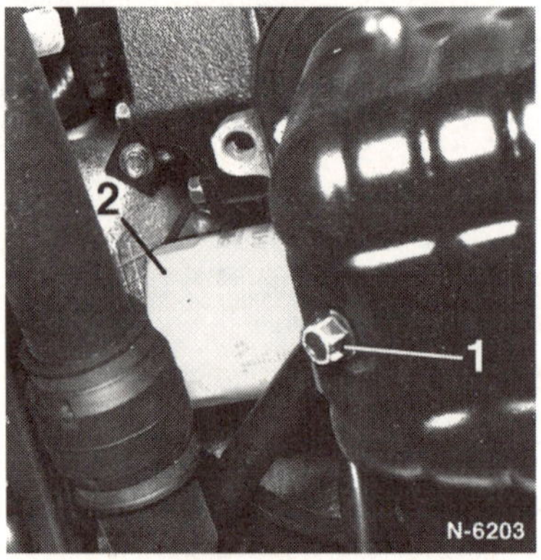

- Ölablaßschraube –1– unten an der Ölwanne herausdrehen und Altöl ganz ablassen. **Achtung:** Vorsicht beim Ablassen. Das Motoröl ist heiß.

Achtung: Werden im Motoröl Metallspäne und Abrieb in größeren Mengen festgestellt, deutet dies auf Freßschäden hin, zum Beispiel Kurbelwellen- oder Pleuellagerschäden. Um Folgeschäden zu vermeiden, müssen nach der Motorreparatur die Ölkanäle sorgfältig gereinigt werden.

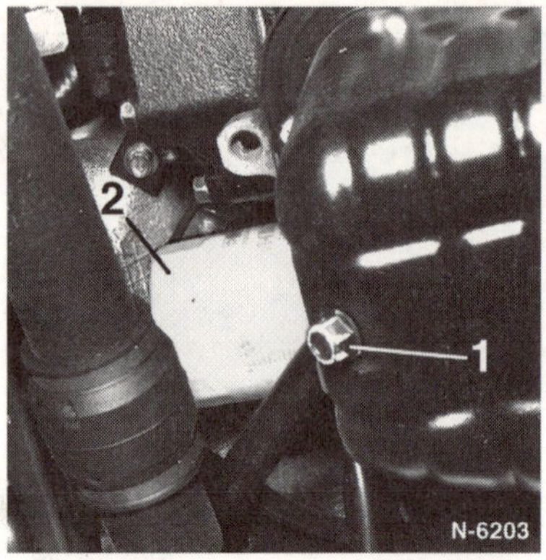

- Ölfilter –2– abschrauben. Der Ölfilter sitzt, in Fahrtrichtung gesehen, hinten am Motorblock. Zum Abschrauben des Ölfilters gibt es spezielle Werkzeuge, zum Beispiel HAZET 2172. Man kann auch einen spitzen Schraubendreher seitlich in den Ölfilter eintreiben. Es läuft dann allerdings Öl aus – Gefäß unterstellen.

Auffüllen

- Ölablaßschraube mit **neuem** Dichtring ansetzen und mit **40 Nm** festschrauben.

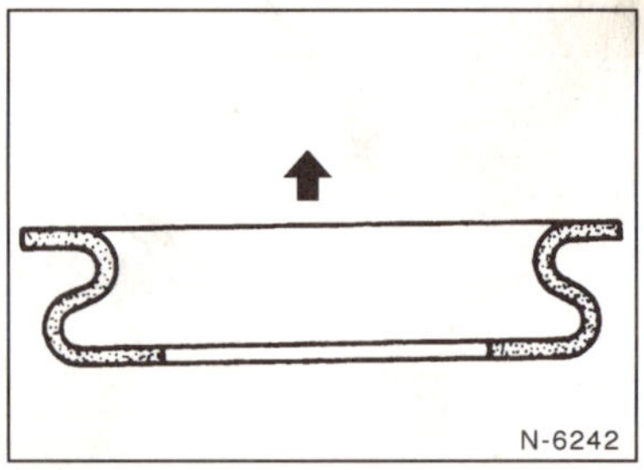

- **MICRA-Generation II:** Dichtring wie in der Abbildung dargestellt ansetzen. Der Pfeil zeigt zur Ölwanne.
- Ölfilterflansch am Motorblock mit Kraftstoff reinigen. Eventuell dort verbliebene Filterdichtung abnehmen.
- Gummidichtring am Ölfilter leicht mit Motoröl bestreichen.
- Neuen Ölfilter von Hand anschrauben. Wenn die Filterdichtung am Motorblock anliegt, Filter noch um ⅔ Umdrehungen weiterdrehen. Anzugsmoment: ca. 15 Nm. Hinweise auf dem Ölfilter beachten. **Achtung:** Es darf nur der Ölfilter für das betreffende Fahrzeugmodell verwendet werden.
- Neues Öl am Einfüllstutzen des Zylinderkopfdeckels einfüllen. Anschließend Ölstand mit Meßstab kontrollieren.

Achtung: Grundsätzlich empfiehlt es sich, zunächst 1/2 Liter Motoröl weniger einzufüllen, den Motor warmlaufen zu lassen und nach einigen Minuten den Ölstand mit dem Meßstab zu kontrollieren und gegebenenfalls zu ergänzen. Zuviel eingefülltes Motoröl muß wieder abgesaugt werden, da sonst die Motordichtungen oder Katalysatoren beschädigt werden können.

- Nach Probefahrt Dichtigkeit der Ablaßschraube und des Ölfilters überprüfen, gegebenenfalls vorsichtig nachziehen.
- Betriebswarmen Motor abstellen und Ölstand nach ca. 2 Minuten nochmals prüfen, gegebenenfalls korrigieren.
- Um die Betriebsverhältnisse des Motors besser überwachen zu können, soll beim Ölwechsel immer ein Öl des gleichen Typs und möglichst auch der gleichen Marke verwendet werden. Daher ist es zweckmäßig, bei jedem Ölwechsel einen Ölzettel am Motor zu befestigen, auf dem Marke und Viskosität des Öls vermerkt sind.
- Wahllos abwechselnder Gebrauch verschiedener Öltypen ist ungünstig. Motorenöle gleichen Typs, aber verschiedener Marken sollen möglichst nicht gemischt werden. Motorenöle gleichen Typs und gleicher Marke, aber verschiedener Viskosität können im Bedarfsfall während jahreszeitlicher Überschneidung ohne weiteres nachgefüllt werden.

Sichtprüfung auf Ölverlust

Bei ölverschmiertem Motor und hohem Ölverbrauch überprüfen, wo das Öl austritt. Dazu folgende Stellen überprüfen:

- Öleinfülldeckel öffnen und Dichtung auf Porosität oder Beschädigung prüfen.
- Kurbelgehäuseentlüftungsschläuche auf festen Sitz und Beschädigungen prüfen.
- Zylinderkopfdeckel-Dichtung.
- Zylinderkopf-Dichtung.
- Trennstelle Zündverteilerflansch.
- Ölfilterdichtung: Ölfilter am Ölfilterflansch.
- Ölablaßschraube (Dichtring).
- Ölwannendichtung.
- Wellendichtringe für Nocken- und Kurbelwelle.
- Trennstelle zwischen Motor und Getriebe (Dichtung an Schwungrad oder Getriebewelle).

Da sich bei Undichtigkeiten das Öl meistens über eine größere Motorfläche verteilt, ist der Austritt des Öls nicht auf den ersten Blick zu erkennen. Bei der Suche geht man zweckmäßigerweise wie folgt vor:

- Motorwäsche durchführen. Motor mit handelsüblichem Kaltreiniger einsprühen und nach einer kurzen Einwirkungszeit mit Wasser abspritzen. Vorher Zündverteiler und Generator mit Plastiktüte abdecken.
- Trennstellen und Dichtungen am Motor von außen mit Kalk oder Talkumpuder bestäuben.
- Ölstand kontrollieren, gegebenenfalls auffüllen.
- Probefahrt durchführen. Da das Öl bei heißem Motor dünnflüssig wird und dadurch schneller an den Leckstellen austreten kann, sollte die Probefahrt über eine Strecke von ca. 30 km auf einer Schnellstraße durchgeführt werden.
- Anschließend Motor mit Lampe absuchen, undichte Stelle lokalisieren und Fehler beheben.

Motorölstand prüfen

Etwa alle 1.000 km sollte der Ölstand des Motors überprüft, ggf. ergänzt werden. Auf 1.000 Kilometer sollte der Ölverbrauch nicht über 1,5 l liegen. Mehrverbrauch ist ein Anzeichen für verschlissene Ventilschaftabdichtungen und/oder Kolbenringe bzw. Öldichtungen.

- Fahrzeug auf einer waagerechten Fläche abstellen.
- Der Motor muß betriebswarm sein.
- Nach Abstellen des Motors mindestens 3 Minuten lang warten, damit sich das Öl in der Ölwanne sammelt.

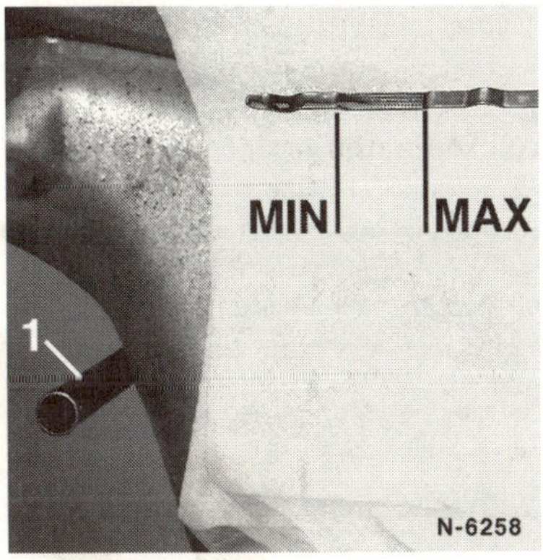

- Ölpeilstab am Motor herausziehen und mit sauberem Lappen abwischen.
- Anschließend Meßstab bis zum Anschlag in das Führungsrohr –1– einführen und wieder herausziehen. Der Ölstand muß zwischen den beiden Markierungen MIN und MAX liegen.
- Neues Öl erst nachfüllen, wenn sich der Ölstand der MIN- Marke nähert.
- Nachgefüllt wird am Verschluß des Zylinderkopfdeckels. Beim Nachfüllen richtige Ölsorte verwenden, keine Ölzusätze verwenden.

Achtung: Grundsätzlich nicht über die MAX-Markierung nachfüllen. Zuviel eingefülltes Motoröl muß wieder abgesaugt werden, da sonst die Motordichtungen oder der Katalysator beschädigt werden können.

Kühlmittelstand prüfen

Der Kühlmittelstand sollte in regelmäßigen Abständen – etwa alle vier Wochen – geprüft werden, zumindest aber vor jeder größeren Fahrt.

Zum Nachfüllen – auch in der warmen Jahreszeit – nur eine Mischung aus Kühlerfrostschutzmittel und kalkarmem Wasser verwenden.

Achtung: Um die Weiterfahrt zu ermöglichen, kann auch, insbesondere im Sommer, reines Wasser nachgefüllt werden. Der Kühlerfrostschutz muß dann jedoch baldmöglichst korrigiert werden.

- Der Kühlmittelstand soll bei kaltem Motor (Kühlmitteltemperatur ca. +20° C) zwischen der MIN- und MAX-Markierung am Ausgleichbehälter liegen.
- Bevor der Kühlmittelstand bei kaltem Motor die MIN-Markierung erreicht, Kühlmittel bis zur MAX-Markierung nachfüllen.
- Falls der Ausgleichbehälter leer ist, Kühler-Verschlußdeckel öffnen und Kühlmittel bis zur Einfüllöffnung auffüllen. Deckel verschließen und Ausgleichbehälter bis zur MAX-Markierung auffüllen.

- **Kaltes** Kühlmittel nur bei **kaltem Motor** nachfüllen, um Motorschäden zu vermeiden.

Achtung: Nur Verschlußdeckel auf dem Ausgleichsbehälter öffnen, nie den Kühlerdeckel bei heißem Motor öffnen. Verschlußdeckel des Ausgleichbehälters bei heißem Motor vorsichtig öffnen. Verbrühungsgefahr! Beim Öffnen Lappen über den Verschlußdeckel legen. Verschlußdeckel möglichst bei einer Kühlmittel-Temperatur unter +90° C öffnen.

- Sichtprüfung auf Dichtheit durchführen, wenn der Kühlmittelstand in kurzer Zeit absinkt.

Inhalt des Kühlsystems

MICRA-Generation I:

1,0-l-Motor .... 3,9 l
1,2-l-Motor .... 4,7 l

MICRA-Generation II: .... 4,0 l

Kühlmittel ersetzen

Das Kühlmittel sollte nach 5 Jahren oder 90.000 km und anschließend alle 2 Jahre abgelassen und erneuert werden. Arbeitsbeschreibung, siehe Seite 52.

Kühlsystem-Sichtprüfung auf Dichtheit

- Kühlmittelschläuche durch Zusammendrücken und Verbiegen auf poröse Stellen untersuchen, hartgewordene Schläuche ersetzen.
- Die Schläuche dürfen nicht zu kurz auf den Anschlußstutzen sitzen.
- Festen Sitz der Schlauchschellen kontrollieren.
- Wenn der Kühlmittelstand häufig absinkt, ohne daß eine undichte Stelle lokalisiert werden kann, Kühlsystem bei warmem Motor prüfen. Dazu Motor warmfahren und im Leerlauf so lange drehen lassen, bis der Lüfter einschaltet. Darauf achten, ob Kühlflüssigkeit im Bereich der Kühlmittelpumpe austritt.
- Deutlicher Kühlmittelverlust und/oder Öl in der Kühlflüssigkeit sowie weiße Abgaswolken bei warmem Motor deuten auf eine defekte Zylinderkopfdichtung hin.

Achtung: Mitunter ist es schwierig, die Leckstelle ausfindig zu machen. Dann empfiehlt sich eine Druckprüfung durchzuführen, siehe Kapitel »Kühlsystem prüfen«. Hierbei kann ebenfalls das Überdruckventil des Verschlußdeckels geprüft werden.

Frostschutz prüfen

Erforderliches Prüfwerkzeug:

- Eine Prüfspindel, die es preiswert im Zubehörhandel zu kaufen gibt oder auch an Tankstellen zur Benutzung bereitliegt.

Regelmäßig vor Winterbeginn sollte sicherheitshalber die Konzentration des Frostschutzmittels geprüft werden, insbesondere dann, wenn zwischendurch reines Wasser nachgefüllt wurde.

- Motor warmfahren, bis der untere Kühlmittelschlauch vom Kühler ca. handwarm ist.
- Verschlußdeckel am Ausgleichbehälter öffnen.

- Mit Meßspindel Kühlflüssigkeit ansaugen und am Schwimmer Kühlmitteldichte ablesen. Der Frostschutz soll in unseren Breiten bis –30° C reichen.

Kühlkonzentrat ergänzen

Der Frostschutz sollte in unseren Breiten bis mindestens –30° C reichen. Um das richtige Mischungsverhältnis zu erhalten, ist eine bestimmte Menge an Kühlflüssigkeit abzulassen beziehungsweise abzusaugen. Anschließend Kühlsystem mit der gleichen Menge reinem Kühlkonzentrat auffüllen.

Achtung: Nur ein Markenkühlmittel auf Ethylen-Glykol-Basis mit Rostschutzeigenschaften verwenden. Das Kühlkonzentrat muß für Aluminiumteile des Kühlsystems geeignet sein.

Gemess.Wert in °C	0	–10	–20	–25
Motor	Differenzmenge in l			
1,0-l '83 – '88	2,0	1,3	0,8	0,4
1,2-l ab '89	2,4	1,5	1,0	0,5
1,0-/1,3-l ab '93	2,0	1,3	0,8	0,4

Beispiel: Die Frostschutzmessung mit der Spindel ergibt beim 1,0-l-Motor einen Froststutz von –10° C. In diesem Fall aus dem Kühlsystem 1,3 l Kühlflüssigkeit ablassen und dafür 1,3 l reines Frostschutzkonzentrat auffüllen. Der Frostschutz reicht dann bis ca. – 35° C.

- Verschlußdeckel am Ausgleichbehälter verschließen und nach Probefahrt den Frostschutz erneut überprüfen.

Zündkerzen ersetzen/ elektrische Anschlüsse prüfen

Erforderliches Spezialwerkzeug:

- Ein Zündkerzenschlüssel, der preiswert im Zubehörhandel zu kaufen ist.

Erforderliche Verschleißteile:

- 4 Zündkerzen. Die richtige Zündkerze, siehe Seite 68.

Ausbau

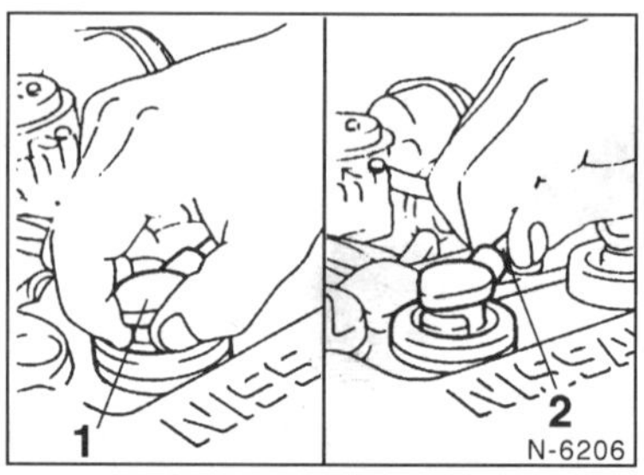

- Sämtliche Kerzenstecker –1– abziehen, dabei nur an den Steckern –1– und nicht an den Kabeln –2– ziehen.
- Zündkerzen-Nischen, wenn möglich, mit Preßluft ausblasen, damit bei ausgebauten Kerzen kein Schmutz in die Gewindebohrung fällt.
- Zündkerzen mit Zündkerzenschlüssel herausschrauben und den Zustand der Kerze (sogenanntes »Kerzengesicht«) prüfen. Mit einiger Erfahrung lassen sich daraus Rückschlüsse auf den Betriebszustand des Motors ziehen. Es gelten folgende Regeln:

Elektroden und Isolierkörper

- Mittelgrau = Richtiges Arbeiten der Zündkerze und richtiges Gemisch
- Schwarz = Gemisch zu fett
- Hellgrau = Gemisch zu mager
- Verölt = Aussetzen der betreffenden Zündkerze oder schlecht abdichtende Kolbenringe (Kompression prüfen).

- Isolatoren der Zündkerzen auf Kriechströme untersuchen. Kriechströme zeigen sich als dünne, unregelmäßige Spuren auf der Oberfläche. Falls Kriechstromspuren vorhanden sind, prüfen ob der Zündkerzenstecker gerissen ist, gegebenenfalls austauschen.

Einbau

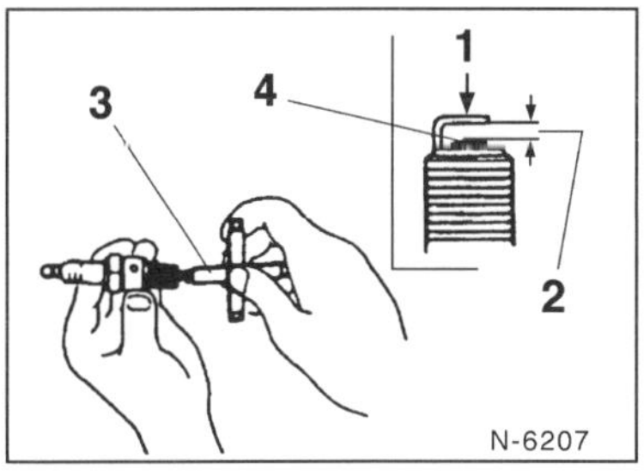

- Elektrodenabstand –2– mit Fühlerblattlehre prüfen.

Bei neuen Zündkerzen ist der Elektrodenabstand in der Regel richtig eingestellt, siehe Seite 68.

- Zum Einstellen des Kontaktabstandes Masse-Elektrode –1– nachbiegen. Dafür gibt es ein einfaches, praktisches Werkzeug –3–, andernfalls seitlich gegen die Masse-Elektrode klopfen. Beim Aufbiegen kleinen Schraubendreher am Gewinderand der Kerze abstützen, keinesfalls jedoch an der Mittel-Elektrode –4–, da diese sonst beschädigt wird.
- Gewinde an den Kerzen mit sauberem Lappen reinigen.
- Zündkerzen von Hand bis zur Anlage am Zylinderkopf einschrauben. **Achtung:** Dabei Kerzen nicht verkantet ansetzen.
- Zündkerzen mit **25 Nm** festziehen. **Achtung:** Steht kein Drehmomentschlüssel zur Verfügung, neue Zündkerzen mit Kerzenschlüssel um ca. 90° (1/4 Umdrehung) anziehen. Gebrauchte Zündkerzen nur ca. 15° anziehen. Zu fest angezogene Zündkerzen können beim Herausschrauben abreißen oder das Gewinde im Zylinderkopf beschädigen. In diesem Fall Kerzengewinde mit UTC- oder Heli-Coil-Einsätzen reparieren.
- Kerzenstecker entsprechend der Zündfolge 1–3–4–2 aufstecken.
- Durch Hin- und Herbewegen festen Sitz der Kerzenstecker und Zündkabel prüfen.

Elektrische Anschlüsse prüfen

- Sämtliche elektrischen Anschlüsse an der Zündspule sowie am Zündverteiler auf festen Sitz prüfen.
- Angerissene Klemmen ersetzen.
- Korrodierte Anschlüsse mit einer Drahtbürste oder mit Schmirgelleinen reinigen, gegebenenfalls mit Kontaktspray einsprühen.
- Die Kontakte dürfen nicht feucht sein, andernfalls Kontakte reinigen und mit Kontaktspray einsprühen.
- Zündkabel auf engen Radius biegen und auf Risse prüfen. Gegebenenfalls alle Zündkabel ersetzen.

Unterbrecherkontakte prüfen/ wechseln

Beim 1,0-l-Motor von '83 – '88 sind die Unterbrecherkontakte bei jeder Wartung zu prüfen beziehungsweise zu erneuern. Arbeitsbeschreibung, siehe Seite 62.

Luftfiltereinsatz wechseln

Es wird kein Spezialwerkzeug benötigt.

Erforderliches Verschleißteil:

- Luftfiltereinsatz für den jeweiligen Motor.

Ausbau

MICRA-Generation II:

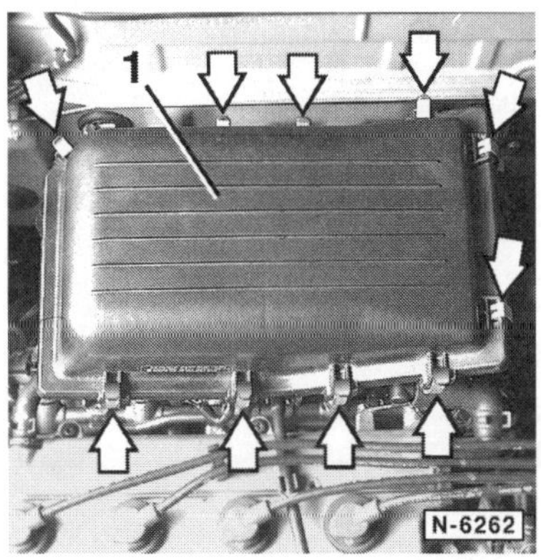

- Blechklammern aufclipsen und Deckel –1– abnehmen.

- Filtereinsatz –2– herausnehmen.

MICRA-Generation I:

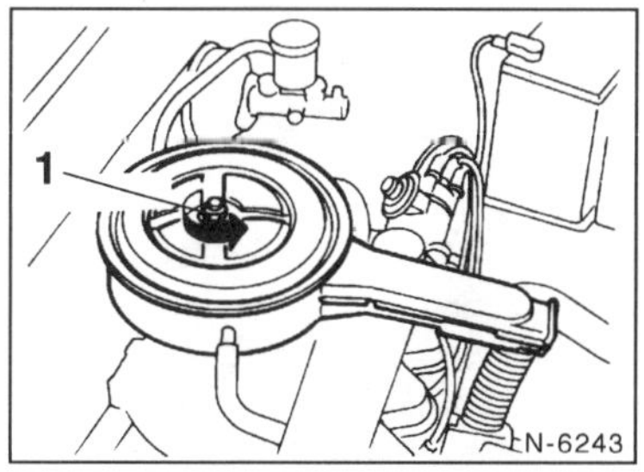

- Zentralmutter –1– abschrauben.
- Deckel abnehmen und Luftfiltereinsatz herausnehmen.

Einbau

- Filtergehäuse mit einem sauberen Lappen auswischen.
- Neuen Filtereinsatz in das Luftfiltergehäuse einlegen.
- Deckel von oben ansetzen und anschrauben beziehungsweise Schnellverschlüsse zuschnappen lassen.

Kraftstoffilter ersetzen

Es wird kein Spezialwerkzeug benötigt.

Erforderliches Verschleißteil:

- Kraftstoffilter für den jeweiligen Motor. Beim Kauf Baujahr und Fahrzeugmodell angeben.

Der Kraftstoffilter sitzt im Motorraum in der Kraftstoffzulaufleitung. Zum Abklemmen der Zu- und Ablaufleitung werden 2 Schlauchklemmen benötigt. Es können auch zwei kleine Schraubzwingen verwendet werden.

Ausbau

Achtung: Kein offenes Feuer, Brandgefahr!

- Batterie-Massekabel (–) von der Batterie abklemmen. **Achtung:** Dadurch werden die elektronischen Speicher gelöscht, wie zum Beispiel der Motorfehlerspeicher oder der Radiocode. Vor dem Abklemmen der Batterie sollten auch die Hinweise im Kapitel »Batterie aus- und einbauen« durchgelesen werden.
- **Einspritzmotor:** Kraftstoffdruck abbauen, siehe Seite 70.
- Zu- und Ablaufleitung vor und nach dem Kraftstoffilter mit Schlauchklemmen abklemmen.

- Kraftstoffleitungen –2– oben und unten vom Kraftstoffilter –1– abziehen. Vorher Schlauchschellen lösen und und zurückschieben.
- Kraftstoffilter seitlich aus der Blechklammer –3– herausnehmen.

Einbau

- Leitungen auf den neuen Filter aufstecken und mit Schlauchschellen sichern. Die obere Leitung führt zu den Einspritzventilen, die untere Leitung kommt vom Tank.
- Anschlüsse mit Schlauchklemmen sichern. **Achtung:** Die Kante der Schlauchschelle muß 3 mm vom Schlauchende entfernt angebracht werden. Darauf achten, daß keine angrenzenden Teile durch die Schraube der Schlauchschelle berührt werden.
- Batterie-Massekabel (–) anklemmen.
- Falls vorhanden, Zeituhr einstellen sowie Diebstahlsicherheitscode für das Radio eingeben.
- Nach Probelauf des Motors Dichtheit der Kraftstoffanschlüsse kontrollieren.

Keilriemen prüfen/ersetzen Zahnriemen spannen/ersetzen

Keilriemen prüfen

Es wird kein Spezialwerkzeug benötigt.

Erforderliche Verschleißteile:

- Keilriemen, die Länge ist vom Motortyp abhängig. Beim Kauf auf richtige Größe achten.

Zu niedrige Keilriemenspannung führt zu erhöhtem Verschleiß oder Ausfall des Keilriemens. Bei zu hoher Spannung können Lagerschäden an den betreffenden Aggregaten auftreten.

- Der Keilriemen muß ersetzt werden bei: Übermäßiger Abnutzung, Ausgefransten Flanken, Ölspuren, Porosität, Querschnittbrüchen.

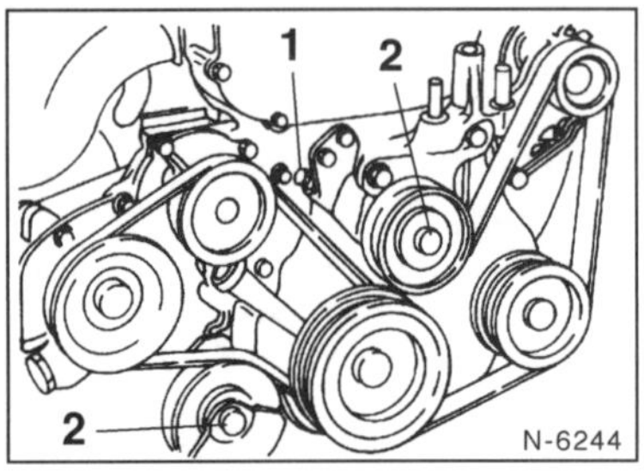

1 – Einstellschraube
2 – Sicherungsmutter

- Spannung des Keilriemens prüfen, ersetzen und spannen, siehe Seite 40.

Achtung: Bei einem neuen Keilriemen Spannung nach ca. 10 Minuten Laufzeit nochmals prüfen.

Zahnriemen ersetzen

(Nur **MICRA-Generation I**)

Wird die Arbeit falsch ausgeführt, kann dies zu erheblichen Motorschäden führen. Deshalb ist auf eine exakte Arbeitsweise zu achten. Der Zahnriemenwechsel wird im Kapitel »Motor« beschrieben.

Kurbelgehäuseentlüftung (P.C.V.-Ventil) prüfen

Es werden keine Spezialwerkzeuge und keine Verschleißteile benötigt.

- Motor starten und im Leerlauf laufen lassen.

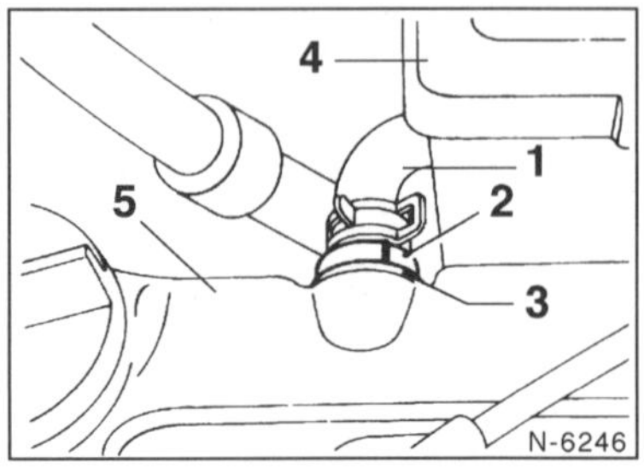

- Entlüftungsschlauch –1– vom P.C.V.-Ventil –2– abziehen. Wenn jetzt Luft durch das Ventil hindurchströmt, ist ein zischendes Geräusch hörbar. Das Ventil ist dann in Ordnung. 3 – Dichtung, 4 – Luftfilter, 5 – Zylinderkopfdeckel.

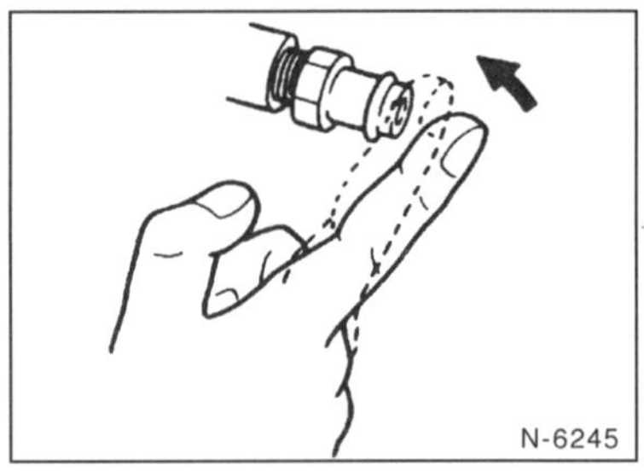

- Prüfen, ob Unterdruck am Ventil anliegt. Dazu Finger auf die Einlaßöffnung des Ventils halten. Wenn unmittelbar ein starker Unterdruck spürbar ist (Finger wird gegen die Öffnung gezogen), ist das Ventil in Ordnung.
- Motor abstellen.

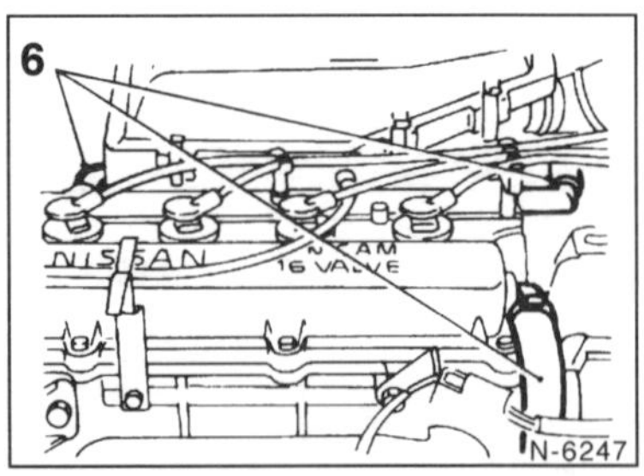

- Sämtliche Kurbelgehäuseentlüftungsschläuche –6– (alle Schläuche und Verzweigungen, die am Zylinderkopfdeckel angeschlossen sind) auf Undichtigkeiten, Porosität oder Beschädigungen prüfen, gegebenenfalls ersetzen.

- Schläuche abziehen und, falls vorhanden, mit Druckluft reinigen. Verstopfte Schläuche ersetzen.

- P.C.V.-Filter –1– auswechseln. Dazu Luftfilterdeckel abbauen und Filtereinsatz herausnehmen.

Abdampfleitungen prüfen

Es werden keine Spezialwerkzeuge und Verschleißteile benötigt.

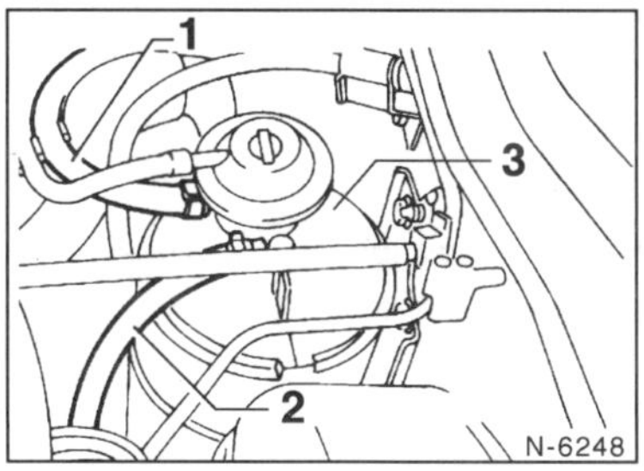

1 – Spülluftleitung
2 – Abdampfleitung
3 – Aktivkohlebehälter

- Sichtkontrolle der Abdampfleitungen durchführen. Dabei auf festen Anschluß, Rißbildung, gelockerte Verbindungen, Scheuerstellen und Porosität achten.
- Verschlußdeckel vom Einfüllstutzen des Kraftstoffvorratsbehälters abnehmen und Unterdruck-Sicherheitsventil im Deckel auf zugesetzte Stellen oder Festgehen kontrollieren.

Sichtprüfung der Abgasanlage

Es werden keine Spezialwerkzeuge und Verschleißteile benötigt.

- Fahrzeug aufbocken.
- Befestigungsschellen auf festen Sitz prüfen.
- Abgasanlage mit Lampe auf Löcher, durchgerostete Teile sowie Scheuerstellen absuchen.
- Stark gequetschte Abgasrohre ersetzen.
- Gummihalterungen durch Drehen und Dehnen auf Porosität überprüfen und gegebenenfalls austauschen.
- Fahrzeug ablassen, siehe Seite 229.
- Katalysatorfahrzeuge: Elektrische Anschlüsse und festen Sitz der Lambdasonde prüfen.
- Heizung der Lambdasonde prüfen, siehe Seite 87.

Nachziehen von Zylinderkopf- und Krümmerschrauben

Nur **MICRA-Generation I**

Als Werkzeug wird ein Drehmomentschlüssel benötigt.

- Zylinderkopfdeckel abschrauben.

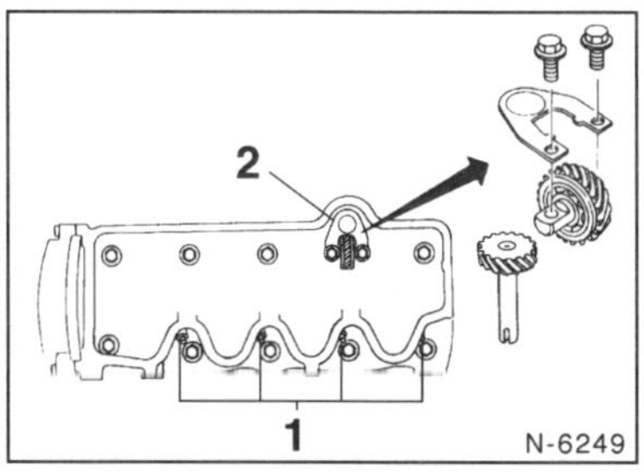

- Zündkerzen –1– herausschrauben.
- Ölpumpen-Antriebsräder –2– abschrauben und herausnehmen.

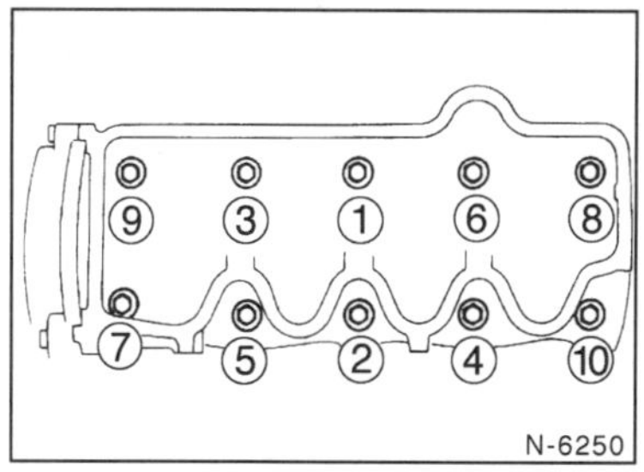

- Zylinderkopfschrauben in der Reihenfolge von 1 bis 10 mit **60 Nm** nachziehen, siehe Abbildung.
- Befestigungsmuttern für den Ansaugkrümmer über Kreuz mit **20 Nm** nachziehen.
- Befestigungsmuttern für den Abgaskrümmer über Kreuz mit **35 Nm** nachziehen.
- Vergaser-Anbauschrauben mit **8 Nm** über Kreuz nachziehen.
- Zündkerzen von Hand einschrauben und mit **25 Nm** festziehen.
- Ölpumpen-Antriebsräder einbauen, dabei auf Einbaurichtung des Halteblechs achten, siehe Seite 31.

Getriebe/Achsantrieb

- Getriebe: Sichtprüfung auf Dichtheit.
- Schaltgetriebe: Ölstand prüfen, gegebenenfalls auffüllen.
- Schaltgetriebe: Öl erneuern.
- Achswellen: Gelenkschutzhüllen auf Undichtigkeiten und Beschädigungen prüfen.
- Kupplung: Pedalspiel prüfen, siehe Seite 99.
- Automatikgetriebe: Ölstand prüfen.
- Automatikgetriebe: Öl wechseln.

Achtung: Altöl muß auf jeden Fall bei den Altöl-Sammelstellen abgegeben werden. Die Verkaufsstellen für neues Getriebeöl müssen das Altöl kostenlos entgegennehmen. Außerdem informieren Gemeinde- und Stadtverwaltungen darüber, wo sich die nächste Altöl-Sammelstelle befindet. **Keinesfalls darf Altöl einfach weggeschüttet oder dem Hausmüll mitgegeben werden.** Größere Umweltschäden wie beispielsweise Grundwasserverseuchung wären sonst unvermeidbar.

Sichtprüfung auf Dichtheit

Folgende Leckstellen sind möglich:

- Trennstelle zwischen Motorblock und Getriebe (Schwungraddichtung/Wellendichtung-Getriebe).
- Trennstelle zwischen Getriebegehäusehälften.
- Öleinfüllschraube/Ölablaßschraube.
- Gelenkwelle an Getriebe.

Bei der Suche nach der Leckstelle folgendermaßen vorgehen:

- Getriebegehäuse mit Kaltreiniger reinigen.
- Ölstand kontrollieren, ggf. auffüllen.
- Mögliche Leckstellen mit Kalk oder Talkumpuder bestäuben.
- Probefahrt durchführen. Damit das Öl besonders dünnflüssig wird, sollte die Probefahrt auf einer Schnellstraße über eine Entfernung von ca. 30 km durchgeführt werden.
- Anschließend Fahrzeug aufbocken und Getriebe mit einer Lampe nach der Leckstelle absuchen.
- Leckstellen umgehend beseitigen.

Schaltgetriebe: Ölstand prüfen

Erforderliche Verschleißteile:

- Getriebeöl der Spezifikation **API GL-4 SAE 80W-90.**

Prüfen

- Fahrzeug auf eine ebene Fläche stellen.
- Getriebe auf Undichtigkeiten sichtprüfen.
- Der Ölstand wird durch die Öffnung des Tachometerritzels gemessen. Dazu Ritzel ausbauen, siehe Seite 102.

MICRA-Generation II

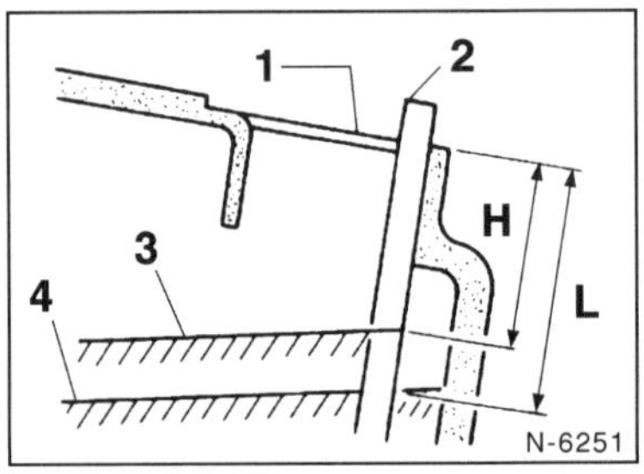

- Mit einem geraden Draht oder einem schmalen Lineal –2– den Ölstand –3/4– durch die Tachometerwellen-Öffnung –1– messen. H = Abstand bis zum maximalen Ölstand –3–, L = Abstand bis zum minimalen Ölstand –4–.

Sollwert:	**H**	–	**L**
1,0-l	28 mm	–	38 mm
1,3-l	45 mm	–	54 mm

- Der Füllstand muß sich zwischen »H« und »L« befinden. Andernfalls Getriebeöl bis zur H-Marke nachfüllen.

MICRA-Generation I

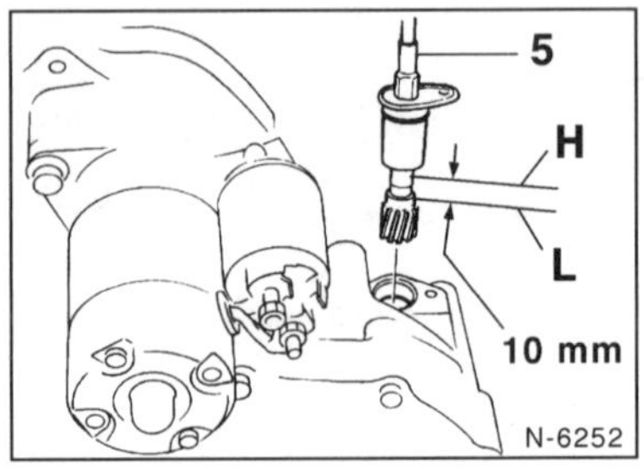

- Tachometerwelle –5– abschrauben und herausziehen. Gegebenenfalls Ritzel abwischen, nochmals einführen und herausziehen.
- Der Füllstand muß sich zwischen »H« und »L« befinden. Andernfalls Getriebeöl bis zur H-Marke nachfüllen.
- Tachometerwelle am Getriebe anschrauben, siehe Seite 102.

Schaltgetriebe: Öl wechseln

Erforderliche Verschleißteile:

- Getriebeöl der Spezifikation **API GL-4 SAE 80W-90.**

Wechseln

- Fahrzeug waagerecht aufbocken.
- Getriebe auf Undichtigkeiten sichtprüfen.
- Geeignetes Auffanggefäß unter das Getriebe stellen.

1,3-l-Motor

1,0-/1,2-l-Motor

- Ölablaßschraube –2– herausdrehen und Öl so lange wie möglich herauslaufen lassen, dann die Schraube mit Dichtmittel und 30 Nm anschrauben.
- Tachometerwelle am Getriebe abschrauben und herausziehen, siehe Seite 102.
- Getriebeöl bis zur »H«-Marke auffüllen.

Gesamtfüllmenge:
1,0-l ab '93 ....3,1 – 3,3 l
1,3-l ab '93 ....2,8 – 3,0 l
1,0-l/1,2-l ....2,5 – 2,6 l

- Tachometerwelle am Getriebe anschrauben, siehe Seite 102.
- Fahrzeug ablassen.

Automatikgetriebe: Ölstand prüfen

Erforderliche Verschleißteile:

- **MICRA-Generation I: ATF-Dexron**
  MICRA-Generation II: ATF-Dexron II
  (ATF = Automatic Transmission Fluid).

Prüfen

- Fahrzeug ca. 5 MInuten im Stadtverkehr warmfahren, dann hat das Getriebe eine Öltemperatur von +50° bis +80° C. **Achtung:** Läuft der Motor nur im Stand warm, erreicht die Getriebeöltemperatur nur ca. +30° bis +50° C.
- Fahrzeug auf eine ebene Fläche stellen.
- Motor im Leerlauf drehen lassen. Handbremse anziehen, alle Fahrstufen von P bis L durchschalten und Wählhebel in Stellung P bringen.

Achtung: Ölstand nicht bei zu warmem Getriebe prüfen, z. B. nach längerer Fahrt mit hoher Geschwindigkeit, im Stadtverkehr an heißen Tagen oder mit Anhänger. In diesem Fall vor der Prüfung Motor ca. 30 Minuten abkühlen lassen.

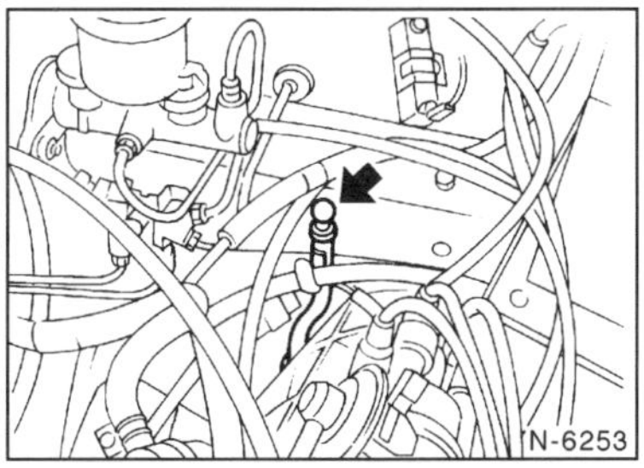

- Ölmeßstab herausziehen und mit fusselfreiem Lappen oder Papier abwischen. **Achtung:** Vor dem Herausziehen Umgebung des Ölmeßstabes reinigen.
- Meßstab wieder ganz einschieben und herausziehen.

MICRA-Generation I

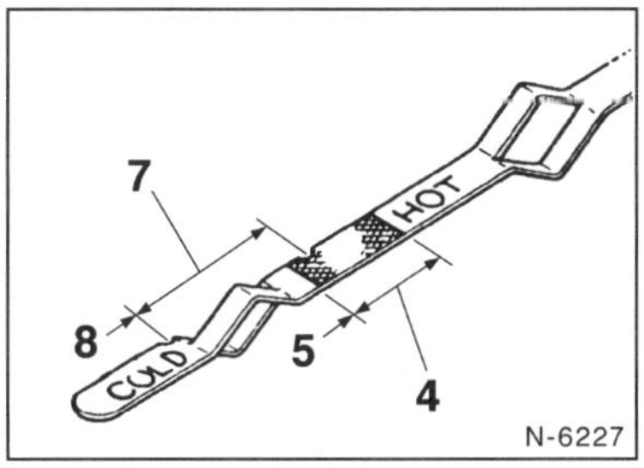

MICRA-Generation II

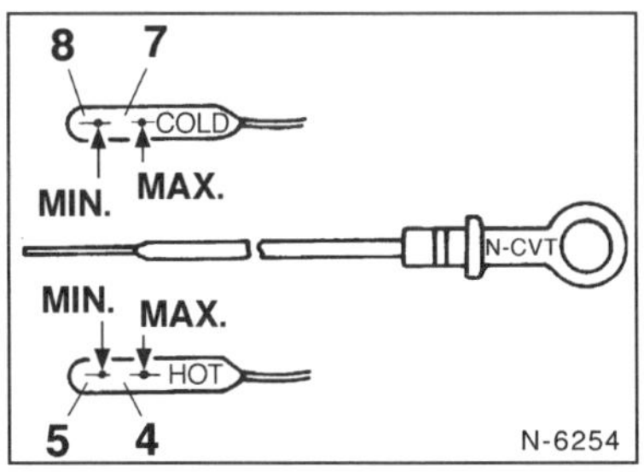

- Den Ölstand am Meßstab kontrollieren. Der Flüssigkeitsspiegel muß im Bereich der HOT-Markierung –4– liegen. Befindet sich der Flüssigkeitsspiegel im Nachfüllbereich –5–, Automatik-Getriebeöl nachfüllen.
- Getriebeöl über einem passenden Trichter mit Sieb langsam durch das Ölmeßrohr nachfüllen. **Achtung:** Bei zu niedrigem Ölstand kann durch die Ölpumpe Luft in das System gedrückt werden, was zu Funktionsstörungen des Getriebes führt. Liegt der Ölstand über der Markierung, kann das Getriebe überhitzt werden und das Öl wird durch das Entlüftungsventil herausgedrückt. Falls der Ölstand zu hoch ist, Getriebeöl absaugen.

Achtung: Ist das Automatik-Getriebeöl schwarz und riecht verbrannt, so ist es zu ersetzen. Unter Umständen ist eine komplette Überholung des Getriebes erforderlich (Werkstattarbeit).

- Meßstab ganz einführen.

Getriebeölstand bei kaltem Getriebe prüfen

- Motor im Stand warmlaufen lassen, Getriebeöltemperatur nur ca. +30° bis +50° C.
- Getriebeölstand prüfen.
- Der Flüssigkeitsspiegel muß im Bereich der COLD-Markierung –7– liegen. Befindet sich der Flüssigkeitsspiegel im Nachfüllbereich –8–, Automatik-Getriebeöl nachfüllen.
- Anschließend Getriebeölstand unbedingt bei warmem Getriebe prüfen.

Automatik-Getriebe: Öl wechseln

Erforderliche Verschleißteile:

- **MICRA-Generation I:**
  ca. 6,0 l **ATF-Dexron**
  MICRA-Generation II:
  ca. 4,2 l **ATF-Dexron II**
  (ATF = Automatic Transmission Fluid).

Wechseln

- Der Ölwechsel muß bei kaltem Getriebe vorgenommen werden.
- Fahrzeug waagerecht aufbocken.
- Getriebe auf Undichtigkeiten sichtprüfen.
- Geeignete Auffangwanne unter das Getriebe stellen.

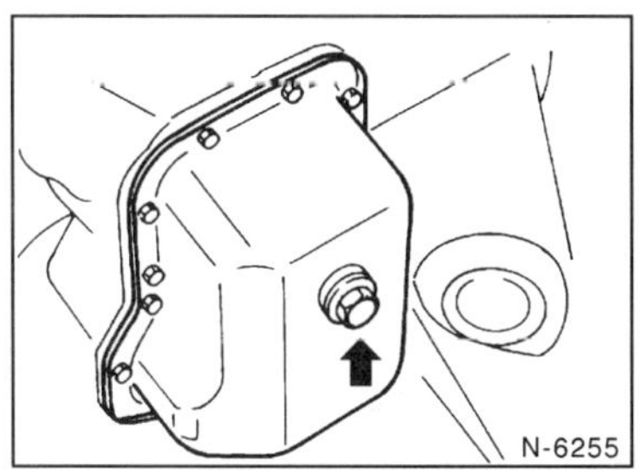

- Ablaßschraube herausdrehen und Öl ablaufen lassen. Dabei das Öl so lange wie möglich herauslaufen lassen.
- Ablaßschraube einschrauben und mit **25 Nm** festziehen. Vorher Gewinde der Schraube mit handelsüblichem Dichtmittel, z. B. Loctite, bestreichen.

- Am Führungsrohr des Ölmeßstabes einen Trichter mit Sieb ansetzen. Das Sieb ist wichtig, damit keine Verunreinigungen ins Getriebe kommen.
- Automatik-Getriebeöl **ATF-Dexron** auffüllen und mit Ölmeßstab kontrollieren.
- Motor starten und mindestens 2 Minuten im Leerlauf laufen lassen.
- Anschließend bei angezogener Handbremse alle Schaltpositionen durchschalten und Schalthebel schließlich auf Position »P« stellen.
- Ölstand bei laufendem Motor kontrollieren und bis zur Markierung »COLD« auffüllen.
- Motor warmfahren und Ölstand bei laufendem Motor kontrollieren. Der Ölstand muß jetzt zwischen den beiden Markierungen des »HOT«-Bereiches liegen. Gegebenenfalls Ölstand korrigieren. **Achtung:** Der Ölstand darf nicht unterhalb der für die Temperatur entsprechenden Markierung liegen, sonst kann es zu Getriebeschäden kommen. Liegt der Ölstand über der Markierung kann das Getriebe überhitzt werden und Getriebeöl kann austreten. Falls der Ölstand zu hoch ist, Getriebeöl absaugen.
- Ölmeßstab vollständig einschieben. Festen Sitz des Meßstabes überprüfen, damit kein Schmutz in das Getriebe eindringen kann.

Gummimanschetten der Gelenkwellen prüfen

- Fahrzeug aufbocken.

- Gummi der Manschette –1– mit Lampe anstrahlen und auf Porosität und Risse untersuchen. Eingerissene Gelenkschutzhüllen umgehend erneuern.
- Eine Manschette, die durch Unterdruck im Gelenk nach innen gezogen oder defekt ist, sofort austauschen.
- Auf sichtbare Fettspuren an den Manschetten und in deren Umgebung achten.
- Festen Sitz der Klemmschellen –2– prüfen.

- Der Flüssigkeitsstand soll, bei geschlossenem Deckel, nicht höher als die MAX-Markierung –1– und nicht unterhalb der MIN-Markierung –2– liegen.
- Nur **neue** Bremsflüssigkeit folgender Spezifikation einfüllen:
  MICRA-Generation I: DOT 3
  MICRA-Generation II: DOT 4
- Durch Abnutzung der Bremsbeläge entsteht ein geringfügiges Absinken der Bremsflüssigkeit. Das ist normal.
- Sinkt die Bremsflüssigkeit jedoch innerhalb kurzer Zeit stark ab, ist das ein Zeichen für Bremsflüssigkeitsverlust.
- Die Leckstelle muß dann sofort ausfindig gemacht werden. In der Regel liegt es an verschlissenen Manschetten in den Radbremszylindern. Sicherheitshalber sollte die Überprüfung der Anlage von einer Fachwerkstatt durchgeführt werden.

Bremsen/Reifen/Räder

- Bremsanlage: Leitungen, Schläuche, Bremszylinder und Anschlüsse auf Undichtigkeiten und Beschädigungen prüfen.
- Bremsanlage: Bremsflüssigkeitsstand prüfen.
- Scheibenbremse: Bremsbelagstärke prüfen.
- Trommelbremse: Bremsbeläge und Bremstrommel prüfen.
- Bremsflüssigkeit wechseln.
- Handbremse prüfen.
- Bremskraftverstärker: Unterdruckanschlüsse und Rückschlagventil prüfen.
- Bereifung: Profiltiefe und Reifenfülldruck prüfen; Reifen auf Verschleiß und Beschädigungen (einschließlich Reserverad) prüfen.

Bremsflüssigkeitsstand prüfen

Der Vorratsbehälter für die Bremsflüssigkeit befindet sich im Motorraum.

Der Vorratsbehälter ist durchscheinend, so daß der Bremsflüssigkeitsstand jederzeit von außen überwacht werden kann. Es ist ratsam, etwa alle 4 Wochen, einen Blick auf den Vorratsbehälter zu werfen.

Bremsbelagdicke prüfen

Scheibenbremse

- Scheibenrad zur Radnabe mit Farbe kennzeichnen, damit das ausgewuchtete Rad wieder an gleicher Stelle montiert werden kann. Radmuttern lösen.
- Fahrzeug aufbocken, Räder abnehmen.

- Bremsbelagdicke der Bremsbeläge – ohne die metallene Rückenplatte – durch die Öffnung im Bremssattel sichtprüfen.

- Belagdicke der hinteren Bremsbeläge prüfen.
- Die Verschleißgrenze der **Scheibenbremsbeläge** ist erreicht, wenn der Belag nur noch eine Dicke von **2,0 mm** (ohne Trägerplatte) aufweist.
- Ist die Verschleißgrenze erreicht, Bremsbeläge auswechseln. Grundsätzlich alle Beläge einer Achse erneuern.

Hinweis: Nach einer Faustregel entspricht 1 mm Bremsbelag einer Fahrleistung von mindestens 1.000 km. Diese Faustregel gilt unter ungünstigen Bedingungen. Im Normalfall halten die Beläge viel länger. Bei einer Belagdicke der Scheibenbremsbeläge von 5,0 mm (mit Rückenplatte) beträgt die Restnutzbarkeit der Bremsbeläge also noch mindestens 3.000 km.

- Räder montieren, dabei auf Markierung zur Radnabe achten, Fahrzeug ablassen und Radmuttern über Kreuz mit **100 Nm** festziehen.

Trommelbremse

- Fahrzeug hinten aufbocken.

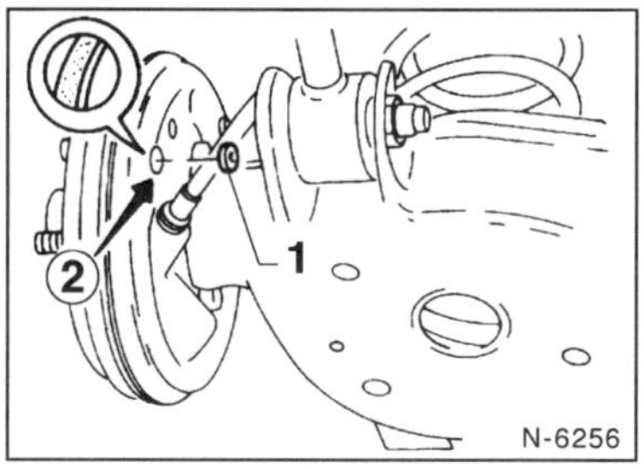

- Gummikappe –1– vom Schauloch –2– abnehmen und mit Taschenlampe durch die Öffnung leuchten. Die Verschleißgrenze ist erreicht, wenn der Belag eine Stärke von **1,5 mm** (ohne Trägerbacke) hat.
- Läßt sich die Belagstärke nicht zweifelsfrei feststellen, Bremstrommel ausbauen.

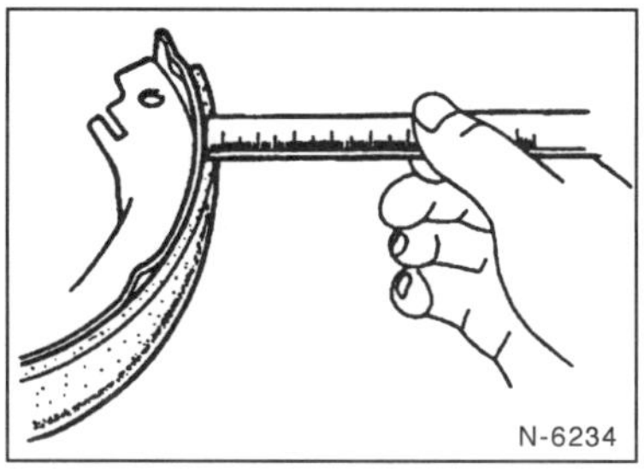

- Belagstärke an der am meisten abgenutzten Stelle messen.
- Ist die Verschleißgrenze der Bremsbeläge von **1,5 mm** erreicht, müssen diese ausgewechselt werden. Grundsätzlich alle Beläge einer Achse erneuern.

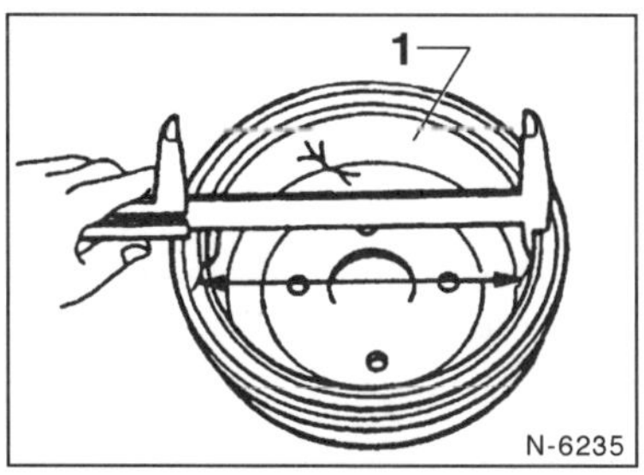

- Falls die Bremstrommel abgebaut wurde, Innendurchmesser sowie Zustand der Innenfläche –1– prüfen. Verschleißgrenze Innen-Ø: 181,5 mm. Neuwert: 180,0 mm.

- Manschetten des Radbremszylinders zurückziehen und auf Feuchtigkeit hinter den Manschetten prüfen. Gegebenenfalls Radbremszylinder auswechseln.

Achtung: Wenn zwischen den Bremsbelägen des rechten und des linken Rades ein bedeutender Unterschied besteht, muß die Leichtgängigkeit des Radbremszylinders überprüft werden.

- Hinterräder montieren, dabei auf Markierung zur Radnabe achten, Fahrzeug ablassen und Radmuttern über Kreuz mit **100 Nm** festziehen.

Bremsleitungen prüfen

- Fahrzeug aufbocken.
- Bremsleitungen mit Kaltreiniger reinigen.

Achtung: Die Bremsleitungen sind zum Schutz gegen Korrosion mit einer Kunststoffschicht überzogen. Wird diese Schutzschicht beschädigt, kann es zur Korrosion der Leitungen kommen. Aus diesem Grund dürfen Bremsleitungen nicht mit Drahtbürste, Schmirgelleinen oder Schraubendreher gereinigt werden.

- Bremsleitungen vom Hauptbremszylinder zu den einzelnen Radbremszylindern mit Lampe überprüfen. Der Hauptbremszylinder sitzt im Motorraum unter dem Vorratsbehälter für Bremsflüssigkeit.
- Bremsleitungen dürfen weder geknickt noch gequetscht sein. Auch dürfen sie keine Rostnarben oder Scheuerstellen aufweisen. Andernfalls Leitung bis zur nächsten Trennstelle ersetzen.

- Die Bremsschläuche verbinden die Bremsleitungen mit den Radbremszylindern an den beweglichen Teilen des Fahrzeugs. Sie bestehen aus hochdruckfestem Material, können aber mit der Zeit porös werden, aufquellen oder durch scharfe Gegenstände angeschnitten werden. In einem solchen Fall sind sie sofort zu ersetzen.

- Bremsschläuche mit der Hand hin- und herbiegen, um Beschädigungen festzustellen. Die Schläuche dürfen nicht verdreht sein.
- Lenkrad nach links und rechts bis zum Anschlag drehen. Die Bremsschläuche dürfen dabei in keiner Stellung Fahrzeugteile berühren.
- Anschlußstellen von Bremsleitungen und -schläuchen dürfen nicht durch ausgetretene Flüssigkeit feucht sein.
- Fahrzeug ablassen, siehe Seite 229.

Handbremse (Feststellbremse) prüfen

Die Feststellbremse wirkt auf die Hinterradbremsen.

- Handbremse um 1 – 2 Rasten anziehen und prüfen, ob die Handbremskontrolleuchte aufleuchtet.
- Handbremse mit einer Kraft von ca. 200 N, das entspricht ca. 20 kp, anziehen, die Handbremse darf sich maximal 6 – 8 Rasten anziehen lassen.
- Andernfalls Feststellbremse (Handbremse) einstellen.

Bremsflüssigkeit wechseln

Erforderliche Spezialwerkzeug:

- Ringschlüssel für Entlüfterschrauben.

Erforderliche Verschleißteile:

- Bremsflüssigkeit folgender Spezifikation:
  MICRA-Generation I: DOT 3
  MICRA-Generation II: DOT 4

Die Bremsflüssigkeit nimmt durch die Poren der Bremsschläuche Luftfeuchtigkeit auf. Dadurch sinkt im Laufe der Betriebszeit der Siedepunkt der Bremsflüssigkeit. Bei starker Beanspruchung der Bremse kann es deshalb zu Dampfblasenbildung in den Bremsleitungen kommen, wodurch die Funktion der Bremsanlage stark beeinträchtigt wird.

Die Bremsflüssigkeit sollte möglichst im Frühjahr erneuert werden.

- Vorsichtsmaßregeln beim Umgang mit Bremsflüssigkeit beachten, siehe Seite 149.
- Mit einer Absaugflasche aus dem Bremsflüssigkeitsbehälter Bremsflüssigkeit bis zu einem Stand von ca. 10 mm absaugen.

Achtung: Vorratsbehälter nicht ganz entleeren, damit keine Luft in das Bremssystem gelangt.

- Vorratsbehälter bis zur „MAX"-Markierung mit **neuer** Bremsflüssigkeit auffüllen.

Achtung: Entlüftungsventile an den Radbremszylindern und den Bremssätteln vorsichtig öffnen, damit sie nicht abgedreht werden. Es empfiehlt sich, die Ventile ca. 2 Stunden vor dem Entlüften mit Rostlöser einzusprühen. Bei festsitzenden Ventilen das Entlüften von einer Werkstatt vornehmen lassen.

- Am linken hinteren Bremssattel sauberen Schlauch auf Entlüfterventil aufschieben, geeignetes Gefäß unterstellen.
- Von Helfer das Bremspedal mehrmals durchtreten lassen, bis sich ein Gegendruck aufgebaut hat, Bremspedal getreten lassen, Entlüfterventil öffnen. Entlüfterventil schließen, wenn das Pedal am Bodenblech anstößt, Fuß vom Pedal nehmen lassen. Dieser Vorgang ist an jedem Entlüfterventil solange zu wiederholen, bis nur noch neue Bremsflüssigkeit heraustritt. Neue Bremsflüssigkeit ist an der helleren Farbe zu erkennen.
- Entlüfterventil schließen, Vorratsbehälter mit **neuer** Bremsflüssigkeit auffüllen.
- Auf die gleiche Weise alte Bremsflüssigkeit aus den anderen Bremssätteln, beziehungsweise Radbremszylindern in der Reihenfolge – hinten links, vorne rechts, hinten rechts, vorne links – herauspumpen.

Achtung: Die abfließende Bremsflüssigkeit muß in jedem Fall klar und blasenfrei sein.

- Alte Bremsflüssigkeit bei der örtlichen Deponie für Sondermüll abgeben.

Bremskraftverstärker: Unterdruckschläuche und Rückschlagventil prüfen

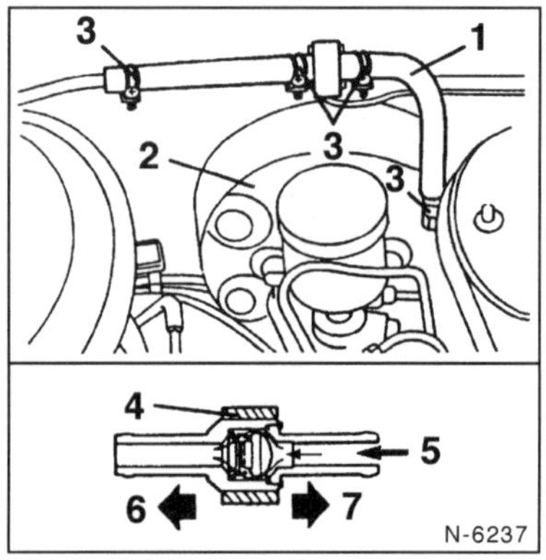

- Zustand der Schläuche und Verbindungsstellen –3– der Unterdruckleitung –1– zum Bremskraftverstärker –2– prüfen.
- Rückschlagventil –4– prüfen. Dazu in die Öffnung –7– zum Bremskraftverstärker blasen –5–. Das Ventil muß öffnen, andernfalls Ventil ersetzen. 6 – Anschluß zum Ansaugkrümmer.

Reifenfülldruck prüfen

- Reifenfülldruck nur am **kalten** Reifen prüfen.
- Reifenfülldruck einmal im Monat sowie im Rahmen der Wartung prüfen. Fülldrucktabelle, siehe Seite 159.
- Zusätzlich sollte der Fülldruck vor längeren Autobahnfahrten kontrolliert werden, da hierbei die Temperaturbelastung für den Reifen am größten ist.

Reifenventil prüfen

- Staubschutzkappe vom Ventil abschrauben.
- Etwas Seifenwasser auf das Ventil geben. Wenn sich eine Blase bildet, Ventil mit umgedrehter Schutzkappe festdrehen.

Achtung: Zum Anziehen des Ventils kann nur eine Metallschutzkappe verwendet werden. Metallschutzkappen sind an der Tankstelle erhältlich.

- Ventil erneut prüfen. Falls sich wieder Blasen bilden oder sich das Ventil nicht weiter anziehen läßt, Ventil erneuern.
- Grundsätzlich Schutzkappe wieder befestigen.

Reifenprofil prüfen

Die Reifen ausgewuchteter Räder nutzen sich bei gewissenhaftem Einhalten des vorgeschriebenen Fülldrucks und bei fehlerfreier Radeinstellung und Stoßdämpferfunktion auf der gesamten Lauffläche annähernd gleichmäßig ab. Bei ungleichmäßiger Abnutzung, siehe Störungsdiagnose im Kapitel »Reifen«. Im übrigen läßt sich keine generelle Aussage über die Lebensdauer bestimmter Reifenfabrikate machen, denn die Lebensdauer hängt von unterschiedlichen Faktoren ab:

- Fahrbahnoberfläche
- Reifenfülldruck
- Fahrweise
- Witterung

Vor allem eine hektische Fahrweise, scharfes Anfahren und starkes Bremsen, fördern den schnellen Reifenverschleiß.

Achtung: Die Rechtsprechung verlangt, daß Reifen lediglich bis zu einer Profiltiefe von 1,6 mm abgefahren werden dürfen, und zwar müssen die Profilrillen auf der gesamten Lauffläche noch mindestens 1,6 mm Tiefe aufweisen. Es empfiehlt sich jedoch, sicherheitshalber die Reifen bereits bei einer Mindestprofiltiefe von 2 mm auszutauschen.

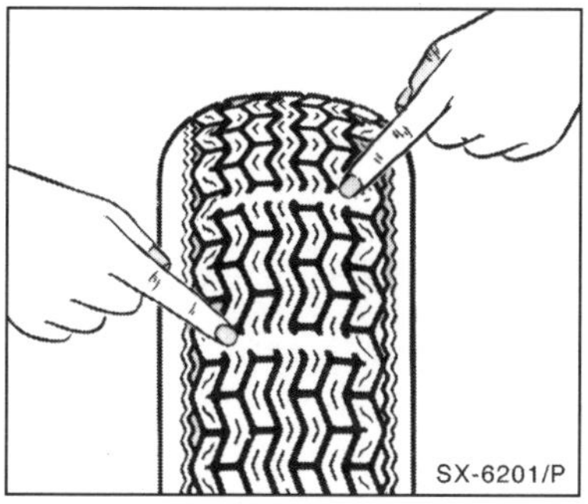

Nähert sich die Profiltiefe der gesetzlich zulässigen Mindestprofiltiefe, das heißt, weist der mehrmals am Reifenumfang angeordnete 1,6 mm hohe Verschleißanzeiger an diesen Stellen kein Profil mehr auf, müssen die Reifen bald gewechselt werden.

Achtung: M + S-Reifen haben auf Matsch und Schnee nur ausreichende Wirkung, wenn ihr Profil noch mindestens 4 mm tief ist.

Achtung: Reifen auf Schnittstellen untersuchen und mit kleinem Schraubendreher Tiefe der Schnitte feststellen. Wenn die Schnitte bis zur Karkasse reichen, korrodiert durch eindringendes Wasser der Stahlgürtel. Dadurch löst sich unter Umständen die Lauffläche von der Karkasse, der Reifen platzt. Deshalb: Bei tiefen Einschnitten im Profil aus Sicherheitsgründen Reifen austauschen.

Lenkung/Vorderachse

- Servolenkung: Flüssigkeitsstand prüfen, gegebenenfalls Hydrauliköl auffüllen.
- Spurstangenköpfe: Spiel und Befestigung prüfen, Staubkappen prüfen.
- Achsgelenke: Staubkappen prüfen.
- Lenkung: Faltenbälge auf Undichtigkeiten und Beschädigungen prüfen.
- Sichtprüfung der Achsteile auf Beschädigung.

Ölstand für Servolenkung prüfen

Erforderliche Verschleißteile:

- **ATF Dexron**

Prüfen

- Fahrzeug auf ebener Fläche abstellen, Motor starten und im Leerlauf drehen lassen.
- Lenkrad mehrmals in beide Richtungen drehen, bis das Servolenkungsöl eine Betriebstemperatur von etwa +50 – +80° C erreicht hat.
- Motor abstellen.
- Verschlußdeckel –1– vom Vorratsbehälter –2– abschrauben.
- Meßstab –3– mit sauberem, fusselfreiem Lappen oder Papier abwischen. Deckel ganz einschrauben und wieder abnehmen.

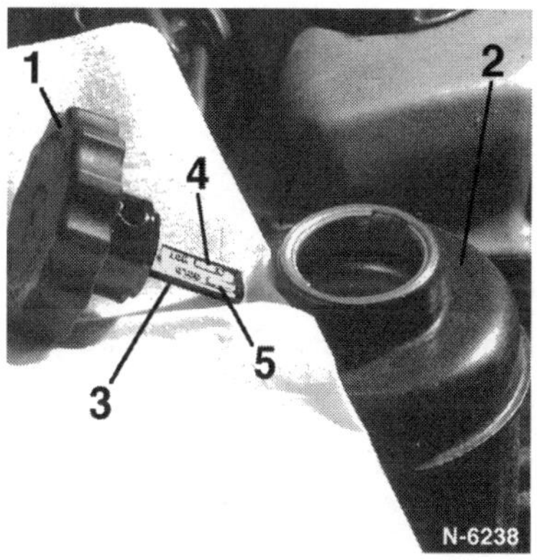

- Der Ölstand muß bei heißer Flüssigkeit (50 – 80° C) im Bereich »HOT« –4– liegen.
- Wird die Prüfung bei kalter Flüssigkeit (0° – 30° C) durchgeführt, sollte der Ölspiegel innerhalb der Markierung »COLD« –5– liegen.

Achtung: Falls am Meßstab nur 2 Markierungen ohne weitere Bezeichnungen vorhanden sind, muß der Ölstand zwischen den beiden Markierungen liegen. Die Prüfung ist dann nur bei kalter Flüssigkeit (0° – 30° C) durchzuführen.

- Andernfalls **neues** Lenköl nachfüllen. Dazu wird Getriebeöl für das Automatikgetriebe (ATF) der Sorte »DEXRON« verwendet.

Achtung: Grundsätzlich nur **neues Öl** nachfüllen, da selbst kleinste Verunreinigungen zu Störungen an der hydraulischen Anlage führen können.

Elektrische Anlage

Staubkappen für Spurstangen-/Achsgelenke prüfen

- Fahrzeug vorn aufbocken.

- Staubkappen –1– links und rechts mit Lampe anstrahlen und auf Beschädigungen überprüfen, dabei auf Fettspuren an den Manschetten und in deren Umgebung achten.
- Bei beschädigter Staubkappe, sicherheitshalber entsprechendes Gelenk mit Schutzkappe auswechseln. Eingedrungener Schmutz zerstört mit Sicherheit das Gelenk.
- Befestigungsmuttern –2– für die Achsgelenke sowie Sicherungssplinte –3– auf festen Sitz prüfen, dabei Mutter jedoch nicht verdrehen.

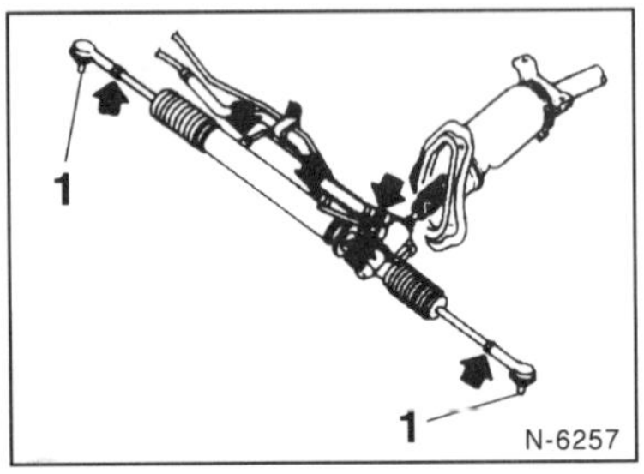

- Befestigungsmuttern –1– für Spurstangengelenke sowie Sicherungssplinte, falls vorhanden, auf festen Sitz prüfen, dabei Mutter jedoch nicht verdrehen.
- Lenkgetriebe auf Undichtigkeiten kontrollieren –Pfeile–.

- Beleuchtungsanlage: Scheinwerfer, Schluß- und Blinkleuchten prüfen, gegebenenfalls Scheinwerfer einstellen.
- Alle Stromverbraucher auf Funktion prüfen.
- Signalhorn: Prüfen.
- Scheibenwischer: Die Wischergummis auf Verschleiß prüfen.
- Scheibenwaschanlage: Funktion prüfen, Düsenstellung kontrollieren, Flüssigkeit nachfüllen.
- Batterie: Spannung und Säurestand prüfen.

Batterie prüfen

Erforderliches Spezialwerkzeug:

- Stahldrahtbürste (Pol- und Klemmenreinigungsbürste).
- Säureprüfer.

Erforderliche Verschleißteile:

- Destilliertes Wasser.
- Säureschutzfett, z. B. BOSCH-Polfett.

Batterie-Pole reinigen

- Batterie-Pole –4– und Anschlußklemmen reinigen und mit Säureschutzfett einreiben.

Säurestand prüfen

Achtung: Nicht mit offener Flamme in die Batterie leuchten. Explosionsgefahr!

- Der Säurestand muß zwischen der oberen –1– und der unteren Markierung –2– stehen.
- Andernfalls Verschlußkappen –3– abschrauben und **destilliertes Wasser** nachfüllen.

Karosserie/Innenausstattung

- Türscharniere, Türschlösser: Ölen.
- Deckelschloßober- und -unterteil: Mit Mehrzweckfett fetten.
- Unterbodenschutz und Hohlraumkonservierung: Prüfen.
- Sicherheitsgurte: Auf Beschädigungen prüfen.

Schlösser schmieren

- Die Schließeinrichtungen für Türen, Front- und Gepäckraumklappe ölen beziehungsweise fetten.
- Türschlösser an den Schließzapfen, Schließösen und Anlageflächen der Drehfallen mit einem handelsüblichem Mehrzweckfett fetten.

Sichtkontrolle Unterboden/Karosserie

Bei der regelmäßigen Pflege Augenmerk auf Lackbeschädigungen legen und auch Unterboden öfters reinigen. Insbesondere folgende Stellen kontrollieren:

- Gefalzte Teile: Vorderkante der Motorhaube, Türunterkante, Hinterkante des Kofferraumdeckels.
- Verbindungsstellen: Türschweller zwischen hinterem Kotflügel und Mittelpfosten, hinterer Radkasten, Federbeinaufnahme im Motorraum.
- Kanten: Öffnungen für Kofferraumdeckel und Schiebedach, Radkastenflansch, Tankklappe, Bohrungen im Karosserieblech.
- Ablaufbohrungen in Tür und Türschweller.

Sichtprüfung aller Sicherheitsgurte

Achtung: Geräusche, die beim Aufrollen des Gurtbandes entstehen, sind funktionsbedingt. Bei störenden Geräuschen kann nur der Sicherheitsgurt ausgetauscht werden. Auf keinen Fall darf zur Behebung von Geräuschen Öl oder Fett verwendet werden. Der Aufrollautomat darf nicht zerlegt werden, da hierbei die vorgespannte Feder herausspringen kann. Unfallgefahr!

- Sicherheitsgurt ganz herausziehen und Gurtband auf durchtrennte Fasern prüfen. Beschädigungen können zum Beispiel durch Einklemmen des Gurtes oder durch brennende Zigaretten entstehen. In diesem Fall Gurt austauschen.
- Sind Scheuerstellen vorhanden, ohne daß Fasern durchtrennt sind, braucht der Gurt nicht ausgewechselt zu werden.
- Schwergängigen Gurt auf Verdrehungen prüfen, dazu gegebenenfalls die Verkleidung an der Mittelsäule ausbauen.
- Wenn die Aufrollautomatik nicht mehr funktioniert, Gurt auswechseln.
- Gurtbänder nur mit Seife und Wasser reinigen, keinesfalls Lösungsmittel oder chemische Reinigungsmittel verwenden.

Schaltpläne

Der Umgang mit dem Schaltplan

Will man einen Fehler in der elektrischen Anlage aufspüren oder nachträglich ein elektrisches Zubehör montieren, kommt man nicht ohne Schaltplan aus; anhand dessen der Stromverlauf und damit die Kabelverbindungen aufgezeigt werden. Grundsätzlich muß der betreffende Stromkreis geschlossen sein, sonst kann der elektrische Strom nicht fließen. Es reicht beispielsweise nicht aus, wenn an der Plusklemme eines Scheinwerfers Spannung anliegt, wenn nicht gleichzeitig über den Masseanschluß der Stromkreis geschlossen ist.

Deshalb ist auch das Massekabel (–) der Batterie mit der Karosserie verbunden. Mitunter reicht diese Masseverbindung jedoch nicht aus, und der betreffende Verbraucher bekommt eine direkte Masseleitung, deren Isolierung in der Regel schwarz eingefärbt ist. In den einzelnen Stromkreisen können Schalter, Relais, Sicherungen, Meßgeräte, elektrische Motoren oder andere elektrische Bauteile integriert sein. Damit diese Bauteile richtig angeschlossen werden können, haben die einzelnen Anschlußkabel verschiedene Farben.

Kabelfarben

Die Buchstaben in den einzelnen Leitungen weisen auf die Kabelfarbe hin:

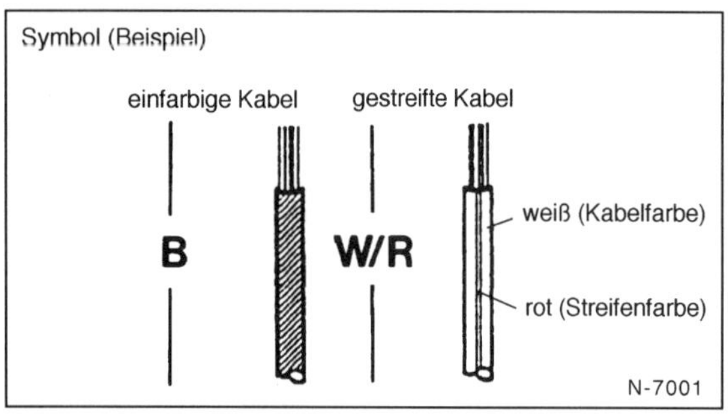

Einzelne Buchstaben bezeichnen ein einfarbiges Kabel. Beispiel: B = schwarz. Bei zweifarbigen Kabeln weist der erste Buchstabe auf die Grundfarbe des Kabels und der zweite auf die Streifenfarbe hin. Beispiel: W/R bezeichnet ein weißes Kabel mit einem roten Streifen.

Kabelfarbcode

Code Farbe	Code Farbe	Code Farbe
L = blau	SB = hellblau	R = rot
B = schwarz	LG = hellgrün	PU = Violett
BR = braun	OR = orange	W = weiß
G = grün	P = rosa	Y = gelb
GY = grau		

Steckersymbole

Stecker und Buchsen werden im Schaltplan wie folgt bezeichnet:

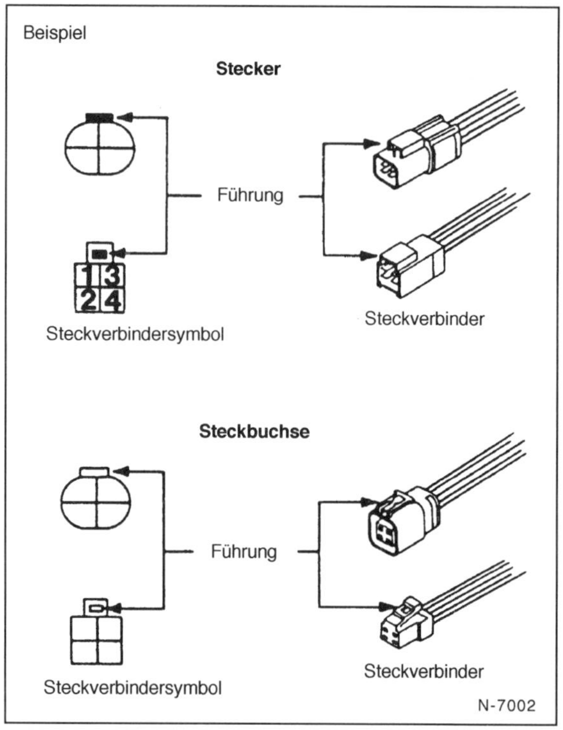

Die Stecker sind an den Steckerführungen schwarz gekennzeichnet, die entsprechende Steckbuchse ist an dieser Stelle weiß. Die Steckkontakte sind in der Regel durchnumeriert.

Schalterstellungen

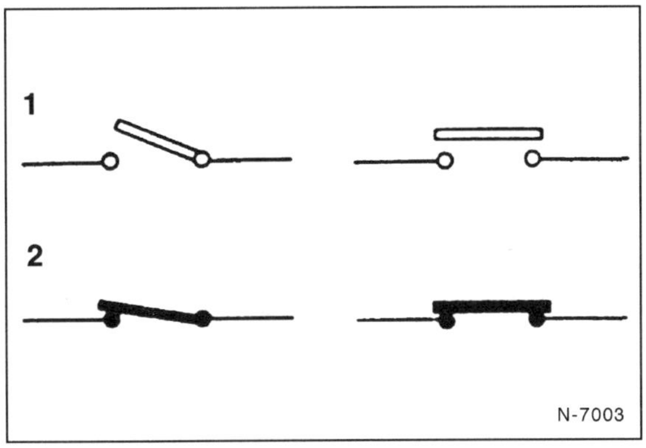

Die Schalter in den Schaltplänen befinden sich in folgender Stellung: Fahrzeug abgestellt, alle Türen und Klappen geschlossen, Handbremse gelöst. Schalter –1–: In diesem Zustand geöffnet; Schalter –2–: In diesem Zustand geschlossen.

Mehrfunktionsschalter

Der Durchgang von Mehrfunktionsschaltern wird im Schaltplan anhand einer Schalttabelle dargestellt.

Beispiel Scheibenwischerschalter:

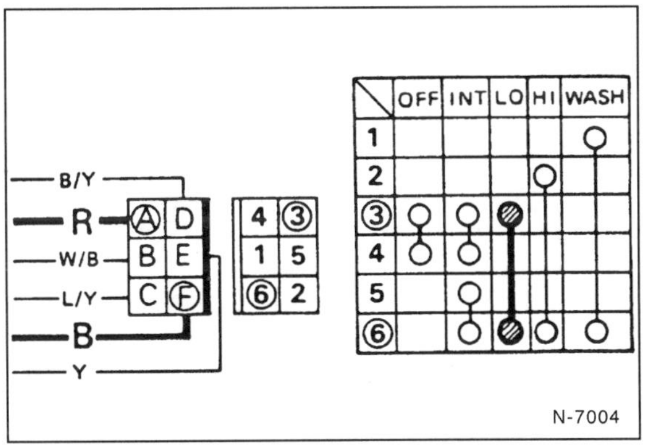

Schalterstellung	Durchgang
OFF	3 – 4
INT	3 – 4, 5 – 6
LO	3 – 6
HI	2 – 6
WASH	1 – 6

Ist der Scheibenwischerschalter auf »LO« (Normalstellung) gestellt, ist zwischen Buchse 3 und 6 Durchgang. Bei Überbrückung der Steckbuchsen –A– und –F– (rotes und schwarzes Kabel) muß der Wischermotor in Normalgeschwindigkeit laufen.

Abkürzungen in den Schaltplänen

A	=	Automatikgetriebe
ABS	=	Anti-Blockier-System
ACC	=	Zubehör
A/C	=	Klimaanlage
A/T	=	Automatikgetriebe
ALT	=	Generator (Lichtmaschine)
BAT	=	Batterie
CONSULT	=	NISSAN-elektrisches Diagnosesystem
DEF	=	Defroster
E.C.C.S	=	Steuergerät elektronische Kraftstoffeinspritzung
E.F.I	=	Elektronisch geregelte Kraftstoffeinspritzung
EGR	=	Abgasrückführung
GEN	=	Generator
HEAT	=	Heizung
HI	=	Fernlicht
IGN	=	Zündung
LO	=	Abblendlicht
N-CVT	=	Automatikgetriebe
M	=	Schaltgetriebe
M/T	=	Schaltgetriebe
OFF	=	ausgeschaltet
ON	=	eingeschaltet
RPM	=	U/min = Umdrehungen pro Minute
ZND	=	Zündung

Hinweis: Weitere Abkürzungen werden in den Schaltplan-Legenden erklärt.

Anzahl der Schaltpläne

Wegen des großen Umfangs können nicht alle Schaltpläne berücksichtigt werden. Auf den folgenden Seiten ist eine Auswahl der wichtigsten Schaltpläne für den NISSAN MICRA der II. Generation dargestellt.

Hinweis: In diesem Band werden 2 MICRA-Generationen behandelt. Die MICRA-Generation I kam im März '83 in Deutschland auf den Markt. Im Januar '93 wurde die MICRA-Generation II eingeführt. Parallel zur MICRA-Generation II werden auch weiterhin von der MICRA-Generation I die Modelle TOPIC und HIT angeboten.

Haupt-Kabelstränge

MICRA-Generation II

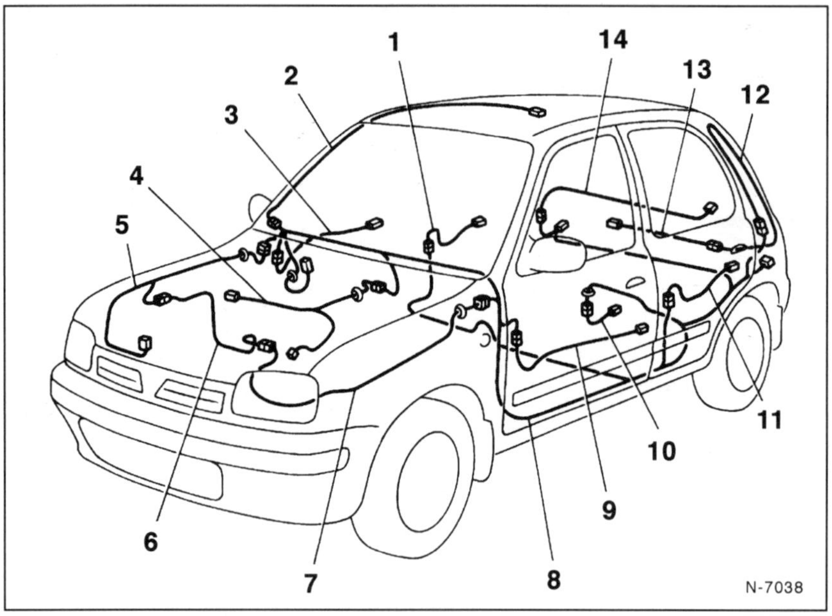

Kabelstrang:

1 – **hintere rechte Seitentür**
2 – **Innenleuchte**
3 – **Beifahrertür**
4 – **E.F.I.-Benzineinspritzung**
5 – **Motorraum rechts**
6 – **Motor**
7 – **Motorraum links**
8 – **Haupt-Kabelbaum**
9 – **Fahrertür**
10 – **Hinterrad-Sensor**
11 – **hintere linke Seitentür**
12 – **Karosserie**
13 – **Heckklappe**
14 – **Fondlautsprecher**

Relais- und Sicherungsanordnung Motorraum

MICRA-Generation II

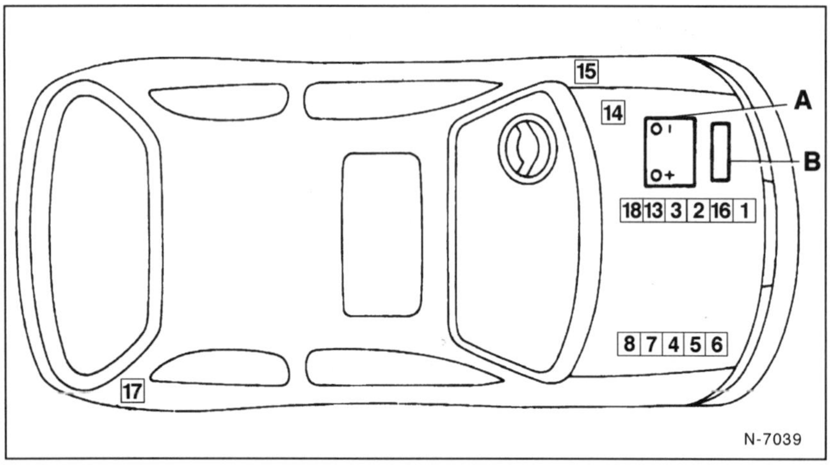

Relais Nr. – Stromkreis

1 – **Kühlerlüfter**
2 – **Sperrstrom**
3 – **N-CVT (Automatikgetriebe)**
4 – **Klimaanlage**
5 – **Signalhorn**
6 – **Leerlaufdrehzahlsteigerung**
7 – **Nebelscheinwerfer/Weitstrahler**
8 – **Heckscheibenheizung**
9 – **Signalhorn**
Falls vorhanden, unter Schalttafelverkleidung.
13 – **Reserve**
14 – **Trennschalter**
15 – **Kraftstoffpumpe**
16 – **E.G.I.**
17 – **Heckscheibenwischer**
18 – **Nebelschlußleuchte**
20 – **Nebelschlußleuchte**
21 – **Kühlerlüfter-Relais 2**
A – **Batterie**
B – **Leitungssicherungsträger**

Sicherungs- und Steuergeräteanordnung Innenraum

MICRA-Generation II

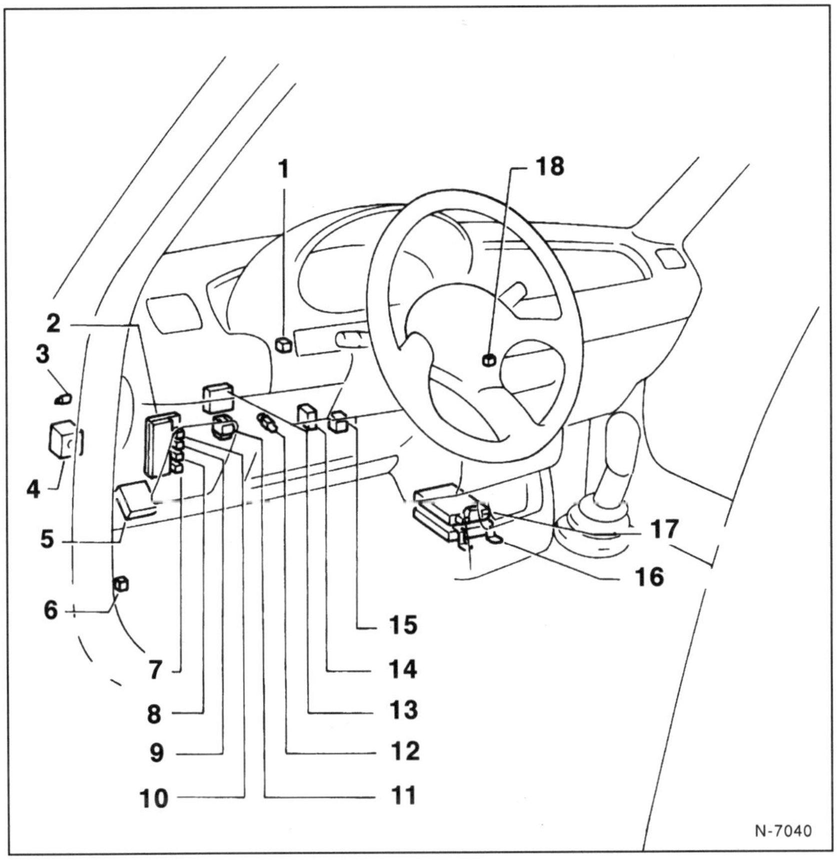

1 – Warnsummer
2 – Sicherungsträger
3 – Trennschalter
4 – Vielfach-Steckverbinder
5 – ABS-Steuergerät
6 – Kraftstoffpumpenrelais (grün)
7 – Zündstromrelais 1
8 – Relais für Nebenverbraucher
9 – Zündstromrelais 2
10 – Zündstromrelais 3
11 – Blinkgeber
12 – Bremslichtschalter
13 – nicht vorhanden
14 – Impulsgeber Zentralverriegelung
15 – Beschleunigungsschalter
16 – Steuergerät für Automatikgetriebe
17 – Steuergerät für Benzineinspritzung
18 – Widerstand

ANLASSERANLAGE

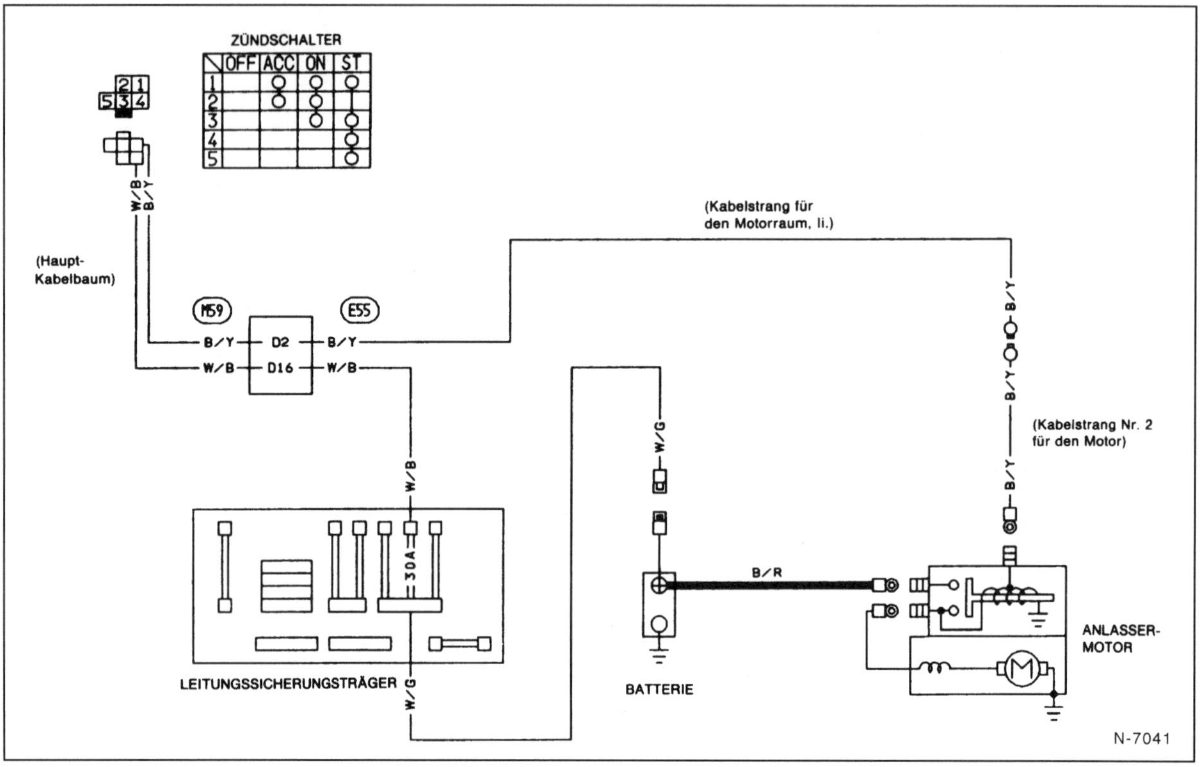

LADESTROMANLAGE

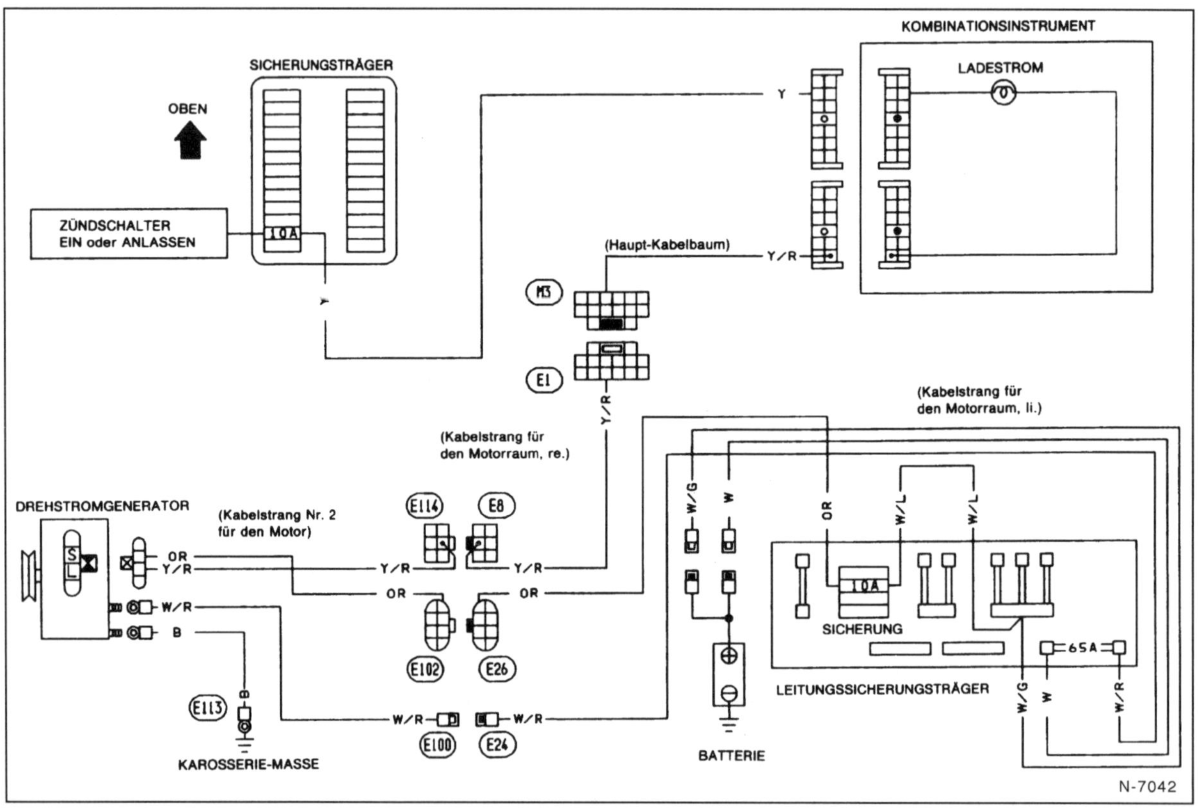

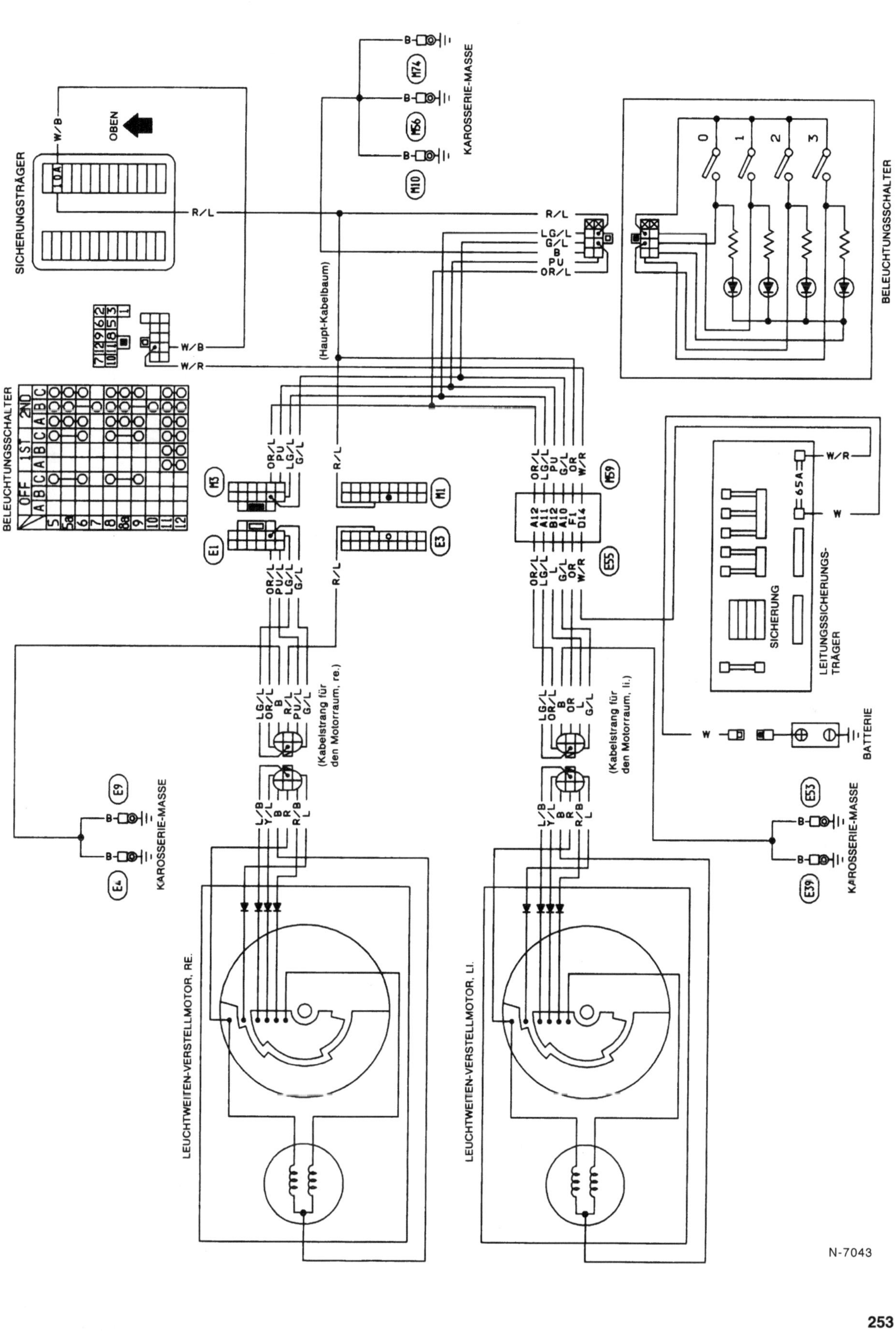

SICHERUNGSTRÄGER
10A
OBEN
KAROSSERIE-MASSE
BELEUCHTUNGSSCHALTER
(Haupt-Kabelbaum)
BELEUCHTUNGSSCHALTER
65A
SICHERUNG
LEITUNGSSICHERUNGS-TRÄGER
BATTERIE
(Kabelstrang für den Motorraum, re.)
(Kabelstrang für den Motorraum, li.)
KAROSSERIE-MASSE
KAROSSERIE-MASSE
LEUCHTWEITEN-VERSTELLMOTOR, RE.
LEUCHTWEITEN-VERSTELLMOTOR, LI.
N-7043

SCHEIBENWISCHER UND SCHEIBENWASCHANLAGE

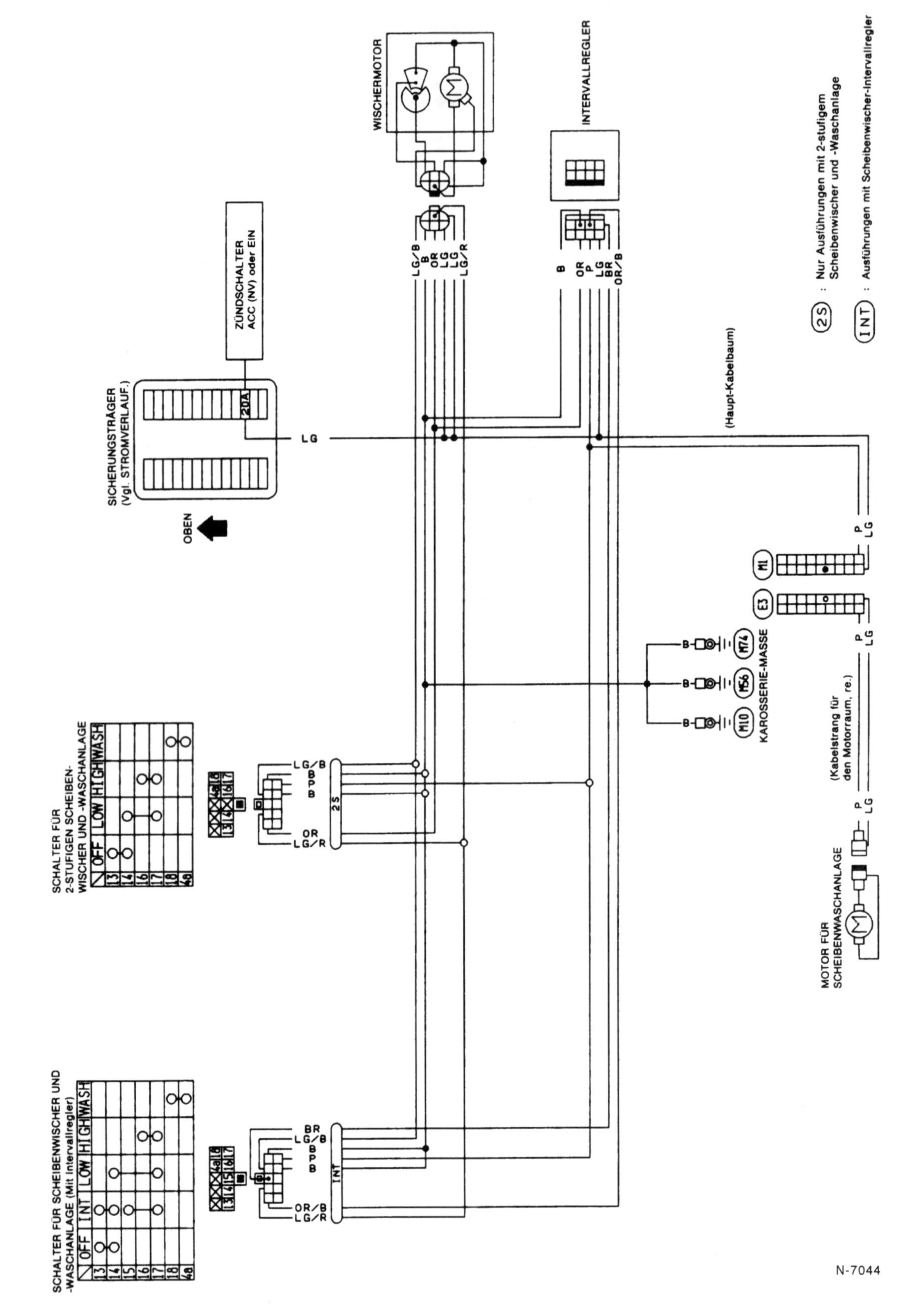

N-7044

Stromverlauf Sicherungskasten, Teil 1

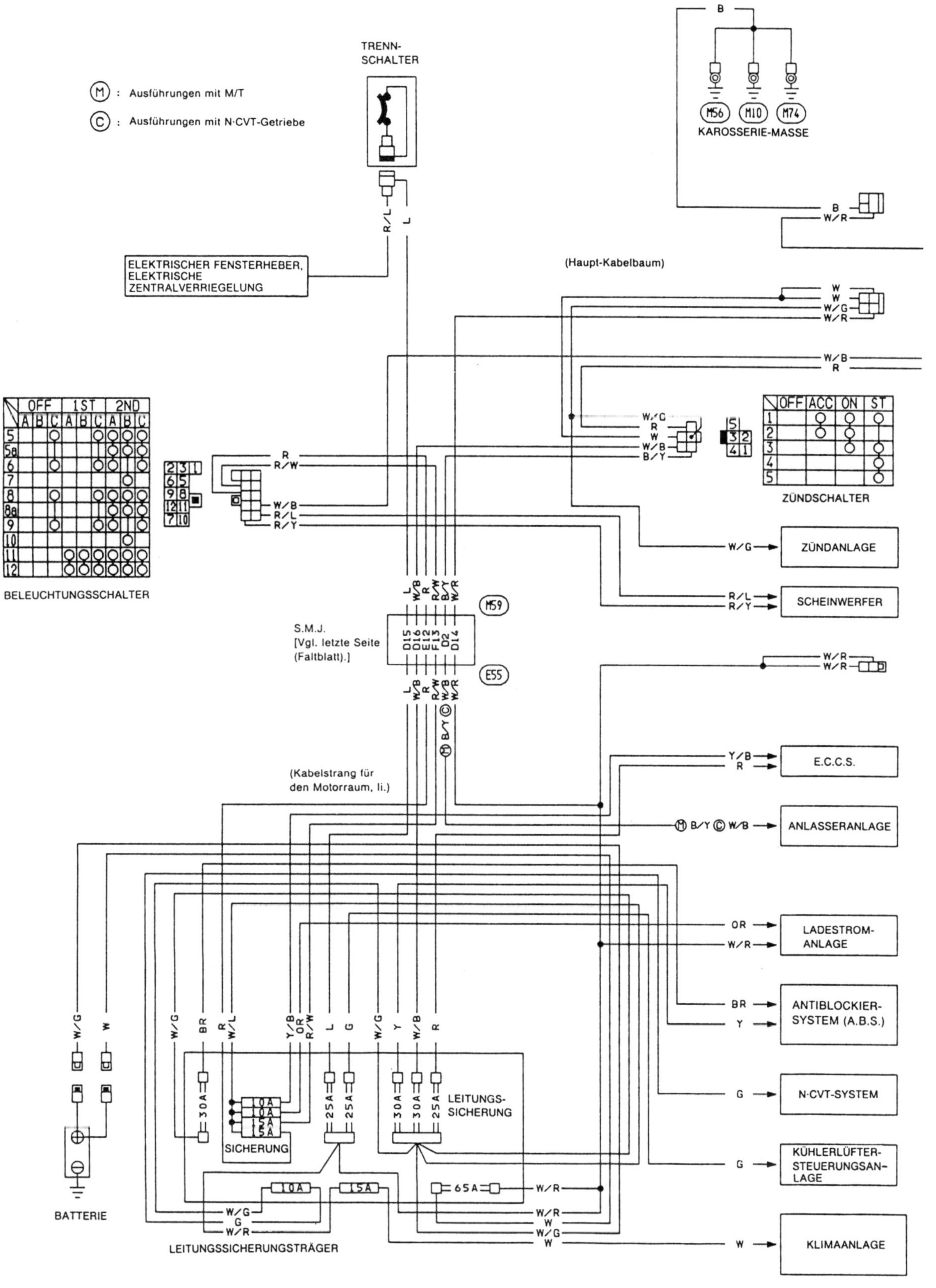

Stromverlauf Sicherungskasten, Teil 2

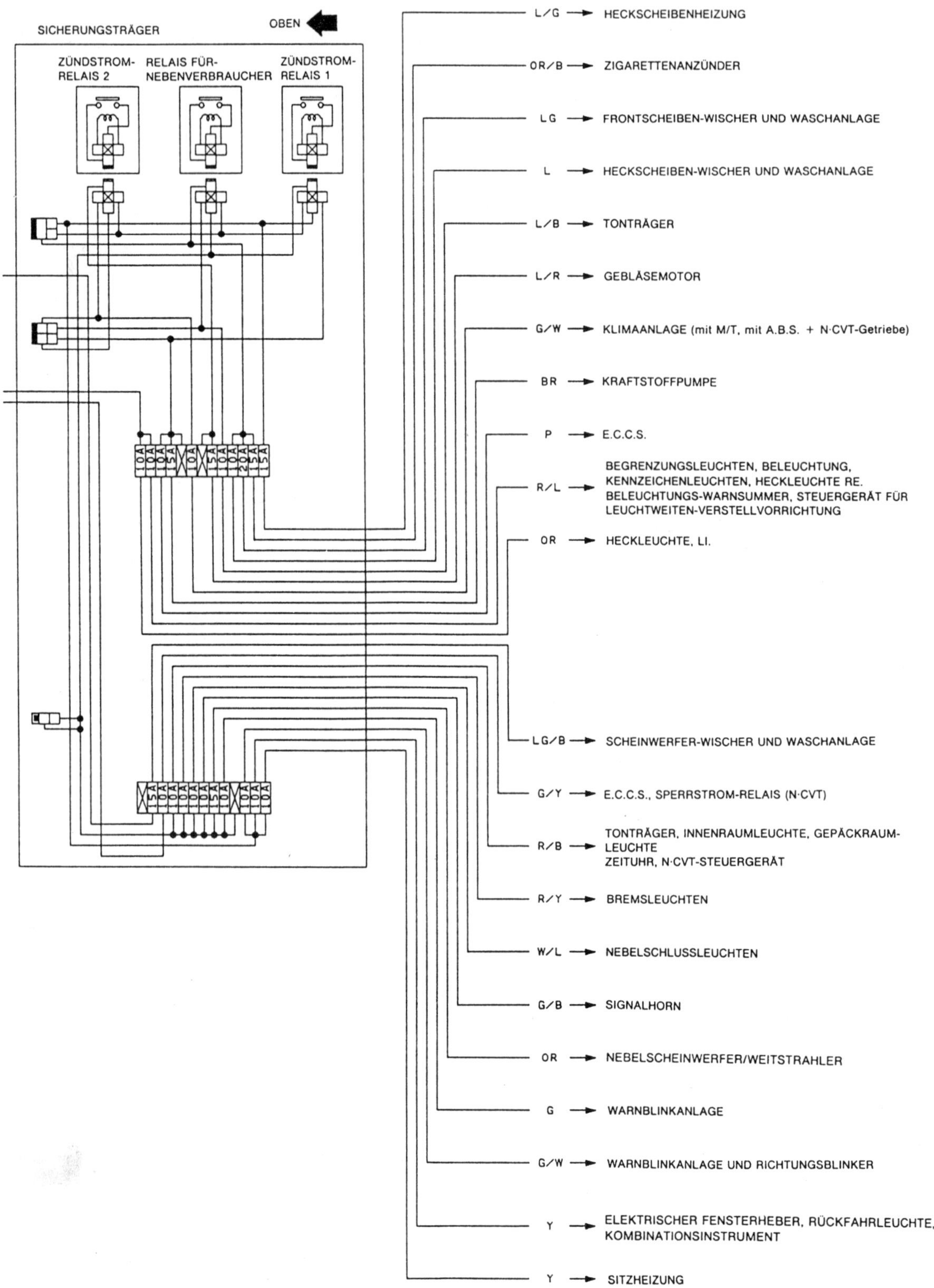